高等学校教材

U0736446

电路分析基础教程

刘兴春　主编

万育航　刘建胜　杨东凯　陈立江　赵　欣　编

中国教育出版传媒集团

高等教育出版社·北京

内容简介

　　本书是依据电子信息类本科专业电路分析课程的要求编写的一本新形态教材，包括纸质教材和数字资源两部分。

　　纸质教材内容大致分为五篇：第一篇电路分析的基础知识，包括第一、二章的内容，整体介绍了电路系统的知识架构和相关的基本概念，并通过对电路拓扑约束和元件约束的详细介绍，建立起电路分析的理论基础；第二篇经典线性电阻电路分析，包括第三、四、五章的内容，介绍了电路系统常用的分析方法和常用的电路定理；第三篇电阻电路分析的拓展内容，包括第六、七章，分别简要介绍了复杂网络和非线性电路的分析方法；第四篇动态电路的暂态分析，包含第八、九章，除详细介绍了时域分析方法外，对状态变量法及复频域分析法也略有涉及；第五篇正弦稳态电路分析，包括第十、十一章。其中三相电路及非正弦周期电路的内容，也整合至本部分。这样的安排既照顾了内容的完整性，也满足了电子信息类的教学要求。

　　数字资源内容包括：（1）与纸质教材互补的拓展内容，分为【思维训练】、【数理基础】、【知识链接】、【工程拓展】等几个模块，以 PDF、PPT 等不同形式展示。（2）【章节知识点测验】以判断、填空、单选、多选等客观题型为主，帮助读者随时掌握学习情况。（3）【典型习题精讲】所选习题注重综合性、实践性等，使读者自然完成从分析到综合应用的转变。

　　本书适合作为本科电子信息类专业电路分析课程的教材或参考书，对电气类及自动化类等相关专业的学生也极具参考价值。

图书在版编目（CIP）数据

　　电路分析基础教程／刘兴春主编；万育航等编.
北京：高等教育出版社，2025.7. —— ISBN 978 - 7 - 04
- 064732 - 7

　　Ⅰ. TM133
中国国家版本馆 CIP 数据核字第 2025FV6106 号

Dianlu Fenxi Jichu Jiaocheng

| 策划编辑　王　楠 | 责任编辑　王　楠 | 封面设计　李卫青 | 版式设计　杜微言 |
| 责任绘图　李沛蓉 | 责任校对　高　歌 | 责任印制　刘弘远 | |

出版发行	高等教育出版社	网　　址	http：//www.hep.edu.cn
社　　址	北京市西城区德外大街 4 号		http：//www.hep.com.cn
邮政编码	100120	网上订购	http：//www.hepmall.com.cn
印　　刷	天津鑫丰华印务有限公司		http：//www.hepmall.com
开　　本	787mm×1092mm　1/16		http：//www.hepmall.cn
印　　张	26.75		
字　　数	610 千字	版　　次	2025 年 7 月第 1 版
购书热线	010-58581118	印　　次	2025 年 7 月第 1 次印刷
咨询电话	400-810-0598	定　　价	56.00 元

电路分析基础教程

刘兴春　主编
万育航　刘建胜　杨东凯
陈立江　赵　欣　编

1　计算机访问https://abooks.hep.com.cn/64732或手机微信扫描下方二维码进入新形态教材网。

2　注册并登录后，计算机端进入"个人中心"，点击"绑定防伪码"，输入图书封底防伪码（20位密码，刮开涂层可见），完成课程绑定；或手机端点击"扫码"按钮，使用"扫码绑图书"功能，完成课程绑定。

3　在"个人中心"→"我的学习"或"我的图书"中选择本书，开始学习。

电路分析基础教程

作者　刘兴春　主编

万育航　刘建胜　杨东凯　陈立江　赵　欣　编

出版单位　高等教育出版社

开始学习　收藏

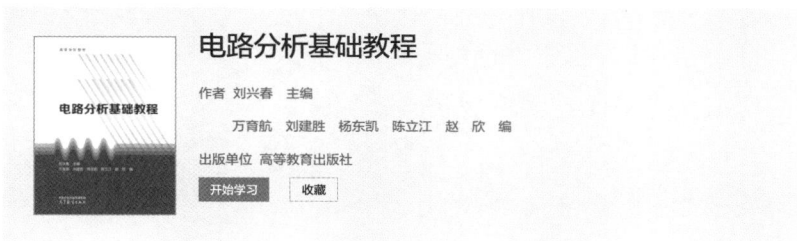

　　受硬件限制，部分内容可能无法在手机端显示，请按照提示通过计算机访问学习。如有使用问题，请直接在页面点击答疑图标进行咨询。

前　　言

一、电路分析课程的地位和作用

电路理论及相关技术是现代社会不可或缺的技术理论基础和应用平台支撑，几乎涉及社会的每一个角落。电气技术及设备提供了能源保障，应用于电能的产生、传输、分配和使用。电子信息技术支撑通信及信息处理，具有电信号的测量、传送及处理、信息存储等多种功用。电子设备和电子消费产品更是在国家整体战略和人们日常的工作、生活、娱乐中扮演着极其重要的角色，无论是"嫦娥"上天、"蛟龙"入海，还是"5G"手机、"AI"①设备。

"电路分析"作为电子信息类所有专业必修的第一门核心专业基础课，它的重要性在于：（1）它是学习和掌握电类各专业知识的基础；（2）它所描述和研究的基本概念和基本方法普遍适用于电子学科各专业领域。

毫不夸张地说，"电路分析"课程所授内容是电子信息类专业硬件知识的根基。学习本课程可以使学生掌握电路的基本概念、基本理论和基本的分析方法，并进一步培养学生的科学思维能力和分析运算能力，为学习"低频电子线路""信号与系统""高频电子线路"等后续课程准备必要的电路"三基"知识。

除了上述基础性目标，"电路分析"课程还可培养学生发现问题、提出问题、分析问题和解决问题的能力，是培养创新能力的重要工具与手段，是理科思维到工科思维过渡与融合的媒介和桥梁。

二、教材内容的演变

"电路分析"作为电子信息类专业的技术基础课，在过去几十年的教学过程中，内容相对稳定，可谓"经典永流传"。主要变化体现在教学内容优化、教学过程组织、教学方法和手段改革、实验教学改革以及与"信号与系统""自动控制原理""模拟电路"等课程的内容协调等方面。

本课程主要讲授电路基本概念与定律、电阻电路的一般分析方法、动态电路的时域分析、电路的频率响应、正弦稳态电路分析、三相电路、非正弦周期电路、电路的复频域分析、网络的状态方程、二端口网络以及均匀传输线等内容。电路教材通常分为两类：一类主要为所谓强电类专业即电气类专业所用，上述内容基本上涵盖了其讲授的内容。另一类主要为所谓弱电类专业即电子信息类专业所用，由于该类专业有专门的"信号与系统"课程，故卷积积分与傅里叶变换、拉普拉斯变换等内容会在"信号与系统"课程中学习，均匀传输线等内容会在"电磁场与电磁波""微

---

① 人工智能的英文缩写。

波技术"等课程中讲解。

近几十年来，"非线性电路"大行其道，"混沌电路""人工神经网络""开关电容网络"等新技术更是颠覆了传统技术的地位。伴随电子技术的不断完善与发展，电路课程也在过去相对传统且成熟的理论及技术体系之上不断整合改进，以适应新的学习及应用需求。例如，计算机技术的不断进步，使得计算机辅助分析与设计成为电路分析与设计的重要手段，许多教材中出现了与"Pspice""Multisim"等计算机辅助电路分析与设计软件相关的讲授内容。

三、编写本书的初衷

我国的发展战略正在从科技大国向科技强国转变，高等教育培养要求也必须适应时代的发展与变化。从 2018 年开始，新一轮的高等学校教改工作正在全国范围内展开，编者任教的北京航空航天大学也提出了具体的教改目标：教学活动必须服从于国家关于人才培养目标的需要以及学校提出的培养领军领导人才的要求。要让每一位学生在学习中获得能够适应自身终身发展和社会发展需要的必备知识、品格和关键能力，坚持知识、能力、素质有机融合，培养学生解决复杂问题的综合能力和高级思维，为领军人才打造适宜成长的教学环境与生态。

为适应技术进步并解决当前大学教学的主要问题，即知识信息爆炸与学习时间有限之间的矛盾，编者团队计划针对电子信息类学生编写专门的电路教材，并秉持强调基础理论、强调工程应用、强调上下联系的教学理念，同时强化信息传输与处理方面的内容，适当减少与能量传输相关的内容。基于上述思路及本课程的地位，教材编写从以下方面着手。

1. 突出专业基础课的桥梁作用，强调与数理基础及专业技术的衔接。强调课程内容的科学性与系统性，着力培养学生的系统思维。教材中首先建立了电路系统的知识架构，建立本课程与其他相关课程的关系，强调知识的呼应与移植性。这种联系应贯彻到整个教学实践中，以全面支撑学生自主进行知识体系结构的构建。

2. 突出理科思维与工科思维、理论学习与工程实践的结合。强调工程概念的建立，强调工程特性，注重解决实际问题。强调创新思维，继承向创新转换。强调系统思维在工程科学中的重要地位，体现分析与综合的结合。

3. 强调方法的重要性。"工欲善其事，必先利其器"，凡事都要遵循规律，讲究方式方法。教材强调各种基本分析方法，如抽象、等效、简化、近似等的内涵和作用，帮助学生尽快理解和掌握电路分析中的具体分析方法，如叠加方法、分解方法、变换域方法等，以及具体分析手段，如解析法、图解法等。

四、具体编写措施

本书的使用对象是电子信息类本科一、二年级的学生。结合专业特点，与其他传统教材相比，对教材编写采取如下具体措施。

1. 内容调整

以电路分析的基础知识、经典的线性电阻电路分析、拓展的电阻电路分析、动态电路的暂态分析和动态电路的稳态分析为核心内容。

将三相电路的内容作为正弦交流稳态的例子。三相电路是电能量传输的重要技术手段,对电气类专业的学生来说是非常关键的知识,但与电子信息类专业联系不多,故本书只对对称三相电路的基本概念、基本分析方法进行简单的介绍。非正弦周期电路内容也作为正弦交流的一个例子。非正弦周期电路分析的理论基础是傅里叶级数和正弦稳态电路分析。傅里叶级数在高等数学中已经讲授过,只需对谐波组合信号的特点加以强调即可。

为增强复杂网络的分析能力,电路拓扑结构的介绍中增加部分图论的基础知识;为呼应后续课程,在介绍受控源时,介绍双极型晶体管(BJT)和场效应晶体管(FET)的电路模型;在非线性电阻电路的分析章节中增加二极管、晶体管的伏安特性讲解。

以一阶电路为主详细介绍动态元件的特性以及动态电路经典的时域分析方法,并简单介绍了二阶电路的基本概念及特点。为了体现动态电路分析方法的多样性与完整性并初步理解计算机辅助分析技术,分别对复频域分析方法即 s 域分析方法、动态电路的状态方程分析方法进行了简单介绍。这些内容可根据课程体系及学时进行取舍。

2. 顺序调整

我校电子信息类专业的“电路分析”课程几十年来一直延续着平时成绩、期中考试与期末考试并举的综合考查模式。以前的教学顺序以元件约束为主线,先静态后动态,以信号源形式为辅线,先直流后交流,最后介绍以二端口网络为主的复杂拓扑结构的分析。导致上、下学期的考核内容前轻后重、相互分离、综合性不强,也与实际应用的场景不符合,容易造成期中考试考查内容单一,题目难易程度漂移,期末考试则新内容过多,学生压力过大的局面。

本次改编为平衡上、下学期的内容,决定采用元件约束与拓扑约束双举的呈现方式,把端口概念、图论基本知识以及复杂拓扑结构的相关概念和分析方法提前至上半学期作为电路基础内容讲授。这样,虽然整体结构还是电路基础、静态电路、动态电路三部分,但静态电路与动态电路都分别考虑简单电路与复杂网络的情形,再依据信号是直流源或交流源分别介绍。借此强化期中考试的内容覆盖,尽早建立实际电路的模型全貌。

3. 形态更新

本书为新形态教材,充分利用了多媒体的强大优势,使教材更生动、更丰富、更具可读性,并碎片化学习过程。本书在纸质教材的基础上,增加了如下数字资源。

(1)与纸质教材相关的拓展内容,包括【思维训练】、【数理基础】、【知识链接】、【工程拓展】等。以 PDF、PPT 等不同形式展示,帮助读者更好地理解教材内容以及相关的知识联系。

(2)【章节知识点测验】以判断、填空、单选、多选等客观题型为主,帮助读者随时掌握自己的学习情况。

(3)【典型习题精讲】精心准备了大量典型习题的讲解,帮助读者举一反三,快速巩固所学知识。所选习题注重综合性、实践性等,使读者自然完成从分析到综合的转变。

新形态教材的另一个重大利好是可以根据需要随时更新数字资源,例如,增加与实验相关的仿真演示、小实验视频等。

五、教材编写的传承与借鉴

电路分析课程如此重要,编者团队一直怀着敬畏的心情长期筹备。近 20 年来北京航空航天大学电子信息工程学院的电路分析课程一直以周守昌教授编写的《电路原理》为基本教材,该书内容涵盖的知识点非常广泛,有些内容属于我院教学计划中其他专业课程的知识点。正因如此,编者下决心编写适合电子信息类专业的电路分析教材。除《电路原理》这本书外,还有三本书对此次教材编写影响巨大。一是潘士先教授等编写的《电路分析》,二是李瀚荪教授编写的《简明电路分析基础》,三是李国林教授编写的《电子电路与系统》。潘士先教授是 1977 年后北京航空航天大学电子工程专业"电路分析"课程的首位负责人和开拓者,其编写的教材内容涉猎广泛。李瀚荪教授更是工科电路分析课程的资深专家,编撰了多部有关"电路分析"课程的书籍。《简明电路分析基础》在内容顺序安排上很有新意。李国林教授则是清华大学电子工程系电路系列课程教改的实践者,其编撰的教材改革力度非常大,在强调基本原理、基本元件、基本单元电路、基本分析方法、基本应用+基本概念的基础上,特别注重电路系列课程之间的呼应,对非线性电路技术的讲授更是独具匠心,很好地顺应了电路技术发展的趋势。

本书的编写,在内容逻辑上遵从提出问题、分析问题、解决问题的科研规律和技术创新要求。在层次结构上除主体教学内容外,增加了拓展资料环节。拓展资料大致分为数理基础、知识链接、思维训练、工程拓展等内容。其中,数理基础的相关内容为学习相关电路分析内容提供数学及物理学方面的基础知识与方法。由于各校及不同专业课程安排的差异,在学习中有时会遇到相应的数理知识还未学到的情况,为方便学生更顺畅地学习而安排此项内容,更重要的是使学生了解工程技术必须以数学、物理等基础知识作为理论基础、分析方法、分析手段和分析工具,更深刻地理解数理基础之于工程技术领域的指导地位,借此突出本课程的桥梁作用。知识链接部分主要介绍本课程中的学习内容与后续课程的关联,前后呼应,形成知识体系。思维训练的相关内容介绍了一些在本课程中具体应用的、重要的科学思维及研究方法,旨在强调科学思维与科学方法对工程技术的重要支撑,也使学生自觉地领悟科学思维及方法是提升个人综合能力的关键。工程拓展知识则以实际工程知识介绍和后续课程的关联知识等内容为主,强调理论与实践的结合。拓展资料的部分内容可能会超出本课程教学大纲的要求,但对学生理解相关课程之间的联系大有裨益。拓展部分的内容以数字资源的形式展示,读者通过扫描纸质教材中的二维码即可随时查看具体内容。

本书的第一、七章由刘兴春编写;第二章由刘建胜编写;第三、四、五章由杨东凯编写;第六章及第九章 9.4 节、第十一章 11.5、11.6 节由陈立江编写;第八、九章由赵欣编写,第十、十一章由万育航编写。刘兴春编写了前言部分并统编了教材的纸质部分,此外还与万育航一起统编了数字资源。

感谢研究生刘璇、刘芷诺、刘至立、肖雨姗、杨美静、张肖莹、姬广淼、刘志宇、乔子昂、张鹏辉为本书绘制及编辑电路图。

衷心感谢王楠编辑和高等教育出版社的大力支持,本书才得以出版。

衷心感谢审稿专家俎云霄教授和陈希有教授的宝贵意见。

由于编者水平有限,书中错误在所难免,恳请广大读者提出宝贵意见。编者邮箱:00193@ buaa. edu.cn。

编者

2025 年 2 月

目　　录

第一篇　电路分析的基础知识

第二篇 经典线性电阻电路分析

第三篇　电阻电路分析的拓展内容

第一篇

电路分析的基础知识

第一章 绪 论

§1.1 电路及其功用

电是自人类工业革命以来应用最广泛的能源类型及信号形式,其在工业、农业、军事、科技及社会生活各个领域的作用几乎无法替代。人类常用的信号形式包括声音信号、光信号及电信号等,常用的能源类型有化石能源、化学能、机械能、太阳能、风能等许多种。将其他信号形式和能量类型转换成电信号和电能进行传输和处理,不仅非常方便,而且技术也十分成熟,在这个过程中电路起着极其关键的平台支撑作用。电信号作为信息的媒介和能量的载体已经有了一个多世纪的历史,目前依然是最重要的信号形式之一。支撑电信号作用的电路系统也在不断改进与完善。电路作为电应用的技术支撑手段,为能源的供给、信息的传递提供了可靠的技术保障,并且随着科技的不断进步,它还在不断为人类社会提供更多新的应用场景。学习及研究电路理论,应用和创新电路技术是工科学生,特别是电子信息类专业的学生必须掌握的基本知识与技能,也是国民提升科学素养,掌握基本电学理论的有效途径。

§1.1.1 电路的定义及表示

电路是为完成特定的功能而由电的元器件相互连接形成的电流通路。

这里所说的元器件是工程意义上的。工程上元件是指构成电路的基本单元,它们具有相对单一的功能。基本的电路元件有:电阻器、电容器、电感器等。器件则是指能够独立起控制变换作用的单元,常由几个元件组合而成,有时也指相对复杂的元件,如运算放大器等。多个元器件的合理互连形成电设备,多个电设备的有机组合则可形成复杂的电网络或电路系统。而在电路理论中,元器件的含义有所不同,通常元件表示实际元器件的抽象和理想模型,器件则是指实际的元器件。

电路是用来获取、传输和处理电信号和电能的。一个简单的电路例子如图 1.1.1 所示。

图 1.1.1(b)是一个简化的电热水器原理电路。电热水壶接通电源加热后,水温逐步上升到 100 ℃,水开始沸腾,蒸汽冲击蒸汽开关上面的双金属片(如图 1.1.1(c)所示),由于热胀冷缩的作用,双金属片膨胀变形,顶开开关触点断开电源。电路中的防烧干开关则是一种安全保护装置,由电路中的温度传感器控制。当水烧干后温度会超过 100 ℃,这时温度传感器会将电路断开。简单的温度传感器也是类似图 1.1.1(c)的双金属片结构。当然,利用不同的温度传感控制电路,还可以将防烧干开关改为保温开关等。

AC 220V 作为电能的提供者,加热电阻丝作为电能的消耗者,两个开关与限流电阻及指示

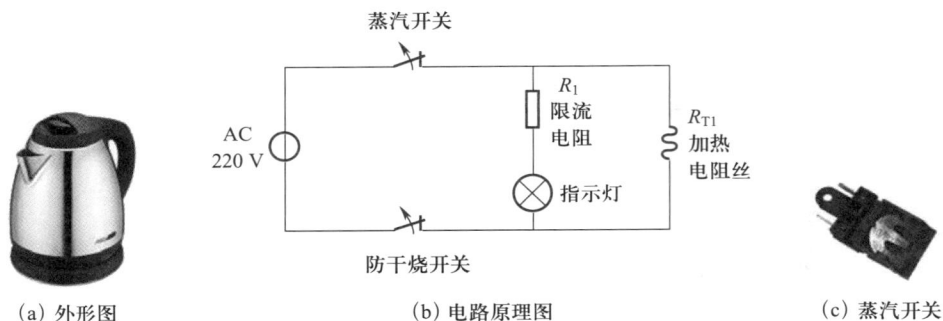

图 1.1.1　电热水器实物与电路原理图

灯共同形成了电流流通的线路。一般的实际电路均可认为是由电源或信号源、负载以及形成电流闭环的线路组合构成,故工程上也将电路的组成解释为电源、负载和中间环节的有机组合。

通常电源或信号源提供的电信号也称为激励或输入,而负载上的电信号也称为响应或输出。电源与负载、激励与响应、输入与输出是分析电路时关注点不同而采用的不同叫法。例如,关注电路结构组成时,常使用电源与负载;关注系统特性时,常使用激励与响应等。电路的作用就是利用有效的电源做激励,通过有效的线路构成使负载得到合理的响应。

电路是典型的工程技术概念,是人们利用电的良好物理特性解决能量传输与信息处理问题的重要的技术手段和工程创造。实际电路及元器件千差万别,在分析电路原理或设计功能电路时需要使用工程手段,利用统一、规范的科学或技术标识,分层次表示电路的不同形态和组成,以便技术交流。于是就有了实际电路图、电路原理图和功能框图等多种电路表现形式。例如电路原理图是一种用电路元件符号表示电路连接的示意图,是用物理电学标准化的符号绘制的一种表示各元器件组成及器件关系的原理布局图。如图 1.1.1(b)所示就是大家熟知的电路原理图形式。各类电路图既可以按规范手工绘制,也可以利用计算机电路绘图软件或仿真软件进行绘制。本书只涉及电路原理图,简称为电路图。

电路图中包括元件符号、连线、节点、注释等元素。元件符号表示实际电路中的元件,大多能反映出元件的特点,且引脚数目一般会与实际元件保持一致。但其形状未必与实际元件相似,甚至完全不同。图 1.1.2 展示了几种常见的电路元件及其符号。连线表示的是实际电路中的导线,在电路图中虽然是一根线,但在实际电路中却有各种形式。例如在常用的印制电路板中往往不是线而是各种形状的铜箔块,就像收音机电路图中的许多连线在印制电路板图中并不一定都是线形的,也可以是一定形状的铜膜。节点表示几个元件引脚或几条导线的汇合点。所有和节点相连的元件引脚、导线,不论数目多少,都是导通的。电路图中所有的文字都可以归入注释一类。它们被用来说明器件的型号、名称、量值大小等。

一般来说,电路的功能越强大,电路的组成结构就越复杂。工程上常把这类复杂电路结构称

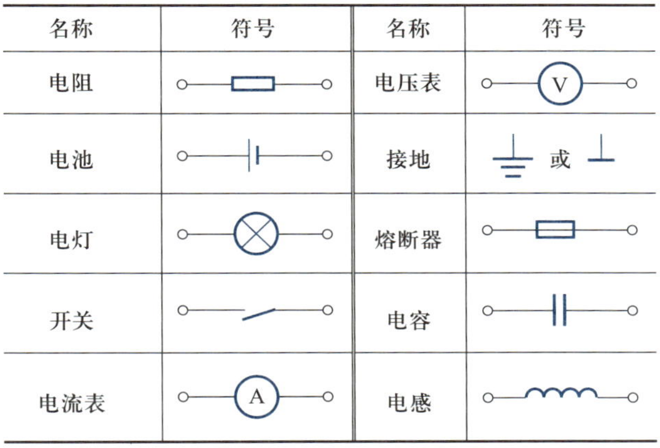

名称	符号	名称	符号
电阻	○—▭—○	电压表	○—Ⓥ—○
电池	○—⊦—○	接地	⏚ 或 ⏚
电灯	○—⊗—○	熔断器	○—▭—○
开关	○—╱—○	电容	○—╢╟—○
电流表	○—Ⓐ—○	电感	○—〰—○

图 1.1.2　几种常用的电路元件及其符号

为电网络或电路系统。按照系统的观点,一个电路系统可以分为若干子系统,子系统又可以分为若干单元电路,而每一个单元电路都符合上述电路的基本定义。也就是说,在复杂电路系统中,某些子系统的激励是其他子系统的响应,某些子系统的响应也可以是其他子系统的激励,如此就可以构成功能强大、结构复杂的综合电路系统。§1.5后的拓展阅读(【知识链接】电子系统构成与部分功能单元电路简介)中介绍的导波雷达系统就是一个典型的综合电路系统的例子。我们常常用方框图来表示复杂电路的整体结构及子系统之间的构成关系,而用电路原理图来分析各子系统内部单元电路的原理及功能。

单元电路是能够完成某一电路功能的最小电路单位。如某一级控制器电路,或某一级放大器电路,或某一个振荡器电路、变频器电路等。从广义角度上讲,一个集成电路模块的应用电路也是一个单元电路。而单元电路图是分析整个系统工作原理的过程中,首先遇到的具有完整功能的电路图。

由于单元电路图主要是为了分析电路系统某特定部分的工作原理而单独画出的电路,故在图中会省去与该单元电路无关的其他元器件和有关的连线、符号等,并会对与系统其他部分连接的端钮加以简化,描述成输入端、输出端或虚拟激励、负载的形式。这样单元电路图就显得比较简洁、清楚,人们在分析时不会受到电路其他部分的干扰。

【工程拓展】各种类型的电路图

工程技术中的电路图有原理图、方框图、装配图和印制电路板(PCB)图等多种形式。电路分析时使用的电路模型,就是一种简化的原理图形式,本书中的电路图就属此类。而产品设计及工程应用中,则会用到其他几种电路图形式,不同的图有着不同的功用。

几种电路图中,电原理图是最基础也是最重要的。能够看懂原理图,也就基本掌握了电路的原理。绘制方框图,设计装配图、印制线路板图等就相对容易。同时,掌握了原理图,进行电器的维修、设计也十分方便。因此,了解及掌握原理图的相关知识是关键。

通常原理图绘制时,应遵循如下规则:

（1）必须用电路符号表示元件,不要用实物图形。

（2）按照元件的连接关系画电路图,元件分布要均匀,不要画在拐角处。

（3）整个电路最好呈长方形,导线要横平竖直,有棱有角。

（4）按照一定的命名规则及序号标识元件,如 R_3、L_2 等。

（5）注意连接处不要形成开路,节点要点好。

请扫码查看详细内容。

【工程拓展】各种类型的电路图

【工程拓展】电子秤的演进

请扫码查看详细内容。

【工程拓展】电子秤的演进

§1.1.2 电路的功能与分类

如前所述,电路的功能主要包括电能的产生与传递,以及电信号的传输与处理。

能源、材料、信息是现代社会发展的三大支柱。而电路相关的技术领域涉及所谓电工领域或称为强电领域,即主要关注电作为能量载体的相关技术领域;以及所谓电子领域或称为弱电领域,即主要关注电作为信息载体的技术领域。另外,电路中各功能器件的性能又严重依赖于其制作材料。可见,电路相关的技术领域与上述现代社会发展的三大支柱全面相关。同时,电路技术既有科学研究长期积累的先天优势,又有技术发展与创新的应用前景。

随着技术的不断进步与分化,电路系统逐步形成了电气系统、电子系统、微电子系统等不同的细分研究领域。为应对电学知识的爆炸式增长,各高校也将电学相关的专业细分为电气、控制、电子、通信、信号处理、微电子等学科专业。但电路原理作为整个电路系统的基础理论,是上述各专业共同的核心基础知识。作为电子信息类专业的教材,本书更关注电路在信息传输与处理系统中的应用。

信息技术是 21 世纪的第一生产力,掌握信息,就能赢得未来。信息的传输与处理是电子信息工程研究的主要内容之一,而电路则是电信息传递与加工的载体与平台。为准确理解和全面把握电路的地位和作用,可以将电路进行不同的分类。例如:依据因信号的连续或离散特性而对信号进行处理的技术手段不同,分为模拟电子线路与数字电子线路;依据信号的主要工作频率不同,分为低频电路、高频电路及微波电路;依据电路的具体作用与功能不同,分为传感电路、放大电路、控制电路、信息处理电路、通信电路等。不同的分类显然有交叉重复的部分,这也说明了电路在信息传输与处理系统中广泛的应用性和重要地位。

就本书而言,所有的概念、理论和方法都是基于集总参数电路的。也就是说,本书的内容只针对集总参数电路的分析问题。集总参数电路是与分布参数电路相对应的概念,它们是依据电路中最高频率信号的波长与设备尺寸的相对大小而划分的,下一小节将进行具体介绍。关于分布参数电路的理论,将在"通信电路""微波技术"等后续课程中学习。同时,本书主要关注连续信号,也就是模拟电路相关基础知识的学习。有关数字信号的内容,由后续"数字与脉冲电路"或"数字电子技术基础""单片机原理及应用"等课程进行介绍。本书只在下一小节介绍数字抽象的基本概念。

根据先易后难、先简后繁的学习规律和特点,本书按照下述分类对电路进行讲解。

依据激励形式不同分为直流电路与交流电路,先直流后交流。

依据元件特性不同分为静态电阻电路与动态电路,先静态后动态。

依据电路拓扑复杂性分为单端口网络与二端口网络,先单端口后二端口。

依据动态元件工作时段不同分为暂态电路与稳态电路,先以直流激励为主介绍暂态,后以正弦激励为主介绍稳态。

上述分类也存在交叉,分类的依据主要关注电路各组成元素的不同特点和应用属性。

此外,还可依据被处理信号的可叠加性质以及组成电路的元件是否具有线性特性,将电路分为线性电路与非线性电路,根据电路的时变与时不变特性将电路分为时变电路与时不变电路等。相关的概念和理论将在后续章节以及"信号与系统"等课程中详细介绍。实际的电路都是因果系统,按此分类,本书所涉及的电路主要是具有线性时不变性质的因果系统,对非线性电路的线性化分析处理只略有涉及。

由此可见,"电路"一词,既是一个有着简单清晰定义的物理概念,又是一个有着丰富功用的工程实体,还是一个分类复杂、应用广泛的技术领域。

§1.2 电路抽象

自然世界千姿百态,万千事物均以各自的生存法则安身立命于大自然。人造工程只有遵循相应的自然法则,才会与大自然和谐共生。实际元器件及电路的特性受到复杂电磁环境多种因素的影响,表现出极其复杂的混合特性。例如,电阻器,在低频时主要是消耗电能,但在高频时除消耗电能外,还储存一定的电场能,这是由寄生电容引起的。同时又有电感储存磁场能的电磁特性,这与器件的制造工艺密切相关。完整而准确地描述电阻器实际电磁特性的物理学理论基础是电磁场理论。但显然在各种场景中都用电磁场理论分析电阻器的应用问题会显得非常繁琐。因为许多情况下,例如直流激励时,电阻器表现的主要电磁性能也仅仅是耗能。因此,需要一种科学的方法来简化分析,以抓住事物最本质的特征。在人类认识世界的过程中,最基础的认知方法之一就是所谓的抽象。抽象是数学最本质的思想方法之一。数学中的抽象舍弃了事物的其他许多方面而仅保留数量关系和空间形式。在某种意义上,数学的抽象是"纯粹意义上的抽象",而数学的概念和运算法则就是在现实生活中通过抽象得到的。当然,抽象方法不是数学的专利,在科学研究和技术创新领域,抽象思维和方法也是最重要的认知手段之一,是更深刻、更全面地认识及改造客观世界的方法。

【思维训练】科学思维及方法之抽象

抽象是从众多的事物中抽取出共同的、本质性的特征,而舍弃其非本质的特征的过程。具体地说,抽象就是人们在实践的基础上,对于丰富的感性材料通过去粗取精、去伪存真、由此及彼、由表及里的加工制作,形成概念、判断、推理等思维形式,以反映事物的本质和规律的方法。抽象的目的是抓住主要问题和现象,忽略次要问题和现象,简化问题的分析复杂度。

抽象是和概括联系在一起的,那些通过抽象分离出来的本质属性,经过概括把概念属性作为整体在思维中再现出来,推广为同类事物的本质属性。比如,电阻这一概念就是消耗电能的属性度量,而实际的各类电阻器则是在工程实践中科学技术人员的创造产物。

以数学中的抽象为例,史宁中教授将数学抽象分为三个阶段。

简约阶段:把握事物的本质,将繁杂问题简单化、条理化,使其能够清晰地表达。

符号阶段:去掉具体的内容,利用概念、图形、符号、关系表达包括已经简约化了的事物在内的一类事物。

普适阶段:通过假设和推理建立法则、模式或者模型,并能够在一般意义上解释具体事物。

抽象使人们忽略了被研究对象的许多特性,如尺寸、形状、密度和温度等。这些性质对于研究对象在所关注的应用中并不起实际作用,或者不起主要作用。

还是以电阻器为例,若认定其主要电磁效应是耗能,就忽略其他的电磁效应(简约),如储能。然后用抽象的理想元件电阻 R 来表征它(符号),最后经过实验及分析推导,得到了线性电阻遵循的普遍规律——欧姆定律(普适)。

从逻辑思维意义上说,抽象是从感性认识出发,通过分析和比较,抽取出某一类事物的共同点,忽略它们差异性的内容和联系,再经过综合与概括得出简单的、基本的最本质属性的过程。分析、比较和综合是抽象的基础,没有分析、比较和综合就找不到事物的异同,也不能区分事物的本质属性和非本质属性。抽象的具体过程千差万别,但都包括如下基本过程:分离、提纯、简略。

分离是指暂时不考虑研究对象与其他各个对象之间的各种联系。分离本身就是一种抽象,它是抽象的第一步。例如,研究某事物的物理现象,就忽略其化学、生物、社会等现象,只把特定的物理现象从总体现象中抽取出来。

提纯是指在思维中排除那些模糊的基本过程,以及忽略非本质因素,在纯粹状态下对研究对象的性质和规律进行考察。提纯是抽象过程中最关键的一步。

简略是指对提纯结果做必要的处理,即对研究结果的一种简单化表达方式。简略也是一种抽象,而且是抽象过程中一个必要的环节。

§1.2.1 电路的抽象与工程近似

实际电路包含了多种表象,利用抽象思维和方法得到理想化电路模型,再利用电路模型来分析具体的电路特性,这就是电路的抽象。这一过程必须考虑工作条件,并按不同准确度的要求,把给定工作情况的主要物理现象及功能反映出来。用理想电路元件或它们的组合模拟实际器件就是建立电路模型。例如,低频时就使用电阻模型表征电阻器,而高频时,利用电阻模型以及表征储存电场能特性的电容模型,表征储存磁场能特性的电感模型的组合来描述电阻器的高频特性。而到了微波频段,还可以用分布参数模型。又如实际线圈,直流时用单一电阻模型表征即可,中低频时可用理想电感与电阻的组合模型表征,高频时则需要电容、电感与电阻的有机组合才能准确地表征其高频特性。

关于电路抽象的具体操作,可参考清华大学李国林老师谈及电路抽象时提及的电路抽象三个原则[①]。

离散化原则:离散就是可数。用有限抽象无限,用少量抽象多量。

极致化原则:留大弃小,追求完美。即忽略细枝末节,仅关注重要信息。

限定性原则:所有电路模型都有其适用范围。例如,集总参数电路模型与分布参数电路模型。

依据上述原则,抽象出来的电路模型反映了实际电路最重要、最本质的特征。在工程设计领域,与抽象概念密切关联的一个观点和方法则是工程近似与简化。其基本特征是在一定的工程适用范围内,满足规定的误差要求的前提下,用近似与简化的数学或物理模型描述实际工程问题。例如,将接近线性的函数看成线性函数,影响很小的物理现象忽略不计,将变化幅度很小的事物看成恒定不变等。进行这样的操作是由于工程技术上需要综合考虑可实现性与代价,即需要平衡功能的可实现性、性能的合理性、成本的经济性等因素。

本书中,集总参数电路假设,理想运放的虚短、虚断分析,非线性电阻的分段线性化,暂态电路中暂态过程的持续时间,非正弦周期函数的傅里叶级数展开式的截取等许多内容,完美诠释了工程近似与简化观点和方法的重要性。

§1.2.2 集总假设抽象——从电磁场到电路

简单来说,集总参数电路模型是由集总元件构成的电路模型。集总元件则是假定发生的电磁过程都集中在元件内部进行的元件,这类元件是由所谓理想元件描述的。理想电路元件是对实际电路元件各种电磁现象的抽象,它只描述单一的电磁现象,忽略掉了一些对分析问题不重要的因素。如仅用电阻元件描述电能的消耗,用电容元件描述电场能的存储,用电感元件描述磁场能的存储等。这就是元件抽象。如前所述,可以用理想元件的组合描述实际器件的综合电磁现象。集总假说抽象隐含的另一类抽象则是线路的理想化,即集总参数电路是由理想元件和理想导线组成的,理想导线没有任何电磁现象,只是电流的流通线路。

集总参数电路是可以用电路理论,而不必用电磁场理论研究电路特性的物理系统。而能够用电路理论处理的电磁场问题一定都是可定义端口的电磁问题。换句话说,可定义端口是电路模型可以自电磁场关系中被抽象出来的必要条件。可定义端口是指可以用端口电压 $u(t)$ 及端口电流 $i(t)$ 完全表述端口的电特性。

集总参数电路中 u、i 可以是时间的函数,但与空间坐标无关。而分布参数电路中 u、i 既是时间的函数,也是空间的函数。

[①] 参见主要参考书目[2]。

【知识链接】集总参数电路与分布参数电路

实际电路可分别用集总参数电路模型和分布参数电路模型来抽象,划分以电路及元器件的实际尺寸(d)和工作信号的波长(λ)之间的关系为依据。

1. 集总参数电路

满足 $d \ll \lambda$ 条件的电路称为集总参数电路。其特点是电路中任意两个端点间的电压和流入任一器件端钮的电流完全确定,与器件的几何尺寸和空间位置无关。即电路的所有参数,都集中于空间各点的各个元件上。各点之间的信号是瞬间传递的。这是一种理想化的电路模型。

这类电路中电路元件的电磁过程都集中在元件内部进行。这类电路元件是由所谓理想元件及其组合来描述的。

对于集总参数电路,由基尔霍夫定律唯一地确定了电路的结构约束,即元件间的连接关系决定了电压和电流必须遵循的一类关系,结构约束又称为拓扑约束。

集总参数的性质:集总参数模型中电路的各变量与空间位置无关,所建立的数学模型,对于稳态模型,其为代数方程,对于动态模型,则为微分方程。

2. 分布参数电路

不满足 $d \ll \lambda$ 条件的电路称为分布参数电路。其特点是电路中的电压和电流是时间的函数而且与器件的几何尺寸和空间位置有关。

换言之,必须考虑参数分布性的电路,称为分布参数电路。典型的分布参数电路是由波导或高频传输线组成的电路。

分布参数的性质:分布参数模型中至少有一个变量与空间位置有关,所建立的电路模型对于稳态模型来说,是以空间为自变量的常微分方程,对于动态模型则是以空间及时间为自变量的偏微分方程。组成电路模型的元件,也都是能反映实际电路中主要物理特征的理想元件,如用理想导线和理想元件组合描述传输线的特性。

【知识链接】电磁场理论到电路理论

扫码查看详细内容。

【知识链接】
电磁场理论
到电路理论

§1.2.3 端口抽象——用网络参数描述电路系统

从电路元件抽象的概念可知,电路分析方法是只研究元件端钮上的外部特性如端端电压 U、端钮流过的电流 I 以及部分或整体消耗的功率 P,并不考虑元件内部具体的电磁效应。推而广之,对一个复杂电路系统或称为电网络,只研究各部分也就是子系统或单元电路之间的连接关系和特性,即各部分连接处的电压电流关系,不考虑单元电路内部具体的电特性,这是电路系统分析方法的显著特征。实际上有些电路甚至不知道其内部结构,俗称黑盒子,也就无法分析其内部特性,由此引出了端口的概念。

电路系统中的端口概念可以这样描述:一个端口由一对端钮组成,但不是任意两个端钮都能形成一个端口。端口必须满足从一个端钮流入的电流等于从另一个端钮流出的电流这一端口条件。端钮常称为端子。

为把握某个元件或支路的电压电流关系,将一个二端元件或支路从电路中分离,研究其端钮构成的端口(为什么?)特性,这就是端口抽象的典型应用之一。这种电压电流关系亦常称为伏安特性或伏安关系,用图形表示时,称为伏安特性(或关系)曲线。

显然,将一个二端元件从电路中分离后,电路的剩余部分构成了一个仅含一个端口的网络,称为单端口网络,也称为单口或一端口网络。单端口网络可以进一步等效与简化,目的是方便端口处的伏安特性分析。如无独立源网络求等效电阻,有独立源网络求戴诺等效电路等,这是本书的重点内容之一,将在"电阻电路的分析"等后续章节中学习。

工程实际问题中,遇到的往往是所谓的复杂电路。如前述,按照系统分析的方法需要对复杂电路"分而治之",即将其合理划分成子系统的组合,子系统还可以继续划分成单元电路的组合等。为把握全局,在系统整体分析时往往只关注各子系统之间或单元电路之间的连接关系。将连接处抽象出来形成端口,这样就能满足电路的连接约束条件。例如,输入端口或输出端口,并只关注端口上的电压电流关系,这是端口抽象的另一个典型应用。

而在划分一个复杂电路时可能会出现两个单端口网络,通常一个是激励模型,一个是负载模型,与一个具有两个端口的子网络连接的情况,如图 1.2.1 所示。称此子网络为二端口网络,也称为双口网络。二端口网络通过两个端口与外部电路连接,如实际工程中的前置放大器。前置放大器将接收的弱小输入信号放大后送入下一级放大或处理。还可以从理论分析的角度将一个电路按组成部分的性质或类型不同进行划分:如线性与非线性,动态或纯电阻,无源或含源等,以利于用不同的方法进行简化分析。

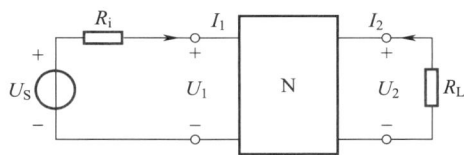

图 1.2.1 二端口网络示意图

同理还可以定义所谓多端口网络。例如,多个二端口网络有效互联即可以形成多端口网络。基于单端口网络和二端口网络的基础性地位以及授课学时,本书更关注这两种端口网络,并将在后续章节中分别进行详细介绍。

定义端口的一个好处是分析时可以有效简化电路结构,忽略那些不需要分析的电路细节,而仅用网络参数来描述其端口特性;或者用所谓等效的方法,利用简单的电路结构等效替换复杂的电路结构而不改变与外电路连接的端口参数,方便对外电路或某特定部分进行分析。定义端口的另一个好处是工程实践中可以将复杂电路系统合理分解成多个子系统,然后分工合作。只要所有团队成员均按照事先约定好的端口技术指标设计,就可以高效率、高质量地完成任务。

§1.2.4 数字抽象——用数字信号替代模拟信号

如§1.1.2 所述,电路系统依据因信号的连续或离散特性而对信号进行处理的技术手段不同,分为模拟电路与数字电路。上述电路抽象主要是针对模拟电路的。在模拟电路中传输和处理的电信号都是模拟的,也就是信号在时间域上是连续的,信号的幅度通常也是连续变化的。模拟信号在模拟电路中传输和处理时遇到的最大挑战是信号受外部干扰产生失真后不容易恢复。

而在数字电路中,传输和处理的电信号是数字的,是通过"数字抽象"将电路的信号值做"逻辑电平"(logic level)简化后在数字电路中传输和处理,数字信号在幅度和时间上都是离散的。数字电路的一大特点就是抗干扰能力强,同时,将信号的产生、传输和处理数字化,可以运用计算机强大的功能高效处理电路设计和应用问题。

如果需要数字电路处理模拟信号,则需要模数(AD)转换器件和数模(DA)转换器件。

更多关于数字抽象及数字电路的内容,将在"数字电路"等后续课程中详细介绍。

【知识链接】
数字抽象及
数字电平的
静态约束

【知识链接】
AD 转换与
DA 转换

【知识链接】数字抽象及数字电平的静态约束

扫码查看详细内容。

【知识链接】AD 转换与 DA 转换

扫码查看详细内容。

§1.3 电路分析与电路综合

分析与综合原本是逻辑学的术语。**分析**是把事物或对象由整体分解成各个部分或属性来研究,即由整体到部分。而**综合**正相反,是把事物或对象的各个部分或属性有机联合为一个(新的)整体,即由部分到整体。

分析与综合也是两种常见的研究方法。在哲学、数学及工程技术方法中都有它们的身影。具体就电路系统而言,分析是指电路的激励和整体(或部分)构成已知,按需要求解各个支路的电压或电流响应;而综合则是指电路既定的激励和响应已知,需要构造满足既定要求的电路结构以及特定元件的参数大小。显然综合的过程就是电路设计的过程,进而产生一个具有新的功能的电路系统。

辩证逻辑把分析与综合看作是认识过程中相互联系着的两个方面,并把它们作为一种统一的思维方法。综合不是各个电路构成要素的简单相加,综合后的电路应具有新的机理和功能。综合的结果往往产生新的设计成果。电路综合是在电路分析的基础上进行的,把分析过的部分电路,依据其属性有机组合成为一个新的整体电路,具有明显的创新特性。分析与综合相互促进推动着电路技术不断迈向新的阶段。

§1.3.1 电路的变量与参数

描述电路特性的变量和参数有很多,由电磁学可知最常用的如下所示。

变量:电压(U)、电流(I)、电荷(Q)、磁链(ψ)、功率(P)、能量(W)等。其中,最基本的变量是电压和电流。

参数:电阻(R)、电导(G)、电容(C)、电感(L)、互感(M)、变压比(n)等。

通常,参数描述了电路中元件的特性,由参数名即可看出它与元件的关系,很多参数和元件甚至是同名的。而变量则用来描述电路的整体性能和细节特征。从数学及物理意义上讲,电路分析就是利用已知的元件参数和自变量求解某支路因变量的过程,以解析响应与激励之间的数学关系,即数量或函数关系;或者物理关系,即逻辑或关联关系。

§1.3.2　电路分析方法简介

一般来说,可以将电路分析分为定性分析与定量分析两大类。定性分析主要关注电路变量的发展趋势和整体相互关系以及电路性能所蕴含的物理意义。常见的定性分析如求解非线性电阻电路特性的图解法,正弦稳态电路分析中的相量图法等。定量分析则是受元件约束和拓扑约束的电路变量之间精确数量关系的表述与求解。通常就是列写各种数学关系方程并求解。

电路常见的定量分析方法根据关注点不同有着不同的分类。例如,以电路的元件特点分类为电阻电路分析和动态电路分析。

针对电阻电路可分为:

(1)系统分析法,包括支路法、节点法、回路法或网孔法等。系统分析方法直接应用电路的两个约束条件,即拓扑约束和元件约束,来分析电路各个支路的响应,对把握电路的整体性能很有帮助。具有类似性质的还有特勒根定理,它是对整个电路功率特性的约束。

(2)简化分析法,即等效变换方法及应用电路定理来求解。电路的系统分析方法通常不改变原有电路结构,一次可以求解多个量。如果只关注某个特定支路的变量,则可以采用等效变换分析方法,或电路定理来求解,如叠加、替代、戴维南和诺顿定理等。其基本思想是保留待求量所在支路,将待求量所在支路之外的电路简化为最简形式。例如,化简为实际电压源或实际电流源形式,即戴诺模型,以求解支路负载能获得的最大功率。

针对动态电路可分为:

(1)暂态分析方法。分析动态电路的暂态特性时,可以采用时域经典法,即输入-输出方程描述方法,时域卷积分析法和复频域分析法。本书只涉及时域经典法和复频域分析法。此外,状态变量描述法也是常用的分析动态电路的定量求解方法,本书略有涉及。

(2)稳态分析方法。分析动态电路的稳态频域特性时,最常采用的方法是相量法,也称为符号电路法。它是利用变换域思想,在电路系统中主要是时域与频域的相互变换即时频变换,分析求解正弦稳态电路、三相电路及非正弦周期电路的交流稳态特性的法宝。在"信号与系统"课程中,大家还会学到更多的变换域方法,如频域的傅里叶变换、复频域的拉普拉斯变换以及离散域的 z 变换等。毫不夸张地讲,变换域方法是电子信息工程类专业最重要的分析方法之一。

从工程角度看,常用的工程化方法在电路分析中也得到了充分的运用。例如模型、等效、简化、近似等方法。模型与近似自不必说,电路分析的基础和对象就是抽象近似后的元件及电路模型。此外,李瀚苏先生也曾经总结过电路分析的三大经典方法:一是叠加方法,二是分解方法,三是变换域方法。叠加性是线性系统的重要性质,电路分析中的叠加定理是对线性电路系统中复杂激励组合最有效的等效与简化分析方法之一。而替代定理、戴维南和诺顿定理则是分解方法的典型代表,它们将复杂结构分解并化简等效为易于分析的简单结构。变换域方法更是分析电路和系统的重要方法。

"工欲善其事,必先利其器",要充分认识到方法对分析问题和解决问题的重要性。凡事都要遵循规律,讲究方式、方法。从宏观的角度看,哲学方法、数学方法指导我们认识和理解世间万物的本质及相互联系;科学方法、技术方法及工程方法则指导我们利用科学原理和技术手段改造自然和创新事物。从微观的角度看,科学研究与技术创造的规律和方法告诉我们分析问题时总是由浅入深、由易到难、掌握规律、拓展应用。例如,我们总是从与人体规模相当的尺度开始研究问题,然后深入到巨型化、微型化尺度领域。人类首先认识到自身大小尺度的物体间相互作用主要是电磁力作用的结果;然后论证了天体、宇宙尺度的物体间相互作用主要是万有引力作用的结果;又发现分子、原子间相互作用主要是核力作用的结果⋯⋯

同其他技术领域一样,分析电路系统时,方法的选择也是十分重要的。因为任何方法都有其适用性及局限性,要深刻理解方法的使用技巧和适用范围。

例如在利用节点电压法分析电路问题时,就要求描述元件约束的方程必须是压控的,即可以用电压单值地表述电流,否则无法有效处理。如理想电压源是流控型元件,无法表述为压控形式,因此节点电压法无法处理恒压源支路,需要改进或修正。例如添加支路电流作为变量,或者改用回路电流法进行分析求解。又如,回路电流法要求描述元件约束的方程必须是流控的,无法直接处理压控型元件,如理想电流源支路。再如,叠加定理只适用于线性电路等。这些使用技巧都会在后续章节中详细学习和巩固提高。

【思维训练】电子工程与计算机科学发展之路

请扫码查看详细内容。

【思维训练】
电子工程与
计算机科学
发展之路

§1.4　数学和物理对电路分析课程的支撑作用

科学思维要求我们要去除表象、抓住本质,对问题进行抽象与概括。数学和物理的研究方法就是这种思维方式的典型体现。工程学科则以现有的数学理论及物理学理论为基础,进行针对性的研究与创造。电路系统当然也不例外。

首先,数学是一门"研究数量关系与空间形式"即"数"与"形"的学科。数学的基本特征一是高度的抽象性和概括性;二是精确性,即逻辑的严密性及结论的确定性;三是应用的普遍性和可操作性。

数学也是一门应用非常广泛的学科。伟大的数学家华罗庚曾经说过:"宇宙之大,粒子之微,火箭之速,化工之巧,地球之变,生物之谜,日用之繁,无处不用数学。"这是对数学作为基础学科的全面阐释。

数学为其他学科提供了语言、思想和方法,是一切重大技术发展的基础。数学在提高人的推理能力、抽象能力和创造力等方面有着独特的作用。数学帮助人们探求客观世界的规律,为人们交流信息提供了一种有效、简洁的手段。

数学为学习者提供了两个层面的知识。第一个层面是这个学科非常具体的内容,比如数学公式、解题技巧。这类东西通常可以被写在教科书上,也容易用语言描述出来,可以称之为"显性知识"。数学中的求解线性代数方程、求解微分方程、傅里叶变换等就是电路分析的基础知识。

第二个层面是在学习这个学科的过程中带给学习者的影响或者潜移默化学到的一些思维方式、思维习惯或者其他一些微妙的"潜意识"。这类东西一般很难用语言表述出来,甚至很多人在体会和掌握了这些方式、习惯及意识之后,并不会意识到自己已经"学会了"它们。这类知识,一般可以称之为"隐性知识"。而往往这些知识对人的分析问题和解决问题的能力具有更加重要的作用。比如,数学中的分解、转化、抽象思维能力等,在电路分析中具有十分重要的地位。

同样,物理学作为自然科学中的基础性学科,它所具有的性质特征也影响着电路理论的学习和实践。

物理学的理论和实验揭示了自然界的奥秘,反映出物质运动的客观规律。其理论的可预测性,实验的精巧性也为工程学科的研究和创造活动提供了真理性和科学性的依据和方法。物理学的和谐统一、简洁、对称等特性既显示了自然的美与和谐,又呼应了数学中的简洁明快,同时还揭示了世间事物发展变化或客观规律的对称性,而不仅仅是形状与外形的简单相称。

神秘太空中天体的运动,在开普勒三定律的描绘下,显示出和谐有序的场景。物理学上的几次大统一,也显示出美的感觉。牛顿用三大定律和万有引力定律把天上和地上所有宏观物体的运动规律进行了统一;麦克斯韦电磁理论的建立,使电和磁实现了统一;爱因斯坦质能方程将质量和能量建立了统一;光的波粒二象性理论实现了粒子性与波动性的统一;爱因斯坦的相对论又把时间、空间进行了统一。

物理规律的数学语言,则体现了物理的简洁明快性。如牛顿第二定律,爱因斯坦的质能方程,法拉第电磁感应定律等。

物理学中各种晶体的空间点阵结构、竖直上抛运动、简谐运动、波动镜像对称、磁电对称、作用力与反作用力对称、正粒子和反粒子、正物质和反物质、正电和负电等表现出物理世界高度的对称性。

这些特性在电路分析中的例子也比比皆是,比如,统一了电路参数的阻抗概念,简洁的欧姆定律,对称性质的对偶原理等,显示出物理学的基础理论地位。

物理学中的基本思想,如对称思想、质变思想、熵增思想、统一思想等;以及基本原理,如能量守恒原理、最小作用力原理、熵增原理等都会显性或隐性地在电路分析中呈现,引导和约束着我们的学习和理解。毫不夸张地说,谁能更早、更深刻地理解数学和物理对工程学科的指导意义和作用,谁就能更快、更好地掌握电路理论和分析方法。

具体来说,在学习电路分析前,学习者应该学习了"工程数学"或"数学分析""线性代数"以及"复变函数与积分变换"等相关课程。掌握了微积分、常微分方程、级数、基本矩阵运算、复数、傅里叶变换等相关知识。学习了"大学物理",特别是电磁学相关的内容。

基础知识的作用是潜移默化、影响深远的,如何强调都不为过。

§1.5 信号、电路与系统

在电子技术领域内,信号、电路和系统是三个相互联系又有区别的基本概念。信号是运载信息的工具,主要涉及电信号及光信号;电路是对信号进行加工、处理的硬件支撑平台;系统则是信号通过的全部电路和设备的总和。三者是相互依存,无法割裂的。为使读者更好地理解"电路"的地位和作用,有必要先对信号及系统的相关概念进行介绍。需要注意的是本节关于信号及系统的概念均仅与电路相关。

§1.5.1 信号——承载信息的电路变量

信息或消息传递需要合适的载体来表现,通常称之为信号。任何一种物理量都可以作为信号来传递信息。比如,音乐既可以用空气振动来表示,也可以用电信号来表示。声、光、电都是典型的信号,而使用电信号的好处是电信号与非电信号可以方便地转换。所谓电信号,一般指随时间变化的电压或电流,或电容中的电荷、线圈中的磁通以及空间的电磁波等,物理学告诉我们这正是电磁学研究的基本变量。

在数学形式上,一般把信号作为时间或空间的函数来表示。比如可以把电压写作 $u(t)$。也可以是二元函数,比如把一幅图片用二维点阵表示,每个点的亮度为 $f(x,y)$。在"电路分析"及"信号与系统"这两门课里学的信号一般都是以时间为自变量的电信号。

信息通过电信号的形式传递、处理时,需要大量的具备各种功能的元器件、部件或子系统组成的从基本单元到复杂系统的电路支撑,以适应不同类型电信号的传输和处理从而完成相应的功能。显然,不同类型的信号具有不同的应用特点和相应的描述方式。

1. 信号的分类

信号的分类可以是多种多样的,如常用信号和特殊信号。常用信号包括直流信号、阶梯信号、指数信号、正弦信号、复指数信号等;特殊信号如斜变信号、阶跃信号、冲激信号等。通常我们会给电路系统施加一个特定的激励信号,然后通过分析系统的响应来研究系统的特性。信号的选择除了要有利于上述要求的传输和处理的有效性及方便性,还要能揭示电路的基本规律及功能特征。因此在电路分析中,除了实际存在的信号如直流信号、正弦信号、指数信号,还会使用一些实际并不存在的所谓理想信号来分析电路性能。

例如,在分析动态电路的时域特性时,常用阶跃信号,如图1.5.1(a)所示,分析系统输出跟踪输入的准确性与快速性,如上升时间、调节时间等性能。而通过给系统施加冲激信号,如图1.5.1(b)所示,来判断系统的稳定性。

那为什么非得用阶跃信号和冲激信号呢?用斜坡信号、加速度信号、正弦信号不行吗?

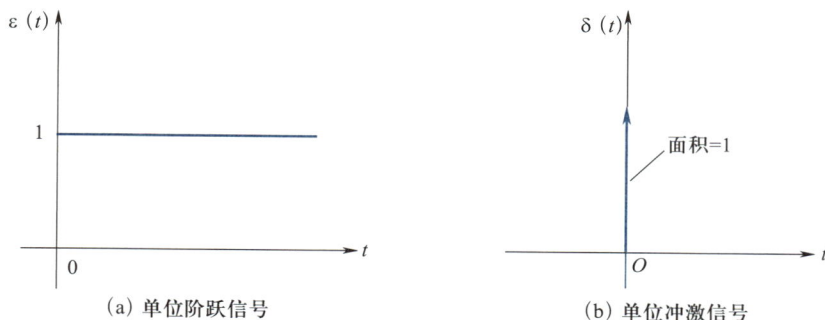

图 1.5.1 单位阶跃信号和单位冲激信号

　　当然不是,选择阶跃信号是因为它最具有代表性。相比阶跃信号,别的信号时间上是光滑的,变化缓慢。阶跃信号时间上是跳跃的,变化时间短、幅度大。因此对系统的阶跃响应进行分析,可以揭示电路系统的性能特征。同时,可以认为阶跃信号在无限长的时间内都可以保持,因此总能量是趋近于无限大的。另外,阶跃信号的平均能量是确定的,而且无论取任何时间段的能量或者取瞬时能量都是一个定值,方便研究。

　　冲激函数则可以用来判定系统的稳定性。以后大家会看到,由于系统的冲激响应的拉氏变换即为系统的传递函数,而如果系统传递函数有极点处于复平面的右半平面上,那么输出信号的时域表达式中就含有正的指数项 e^{at},它会随时间不断增加,导致系统发散而不稳定。此外,相比阶跃响应,冲激信号是一个瞬态过程,其瞬时能量是无限大的,总能量却是一个定值。冲激信号的有限能量会被功耗器件损耗,没有办法保持,但冲激信号的响应可以理解为是非零状态电路系统的零输入响应,对研究过阻尼系统有很大的意义。此外,从线性系统的角度看,任何信号都能用阶跃函数的横向叠加或用冲激信号的纵向叠加表示。

　　另一个重要的信号就是指数信号 e^{at}。指数信号的重要性在于,它是线性常系数常微分方程的特征函数。所谓特征函数,就是如果信号的输出仅是输入乘一个系数,那么这个函数就是特征函数,系数就是特征值。从数学的角度看,系统其实是两个函数之间的关系,而描述两个函数之间关系的工具之一就是微分方程。描述线性时不变系统的微分方程是符合初始松弛条件($t<0$,$y(t)=0$)的线性常系数常微分方程,这种微分方程的解是符合线性特征的。线性常系数常微分方程的解总是指数函数的形式。

　　当然,信号还有其他的分类方式。如:确定性信号与随机信号、周期信号与非周期信号、连续时间信号与离散信号、模拟信号(时间与幅值均连续)与抽样信号(时间离散、幅值连续)及数字信号(时间与幅值都离散)等。这些会在"电路分析"后续课程,特别是"信号与系统"课程中进行详细的介绍。

　　2. 信号的表示

　　电路系统中根据信号及电路的特点会采用不同的描述方式,主要有数学描述(如时间函数式),图形描述(如信号波形即函数图像),频谱分析(即频率的函数描述)等形式。

此外,为揭示一般或复合信号的特性,对信号进行分解也是分析过程常用的表述方法。如将普通信号分解为直流分量与交流分量;偶分量与奇分量,事实上任何信号都可以分解为偶分量和奇分量之和,信号平均功率也等于偶分量功率与奇分量功率之和;实部分量与虚部分量;纵分分量与横分分量,时间上分割的纵分分量即脉冲分量,是将信号分解为冲激信号的叠加,幅度上切割的横分分量则是将信号分解为阶跃信号的叠加;正交函数分量,即用正交函数集表示信号,如信号分解为基波与各次谐波的叠加等。不同的分解可揭示信号不同方面的特征,也为分析系统性能提供方便。如用完备正交函数集表示信号就可以利用数学中的三角函数集、复指数函数集、沃尔什函数集等的特殊性质分析电路,并更好地揭示其物理意义。

既然所有激励信号均可分解为近似冲激信号或近似阶跃信号的叠加,故而根据叠加定理,只要知道了系统对阶跃信号或冲激信号的响应,就可以得到任意激励信号的响应,这种方法就是卷积方法。

冲激响应 $h(t)$ 和阶跃响应 $g(t)$ 还可以表征系统的某些基本性能,如因果系统的充要条件可表示为:当 $t<0$ 时, $h(t)=0$ 或 $g(t)=0$。此外还可以根据 $h(t)$ 判断系统的稳定性。

更多信号方面的知识,将在"信号与系统"课程中详细介绍。

§1.5.2 系统——具有某种功能的电网络

钱学森先生曾经为"系统"做过如下的定义:所谓系统就是若干相互作用和相互依赖的事物组合而成的具有特定功能的整体。它的概念非常宽泛,涵盖了自然、人工、社会等各个领域。仅电子信息领域就包括通信系统、控制系统、计算机系统以及多个系统组成的更为复杂的综合系统等。其工作方式一般是将输入信号加载在电路上,经过电路的处理,输出希望得到的信号。

系统可以看作一个黑匣子,把一个信号放进去,就转化成了另一个信号。用数学语言来表示的话,系统就是从输入信号到输出信号的一个映射, $y(t)=T\{f(t)\}$。

为更好地理解和掌握系统的工作机理和功能特征,需要对不同性质的系统进行分类并建立有效的系统模型。所谓系统模型是系统物理特性的数学抽象,以数学表达式或具有理想特性的符号组合图形来表征系统特性。系统模型的建立是有条件的,如频率高低、尺度大小等。同一数学模型可以描述物理外貌(如电路结构)完全不同的系统。

简单的静态系统的数学模型一般是一组线性代数方程。较复杂的动态系统,其数学模型可能是一个高阶微分方程,微分方程的阶数就是系统的阶数;也可以把这种高阶微分方程转换成一阶联立方程组的形式给出。这是同一系统的两种模型的不同表现形式,前者称为输入—输出方程,而后者称为状态方程。它们是可以相互转换的。

建立模型后,需要分析激励通过模型产生的响应。这个响应是该激励与系统先前储存的能量共同作用的结果。储能的来源是历史激励或扰动在储能元件中的积累。我们不需知道详细的能量演变过程,只要知道激励接入的瞬间即所谓的 0_+ 时刻系统的初始状态即可,这与微分方程求解时积分常数与积分条件的确定相似。

依据关注点的不同,可以将系统分类为连续时间系统与离散时间系统,静态即时系统与动态

记忆系统,集总参数系统与分布参数系统,线性系统与非线性系统等。本教材涉及的电路系统主要是线性时不变因果系统。其中:

线性的定义为,如果系统 T 符合 $T\{ax_1+bx_2\}=aT\{x_1\}+bT\{x_2\}$,那么 T 就是一个线性系统。它的好处是,在同一个时刻,如果用一个系统来处理一个复杂的信号,那么可以把这个信号分解成一些简单的信号,用这个系统处理完以后再合成,分而治之。线性也可表述成具有叠加性与均匀性(齐次性)。

时不变性的定义为,如果 $y(t)=T\{f(t)\}$,且 $y(t-t_0)=T\{f(t-t_0)\}$,那么 T 就是一个时不变系统。它的意思是,把输入信号在坐标轴上移来移去,输出信号也会跟着同步移动,但是形状却不会改变。它的好处是在不同的时刻,均可以找到一个好的方法来表示信号。时不变系统也称为定常系统,可以表述为系统的参数不随时间变化。

线性时不变系统是最容易处理的一种系统。通常实际系统还具有微分性与积分性,即将原输入的微分作为新输入,新输出是原输出的微分,将原输入的积分作为新输入,新输出是原输出的积分。以及因果性,即 $t<t_0$ 时系统的激励为零,则 $t<t_0$ 时系统的响应也为零。

工程中提到的电路、网络与系统都是指电路,一般意义上它们是通用的。如果刻意区分,可以理解为它们的关注点不同:电路强调具体的结构,注重内部特性;系统强调总体性能,注重外部特性。例如,仅由一个电阻和一个电容组成的简单电路,电路分析中注意的是其各支路元件上的电压和电流;而从系统的观点看,可以研究它如何构成微分或积分功能的运算器。而电网络则是复杂电路的别称,更强调连接方式。随着科技的进步,甚至器件都具有了系统的特征,例如著名的系统级芯片(system on chip,SoC)、可编程片上系统(system on a programmable chip,SoPC),从它们的英文名字中就可见一斑。

总之,信号、电路与系统之间有着十分密切的联系。离开了信号,电路与系统都将失去意义,而作为消息的运载工具,信号需要电路或系统来实现传输和处理。

从传输的观点看,信号通过系统后,由于系统的运算作用而使得信号的时间特性和频率特性发生变化,从而产生新的信号。从系统响应的观点看,系统在信号的激励下,将必然做出相应的响应,从而完成系统的运算功能。

电路类型则取决于系统输入与输出的信号类别,即针对系统输入和输出不同类别信号的特点,设计相应类型的电路,而信号类别又取决于系统所要实现的功能。例如,模拟通信系统要求输入、输出信号均为模拟信号,而数字通信系统则要求输入、输出信号均是数字信号。

如上所述,系统的主要任务就是对信号进行传输和处理,分析系统的功能和特性就必然要涉及对信号的分析。信号分析与系统分析关系密切又各有侧重,信号分析侧重于讨论信号的表示、性质、特征,系统分析则着眼于系统的特性、功能。

更多信号与系统的概念和理论,请关注"信号与系统"课程。

§1.5.3 系统一般的分析逻辑和过程

在介绍电路系统分析逻辑和过程之前,回顾一下曾经遇到的机械系统、化学系统等任何系统,虽然所包含的具体知识、内容不同,但是它们之间也有着跨越学科的普适的共通之处,例如它们的系统分析逻辑和分析过程是一致的。其分析过程大致可包括以下五点：

（1）确定要分析的是什么系统。

（2）确定用什么量作为分析这种系统的分析变量。

（3）确定系统的组成。

（4）确定由（1）和（3）所限定的系统应具有的约束条件（或定律法则）。

（5）确定（2）中分析变量的参考方向，以使（4）中矢量形式的分析变量变为标量，从而可以进行定量的数学运算。需要说明的是，以上我们把参考方向的确定放在第（5）点是从逻辑分析的角度来考虑的。从数学计算、简化的角度来说，第（5）点也可以合并到第（2）点中，这样可以使（4）中约束条件（方程）不再需要经过矢量的形式，而直接以标量的形式呈现。

以下将用如图 1.5.2 所示的一个简单的力学系统来说明这一分析过程。

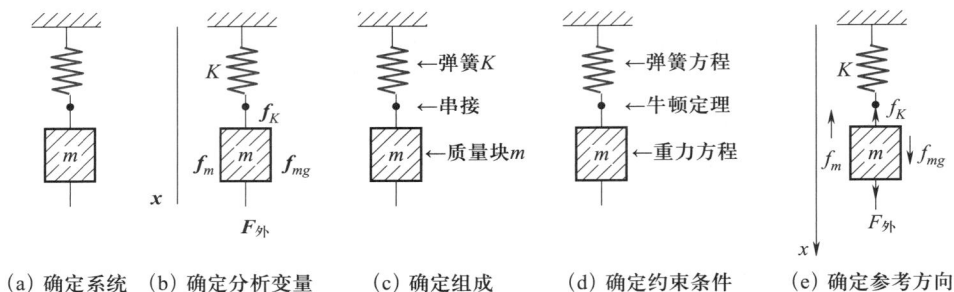

  （a）确定系统　（b）确定分析变量　（c）确定组成　（d）确定约束条件　（e）确定参考方向

图 1.5.2　力学系统的分析逻辑和过程

（1）这是一个力学系统。

（2）一般力学系统的分析变量是力和位移，且一般这些分析变量都是矢量。在此例中，用弹簧力 f_K、质量块重力 f_{mg}、外加力 $F_外$、质量块受的总力 f_m，以及位移 x 作为分析变量。

（3）我们看到，此系统是由一个力学部件"弹簧"和一个力学部件"质量块""串接"而成的。

（4）对于如此构成的一个力学系统，在"串接点"应满足约束条件——牛顿定律，而对于两个力学部件应分别满足约束条件——弹簧方程和重力方程，其数学描述为

    牛顿第三定律：$\boldsymbol{f}_K + \boldsymbol{f}_{mg} + \boldsymbol{F}_外 + \boldsymbol{f}_m = 0$

    弹簧方程：$\boldsymbol{f}_K = K \cdot \boldsymbol{x}$

    重力方程：$\boldsymbol{f}_{mg} = m\boldsymbol{g}$

    牛顿惯性定律：$\boldsymbol{f}_m = m\boldsymbol{a} = m(\mathrm{d}\boldsymbol{v}/\mathrm{d}t) = m(\mathrm{d}^2\boldsymbol{x}/\mathrm{d}t^2)$

（5）可以看出以上通过约束条件得到的方程都是矢量方程，要进行代数运算需要把变量变成标量，为此需要进行变量参考方向的设定。在将分析变量设为如图 1.5.2(e) 所示的参考方向下，以上的矢量方程可变为如下的标量方程。

    牛顿第三定律：$f_K + (-)f_{mg} + (-)F_外 = f_m$

    弹簧方程：$f_K = K \cdot x$

重力方程：$f_{mg} = mg$

牛顿惯性定理：$f_m = m(\mathrm{d}^2x/\mathrm{d}t^2)$

把后三个方程代入第一个方程有

系统运动方程：$m(\mathrm{d}^2x/\mathrm{d}t^2) - K \cdot x = -mg - F_{外}$

根据这个方程，就可得到图 1.5.2 所示的力学系统的所有特性。

需要注意的是：牛顿定理只适合于惯性体系，不适用于速度可跟光速相比拟的体系。所以在使用约束条件时，需要考虑所分析的系统是否属于约束条件所适用的范围。

这个系统分析的逻辑和过程同样也适用于电路系统的分析，可以总结出与上述分析逻辑和过程对应的电路分析中五点具体内容。

（1）本书涉及的是电路系统。

（2）对电路系统的分析，通常采用电流和电压作为分析变量。

（3）电路系统由几部分组成？

（4）电路系统具有什么约束条件（或定律法则）？

（5）如何确定电路系统的电流电压的参考方向？

这就是本书分析电路时遵循的分析逻辑与分析过程。

【思维训练】类比推理

类比推理是科学研究中常用的方法之一。所谓类比就是针对某些性质相同或相似的两个对象，由其中之一所具有的特性推断出另一个也具有相同或相似的特性的一种思维方式。上述的对偶原理就可归为此类思维模式。

在逻辑学上，类比推理是根据两个或两类对象在某些属性上相同，推断出它们在另外的属性上（该属性已为其中的一个对象所具有，而另一个对象尚未发现具有该属性）也相同的一种推理方法，简称为类推、类比。

科学家常根据类比推理得出重要结论。如声和光有不少相同的属性，例如直线传播，有反射、折射和干扰等现象。由此推出：既然声有波动性质，光也应有波动性质。这就是类比推理。

从推理形式上我们知道由部分到整体，个别到一般的推理是归纳推理；由整体到部分，一般到特殊的推理是演绎推理；而类比推理则是由特殊到特殊的推理。演绎推理（包括完全归纳推理）属于必然性推理，就是前提真，推理形式正确，结论必然真；归纳推理（不含完全归纳推理）和类比推理属于或然性推理，就是前提真，推理形式正确，结论未必真。例如，如果前提中确认的共同属性很少，而且共同属性和推出来的属性没有什么关系，这样的类比推理就并不可靠，称之为机械类比。

类比推理分为完全类推和不完全类推两种形式。完全类推是两个或两类事物在进行比较的方面完全相同时的类推。例如后续课程中的串联谐振和并联谐振两者在定义、谐振条件、特性阻抗、电路性质以及频率特性等方面就可以很好地通过完全类推加强学习理解，从而收到事半功倍的效果；不完全类推是两个或两类事物在进行比较的方面不完全相同时的类推。例如关于空芯变压器、全耦合变压器和无伴变压器等特性的描述，基于不完全类推的方法也可以获得更多的认知。

【知识链接】电子系统构成与部分功能单元电路简介

请扫码查看详细内容。

【知识链接】电子系统构成与部分功能单元电路简介

§1.6 课程内容及要求

如前所述，虽然电路分析与综合是相互联系、相辅相成的关系，且实际工程中解决电路问题时也必须全面考虑电路综合及系统综合的问题；但毋庸讳言，分析是综合的基础。为了牢固掌握本学科的基础理论知识，本课程更关注于电系统分析，即分析信号通过电路系统传输或处理的一般规律，不涉及更多系统综合及系统工程学的内容。

§1.6.1 课程内容的联系

知识的学习逻辑是由浅入深、从简单到复杂的，课程的教学逻辑也自然如此。如前所述，本课程的知识体系是基于"元件"或器件、"结构"或网络以及"信号"这三个关键线索构建的，因此，本书的内容也大致依从这三个"关键词"的由简入繁及相互有机组合而展开。例如，"元件"方面，首先介绍静态元件，如电阻元件、直流源；然后是动态元件，如电容、电感；再就是组合器件模型，如受控源、运算放大器等。又如，"结构"方面，先讲解简单电路再介绍复杂电路，先单端口网络，再二端口网络等。再如，"信号"方面，先以直流分析为主，再分析正弦交流信号及非正弦周期信号等。

本书内容大致分为以下几个部分。

第一篇电路分析的基础知识，包括第一、二章的内容。第一章整体介绍了电路系统的地位、目的和任务，场理论到电路理论的转换过程。强调了数理基础对电路分析的支撑作用以及电路分析对电路设计综合的基础作用，并以雷达系统为例对电子系统的组成与功能单元电路加以介绍与分析，描述了电子信息类学科解决实际工程问题的过程和方法，以及电路分析课程和后续电路课程的相互关联。最后就本书的全部内容进行了概况说明。第二章内容包括电路变量与参数的基本概念，电路的拓扑约束与元件约束特性，复杂网络组成及复合器件特性等内容。通过对电路拓扑结构及常用元件如线性电阻、独立源的介绍，建立完整的电路模型概念。强调基尔霍夫电压、电流定律、特勒根定理是电路分析中拓扑约束、能量约束的理论基础，强调元件的伏安特性是电路元件约束的理论基础。这两类约束共同构成了集总参数电路的定性及定量分析的基础。以端口抽象为基础，通过二端口网络及多口网络的介绍，了解复杂网络的基本概念与组成基础。通过介绍复合元件及多端口器件，了解电路复杂功能的形成过程。而等效电阻元件及多端口器件则是后续电路课程及工程实践的基础。

第二篇电阻电路分析的基础内容，包括第三、四、五章的内容。主要是基于电阻电路，详细介绍了电路分析的基础理论知识和系统分析方法。本部分的内容虽然聚焦于静态电阻电路的分析,但也是本书其他部分内容的基础。

第三章的内容介绍了电路分析常用的等效分析方法。通过电路等效概念的介绍,掌握抽象、近似、等效等处理工程问题时常用的降低分析复杂度的等效电路分析方法。包括单端口网络的独立电源转移及有伴电源的转换,二端口电阻网络的三角形–星形变换、T形–Ⅱ形电路变换,纯电阻网络及含受控源电阻网络的等效电阻求解等内容。注意,等效分析方法是电路分解方法的基础。

第四章的内容详细介绍了电阻电路的系统分析方法,它们都是基于电路两个约束的基本解析方法。本章以整体电路为分析对象,重点解决电路的任意支路响应与激励的关系问题,即电路受电源或信号作用后各部分的变化规律问题。具体从基本的 $2b$ 法、支路电压流、支路电流法($1b$法),到降低方程规模的回路电流法、节点电压法的详细分析和介绍,力求使学生掌握重要的电路基本分析方法。注意,这些方法中,需要重点掌握回路电流法、节点电压法这两种方程组规模相对小的分析方法。此外,本书也未介绍所有的系统分析方法,如割集法在本书中就未涉及。为支持对计算机辅助分析方法的掌握,本章还介绍了关联矩阵的概念,这是数值分析的基础。

第五章则是介绍了降低电路分析复杂度的电路定理分析方法。本章内容需要结合第三章、第四章的内容来对电路进行简化分析。其中最重要的就是叠加方法。它是线性电路的基础性方法,是以叠加定理为理论依据的电路分析重要方法之一。等效电源定理即戴维南和诺顿定理及替代定理则是重要的分解方法。它们都是基于等效概念的重要简化方法。最大功率传输以戴维南和诺顿定理为基础,为信号的有效传输奠定了理论技术基础。对偶关系及对偶电路的介绍则可以使学生通过类比的方式理解和分析电路问题。

第三篇电阻电路分析的拓展内容,包括第六、七章,是针对复杂电阻电路的拓展分析,是复杂网络及实际功能电路分析的基础,对后续电路课程具有重要意义和支撑作用。

第六章以二端口网络分析为主,介绍了复杂网络的外特性分析方法,即端口参数分析方法。此章内容包括二端口网络常用的端口参数矩阵介绍,二端口网络的互易与对称性分析,二端口网络的等效模型建立,多个二端口网络的合理连接方式,典型二端口的分析方法等。最后就网络的分类方式和常用类型进行了介绍,以便学生对复杂网络建立初步的概念及基本的分析方法,为后续课程的学习打下基础。

第七章则是以常用非线性电阻电路的分析方法介绍为主,包括解析法、数值分析法、图解法、分段线性法、小信号分析法等内容,这些都是工程电路分析的基础性知识。实际电路特别是相对功能复杂的电路,都以晶体管的性能分析为基础,而晶体管通常表现为非线性电阻的典型特性。通过本章的学习可以了解非线性电路分析的基本概念、基本理论和基本方法。由于晶体管是模拟电路、通信电路的基础性器件,可以说本章为线性电路分析理论与后续课程之间建立了桥梁。

第四篇动态电路的暂态分析,包含第八章及第九章。由于电容、电感及耦合电感等动态元件的引入,电路的性质有了重要变化。虽然分析动态电路的基础仍然是电路的元件约束及拓扑约束,但动态元件的动态约束特性使得建立的电路方程都是微分方程的形式。因此,解题方法也发生了根本性变化。动态电路的时域分析以直流激励为主,可以分为两部分进行:从激励出现到电路达到新的稳定状态的过程称为暂态过程。新的稳定状态是指电容充放电完成后呈开路状态,电感充放电完成后呈短路状态,本部分主要针对该过程进行分析;而稳定状态的动态电路则完全表现为电阻电路的特性,可用前述各部分的方法进行分析。

第八章介绍了常用动态元件与动态电路的基本概念,如元件的静态特性、动态特性、记忆特性、储能特性及动态电路时域分析即输入-输出方程法等,其中相关的基本概念和基本原理要重点掌握,如动态元件的伏安特性、串并联等效、电荷及磁通守恒原理等,以及求解电路微分方程相关的初始条件、开关定理、状态变量等。最后详细论述了一阶电路暂态过程及时间常数的概念和求解方法,零输入响应、零状态响应及全响应的概念和求解方法,特别是阶跃响应与冲激响应的概念和求解方法,为"信号与系统"课程的学习打下基础。一阶电路的三要素法为一阶电路分析提供了简便方法。

第九章首先以二阶电路的阶跃响应和冲激响应求解以及解的特性分析来展示动态电路的完美特性。其次,由于二阶以上电路用时域法分析相对困难,为更多了解动态电路的分析方法,本章简要介绍了状态变量法和复频域分析方法,以保证教材内容的完整性和覆盖性。

第五篇以正弦信号为激励的动态电路的稳态分析,也称为正弦稳态电路分析。包括第十章及第十一章。需要强调的是电阻电路分析中学习的所有方法,由于正弦信号电路中相量概念及阻抗概念的引入,均可以移植到正弦稳态电路的分析中。这正是电路分析方法中重要的变换域方法的体现。

第十章主要介绍正弦激励电路的基本概念。首先以传统分析方法解释了线性电路的正弦稳态响应。然后通过引入相量的概念,全面阐述正弦量的相量表示以及电路两类约束的相量表示形式。最后通过阻抗与导纳概念的引入,统一了电路参量的表示方法,使得直流与交流电路的稳态分析方程具有一致的表述形式。

第十一章全面阐述了动态电路的稳态分析方法和过程。首先利用相量分析法并移植了电阻电路中介绍的全部分析方法对动态电路的正弦稳态响应的求解进行阐述。然后根据正弦稳态电路的特点,分别介绍了正弦电路中的功率、谐振、频率响应等概念和电路特点。随后对含有耦合电感元件和理想变压器的正弦电路进行了分析。最后以正弦交流电路的两个重要应用为例子,简要介绍了对称三相电路的概念、连接方式、功率及应用特点,以及非正弦周期激励电路的分析方法与过程,包括非正弦周期信号的傅里叶级数分解,非正弦周期信号的有效值与平均功率及谐波分析法等。

§1.6.2 本课程与其他课程之间的联系

与本课程联系最紧密的是后续的"信号与系统"课程及"模拟电子线路""通信电路"这两门电路课程。本课程与上述两门电路课程之间的联系已在本章前面部分进行了说明,下面简要说明本课程与"信号与系统"课程的关系。

毋庸置疑,这两门课是电子信息类专业最重要、最基础的两门课,且两者的关联度非常高。可以这样理解:"电路分析"是工程实现,是物理的世界;"信号与系统"是方法论,是数学的世界。

两者的抽象层级不同,但都非常重要。是考研和今后从事电子信息类相关工作的重要铺垫。

从总体课程架构看,基础电路理论加上必要的复变函数理论,再加上"信号与系统"是后续课程如"数字信号处理""通信原理"等的先导内容。

从某种意义上说,"电路理论"+"信号与系统"是构成现代社会能够成为今天这个样子的一大基石。例如,在控制领域,凡是涉及反馈控制的系统,都可以使用"电路理论"+"信号与系统"来分析。信号与系统的知识,还可以用于机械系统、气动/气控系统、复合系统、声学系统、生态动力系统等方面,当然,在电路系统中是最常见的。

以模拟电路系统为例,构建模拟电路,非常重要的一个模块是运算放大器,简称为运放。而对于运放来说,重要的参数包括稳定性、瞬态响应、增益等。在理想的世界里有既稳定又快速响应的运放,并且有无穷大的增益。可是在现实世界里,这是很难做到的。所以首先要分析信号通过一个运放之后会变成什么样子。例如,由于运放制造的局限性,不同频率的信号通过同一个运放,会得到不同的增益,也会有不同的相位变化。通过分析系统对不同频率信号的响应,就能预测系统的响应速度和稳定性。

从"信号"以及"系统"两者的总体与细节上把握"信号与系统"课程,才能理解其重要性。对信号进行分析和运算的目的之一是要了解和掌握信号的特性,通过对信号进行分析,人们可以获取相关信息并能更有效地传递、处理和存储含有信息的信号;而通过对系统进行分析,人们可以了解和掌握系统的类型、特性以及系统对信号的作用情况等。

从一般意义上讲,信号是信息的载体,而信息是人们要了解或掌握的某种事物的属性。人们获取、传输、分析、处理以及存储信号的真正目的是要了解或掌握相关事物的属性。例如,在教室里,学生们听到的是教师讲课发出的讲课语音信号,每个学生会根据其各自的需要从这个语音信号中提取出对他们自己有用的知识信息;人们用手敲打墙壁,并分析所听到的敲打墙壁的声音信号,能判断出此墙是空心墙还是实心墙;通过双方的约定,可视距离内的信号兵用旗语信号可以传递相应信息等。

在上述例子中,每个信号中都含有人们所需要的不同信息,这些信号都可以通过人们的感官直接来获得,并且由人们的大脑对所获得的信号进行分析和判断,从而获取信号中含有的相应信息。但是,在许多实际应用中,人们往往很难凭自己的感官直接从信号中获取所需要的信息,同时,所获得信号还经常伴随着或强或弱的噪声或干扰。这就要求人们利用其所掌握的知识从多个方面和角度对信号进行分析和计算,进而提取所需要的相关信息,而电子系统和计算机则是被用来对信号进行处理和计算的工具。所以,掌握信号分析理论和信号处理方法是实现从信号中获取信息的先决条件。例如,反潜声呐系统通过接收海洋声音信号,由计算机进行处理和计算就可能会发现水下航行的潜水艇。

"信号与系统"就是介绍信号的基本性质以及信号计算和分析的基本方法的课程。掌握了信号的本质以及信号分析和处理方法,人们才能更好地利用电路理论设计和综合出各种有效的功能单元电路,以便利用、传输、储存、处理各种信号。同时,通过分析系统特性来了解信号能否通过某些系统来处理和传输,以及经过系统作用后信号是否会出现失真,信号失真意味着信号中的某些信息会丢失。当然后续课程还有"数字信号处理""通信原理"等,通过对它们的学习和理解可以使得电子系统的设计更加完备,应用领域也更加广泛。

最后但也很重要的一点,要把已经学过的高等数学、线性代数、概率论、复变函数等应用到实际工程中。所有的数学公式在工程应用中都有实实在在的物理意义,如果能将学过的这些数学知识用于解决实际问题,并能知道它们的物理意义,才是真正的学以致用。

思考题

1. 在书中我们既可以看到"电路是由源、负载以及中间环节组成"的定义,也可以看到"电路是由元件及其拓扑结构组成"的定义。为什么会这样?各自强调的是什么?

2. 电路图的作用?工程实践中使用各种图表的目的和意义是什么?

3. 分析电路时为什么要对其进行抽象化处理?为什么说集总环境是电路分析的基础?

4. 电路分析与电路综合的关系是什么?

5. 电路分析中信号、电路与系统的相互关系是什么?

6. 你认为电路分析时强调数学意义和物理意义有什么作用?

7. 有人说,现在电路分析软件的功能十分强大,不用再学那么多电路分析的理论知识,交给计算机分析和处理就可以了。你如何看待这一问题?

8. 电路系统是如何分类的?你知道哪些电路系统的分类?

9. 你用过或知道哪些实际的器件?

10. 通过学习绪论,你对本课程的知识体系如何理解?

【章节知识点测验】

请扫码进行章节知识点测验。

【章节知识点
测验】

第二章 电路的基本定律和元件

【引言】电路是由不同种类、数量的电路元件以特定的连接方式(或拓扑结构)所组成的电流的通路,所以电路的性质也应该是由电路元件和连接方式两方面的性质共同来决定的。本章引入电路系统的基本概念、参考方向及分析逻辑,主要介绍由元件连接关系所遵循的电路基本定律——基尔霍夫定律,也称为电路的拓扑约束,以及元件自身所具有的特性方程——伏安特性方程,也称为电路的元件约束,这是电路最基本的两类约束。此外,还通过对物理守恒定律的分析介绍了电路的功率约束条件——特勒根定理。

§2.1 电路的组成——电路和电路模型

由绪论可知,把电路器件按照一定的连接方式连接而成的电流的通路,称为实际电路。

实际电路多种多样,对使用者来说,这些电路需满足不同的功能,而从电路专业者的角度来看,这些电路需具有不同的性质,如图 2.1.1 所示。

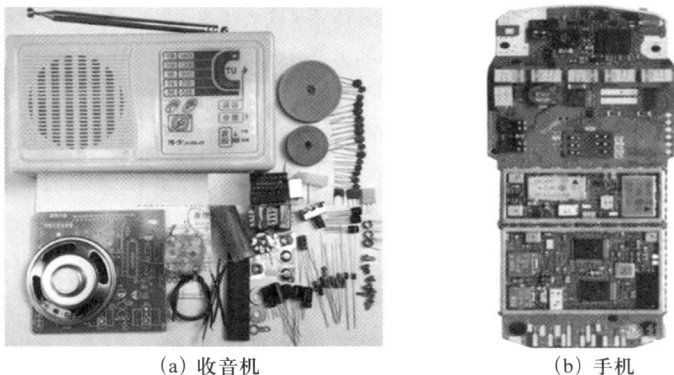

(a) 收音机   (b) 手机

图 2.1.1 两种典型电器的电路及其组成器件和连接

从电路的定义可以看出,电路是由电路器件和按照一定连接方式的连线两部分组成的,因此一个电路的性质也应该由这两部分特性共同来确定,即不同性质的电路是通过采用不同的电路器件和/或不同的连接方式来实现的。对一个电路进行分析也应该从这两个方面入手。另外,为了实现定量分析,需要对电路的这两个方面建立相应的数学模型,即使用数学的语言来描述电路这两方面的性质。

构成电路的电路器件多种多样,如电源、电阻器、电感器、电容器、晶体管、电子管等,如图 2.1.2 所示。这些都是看得见、摸得着、买得到的电路器件。

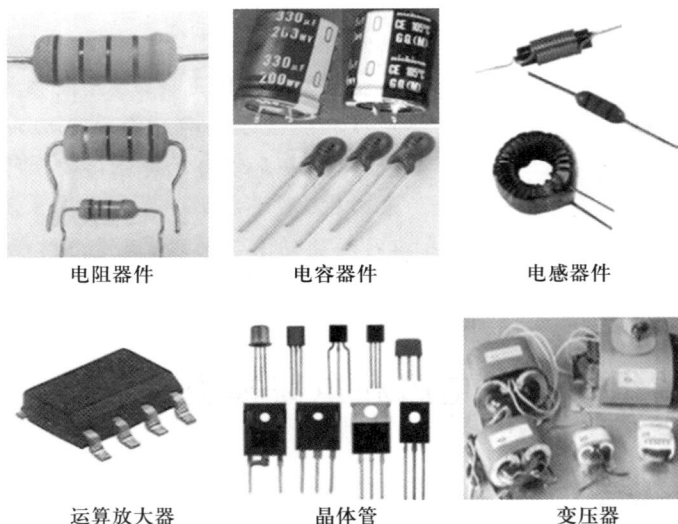

电阻器件 电容器件 电感器件

运算放大器 晶体管 变压器

图 2.1.2 多种类型的电路器件

电路器件的特性与其涉及的电磁物理过程有关,而一个实际电路器件经常会伴随多个物理过程。例如电池器件就不仅包括我们所关心的主要物理过程——输出电压,而且还会涉及内压降和内损耗过程。再例如电感器,不仅包括我们所关心的主要物理过程——电磁感应效应,而且由于实际的电感器往往都是由导线绕制而成的,器件工作时还伴随着导线电阻产生压降和能量损耗等过程。如果直接给这些实际的电路器件建立数学模型,多种物理过程的存在,会使所得到的数学模型即数学关系式较为复杂。为了简化数学建模,引入电路元件的概念。某种电路元件就是只保留其最主要的一个物理过程的理想化的电路器件,这正是抽象思维的具体体现。

例如,对电感元件就是只保留其电磁感应效应而忽略了其电阻效应的理想化的电感器件。需要注意的是**元件是看不见、摸不着、商店里买不到的理想器件**。而对于实际电感器件,则需依据其应用环境,如频率高低的不同,描述为不同的模型。例如,对一般中低频应用场合可以用一个电感元件和一个电阻元件的串联组合来实现,如图 2.1.3(c)所示。

为了与实际电路区别,定义由这些理想化的电路器件(即电路元件)按照一定的连接方式构成的电流通路为理想化电路模型,或简称为电路。电路理论里分析的就是这种电路,分析时的具体表现形式称为电路图。每一个定义的电路元件都有自己特定的图形符号,如图 2.1.3 所示的电感元件与电阻元件。

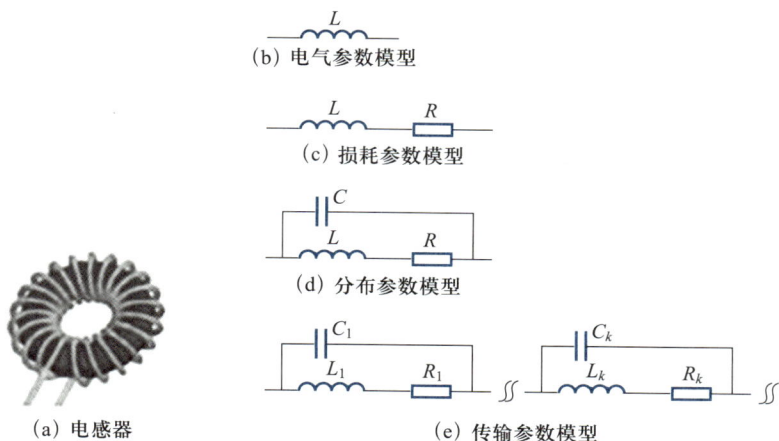

L

(b) 电气参数模型

L　　R

(c) 损耗参数模型

C

L　　　　R

(d) 分布参数模型

C_1

L_1　　R_1　　　　C_k

L_k　　R_k

(a) 电感器

(e) 传输参数模型

图 2.1.3　电感器及元件等效模型

对于不确定元件类型,而只是泛指电路元件这个概念的元件模型,在电路图上可用如图 2.2.2 所示的一个方形符号表示。图 2.1.4 是一个扩音器电路的实际电路与其电路模型。

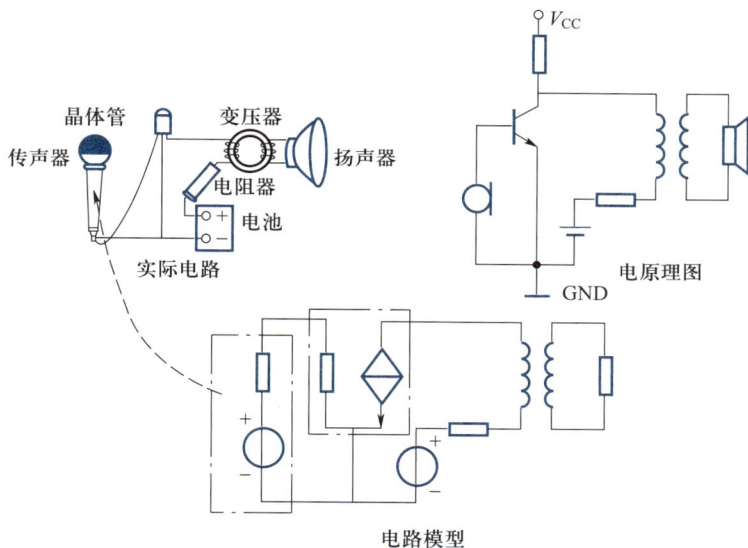

图 2.1.4　扩音器的各种电路图

正如绪论所表述的,由于电路中能量损耗、电场及磁场储能在时空上具有连续分布的特性,故反映这些能量过程的 3 种电路参数即电阻 R、电容 C、电感 L 也是连续分布的。但是在电路中电压与电流的频率不太高的情况下,具体说,就是当电路器件及电路的尺寸远小于电路周围电磁波的波长时,电路参数的分布性对电路性能的影响并不明显,进而可以近似地用集总的电阻、电容和电感作为电路的参数。由这些理想的集总参数元件构成的电路称为集总参数电路(参见§1.2)。本书内容将只涉及集总参数电路。

思考题

1. 电路元件与器件间的联系和区别是什么?
2. 什么是电路模型? 电路分析课程研究的是实际电路还是电路模型?

§2.2　电路变量及其表示方法

对任何一个系统的分析,都需要使用一些系统参数或者变量。例如,对于学生评价体系,我们使用德、智、体、美、劳等参量来分析和评价一个学生的表现。又如,在力学系统分析中使用力、长度(或距离)和时间变量,则力学系统的所有问题如速度、加速度、动量等都可以用这些参量来描述。类似地,对于电路系统,我们也需要使用一些电路参数和变量来分析电路中的所有问题。正如绪论中所阐述的,电流、电压将是电路系统的主要分析变量。

§2.2.1　电流及其方向

带电(荷)粒子(电子、离子)"定向"移动就形成了电流,而单位时间内定向通过导体横截面的电荷量定义为电流,所以电流既有大小也有方向。电流的数学描述与方向有关,如图 2.2.1 所示。

在如图 2.2.1(a)所示的无规定方向的情况下,电流的数学模型或者用数学语言表达为

$$|i| = \frac{|\Delta q|}{\Delta t} \tag{2.2.1a}$$

在如图 2.2.1(b)所示的有规定方向的情况下,电流的数学模型或者用数学语言表达为

$$i = \frac{\Delta q}{\Delta t} \tag{2.2.1b}$$

可以看出,为了方便对电流进行代数计算,需要事先给电流规定一个方向,称为参考方向,在电路图中用一个有方向的箭头表示,如图 2.2.2 所示。

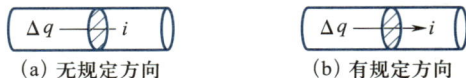

(a) 无规定方向	(b) 有规定方向

图 2.2.1　电流的方向

图 2.2.2　电流的参考方向

把这一预先需规定的方向称为参考方向有两点原因:一是这一方向可以从左向右或从右向左随意规定。但是一经规定,在后续的分析计算过程中则不得再改变。二是这一预先设定方向并不一定就是电流的实际方向,但可以从参考方向下电流的正负得到唯一的实际电流方向。例

如图 2.2.3 所示电路某部分电流的参考方向与实际方向的关系,图 2.2.3(a)中规定的参考方向与实际电流方向一致,则此参考方向下计算出来的电流为正。反之,在图 2.2.3(b)中参考方向下,计算出来的电流为负。

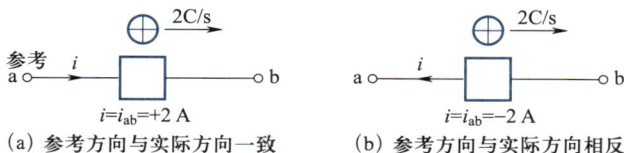

图 2.2.3　电流的参考方向和实际方向的关系

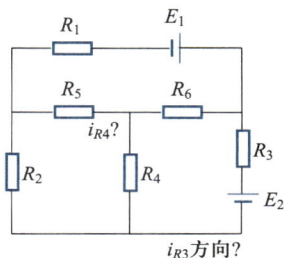

图 2.2.4　复杂电路中预判电流实际方向的困难

另外,还有两种不能预先确定电流的实际方向,而需要设置参考方向的情况。一种情况是对于时变电流电路或者交流电路,其实际电流方向是随时间不断变动的,不能够在电路图上标出适合于任何时刻的电流实际方向。另外一种情况是,对于如图 2.2.4 所示的较复杂的电路,在计算结束前,是无法预先判断出流过电阻 R_3 和 R_4 的实际电流方向的。但是当我们使用电路的约束条件方程来计算时,需要预设一个参考方向,以便把方程中的电流变为代数量。

§2.2.2　电压及其方向

单位正电荷由电场或电路中 a 点移动到 b 点所获得的能量,称为电场或电路中 a、b 两点的电压。电压的数学描述可表示为

$$u_{ab}(=u_{a \to b}) = \frac{\Delta W}{\Delta q} \qquad (2.2.2)$$

其中,ΔW 是移动 Δq 电荷所做的功或获得的能量(单位:焦耳,J),Δq 是被移动的电荷量(单位:库仑,C)。

与电压相近且比较容易弄混的概念是电位。

(相对)电位的定义是单位正电荷由电场或电路中 a 点移动到参考点 ref 所获得的能量。对比一下电压的定义,可以看出电场或电路中 a、b 点的电位就是该点与参考点之间的电压。电位用类似于式(2.2.2)电压的表示方法可表示为

$$u_{aref} = \frac{\Delta W_{a \to ref}}{\Delta q} \qquad u_{bref} = \frac{\Delta W_{b \to ref}}{\Delta q} \qquad (2.2.3)$$

当参考点选为电场中的无穷远点,即 ref→∞ 时,a、b 点的电位分别为

$$u_{a\infty} = \frac{\Delta W_{a \to \infty}}{\Delta q} = u_a \qquad u_{b\infty} = \frac{\Delta W_{b \to \infty}}{\Delta q} = u_b \qquad (2.2.4)$$

式(2.2.4)成立是因为在电场中无穷远处的电位 u_∞ 为零,即 $u_{\infty\infty}(u_{\infty\to\infty})=0$。这样得到的电位就是我们在大学物理里有关电场的部分所定义的电位。

若用电位来表示电压的话,如图 2.2.5 所示,电场中 a、b 两点的电压 u_{ab} 既可表示为

$$u_{ab}=u_{a\infty}-u_{b\infty}=\frac{\Delta W_{a\to\infty}}{\Delta q}-\frac{\Delta W_{b\to\infty}}{\Delta q}=\frac{\Delta W_{a\to b}}{\Delta q} \tag{2.2.5a}$$

也可以表示为

$$u_{ab}=u_{aref}-u_{bref}=\frac{\Delta W_{a\to ref}}{\Delta q}-\frac{\Delta W_{b\to ref}}{\Delta q}=\frac{\Delta W_{a\to b}}{\Delta q} \tag{2.2.5b}$$

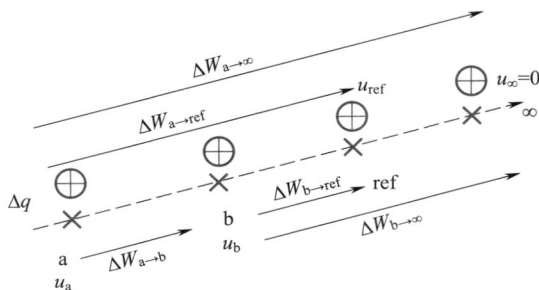

图 2.2.5 电场中的电压、电位以及参考电压间的关系

从式(2.2.3)、(2.2.4)和(2.2.5)可看出,虽然选择无穷远点作为参考点与选择其他点作为参考点时,电场中每点电位的数值大小不同(一般来说,选择无穷远点作为参考点,电位的数值大,而选择靠近所研究的点作参考点时电位数值相对较小),但是各点之间的电压(即电位差)是不变的。换句话说,就是电压值与参考点的选择无关。另外,在电路分析中,我们更关心的是两点之间的电压值而不是某一点电位的绝对大小值,所以为了计算方便一般都选择电路上的某个点作为参考点,并设其电位为零。这样 a 点与参考点 ref 间的电压可表示为

$$u_{aref}=u_a-u_{ref}=u_a-0=u_a \tag{2.2.6}$$

即看起来电压跟电位的表示一样。这一点说明了在后续节点(电压)法章节里,节点电压的符号表示与节点电位的符号表示一样的原因。

如上所述,电压是电场中两个点的电位之差,习惯上把电压的方向认为是从高电位指向低电位。因为在这样的条件下,电压为正值。但是,跟实际电流的方向问题类似,在实际电路的分析中并不总能预先知道电位高低,如图 2.2.6 中 a、b 两点的电位高低是不能预先判知的。

同电流的计算一样,电压在使用电路的约束条件方程进行计算时需要预设一个参考方向,把方程中的电压变为代数量。用"+"和"-"分别表示高、低电位点,并标注在电路图中支路或元件两端,如图 2.2.7 所示。

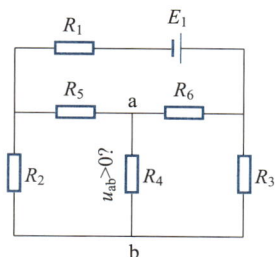

图 2.2.6　复杂电路中预判电压
实际方向的困难

图 2.2.7　电压的参考方向表示

类似于电流的方向问题,对于一个给定电路,任何两点间电压的参考方向也可以有两种选择,但电压的实际方向却只有一个。参考方向与实际方向一致与否,可通过电压的正、负来体现。当计算出来的电压为正值时,说明规定的参考方向与实际电压方向一致。反之,方向相反。

§2.2.3　电流及电压方向的关系

电流、电压的参考方向各有两种选择,数学上来讲应该有 4 种组合,但是从物理意义来说,它们之间的关系却只有两种组合,如图 2.2.8 所示。

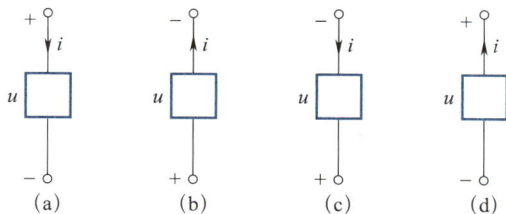

（a）（b）关联参考方向　（c）（d）非关联参考方向

图 2.2.8　电流和电压参考方向的关系

一种方向组合定义为电流从高电位向低电位流动,这也是我们习惯上认为的实际电流和电压的方向关系。但是,这一方向组合并不总是成立的。例如,对于一个放电的电池内部来说,其实际的电流则是从其低电位流向高电位的。也就是说,实际还有一种组合是电流从低电位向高电位流动。为了区别这两种组合,引入了关联方向和非关联方向两个概念。引入这两个概念的另一个作用是,当我们选定了是关联还是非关联方向后,就只需要在图上标出电流或电压的参考方向,而不需要再标注另一个量的方向了。

除了电流、电压,功率是电路中所关心的第 3 个最重要的物理量。无论是手机的待机时间,还是电动车的续航里程,都属于电路的功率问题。对于任何一个系统(不论是不是电路系统),

其功率都定义为单位时间内能量变化的大小。而对电路系统来说,其功率可进一步用其电流和电压的乘积来表示。

$$p = \frac{dW}{dt} \qquad (2.2.7a)$$

$$p = \frac{dW}{dq} \cdot \frac{dq}{dt} = ui \qquad (2.2.7b)$$

其中,式(2.2.7a)是对所有学科普适的功率定义,而式(2.2.7b)则只对电路系统成立。

对于功率,我们不只关心其绝对值的大小,也关心其方向问题,即吸收还是释放能量的问题。在数学上,这可以用"+"或"−"来表示。但是,由于功率是电流与电压的乘积,而且电流、电压方向之间有关联和非关联两种组合关系,所以,只看功率值的"+"或"−",并不能就确定是吸收还是释放能量,还需要知道采用了电流、电压参考方向之间的哪一种组合关系。具体来说,当电流电压采用关联参考方向时,功率值为"+"表示电路或元件吸收功率,反之电路或元件释放功率。当电流电压采用非关联参考方向时,结论与之相反。这一结论可以用电阻作为例子来验证,因为对于电阻元件来说,不论采用关联还是非关联方向,实际上电阻总是吸收能量的。

例 2.2.1 在如图 2.2.9 所示电路中,已知:$I_1 = 1$ A,$I_2 = -3$ A,$I_3 = 4$ A,$I_4 = -1$ A,$I_5 = -3$ A,$U_1 = 1$ V,$U_2 = -6$ V,$U_3 = -4$ V,$U_4 = 5$ V,$U_5 = -10$ V。

试求:(1)每个二端元件吸收的功率;(2)整个电路吸收的功率。

解:(1)根据功率公式,各二端元件吸收的功率分别为

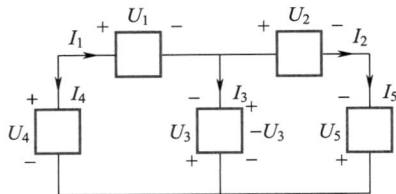
图 2.2.9 电路吸收功率求解示例

$P_1 = U_1 I_1 = (1 \text{ V}) \times (1 \text{ A}) = 1$ W(关联方向,"+"值,吸收)

$P_2 = U_2 I_2 = (-6 \text{ V}) \times (-3 \text{ A}) = 18$ W(关联方向,"+"值,吸收)

$P_3 = U_3 I_3 = (-4 \text{ V}) \times (4 \text{ A}) = -16$ W(非关联方向,"−"值,吸收)

注意:为了避免弄混,对于非关联方向的情况,可以先在电压或电流前加一个"−",例如求 P_3 时,U_3 前加一个"−",$(-U_3)$ 与 I_3 就变成了关联方向,即

$P_3 = (-U_3) I_3 = [-(-4 \text{ V})] \times (4 \text{ A}) = 16$ W(关联方向,"+"值,吸收)

$P_4 = U_4 I_4 = (5 \text{ V}) \times (-1 \text{ A}) = -5$ W(关联方向,"−"值,释放)

电压、电流非关联参考方向时,求功率还可以利用 $P = -UI$,即公式前加"−",这样做的好处是统一了关联参考方向和非关联参考方向对功率吸收与释放的解释,只要求出的功率值为正则是吸收,求出的功率值为负就是释放。例如求 P_5,此时

$P_5 = -U_5 I_5 = -(-10 \text{ V}) \times (-3 \text{ A}) = -30$ W("−"值,释放)

(2)整个电路吸收的功率为:$P = \sum P_k = P_1 + P_2 + P_3 + P_4 + P_5$

$$= (1 + 18 + 16 - 5 - 30) \text{ W} = 0 \text{ W}$$

在例 2.2.1 的求解过程中还需要注意如下几点:(1)已知条件中给出的电流、电压的正负值,是以电路图中给出的电流、电压的参考方向为前提的。(2)由于元件 3 和元件 5 的电压、电流采用的是非关联参考方向,因此在计算其吸收功率的公式中增加了一个负号,即 $P = -UI$。(3)在 §2.3.3 中可以看到,对整个电路功率的求解和验证也可以应用封闭系统所满足的能量守恒定律——特勒根定理来完成。

电路分析就是以电流、电压等变量为抓手定量地分析电路的行为。要实现定量分析,就需要有可以描述所分析电路行为的、以电流和电压为变量的数学表达式,而且从数学上来说,要唯一地确定一组电流、电压变量,独立方程数必须等于变量数。如图 2.2.10 所示的电路中,一共有 3 个电流变量、3 个电压变量,共计 6 个变量,因此,要唯一地确定这 6 个电流、电压变量,必须要有 6 个描述该电路性质的独立方程。

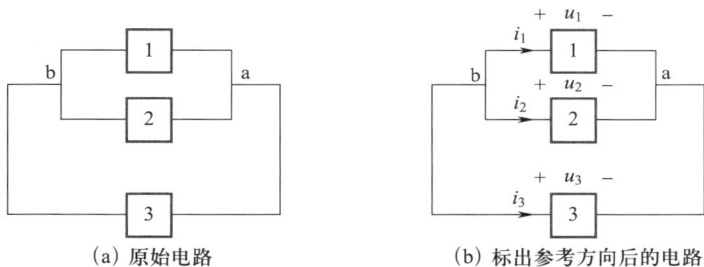

图 2.2.10 电路的组成及电路变量方向的标定

描述电路最基本性质的数学表达式也称为电路的约束方程。如何获得电路的这些最基本的性质呢? 我们需要再回顾一下电路的组成。

电路模型是电路元件按照一定的连接方式构成的电流通路,由不同种类和个数的电路元件与元件相互连接后构成不同形式的拓扑两部分组成。所以一个电路的性质也应该由这两部分的性质共同约束。决定集总参数电路连接方面基本性质的是基尔霍夫定律,而决定集总参数电路元件性质的是元件特性方程。随后两节将分别介绍基尔霍夫定律和基本的电阻电路元件。

思考题

1. 为什么要给电流、电压设定参考方向? 什么是关联参考方向?

2. 电位和电压的联系与区别是什么?

3. 下述几种说法正确吗? 为什么?

(1)电路中某两点的电位都很高,则这两点间的电压也很高。

(2)电路中某两点间的电压等于两点的电位差,所以该两点间的电压与参考点的选取有关。

(3)若改变电路中的参考点,则电路中各点的电位一般都将改变。

§2.3 基尔霍夫定律

在阐述基尔霍夫定律具体内容之前,需要先引入几个与图论有关的电路术语。

(1) 支路(branch):在一个集总参数电路中,每一个没有分叉的部分(或至少含有一个元件的部分)就是一条支路。

(2) 节点(node)——3 条或以上支路的连接点。有时也把有两个及以上元件的支路或称为串联支路中两相邻元件的连接点称为简单节点。简单节点可看作是节点所连接支路只有两条时的特例。

支路和节点是构成电路连接(网络/拓扑)的最基本的元素。或者说任何电路连接都是由支路和节点构成的。

(3) 回路(loop)——由支路构成的任一闭合路径。

(4) 网孔(mesh)——不包含电路中的任何其他闭合回路的回路。可以看出网孔是回路的子集,属于特殊的回路。

(5) 线图(line gragh)——仅包含有支路和节点的电路图。

(6) 有向线图(directed line gragh)——包含有支路电流方向的线图。

有关图论的更多基础知识,可参阅如下数字教材。

【数理基础】图论基础知识

请扫码查看具体内容。

【数理基础】
图论基础
知识

依据上述【数理基础】图论基础知识可知,如图 2.3.1 所示的电路中有 6 条支路(其中一条是串联支路),4 个节点,1 个简单节点,7 个回路,3 个网孔。

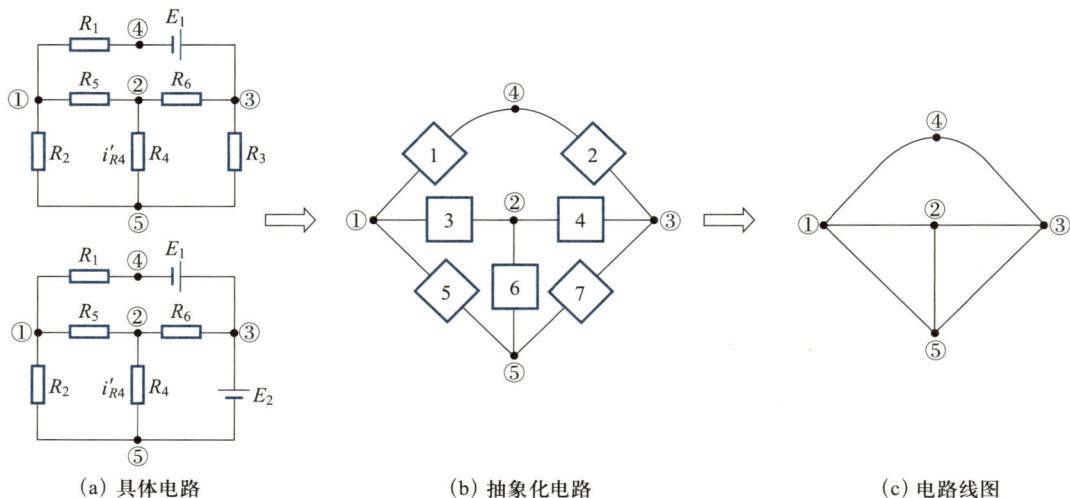

| (a) 具体电路 | (b) 抽象化电路 | (c) 电路线图 |

图 2.3.1 不同的具体电路可以有相同的连接

　　基尔霍夫定律分为适用于节点的基尔霍夫电流定律和适用于回路的基尔霍夫电压定律。两者都可以从麦克斯韦方程在集总参数近似条件下推导出来(详见第一章绪论中的数字资源)。

§2.3.1　基尔霍夫电流定律

　　基尔霍夫电流定律的内容为:对于集总参数电路的任何一个节点,在任一时刻,流入此节点的电流之和等于流出此节点的电流之和。用数学表示为

$$\sum_{\substack{\text{节点},j=1}}^{M} i_j^{\text{流入}} = \sum_{\substack{\text{节点},k=1}}^{N} i_k^{\text{流出}} \tag{2.3.1a}$$

　　其中,M 和 N 分别为流入和流出该节点的支路电流数目。当把式(2.3.1a)的右侧项移到左侧,或者把左侧移到右侧时,就变成了基尔霍夫电流定律的另一种阐述方式:对于集总参数电路的任何一个节点,在任一时刻,流入(或流出)此节点电流的代数和等于零。用数学表示为

$$\sum_{\substack{\text{节点},p=1}}^{M+N} (\pm)^{\text{流入(流出)}} i_p = 0 \tag{2.3.1b}$$

或

$$\sum_{\substack{\text{节点},p=1}}^{M+N} (\pm)^{\text{流出(流入)}} i_p = 0 \tag{2.3.1c}$$

　　从数学上来看,虽然式(2.3.1b)和(2.3.1c)是相互等效的,但是从物理意义上来讲就不同了。式(2.3.1b)是以流入电流为基准的,体现在当电流参考方向与流入方向一致(即指向节点)时,前面取"+",反之取"−"。式(2.3.1c)则是以流出电流为基准的,体现在当电流参考方向与流出方向一致(即离开节点)时,前面取"+",反之取"−"。

　　例如,对于如图 2.3.2 所示的某部分电路的某个节点,在各支路电流的参考方向给定的情况下,根据基尔霍夫电流定律的 3 种阐述可分别得到如下 3 个数学表达式

$$i_1 + i_2 = i_3$$
$$(+)i_1 + (+)i_2 + (-)i_3 = 0$$
$$0 = (+)i_3 + (-)i_1 + (-)i_2$$

其中等式左侧项都为流入电流,右侧项都为流出电流。式子中不带小括号的"+"表示的是与该节点相关联的电流,而带小括号的"(+/−)"表示的是该电流的方向与规定的电流正负方向是一致还是相反的关系。

図 2.3.2　某个
电路的一部分

　　从以上基尔霍夫电流定律的定义及其数学表达式可以看出,基尔霍夫电流定律涉及的是汇集到节点处的支路电流之间的关系,与电压以及这些支路上连接的是什么元件无关。节点电流方程的具体形式只依赖于支路与节点的连接关系以及支路电流的参考方向。

　　另外,基尔霍夫电流定律不仅适用于上述所说的普通节点,也适用于包含有一部分电路的闭合面,称为广义节点或超节点。例如,对于如图 2.3.3(a)所示的电路,把基尔霍夫电流定律应用于图 2.3.3(b)中的普通节点,与应用于图 2.3.3(c)中由虚线构成封闭面的广义节点得出的 3 个电流之间的关系均为:$i_1 + i_2 + i_3 = 0$,但是后者却大大简化了运算。

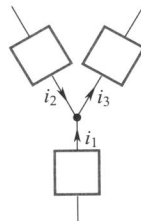

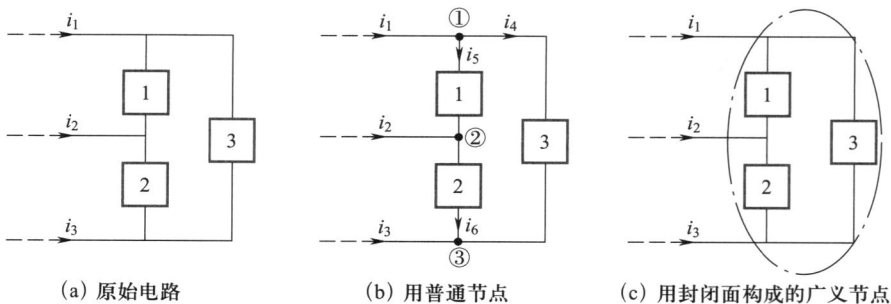

（a）原始电路　　　　（b）用普通节点　　　　（c）用封闭面构成的广义节点

图 2.3.3　真实节点与超节点

在高中阶段物理电路部分的学习中,我们都使用过"串联电路的电流相等"这一结论,该结论正是基尔霍夫电流定律在只有两条支路连接的简单节点上应用的结果。

以图 2.3.4(a)中电路的某个节点为例,按照图中所选择的电流参考方向,在该节点应用基尔霍夫电流定律,当规定流入为"＋"时,则有

$$(+)i_1+(-)i_2+(+)i_3=0$$

如果 $i_3=0$,那么 i_3 支路相当于断开,这时原来的普通节点就变成了简单节点, i_1 支路和 i_2 支路就变成了串联,且有

$$i_1=i_2$$

即串联电路的电流相等。

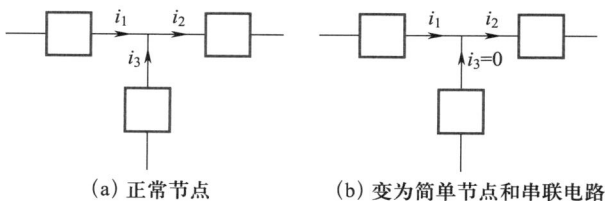

（a）正常节点　　　　　　（b）变为简单节点和串联电路

图 2.3.4　串联电路电流相等的推导

需要注意的是,在利用基尔霍夫电流定律解题时,我们实际使用了两套正负号表达体系,一是依据电流流入或流出某节点而规定的符号表示,如规定流入为"＋",流出为"－"(当然也可以规定流出为"＋",流入为"－");二是在规定的参考方向下某支路电流本身的正负号表达体系,如为"＋"则表示实际电流与参考方向一致,否则实际电流与参考方向相反。

§2.3.2　基尔霍夫电压定律

基尔霍夫电压定律的内容为:对于任何集总参数电路中的任何一个回路,在任一时刻,沿着任意选定的回路参考(即绕行)方向(顺时针或逆时针)计算,各支路电位升(降)时的电压的代数和等于零。数学表达式为

$$\sum_{\text{回路},k=1}^{N} (\pm)^{\text{升(降)}} u_k = 0 \qquad\qquad (2.3.2)$$

其中 N 为构成回路的总支路数。从以上基尔霍夫电压定律的内容及其数学表达式可以看出,基尔霍夫电压定律涉及的是一个回路中各支路电压之间的关系。回路电压方程的具体形式只依赖于构成回路的各支路电压的参考方向与回路绕行方向的相对方向关系,它决定着式中进行代数和运算的每项正负号的选取。

正负号的选取有两种方法:(1) 若按照电位升,电压参考方向与回路绕行方向相反时,取"＋",反之取"－"。(2) 若按照电位降,"＋"和"－"的选取情况则与情况(1)相反。

例如,对于图 2.3.5 所示的电路,若选取最外圈回路 l_3,回路方向及电压参考方向如图标注,则按照两种不同的正负号选取方法得到的回路电压方程分别为

按照电位升为"＋"时,电压的代数和 $(-)(u_1) + (+)(u_3) = 0$

按照电位降为"＋"时,电压的代数和 $(+)(u_1) + (-)(u_3) = 0$

虽然这两个表达式在数学上是一致的,但是其物理含义(即是按照升为"＋"、还是降为"＋")略有不同。

另外,基尔霍夫电压定律不仅适用于由实际支路构成的实际回路,也适用于任一闭合的节点序列。

又如,对图 2.3.6(a) 所示电路,已知 $u_2 = 2$ V,$u_3 = -1$ V,$u_{ac} = 4$ V,求解 u_1、u_4 和 u_5。

原电路有 2 个节点、3 条支路,一共可构成如图 2.3.6(b) 中已标出回路方向的 3 个实际回路 l_1、l_2 和 l_3。对这 3 个回路应用基尔霍夫电压定律,可分别得到其回路电压方程

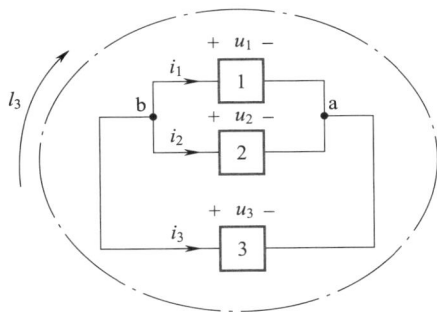

图 2.3.5　基尔霍夫电压定律示例

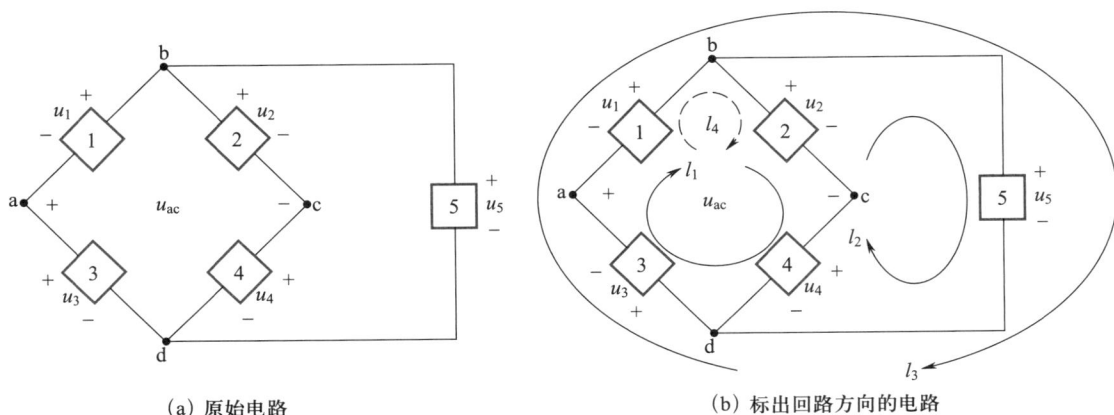

(a) 原始电路　　　　　　　　　　(b) 标出回路方向的电路

图 2.3.6　基尔霍夫电压定律应用示例

$$l_1: -u_2-u_4-u_3+u_1=0 \qquad\qquad -2\ \text{V}-u_4-(-1\ \text{V})+u_1=0$$
$$l_2: -u_5+u_4+u_2=0 \qquad \text{代入数值为：} \quad -u_5+u_4+2\ \text{V}=0$$
$$l_3: -u_5-u_3+u_1=0 \qquad\qquad -u_5-(-1\ \text{V})+u_1=0$$

上述 3 个回路方程中只有两个是独立的,无法得到唯一解。

此时则需要补充一个新的电压方程,将节点 b、c、a 构成的闭合节点序列 b→c→a→b 视为回路 l_4,其回路方程为

$$-u_2+u_{ac}+u_1=0$$

使用前三个方程里的任意两个独立方程,以及 l_4 回路方程即可获得所需的电压解 u_1、u_4 和 u_5。

注意:在求解电路问题时基尔霍夫电压定律同基尔霍夫电流定律一样,也使用了两套独立的符号体系,读者可自行研判。

最后,来探究一下为什么集总参数电路都满足基尔霍夫电压定律。虽然基尔霍夫电压定律中涉及的是一个回路上各支路电压之间的关系,但是从 §2.2.2 中有关电压的部分可知电压的本质就是能量变化。正电荷从高电位到低电位能量减小,从低电位再回到高电位能量增加,总的能量变化为零。所以对于一个封闭系统,可以说基尔霍夫电压定律是物理学中能量守恒定律在回路中的体现。

另外,封闭系统的物质守恒定律在电路系统中体现为电荷守恒定律,基尔霍夫电流定律则是电流的连续性原理在集总参数电路中的具体表现(没有电荷被节点储存或消耗掉)。

有了基尔霍夫定律的拓扑约束,是否就已经有足够的条件对电路进行分析了? 如前所述,对于图 2.3.5 所示的具有 2 个节点($n=2$)和 3 条支路($b=3$)的电路(可构成 3 个回路),有 3 个支路电流变量($b=3$)和 3 个支路电压变量($b=3$),一共有 6 个变量($2b=6$)。当我们对其节点 a、b 应用基尔霍夫电流定律,发现只能得到 $(n-1)=1$ 个独立的节点电流方程。对其回路 l_1、l_2 和 l_3 应用基尔霍夫电压定律,发现只能得到 $[b-(n-1)]=2$ 个独立的回路电压方程。即使用基尔霍夫定律一共只能得到 $\{(n-1)+[b-(n-1)]\}=b=3$ 个独立的方程。数学上来说,还需要另外 3 个独立的方程才可能得到电路唯一解。

另外 3 个独立的方程需要从电路的另一个组成部分——电路元件去寻找,即将从电路元件的性质中获得。

思考题

1. 电路由几部分组成? 基尔霍夫定律是电路哪个组成部分的约束条件?

2. 基尔霍夫定律适用于什么样的电路? 基尔霍夫定律分几个定律? 各自的数学语言表述(数学模型)是什么?

3. KCL 约束的是电路中____处____参量间的关系;KVL 约束的是电路中____处____参量间的关系。

4. 对于有 b 条支路、n 个节点的电路,有几个独立节点和几个独立回路?

§2.4　电阻电路元件

如前所述,电路系统的分析变量是电流和电压,而电路是相互连接而成的电路元件集合。单个电路元件可看成是最简单的电路,所以电流、电压也是电路元件的描述变量。不论什么电路元件,以及这些元件最初是由什么量来描述的,其性质最终都可以用电流、电压变量之间的关系来描述。在之后对各种元件的介绍都将从简介、电路符号、特性方程(即以电流、电压为变量的对元件性质的数学描述,简称为 VCR)、伏安特性曲线($u-i$ 特性曲线)以及功率特性这 5 个方面顺序地来阐述。

§2.4.1　电阻元件

电阻元件是构成电路的最基本的元件之一。它不仅用于模拟如电炉丝、电灯、电阻器等实际电阻器件的能量损耗和电压降效应,也用于模拟电池、电感线圈等其他电路器件中的上述效应。电阻有很多类型,按其由电流、电压变量描述的特性方程是否线性区分,有线性电阻和非线性电阻。按照其特性是否随时间改变区分,有时变电阻和时不变电阻。本节只介绍线性时不变电阻。有关非线性电阻的知识将在第七章介绍。

线性时不变电阻元件就是我们在工程上早已熟知的欧姆电阻,它的电路符号是一个如图 2.4.1(a)所示的矩形。它是一个二端钮(子)元件,常简称为二端元件,只需一个电流变量和一个电压变量描述,其参数是电阻或电导。当电阻元件的电压和电流为关联参考方向时,其线性体现在其端电压和电流之间的正比关系

$$u(t) = Ri(t) \tag{2.4.1a}$$

$$或\ i(t) = Gu(t) \tag{2.4.1b}$$

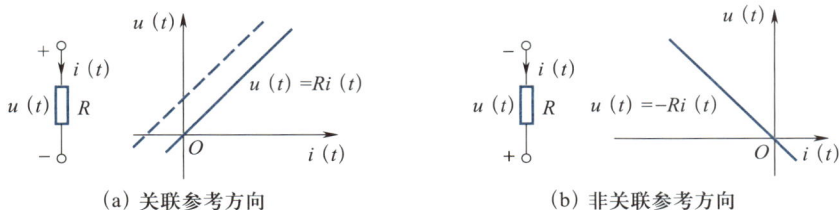

(a) 关联参考方向　　　　　　　　　(b) 非关联参考方向

图 2.4.1　电阻元件的符号表示、参考方向以及 $u-i$ 特性曲线

式中,R 和 G 就是电阻元件的参数电阻和电导,单位分别为欧姆(ohm,工程上简称为欧,符号为 Ω)和西门子(siemens,工程上简称为西,符号为 S)。两者都是与电流和电压无关的常数,且互为倒数关系。这两个参数从不同的角度来反映同一个电阻的性质,其中电阻描述的是电阻元件对电流的阻力,而电导描述的是电阻元件的导电能力。另外,当对并联电阻电路进行计算时,采用电导比采用电阻会简单一些。常用的电阻单位还有千欧(kΩ,1 kΩ = 10^3 Ω)、兆欧(MΩ,1 MΩ =

$10^6\ \Omega$)以及毫欧($m\Omega$,$1\ m\Omega = 10^{-3}\ \Omega$)等,同理,电导单位也是如此。

式(2.4.1)就是我们熟知的欧姆定律的两种数学表达形式。当电流和电压采用非关联参考方向时,式(2.4.1)变为如下所示的表达式:

$$u(t) = -Ri(t) \tag{2.4.2a}$$

$$或\ i(t) = -Gu(t) \tag{2.4.2b}$$

对线性电阻元件的处理通常应用式(2.4.1)或(2.4.2)。在实际应用中还可以利用电阻元件的电压-电流关系曲线即 u-i 特性曲线进行辨识和分析。如果 u-i 特性曲线是一个过原点的直线,那么说明此元件是线性电阻,其斜率即为此电阻元件电阻值的大小。注意,u-i 特性曲线是不通过原点的直线,如图 2.4.1(a)中的虚线,所描述的电路元件就不是线性电阻,电池器件就是一个可能不是线性电阻的例子。

除了电流、电压,能量或功率是电路中所关心的另一个重要的量。如手机除了通话质量、拍照效果等功能,其待机时间也是选择手机时十分看重的指标,待机时间表征的主要问题之一就是功率或能耗。

对于电阻元件,在电流和电压为关联参考方向和非关联参考方向的条件下,其功率表达式分别为

$$p(t) = u(t)i(t) = [Ri(t)]i(t) = Ri^2(t) > 0 \tag{2.4.3a}$$

$$p(t) = u(t)i(t) = [R(-i(t))]i(t) = -Ri^2(t) < 0 \tag{2.4.3b}$$

由式(2.4.3)可以看出,线性电阻元件的功率值可能为正也可能为负,但事实是电阻元件在电路中总是吸收功率的,这一点也可以用来作为判断或者验证电路求解结果是否正确的判据之一。

思考题

1. 电阻吸收功率 p 的计算式有几种?

2. 根据 $p = ui$,对于额定值 220 V、40 W 的灯泡,由于其功率的限制,若电源电压越高($\leqslant$ 220 V),则电流是越小吗?

3. 有两个额定电压相同的电炉,电阻不同。因为 $p = i^2 R$,所以电阻大的功率大。这种说法正确吗?

4. 线性电阻的 u-i 特性曲线的斜率总是正值吗?

【工程拓展】
实际电阻模
型及种类

【工程拓展】实际电阻模型及种类

请扫码查看详细内容。

§2.4.2 独立源

电路只有在其中通有电流时才能发挥作用,而电流即电荷的流动是需要能量源来驱动的,因此,电源即驱动电荷流动的能源是电路中不可缺少的最重要的元件之一。工程上常说电路是由电源、负载以及中间环节构成的,正是体现了电源的重要性。从提供能量的方式来说,有独立源和受控源两种;从提供能量的形式看,有电压源和电流源两种。

1.（理想）电压源

独立电压源是一个端电压在任一时刻都与其端电流无关的元件。或者恒定不变如直流情况，或者按照某种固定的函数规律随时间变化，例如工频交流电是随时间按照 50 Hz 的正弦规律变化。与电压源所对应的实际器件有化学电池、直流稳压电源等。

电压源的电路符号如图 2.4.2(a)所示。其电压与电流无关这一用自然语言描述的特性的数学表达式即伏安特性方程为

$$u(t) = u_\mathrm{S}(t) \tag{2.4.4}$$

该式中未出现电流变量，体现了与电流无关这一特性。其在 $u-i$ 平面的特性曲线是一条在电压轴上截距为 $u_\mathrm{S}(t)$、平行于电流轴的直线，如图 2.4.2(b)所示。

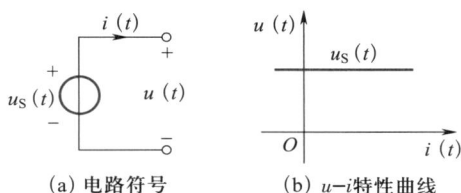

(a) 电路符号　　　　(b) $u-i$特性曲线

图 2.4.2　独立电压源元件的符号、参考方向以及 $u-i$ 特性曲线

虽然独立电压源的特性与电流的大小和参考方向均无关，但是为了遵循电流应该从电源正极流出这一习惯认知，对电压源来说往往采用如图 2.4.2(a)中标注的非关联参考方向。但在实际电路中并不总是如此，例如对于具有多个电源的复杂电路，有的电压源是被充电的，这时实际电流方向则是从正极流入的。另外，计算电压源的功率时，在不同的电流参考方向下计算出来的功率数值的"+/−"却代表着不同的物理含义。在电压、电流非关联参考方向的条件下，独立电压源所发出的功率表达式为

$$p(t) = u_\mathrm{S}(t) i(t) \tag{2.4.5}$$

在非关联参考方向下算出的功率 $p>0$ 即为正，则代表发出功率，反之为吸收功率。若采用关联参考方向，则结论相反。

流过电压源的电流由电压源以及与其相连接的具体电路共同决定，其功率也一样。例如图 2.4.3 所示的一个相同的电压源连接不同的电路时，电压源的电流与功率各不相同。

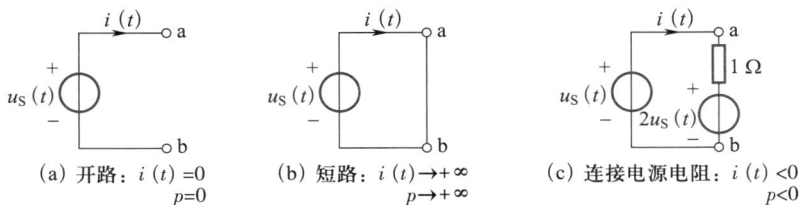

(a) 开路：$i(t) = 0$　　　(b) 短路：$i(t) \to +\infty$　　　(c) 连接电源电阻：$i(t) < 0$
　　　　　$p = 0$　　　　　　　　　$p \to +\infty$　　　　　　　　　$p < 0$

图 2.4.3　连接不同电路时独立电压源 $u_\mathrm{S}(t)$ 的电流及功率

需要注意的是,图 2.4.3(b)是理论分析时出现的极限情况,在工程实践中是绝对禁止的,会烧毁电源或电路设备。况且现实也不可能出现功率无穷大的情况。上述所讲的独立电压源是理想化了的电源,称为理想电压源或无伴电压源。实际电压源与理想电压源的最大区别是电源内部存在有电阻,称为电压源内阻,故实际电压源也称为有伴电压源。只要内阻不为 0,其端电压就会受到影响。

2.(理想)电流源

独立电流源与独立电压源对偶(对偶的概念参见 §5.5 节),也是一个二端元件,其对外提供的端电流在任一时刻与其端电压无关。或者恒定不变如直流情况,或者按照某种固定的函数规律变化。实际工程中与电流源相对应的实际器件不多,常见的如太阳能电池、光电探测器等。

电流源的电路符号如图 2.4.4(a)所示。其电流与端电压无关这一用自然语言描述的特性,用数学语言描述的数学表达式即特性方程为

$$i(t) = i_\text{S}(t) \tag{2.4.6}$$

该式中未出现电压变量,体现了与电压无关这一特征。其在电压-电流平面的特性曲线是一条在电流轴上截距为 $i_\text{S}(t)$、平行于电压轴的直线,如 2.4.4(b)所示。

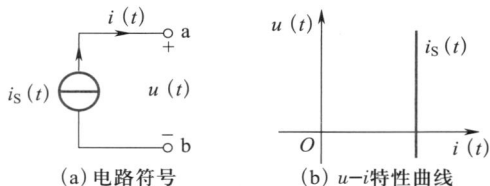

图 2.4.4 独立电流源元件的符号、参考方向以及 u–i 特性曲线

虽然独立电流源的特性与端电压的大小和参考方向均无关,但是如果计算电流源的功率,在不同的电压参考方向下计算出来的功率数值的"+/-"却代表着不同的物理含义。例如图 2.4.4(a)中使用了非关联参考方向,只是遵循了通常所认为的电流从高电位流出这一规律,但在实际中并不总是这样。对电流源进行充电的情况与之正好相反,电流从高电位流入。

在电压电流非关联参考方向的条件下,独立电流源发出的功率表达式为

$$p(t) = u(t)i_\text{S}(t) \tag{2.4.7}$$

电流源两端的电压由电流源以及与其相连接的具体电路共同决定,其功率也一样。例如,如图 2.4.5 所示的一个相同的电流源连接不同的电路时,电流源的电压与功率各不相同。

同电压源不能短路的道理一样,工程实践中独立电流源是不允许开路的,否则就会出现图 2.4.5(a)所示的功率无穷大的情况,但这是不可能的,结果就是烧毁电源或电路设备。

上述独立电流源是理想化了的电源,称为理想电流源或无伴电流源。同实际电压源一样,实际电流源也存在内部电阻,故实际电流源又称为有伴电流源。其输出电流也会受到内部电阻的影响。

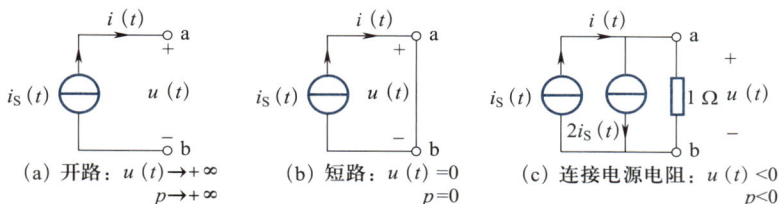

图 2.4.5 连接不同电路时,独立电流源 $i_S(t)$ 的电流及功率

例 2.4.1 已知图 2.4.6(a)电路中 $i_S = 2$ A, $u_S = -10$ V。(1)求电流源和电压源的功率;(2)若使电流源功率为零,在 AB 间应插入何种元件? 此时各元件的功率各是多少?

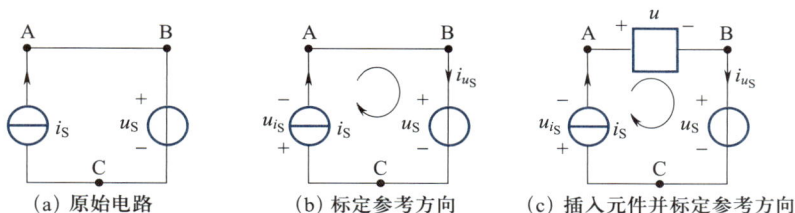

图 2.4.6 独立电源应用示例

解:(1)首先给各元件标定电流、电压参考方向(关联方向),然后标出绕行方向,如图 2.4.6(b)所示。

对于电流源,$p_{iS} = u_{iS} i_S = (-u_S) i_S = +20$ W > 0 吸收功率(关联方向下,正为吸收)。

对于电压源,$p_{uS} = u_S i_{uS} = u_S i_S = -20$ W < 0 发出功率(关联方向下,负为发出)。

(2)插入元件并标定电流、电压参考方向(关联方向),然后标出绕行方向,如图 2.4.6(c)所示。要使电流源的功率 $p_{iS} = u_{iS} i_S = 0$,因电流 i_S 固定不为零,所以 $u_{iS} = 0$。对图 2.4.6(c)应用 KVL 列写方程:$u_{iS} + u + u_S = 0$,代入数值得 $u = -u_S = +10$ V。即插入的元件两端电压必须能达到 +10 V 时,电流源的功率才为零。一个可能的最简解是 +10 V 电压源。

讨论:+10 V 电压源不是唯一解,大家可以尝试一下其他可能解。

【工程拓展】实际电源简介

请扫码查看详细内容。

思考题

1. 理想电压源和理想电流源各有什么特点?

2. 理想电压源的电流和理想电流源的电压各由什么决定?

3. 电压源的电压为零时等效于什么元件? 电流源的电流为零时等效于什么元件?

4. 若干个电压源串(并)联有无条件限制? 若干个电流源串(并)联有无条件限制? 为什么?

5. 电池的等效模型是什么？如果电池被短路,输出的电流为最大,此时对外输出的功率也最大吗？

§2.4.3 受控源

在实际生活中,我们常常需要用一个量控制另一个量的器件或设备。如上课时教师需要用麦克风和扩音器来实现小声音对大音量的控制等。在电路中,含有受控源的电路则能实现这一目的。

受控源是一个多端元件,后面的章节会看到,它也是二端口元件,主要包含控制支路和受控支路。其名称来源于该元件受控支路提供的电压或电流依赖于控制支路的电压或电流。与受控源所对应的实际电路器件有电子管、双极型晶体管和场效应晶体管等,如图 2.4.7 所示。

图 2.4.7 电子管及晶体管

例如,电子管的控制极是栅极 G,通过调整其电压可以控制电子管的放大倍数或者说是控制阴极 K 发出、阳极 A 接收的电子流的流量和速度,从而实现对信号的放大或振荡。而双极型晶体管则是用基极 B 的电流控制集电极 C 输出的电流。

受控源可分为线性和非线性两种。在本书中除特别声明外,主要介绍线性受控源。对于线性受控源,根据控制变量和受控变量的不同组合,又可分为:电流控制电压源(current controlled voltage source,CCVS),电压控制电流源(voltage controlled current source,VCCS),电流控制电流源(current controlled current source,CCCS),电压控制电压源(voltage controlled voltage source,VCVS)。各种受控源的电路符号分别如图 2.4.8 所示,其中左侧为控制支路,右侧为受控支路。

4 种受控源用电流和电压变量表示其特性的数学表达式(也称为特性方程)分别为

$$\text{CCVS}: u_1 = 0, u_2 = ri_1; r\text{——转移电阻} \tag{2.4.8a}$$

$$\text{VCCS}: i_1 = 0, i_2 = gu_1; g\text{——转移电导} \tag{2.4.8b}$$

$$\text{CCCS}: u_1 = 0, i_2 = \alpha i_1; \alpha\text{——转移电流比} \tag{2.4.8c}$$

$$\text{VCVS}: i_1 = 0, u_2 = \mu u_1; \mu\text{——转移电压比} \tag{2.4.8d}$$

作为四端元件的受控源,其功率由控制支路和受控支路的功率之和来表征,即

$$P = \text{控制支路功率} + \text{受控支路功率}$$

$$= u_1(t)i_1(t) + u_2(t)i_2(t) = u_2(t)i_2(t) \tag{2.4.9}$$

其中控制支路功率因其电流或者电压为零而为零,所以图 2.4.8 中受控源的功率由受控支路的功率来决定。

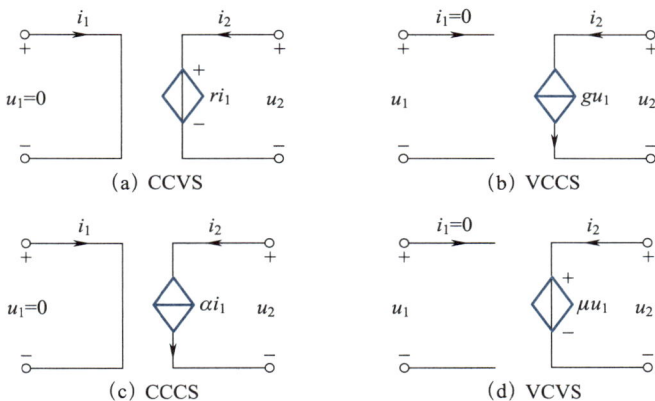

（a）CCVS （b）VCCS

（c）CCCS （d）VCVS

图 2.4.8 4 种受控源的电路符号

例 2.4.2 对图 2.4.9（a）所示电路,求:（1） u_o 和 u_s 的关系;（2）受控源的功率。

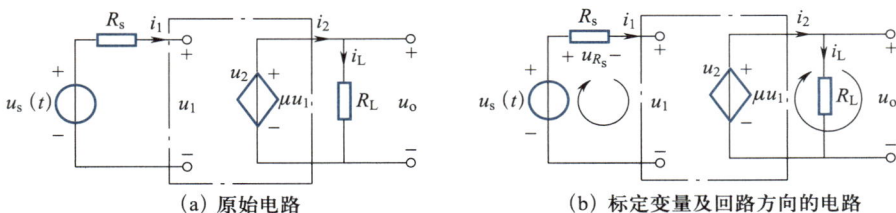

（a）原始电路 （b）标定变量及回路方向的电路

图 2.4.9 受控源求解示例

解:（1）首先在电路图上标出求解过程中所用到的电流电压变量的参考方向,以及回路绕行方向,如图 2.4.9（b）所示。对左侧回路按照所标回路绕行方向,使用基尔霍夫电压定律有

$$u_\text{s}-u_{R_\text{s}}-u_1=u_\text{s}-i_1R_\text{s}-u_1=u_\text{s}-u_1=0 \quad （因为 i_1=0）$$

故而 $\qquad\qquad\qquad\qquad u_1=u_\text{s}$

对右侧回路按照所标回路绕行方向,使用基尔霍夫电压定律有

$$\mu u_1-u_\text{o}=0$$

上述两式联立求解可得 $u_\text{o}=\mu u_\text{s}$。

（2） $p=u_1i_1+u_2(-i_2)$ （此处加负号,是为了变成关联方向求解吸收功率）

$$=0+u_2\left(-\frac{u_2}{R_\text{L}}\right)=\frac{-(\mu u_\text{s})^2}{R_\text{L}}<0 \quad （释放能量）$$

由例 2.4.2 可以看出,受控源具有源的特性,可以向外部电路提供能量。但它与独立源不同,它提供的能量受外部电路控制。如例 2.4.2 中,控制支路的电压 u_1 是外部电源 u_s 提供的,即受外部电路控制。控制量存在,则受控源存在,可以向外部提供能量;而如果受控源的控制量不存在,则受控支路的受控量也不存在,无法向外部提供能量。能量本质上是外部电源提供的。

后面的章节中我们会了解到,受控源还具有负载特性。这一特性在求取含受控源的无独立源二端网络的等效电阻时会了解到。

【工程拓展】双极型晶体管与场效应晶体管的受控源模型

晶体管是一类重要的电子器件,它的出现在电路系统中具有里程碑式的划时代意义,不仅在模拟系统中具有极其重要的地位,也是数字系统中各类门器件的基础构成,后续电类课程中还会有更为详细的介绍。

晶体管的电路分析模型即为受控源。主要有两种类型的晶体管:双极型晶体管和场效应晶体管。

如附图 2.1(a)是一种称为 NPN 型晶体管的双极型晶体管的电路符号,其小信号受控源模型根据应用不同可表达为多种不同的形式,如附图 2.1(b)和(c)所示。可见双极型晶体管的等效模型是电流控制电流源。

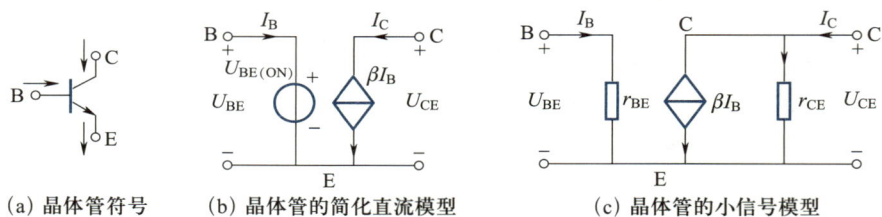

(a) 晶体管符号   (b) 晶体管的简化直流模型   (c) 晶体管的小信号模型

附图 2.1 双极型晶体管等效模型

一种场效应晶体管的电路符号及受控源模型如附图 2.2 所示。可见场效应晶体管的等效模型是电压控制电流源。

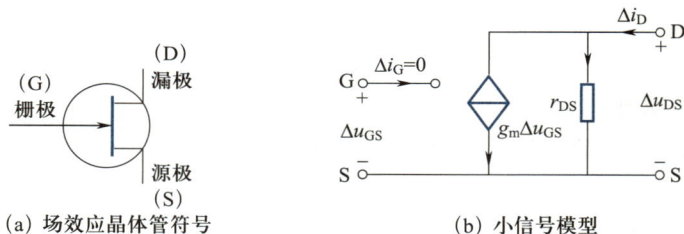

(a) 场效应晶体管符号   (b) 小信号模型

附图 2.2 场效应晶体管等效模型

思考题

1. 受控源有几个连接端钮(或者几个连接端口)?

2. 受控源有几种类型? 每种受控源的特性方程分别是什么?

3. 试说明受控源与独立源的区别和联系。

§2.4.4　运算放大器

一般放大器的作用是把输入电压/电流放大到一定倍数后再输出,输出电压/电流与输入电压/电流的比值称为电压/电流放大倍数。运算放大器是一种由很多个具有放大功能的晶体管有机构成、具有很高放大倍数的放大器件。由于它可与电阻、电容、电感等元件组成多种性能的电路,并能完成加、减、积分、微分等模拟数学运算,所以又被称为运算放大器,简称为运放。即使在数字计算机广泛普及的今天,运放仍然是目前电子系统中最常见的小功率模拟集成电子器件之一,有着其他更广泛的用途。

实际运放是一个多端器件,如图 2.4.10 所示。但是对于其主要涉及的电压放大这一物理过程来说,又可以把它理想化成一个四端钮组成的二端口元件。

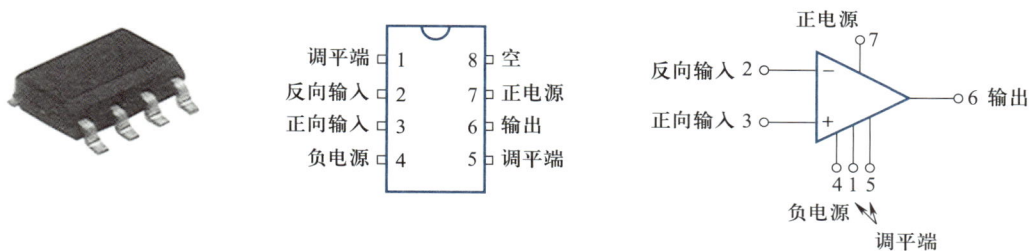

(a) 实际运放的外观图及电路符号

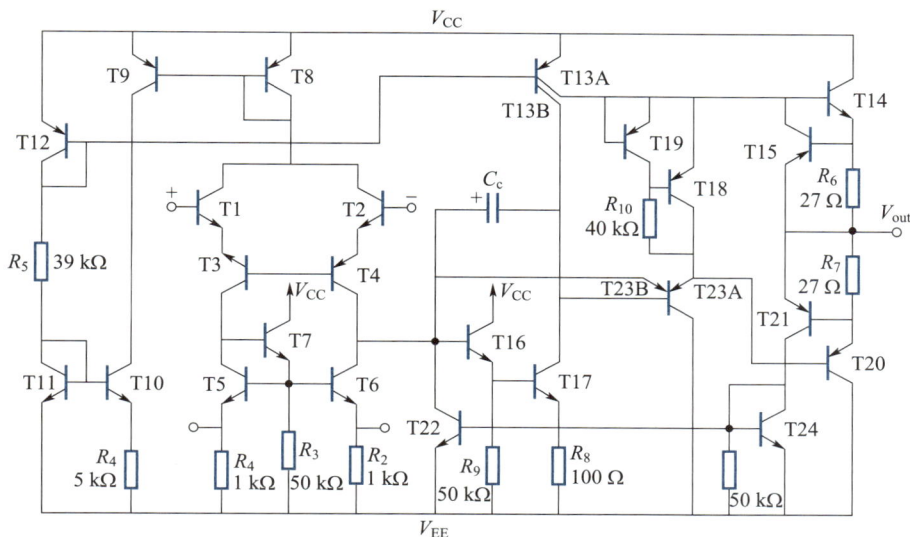

(b) 741运放的内部原理结构示意图

图 2.4.10　运算放大器示例

实际运放 741 器件的电路符号如图 2.4.11(a)所示。由于运放本质上是一个电压放大器,也可以归类为受控源(电压控制电压源),所以也有对应的受控源等效模型,如图 2.4.11(b)所示。

在图 2.4.11 中,i_- 为进入反向输入端的电流,i_+ 为进入正向输入端的电流,u_- 为反向输入端的对地电压,u_+ 为正向输入端的对地电压,u_d 为差动输入电压 $u_d = u_+ - u_-$,u_o 为输出端的对地电压,A 为开环电压增益(放大倍数),即 $A = \dfrac{u_o}{u_d}$。

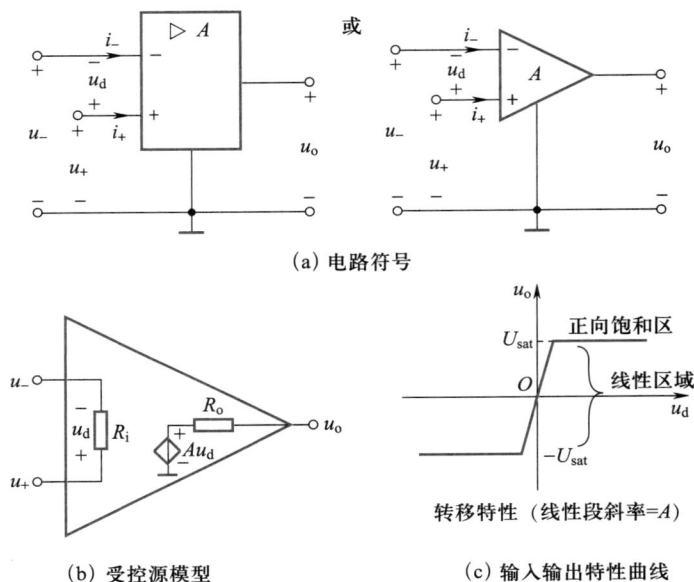

（a）电路符号

（b）受控源模型 （c）输入输出特性曲线

图 2.4.11 实际运算的电路符号、受控源等效模型以及特性曲线

表 2.4.1 是实际运算放大器的典型参数值。

表 2.4.1 实际运放的典型参数值

参数	典型值
开环增益,A	$10^5 \sim 10^8$
输入阻抗,R_i	$10^5 \sim 10^{13}\ \Omega$
输出阻抗,R_o	$10 \sim 100\ \Omega$
饱和电压,V_{cc}	$5 \sim 24$ V

例 2.4.3 一个型号为 FC741 的运放外部连接电路如图 2.4.12(a)所示,其开环增益 $A = 2 \times 10^5$,输入电阻 $R_1 = 2\ M\Omega$,输出电阻 $R_o = 50\ \Omega$。(1)求增益 u_o/u_s;(2)当 $u_s = 2$ V 时,电流 i 为多少?

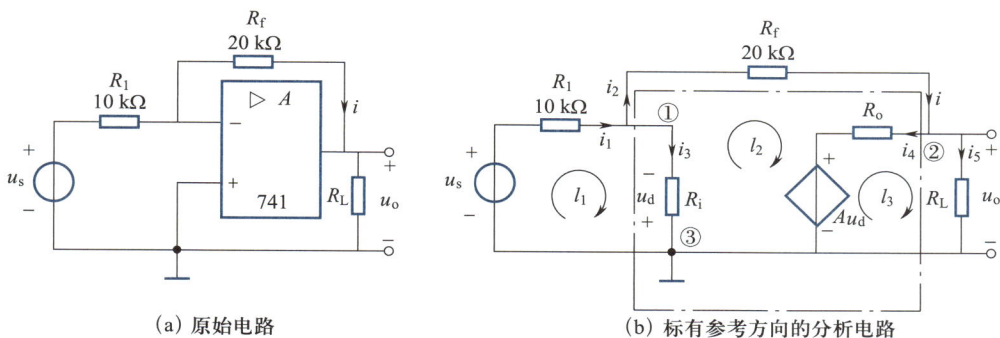

(a) 原始电路　　　　　　　　(b) 标有参考方向的分析电路

图 2.4.12　运放 741 构成的放大电路应用示例

解：(1) 要确定电路的独立节点数和独立回路数，首先找出电路的支路数 b 和节点数 n。画出运放的受控源等效电路如图 2.4.12(b)所示。一般运放输出总是会与一个电路相连的，这里用 R_L 代替，对于开路的情况，也可通过设置 $R_L \to \infty$ 来实现。可以看出 $b = 5$，$n = 3$。在电路图上为每个支路设定电流、电压的参考方向，共有 $2b = 10$ 个独立变量，需要有 10 个独立方程才能确定唯一解。

用 KCL 对独立节点建立节点方程[$(n-1) = 2$]个。设节点③为参考节点，则节点①、②的节点电流 KCL 方程分别为

节点①：
$$i_1 = i_2 + i_3 \tag{1}$$

节点②：
$$i = i_2 = i_4 + i_5 \tag{2}$$

再用 KVL 对独立回路建立节点方程[$b-(n-1) = 3$]个，设电位降电压为"+"，则回路 l_1、l_2、l_3 回路的 KVL 方程分别为

回路 l_1：
$$u_{R_1} + u_{R_i} - u_s = 0 \tag{3}$$

回路 l_2：
$$u_{R_f} - u_{R_o} + A u_d - u_{R_i} = 0 \tag{4}$$

回路 l_3：
$$u_{R_o} + u_o - A u_d = 0 \tag{5}$$

然后列各支路元件方程($b = 5$)个，各支路方程分别为

$u_s + R_1$ 支路：
$$u_{R_1} = R_1 i_1 \tag{6}$$

R_f 支路：
$$u_{R_f} = R_f i_2 \tag{7}$$

R_i 支路：
$$u_{R_i} = R_i i_3 (= -u_d) \tag{8}$$

R_o 支路：
$$u_{R_o} = -R_o i_4 \tag{9}$$

R_L 支路：
$$u_o = R_L i_5 \tag{10}$$

联立式(1)~(10)可得

$$\frac{u_o}{u_s} = -\frac{R_f}{R_1} \Big/ \left[1 - \left(\frac{R_f}{R_1} + \frac{R_f}{R_i} + 1 \right) \frac{R_o + R_f}{R_o - A \cdot R_f} \right]$$

$$= -\frac{20\ \text{k}\Omega}{10\ \text{k}\Omega}\bigg/\left[1-\left(\frac{20\ \text{k}\Omega}{10\ \text{k}\Omega}+\frac{20\ \text{k}\Omega}{2\ \text{M}\Omega}+1\right)\frac{50\ \text{k}\Omega+20\ \text{k}\Omega}{50\ \text{k}\Omega-0.2\times10^{6}\times20\ \text{k}\Omega}\right]\approx-2(严格等式)$$

$$或者\frac{u_{\text{o}}}{u_{\text{s}}}\approx-\frac{R_{\text{f}}}{R_{1}}=-\frac{20\ \text{k}\Omega}{10\ \text{k}\Omega}=-2(近似等式)$$

严格等式与近似等式结果相同,是因为在严格等式中第二项的分母(含运放的开环增益 A)很大,从而使第二项可以被忽略。

(2)当 $u_{\text{s}}=2\ \text{V}$ 时,$u_{\text{o}}=-2u_{\text{s}}=-4\ \text{V}$。

另外,通过式(1)~(10)10 个独立方程,可以算出流向运放的电流 $i_{1}\approx0.2\times10^{-3}\ \text{A}$,而流进运放的电流 $i_{3}\approx-1\times10^{-11}\ \text{A}$,两者相比,$i_{3}$ 可近似为 0,即可视为没有电流流入运放(的输入端)。运放正负输入端间的电压 $u_{\text{d}}=-2\times10^{-5}\ \text{V}$,相对于 $u_{\text{s}}=2\ \text{V}$ 来说,也是一个很小的量,但不为零。所以,实际运放的特性方程可归结为:

$$u_{\text{o}}=Au_{\text{d}} \tag{11a}$$

$$i_{+}\approx0,\quad i_{-}\approx0(虚断) \tag{11b}$$

其中,u_{o} 有限,A 很大但有限,u_{d} 很小,但不为零,$i_{+}\approx0$,$i_{-}\approx0$,称为虚断。

为了简化计算,特引入一个理想化的运放,令其放大倍数 $A\to\infty$,称为理想运放,其特性方程为:

$$u_{\text{d}}\approx0(虚短) \tag{12a}$$

$$i_{+}\approx0,\quad i_{-}\approx0(虚断) \tag{12b}$$

其中,$u_{\text{d}}\to0$,称为虚短,$i_{+}\approx0$,$i_{-}\approx0$,称为虚断。

理想运放的电路符号及输入输出特性曲线如图 2.4.13 所示。

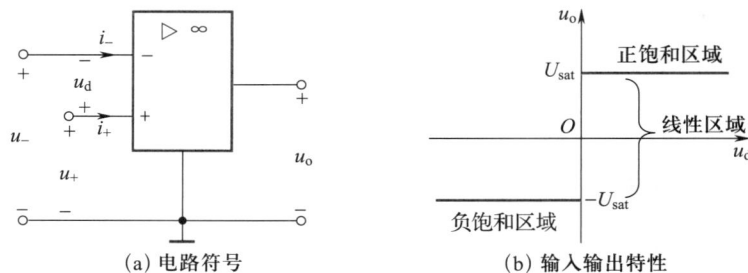

(a) 电路符号   (b) 输入输出特性

图 2.4.13　实际运算的电路符号、受控源等效模型以及特性曲线

在实际应用中,常用理想运放模型代替实际运放电路,得到的结果近似相等且可以简化计算。如对例 2.4.3 所示的 FC741 运放电路,若用理想运放代替同样可以获得相同的倍比数。

最后,需要指出的是,虽然运放本质上是一个电压放大器件,即可以看成是一个电压控制的电压源,但是用它可以搭建成其他 3 种类型的受控源。例如,可以用运放来搭建一个电流控制的电压源 CCVS,如图 2.4.14 所示。

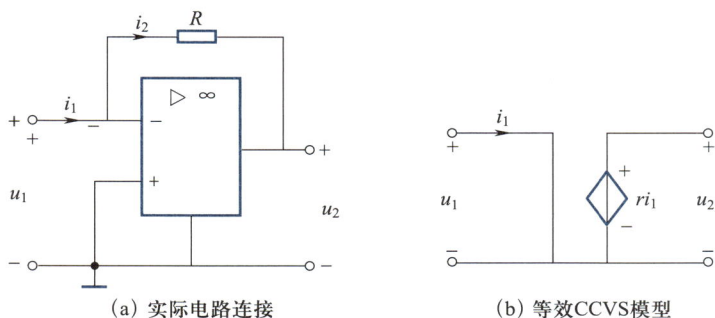

(a) 实际电路连接   (b) 等效CCVS模型

图 2.4.14　运放搭建的 CCVS 及其受控源等效模型

　　按照图 2.4.14(a)所示的连接方式,输出电压 u_2 与电流 i_1 具有以下类似于 CCVS 的相互依赖关系,即 $u_2 = ri_1$,其中 $r = -R$。即图 2.4.14(a)可视为一个 CCVS,等效为如图 2.4.14(b)所示的等效受控源模型。

思考题

1. 运算放大器的名称是怎么来的?

2. 运算放大器属于几端钮元件?

3. 运算放大器有几种类型? 各种类型运放特性的自然语言描述和数学语言描述各是什么?

4. 运放及运放电路与受控源之间的关系是什么?

【工程拓展】元器件的分类及特点

请扫码查看具体内容。

【工程拓展】
元器件的分
类及特点

§2.5　电路的功率约束

§2.5.1　特勒根功率定理

　　任何一个封闭系统,其能量是守恒的,这是一条基本的物理学定律。电路系统作为一个封闭系统的特例,同样应满足能量守恒定律。

　　对于一个具有 n 个节点 b 条支路的电路系统来说,当各支路电流、电压都采用关联参考方向时,其总能量可表达为

$$W_{\text{总}} = \sum_{k=1}^{b} W_k = \sum_{k=1}^{b} \int_{t_0}^{t} p_k \mathrm{d}t = \int_{t_0}^{t} \left(\sum_{k=1}^{b} u_k i_k \right) \mathrm{d}t \qquad (2.5.1)$$

若要满足能量守恒,则 $W_{\text{总}} = 0$,即

$$\sum_{k=1}^{b} (u_k i_k) = 0 \qquad (2.5.2)$$

这就是特勒根功率定理的数学表达式。其中，$(u_1,u_2,\cdots,u_b)$、$(i,i_2,\cdots,i_b)$ 分别表示具有 n 个节点 b 条支路的电路网络 N 对应支路的电压和电流。

特勒根定理：在任意电路中，在任何瞬时 t，各支路吸收功率的代数和恒等于零。换句话说，电路中各独立源提供的功率之和等于其余各元件吸收的功率之和。

为了更好地理解特勒根功率定理，可以用图 2.5.1 所示的具有 4 个节点 6 条支路的一个具体电路网络作为例子进行分析验证。

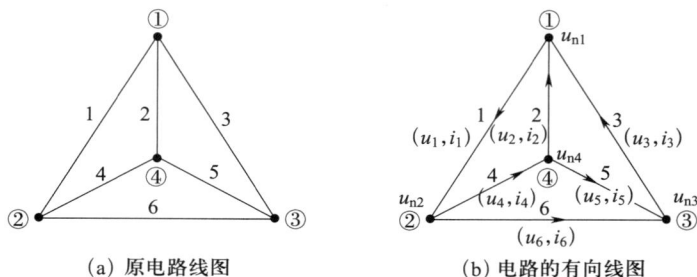

（a）原电路线图　　　　（b）电路的有向线图

图 2.5.1　具有 4 个节点，6 条支路的电路网络

当各支路电流、电压都采用关联参考方向时，用图 2.5.1（b）所示的有向线图，此电路总功率为

$$P = \sum_{k=1}^{6} (u_k i_k) = u_1 i_1 + u_2 i_2 + u_3 i_3 + u_4 i_4 + u_5 i_5 + u_6 i_6 \tag{1}$$

对所有节点应用 KCL，有

节点①：
$$i_1 = i_2 + i_3 \tag{2}$$

节点②：
$$i_1 = i_4 + i_6 \tag{3}$$

节点③：
$$i_3 = i_5 + i_6 \tag{4}$$

节点④：
$$i_4 = i_2 + i_5 \tag{5}$$

所有支路电压用节点电位 $u_{n1} \sim u_{n4}$ 表示，有

$$u_1 = u_{n1} - u_{n2} \tag{6}$$

$$u_2 = u_{n4} - u_{n1} \tag{7}$$

$$u_3 = u_{n3} - u_{n1} \tag{8}$$

$$u_4 = u_{n2} - u_{n4} \tag{9}$$

$$u_5 = u_{n4} - u_{n3} \tag{10}$$

$$u_6 = u_{n2} - u_{n3} \tag{11}$$

将式（6）—（11）代入式（1）有

$$P = (u_{n1} - u_{n2}) i_1 + (u_{n4} - u_{n1}) i_2 + (u_{n3} - u_{n1}) i_3 + (u_{n2} - u_{n4}) i_4 +$$
$$(u_{n4} - u_{n3}) i_5 + (u_{n2} - u_{n3}) i_6 \tag{12}$$

以节点电位为基础,合并同类项,有

$$P = u_{n1}(i_1 - i_2 - i_3) + u_{n2}(-i_1 + i_4 + i_6) + u_{n3}(i_3 - i_5 - i_6) +$$
$$u_{n4}(-i_4 + i_2 + i_5) = 0 \tag{13}$$

由式(2)~(5)可知式(13)即式(1)

$$P = \sum_{k=1}^{6}(u_k i_k) = 0$$

成立,得证。

【知识链接】电路系统能量守恒的证明

任何一个封闭系统,其能量是守恒的,这是一条基本的物理学定律。电路系统作为一个封闭系统的特例,同样满足能量守恒定律,其证明如下所述。

对于一个具有 n 个节点 b 条支路的电路系统来说,当各支路电流、电压都采用关联参考方向时,其总能量可表达为

$$W_{\text{总}} = \sum_{k=1}^{b} W_k = \sum_{k=1}^{b}\int p_k \, \mathrm{d}t = \sum_{k=1}^{b}\int (u_k i_k)\,\mathrm{d}t = \int\left(\sum_{k=1}^{b} u_k i_k\right)\mathrm{d}t \tag{1}$$

式(1)中的连加项可展开为

$$\sum_{k=1}^{b}(u_k i_k) = u_1 i_1 + u_2 i_2 + \cdots + u_k i_k + \cdots + u_b i_b \tag{2}$$

式中 u_k 和 i_k 分别表示第 k 条支路上的支路电压和支路电流。各条支路均连接两个节点,对于有 n 个节点的电路,最多可构成的支路数 M 为

$$M = C_n^2 = \frac{n!}{2! \times (n-2)!} \tag{3}$$

对于有 n 个节点的电路,其实际支路数 $b \leqslant M$。

更为一般性,式(2)改写为具有 M 项的功率式(4)

$$\sum_{k=1}^{b}(u_k i_k) = u_1 i_1 + u_2 i_2 + \cdots + u_k i_k + \cdots + u_b i_b = \sum_{k=1}^{M}(u_k i_k) \tag{4}$$

可以看出,上式中右侧连加号的项数比左侧的连加号的项数多,请思考为什么还能相等呢?接下来,如果把式(4)中的支路电压、电流的序号用与其相连接的节点序号表示,则式(4)可表示为

$$\sum_{k=1}^{M}(u_k i_k) = u_{12} i_{12} + u_{13} i_{13} + \cdots + u_{23} i_{23} + \cdots + u_{ij} i_{ij} + \cdots + u_{(n-1)n} i_{(n-1)n}$$
$$= \sum_{i=1, j=i+1}^{i=n-1, j=n}(u_{ij} i_{ij}) \tag{5}$$

式中 u_{ij} 表示连接节点 i 和节点 j 的支路。若再用节点电位 $u^{(k)}$（为了区别于前面的表示支路电压的符号 u_k）来表示支路电压 u_{ij}，则有

$$u_{12} = u^{(1)} - u^{(2)}, u_{13} = u^{(1)} - u^{(3)}, \cdots, u_{ij} = u^{(i)} - u^{(j)}, \text{且 } u_{ij} = -u_{ji}$$

将上述关系代入式（2.5.5）并整理有

$$u^{(1)}(i_{12} + i_{13} + \cdots + i_{1n}) + u^{(2)}(i_{21} + i_{23} + \cdots + i_{2n}) + \cdots + u^{(n)}(i_{n1} + i_{n2} + \cdots + i_{n(n-1)})$$

$$= u^{(1)}\left(\sum_{k=1}^{n} i_{1k} - i_{11}\right) + u^{(2)}\left(\sum_{k=1}^{n} i_{2k} - i_{22}\right) + \cdots + u^{(n)}\left(\sum_{k=1}^{n} i_{nk} - i_{nn}\right) \tag{6}$$

可以看出式（6）中的括号项都是流过相应节点的支路电流，应用基尔霍夫电流定律可得上式的值为零，即 $W_{\text{总}} = 0$。能量守恒定律得证。

由此可以看出电路的功率守恒定理即特勒根定理是能量守恒定律在电路系统中的必然体现。以上的证明中利用了基尔霍夫电流定律，这说明特勒根定理同基尔霍夫定律一样，也是电路基本性质的自然反应。特勒根定理也与电路元件的性质无关，因而普遍适用于所有集总参数电路。

§2.5.2   特勒根似功率定理

特勒根似功率定理的内容为：对于如图 2.5.2 所示的任意两个具有相同有向线图的集总参数网络 N 和 N′，网络 N 的各支路电压和网络 N′对应支路的电流乘积之和恒等于零。由于是两个不同网络的电压和电流相乘，乘积具有功率的量纲，但是不具有实际的功率物理意义，所以该定理称为似功率定理。

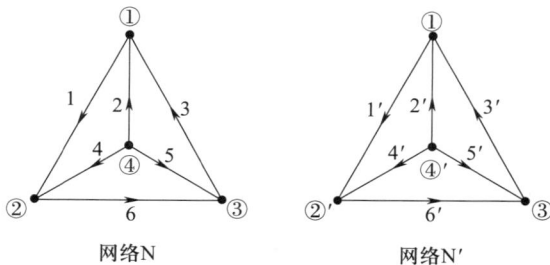

图 2.5.2   有向线图相同的两个电路网络 N 和 N′

若用 $(u_1, u_2, \cdots, u_b)$、$(i_1, i_2, \cdots, i_b)$ 和 $(u'_1, u'_2, \cdots, u'_b)$、$(i'_1, i'_2, \cdots, i'_b)$ 分别表示电路网络 N 和 N′对应支路的电压和电流，且都为关联参考方向，则特勒根似功率定理的数学表达式为

$$\sum_{k=1}^{b} (u_k i'_k) = 0 \text{ 和 } \sum_{k=1}^{b} (u'_k i_k) = 0 \tag{2.5.3}$$

当特勒根似功率定理应用于同一电路相同时刻的电压、电流时，似功率定理就变成了特勒根功率定理。所以，特勒根功率定理可看成是似功率定理的特例。但若电路是时变的，即使对同一电路，若应用于不同时刻的电压、电流，仍为似功率定理。

另外,特勒根似功率定理的证明也只需要使用基尔霍夫定律,所以与特勒根功率定理一样,也具有和基尔霍夫定律本身一样的普遍性,适用于任何性质(线性、非线性等)的集总参数电路。

特勒根功率定理和似功率定理虽然是用基尔霍夫定律推导出来的,在某些实际电路的求解中,利用特勒根定理比使用基尔霍夫定律更简便,尤其是电路结构不完全清晰的情况。

例 2.5.1 如图 2.5.3 所示的电路,N_0 为无源线性电阻网络,图(a)中电路各电压、电流及参考方向如图所示,求图(b)电路中的 u_1'。

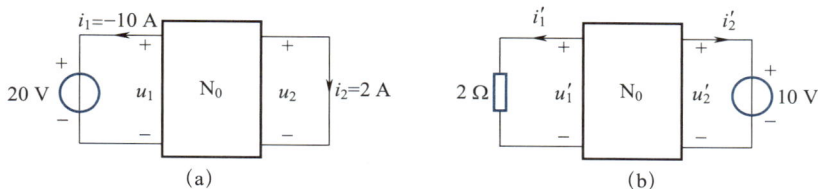

图 2.5.3 部分结构未知的两个有向线图相同的电路

解: 由于图中电路的部分元件及电路结构的情况未知,所以是无法直接使用基尔霍夫定律以及元件特性方程来求解的。

此时则可应用特勒根似功率定理,其方程为

$$u_1 i_1' + u_2 i_2' + \sum_{k=3}^{b} (u_k i_k') = 0 \tag{1}$$

$$i_1 u_1' + i_2 u_2' + \sum_{k=3}^{b} (i_k u_k') = 0 \tag{2}$$

式(1)和(2)中,累加符号项代表的是 N_0 部分。由于两电路中 N_0 部分相同,且是无源线性电阻网络,所以式(1)中的累加符号部分可按下式等效变化

$$\sum_{k=3}^{b} (u_k i_k') = \sum_{k=3}^{b} (i_k R_k) i_k' = \sum_{k=3}^{b} i_k (i_k' R_k) = \sum_{k=3}^{b} i_k (i_k' R_k') = \sum_{k=3}^{b} i_k u_k' \tag{3}$$

把式(3)代入式(1)且与式(2)相减可得

$$u_1 i_1' + u_2 i_2' = i_1 u_1' + i_2 u_2' \tag{4}$$

将图中的各已知电压电流代入式(4),并注意到 $u_2 = 0$,$i_1' = \dfrac{u_1'}{2}$,则可求得图 2.4.30(b)中的 u_1' 为 1 V。

注:上述式(4)在后续互易定理讲解中还会有详细的介绍。

【知识链接】特勒根定理与基尔霍夫定律等效吗?

特勒根定理和基尔霍夫定律是电路分析中两个不同的概念,它们在某些方面是等价的,但在其他方面则具有不同的应用和表述。

1. 等价性

在线性电路中,基尔霍夫定律和特勒根定理是等价的,因为特勒根定理可以从基尔霍夫定律推导出来,反之亦然。它们都可以用来分析和求解电路问题。特勒根定理提供了另一种视角来理解和应用电路分析的基本定律。特勒根定理实际上是基尔霍夫定律的一个扩展,它不仅适用于线性电路,还可以推广到包含理想变压器和互感器的电路。

2. 不同点

适用范围:基尔霍夫定律是电路分析的基础,适用于所有电路,包括线性和非线性电路。特勒根定理主要适用于线性电路,尽管它可以扩展到更复杂的网络。

表述方式:基尔霍夫定律分别从电流和电压的角度描述电路的守恒定律,而特勒根定理则是从功率的角度进行表述,即电压和电流的乘积之和。

应用方式:在实际电路分析中,基尔霍夫定律通常用于建立节点和环路的方程,而特勒根定理可以用来验证电路分析的正确性,或者作为一种替代方法来解决电路问题。

特勒根定理通常被表述为适用于线性电路,因为它基于线性电路分析中的一些假设。然而,特勒根定理的原始形式可以扩展到包含某些非线性元件的电路中,但需要对定理进行适当的修改。

特勒根定理在非线性电路中的适用性受到限制,主要是因为非线性元件的电压-电流关系破坏了线性电路分析的基本假设。然而,在某些情况下,通过适当的修改和使用高级分析技术,特勒根定理仍然可以应用于非线性电路。

思考题

1. 为什么说功率守恒定律与基尔霍夫定律一样,也是集总电路的普遍规律?

2. 是否使用基尔霍夫电压定律也能得出功率守恒定理呢?

【数理基础】物理中的守恒定律

请扫码查看详细内容。

【数理基础】
物理中的
守恒定律

【章节知识点测验】

请扫码进行章节知识点测验。

【章节知识点
测验】

【典型习题精讲】

请扫码查看具体内容。

【典型习题
精讲】

习　　题

2.1 设题 2.1 图中的各电压、电流分别按以下 4 种情况给定,试问能否满足 KCL 和 KVL?

（a）$i_1 = 2$ A,$i_2 = 5$ A,$i_3 = -7$ A,$i_4 = 10$ A,$i_5 = -2$ A。

（b）$i_1 = 2\cos 3t$ A,$i_2 = 5\cos 3t$ A,$i_3 = -7\cos 3t$ A,$i_4 = 0$ A,$i_5 = 2\cos 3t$ A。

（c）$u_2 = 5$ V,$u_3 = 7$ V,$u_4 = 2$ V,$u_6 = 2$ V。

（d）$u_2 = 5\cos 3t$ V,$u_3 = -7\cos 3t$ V,$u_6 = 2\cos\left(3t + \dfrac{\pi}{3}\right)$ V。

2.2 题 2.2 图为由电阻构成的直流电桥。已知电阻 R_1 和 R_2 上的电压分别为 1 V 和 2 V,电阻 R 中有无电流? 并求电阻 R_3 和 R_4 上的电压 u_3 和 u_4。

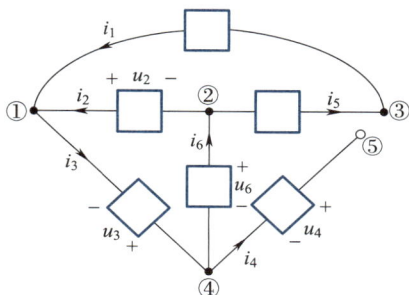

题 2.1 图

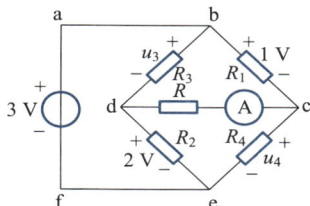

题 2.2 图

2.3 求题 2.3 图中的待求电压电流值(设电流表电阻为零,电压表电阻为无穷大)。

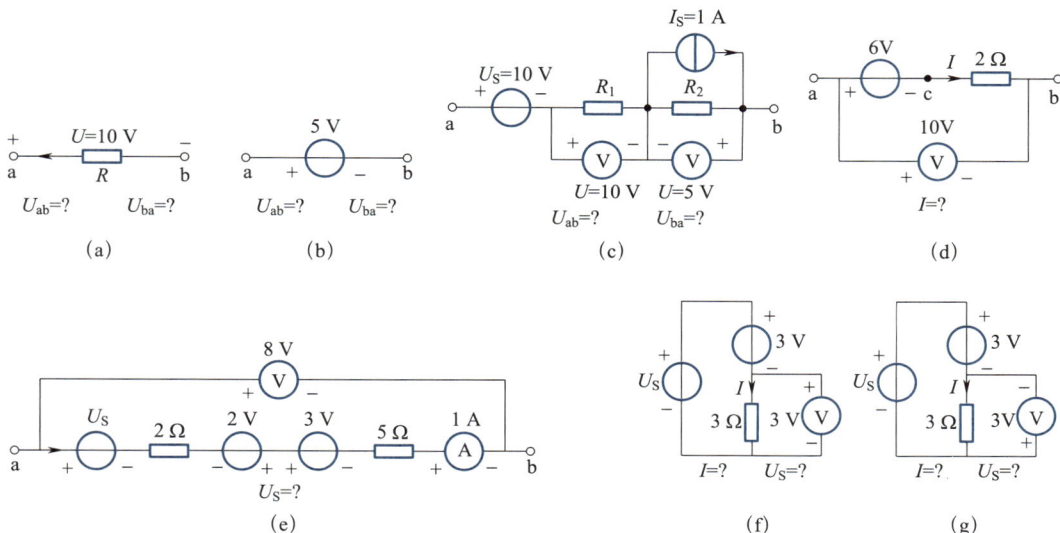

题 2.3 图

2.4 解答题 2.4 图中的各小题(设电流表电阻为零,电压表电阻为无穷大)。

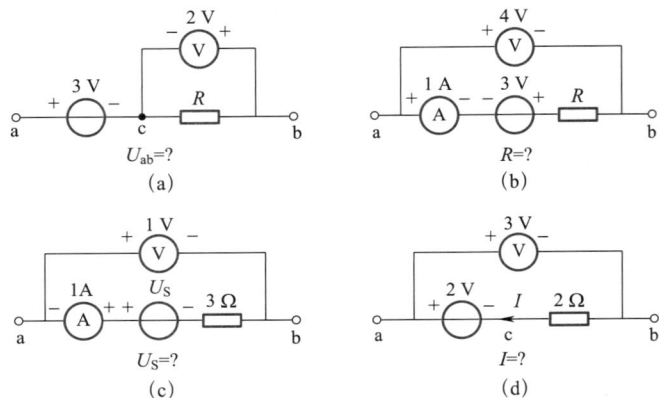

题 2.4 图

2.5 试求如题 2.5 图所示部分电路的电压 U_{gf}、U_{ag}、U_{db} 和电流 I_{cd}。

2.6 在如题 2.6 图所示电路中,电阻 R_1、R_2、R_3 和 R_4 的电压、电流额定值是 6.3 V 和 0.3 A,R_5 的电压、电流额定值是 6.3 V、0.45 A。为使上述各电阻元件均处于其额定工作状态,应当选配多大的电阻 R_x 和 R_y?

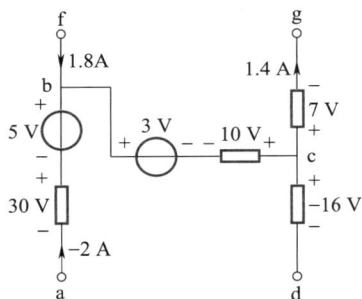

题 2.5 图

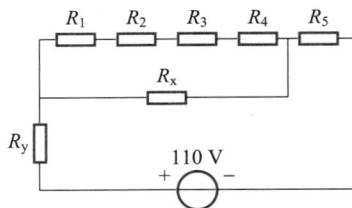

题 2.6 图

2.7 试求如题 2.7 图所示电路中的电压 U_{ac} 和 U_{ad}。

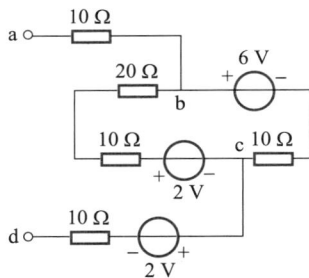

题 2.7 图

2.8　如题2.8图所示电路是从某一电路中抽出的受控支路,试根据已知条件求出控制变量值。

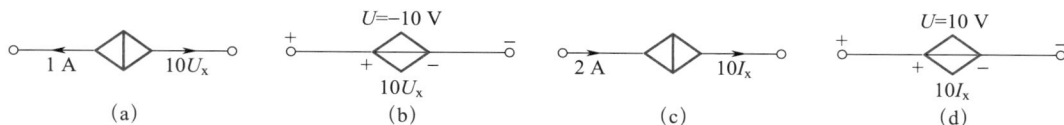

题 2.8 图

2.9　求题2.9图中电压跟随器电路的 u_s 和 u_o 间的关系。

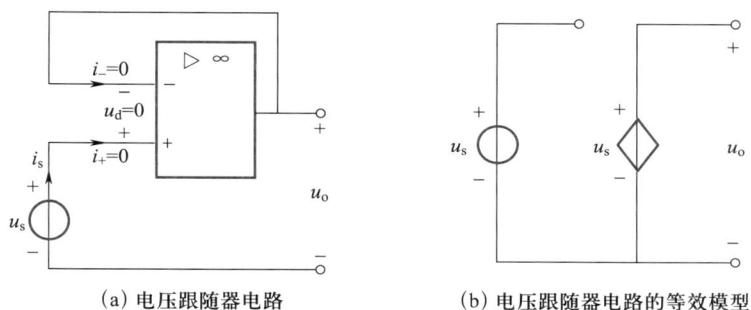

（a）电压跟随器电路　　　　　（b）电压跟随器电路的等效模型

题 2.9 图

2.10　如题2.10图所示有限增益运算放大器模型的开环增益 $A = 20\,000$,反向输入端对地电压 $u_- = 9.1$ mV,正向输入端对地电压 $u_+ = 9$ mV,求输出电压 u_o。

2.11　如题2.11图所示有限增益运算放大器模型的开环增益 $A = 10^5$,输入电压 $u_i = 1$ mV,输入电阻为无穷大,求输出电压 u_o。

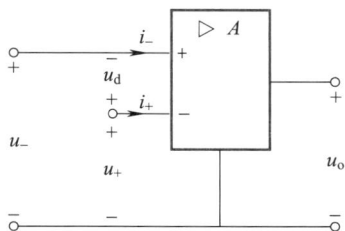

题 2.10 图

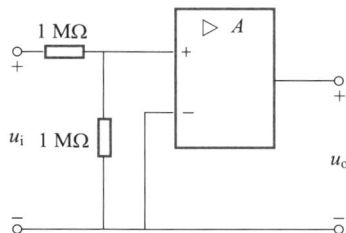

题 2.11 图

2.12　在如题2.12图所示运放电路中,若 $u_{i1} = u_{i2} = u_{i3} = 1$ mV,$A_1 = A_2 = 4\,000$,求输出电压 u_{o1}、u_{o2}。

2.13　试求题2.13图所示电路的输出电压 $u_o(t)$。（图中运放为理想运放）

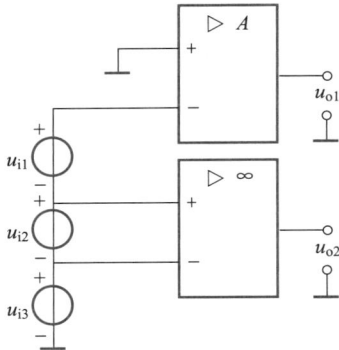

题 2.12 图

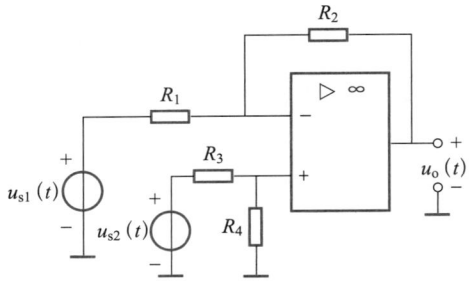

题 2.13 图

2.14 根据基尔霍夫定律求出题 2.14 图中各元件的未知电流,并计算各元件吸收的功率。

2.15 如题 2.15 图所示电路中,N 是纯电阻网络,当 $U_S = 5$ V,$R_2 = 2$ Ω 时,测 $I_1 = 4$ A,$I_2 = 1$ A;当电压源变为 $U_S = 10$ V,电阻变为 $R_2 = 5$ Ω 时,测得 $I_1' = 6$ A,试求此时的 I_2'。

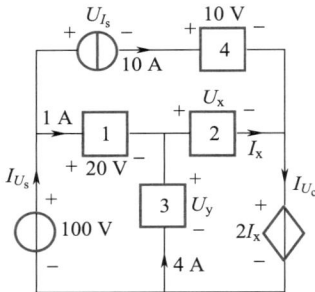

题 2.14 图

题 2.15 图

2.16 题 2.16 图中的 N 是无源线性电阻网络,其中:$R_1 = 1$ Ω,$R_2 = 2$ Ω,$R_3 = 3$ Ω,$U_{S1} = 18$ V,当 U_{S1} 作用而 U_{S2} 代之为短路时,测得 $U_1 = 9$ V,$U_2 = 4$ V;又当 U_{S1}、U_{S2} 共同作用时,测得 $U_3 = -30$ V。求 U_{S2} 的值(U_{S2} 是直流电压源)。

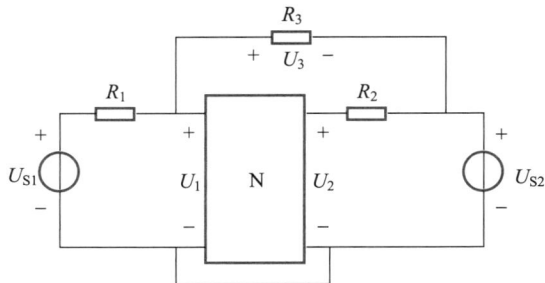

题 2.16 图

2.17 如题 2.17 图所示,元件 1 和 2 吸收的功率分别为 3 W 和 1 W,求电流源两端电压 U_x。

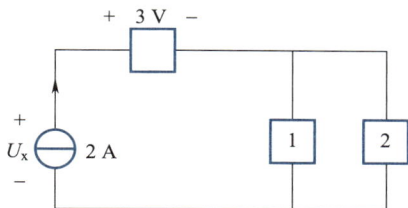

题 2.17 图

2.18 写出如题 2.18 图所示各电路的 $U=f(I)$ 和 $I=f(U)$ 两种形式的端口特性方程。

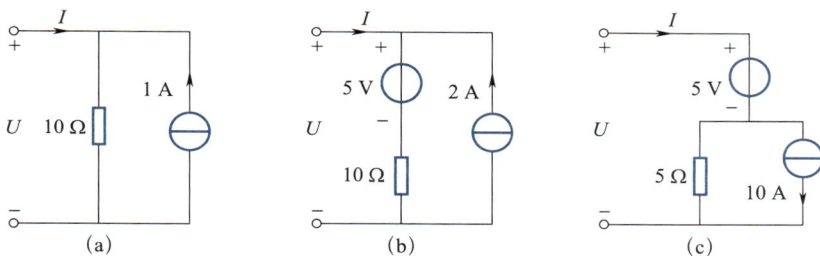

题 2.18 图

2.19 求如题 2.19 图所示两电路的端口等效电阻 R。

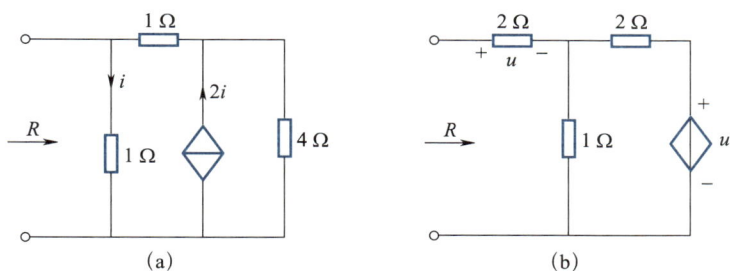

题 2.19 图

2.20 试求如题 2.20 图所示各电路的等效电阻 R。

2.21 题 2.21 图电路中 N_1 和 N_2 为两个不同的含源二端网络,X 为某种线性元件(共有 A、B、C、D 四种),分别接入 N_1 和 N_2 网络中测得端电压和电流如表 1 所示,试确定 A、B、C、D 各为何种元件,数值是多少。

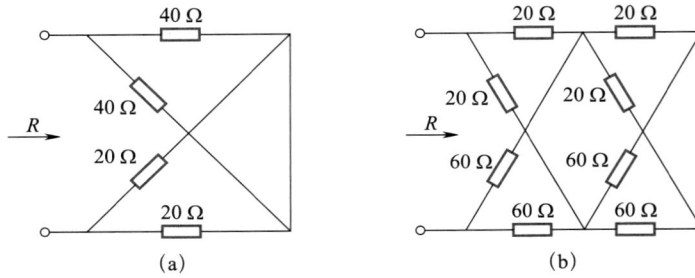

题 2.20 图

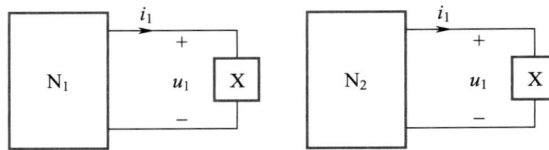

题 2.21 图

表 1 元件及相应的参数值

元件	与 N_1 相连		与 N_2 相连	
	u_1/V	i_1/mA	u_1/V	i_1/mA
A	5	1	−2.5	−0.5
B	5	5	5	−10
C	10	0.1	10	−15
D	12.5	−2.5	−2.5	−2.5

第二篇

经典线性电阻电路分析

第三章 电路的等效变换

【引言】等效变换是一个非常重要的概念和方法,其目的是简化解决问题的过程。其实对于这一概念我们并不陌生,数学中的坐标变换就属于等效变换的范畴。等效变换在各个学科和领域都有着广泛的应用,只是不同的学科中其内涵、形式和过程不同而已。本章将要阐述的就是等效变换在电路中的内涵、形式、过程等。具体内容包括电路等效的概念、电源的等效变换、无源和含源电阻网络的各种等效变换等。

§3.1 电路等效的概念

§3.1.1 电路的等效

§2.5 已经讲过,复杂的电路网络可以等效成简单的电路,而且对外部电路效果不变。很多情况下我们所关注的往往是网络的外部特性,而不是网络内部的细节。例如,庞大的电力网络异常复杂,而在分析用户家庭的供电状态时,却可以将外部输入等效成一个简单的电压源模型,从而大大简化电路分析。

如前所述,对于图 3.1.1 所示的某两个单端口网络 N_1 和 N_2,其端口的电压和电流关系,或称为端口的伏安特性方程,分别为 $f_1(U_1, I_1) = 0$、$f_2(U_2, I_2) = 0$。若两个端口的特性曲线是重合的,或者对任意的 U_1、I_1、U_2、I_2,有

$$f_1(U_1, I_1) = f_2(U_2, I_2) = 0 \tag{3.1.1}$$

即两个端口的特性方程相等,则称这两个单端口网络等效。

最简单的单端口网络等效例子是电阻的串联和并联。如图 3.1.2 所示,N_1 是一个电阻值为 100 Ω 的电阻元件,N_2 是两个 50 Ω 电阻元件的串联,则两者的端口伏安特性为

$$U_1 - 100\ \Omega I_1 = U_2 - 100\ \Omega I_2 = 0$$

此时,网络 N_1 和 N_2 就是相互等效的两个网络。

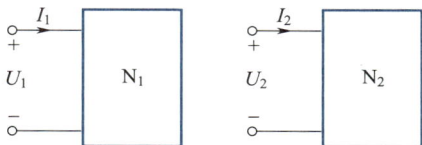

图 3.1.1 两个单端口网络等效的含义

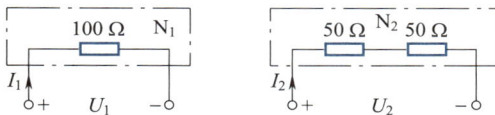

图 3.1.2 两个电路等效的例子

如 §2.4 所述,两个同类型的多端口网络,只有当所有对应端口的端口特性方程都相等时,才认为这两个网络是等效的。例如,二端口网络具有两个端口,当某两个二端口网络的对应端口的端口电压-电流关系均相等时,即

$$f_{11}(U_{11}, I_{11}) = f_{21}(U_{21}, I_{21})$$
$$f_{12}(U_{12}, I_{12}) = f_{22}(U_{22}, I_{22})$$

则称这两个二端口网络等效。式中第 1 个下标表示某个二端口网络,第 2 个下标表示某二端口网络的某个端口。在前一章所讲的运算放大器用受控源来表示,就是一个典型的二端口网络利用等效变换进行电路分析的例子。

需要注意的是,根据定义,两个等效的网络 N_1 和 N_2 作用于外电路时,其效果是完全相同的,但网络 N_1 和 N_2 内部的电路结构与参数却可以完全不同。换句话说,等效是对外电路等效,对内部并不一定等效。仍以单端口网络为例,如图 3.1.3 所示。两个内部结构不同的等效网络 N_1 和 N_2,例如图 3.1.2 的例子,与外电路 M 相连,对 M 来说,效果是一样的,但 N_1 和 N_2 的结构和参数并不相同。

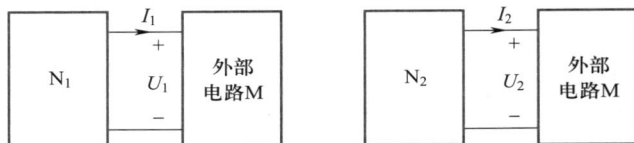

图 3.1.3 网络等效的作用

§3.1.2 网络端口特性方程的求解

如上所述可知,判断网络是否等效以及求解等效网络的关键是首先建立网络端口的特性方程,即端口的电压-电流关系。在电路分析中,求解端口特性方程最常用的是激励-响应方法。就是在端口处接入电流源 I 进而求端口电压 U,称为加流求压法;或者接入电压源 U 进而求端口电流 I,称为加压求流法。此外,这种方法还是本章后续求解无源单端口网络的端口电阻或称为输入电阻的经典方法。实质上对输入端口施加激励,求解网络某部分的输出响应,进而了解和解释网络性能和特征的做法,正是系统分析最常用的方法之一。

例 3.1.1 已知图 3.1.4(a)中单端口网络中 $U_S = 6$ V,$I_S = 2$ A,$R_1 = 2$ Ω,$R_2 = 3$ Ω。求此网络的端口电压-电流方程,并画出任意一种等效电路。

解:在图 3.1.4(a)中,用加流求压法求解端口 ab 的特性方程,如图 3.1.4(c)所示。

由 KCL 和 KVL 可以列写出右边回路的电压方程为

$$U + R_2 I = U_S + (I_S - I) R_1$$

代入已知条件可得

$$U = 10 \text{ V} - 5 \text{ Ω} I$$

这就是图 3.1.4(a)网络中端口 ab 的特性方程,即端口 ab 的电压-电流关系方程。

从数学意义上说,这是一个直线方程,其在 $u-i$ 平面上的几何表示就是端口的伏安关系曲

(a) 原电路

(b) 简化的等效电路

(c) 加流求压法

(d) 伏安特性

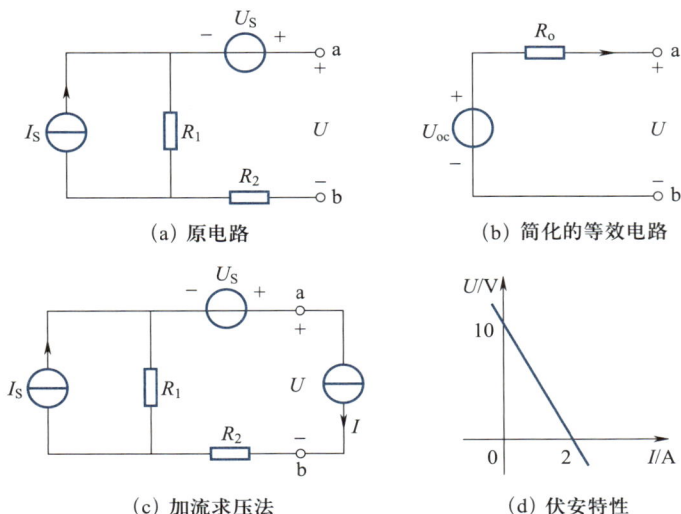

图 3.1.4 求解端口特性方程及等效电路的例子

线,如图 3.1.4(d)所示。得到该直线几何表示的最简单方法,是利用其方程求出该直线在 U、I 两个坐标轴上的截距。由方程可知,当 $I=0$ 时,在 U 轴上的截距为 $U=10$ V;当 $U=0$ 时,在 I 轴上的截距为 $I=2$ A。而从物理意义上说,当 $I=0$ 时,$U=10$ V 即为端口的**开路电压**,通常用 U_{oc} 表示;当 $U=0$ 时,$I=2$ A 即为端口的**短路电流**,通常用 I_{sc} 表示。

得到了端口的特性方程后,就需要找到一种相对简单的等效电路,其端口的特性方程与上述端口 ab 的特性方程一致,这正是等效变换的精髓,也是电路综合设计的过程。利用逆向思维,充分理解和利用相关电路的分析结论是电路综合设计的法宝。

从端口 ab 的伏安关系曲线看,这并不满足任何一个已知的单独元件的特性曲线,而应该是不同元件组合形成的网络端口特征的体现。根据独立电源以及电阻的伏安关系曲线可知,这是一个独立电压源或独立电流源和一个线性电阻的串联或并联组合。以电压源和电阻的串联组合为例,独立电压源的电压为 10 V,即端口开路电压 U_{oc} 的值;而电阻 R_o 的值就是其在 $u-i$ 平面上直线表示时的斜率,则 $R_o = \dfrac{U_{oc}}{I_{sc}} = 5$ Ω。图 3.1.4(a)所示电路的等效电路就如图 3.1.4(b)所示,即等效为一个无伴电压源和一个电阻串联的形式。该电阻亦称为**端口等效电阻**,也常用 R_{eq} 表示。

【思维训练】等效替代法

等效或称等价是常用的科学思维方法。在数学学科中,等效是一种重要的数学思想。在自然科学及工程科学研究方法中,等效替代法也占有重要的地位。所谓"等效替代法"就是在特定的某种意义上,在保证效果相同的前提下,将陌生的、复杂的、难处理的问题转换成熟悉的、容易的、易处理的问题的一种方法。这样一来,就可以突出主要因素,抓住事物的本质,找出其中的规律,以使问题得到简化而便于求解。

例如物理学科中等效替代是指不同的物理现象、模型、过程等在物理意义、作用效果或物理规律方面是相同的。它们之间可以相互替代,而保证结论不变。等效替代方法的典型应用是面对一个较为复杂的问题,提出一个简单的方案或设想,而使它们的效果完全相同,从而将问题化难为易,得到解决。或者是在研究某一个物理现象和规律中,因实验本身的特殊限制或因实验器材等限制,不可以或很难直接揭示物理本质,而采取与之相似或有共同特征的等效现象来替代的方法。古代的曹冲称象,现代的用玻璃替代平面镜考查虚像等都是这一研究方法的经典范例。

物理学中还有很多这样的例子。如将一个力等效分解为两个任意的力的合成;或将平抛运动等效分解为水平匀速直线运动和自由下落运动来处理;更一般的,所有曲线复杂运动都可以等效为简单运动的合成。这些都体现着等效思维和方法。

在电路分析中,等效替代法同样是非常有效的分析方法之一。例如,中学我们就有了用一个总电阻等效替代两个或几个串联(或并联)电阻的经验。端口的伏安特性等效替代更是简化电路结构,重点关注关键支路电特性的分析方法和技术手段。这种方法若运用恰当,不仅能顺利得出结论,而且容易被接受和理解。

运用等效替代法处理问题的一般步骤为:

(1) 分析需研究求解的科学或工程问题的本质特性和非本质特性。

(2) 寻找适当的熟悉事物作为替代物,以保留原事物的本质特性,抛弃非本质特性。

(3) 研究替代物的特性及规律。

(4) 将替代物的规律迁移到原事物中去。

(5) 利用替代物遵循的规律、方法求解,得出结论。

掌握等效替代法及应用,体会等效思想的内涵,有助于提高自身的科学素养,初步形成科学的世界观和方法论,为终身学习、研究和发展奠定基础。

§3.2 单端口网络的端口等效

如前所述,单端口网络是只有两个外接端钮的电路。按照基尔霍夫电流定律,这两个端钮中一个流入电流,一个流出电流,其数值大小相等。根据端口的定义,这两个外接端钮形成了一个端口。一个最简单的单端口网络的例子就是二端元件。

事实上,我们已经学习和掌握了一些同类元件组成的单端口网络等效的知识,例如电阻的简单串并联。下面先继续了解仅由独立电源简单串并联组成的单端口网络等效的情况,进而对更多不同元件组合的单端口网络进行等效分析。

§3.2.1 独立电源的互联

1. 理想电流源的串并联

首先讨论理想电流源并联的情况。由无伴电流源的特性可知,理想电流源的输出电流由其本身决定,与外部电路无关。当两个甚至多个理想电流源并联时并不违反电路的拓扑约束,根据基尔霍夫电流定律,它可以等效为一个单独的理想电流源,其电流值为这些理想电流源电流值的代数和。

如图 3.2.1(a)所示,a、b 端口的电流为

$$I = I_{S1} + I_{S2} + \cdots + I_{Sn} = \sum_{k=1}^{n} I_{Sk} \qquad (3.2.1)$$

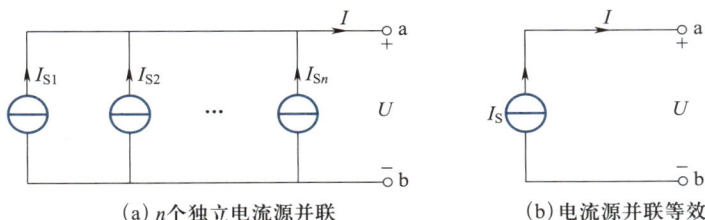

(a) n个独立电流源并联　　　　(b)电流源并联等效

图 3.2.1　独立电源的并联

而图 3.2.1(b)端口 a、b 的电流为

$$I = I_S \qquad (3.2.2)$$

当 $I_S = \sum_{k=1}^{n} I_{Sk}$ 时,图 3.2.1(b)和图 3.2.1(a)是互为等效的两个电路。

而对于理想电流源串联的情况,要求连接必须满足电路的拓扑约束。例如,如果两个电流源的电流值不相同,则串联在一起时,电路无解,这样的电路称为"病态电路"。注意:这种情况只有在电路模型中会出现,实际电路中虽不会出现无解(为什么?),但极易造成设备或元器件损坏,是禁止这样连接的。

例如,图 3.2.2(a)是有效的连接,而图 3.2.2(b)和(c)则是错误的连接(假设 I_{S1}、I_{S2} 均不为零)。

2. 理想电压源的串并联

有了上一小节的知识,我们很容易理解和掌握理想电压源串并联的连接特性。例如,理想电压源的端电压是由其本身决定,与外部电路无关的。当两个甚至多个理想电压源串联时并不违反电路的拓扑约束。根据基尔霍夫电压定律,它可以等效为单个理想电压源,其电压值为这些理想电压源电压值的代数和。

如图 3.2.3 所示,图 3.2.3(a)电路中 a、b 两端的电压为

$$U = U_{S1} + U_{S2} + \cdots + U_{Sn} = \sum_{k=1}^{n} U_{Sk} \qquad (3.2.3)$$

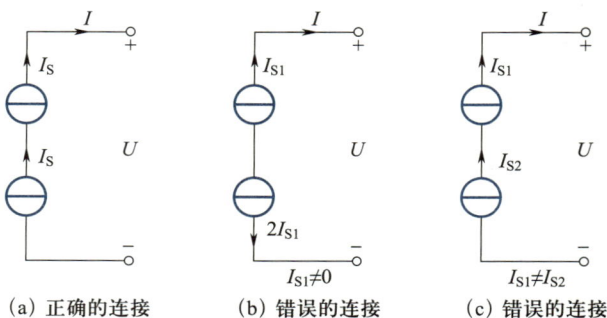

(a) 正确的连接　　　(b) 错误的连接　　　(c) 错误的连接

图 3.2.2　关于独立电流源串联的说明

而图 3.2.3(b)电路中 a、b 两端的电压为

$$U = U_S \qquad\qquad (3.2.4)$$

当 $U_S = \sum_{k=1}^{n} U_{Sk}$ 时,图 3.2.3(a)和(b)是两个互为等效的电路。

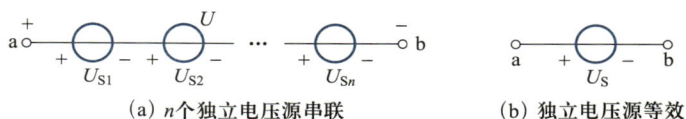

(a) n 个独立电压源串联　　　　　　(b) 独立电压源等效

图 3.2.3　多个独立电压源的串联等效

　　下面来分析理想电压源并联的情况。首先,同理想电流源的串联一样,理想电压源的连接也必须满足电路的拓扑约束。如果两个电压源的电压值不相同,则并联在一起时将形成所谓的"病态电路"。同样地,这种情况只在电路模型中会出现,但实际电路中,是禁止这样连接的。图 3.2.4 列举了两个电压源并联的情况,其中图 3.2.4(a)是有效的连接,而图 3.2.4(b)和(c)均为错误的连接。

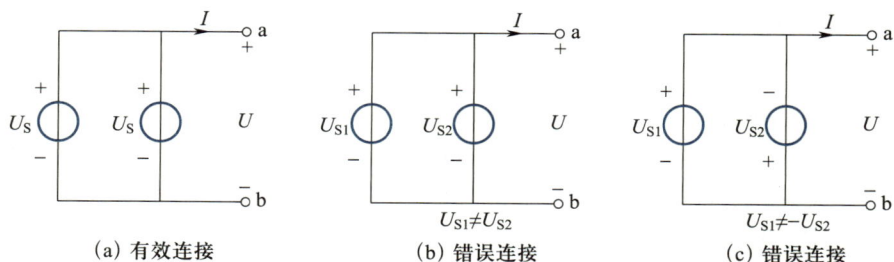

(a) 有效连接　　　　　　(b) 错误连接　　　　　　(c) 错误连接

图 3.2.4　两个独立电压源的并联

§3.2.2　有伴电源的等效变换

对于既含有理想源又含有电阻的含源单端口网络,一个等效电压源和一个等效电阻的串联,

一个等效电流源和一个等效电阻的并联是其两种最简单的等效电路模型,分别称为有伴电压源模型和有伴电流源模型,它们也是实际电压源和实际电流源的电路模型。(思考:为什么没有电压源与电阻并联、电流源与电阻串联的模型?)

如图 3.2.5(a)所示,有伴电压源的端口电压-电流关系为

$$U = U_S - R_u I \tag{3.2.5}$$

有伴电压源的伏安特性曲线如图 3.2.5(c)所示。

如图 3.2.5(b)所示,有伴电流源的端口电压-电流关系为

$$I = I_S - \frac{U}{R_i} \tag{3.2.6}$$

有伴电流源的伏安特性曲线如图 3.2.5(d)所示。

若 $I_S R_i = U_S$ 且 $R_i = R_u$,将式(3.2.5)变换为

$$U = I_S R_i - R_i I \tag{3.2.7}$$

式(3.2.5)就和式(3.2.6)完全相同。换句话说,当 $I_S = \dfrac{U_S}{R_i}$ 且 $R_i = R_u$ 时,图 3.2.5(b)的有伴电流源和图 3.2.5(a)的有伴电压源是等效的。它们在端口处提供相同的电压和电流给外部电路,从外部电路来看,它们是可以相互替换的。

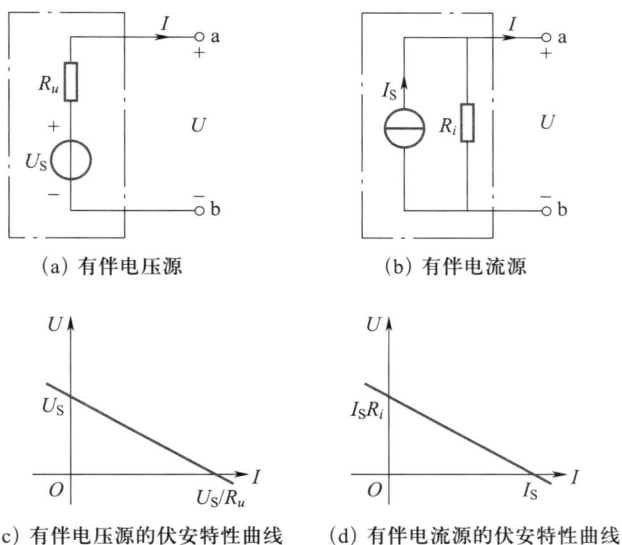

(a) 有伴电压源 (b) 有伴电流源

(c) 有伴电压源的伏安特性曲线 (d) 有伴电流源的伏安特性曲线

图 3.2.5 有伴电源模型

需要注意的是,有伴电压源和有伴电流源的等效只针对端口和外部电路,对内部电路而言则不等效。例如,当 ab 端口开路时,有伴电压源的电阻 R_u 上没有电流通过,无功率消耗;而有伴电

流源在 ab 端口开路时,电阻 R_i 上通过的电流即为电流源的电流值,有功率消耗。在工程实际中一般是不允许电流源处于开路状态的,也不允许电压源处于短路状态。

有伴电源的等效变换在电路分析中非常有用,可以直接用于简化电路。且实际电源也都是有伴电源。

例 3.2.1　用有伴电源的等效变换重新求解例 3.1.1。

解:首先将电流源 I_S 和电阻 R_1 并联等效变换为有伴电压源,如图 3.2.6(b)所示。在图 3.2.6(b)中,电阻 R_1 和 R_2 串联,电压源 U_S 和 I_SR_1 串联,从而进一步简化为例图 3.2.6(c)的形式。代入已知数值可得

$$U = 10 \text{ V} - 5 \text{ }\Omega I$$

和前一节所得结果一致。进一步看,图 3.2.6(c)的有伴电压源模型还可以等效变换为有伴电流源的模型,如图 3.2.6(d)所示。其中,

$$R_1 + R_2 = (2+3) \text{ }\Omega = 5 \text{ }\Omega$$

$$\frac{U_S + I_S R_1}{R_1 + R_2} = \left(\frac{6 + 2 \times 2}{2 + 3} \right) \text{ A} = 2 \text{ A}$$

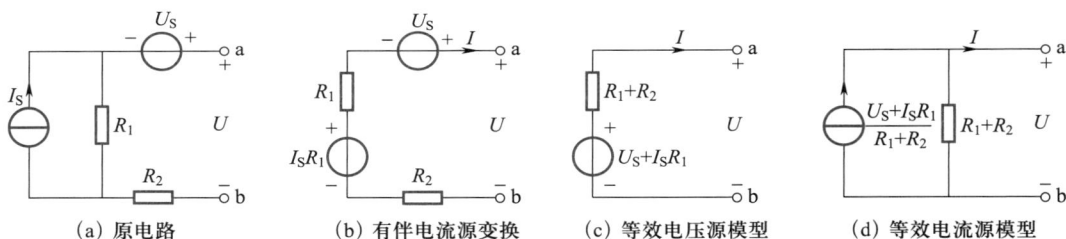

(a) 原电路　　(b) 有伴电流源变换　　(c) 等效电压源模型　　(d) 等效电流源模型

图 3.2.6　有伴电源的变换方法求解示例

例 3.2.2　利用有伴电源的等效变换求解图 3.2.7(a)所示电路中的电流 I。

解:首先将有伴电流源等效变换为有伴电压源,可得图 3.2.7(b)。(思考:为何不先将中间支路变成有伴电流源,然后化简?)

将图 3.2.7(b)图中的右边两个支路进一步等效变换为有伴电流源,如图 3.2.7(c)所示。很明显,两个 2 A 电流源的方向相反,因此图 3.2.7(c)的电路可进一步简化为图 3.2.7(d)所示电路。

其中,6 Ω 和 3 Ω 电阻并联为 2 Ω 电阻。由欧姆定律和 KVL 可得

$$I = \frac{-2 \text{ V}}{(2+2) \text{ }\Omega} = -0.5 \text{ A}$$

有伴电源的等效变换方法也适用于存在受控源的场景,即受控电流源和受控电压源的等效变换与独立电流源和独立电压源的等效变换方法完全相同。值得注意的是,在受控源的等效变换过程中,受控量一般是可以改变的,但其控制量不能随意变化。通常表现为等效变换过程中受

（a）原电路　　　　　　　　　　（b）有伴电流源变换为有伴电压源

（c）有伴电压源变换为有伴电流源　　　　　　（d）电路简化

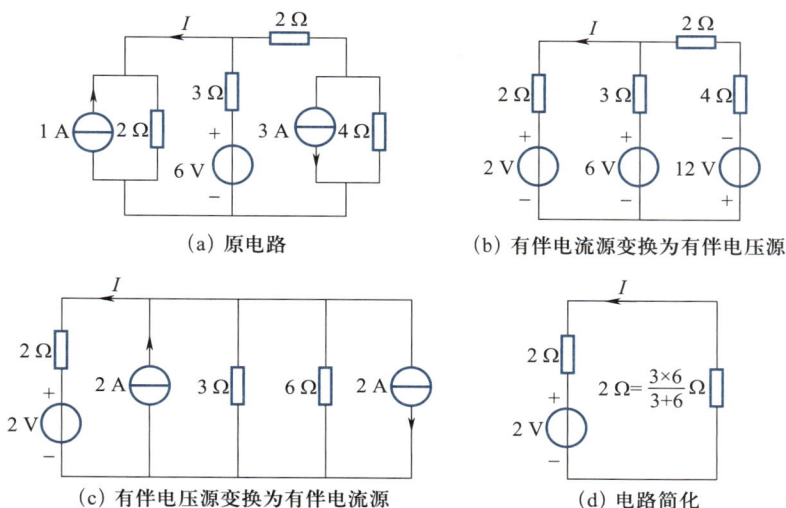

图 3.2.7　有伴电源变换示例

控支路可以单独等效变换,但控制支路的控制量发生改变时,受控支路的受控量必须做相应的改变,以保证受控量与控制量之间保持原有的函数关系,否则会得到错误的结论。

例 3.2.3　用有伴电源等效变换的方法求图 3.2.8(a)所示电路中的电压 U。

解：图 3.2.8(a)原电路中含有受控电压源,若控制量 I 保持不变,将有伴受控电压源进行变换,得到图 3.2.8(b)所示的有伴受控电流源电路。

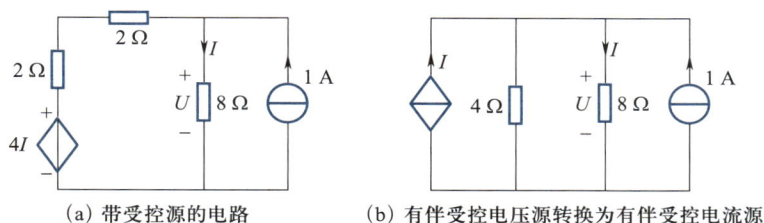

（a）带受控源的电路　　　　　　（b）有伴受控电压源转换为有伴受控电流源

图 3.2.8　有伴电源等效变换方法应用示例

由 KCL 可知,4 Ω 支路的电流为 1 A,故而电压 U 值为

$$U = 4 \ \Omega \times 1 \ A = 4 \ V$$

思考题

1. 无伴电压源与无伴电流源之间是否可以转换？为什么？

2. 有伴受控源的等效变换需要注意什么？

3. 受控源的控制量是否可以改变？改变时需要注意什么？

§3.2.3 理想电源的转移

在电路分析时有时会遇到理想电源作为一个支路单独出现的情形。由无伴电源的性质可知,该支路的电压与电流之间的关系不能仅由自身决定,必须考虑与其相连的外部电路的情况,这会给简化电路或分析电路的过程带来麻烦。例如列回路电压方程时出现理想电流源支路,列节点电流方程时出现理想电压源支路等情况,不利于分析求解。上节关于有伴电压源和有伴电流源的性质以及它们之间等效变换的描述说明,有伴电源可以有效避免上述问题,并可以在一定程度上简化电路分析,这为我们解决理想电源支路的问题提供了思路。理想电源的转移就是设法使无伴电源和邻近支路的电阻构成有伴电源,而不改变其余支路和节点的电流和电压数值,这也是电源等效变换的一种重要形式。这种方法所用到的基本思想是"分裂",具体说明如下。

图 3.2.9(a) 中电流源的两端节点 a 和 b,其电压 U_{ab} 的值由 ab 支路以外的电路决定。根据理想电流源串联的特性,将 ab 支路中的电流源 I_s 等效变换为两个相同电流源的串联,如图 3.2.9(b) 所示,这显然并不影响电路中各节点和支路的电流、电压值,只是 ab 支路的电压变成了两个电流源的电压之和。

再将两个串联的电流源支路"分裂"为两条支路,如图 3.2.9(c) 所示,一条支路连接在 b、c 两个节点上,另一条支路连接在 a、c 两个节点上。对于 c 节点而言,bc 支路流入电流 I_s,而 ac 支路流出电流 I_s,c 节点的电流未受影响。因无伴电流源的电压取决于外部电路,ac 支路电压未发生变化,bc 支路的电压也未发生变化。或者说 a、b、c 三个节点的基尔霍夫电流方程和电压方程均未受到影响,a、b 两节点的电压 U_{ab} 也未发生变化。这就是电流源"电压分裂,电流不变"的思想,在具体操作上表现为将电流源支路拆分成两条或多条支路。

而对于 ab 端口来说,电流源转移至相邻支路后,电压和电流关系未发生变化。同时,无伴电流源及其并联的电阻则可以构成有伴电流源,方便后续的分析求解。

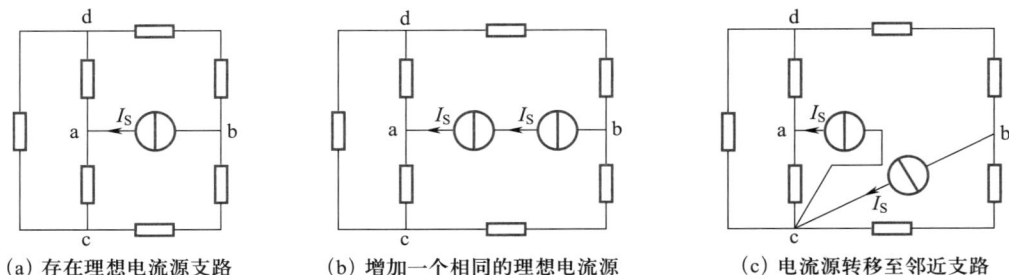

(a) 存在理想电流源支路   (b) 增加一个相同的理想电流源   (c) 电流源转移至邻近支路

图 3.2.9 关于电流源转移的说明

例 3.2.4 用电源转移和有伴电源等效变换的方法求解图 3.2.10(a) 中 a、b 两端的电压、电流关系。

解: 将图 3.2.10(a) 中的理想电流源转移至两个相邻的 1 Ω 电阻支路,如图 3.2.10(b)

所示。图 3.2.10(b)中的有伴电流源可以等效变换为有伴电压源,如图 3.2.10(c)所示。再将三条支路的有伴电压源等效变换为有伴电流源,如图 3.2.10(d)所示。还可进一步化简为图 3.2.10(e)的形式。

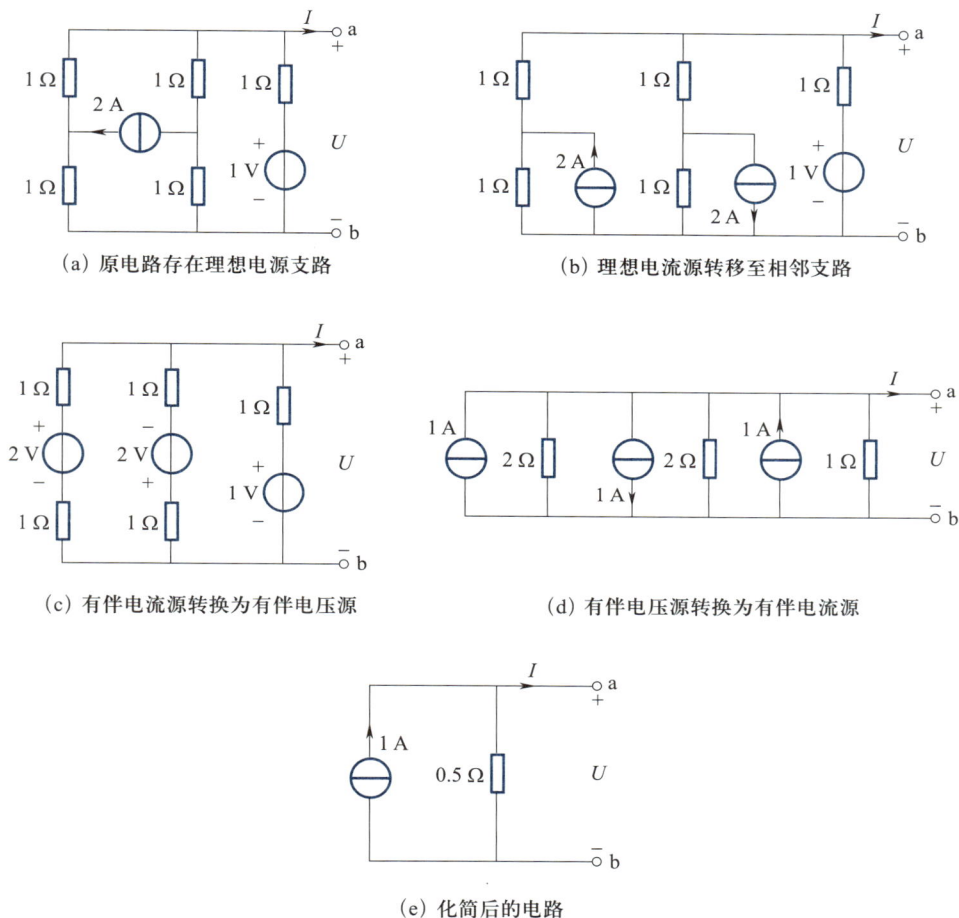

(a) 原电路存在理想电源支路

(b) 理想电流源转移至相邻支路

(c) 有伴电流源转换为有伴电压源

(d) 有伴电压源转换为有伴电流源

(e) 化简后的电路

图 3.2.10　电源转移方法应用示例

因此 ab 端口的电压-电流关系为

$$I = 1 \text{ A} - \frac{U}{0.5 \ \Omega} = 1 \text{ A} - 2SU$$

或

$$U = 0.5 \text{ V} - 0.5 \ \Omega I$$

类似于理想电流源的转移是通过"电压分裂、电流不变"完成的,理想电压源的转移是通过"电流分裂、电压不变"完成的,具体操作上表现为将电压源支路上的某一个节点拆分为两个或多个普通节点。具体方法用如下示例加以说明。

如图 3.2.11(a) 所示,理想电压源 U_{S2} 支路中的电流值由外部电路决定。此时可以将电压源 U_{S2} 等效变换为两个相同电压值的电压源 U_{S2} 的并联,a、b 节点间的电压和电流总的均不发生变化。将 b 节点 **"分裂"** 为两个简单节点 b_1 和 b_2,其中一个连接至电阻 R_3 支路,另一个连接至电阻 R_2 支路,如图 3.2.11(b) 所示,此时节点 a 和 b_1 电压没发生变化,故支路 ab_1e 的电流没发生变化;节点 a 和 b_2 电压没发生变化,故支路 ab_2c 的电流也没发生变化。从而节点 a、e、c 三个节点的电流关系均保持不变。

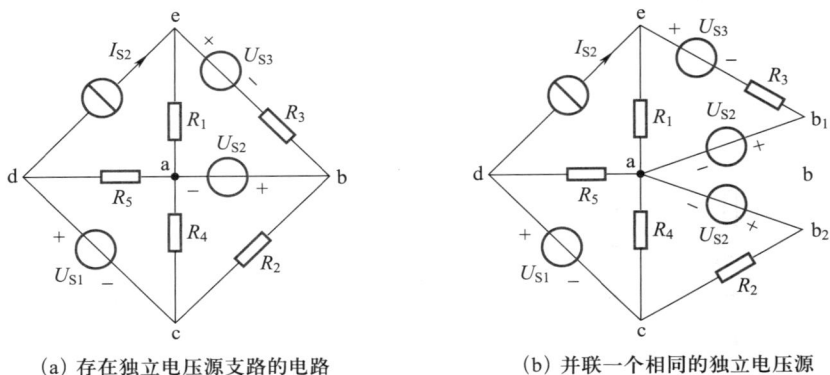

(a) 存在独立电压源支路的电路　　　　(b) 并联一个相同的独立电压源

图 3.2.11　独立电压源的转移

不管是电压源转移还是电流源转移,转移的方式可能并不唯一。上例中 U_{S2} 也可以转移至 R_1、R_4 和 R_5 支路,即 "分裂" 节点 a 为 3 个简单节点。

实际上,无伴受控源支路,也可以像理想电源一样进行类似的转移。但同有伴受控源等效变换一样,需注意受控源转移时要确保控制量与受控量之间的函数关系不发生变化。

例 3.2.5　简化图 3.2.12 电路,并求 I。

解: 将节点 b 分裂为两个简单节点 b_1 和 b_2,独立受控源支路分裂为两个,分别接上、下两个 2 Ω 电阻支路,如图 3.2.12(b) 所示。对 ab_1d 支路和 ab_2c 支路做电压源至电流源的转换,如图 3.2.12(c) 所示。

根据 KCL 可知,两个受控电流源对节点 a 而言相互抵消,dac 支路进而等效为纯电阻的串并联结构,电路进一步简化为图 3.2.12(d) 所示的模型。由电阻并联的分流公式可得

$$I = \left(5 \times \frac{1.6}{2+1.6} \right) \text{ A} = \frac{20}{9} \text{ A}$$

讨论:此电路可直观地看作是一个平衡桥,但因受控源的存在,a、b 两点间的电压并不等于零,a、b 支路上的电流也不为零 $\left(U_{ab} = 2 \text{ Ω}I = \frac{40}{9} \text{ V}, I_{ab} = -\frac{16}{9} \text{ A} \right)$。

(a) 含独立受控源支路的电路

(b) 并联一个独立受控源

(c) 受控电压源变换为受控电流源

(d) 电路简化

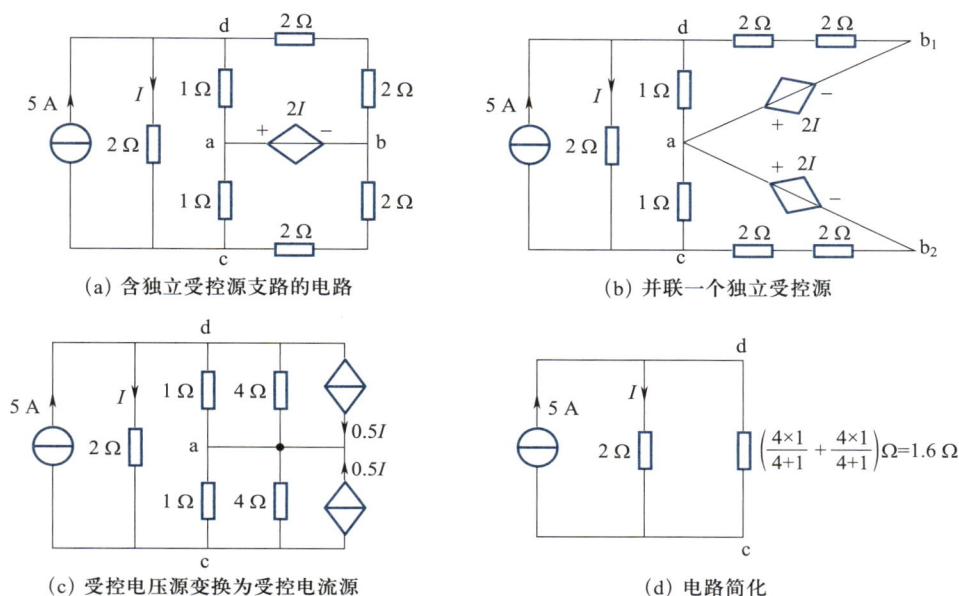

图 3.2.12 受控源的转移方法应用示例

§3.2.4 独立源与未知网络连接

§3.2.4.1 理想电流源串联任意网络

如图 3.2.13 所示,是一个理想电流源与未知网络串联的单端口网络。当网络 N 内仅含有独立电源和电阻元件时,此单端口网络可等效为理想电流源本身,与网络 N 的组成结构没有关系,因此不影响整个电路的端口特性。

从端口等效的观点看,图 3.2.13(a)中的网络 N 是多余的,分析端口特性及 a、b 端口外电路的工作状态时可不予考虑。但是,若分析电流 I_S 所发出的功率,则必须要将网络 N 考虑在内才行,

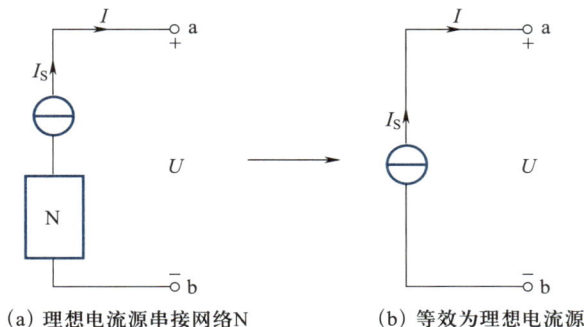

(a) 理想电流源串接网络N

(b) 等效为理想电流源

图 3.2.13 理想电流源串联未知网络的等效

一个简单的事实是电流源两端的电压是与 N 相关的。这一点也是"等效"是对端口外部电路等效而对端口内部电路不等效的具体体现。

例 3.2.6 求图 3.2.14(a)电路中的电流 I。

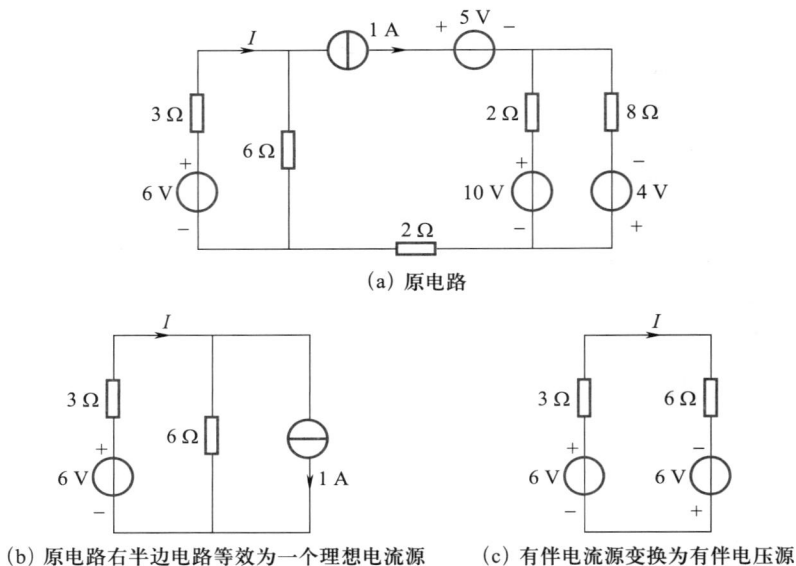

(a) 原电路

(b) 原电路右半边电路等效为一个理想电流源   (c) 有伴电流源变换为有伴电压源

图 3.2.14 例 3.2.6 电路的分析求解过程

解：根据理想电流源和未知网络的串联特点,图 3.2.14(a)电路可等效为图 3.2.14(b)所示的电路模型,就是说 6 Ω 支路右边的电路被等效为一个 1 A 的独立电流源。利用有伴电源的转换方法将有伴电流源变换为有伴电压源,如图 3.2.14(c)所示。由 KVL 可得

$$I = \left(\frac{6+6}{3+6}\right) \text{ A} = \frac{4}{3}\text{A}$$

例 3.2.7 求图 3.2.15(a)电路中的电压 U,并求 $3U$ 受控电流源发出的功率。

解：对如图 3.2.15(a)所示的原电路进行简化。首先在计算 U 时受控电流源支路中的 1 Ω 电阻可视为多余元件。其次,将 1 Ω 电阻忽略后,受控电流源与 5 Ω 电阻的并联组合可以等效变换为受控的有伴电压源,如图 3.2.15(b)所示。

由 KVL 可得

$$U+14+2I+5I = 15U$$

由欧姆定律可得

$$U = 1.5I$$

联立方程求得

$$U = 1.5 \text{ V}$$

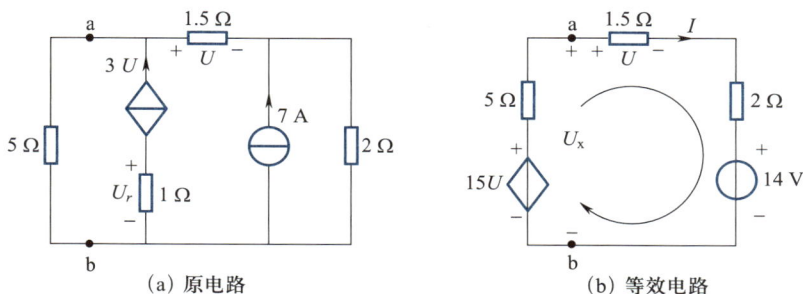

图 3.2.15　例 3.2.7 电路图

$$I = 1 \text{ A}$$

于是

$$U_x = 15\ U - 5\ \Omega I = (15 \times 1.5 - 5 \times 1)\text{ V} = 17.5\text{ V}$$

为计算 $3U$ 受控电流源发出的功率,需将原电路中的 1 Ω 电阻考虑在内。因 1 Ω 电阻上的电压为 $U_r = -3U \times 1 = -4.5$ V,则受控电流源上的电压为

$$U_x - U_r = [\ 17.5 - (-4.5)\ ]\text{ V} = 22\text{ V}$$

所以有

$$P_{发} = 3U \times (U_x - U_r) = (4.5 \times 22)\text{ W} = 99\text{ W}$$

§3.2.4.2　理想电压源并联任意网络

图 3.2.16 是一个理想电压源与未知网络并联的单端口网络。当网络 N 内仅含有独立电源和电阻元件时,此单端口网络可等效为理想电压源本身,对外部端口而言网络 N 存在与否,并不影响整个电路的端口特性。也就是说,从端口等效的观点看,图 3.2.16(a)中的 N 是多余的,分析端口特性及 a、b 端口外电路的工作状态时可不予考虑。

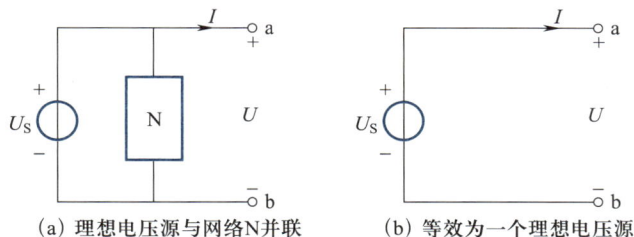

图 3.2.16　理想电压源并联未知网络的等效

但是,若分析电压源 U_S 所发出的功率,则必须要将网络 N 考虑在内才行,一个简单的事实是流经电压源 U_S 的电流与 N 是相关的。这同样是由于"等效"是端口对外部电路等效而不是对内部电路等效的具体体现。

例 3.2.8　求图 3.2.17 所示电路中 $2I$ 受控电压源吸收的功率 $P_{吸}$。

解: 由理想电压源并联未知网络的等效特性,可将电路中与 5 V 电压源并联的 5 Ω 电阻忽略。然后列写最外围回路的 KVL 方程得

$$10I_1 - 5 - 5 + 2I - 2I = 0$$

即

$$I_1 = 1 \text{ A}$$

由 KCL 可知

$$I_1 + 9 \text{ A} = I$$

所以

$$I = 10 \text{ A}$$

因此 $2I$ 受控源吸收的功率 $P_{吸}$ 为

$$P_{吸} = -2I \times I_1 = (-2 \times 10 \times 1) \text{ W} = -20 \text{ W}$$

注:此处 $2I$ 受控源吸收的功率为负值,即该受控源实际上对外是发出功率的。

例 3.2.9 图 3.2.18(a)所示电路中的电阻、电压源和电流源均为已知的正值。

(1)求电压 U_2 和电流 I_2;

(2)若电阻 R_1 增大,对哪些元件的电压、电流有影响? 其影响如何?

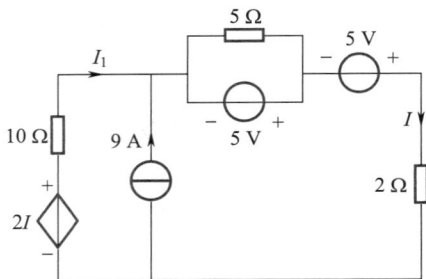

图 3.2.17 理想电压源并联网络应用示例

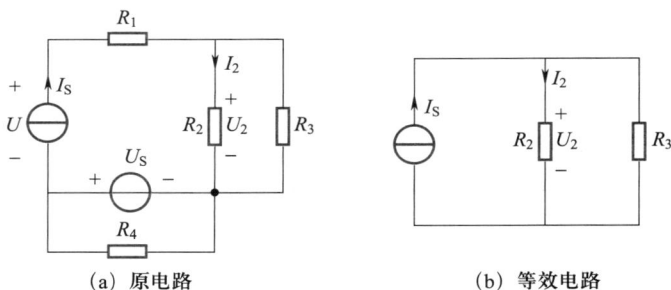

图 3.2.18 理想电源和其他网络的串并联应用示例

解:(1)根据独立电压源和独立电流源的串、并联关系,原电路可等效为图 3.2.18(b)的电路模型。

则

$$I_2 = I_S \frac{R_3}{R_2 + R_3}$$

$$U_2 = I_S \frac{R_2 R_3}{R_2 + R_3}$$

(2)由(1)中的结果可知,R_1 增大时,R_2 和 R_3 两个元件上的电压、电流均不受影响。

因电压源 U_S 电压值不变,R_4 上的电压、电流也不受影响。

因电流源 I_S 的电流值不变,由 KCL 可知电压源 U_S、电阻 R_1 中的电流也不变。

随着 R_1 增大,R_1 两端的电压随阻值增大而增大。

由 KVL 可得电流源和 R_1 串联支路的端电压 $-U+I_S R_1$ 不变化,所以当 R_1 上的电压值增大时,电流源 I_S 两端的电压 U 也将减小,且满足如下的关系式:

$$U = -U_S + I_S\left(R_1 + \frac{R_2 R_3}{R_2+R_3}\right)$$

§3.2.5　不含独立源的单端口网络等效

当一个单端口网络仅含有电阻或电阻与受控源的组合而不含任何独立电源时,因受控源具有负载特性,其端口的等效模型可以用一个电阻来替代。此电阻称为该端口的**等效电阻**。端口等效电阻的定义如下:

不含独立源的单端口网络,若其端口电压 U 和电流 I 取关联参考方向,定义端口的等效电阻 R_{eq} 为

$$R_{eq} = \frac{U}{I} \tag{3.2.8}$$

如图 3.2.19(a)所示。

(a) 电压电流关联参考方向　　(b) 电压电流非关联参考方向

图 3.2.19　单端口网络的等效电阻

而当 U 和 I 取非关联参考方向时,端口等效电阻为

$$R_{eq} = -\frac{U}{I} \tag{3.2.9}$$

如图 3.2.19(b)所示。

显然,上述结论不难从电阻元件的约束条件得出。对于单端口网络,若此端口用于输入或激励,此等效电阻也称为**输入电阻**。下面从纯电阻网络及含受控源网络两部分进行阐述。

§3.2.5.1　纯电阻网络等效

若电路网络中仅包含有电阻元件时,简单串并联组合的电路形式可用串联、并联及串并联混合简化的方法求其端口等效电阻 R_{eq}。而复杂的网络连接形式,即不能直接用串联、并联及串并联混合简化的方法求解的形式,则需具体问题具体分析。

正如 §3.1.2 所述,一般情况下,如果一个单端口网络可以等效为一个电阻,则端口等效电阻可通过加压求流法(施加电压在其端口,求端口输入电流)或加流求压法(施加电流

于其端口,求端口电压)获得。此类方法在含受控源的电阻网络的等效电阻求解中应用更为广泛。

例 3.2.10 图 3.2.20(a)所示电路是 1 Ω-2 Ω-1 Ω 电阻组成的无限梯形网络,求其端口等效电阻 R。

解: 对于无限长梯形网络,增加一个环节或减少一个环节均不影响其等效电阻 R。因此,图 3.2.20(a)电路可用图 3.2.20(b)电路等效,于是有

$$R = 1\ \Omega + \frac{2\ \Omega \times R}{2\ \Omega + R} + 1\ \Omega$$

求解上式并取其正数解可得

$$R = (\sqrt{5} + 1)\ \Omega$$

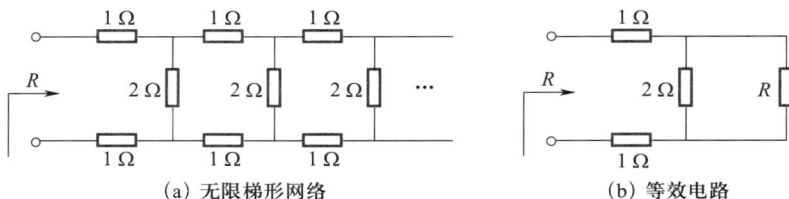

(a) 无限梯形网络　　　　(b) 等效电路

图 3.2.20　等效电阻的求解示例

例 3.2.11 求图 3.2.21 所示电路 ab 端口的等效电阻 R_{eq}。

解: 此电路是典型的电桥电路。显然,端口 ab 的等效电阻不能用简单的电阻串并联方法求解。此处用加压求流法进行求解。

在端口 ab 处施加一电压源 U,记各支路电流分别为 I_1—I_5,其参考方向如图 3.2.21 所示标注,则根据基尔霍夫电压定律有

$$U = I_1 \times 1\ \Omega + I_3 \times 0.5\ \Omega = I_2 \times 1\ \Omega + I_4 \times 0.5\ \Omega$$
$$I_3 \times 0.5\ \Omega = 3\ \Omega I_5 + 0.5\ \Omega I_4$$

据基尔霍夫电流定律可知

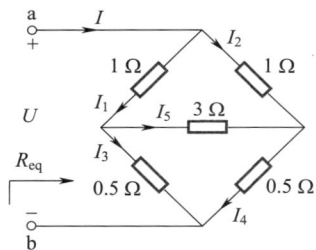

图 3.2.21　电桥电路的等效电阻

$$I_1 = I_3 + I_5$$
$$I_2 + I_5 = I_4$$
$$I_1 + I_2 = I_3 + I_4$$

联立可求解得

$$I_5 = 0$$

即 3 Ω 电阻支路上的电流为零,可视为开路。同时,因 3 Ω 电阻支路上的电压亦为零,也可视该支路为短路。这种情况下称电桥电路达到了平衡。

注意:本例是为介绍加压求流法,实际上用 §3.3.1 的星形-三角形变换更简便。

下面对电桥电路进一步分析说明。

图 3.2.22 给出了电桥电路的一般连接形式。

电阻 R_1、R_2、R_3 和 R_4 称为桥臂电阻,当对角线支路电阻 R_g 中无电流通过,R_g 支路可视为开路,此时若对角线支路两端节点 b、d 电位相等,电桥电路就达到了平衡状态,称其为平衡电桥。此时

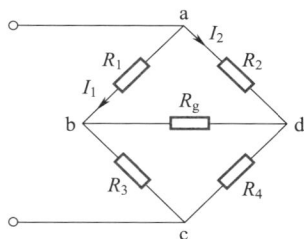

图 3.2.22　电桥电路连接形式

$$U_{ab} = U_{ad} \tag{3.2.10}$$

$$U_{bc} = U_{dc} \tag{3.2.11}$$

于是有

$$R_1 I_1 = R_2 I_2 \tag{3.2.12}$$

$$R_3 I_1 = R_4 I_2 \tag{3.2.13}$$

两式相除可得

$$\frac{R_1}{R_3} = \frac{R_2}{R_4} \tag{3.2.14}$$

或

$$R_1 R_4 = R_2 R_3 \tag{3.2.15}$$

换句话说,平衡电桥中的两个相对桥臂电阻的乘积彼此相等。可以证明,当两相对桥臂电阻的乘积彼此相等时,电桥达到平衡,对角线支路上的电流为零。用此条件可直接判断出图 3.2.21(例 3.2.11)所示为平衡电桥,故 3 Ω 支路无电流,可断开处理。求得 ab 端口的等效电阻为:

$$R_{eq} = \left[(1+0.5) \times \frac{1}{2} \right] \Omega = 0.75\ \Omega$$

电桥电路可用于测量电阻值。在图 3.2.22 中,若 R_4 为待测电阻,已知 R_1 和 R_2,原理上通过调节 R_3 使节点 b、d 等电位,bd 支路电流为零,则可获得 R_4 的电阻值为

$$R_4 = \frac{R_2}{R_1} R_3 \tag{3.2.16}$$

电桥平衡时,对角线支路既可以是短路(电压为零),也可以是开路(电流为零)。但需要注意的是电桥电路未达到平衡时,即使两节点间短路,其电流也不一定为零。如图 3.2.23 所示,a、b 节点之间的电压因为用导线强制而为零,但 ab 支路中的电流却不为零,读者们可自行验证。($I_{ab} = 1.667$ A)。

可见,充分利用电桥平衡的条件,可以大大简化电路的分析。

对称电路是另一类电路简化的应用案例。图 3.2.24(a) 和(b)中等效电阻 R_{ab} 的求解就可以根据电路的对称性质加以简化。

例如在图 3.2.24(b)中,对于 a、b 端钮而言,其上半部

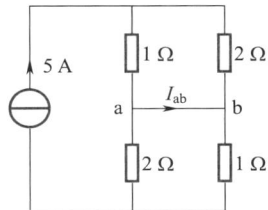

图 3.2.23　电桥电压为 0 但电流不为 0

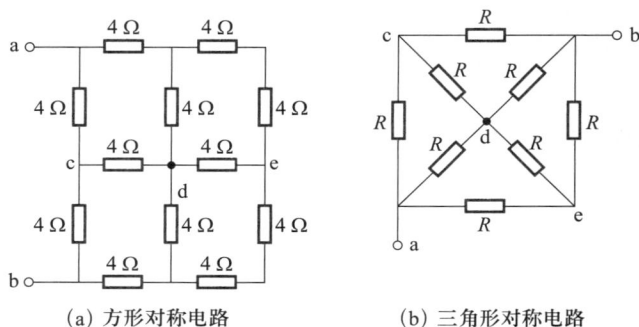

(a) 方形对称电路　　　　　(b) 三角形对称电路

图 3.2.24　利用电桥平衡法求解对称电路的示例

分(acb)和下半部分(aeb)对称。假设电流 I 由端钮 a 通过 3 条 R 支路流向 b,可视为在 a、b 之间加理想电流源,3 条支路的电流必然相等且为 $\dfrac{I}{3}$,可得 c、d、e 3 点等电位,故而 c、d、e 3 点可以短路,也可以开路。以短路计算为例,等效电阻 R_{ab} 的计算公式如下:

$$R_{ab} = \frac{1}{3}R + \frac{1}{3}R = \frac{2}{3}R$$

由此可见,利用电路的对称性,完全可以将复杂电阻网络简化,有利于分析求解(请读者自行求解图 3.2.24(a)的端口等效电阻值)。

对称电路结构中会出现两个或多个节点是等电位点,可以将等电位点用短路线连接起来,也称为短接,从而简化电路分析,这是分析对称电路时的关键技巧,具有非常好的效果。

【知识链接】等电位点

早在物理课程的电学部分就介绍过电位的概念。电路中某一点的电位就是该点与电路的参考点之间的电压。关于电位有以下几条基本结论:

(1) 电路中各点的电位和参考点的选取有关。参考点选取改变,则各点的电位也随之变化。这一特性称为电位的相对性。

(2) 电路中任意两点间的电压不随参考点的改变而变化,即电压值与参考点的选取无关。

(3) 如果电路中两点间的电压为零,即这两个点的电位相等,则称之为自然等电位点。

两个(或多个)自然等电位点之间如果没有支路相连,则可以用短路线短接而不影响整个电路的工作状态;两个自然等电位点之间如果有支路相连,只要其不是含源支路,则流过该支路的电流为零,可以代之以开路,而不影响整个电路的工作状态。如果等电位点之间存在含源支路,通常不能简单地以短路或开路处理,需要具体问题具体分析。例如当平衡电路的桥臂参数满足平衡条件,但其"桥"支路含源支路的话,则另两个端点就不一定是等电位点。

在电路中处于对称位置的点通常是自然等电位点。于是可以利用自然等电位点的性质,或将这些等电位点短接,或将连接于对称点间的支路断开,从而达到简化网络的目的。这就是"对称点法"。

　　需要注意的是"对称"都是相对于一定的"基准"而言的,例如,无源二端网络的对称点是关于两个端钮对称,两个端钮便是基准;仅含一条有源支路的电路的对称点是关于该有源支路对称;而在有多条含源支路的电路中,其对称点则是同时关于这些有源支路对称。

　　和自然等电位点相对应,电路中还有一种"强迫等电位点",指用一根短路线将电位不等的两点相连,使电路的工作状态发生改变,此时,两点电位被强迫相等,但短路线中的电流不为零。通常所说的短路事故实际上就是强迫等电位现象。工程应用中的**保险丝**就是在强迫等电位发生后保护电路的应用。

【知识链接】关于对称电路的进一步说明

请扫码查看详细内容。

【知识链接】
关于对称电
路的进一步
说明

§3.2.5.2　含受控源的电阻网络

　　前文已提到过用加压求流法或加流求压法求解单端口网络的等效电阻。如果电路网络中含有受控源,由于受控源需要施加激励才能全面反映其电源特性和负载特性,则一般情况下要用施加激励求响应的方法来求其端口等效电阻。而且,所求的等效电阻有可能是负值,即此端口可以对外发出功率。显然,这是由于受控源的电源特性在其中发挥了作用。

　　例 3.2.12　图 3.2.25(a)所示电路,所有电阻均为 1 Ω,求端口等效电阻 R_{eq}。

　　解:先将图 3.2.25(a)中右半部分由电阻 R 串并联组合的电阻网络进行简化,再利用加压求流进行分析,可得图 3.2.25(b)所示的电路。

　　将有伴受控电流源等效变换为有伴受控电压源,则得图 3.2.25(c)的电路。

(a) 原电路

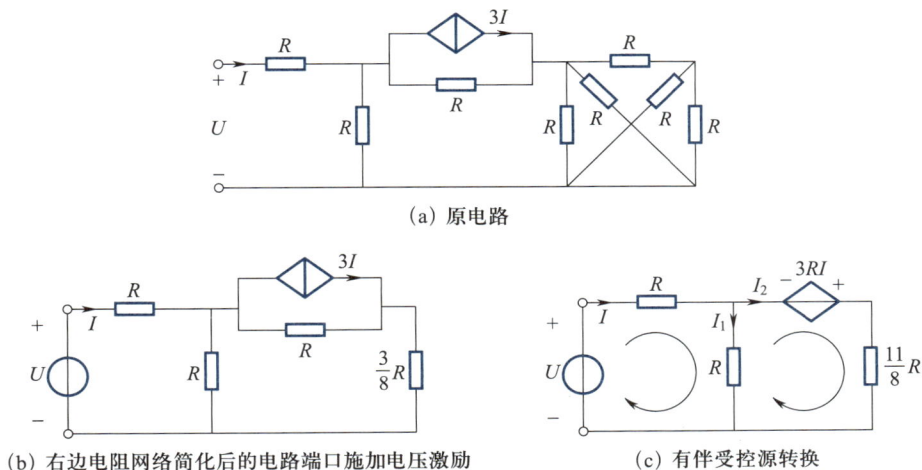

(b) 右边电阻网络简化后的电路端口施加电压激励

(c) 有伴受控源转换

图 3.2.25　求含受控源电路的端口等效电阻示例

由 KCL 可得

$$I = I_1 + I_2 \tag{1}$$

由 KVL 可得

$$U = IR + I_1 R (左边回路) \tag{2}$$

$$\frac{11}{8} I_2 R - 3IR - I_1 R = 0 (右边回路) \tag{3}$$

已知 $R = 1 \ \Omega$,联立式(1)~(3)可求得

$$U = \frac{6}{19} \ \Omega I$$

即

$$R_{eq} = \frac{U}{I} = \frac{6}{19} \ \Omega$$

例 3.2.13 求图 3.2.26(a)电路的端口等效电阻 R_{eq}。

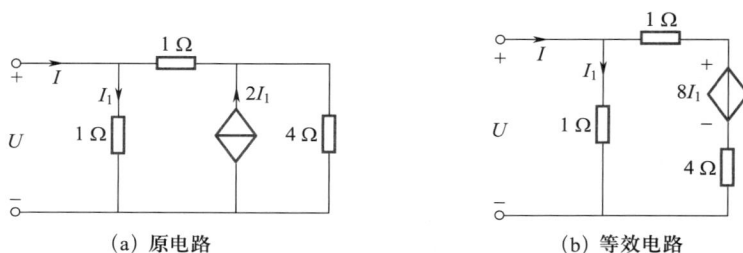

(a) 原电路　　　　　　　(b) 等效电路

图 3.2.26 端口等效电阻求解示例

解:因电路中含有受控源,用加压求流法求解。

设端口的电压和电流分别为 U 和 I,将图 3.2.26(a)中的受控电流源转换为受控电压源,如图 3.2.26(b)所示。

由欧姆定律知

$$U = 1 \ \Omega \times I_1 \tag{1}$$

根据 KVL 和 KCL 可得

$$(1+4)(I-I_1) + 8I_1 = U \tag{2}$$

联立式(1)和(2)可得

$$-2U = 5I$$

即

$$R_{eq} = \frac{U}{I} = -\frac{5}{2} \ \Omega = -2.5 \ \Omega$$

注:此处的等效电阻值为负数,说明该端口在受控源的作用下对外输出功率。

§3.3　多端网络的等效

§3.3.1　三端电阻网络的星形−三角形变换

在纯电阻网络中,有时候电阻的连接方式既不是串联,也不是并联,而是呈现出星形或是三角形的联结方式,这样的联结方式构成的电路属于三端网络。

将 3 个电阻的一端连接在一个节点上,而它们的另一端分别连接到 3 个不同的端钮上,即构成如图 3.3.1(a)所示的星形联结,也称为 Y 形或 T 形联结。

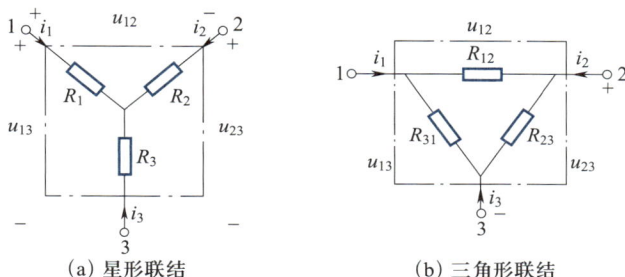

(a) 星形联结　　　　　　　　(b) 三角形联结

图 3.3.1　三端网络的两种常用联结

图 3.3.1(a)中 3 条支路的电流满足 KCL 关系,即 $i_1+i_2+i_3=0$,即只要知道其中两个,则可求解出第 3 个。3 个端钮之间的电压满足 KVL 关系,即 $u_{12}+u_{23}=u_{13}$,同样仅有两个独立变量。

将 3 个电阻分别串接在两个端钮之间,使之构成一个闭合回路,即构成如图 3.3.1(b)所示的三角形联结,也称为 Δ 形或 Π 形联结。

星形联结和三角形联结的电阻网络是可以相互等效变换的,简称为星−角变换或 Y−Δ 变换。根据等效的定义,若图 3.3.1(a)和图 3.3.1(b)两个三端网络在连接到任何同一电路时,对应端钮之间的电压相等,对应端钮流入电流也相等,则称星形联结网络和三角形联结网络相互等效。设想在两个网络相对应的端钮上分别施加电流源 i_1 和 i_2,如图 3.3.2(a)和图 3.3.2(b)所示,分别求解相应端钮间的电压 u_1 和 u_2。

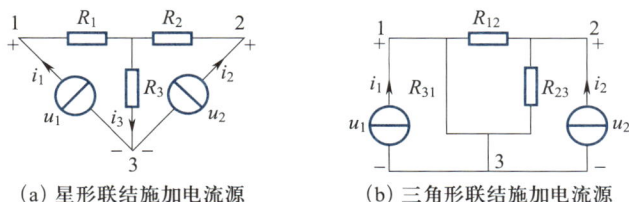

(a) 星形联结施加电流源　　　　(b) 三角形联结施加电流源

图 3.3.2　三端网络的等效分析

对于图 3.3.2(a)而言,由 KCL 可知 R_3 支路的电流为 i_1+i_2,故而根据 KVL 可得如下方程式:

$$\begin{cases} u_1 = R_1 i_1 + R_3(i_1+i_2) = (R_1+R_3)i_1 + R_3 i_2 \\ u_2 = R_2 i_2 + R_3(i_1+i_2) = (R_2+R_3)i_2 + R_3 i_1 \end{cases} \tag{3.3.1}$$

对于图 3.3.2(b)而言,由 KVL 可知 R_{12} 支路的电流为 $\dfrac{u_1-u_2}{R_{12}}$,故而根据 KCL 可得如下方程式:

$$\begin{cases} i_1 = \dfrac{u_1-u_2}{R_{12}} + \dfrac{u_1}{R_{31}} = u_1\left(\dfrac{1}{R_{12}}+\dfrac{1}{R_{31}}\right) - u_2\left(\dfrac{1}{R_{12}}\right) \\ i_2 = -\dfrac{u_1-u_2}{R_{12}} + \dfrac{u_2}{R_{23}} = u_2\left(\dfrac{1}{R_{12}}+\dfrac{1}{R_{23}}\right) - u_1\left(\dfrac{1}{R_{12}}\right) \end{cases} \tag{3.3.2}$$

将式(3.3.2)化简整理成类似式(3.3.1)的形式,可得

$$\begin{cases} u_1 = \dfrac{R_{31}(R_{12}+R_{23})}{R_{12}+R_{23}+R_{12}} i_1 + \dfrac{R_{31}R_{23}}{R_{12}+R_{23}+R_{12}} i_2 \\ u_2 = \dfrac{R_{31}R_{23}}{R_{12}+R_{23}+R_{12}} i_1 + \dfrac{R_{23}(R_{12}+R_{31})}{R_{12}+R_{23}+R_{12}} i_2 \end{cases} \tag{3.3.3}$$

两个三端网络等效,对应端钮之间的电压应相等,即式(3.3.3)和(3.3.1)对应相等,只要两式对应的系数相等即可。由此可得星形联结中电阻和三角形联结中电阻的量值关系,即

$$\begin{cases} R_1 = \dfrac{R_{31}R_{12}}{R_{12}+R_{23}+R_{31}} \\ R_2 = \dfrac{R_{12}R_{23}}{R_{12}+R_{23}+R_{31}} \\ R_3 = \dfrac{R_{23}R_{31}}{R_{12}+R_{23}+R_{31}} \end{cases} \tag{3.3.4}$$

就是说,将三角形联结变换为星形联结时,星形联结的电阻值可统一表示为如下形式:

$$R_i = \dfrac{\text{接于端钮 } i \text{ 的两电阻乘积}}{\text{三角形联结三电阻之和}} \tag{3.3.5}$$

反之,将式(3.3.1)化简成式(3.3.2)的形式并进行系数对比,还可获得星形联结转换为三角形联结的电阻数值关系,即

$$\begin{cases} R_{12} = \dfrac{R_1 R_2 + R_2 R_3 + R_3 R_1}{R_3} \\ R_{23} = \dfrac{R_1 R_2 + R_2 R_3 + R_3 R_1}{R_1} \\ R_{31} = \dfrac{R_1 R_2 + R_2 R_3 + R_3 R_1}{R_2} \end{cases} \tag{3.3.6}$$

就是说,将星形联结变换为三角形联结时,三角形联结的电阻可统一表示成如下形式:

$$R_{ij} = \frac{\text{星形联结电阻两两乘积之和}}{\text{与 } R_{ij} \text{不相连的星形电阻}} \tag{3.3.7}$$

式(3.3.7)可以改写为:

$$R_{ij} = R_i + R_j + \frac{R_i R_j}{\text{与 } R_{ij} \text{不相连的星形电阻}} \tag{3.3.8}$$

如果与 R_{ij} 不相连的星形电阻为无穷大(即开路),则式(3.3.8)退化为一般串联电阻电路的等效求解公式。

作为特例,若星形联结和三角形联结的三个电阻均相等,则有

$$R_{ij} = 3R_i \quad \text{或} \quad R_i = \frac{1}{3}R_{ij} \tag{3.3.9}$$

若以电导表示,用三角形联结的电导表示星形联结的电导,公式如下:

$$\begin{cases} G_1 = \dfrac{G_{12}G_{23} + G_{23}G_{31} + G_{31}G_{12}}{G_{23}} \\[3mm] G_2 = \dfrac{G_{12}G_{23} + G_{23}G_{31} + G_{31}G_{12}}{G_{31}} \\[3mm] G_3 = \dfrac{G_{12}G_{23} + G_{23}G_{31} + G_{31}G_{12}}{G_{12}} \end{cases} \tag{3.3.10}$$

式(3.3.10)可以改写为:

$$G_1 = G_{12} + G_{31} + \frac{G_{12}G_{31}}{G_{23}} \tag{3.3.11}$$

如果 G_{23} 为无穷大(即 2、3 间短路),则式(3.3.11)退化为一般并联电导电路的等效求解公式。

与此相对应,用星形网络的电导表示三角形网络的电导,公式为

$$\begin{cases} G_{12} = \dfrac{G_1 G_2}{G_1 + G_2 + G_3} \\[3mm] G_{23} = \dfrac{G_2 G_3}{G_1 + G_2 + G_3} \\[3mm] G_{31} = \dfrac{G_3 G_1}{G_1 + G_2 + G_3} \end{cases} \tag{3.3.12}$$

作为特例,三个电导均相等的情况下,则有

$$G_{ij} = \frac{1}{3}G_i \quad \text{或} \quad G_i = 3G_{ij} \tag{3.3.13}$$

例 3.3.1　求图 3.3.3(a)所示电阻三角形联结 abc 的等效星形联结电阻。

(a) 电阻的三角形联结   (b) 三个小三角形分别变为三个星形联结

(c) 中间的三角形联结变为星形联结   (d) 简化等效

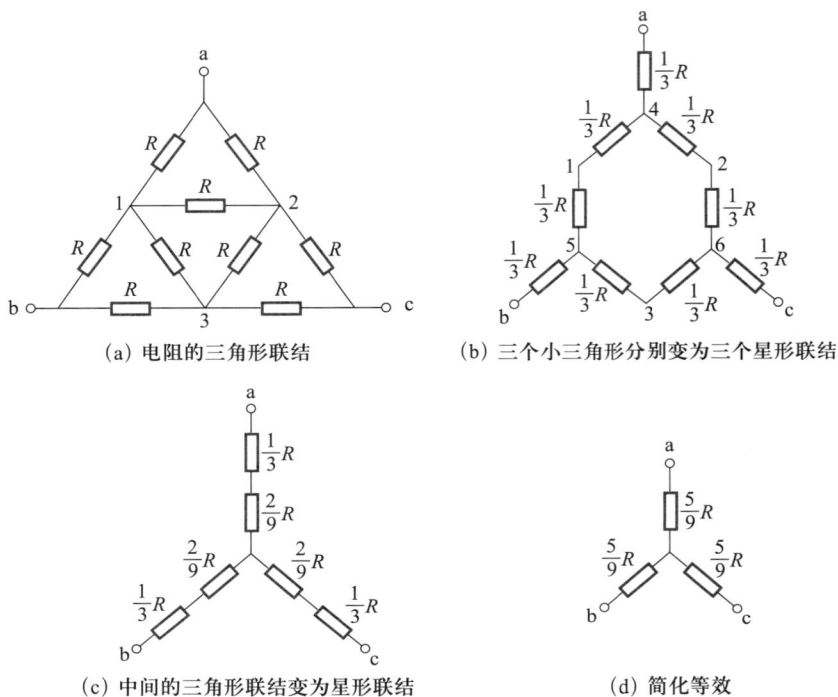

图 3.3.3 三角形联结变为星形联结示例

解：先将 a12、b13 和 c23 三个小三角形联结变为三个小的星形联结，其阻值均为 $\dfrac{R}{3}$，如图 3.3.3(b)所示。

可以看出，1、2、3 节点均变为了简单节点，产生了新的 3 个节点 4、5、6，相连的支路电阻均为 $\dfrac{2R}{3}$。将三角形联结 4、5、6 再变为星形联结，如图 3.3.3(c)所示，各支路电阻均为 $\dfrac{2R}{9}$。

图 3.3.3(c)进一步简化可得等效的星形联结电阻网络，如图 3.3.3(d)所示，各电阻值均为 $\dfrac{5R}{9}$。

例 3.3.2 用星-角变换法求图 3.3.4 电路中端口 ab 的等效电阻 R_{eq}。

解：将图 3.3.4(a)中电路内部的星形联结变为三角形联结，可得图 3.3.4(b)所示的电路。相应电阻并联简化后可进一步得图 3.3.4(c)所示的电路。

于是有

$$R_{eq} = \left[\frac{\dfrac{4}{3} \times \left(\dfrac{4}{3} + \dfrac{8}{9} \right)}{\dfrac{4}{3} + \dfrac{4}{3} + \dfrac{8}{9}} \right] \Omega = \frac{5}{6} \ \Omega$$

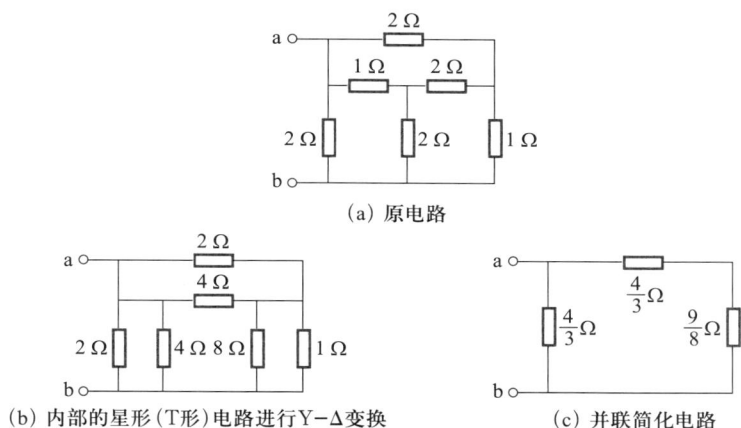

（a）原电路

（b）内部的星形（T形）电路进行Y–Δ变换

（c）并联简化电路

图 3.3.4　Δ–Y 变换法应用示例

§3.3.2　无源二端口网络的 T 形和 Π 形网络

上一节介绍的网络属于三端网络,统一等效电路符号如图 3.3.5 所示。

根据 §2.4 节二端口网络的定义,如果图 3.3.5 所示的三端网络的端钮 3 与端钮 1、2 分别构成一个端口,则图 3.3.5 所定义的三端网络可视为特殊的二端口网络,即二端口网络中的 1′ 和 2′ 端钮在网络内部相连接,如图 3.3.6 所示。

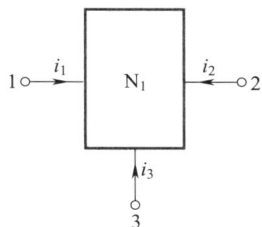

图 3.3.5　三端网络示意图

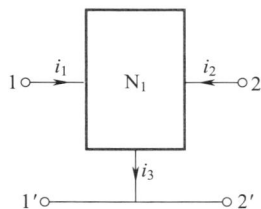

图 3.3.6　特殊的二端口网络

显然,对上节中描述的星形和三角形网络稍加改变,即形成了二端口网络的 T 形和 Π 形等效电路,如图 3.3.7 和图 3.3.8 所示。它们是可以相互等效的。这就是无源二端口网络的两种最简形式。

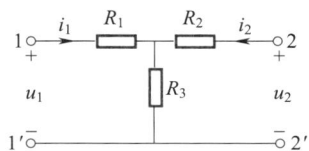

图 3.3.7　简单的 T 形网络

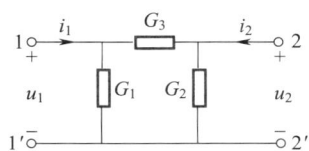

图 3.3.8　简单的 Π 形网络

在第六章中大家将会看到,就像单端口网络的简化一样,某些复杂的二端口网络(主要是无源二端口网络)也可以用简单的等效模型 T 形或 Π 形电路替代,而不影响网络的端口特性。

【章节知识点测验】

请扫码进行章节知识点测验。

【典型习题精讲】

请扫码查看详细内容。

习　　题

3.1 判断是否正确,并说明理由。

(1) 题 3.1 图(a)两个电路中 a、b 两端左半边电路互为等效电路。

(2) 题 3.1 图(b)中 $R_{ab} = \dfrac{104}{47} \ \Omega$。

(3) 题 3.1 图(c)中 $U = -6 \ \text{V}$。

(4) 题 3.1 图(d)中已知 $R_L = 5\Omega$,则两个电路中 a、b 两端左边的部分是等效的。

(a)

(b)　　　　　　　　(c)

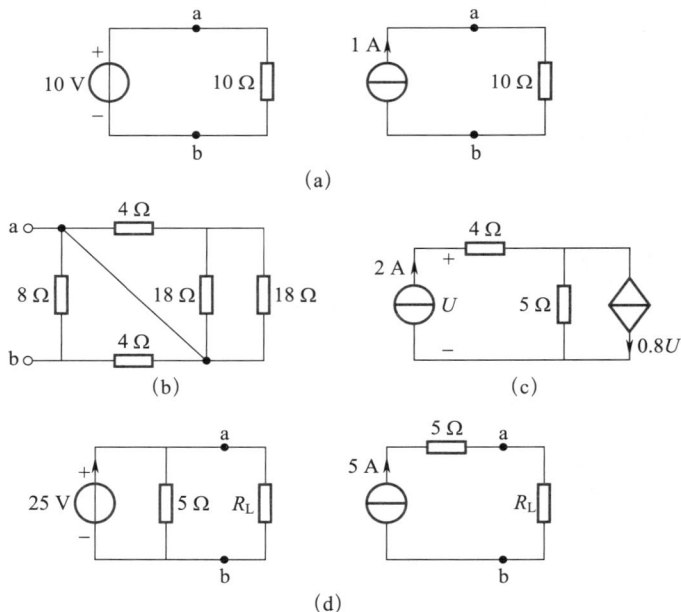

(d)

题 3.1 图

3.2　（1）采用电源等效变换的方法求题 3.2 图（a）中的电流 I。

（2）用电源变换的方法求题 3.2 图（b）端口 ab 的伏安关系，并做出伏安关系曲线。

（3）已知 $R_1 = 5\ \Omega, R_2 = 10\ \Omega, R_3 = R_4 = 2\ \Omega$，利用电源变换法求题 3.2 图（c）中的电压 U_{10}。

（4）利用有伴电源的等效变换求题 3.2 图（d）中的电流 I。

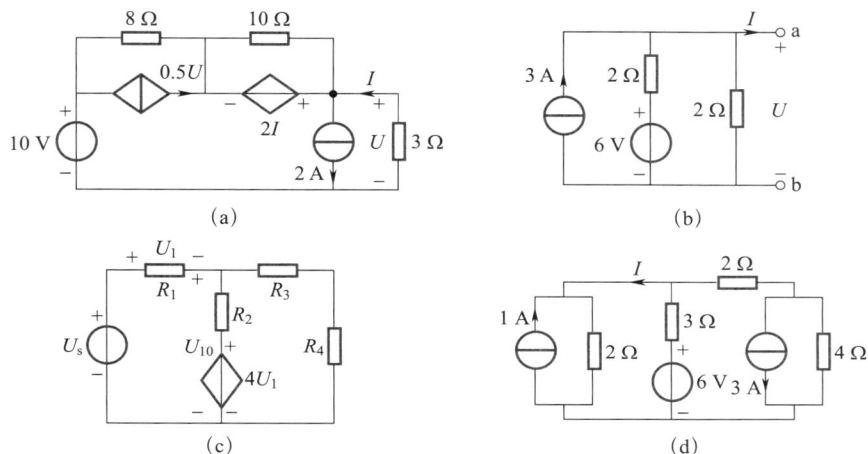

题 3.2 图

3.3　（1）将题 3.3 图（a）和（b）电路中的激励源转移到邻近的电阻支路中去，而保持电路变换的等效性。

（2）将题 3.3 图（c）和（d）电路中的受控源转移到邻近的电阻支路中去，而保持电路变换的等效性。

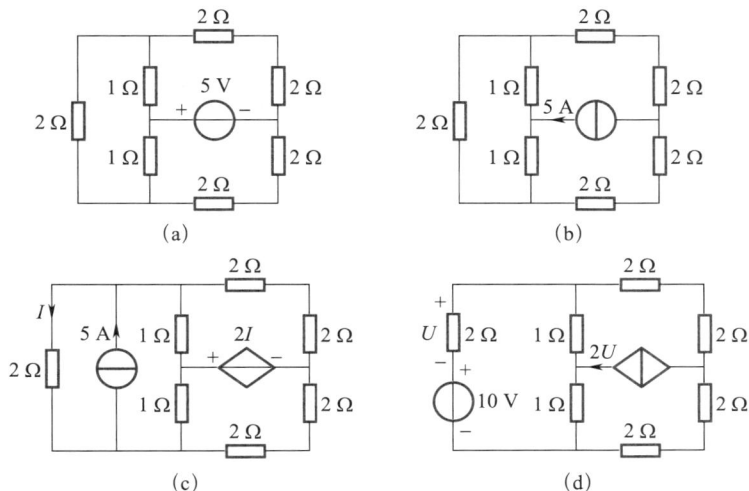

题 3.3 图

3.4　求题 3.4 图(a)—(d)中电路的端口等效电阻 R_{ab}。

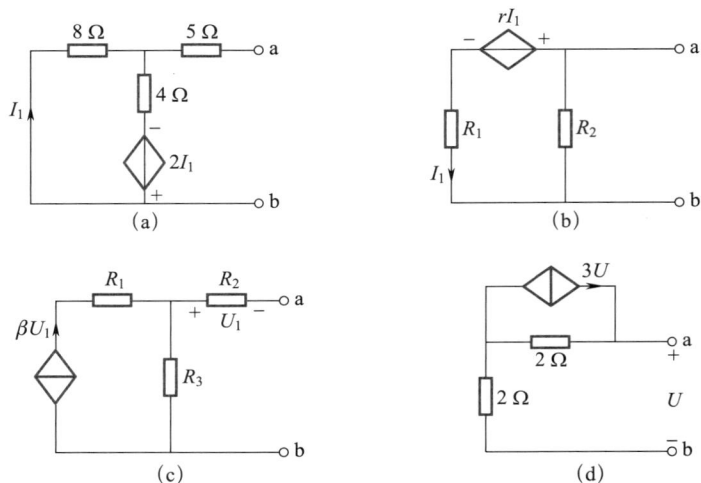

题 3.4 图

3.5　用 Y-Δ 等效变换求题 3.5 图中的电压 U_{ab} 和 U。

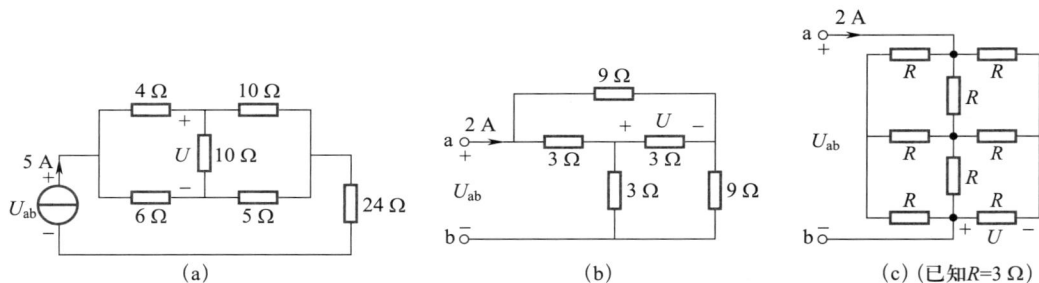

题 3.5 图

3.6　求题 3.6 图中各电路电源输出的功率。

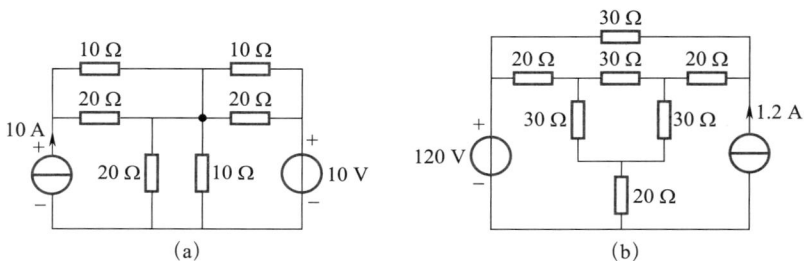

题 3.6 图

3.7　求题 3.7 图所示电路中的支路电流 I。

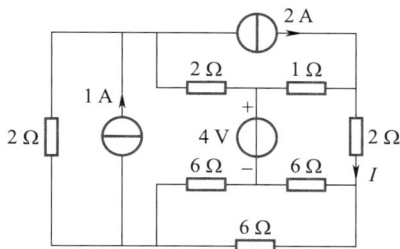

题 3.7 图

3.8　已知题 3.8 图中电路均为二端网络,现将三个电路中的端钮 1 和端钮 1 相连,端钮 2 和端钮 2 相连,试求连接后的电路端电压 U_{12}。

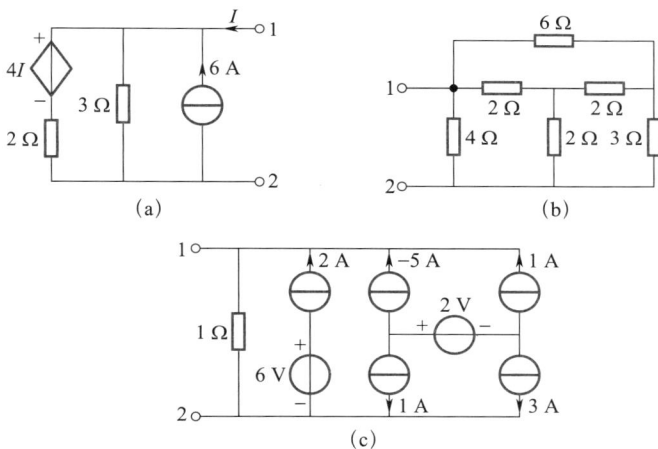

题 3.8 图

3.9　求题 3.9 图所示电路开关 S 打开和闭合时 ab 两端的等效电阻 R_{ab}。

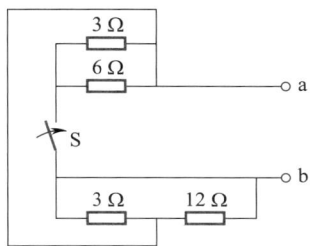

题 3.9 图

3.10　已知两个灯泡额定电压为 110 V,额定功率分别为 40 W 和 15 W,并联在 110 V 的直流电源上,问:

(1) 在额定条件下每只灯泡的电阻和电流是多少?

(2) 能否将它们串联在 220 V 的电源上使用? 为什么?

(3) 若有一只 220 V、40 W 的灯泡和 220 V、15 W 的灯泡串联后接在 220 V 的电源上使用,会发生什么现象?

3.11　已知电流表头满刻度为 0.5 mA,内阻 R_1 为 100 Ω。若设计成测量 5 V、50 V、500 V 的电压表,如题 3.11 图所示,请问 R_2、R_3、R_4 的电阻值为多少?

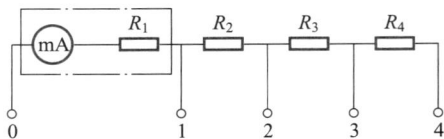

题 3.11 图

3.12　用一只内阻为 2 MΩ 的电压表测量蓄电池的端电压,其读数为 49.02 V。换用另一只内阻为 5 MΩ 的电压表测量时,其读数为 49.75 V。试求蓄电池的内阻 R_0、开路电压 U_{oc} 和短路电流 I_{sc}。

3.13　已知题 3.13 图所示电路 R_x 支路的电流为 0.5 A,试求 R_x 的值。

3.14　求题 3.14 图所示电路的端电压 U_{ab}。

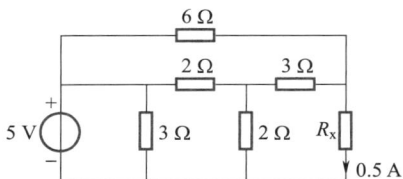

题 3.13 图

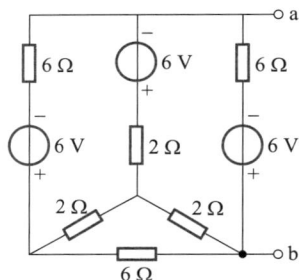

题 3.14 图

第四章 电阻电路的系统分析方法

【引言】所谓系统分析法,就是对结构和参数明确的电路利用电路的两类约束,以全部的支路电压、电流为待求量列写方程并求解的一种方法。其中最基本的是以支路电压和支路电流为待求量的 $2b$ 法。为减少方程的个数,又进一步改善为仅以支路电压或支路电流为待求量的支路电压法或支路电流法,以及以独立节点电压为待求量的节点电压法和以独立回路电流为待求量的回路(网孔)电流法。它们统称为系统分析法,这主要是因为它们都以整个电路结构为分析对象。本章分别介绍这些方法。此外,在介绍具体方法之前,首先阐述激励与响应的概念。

§4.1　电路的激励和响应

作为电路元件,独立源对外提供电压或电流,在电阻元件上则可以产生相对应的电流或电压。前者统称为激励,后者统称为响应。没有激励,则不会有响应,这一规则在电阻电路中通常情况下都是成立的,也是因果系统的必然结果。当然,电路含有储能元件如电容、电感时,如果储能元件有初始储能,这一结论则不成立。

除了独立电源作为激励在电阻元件上会产生响应,电路中还有很多类似的例子。例如放大器的输入和输出可称为"激励"和响应,在电视广播中,发射塔发出的无线信号对于接收机而言也是"激励",接收机播放出的声音或画面则相应地看作响应等。广义上讲,如果把激励和响应看作是一对因果关系,受控源的控制量和被控制量也可称为"激励"和响应,只不过控制量这个"因"受电路的独立源控制,如果电路中没有独立源存在,则控制量也不存在,自然没有被控制量这个"果"。

尽管激励和响应同时出现,但是两者出现的数目却不仅仅是一对一这种情况。实际的工程应用和日常生活中,除了单一激励和单一响应,如简单的手电筒中电池激励灯泡发光,还有单一激励多个响应的情况,如分析求解单一激励作用下整个电路中响应的分布,包括各支路电流、各元件电压等。当然,为了提供更大的功率,应用中也常用多个激励作用于电路,产生单个响应或多个响应。两个 1.5 V 电池的手电筒可视为两个激励单一响应的例子。

图 4.1.1 绘出了几类激励-响应对应的示意图。其中(a)为单激励-单响应的示意图,(b)为单激励-双响应的示意图,(c)为三激励-单响应的示意图,(d)为双激励-双响应的示意图。当然,图 4.1.1 绘出的仅仅是几类常见的激励-响应结构,且只给出了用户所感兴

趣的那些响应。事实上,任一个激励作用于电路中,均可能产生多个响应分布于电路网络中,只是用户并不关心,或其响应很小不至于引起应有的关注。在后续的"信号与系统""通信原理"等课程中,激励和响应也常称为输入和输出,对应的端口称为输入端口和输出端口。单端口等效电阻有时也称为输入电阻,就是来源于此。图 4.1.1(d)也称双入双出系统。

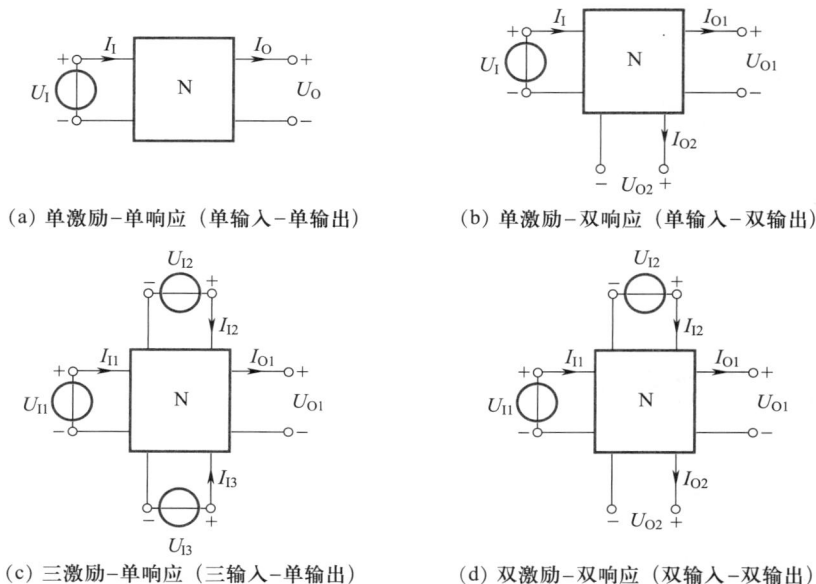

(a) 单激励-单响应(单输入-单输出)

(b) 单激励-双响应(单输入-双输出)

(c) 三激励-单响应(三输入-单输出)

(d) 双激励-双响应(双输入-双输出)

图 4.1.1 激励-响应的例子(注:下标 I 表示激励或输入,O 表示响应或输出)

例如,图 4.1.2 电路中无伴的电压源提供 5 V 的电压激励,在左侧 2 Ω 电阻上产生的响应电流 $I_1 = 2.5$ A。而响应电流 $I_2 = \left(\dfrac{5}{3+2}\right)$ A $= 1$ A,响应电压为 $U_2 = 3\ \Omega \times 1$ A $= 3$V。如果仅关心 3 Ω 电阻上的电压响应 U_2,则该电路可视为单入单出系统。

再比如图 4.1.3(a)中的电路,共有两个激励源 U_S 和 I_S,若求解 3 Ω 电阻支路上通过的电流 I,则该电路可视为双入单出系统,其电路可重新画为如图 4.1.3(b)所示的形式。

当出现受控源时,电路的激励和响应关系变得略微复杂一些。如图 4.1.4 所示,单一激励为独立的电流源,两个受控源分别为压控电压源和压控电流源,其控制量均为电阻元件上的电压值。通常,独立电流源若不工作,则整个电路中所有的支路电流和元件电压均为零,即任何响应均为 0。这就是受控源是有源元件,但却不能独立工作的根本原因所在。

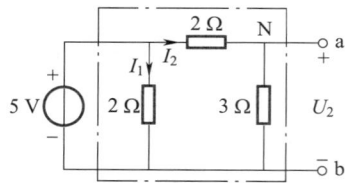

图 4.1.2 单激励-单响应
(单入单出)的示例

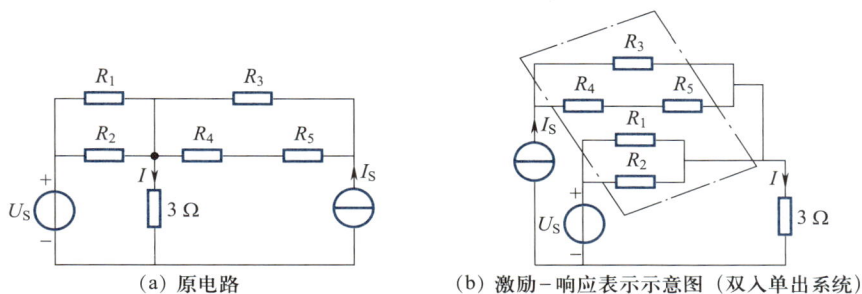

图 4.1.3 双激励–单响应示例

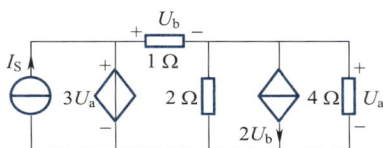

图 4.1.4 含有受控源的单激励电路示例

§4.2 列写电路方程的基本方法

第二章对于电路网络的拓扑结构已有描述,包括支路、节点、回路及网孔等概念。本节介绍最基本的电路分析方法,即通过列写电路方程来求特定的响应。尽管实际中并不一定关心电路网络所有支路的电路变量,但此处还是将所有支路的电压、电流作为待求量来介绍,这正是系统分析方法的特点。当然,若支路电压、电流获得后,相应的功率便可随之求出。

§4.2.1 2b 法

对于含有 b 条支路的电路,支路电压和支路电流作为未知量共有 $2b$ 个,因此需要列写 $2b$ 个独立的方程加以求解,故该方法简称为 $2b$ 法。

用基尔霍夫电流定律列写支路电流方程时,需要寻找相应的节点。用基尔霍夫电压定律列写回路电压方程时,需要寻找合适的回路或网孔。根据图的理论,假设具有 b 条支路的某电路中节点数为 n,其独立节点数则为 $n-1$,故可得($n-1$)个独立的电流方程。因 b 条支路所构成的独立回路数恒等于支路数减独立节点数,即 $l=b-(n-1)$,故独立的回路方程数为 $l=b-(n-1)$ 个。两类方程联立可得 b 个独立方程。基于各条支路的元件约束关系,还可以得到另外 b 个支路电压和支路电流的关系方程,因此总的方程数为 $b+b=2b$ 个。在满足电路两类约束的条件下,可求出各支路电压和电流的唯一解。下面用一例题说明。

例 4.2.1　列出图 4.2.1 所示电路中以各支路电压、支路电流为变量的电路方程。

解：由图 4.2.1 可以看出，电路中有 6 条支路，3 个独立节点，3 个独立回路。可分别列出 3 个电流方程和 3 个电压方程。

$$\text{KCL}\begin{cases} I_1 + I_4 + I_6 = 0 \\ I_2 - I_4 + I_5 = 0 \\ I_3 - I_5 - I_6 = 0 \end{cases}$$ （1）

$$\text{KVL}\begin{cases} U_4 + U_2 - 48 \text{ V} = 0 \\ U_5 + 60 \text{ V} - U_2 = 0 \\ -U_4 - U_5 + U_6 = 0 \end{cases}$$

图 4.2.1　2b 法电路分析示例

对于 4 条电阻支路，可给出 4 个元件约束方程，即

$$\begin{cases} U_2 = 7I_2 \\ U_4 = 4I_4 \\ U_5 = 4I_5 \\ U_6 = 12I_6 \end{cases}$$ （2）

且有

$$U_1 = 48 \text{ V}$$ （3）

$$U_3 = 60 \text{ V}$$ （4）

因此上述 $2b = 2 \times 6 = 12$ 个方程即为求解支路电压和支路电流的所有电路方程。需要特别说明的是，在列写方程之前，应先规定好各支路的电压、电流方向以及回路绕行方向。支路电压、电流方向尽量取关联参考方向，习惯上所有回路均设为顺时针或均设为逆时针方向。然后依据基尔霍夫定律和元件特性方程的规则列写上述方程。

在 2b 法中，如果将支路电流作为待求量列写出基尔霍夫电流方程后，将元件约束方程代入基尔霍夫电压方程，则可得出以支路电流为未知量的 b 个独立方程，此方法称为支路电流法。需要说明的是，元件约束方程虽然没有单独列出，但隐含地列入各独立回路的电压方程中，支路电流法求解电路的基础，依然是电路的两类约束条件。

§4.2.2　支路电流法

支路电流法就是以各个支路的电流为待求量，从而根据基尔霍夫电流定律列写各个独立节点的电流方程，并用支路电流表示支路电压，再列写独立回路的基尔霍夫电压方程的方法。其关键在于用支路电流表示支路电压。若某支路仅含有一个元件，则用元件约束方程即可；若某支路含有多于一个元件，则要逐一分析支路电流和支路电压的关系。具体描述有如下几种典型的情况。

1. 电阻支路

在纯电阻构成的支路中，如果多个电阻上的电压和电流不单独考虑求解，则可将该支路视为

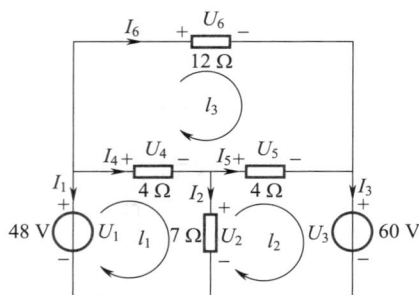

一个电阻,利用电阻的串并联关系确定等效阻值后再求解。但是如果要分别求解其电压和电流,则要单独计算。如图 4.2.2 所示 3 种情况。

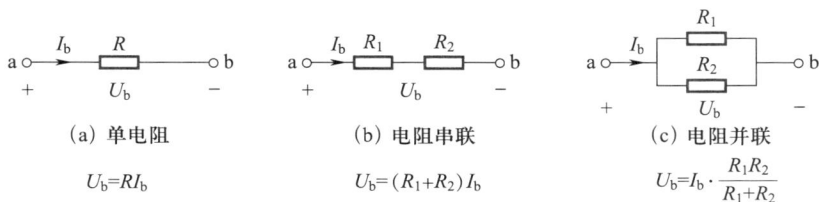

(a) 单电阻　　　　　　(b) 电阻串联　　　　　　(c) 电阻并联

$U_b=RI_b$　　　$U_b=(R_1+R_2)I_b$　　　$U_b=I_b \cdot \dfrac{R_1R_2}{R_1+R_2}$

图 4.2.2　纯电阻支路示例

2. 电压源支路

如图 4.2.3 所示,类似纯电阻支路,也考虑独立电压源、电压源与电阻串联(有伴电压源,即实际电压源模型)及电压源与电阻并联 3 种情况。

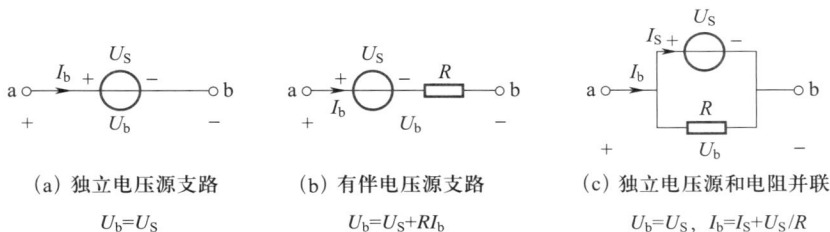

(a) 独立电压源支路　　(b) 有伴电压源支路　　(c) 独立电压源和电阻并联

$U_b=U_S$　　　$U_b=U_S+RI_b$　　　$U_b=U_S,\ I_b=I_S+U_S/R$

图 4.2.3　电压源支路示例

由于支路电流法以支路电流为待求量,电压源的电流虽与其本身的电压值无关,而是与外部电路有关,但可以作为待求变量列写 KCL 方程。而在 KVL 方程中则直接用已知的电压值代入即可;有伴电压源的情况见图 4.2.3(b);当电压源和电阻元件并联时,既可作为两条支路处理(电压源中的电流 I_S 要单独计算),也可作为一条支路处理,求得 I_b 后再求 I_S。

3. 电流源支路

关于电流源支路考虑如图 4.2.4 所示 3 种情况。由于独立电流源两端的电压与其本身的电流值无关,故无法用支路电流来表示该电压,如图 4.2.4(a)所示。此时需要单独设置一个电压待求量,由于电流已知,故实际待求量的个数并没有增加。

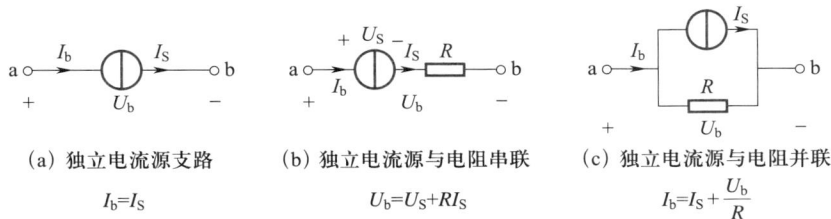

(a) 独立电流源支路　　(b) 独立电流源与电阻串联　　(c) 独立电流源与电阻并联

$I_b=I_S$　　　$U_b=U_S+RI_S$　　　$I_b=I_S+\dfrac{U_b}{R}$

图 4.2.4　电流源支路示例

当电流源和电阻元件串联时,支路电流恒为电流源的电流值,同样设置新的待求电压变量 U_s 来表示电流源两端的电压值,待 I_b 求出后可再求解电压 U_b;电流源与电阻并联的情况则可比照电压源与电阻串联的情况进行处理,如图 4.2.4(c)所示。

例 4.2.2 用支路电流法求图 4.2.5 中的各支路电流。

解:图 4.2.5 电路中有 1 个独立节点,故 KCL 方程为
$$I_1 + I_2 + I_3 = 0 \tag{1}$$

两个独立回路的 KVL 方程为

l_1:
$$2I_2 + 4 + 3I_2 - 1 \cdot I_1 - 10 = 0 \tag{2}$$

l_2:
$$5I_3 + 8 - 3I_2 - 4 - 2I_2 = 0 \tag{3}$$

化简可得
$$I_1 + I_2 + I_3 = 0 \tag{4}$$
$$-I_1 + 5I_2 = 6 \tag{5}$$
$$-5I_2 + 5I_3 = -4 \tag{6}$$

联立求解得

$$I_1 = -\frac{8}{7} \text{ A}$$

$$I_2 = \frac{34}{35} \text{ A}$$

$$I_3 = \frac{6}{35} \text{ A}$$

图 4.2.5 支路电流法应用示例

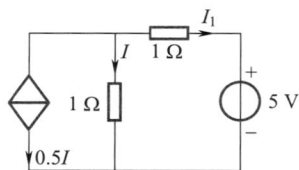

如果电路的支路中含有受控源,则和独立源的处理方法类似,就像前面描述的有伴电源的转换一样。只是不要忘记其控制关系,且通常控制关系需要单独引入新的方程协助求解。

例 4.2.3 求图 4.2.6 电路中 5 V 电压源发出的功率 $P_发$。

解:设 5 V 电压源支路电流为 I_1,则由 KCL 方程知
$$I_1 = -(I + 0.5I) = -1.5I \tag{1}$$

由图中右边回路(网孔)列写 KVL 方程,得
$$I_1 \cdot 1 + 5 - I \cdot 1 = 0 \tag{2}$$

联立求解可得
$$I_1 = -3 \text{ A}$$

图 4.2.6 支路电流法求解
示例(含受控源)

所以 5 V 电压源发出的功率 $P_发 = -5I_1 = [-5 \times (-3)] \text{ W} = 15 \text{ W}$

注意,图 4.2.6 电路有 3 条支路,但是由于受控电流源是无伴源,且其控制量是另外一条支路的电流 I,故此电路仅有两个支路电流是独立变量,1 个节点 KCL 方程和 1 个 KVL 方程即可求解。

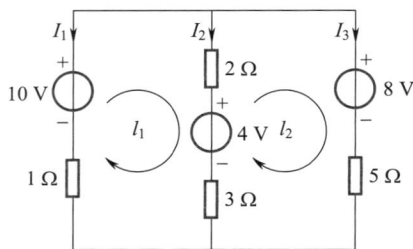

例 4.2.4 求图 4.2.7 电路的各支路电流以及电流源发出的功率。

解：各支路电流的参考方向如图 4.2.7 标注,此电路共有 3 个独立节点,3 个独立回路,存在一个无伴电流源,一个无伴受控电压源,KCL 方程为

$$I_1 + I_5 + 1 = 0 \tag{1}$$
$$-1 + I_2 + I_4 = 0 \tag{2}$$
$$I_3 - I_4 - I_5 = 0 \tag{3}$$

列写 3 个网孔的 KVL 方程,为此设无伴电流源的端电压为 U_x,由于受控源的控制关系缘故,方程中含有控制量 U_1。

$l_1:$ $\qquad\qquad\qquad -U_x + 2U_1 - 2I_1 = 0 \tag{4}$

$l_2:$ $\qquad\qquad\qquad 1 \cdot I_4 + 2I_3 - 2U_1 = 0 \tag{5}$

$l_3:$ $\qquad\qquad\qquad 1 \cdot I_5 - 1 \cdot I_4 + U_x = 0 \tag{6}$

故需再列写反映受控源的控制关系的补充方程:

$$U_1 = 2I_3 \tag{7}$$

联立上述 7 个方程,可唯一确定 5 条支路电流和 U_1、U_x 的值。于是

$$I_1 = 1\ \text{A}$$
$$I_2 = -3\ \text{A}$$
$$I_3 = 2\ \text{A}$$
$$I_4 = 4\ \text{A}$$
$$I_5 = -2\ \text{A}$$
$$U_x = 6\ \text{V}$$
$$U_1 = 4\ \text{V}$$

所以电流源发出的功率 $P_发 = U_x \cdot 1 = (6 \times 1)\ \text{W} = 6\ \text{W}$。

与支路电流法相对应的是支路电压法,它是以支路电压为待求量列写方程的,类比支路电流法,可以容易地得出支路电压法的方程列写规则和求解过程。读者可自行归纳。支路电流法和支路电压法统称为支路分析法。需要特别注意的是,无伴电流源支路和无伴电压源支路的电流、电压关系较为特殊,通常需要补充新的变量将两者联系起来才能求解。否则将无法获得电路的解。如图 4.2.7 所示电路中,电流源支路的电压要单独作为未知量加入回路(网孔)电压方程中求解。

综上所述,支路电流分析法的电路方程列写步骤如下:

(1)以支路电流为待求量,并选定各支路电流的参考方向。

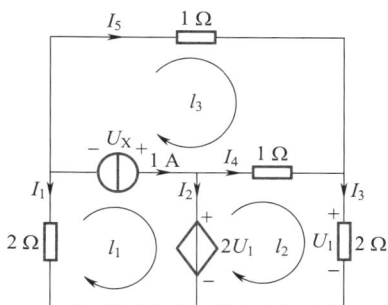

图 4.2.7 支路电流法求解示例

（2）对$(n-1)$个独立节点列写出 KCL 方程。

（3）选取$(b-n+1)$个独立回路,指定回路绕行方向,结合支路元件的特性方程以支路电流表示支路电压,列出 KVL 方程。

（4）当电路中存在无伴电流源支路的情况时,需要补充新的变量,例如将电流源两端的电压作为待求量。

支路分析法列写的方程总数为支路数。依据图论,独立节点数和独立回路数之和等于支路数,是否可以考虑只围绕回路或只根据节点来列写方程,从而降低联立方程规模呢?就像支路分析法隐含列写了元件的特性方程一样,是否可以隐含列写独立节点方程或独立回路方程,而使得联立方程数目进一步减少呢?答案是肯定的。只是需要选取合适的待求变量,使得:

（1）所有支路电压、电流量均可由待求变量表示并求出,即该待求量集合可以完全列写出电路的所有约束条件,且互不重复。

（2）待求变量本身是相互独立的,即任何待求变量均不能由其余待求变量线性表出,这是选取方程变量的线性无关原则。

上述两条就是待求变量选取的完备性和独立性原则。由此引出了回路电流法（常简称为回路法或网孔法）和节点电压法（常简称为节点法）。

§4.3   回路电流法

回路法是以所谓回路电流为待求量列写独立回路方程的一种方法,首先需要引入回路电流的概念。由支路电流法可知,b 条支路电流是由$(n-1)$个 KCL 方程联系的,因此给定$[b-(n-1)]$个电流就可以确定余下的$(n-1)$个电流。考虑到$[b-(n-1)]$恰好是独立回路的个数,故以沿着某一回路边界流动的假想电流即回路电流作为待求量。若某条支路存在于两个或多个回路中,则该支路的电流即为所有"流经"该支路的回路电流的代数和。下面以如图 4.3.1 所示电路有向图为例说明。

图 4.3.1 电路有向图中共有 7 条支路,4 个节点,4 个网孔作为独立回路,假定 4 个独立回路的电流记为 I_{l1}、I_{l2}、I_{l3} 和 I_{l4},则回路电流和支路电流的关系为

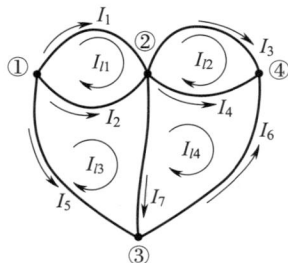

图 4.3.1   含有 7 条支路和
4 个网孔的有向图

$$I_1 = I_{l1} \tag{1}$$

$$I_2 = -I_{l1} + I_{l3} \tag{2}$$

$$I_3 = I_{l2} \tag{3}$$

$$I_4 = -I_{l2} + I_{l4} \tag{4}$$

$$I_5 = -I_{l3} \tag{5}$$

$$I_6 = I_{l4} \tag{6}$$

$$I_7 = I_{l3} - I_{l4} \tag{7}$$

从式（1）—（7）可见，以回路电流作为待求量时，所有的支路电流均可由待求量表示，进而可以完整列出各独立回路的 KVL 方程，这恰好体现了待求量集合的完备性；且这组变量各自独立，即任一变量均不能用其余变量的线性组合表出，表现在回路电流 I_{l1}、I_{l2}、I_{l3} 和 I_{l4} 经过节点①、②、③、④时都是一进一出，所以各独立节点的 KCL 方程变成了恒等式，也就是说以回路电流作为待求量时，基尔霍夫电流定律自动满足，无须列写节点电流方程，这恰好体现了待求量集合的独立性。这样就自然减少了方程个数。需要强调的是回路电流法是以回路电流为待求量，但却是应用基尔霍夫电压定律列写电路的独立回路方程。

例 4.3.1　按照图 4.3.2 所标出的回路及绕行方向列写回路电流方程。

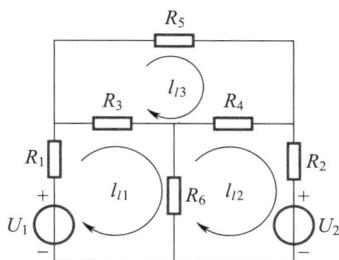

图 4.3.2　回路电流法应用示例

解：图 4.3.2 中 3 个回路电流参考方向均为顺时针，则由 KVL 可得

$$R_1 \cdot I_{l1} + R_3 \cdot (I_{l1} - I_{l3}) + R_6 \cdot (I_{l1} - I_{l2}) = U_1 \tag{1}$$

$$R_4 \cdot (I_{l2} - I_{l3}) + R_2 \cdot I_{l2} - R_6 \cdot (I_{l1} - I_{l2}) = -U_2 \tag{2}$$

$$R_5 \cdot I_{l3} + R_4 \cdot (I_{l3} - I_{l2}) + R_3 \cdot (I_{l3} - I_{l1}) = 0 \tag{3}$$

合并同类项可得

$$(R_1 + R_3 + R_6) \cdot I_{l1} - R_6 \cdot I_{l2} - R_3 \cdot I_{l3} = U_1 \tag{4}$$

$$-R_6 \cdot I_{l1} + (R_2 + R_4 + R_6) \cdot I_{l2} - R_4 \cdot I_{l3} = -U_2 \tag{5}$$

$$-R_3 \cdot I_{l1} - R_4 \cdot I_{l2} + (R_3 + R_4 + R_5) \cdot I_{l3} = 0 \tag{6}$$

讨论：例 4.3.1 中的回路电流方程进一步记为如下的形式，

$$R_{11} \cdot I_{l1} + R_{12} \cdot I_{l2} + R_{13} \cdot I_{l3} = U_{l1} \tag{4.3.1}$$

$$R_{21} \cdot I_{l1} + R_{22} \cdot I_{l2} + R_{23} \cdot I_{l3} = U_{l2} \tag{4.3.2}$$

$$R_{31} \cdot I_{l1} + R_{32} \cdot I_{l2} + R_{33} \cdot I_{l3} = U_{l3} \tag{4.3.3}$$

其中 R_{11}、R_{22} 和 R_{33} 称为 3 个回路各自的自阻，是某回路中各支路电阻的总和取正号；R_{12}、R_{13}、R_{21}、R_{23}、R_{31} 和 R_{32} 均为相邻回路公共支路的电阻，称为互阻。若相邻的回路电流在该支路上的流动方向相同，则此互阻值取正号，反之，取负号。此例中 3 个回路电流的方向均为顺时针，相

邻回路的公共支路中回路电流的流动方向相反,故互阻均取负号。U_{l1}、U_{l2} 和 U_{l3} 则是 3 个回路中电压源的电势升代数和。

另外,此例中选取的 3 个回路恰好是电路中的 3 个网孔,以网孔电流为变量列写电路方程的方法也称为网孔电流法(常简称为网孔法)。对于平面电路而言,网孔法和回路法都能取得正确的结果。但立体电路(非平面电路)则不能选用网孔法求解。

推广至一般的情况:对于具有 m 个网孔的电路,可以任意选择 m 个独立回路(可以证明:网孔数即为独立回路数),设回路电流为 $I_{l1}, I_{l2}, \cdots, I_{lm}$,定义各回路的自阻为

$$R_{jj} \triangleq 回路 l_j 中所有电阻之和 (j=1,\cdots,m) \tag{4.3.4}$$

回路 j 和 k 的互阻为

$$R_{jk} \triangleq \pm(回路 l_j 和 l_k 的共有电阻之和) \tag{4.3.5}$$
$$(j=1,\cdots,m;k=1,\cdots,m;j\neq k)$$

上式中,如果回路电流 I_{lk} 和 I_{lj} 以相同的方向流过它们的共有支路电阻,则取正号,反之取负号。再定义各回路 j 的所有激励源的电压升的代数和为 U_{lj},于是 m 个回路电压方程式可以写作

$$R_{j1}I_{l1}+R_{j2}I_{l2}+\cdots+R_{jj}I_{lj}+\cdots+R_{jm}I_{lm}=U_{lj}(j=1,\cdots,m) \tag{4.3.6}$$

以矩阵形式表示为

$$\begin{bmatrix} R_{11} & R_{12} & \cdots & R_{1m} \\ R_{21} & R_{22} & \cdots & R_{2m} \\ \vdots & \vdots & & \vdots \\ R_{m1} & R_{m2} & \cdots & R_{mm} \end{bmatrix} \begin{bmatrix} I_{l1} \\ I_{l2} \\ \vdots \\ I_{lm} \end{bmatrix} = \begin{bmatrix} U_{l1} \\ U_{l2} \\ \vdots \\ U_{lm} \end{bmatrix} \tag{4.3.7}$$

$$\boldsymbol{R}\boldsymbol{I}_l = \boldsymbol{U}_l \tag{4.3.8}$$

根据互阻的定义可知,$R_{jk}=R_{kj}$,即矩阵 $\boldsymbol{R}$ 为对称方阵。

根据线性代数,当系数矩阵为非奇异矩阵,即行列式 $|\boldsymbol{R}| \neq 0$ 时,回路电流有唯一解,且可以表示为

$$I_{lj} = \frac{|\boldsymbol{R}_j|}{|\boldsymbol{R}|}(j=1,\cdots,m) \tag{4.3.9}$$

式中 $|\boldsymbol{R}_j|$ 是用 $\boldsymbol{U}_l = [U_{l1}, U_{l2}, \cdots, U_{lm}]^\mathrm{T}$ 置换 $\boldsymbol{R}$ 第 j 列后所得行列式

$$|\boldsymbol{R}_j| = \begin{vmatrix} R_{11} & \cdots & R_{1,j-1} & U_{l1} & R_{1,j+1} & \cdots & R_{1m} \\ R_{21} & \cdots & R_{2,j-1} & U_{l2} & R_{2,j+1} & \cdots & R_{2m} \\ \vdots & & \vdots & \vdots & \vdots & & \vdots \\ R_{m1} & \cdots & R_{m,j-1} & U_{lm} & R_{m,j+1} & \cdots & R_{mm} \end{vmatrix} \tag{4.3.10}$$

例 4.3.2 用网孔电流法重新求解例 4.2.2。

解: 将例 4.2.2 所示电路图 4.2.5 重画如图 4.3.3 所示。

选取网孔 I_{l1} 和 I_{l2},两个网孔的各个参数如下:

$$R_{11} = (2+3+1)\ \Omega = 6\ \Omega$$

$$R_{22} = (5+3+2)\ \Omega = 10\ \Omega$$

$$R_{12} = R_{21} = -(2+3)\ \Omega = -5\ \Omega$$

$$U_{l1} = (-4+10)\ \text{V} = 6\ \text{V}$$

$$U_{l2} = (-8+4)\ \text{V} = -4\ \text{V}$$

故网孔电流方程为

$$6I_{l1} - 5I_{l2} = 6 \qquad (1)$$

$$-5I_{l1} + 10I_{l2} = -4 \qquad (2)$$

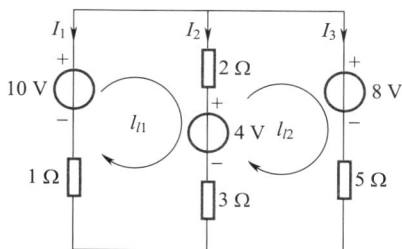

图 4.3.3　网孔电流法求解示例

联立求解可得 $I_{l1} = \dfrac{8}{7}$ A, $I_{l2} = \dfrac{6}{35}$ A。

于是各支路电流为

$$I_1 = -I_{l1} = -\frac{8}{7}\ \text{A}$$

$$I_2 = I_{l1} - I_{l2} = \frac{34}{35}\ \text{A}$$

$$I_3 = I_{l2} = \frac{6}{35}\ \text{A}$$

例 4.3.3　如图 4.3.4 所示为含受控源的电路,试利用网孔电流法求电流 I_0。

解：如图 4.3.4 所示,设网孔电流绕行方向为顺时针,受控源两端电压为 U,则 3 个网孔电流方程为

I_{l1}：　　$I_{l1}(4+2+10) - I_{l2} \cdot 10 - I_{l3} \cdot 2 = 0$　　(1)

I_{l2}：　　$-I_{l1} \cdot 10 + I_{l2} \cdot 10 = -U + 52$　　(2)

I_{l3}：　　$-I_{l1} \cdot 2 + I_{l3}(2+8) = U$　　(3)

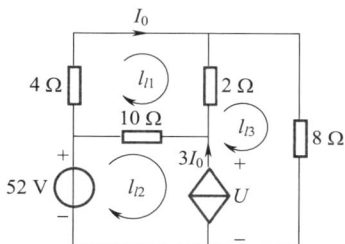

图 4.3.4　网孔电流法求解
示例(含受控源)

由于增加了未知量,需要补充受控源方程:

$$I_0 = I_{l1} \qquad (4)$$

$$I_{l3} - I_{l2} = 3I_0 \qquad (5)$$

联立求解可得 $I_0 = \dfrac{3}{2}$ A。$\left(I_{l1} = \dfrac{3}{2}\ \text{A}, I_{l2} = \dfrac{5}{4}\ \text{A}, I_{l3} = \dfrac{23}{4}\ \text{A} \right)$

讨论：　若不限制用网孔电流法,则可将回路 l_3 取最外围大回路顺时针方向,此时的回路方程变为

I_{l1}：　　　　　　　　$I_{l1}(4+2+10) - I_{l2} \cdot 10 + I_{l3} \cdot 4 = 0$　　　　　　　　(1)

I_{l2}：　　　　　　　　　　$I_{l2} = -3I_0$　　　　　　　　　　(2)

I_{l3}：　　　　　　　　$I_{l1} \cdot 4 + I_{l3}(4+8) = 52$　　　　　　　　(3)

补充受控源方程

$$I_0 = I_{l1} + I_{l3} \tag{4}$$

求得的 I_0 值和前者一致,即 $I_0 = \dfrac{3}{2}$ A $\left(I_{l1} = -\dfrac{17}{4}$ A, $I_{l3} = \dfrac{23}{4}$ A, $I_{l2} = -\dfrac{9}{2}$ A $\right)$。

注:此时的回路电流与前述的网孔电流值不同,但支路电流相同,这说明了回路电流的假想虚拟性质。

当电路网络中存在无伴电流源支路时,列写回路电压方程时要单独定义该无伴电流源的两端电压,这和支路分析法的处理方式是一样的。除此之外,还可以利用技巧避免增加此电压变量。比如,将此无伴电流源支路仅包含在单个回路中,不作为公共支路出现,则该回路电流即为此无伴电流源的电流值。例如图 4.3.5 中合理选择独立回路,使无伴电流源 I_S 仅包含在回路 l_1 中,回路 l_2 和 l_3 均未包含无伴电流源 I_S 支路。此时回路方程为

$$I_{l1} = I_S \tag{1}$$

$$I_{l2}(R_2 + R_3) + I_{l3}R_2 = U_{S2} - \alpha I_3 \tag{2}$$

$$I_{l1}R_1 + I_{l2}R_2 + I_{l3}(R_1 + R_4 + R_2) = U_{S1} + U_{S2} - U_{S4} \tag{3}$$

补充受控源方程:

$$I_3 = I_{l2} \tag{4}$$

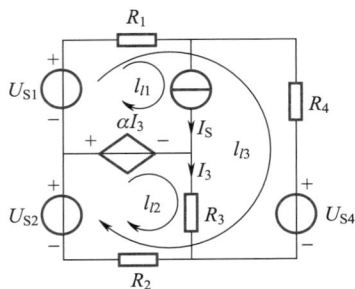

图 4.3.5 存在无伴电流源
支路时的回路电流法示例

§4.4 节点电压法

回路电流法是在支路电流法的基础上,通过假想的回路电流减少了电路方程的个数。由于回路电流在各个节点处都是一进一出,基尔霍夫电流定律自动满足,所以电路方程中仅包含基尔霍夫电压方程。

与之相类似,以节点电压为待求量,通过节点电压来列写节点 KCL 方程,同样可以减少方程的个数并简化电路分析。

节点电压法的主要思想是在电路网络的 n 个节点中选取 1 个节点为参考节点并令其电位为零,将 $(n-1)$ 个独立节点相对于该参考节点的电压即所谓的节点电压作为待求变量。然后用节点电压表示支路电流,从而列写各独立节点的基尔霍夫电流方程加以求解。

根据这一思想,读者们可自行验证,待求量节点电压的集合也是满足完备性和独立性的。具体表现在各支路电压可由节点电压完整表示:电路中的支路要么接在独立节点和参考节点之间,要么接在两个独立节点之间,都可以用节点电压线性表示,并可用节点电压列写各独立节点的 KCL 方程,且任一节点电压均不能用其余节点电压通过 KVL 来表示,因此独立回路方程自动满足,即待求量各自独立。

例 4.4.1 列写图 4.4.1 所示电路的节点电压方程,并求解。

解: 如图所示选定参考节点,图中以接地符号表示,即零电位点。定义节点①的电压为 U_{n1},则由欧姆定律知

$$I_1 = \frac{1}{2}(U_{n1}-3) \tag{1}$$

$$I_2 = \frac{1}{1}(U_{n1}-1) \tag{2}$$

由 KCL 方程可得

$$I_1 + I_2 + 0.5 = 0 \tag{3}$$

将式(1)和式(2)代入式(3)可得

$$U_{n1}\left(\frac{1}{2}+\frac{1}{1}\right) = \left(3\times\frac{1}{2}+1\times\frac{1}{1}-0.5\right) \text{ V} \tag{4}$$

于是 $U_{n1} = \dfrac{4}{3}$ V

讨论:式(4)左边可视为节点电压 U_{n1} 作用下产生的流出节点①的电流,右边可视为激励源作用下产生的流入节点①的电流。对于电流源 0.5 A 而言,其方向是流出节点①故而为负号;对于两个电压源,电流从正极流出,即电流方向为流入节点①,故而为正号。关于电压源对流入节点的电流贡献,可以这样来理解:将有伴电压源转换成有伴电流源,则电流源的方向与电压源正极流出方向一致,大小为电压除以电阻。

下面再以如图 4.4.2 所示的两个独立节点的电路为例进一步说明。

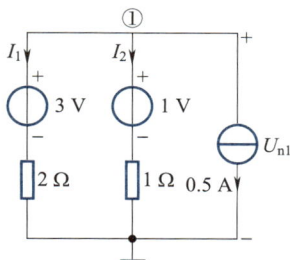

图 4.4.1 节点电压法求解示例

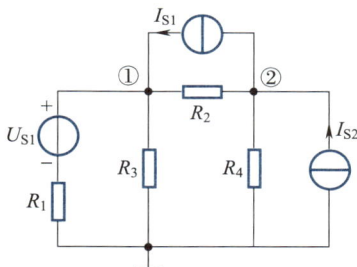

图 4.4.2 节点电压法应用示例
(含两个独立节点)

假设独立节点①和②的电压记为 U_{n1} 和 U_{n2},则对此两节点列写 KCL 方程

$$\begin{cases} ① \ \dfrac{U_{n1}-U_{S1}}{R_1}+\dfrac{U_{n1}}{R_3}+\dfrac{U_{n1}-U_{n2}}{R_2}=I_{S1} \\[3mm] ② \ \dfrac{U_{n2}-U_{n1}}{R_2}+\dfrac{U_{n2}}{R_4}=I_{S2}-I_{S1} \end{cases} \tag{1}$$

合并同类项可得

$$U_{n1}\left(\frac{1}{R_1}+\frac{1}{R_2}+\frac{1}{R_3}\right)-U_{n2}\frac{1}{R_2}=\frac{U_{S1}}{R_1}+I_{S1} \tag{2}$$

$$-U_{n1}\frac{1}{R_2}+U_{n2}\left(\frac{1}{R_2}+\frac{1}{R_4}\right)=I_{S2}-I_{S1} \tag{3}$$

记如下符号

$$G_{11}=\frac{1}{R_1}+\frac{1}{R_2}+\frac{1}{R_3}=G_1+G_2+G_3,\quad G_{22}=\frac{1}{R_2}+\frac{1}{R_4}=G_2+G_4 \tag{4}$$

$$G_{12}=-\frac{1}{R_2},\quad G_{21}=-\frac{1}{R_2} \tag{5}$$

$$I_{n1}=\frac{U_{S1}}{R_1}+I_{S1} \tag{6}$$

$$I_{n2}=I_{S2}-I_{S1} \tag{7}$$

则上述方程可以简记为

$$G_{11}U_{n1}+G_{12}U_{n2}=I_{n1} \tag{4.4.1}$$

$$G_{21}U_{n1}+G_{22}U_{n2}=I_{n2} \tag{4.4.2}$$

这就是具有两个独立节点的电路的节点电压方程,其中 G_{11} 和 G_{22} 称为节点①和②的自导,分别为连接节点①和②所有支路的电导之和,恒为正;G_{12} 和 G_{21} 为节点①和②之间的所有支路的互导之和,恒为负;I_{n1} 和 I_{n2} 为节点①和②的等效电流源激励的代数和,且流入节点的取正号,流出节点的取负号。其物理意义是,由一个节点流出的电流代数和,等于流入该节点的电流的代数和。

作为特例,节点电压法用于求解图 4.4.3 端口电压非常方便。

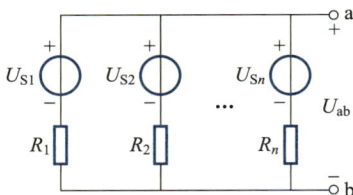

图 4.4.3 单独立节点电压法应用特例

若以 b 为参考节点,列写节点 a 的电压方程如下:

$$U_a\left(\frac{1}{R_1}+\frac{1}{R_2}+\cdots+\frac{1}{R_n}\right)=\frac{U_{S1}}{R_1}+\frac{U_{S2}}{R_2}+\cdots+\frac{U_{Sn}}{R_n} \tag{4.4.3}$$

于是

$$U_a = \frac{\dfrac{U_{S1}}{R_1} + \dfrac{U_{S2}}{R_2} + \cdots + \dfrac{U_{Sn}}{R_n}}{\dfrac{1}{R_1} + \dfrac{1}{R_2} + \cdots + \dfrac{1}{R_n}} = \frac{\displaystyle\sum_{k=1}^{n} \dfrac{U_{Sk}}{R_k}}{\displaystyle\sum_{k=1}^{n} \dfrac{1}{R_k}} \tag{4.4.4}$$

即端口电压

$$U_{ab} = U_a = \frac{\displaystyle\sum \dfrac{U_{Sk}}{R_k}}{\displaystyle\sum \dfrac{1}{R_k}} \tag{4.4.5}$$

式表示的两个独立节点的电压方程式可以推广到一般情况。考虑一个具有 n 个节点的电路,任意选取其中的 $(n-1)$ 个独立节点,定义其自导 G_{jj} 和互导 G_{jk} 分别为

$G_{jj} \triangleq$ 连接于节点 j 的所有各支路的等效电导之和;

$G_{jk} \triangleq -\{$连接节点 j 和 k 的所有支路的等效电导之和$\}$;

$$(j = 1, \cdots, n-1; k = 1, \cdots, n-1; j \neq k)$$

节点 j 的等效电流源为

$I_{Sj} \triangleq$ 由激励源产生的流入节点 j 的所有电流代数和

(流入节点的为正,流出节点的为负)

根据定义可知 $G_{jk} = G_{kj}$。由此可得 $(n-1)$ 个节点电压方程为

$$G_{j1}U_{n1} + \cdots + G_{jj}U_{nj} + \cdots + G_{j,n-1}U_{n(n-1)} = I_{Sj}(j = 1, 2, \cdots, n-1) \tag{4.4.6}$$

写作矩阵形式为

$$\boldsymbol{GU = I} \tag{4.4.7}$$

式中,$\boldsymbol{U}$ 为节点电压向量,$\boldsymbol{I}$ 为节点电流向量。矩阵 $\boldsymbol{G}$ 称为节点电导矩阵,在仅有独立电源和电阻的电路中是 $(n-1) \times (n-1)$ 对称方阵,对角线元素是 $(n-1)$ 个节点的自导,(j,k) 元素是节点 j 和 k 的互导,且矩阵 $\boldsymbol{G}$ 是非奇异的。

由电场性质,即库仑电场做功与路径无关,可以得出节点电压具有唯一解的结论。

例 4.4.2 用节点电压法求图 4.4.4 中两个电压源发出的功率。

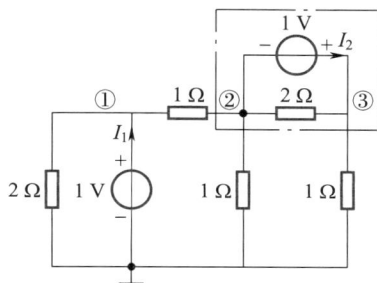

图 4.4.4 节点电压法应用示例

解：假定参考节点如图所示,根据无伴电压源的特性可知

$$U_{n1} = 1 \text{ V} \tag{1}$$

$$U_{n3} - U_{n2} = 1 \text{ V} \tag{2}$$

对于节点②,假定无伴电压源支路的电流为 I_2,则有

$$-U_{n1} \cdot \frac{1}{1} + U_{n2}\left(\frac{1}{1} + \frac{1}{1} + \frac{1}{2}\right) - \frac{1}{2}U_{n3} = -I_2 \tag{3}$$

对于节点③,则有

$$-U_{n2} \cdot \frac{1}{2} + U_{n3}\left(\frac{1}{2} + \frac{1}{1}\right) = I_2 \tag{4}$$

联立上述各式可解得

$$U_{n2} = 0 \text{ V}, \quad U_{n3} = 1 \text{ V}, \quad I_2 = 1.5 \text{ A}$$

根据节点①的 KCL 可知

$$I_1 = U_{n1} \cdot \frac{1}{2} \text{ S} + (U_{n1} - U_{n2}) \cdot \frac{1}{1} \text{ S} = 1.5 \text{ A}$$

所以

$$P_{1发} = 1 \text{ V} \times I_1 = (1 \times 1.5) \text{ W} = 1.5 \text{ W}$$

$$P_{2发} = 1 \text{ V} \times I_2 = (1 \times 1.5) \text{ W} = 1.5 \text{ W}$$

讨论:此例中有两条支路存在无伴电压源的情况,可将其中之一支路的某个节点选作参考节点,则对应节点电压已知,从而减少一个未知量。处理方法之二是引入支路电流变量,在列写电流方程时必须考虑在内,如此例中的支路电流 I_2。为此,需要增加一个无伴电压源电压值约束的节点电压方程。

另外,还可以引入超节点的概念分析无伴电压源支路,如图 4.4.4 中虚线框内部分视为"超节点",其节点电压方程是例 4.4.2 中式(3)和式(4)的叠加。

即

$$-U_{n1} + U_{n2}\left(\frac{1}{1} + \frac{1}{1}\right) + U_{n3} \cdot \frac{1}{1} = 0$$

上式表明:节点②、③合并成一个超节点,对外仅和节点①有互导(此处为−1 S)。超节点的自导由其两个节点②、③对外部的自导组成,超节点内部的电导$\left(此处为\dfrac{1}{2} \text{ S}\right)$则需要忽略不计。

这样一来,方程数进一步减少,大大简化求解过程。

如果电路网络中存在无伴受控电压源,处理方法和无伴独立电压源类似,下面再看一个类似的例子。

例 4.4.3 求图 4.4.5 电路中 8 A 独立电流源的端电压 U。

解：设置参考节点、节点和超节点如图标识,则节点①的电压方程为

$$U_{n1}\left(\frac{1}{1} + \frac{1}{2}\right) - U_{n2} \cdot \frac{1}{1} - U_{n3} \cdot \frac{1}{2} = -8 - 2 \tag{1}$$

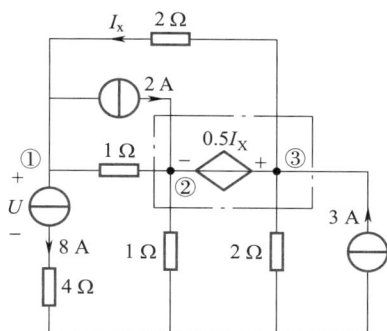

图 4.4.5 含有无伴受控源的节点电压法应用示例

注意:由 §3.2.4.1 的知识可知,8 A 理想电流源串联 4 Ω 电阻的支路就等效为一个 8 A 的理想电流源支路,该支路的电流由电流源唯一确定,故该支路的电导既不是自导,也不是互导,在列写节点方程时须忽略不计。

超节点的电压方程为

$$-U_{n1}\left(\frac{1}{1}+\frac{1}{2}\right)+U_{n2}\left(\frac{1}{1}+\frac{1}{1}\right)+U_{n3}\left(\frac{1}{2}+\frac{1}{2}\right)=2+3 \tag{2}$$

补充受控源方程

$$U_{n3}-U_{n1}=2I_X \tag{3}$$

补充超节点方程

$$U_{n3}-U_{n2}=0.5I_X \tag{4}$$

联立以上方程可得

$$U_{n1}=-10 \text{ V}, U_{n2}=-4 \text{ V}, U_{n3}=-2 \text{ V}$$

对节点①利用 KVL 可知

$$U=U_{n1}-8\times4 \text{ V}=(-10-8\times4)\text{V}=-42 \text{ V}$$

尽管在列写节点①电压方程时,串接的 4 Ω 电阻不计入在内,但是在计算无伴电流源两端电压时,4 Ω 电阻必须考虑在内。这一点体现了无伴电流源的伏安特性,即其电流为恒定值,其两端电压受外部电路约束。例如,若 4 Ω 电阻换成 2 Ω,则节点①电压并不受影响,仍为 $U_{n1}=-10$ V,但是电流源的端电压却改变为

$$U=(-10-8\times2) \text{ V}=-26 \text{ V}$$

注:此处同样说明了等效是对外等效而对内不等效的本质特征。

综上所述,2b 法是直接应用电路的两类约束列写方程的,是系统分析方法的基础,但在实际解题中基本不予应用。支路电流或支路电压法将元件约束隐含进 KCL 或 KVL 的方程中,使联立方程减少了 b 个,但人工解题时即使是简单电路方程个数也显得较多,一般也不予采用。回路电流法和节点电压法是两种常用的减少联立方程数的系统分析法。选择何种方法取决于电路结

构、元件类型及回路数与节点数的多少。回路法特别适用于支路多而回路少的电路,而当节点数少于回路数时,用节点法会相对简单。另外,在计算机辅助电路分析中使用的就是改进的节点电压法。

【思维训练】系统、系统思维和系统方法

1. 系统

系统就是相互联系、相互作用的若干元素以一定的结构组成的具有特定功能的整体。

系统具有整体性(不等于局部的简单加和)、相对独立性(有边界)、结构性(有鲜明的层次性,可以逐层综合、逐层分解)、目的性(一定的功能)、环境适应性(与外界相互作用,物质、能量与信息交换)等特点。

2. 系统思维

系统思维是指以系统论为基本思维模式的思维形态,它不同于创造思维或形象思维等本能思维形态。系统思维能极大地简化人们对事物的认知,给人们带来整体观。

描述系统,必须包括如下五个基本因素:系统的组成、系统的结构、系统的环境、系统的功能、系统的边界。其中,系统的组成元素是系统具有某种功能的物质基础和载体,它直接决定系统的功能;系统的内部结构也对应决定系统功能,具有直接的、根本的意义;系统的环境和边界是系统功能存在和得以实现的条件,不是决定系统功能的内在根据;系统的功能是系统整体所具有的,它是其组成元素本身不具有的,单从组成元素本身无法说明系统为什么会有这一功能。同素异构的现象正说明结构对系统性状和功能的决定作用。

3. 系统方法

常用的系统方法如下。

(1) **整体法**:在分析和处理问题的过程中,始终从整体来考虑,把整体放在第一位,而不是让任何部分的东西凌驾于整体之上。

整体法要求把思考问题的方向对准全局和整体,从全局和整体出发。如果在应该运用整体思维进行思考的时候不用整体思维法,那么无论在宏观还是微观方面,都会受到损害。

(2) **结构法**:进行系统思维时,注意系统内部结构的合理性。系统由各部分组成,部分与部分之间组合是否合理,对系统有很大影响。这就是系统中的结构问题。好的结构,是指组成系统的各部分间组织合理,是有机的联系。

(3) **要素法**:每一个系统都由各种各样的因素构成,其中相对具有重要意义的因素称为构成要素。要使整个系统正常运转并发挥最好的作用或处于最佳状态,必须对各构成要素考察周全和充分,充分发挥各构成要素的作用。

(4) **功能法**:是指为了使一个系统呈现出最佳状态,从大局出发来调整或是改变系统内部各部分的功能与作用。在此过程中,可能是使所有部分都向更好的方面改变,从而使系统状态更佳,也可能为了求得系统的全局利益,以降低系统某部分的功能为代价。

§4.5　基尔霍夫定律的关联矩阵形式

§4.5.1　关联矩阵

从前面章节的内容可知,支路、节点和回路(网孔)三者共同构成了电路的结构基础,而与之相对应的变量则是电路性能的关键分析因素。其中,支路与节点,从图论来说,是构成图的基本要素。从电路分析的观点看,对于每一条支路而言,均可定义其支路电流和支路电压。而对节点来说,可定义流出该节点或流入该节点的电流,两个节点之间则可定义节点电压。支路电流以及某两节点之间的电压是最常见的待求变量。

为了抽象描述电路结构的组成关系,即图中节点和支路这两个基本要素之间的连接关系,数学上通常用关联矩阵表达。在这里"关联"的含义是,当某条支路的一端与某节点相连接时,称该支路与这个节点关联。在规定了电路中支路电流、支路电压的参考方向,即用有向图表示电路的组成结构后,关联矩阵即可表达各节点和各支路的关联情况。其中,矩阵的每一行对应于一个节点,每一列对应于一条支路,矩阵中各元素 a_{ik} 定义如下:

（1）若节点 i 与支路 b_k 无关联,则 $a_{ik}=0$。

（2）若节点 i 与支路 b_k 有关联,且支路 b_k 的电流参考方向是指向节点 i 的,则 $a_{ik}=-1$。

（3）若节点 i 与支路 b_k 有关联,且支路 b_k 的电流参考方向是离开节点 i 的,则 $a_{ik}=+1$。

如图 4.5.1 所示,各支路、各节点以及其支路电流参考方向均已标注,则根据上述关联矩阵各个元素的定义,可直接写出该电路所对应的关联矩阵 A_a。

$$A_a = \begin{array}{c} ① \\ ② \\ ③ \\ ④ \end{array} \begin{bmatrix} 1 & 1 & 0 & 0 & 1 & 0 & 0 \\ -1 & -1 & 1 & 1 & 0 & 0 & 1 \\ 0 & 0 & -1 & -1 & 0 & 1 & 0 \\ 0 & 0 & 0 & 0 & -1 & -1 & -1 \end{bmatrix} \begin{array}{ccccccc} b_1 & b_2 & b_3 & b_4 & b_5 & b_6 & b_7 \end{array}$$

显然,A_a 矩阵是一个 4×7 的矩阵。推而广之,若节点数为 n,支路数为 b,则关联矩阵 A_a 为 $n×b$ 矩阵。从电路结构本身可以看出,某一支路的两个端点即是两个节点,支路电流参考方向确定的条件下对某端节点是流入,则对另一端节点而言一定是流出,因此关联矩阵的每一列仅有两个元素不为零,且 1 个元素值是+1,另一个元素值是-1,其和为零。这就是说 A_a 矩阵的秩小于行数 n。可以证明,关联矩阵 A_a 的秩为 $(n-1)$,其中任意 $(n-1)$ 行是线性无关的。因此,可以任选 1 个节点作为参考节点,列写其余的节点-支路关联矩阵 A,其维数为 $(n-1)×b$,其秩为行数 $(n-1)$,即矩阵各行线性无关。仍以上述图 4.5.1 为例,以节点④为参

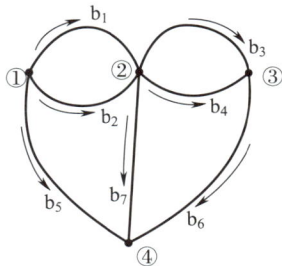

图 4.5.1　节点-支路关联矩阵示例

考节点,则其余节点①、②、③即为独立节点,关联矩阵变为

$$
\begin{array}{c}
\quad\quad b_1 \quad b_2 \quad b_3 \quad b_4 \quad b_5 \quad b_6 \quad b_7 \\
\begin{array}{c}①\\②\\③\end{array}
\left[\begin{array}{ccccccc}
1 & 1 & 0 & 0 & 1 & 0 & 0 \\
-1 & -1 & 1 & 1 & 0 & 0 & 1 \\
0 & 0 & -1 & -1 & 0 & 1 & 0
\end{array}\right]
\end{array}
$$

关联矩阵 $\boldsymbol{A}_a$ 可以完全确定一个电路的节点-支路结构。而关联矩阵 $\boldsymbol{A}$ 按照每一列元素相加之和为零的原则补充一行,即增加参考节点,就同关联矩阵 $\boldsymbol{A}_a$ 一样,可描述一个完整的电路结构。

例 4.5.1 图 4.5.2 为某电路的有向图,请写出其关联矩阵 $\boldsymbol{A}_a$,以及以④为参考节点的关联矩阵 $\boldsymbol{A}$。

解: 根据图 4.5.2 所示的支路电流参考方向,关联矩阵 $\boldsymbol{A}_a$ 为

$$
\boldsymbol{A}_a =
\begin{array}{c}
\quad\quad b_1 \quad b_2 \quad b_3 \quad b_4 \quad b_5 \quad b_6 \\
\begin{array}{c}①\\②\\③\\④\end{array}
\left[\begin{array}{cccccc}
1 & 1 & 0 & 1 & 0 & 0 \\
0 & -1 & 1 & 0 & 1 & 0 \\
-1 & 0 & -1 & 0 & 0 & 1 \\
0 & 0 & 0 & -1 & -1 & -1
\end{array}\right]
\end{array}
$$

以节点④为参考节点时的关联矩阵 $\boldsymbol{A}$ 为

$$
\boldsymbol{A}_a =
\begin{array}{c}
\quad\quad b_1 \quad b_2 \quad b_3 \quad b_4 \quad b_5 \quad b_6 \\
\begin{array}{c}①\\②\\③\end{array}
\left[\begin{array}{cccccc}
1 & 1 & 0 & 1 & 0 & 0 \\
0 & -1 & 1 & 0 & 1 & 0 \\
-1 & 0 & -1 & 0 & 0 & 1
\end{array}\right]
\end{array}
$$

图 4.5.2 关联矩阵列写示例

思考:若以节点②为参考节点,$\boldsymbol{A}$ 矩阵应如何表示? 请读者自行求解。

例 4.5.2 已知具有 4 个节点和 5 条支路的某电路,其关联矩阵为

$$
\boldsymbol{A}_a =
\begin{array}{c}
\quad\quad b_1 \quad b_2 \quad b_3 \quad b_4 \quad b_5 \\
\begin{array}{c}①\\②\\③\\④\end{array}
\left[\begin{array}{ccccc}
-1 & 1 & 1 & 0 & 0 \\
0 & -1 & 0 & -1 & 0 \\
1 & 0 & 0 & 0 & -1 \\
0 & 0 & -1 & 1 & 1
\end{array}\right]
\end{array}
$$

试画出此电路的节点-支路连接示意图。

解: 由关联矩阵 $\boldsymbol{A}_a$ 可知,此电路有 4 个节点,且支路 b_1 连接节点①和③,方向为由节点③指向①;支路 b_2 连接节点①和②,方向为由节点①指向②;支路 b_3 连接节点①和④,方向为由节点①指向④;支路 b_4 连接节点②和④,方向为由节点④指向②;支路 b_5 连接节点③和④,方向为由节点④指向③。所以此电路的节点-支路关联关系如图 4.5.3 所示。

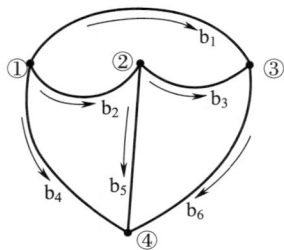

讨论：从关联矩阵可以看出，其中第 2 行和第 3 行对应的两个节点都只和两条支路关联，即节点②和节点③均为简单节点。

很明显，图 4.5.3 可以重新简化为如图 4.5.4 所示的形式。

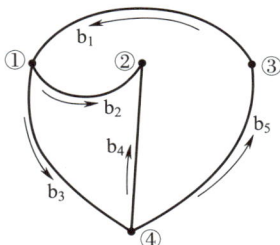

图 4.5.3　由关联矩阵画节点–
支路连接图示例

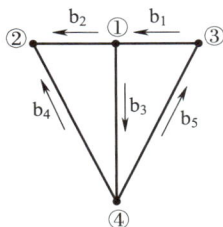

图 4.5.4　例 4.5.2 节点–支路连接图的
另一种表示形式

若以节点④为参考节点，则关联矩阵 **A** 可记为

$$\boldsymbol{A}_a = \begin{array}{c} ① \\ ② \\ ③ \end{array} \begin{array}{ccccc} b_1 & b_2 & b_3 & b_4 & b_5 \end{array} \\ \begin{bmatrix} -1 & 1 & 1 & 0 & 0 \\ 0 & -1 & 0 & -1 & 0 \\ 1 & 0 & 0 & 0 & -1 \end{bmatrix}$$

思考：该电路为典型的单独立节点电路，请问还可以进一步化简为何种形式？

§4.5.2　基尔霍夫定律的矩阵形式

以图 4.5.5 为例，若各支路电流如图所示并与支路电压参考方向一致。

当参考节点为④时，其余三个节点的电流方程为

$$i_1 + i_2 + i_4 = 0 \tag{1}$$
$$-i_2 + i_3 + i_5 = 0 \tag{2}$$
$$-i_1 - i_3 + i_6 = 0 \tag{3}$$

定义支路电流向量为

$$\boldsymbol{I}_b = \begin{bmatrix} i_1 \\ i_2 \\ i_3 \\ i_4 \\ i_5 \\ i_6 \end{bmatrix} \tag{4.5.1}$$

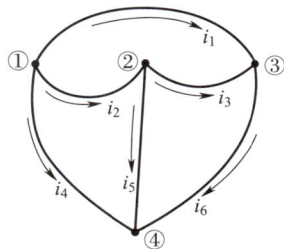

图 4.5.5　KCL 矩阵形式求解示例

则上述节点电流方程的矩阵形式为

$$\begin{bmatrix} 1 & 1 & 0 & 1 & 0 & 0 \\ 0 & -1 & 1 & 0 & 1 & 0 \\ -1 & 0 & -1 & 0 & 0 & 1 \end{bmatrix} \begin{bmatrix} i_1 \\ i_2 \\ i_3 \\ i_4 \\ i_5 \\ i_6 \end{bmatrix} = \boldsymbol{A}\boldsymbol{I}_b = \boldsymbol{0} \qquad (4.5.2)$$

尽管矩阵表达式(4.5.2)由图4.5.5推导给出,但是具有普遍意义。因为确定了支路电流的参考方向后,任一电路网络的关联矩阵 $\boldsymbol{A}$ 的每一行都对应着一个节点,其非零元素表示对应节点所关联的支路及关联形式,其代数和即为流出或者流入该节点的电流。根据 KCL,流入或者流出某节点的电流代数和必然为 0。所以 $\boldsymbol{A}\boldsymbol{I}_b = \boldsymbol{0}$ 即为基尔霍夫电流定律(KCL)的矩阵表达形式。由于关联矩阵 $\boldsymbol{A}$ 的秩等于其行数 $(n-1)$,故上式表示的 $(n-1)$ 个节点电流方程是互相独立的,即节点数为 n 的网络只有 $(n-1)$ 个独立的节点电流方程,这在前面的内容中也有描述。

设在电路网络中任取一节点作为参考节点,以 $\{u_{n_1}, u_{n_2} \cdots, u_{n_{n-1}}\}$ 表示各节点对参考节点的电压,以 $\{u_{b_1}, u_{b_2} \cdots, u_{b_n}\}$ 表示各支路的电压。根据 KVL 可得,任一支路 b_j 的电压 u_{b_j} 可用和此支路关联的两个节点的电压 u_{n_k} 和 u_{n_i} 之差表示,如图4.5.6所示。即

$$u_{b_j} = u_{n_k} - u_{n_i} \qquad (4.5.3)$$

该图中参考节点为"地"。当图中 b_j 的方向与图示相反时,有

$$u_{b_j} = u_{n_i} - u_{n_k} \qquad (4.5.4)$$

若支路 b_j 连接在 n_k 或 n_i 与参考点之间时,则有

$$u_{b_j} = u_{n_k} \qquad (4.5.5)$$

或

$$u_{b_j} = u_{n_i} \qquad (4.5.6)$$

换句话说,支路电压 u_{b_j} 可表示为节点电压 u_{n_k} 和 u_{n_i} 的代数和。

将 §4.5.1 例4.5.1中的图4.5.2重画如图4.5.7所示,电路若以节点④(或表示为 n_4)为参考节点,其余三个节点的节点电压和各支路电压的关系式如式(4.5.7)。

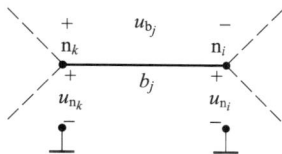

图 4.5.6 支路电压和节点电压关系示意图

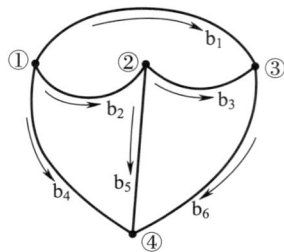

图 4.5.7 KVL 矩阵形式求解示例

$$\begin{cases} u_{b_4} = u_{n_1} \\ u_{b_5} = u_{n_2} \\ u_{b_6} = u_{n_3} \\ u_{b_1} = u_{n_1} - u_{n_3} \\ u_{b_2} = u_{n_1} - u_{n_2} \\ u_{b_3} = u_{n_2} - u_{n_3} \end{cases} \qquad (4.5.7)$$

又由于该例中的关联矩阵 $\boldsymbol{A}$ 为

$$\boldsymbol{A}_a = \begin{matrix} & b_1 & b_2 & b_3 & b_4 & b_5 & b_6 \\ ① \\ ② \\ ③ \end{matrix} \begin{bmatrix} 1 & 1 & 0 & 1 & 0 & 0 \\ 0 & -1 & 1 & 0 & 1 & 0 \\ -1 & 0 & -1 & 0 & 0 & 1 \end{bmatrix} \qquad (4.5.8)$$

所以有如下矩阵表达式

$$\boldsymbol{U}_b = \begin{bmatrix} u_{b_1} \\ u_{b_2} \\ u_{b_3} \\ u_{b_4} \\ u_{b_5} \\ u_{b_6} \end{bmatrix} = \begin{bmatrix} 1 & 0 & -1 \\ 1 & -1 & 0 \\ 0 & 1 & -1 \\ 1 & 0 & 0 \\ 0 & 1 & 0 \\ 0 & 0 & 1 \end{bmatrix} \begin{bmatrix} u_{n_1} \\ u_{n_2} \\ u_{n_3} \end{bmatrix} = \boldsymbol{A}^{\mathrm{T}} \boldsymbol{U}_n \qquad (4.5.9)$$

其中 $\boldsymbol{U}_b = \begin{bmatrix} u_{b_1} \\ u_{b_2} \\ u_{b_3} \\ u_{b_4} \\ u_{b_5} \\ u_{b_6} \end{bmatrix}$ 为支路电压向量，$\boldsymbol{U}_n = \begin{bmatrix} u_{n_1} \\ u_{n_2} \\ u_{n_3} \end{bmatrix}$ 为节点电压向量。显然该式即为基尔霍夫电压

定律(KVL)的一种矩阵表达形式。

网络所有支路消耗的功率可以表示为

$$\boldsymbol{P}_b = \boldsymbol{U}_b{}^{\mathrm{T}} \boldsymbol{I}_b = (\boldsymbol{A}^{\mathrm{T}} \boldsymbol{U}_n)^{\mathrm{T}} \boldsymbol{I}_b = \boldsymbol{U}_n{}^{\mathrm{T}} (\boldsymbol{A} \boldsymbol{I}_b) = 0 \qquad (4.5.10)$$

这就根据 KCL 和 KVL 以及矩阵运算直接推导出了特勒根定理。

关联矩阵是现代网络分析方法的基础,基于关联矩阵可以建立电路网络的系统化和规范化方程,有利于计算机辅助电路分析和设计。

【章节知识点测验】

请扫码进行章节知识点测验。

【典型习题精讲】

请扫码查看详细内容。

【章节知识点
测验】

【典型习题
精讲】

习　　题

4.1　用支路电流法求解题 4.1 图所示电路的各电阻支路的电流,并求电源所输出的功率。

4.2　题 4.2 图中电路元件参数均为已知,列写以支路电流为未知量的电路方程。

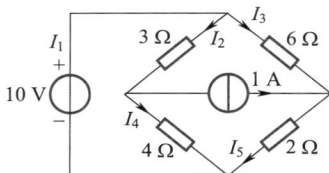

题 4.1 图

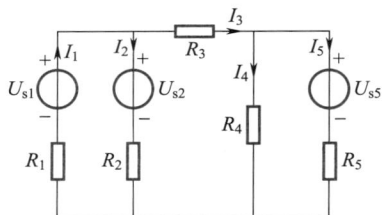

题 4.2 图

4.3　列出题 4.3 图中电路的网孔电流方程,并求 3 个网孔电流 I_1、I_2 和 I_3。

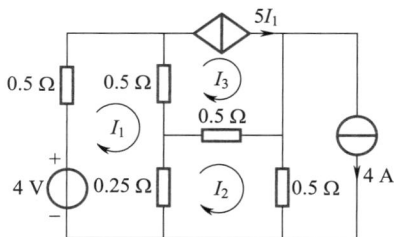

题 4.3 图

4.4　(1)用节点电压法求题 4.4 图(a)电路中的各节点电压 $U_①$、$U_②$ 和 $U_③$。

(2)用节点电压法求解 4.4 图(b)电路中的电压 U_{ab}。

4.5　用节点电压法求题 4.5 图电路中两个独立源发出的功率。

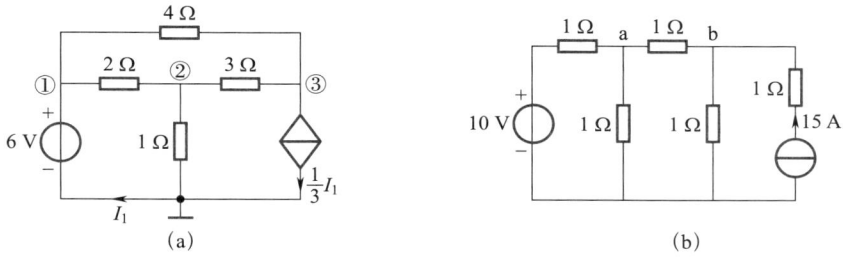

题 4.4 图

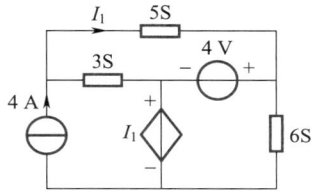

题 4.5 图

4.6 用节点电压法求题 4.6 图(a)和(b)电路中的支路电流 I。

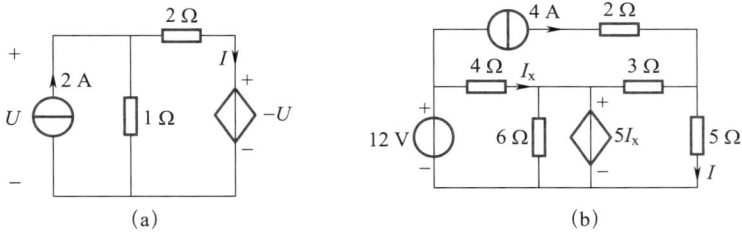

题 4.6 图

4.7 用回路电流法求解题 4.7 图(a)和(b)电路中各电阻支路的电流。

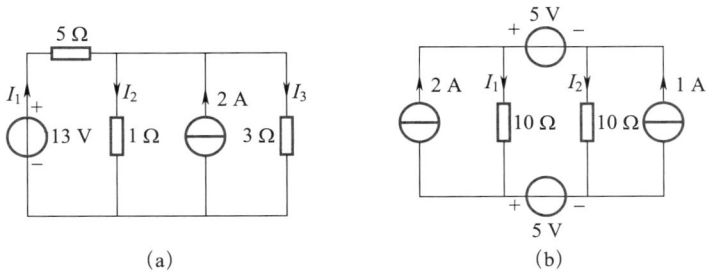

题 4.7 图

4.8 列写题 4.8 图所示电路的网孔电流方程,并求 3 Ω 支路电流 I。

4.9 列出题 4.9 图所示电路中标示的网孔电流方程,并以图示节点设置列写节点①—③的电压方程。

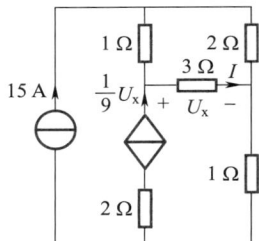

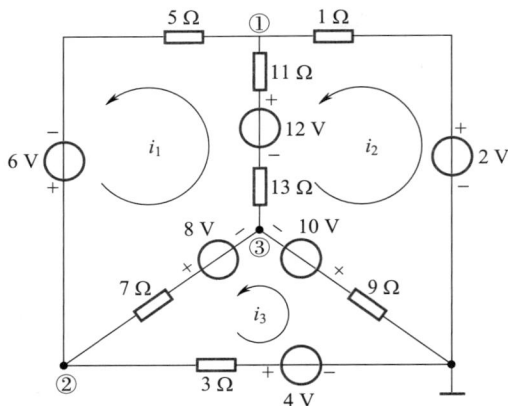

题 4.8 图   题 4.9 图

4.10 已知题 4.10 图所示线性网络的端口伏安关系为 $I=6-3U$,求支路电流 I_2。

4.11 求题 4.11 图所示电路中的电压 U。

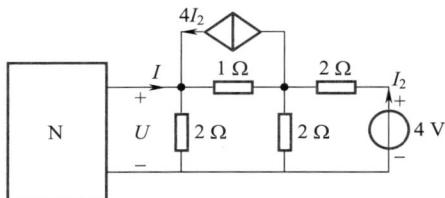

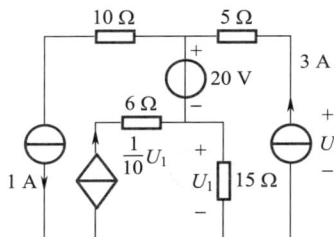

题 4.10 图   题 4.11 图

4.12 (1) 求题 4.12 图(a)所示电路中受控源吸收的功率。

(2) 求题 4.12 图(b)所示电路中受控源输出的功率。

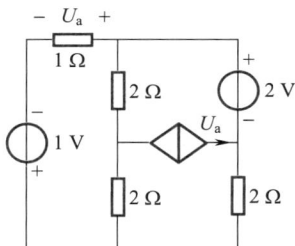

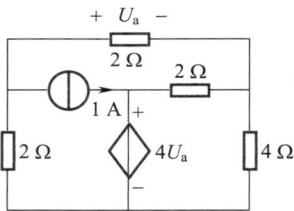

(a)   (b)

题 4.12 图

4.13　求题 4.13 图所示电路中的电压 U_a。

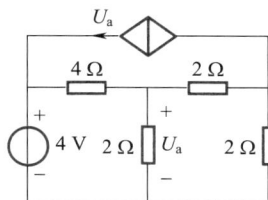

题 4.13 图

4.14　求题 4.14 图(a)和(b)所示电路中的各支路电流。

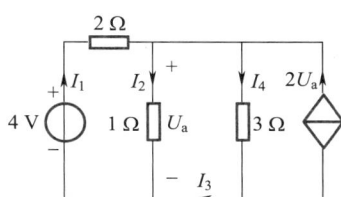

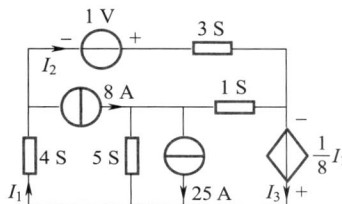

(a)　　　　　　(b)

题 4.14 图

4.15　求题 4.15 图(a)和(b)所示电路中各激励源输出功率的总和。

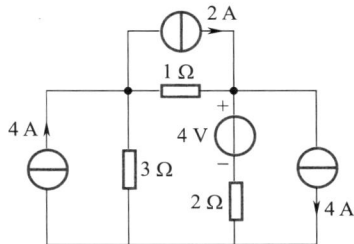

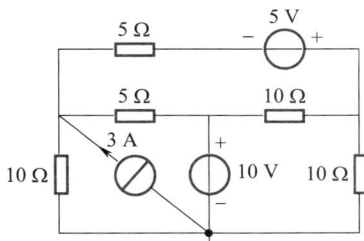

(a)　　　　　　(b)

题 4.15 图

4.16　求题 4.16 图所示电路中受控源输出的功率。

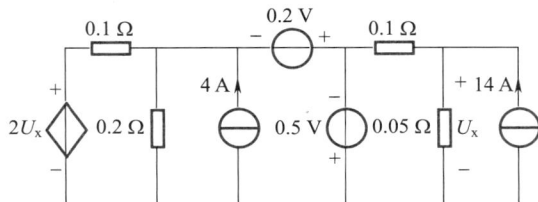

题 4.16 图

第五章 电路定理

【引言】在上一章中,从电路的两类约束出发,我们学习了具体电路的各种系统分析方法,基础的如 2b 法,改进的如节点电压法等。它们都是以整体电路为研究对象,力求把握整体变量及相互的联系。这些列写电路整体方程的方法,思路清晰,原理扎实,但略显繁琐。而当我们仅仅关注电路某个细节的变化对电路的影响或者局部的性能特征时,就可以利用本章所学的各种电路定理进行"重点"研究。这其中,叠加定理和戴维南定理、诺顿定理最为关键,它们代表了电路分析的两种重要的简化分析思想,即叠加和分解。本质上它们都是第三章中介绍的等效与简化思想在分析电路时的具体体现,替代定理和最大功率传输定理可以看作是分解方法的具体场景应用。虽然介绍的对偶原理的内容很少,但它揭示了电与磁的内在规律,在分析电路时对理解和记忆相关概念和知识大有裨益。这些定理的价值不仅体现在分析电路的响应上,更重要的是体现了电路的性质,需要读者在学习过程中细心品味。

§5.1 叠加定理

在电路理论中,线性元件和独立源所组成的电路网络可以用线性函数来描述激励和响应之间的相互关系。也就是说,由线性元件和独立源组成的电路是线性电路,而线性系统具有可加性和齐次性这两个重要性质。在这里,激励视为自变量,响应视为因变量。下面详细分析。

考虑图 5.1.1 中的线性电路,激励源共有两个电压源 U_{S1} 和 U_{S2},一个电流源 I_{S1},若要求解电阻 R_1 中流过的电流 I_1,可以用回路电流法。如图所示选取三个独立回路,三个回路电流的电路方程为

$$I_{l1}(R_1+R_3)+R_3 I_{l2}+R_3 I_{l3}=U_{S1} \tag{1}$$

$$R_3 I_{l1}+(R_2+R_3)I_{l2}+R_3 I_{l3}=U_{S2} \tag{2}$$

$$I_{l3}=I_{S1} \tag{3}$$

由此可以求解得

$$I_1=I_{l1}=\frac{(R_2+R_3)U_{S1}-R_3 U_{S2}-R_2 R_3 I_{S1}}{R_1 R_2+R_2 R_3+R_3 R_1} \tag{4}$$

令

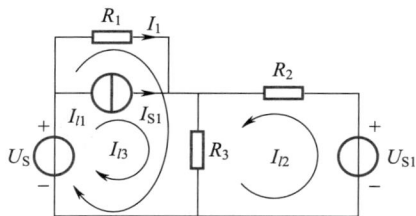

图 5.1.1 线性电路的响应示例

$$g_{11} = \frac{R_2 + R_3}{R_1 R_2 + R_2 R_3 + R_3 R_1}$$

$$g_{12} = \frac{-R_3}{R_1 R_2 + R_2 R_3 + R_3 R_1}$$

$$k_{11} = \frac{-R_2 R_3}{R_1 R_2 + R_2 R_3 + R_3 R_1}$$

则有

$$I_1 = g_{11} U_{S1} + g_{12} U_{S2} + k_{11} I_{S1} \tag{5.1.1}$$

由回路电流法可知,各个回路电流的解均可表示成回路中所含电压源电压和电流源电流的线性组合。而各支路电流等于所有流经该支路的回路电流的代数和,因此支路电流也可表示为电路中所有电压源电压和电流源电流的线性组合。

从式(5.1.1)可以看出,响应电流 I_1 是在三个激励源的共同作用下得到的结果。根据线性系统的线性性质,它也可以理解为是三个单独的激励源分别作用于电路所得到的响应的线性组合。

事实上,不管实际的线性电路连接关系多么复杂,总可以抽象为图 5.1.2 的形态。假定激励源有电压源 $U_{S1}, U_{S2}, \cdots, U_{Sp}$,电流源 $I_{S1}, I_{S2}, \cdots, I_{Sq}$,响应支路 R_L 上的电流设为 I_L。

图 5.1.2 中 R_L 支路的响应电流 I_L 可表示为

$$I_L = g_{i1} U_{S1} + g_{i2} U_{S2} + \cdots + g_{ip} U_{Sp} + k_{i1} I_{S1} + k_{i2} I_{S2} + \cdots + k_{iq} I_{Sq} \tag{5.1.2}$$

式中,$g_{i1}, g_{i2}, \cdots, g_{ip}$ 是 p 个电压源电压的比例系数,具有电导量纲;$k_{i1}, k_{i2}, \cdots, k_{iq}$ 是 q 个电流源电流的比例系数,无量纲。

由此得到线性性质在分析求解线性电路时的一个重要应用——电路叠加定理。

叠加定理:在线性电路中多个激励共同作用时所产生的响应,等于各激励单独作用时产生的响应的代数和。各激励单独作用时,其余激励源必须置零。根据无伴电源的特性,电压源激励置零时用短路线代替,而电流源激励置零时用开路代替。

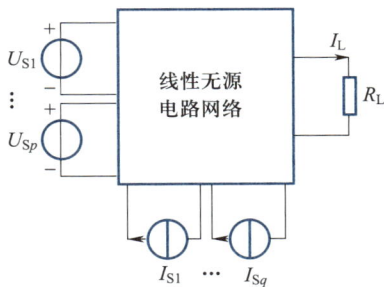

图 5.1.2　线性电路的激励与响应

例 5.1.1　用叠加定理求图 5.1.3(a)电路中的电流 I。

解:(1) 当 6 V 电压源单独作用时,3 A 电流源视为开路,如图 5.1.3(b)所示,则

$$I' = \left(\frac{6}{4+3}\right) \text{A} = \frac{6}{7} \text{A}$$

(2) 当 3 A 电流源单独作用时,6 V 电压源支路视为短路,如图 5.1.3(c)所示,则由电阻并联的分流公式得

(a) 原电路　　　　　(b) 电压源单独作用

(c) 电流源单独作用

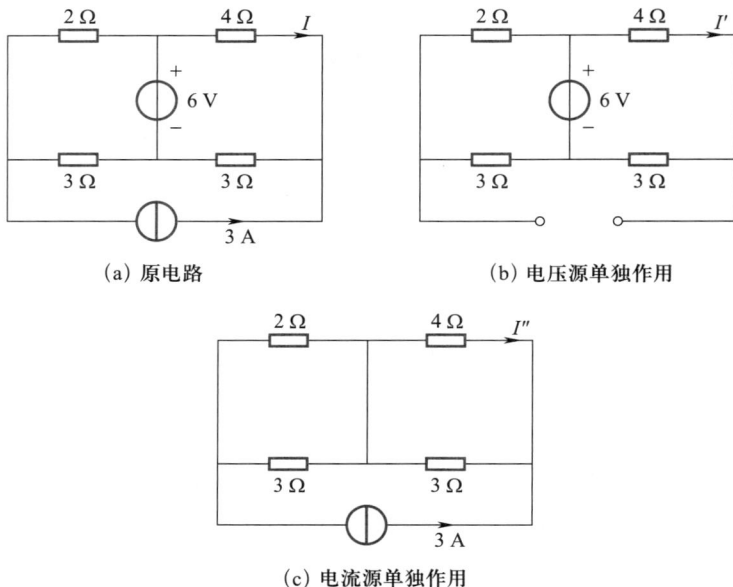

图 5.1.3　叠加定理应用求解示例

$$I'' = \left(-3 \times \frac{3}{3+4} \right) \text{ A} = -\frac{9}{7} \text{ A}$$

（3）两个激励源共同作用时，支路电流 I 为

$$I = I' + I'' = \left(\frac{6}{7} - \frac{9}{7} \right) \text{ A} = -\frac{3}{7} \text{ A}$$

此例中 4 Ω 支路的电流 $I = -\frac{3}{7}$ A，所吸收的功率为

$$P_{吸} = 4 \text{ }\Omega I^2 = \frac{36}{49} \text{ W}$$

而两个激励源单独作用时 4 Ω 支路所吸收的功率分别为

$$P'_{吸} = 4 \text{ }\Omega \ (I')^2 = \left[\left(\frac{6}{7} \right)^2 \times 4 \right] \text{ W} = \frac{144}{49} \text{ W}$$

$$P''_{吸} = 4 \text{ }\Omega \ (I'')^2 = \left[\left(-\frac{9}{7} \right)^2 \times 4 \right] \text{ W} = \frac{324}{49} \text{ W}$$

显然，$P_{吸} \neq P'_{吸} + P''_{吸}$。

　　由此可见，叠加定理不完全适用于求功率量。若求功率，只能用叠加定理求出电压、电流后再用功率公式计算。其根本原因是功率量为电压或电流的平方函数，不满足叠加定理使用时所要求的线性特性。换句话说，线性是满足叠加定理的充分必要条件。当然，非线性不一定不满足叠加定理的应用。

例 5.1.2　用叠加定理求图 5.1.4 电路中的电流 I。

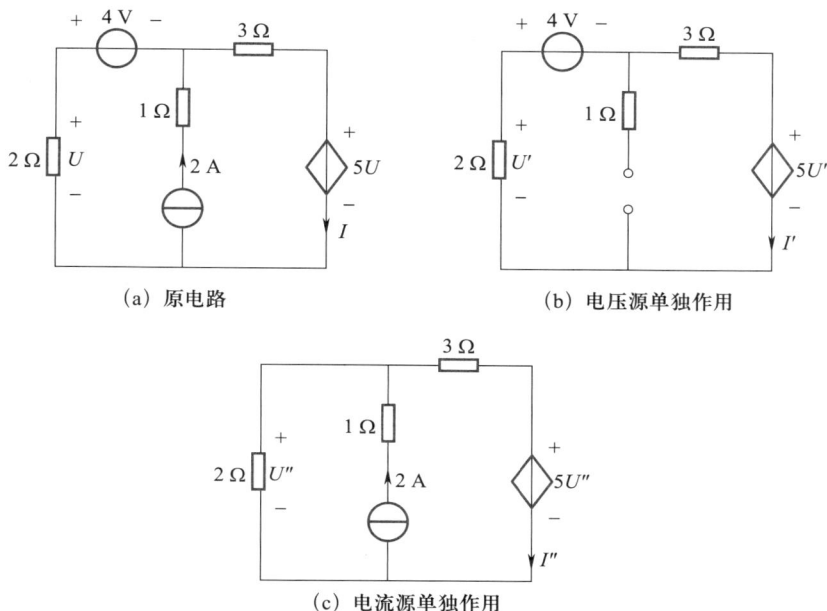

(a) 原电路

(b) 电压源单独作用

(c) 电流源单独作用

图 5.1.4　叠加定理求解示例

解：（1）4 V 电压源单独作用，2 A 电流源视为开路处理，如图 5.1.4(b)所示，此时的受控电压源为 $5U'$。由 KVL 可得

$$(2+3)I'+5U'+4=0$$

由欧姆定律知

$$U'=-2I'$$

联立求解可得

$$I'=\frac{4}{5}\text{ A}=0.8\text{ A}$$

（2）2 A 电流源单独作用，4 V 电压源视为短路处理，如图 5.1.4(c)所示，此时的受控电压源为 $5U''$。由 KCL 可得

$$\frac{U''}{2}+I''=2$$

由 KVL 知

$$U''=3I''+5U''$$

联立求解，则有

$$I''=\frac{16}{5}\text{ A}=3.2\text{ A}$$

（3）两个独立源共同作用时的支路电流 I 为

$$I = I' + I'' = (0.8 + 3.2)\ \text{A} = 4\ \text{A}$$

此例表明，若电路中含有受控源，在用叠加定理求解电路响应时，只有独立源参与叠加，受控源不能单独参与叠加。因受控源不能单独产生非零响应，所以受控源必须和其余独立源共同作用求解。除独立源外，电路的其他元件及电路结构在叠加过程中均应保持不变。需要注意的是，控制变量是随激励的不同而不同的，计算过程中要单独考虑。另外，叠加过程中各参量的参考方向要确保清晰、准确，不能混淆，求解过程中也要一直保持不变。

例 5.1.3 图 5.1.5 所示电路中，已知 N 为线性网络。

（1）N 内无独立源，且有 $U_1 = 2$ V、$U_2 = 3$ V 时，$I = 20$ A；

$\qquad U_1 = -2$ V、$U_2 = 1$ V 时，$I = 0$ A。

求 $U_1 = U_2 = 5$ V 时的电流 I。

（2）N 内含独立源，且有 $U_1 = U_2 = 0$ V 时，$I = -10$ A，（1）中条件仍适用。

求 $U_1 = U_2 = 5$ V 时的电流 I。

解：（1）N 内无独立源时，响应电流 I 在两个独立激励源作用下产生，其表达式为

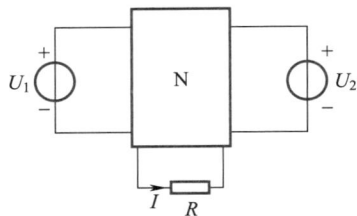

图 5.1.5 叠加定理应用示例

$$I = g_1 U_1 + g_2 U_2 \tag{1}$$

代入已知条件可得

$$2g_1 + 3g_2 = 20$$
$$-2g_1 + g_2 = 0$$

联立求解可得

$$g_1 = 2.5$$
$$g_2 = 5$$

即 $I = 2.5 U_1 + 5 U_2$

所以 $U_1 = U_2 = 5$ V 时的电流 $I = (2.5 \times 5 + 5 \times 5)\ \text{A} = 37.5\ \text{A}$

（2）N 内含独立源时，由已知条件 $U_1 = U_2 = 0$ V 时 $I = -10$ A，可知仅 N 内的独立源作用时 R 支路的电流为

$$I' = -10\ \text{A} \tag{2}$$

根据叠加定理可得，N 内独立源和外部独立源 U_1 和 U_2 共同作用时的响应电流为式（1）和（2）的叠加，即

$$I = g_1 U_1 + g_2 U_2 - 10\ \text{A} \tag{3}$$

代入（1）的两个已知条件，可得

$$2g_1 + 3g_2 - 10 = 20$$
$$-2g_1 + g_2 - 10 = 0$$

联立求解有

$$g_1 = 0$$
$$g_2 = 10$$

从而有 $\qquad\qquad\qquad I = 10U_2 - 10 \text{ A}$

所以 $U_1 = U_2 = 5$ V 时的电流响应为

$$I = (10 \times 5 - 10) \text{ A} = 40 \text{ A}$$

【数理基础】线性系统的性质

线性系统具有可加性和齐次性两个重要性质,只讨论在实数域的情况。

1. 线性函数的可加性

若自变量 x 和因变量 y 满足如下函数关系:

$$y = f(x) \qquad\qquad (5.1)$$

令 x 取值 x_1,因变量 y 取值为 y_1,即 $y_1 = f(x_1)$;x 取值 x_2,因变量 y 取值为 y_2,即 $y_2 = f(x_2)$。

若自变量取 $(x_1 + x_2)$,因变量 y 取值为

$$y = f(x_1 + x_2) = f(x_1) + f(x_2) = y_1 + y_2 \qquad\qquad (5.2)$$

则称函数 f 为线性函数。

推而广之,线性函数 f 有如下特性

$$y = f(x_1 + x_2 + \cdots + x_n) = f(x_1) + f(x_2) + \cdots + f(x_n) = y_1 + y_2 + \cdots + y_n \qquad (5.3)$$

式(5.3)称为线性函数的可加性,即叠加性。其中,$x_1, x_2, \cdots, x_n$ 是单个自变量的 n 个不同取值。$x_1, x_2, \cdots, x_n$ 也可以是 n 个不同的自变量,此时 $y = f(x_1, x_2, \cdots, x_n)$ 是多元函数。

2. 线性函数的齐次性

如果一个函数的自变量乘以一个系数,那么这个函数将乘以这个系数的 n 次方,我们称这个函数为 n 次齐次函数,即如果函数 $f(x)$ 满足

$$f(ax) = a^n f(x) \qquad\qquad (5.4)$$

其中,x 是输入变量,n 是整数,a 是非零的实数,则称 $f(x)$ 是 n 次齐次函数。

比如一个系统,输入为 x,其响应为 $f(x)$;当输入为 ax,其响应为 $af(x)$,即

$$f(ax) = af(x) \qquad\qquad (5.5)$$

则称系统具有一次齐次性,其中 a 为任意常数。

齐次性也称为均匀性。可加性和齐次性是线性函数的充分必要条件。

【知识链接】线性电路中变量之间的线性关系

【知识链接】
线性电路中
变量之间的
线性关系

请扫码查看具体内容。

叠加定理是等效简化思想在分析具有复杂激励组合的电路时的重要体现。可以看到,叠加方法和手段是将电路在复杂激励组合作用下产生的响应,等效简化为各简单激励在该电路中产生的各响应的线性组合,从而简化了分析和求解过程。尤其重要的是,它对不明拓扑结构的网络亦有应用价值。需要说明的是,运用叠加定理时,还可以对电路中的激励进行分组

考虑,这对分析只有部分激励变化的电路非常有效。总之,叠加定理是线性电路具有的基本性质之一,体现了线性系统的可加性。

线性系统的齐次性则由齐性定理具体表述。齐性定理也是线性电路具有的基本性质,具体的应用简单说明如下:

如果线性电路中只含有一个独立电源,则当激励增加 k 倍时,响应也增加 k 倍;如果线性电路中含有多个独立电源,则当所有激励都增加 k 倍时,响应才增加 k 倍。

线性电路的其他特性将在后续章节与课程中陆续介绍和学习。

§5.2　替代定理

替代定理应用非常广泛,可用于线性电路或非线性电路的某一个元件,或某一条支路,甚至一个完整的二端或多端网络。它的重要性体现在若某电路中存在非线性元件或支路,在满足替代定理的条件下,可以使用线性元件或理想电源替代此非线性支路,然后将该电路视为线性电路来处理。本书只讨论二端元件、支路即二端网络的替代问题。

替代定理的描述如下:

对于电路中的任何一个二端元件或二端网络,若其端电压和端电流是确定的,则可以根据其端电压或端电流用一电压源或电流源来替代,其电压或电流的表达式和参考方向均与原二端元件或网络相同,而电路中其余各支路的电流和电压的解不受影响,实际上,亦可以用一个电阻替代。需要注意的是替代后应保证电路具有唯一解。

例如,若某时刻图 5.2.1(a) 中的二端元件支路的电压、电流已知,且端电压为 U,则可用图 5.2.1(b) 中的电压源替代。

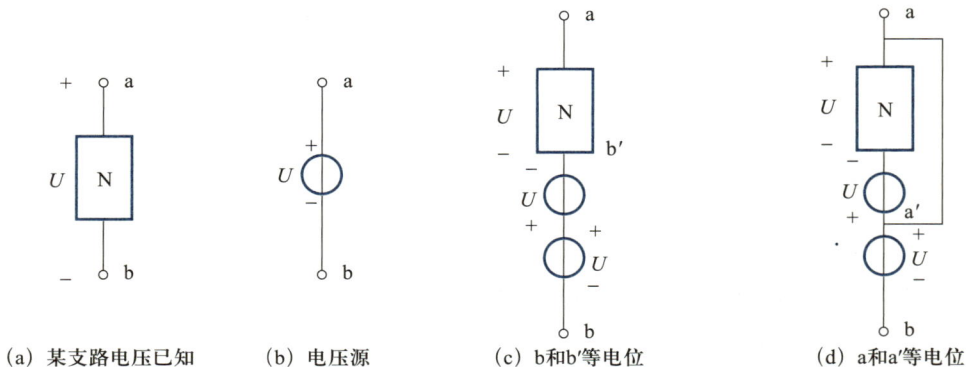

(a) 某支路电压已知　(b) 电压源　(c) b和b′等电位　(d) a和a′等电位

图 5.2.1　用电压源替代支路示意图

在图 5.2.1(a) 的 a、b 两端串接两个数值大小相等(U)、极性相反的电压源,如图 5.2.1(c) 所示,此时 b 和 b′等电位。同时,如图 5.2.1(d) 所示 a 和 a′等电位,将 a 和 a′短路连接,则

图 5.2.1(d)可简化为图 5.2.1(b)的电压源形式。也就是说,图 5.2.1(b)的电压源可用于替代图 5.2.1(a)的二端元件或者 ab 支路。

同理,可用如图 5.2.2(c)中的电流源 I 替代图 5.2.2(a)中的二端元件支路,其支路电流 I 已知,替代原理的表达过程如图 5.2.2(b)所示。在图 5.2.2(b)中,增加两个电流值大小为 I 的电流源,其方向分别从节点 a 到 b 和从节点 b 到 a,ab 支路的电流和电压均不受影响。对于左半回路而言,其电流值从节点 a 到 b,再从节点 b 到 a,形成一个电流 I 的闭合回路,分析求解电路时可以忽略。则图 5.2.2(b)的电路简化为图 5.2.2(c),即该支路被一电流源 I 替代。

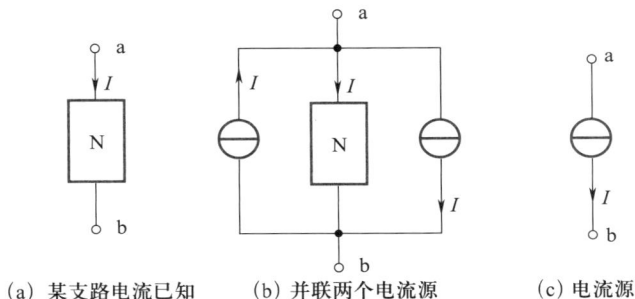

(a) 某支路电流已知　　(b) 并联两个电流源　　(c) 电流源

图 5.2.2　电流源替代示意图

例 5.2.1　图 5.2.3(a)中的支路 ab′,既可替换为 6 V 的电压源,亦可替换为 1 A 的电流源,分别如图 5.2.3(b)和(c)所示。

需要说明的是,替代电路和等效电路不是相同的概念。显然例图 5.2.3(b)和(c)的 ab′支路即无伴电压源和无伴电流源相互并不等效。

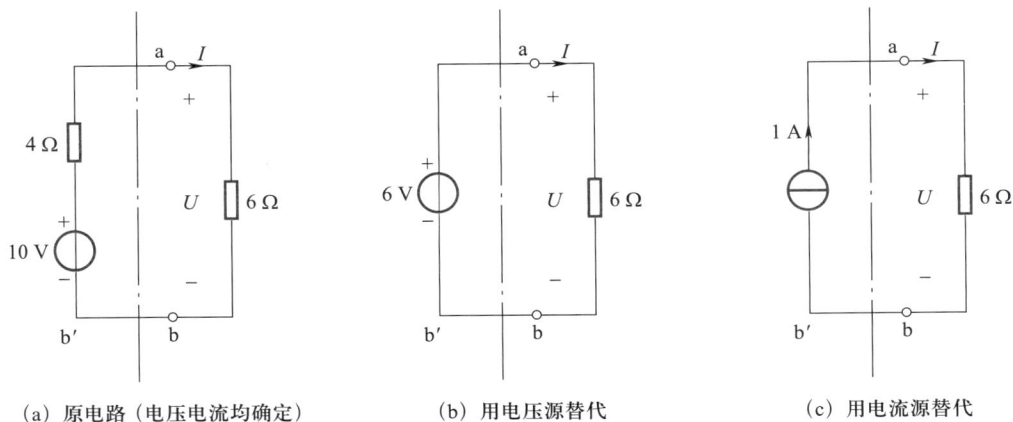

(a) 原电路(电压电流均确定)　　(b) 用电压源替代　　(c) 用电流源替代

图 5.2.3　替代定理应用示例

例 5.2.2　图 5.2.4 所示电路中非线性电阻元件的伏安关系为 $i = 10^{-6}(e^{40u}-1)$ A,u 为非线性电阻元件两端的电压,单位为 V。实验测得当 u 为 0.34 V 时,电流 i 约为 0.66 A。求此时的

支路电流 i_1。

解: 当 u 为 0.34 V 时,原电路正常工作的支路电流和支路电压均是唯一确定的。根据替代定理,可用一个值为 0.66 A 的电流源替代 ab 支路的非线性电阻,如图 5.2.4(b)所示。

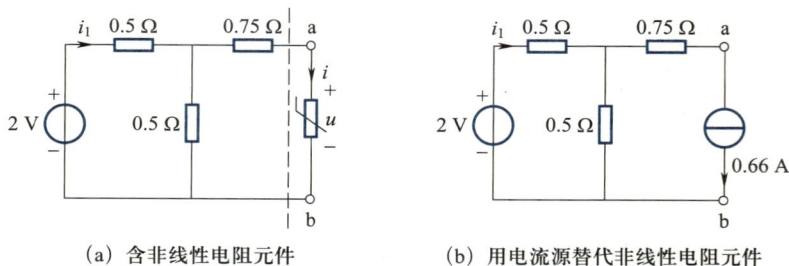

(a) 含非线性电阻元件 (b) 用电流源替代非线性电阻元件

图 5.2.4 替代定理应用示例

列写左边网孔的 KVL 方程

$$0.5i_1 + 0.5(i_1 - 0.66) = 2$$

故 $i_1 = 2.33$ A

正如前述,若某非线性元件支路的电压、电流已知,也可用替代定理。此时电路变成了线性电路,可用线性电路的所有分析方法求解此电路,如例 5.2.2 替代后也可用叠加定理求解。显然替代前是不能使用叠加定理的(请思考为什么?)。

除了二端元件或支路,如果某二端网络 N 的端口电压和端口电流是确定的,即使其电压、电流值未知,仍可用电压源或电流源替代,如图 5.2.5(a)、(b)、(c)所示。

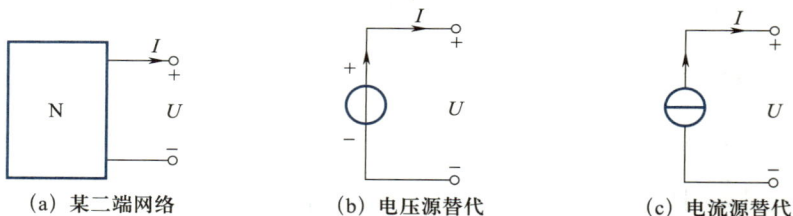

(a) 某二端网络   (b) 电压源替代   (c) 电流源替代

图 5.2.5 二端网络的替代

例 5.2.3 如图 5.2.6(a)所示电路,测得 $U_1 = 2$ V,用替代定理求 U_2。

解: 二端网络 N 用 2 V 电压源替代,如图 5.2.6(b)所示。

列写外回路的 KVL 方程可得

$$U_2 + 3U_2 - 2 + 8 = 0$$

故 $U_2 = -1.5$ V。

讨论:图 5.2.6 所示电路中包含受控源,如果网络 N 中包含受控源的控制变量,则二端网络 N 一般不能简单用无伴电压源替代,因为替代后受控源的控制关系无法确定。

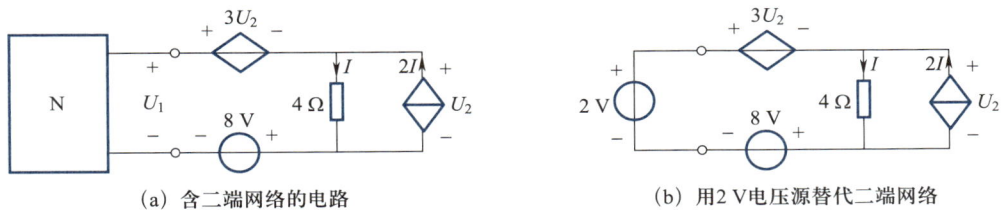

(a) 含二端网络的电路　　　　　　　　　(b) 用2 V电压源替代二端网络

图 5.2.6　二端网络替代应用示例

如图 5.2.7(a)中,已知 $r=2\ \Omega$,则由 KVL 方程可得

$$U+2I+1I=12$$

又据 KCL 和欧姆定律可知

$$U=3(6+I)$$

联立求解可得 $U=15$ V,$I=-1$ A。

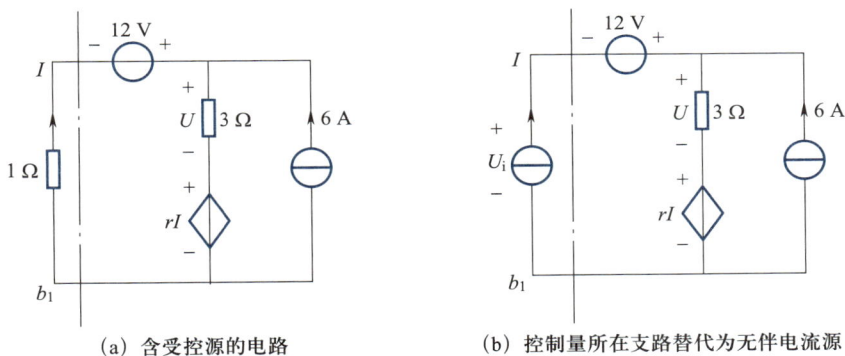

(a) 含受控源的电路　　　　　　(b) 控制量所在支路替代为无伴电流源

图 5.2.7　包含受控源控制量支路不能应用替代定理示例

若用无伴电流源 $I=-1$ A 替代 1 Ω 电阻支路,则电路如图 5.2.7(b)所示。此时,由于无伴电流源的缘故,12 V 电压源就失去作用。显然替代后影响了原电路的剩余部分,这是违背替代定理的。

替代定理还有一类特例,就是用等效电阻来替代,这和求解二端网络的等效电阻方法一致。

电路如图 5.2.8 所示,求电流 I。端口 ab 右边的电路可用电阻替代。

以 b 节点为参考节点,列写节点 a 的电压方程为

$$U_a\left(\frac{1}{2}+\frac{1}{2}+\frac{1}{2}\right)=\frac{5}{2}+\frac{1}{2}$$

因此 $U_a=2$ V,$I=1.5$ A。则 ab 两端的等效电阻 $R_{ab}=\dfrac{U_a}{I}=\dfrac{4}{3}\ \Omega$。

图 5.2.8(a)所示电路可用替代定理变换为图 5.2.8(b)的形式,此时电路的支路电流仍为

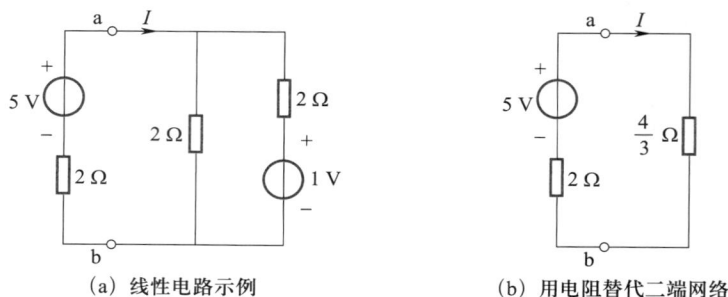

(a) 线性电路示例   (b) 用电阻替代二端网络

图 5.2.8   用电阻替代电路二端网络的示例

$$I = \frac{5}{2+\dfrac{4}{3}}\ \text{A} = \frac{3}{2}\ \text{A} = 1.5\ \text{A}$$

ab 两端电压为 $U_{ab} = \left(\dfrac{4}{3} \times 1.5\right)\ \text{V} = 2\ \text{V}$。

注意该等效电阻与含源网络的等效电阻不是一回事,实际上是某端口的电压、电流确定并且有唯一解,从而根据欧姆定律可得到的端口的等效电阻。

从能量的角度看,ab 端口右端电路所吸收的功率为 $I^2 \times \dfrac{4}{3}\ \Omega = \left(1.5^2 \times \dfrac{4}{3}\right)\ \text{W} = 3\ \text{W}$。

而图 5.2.8(a)电路中 ab 端口右端的三个元件吸收的功率分别为

$$P_1 = \frac{U_a^2}{2\ \Omega} = 2\ \text{W}, \quad P_2 = \frac{(U_a - 1)^2}{2\ \Omega} = \frac{1}{2}\ \text{W}, \quad P_3 = \left(1 \times \frac{2-1}{2}\right)\ \text{W} = \frac{1}{2}\ \text{W}$$

因此 $P_1 + P_2 + P_3 = \left(2 + \dfrac{1}{2} + \dfrac{1}{2}\right)\ \text{W} = 3\ \text{W}$。

换句话说,尽管图 5.2.8(a)中的 ab 右端有 1 V 电压源,但其在电路中吸收功率,等同于一电阻性质的元件,类似于电池被充电。

需要说明的是,此例中的电路是一个线性电路,且具有唯一解。故用一电阻替代右侧的二端网络后依然具有唯一解,符合替代定理的使用条件。事实上,只要被替代支路或二端网络的电压、电流已知,且剩余电路是线性的,即可满足替代定理的使用规则。

例 5.2.4   设 $I = 1.4$ A,求压控电流源输出的功率。

解: 由 KCL 可知,4 Ω 支路电流方向为自左至右,且 2 A$-I = (2-1.4)$ A$= 0.6$ A,因此

$$U_2 = (-4 \times 0.6)\ \text{V} = -2.4\ \text{V}$$

则压控电流源的电流为 $2U_2 = -4.8$ A。

若求此受控源输出的功率,只需求出两端的电压 U 即可。为此 ab 左端的电路可用电流源 0.6 A 替代而不影响 U 的求解。如图 5.2.9(b)所示。

（a）原电路

（b）电流源替代

（c）有伴电源转换

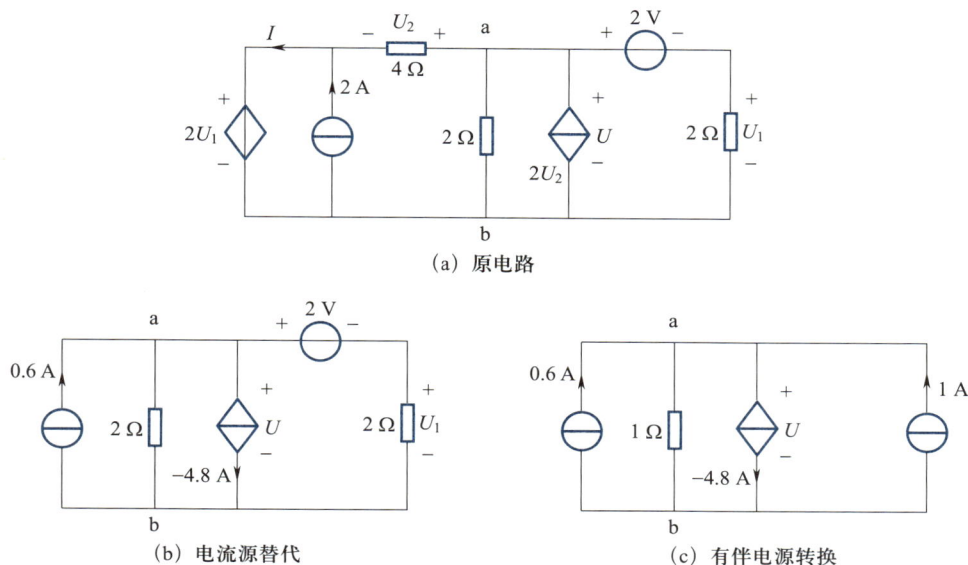

图 5.2.9 含受控源电路的替代定理应用示例

进一步用有伴电源的转换方法将图 5.2.9（b）变换为图 5.2.9（c）所示的电路。由此可得

$$U = [1 \times (0.6+1+4.8)] \text{ V} = 6.4 \text{ V}$$

所以压控电流源所输出的功率为

$$P_发 = -U \times (-4.8) = (6.4 \times 4.8) \text{ W} = 30.72 \text{ W}$$

§5.3 等效电源定理

对于含有独立电源激励的线性电路网络,从所关注的某个支路两端来分析该电路,则可以利用等效电源模型加以简化求解,与之对应的就是所谓的两个等效电源定理,一个是等效电压源模型,由戴维南定理给出;一个是等效电流源模型,由诺顿定理给出。戴维南定理是由法国工程师莱昂·夏尔·戴维南提出的(德国科学家 H·亥姆霍兹也独立提出过);诺顿定理是由贝尔实验室的爱德华·劳笠·诺顿提出的(西门子公司研究员汉斯·梅耶尔也独立提出并发表论文)。实际上,诺顿定理也可以视为戴维南定理的一个推论。

§5.3.1 戴维南定理

第三章中已经对单端口网络的等效进行了详细的讨论。当单端口网络中仅含电阻元件或者包含电阻元件和受控源时,可以等效为纯电阻的形式。如果单端口网络中含有独立源,则端口可以用有伴电压源来等效表示。具体的等效方法由戴维南定理描述,因等效的是有伴电压源,戴维南定理也称为等效电压源定理。

一个含有独立源、电阻元件和受控源的线性单端口网络,对任意外部电路来说,可以等效为一个有伴电压源,其等效激励源电压等于此端口开路时的端口电压 U_{oc},相串联的电阻等于端口内独立源全部置零后的等效电阻 R_{eq}。这就是戴维南定理的基本描述。

如图 5.3.1(b)所示,单端口网络的端口电压、电流为非关联参考方向,则戴维南等效电路的伏安关系为

$$U = U_{oc} - R_{eq}I \qquad\qquad (5.3.1)$$

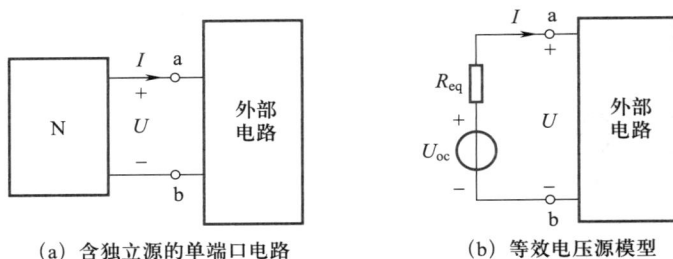

(a) 含独立源的单端口电路 (b) 等效电压源模型

图 5.3.1 单端口电路的等效电压源模型

下面对戴维南定理进行简要证明。

在图 5.3.1(a)中,若端口电流 I 和 U 确定,则可用替代定理将外部电路替换为电流源 I,如图 5.3.2(a)所示。

根据叠加定理,图 5.3.2(a)可分解为图 5.3.2(b)和(c)两部分。其中(b)为 ab 端口开路,即电流源 I 置零,单端口网络 N 内的独立源单独工作,此时 ab 端口电压 $U' = U_{oc}$;(c)为电流源 I 单独作用,单端口网络 N 内的独立源均置零,即独立电压源做短路处理,独立电流源做开路处理,所有内部独立源置零后的网络记为 N_0,此时端口等效为一纯电阻 R_{eq},所以有 $U'' = -R_{eq}I$。两者相加,可得单端口网络 N 内的独立源和电流源 I 共同作用时的端口电压为

$$U = U' + U'' = U_{oc} - R_{eq}I$$

此即为式(5.3.1)的等效端口伏安关系,戴维南定理得证。

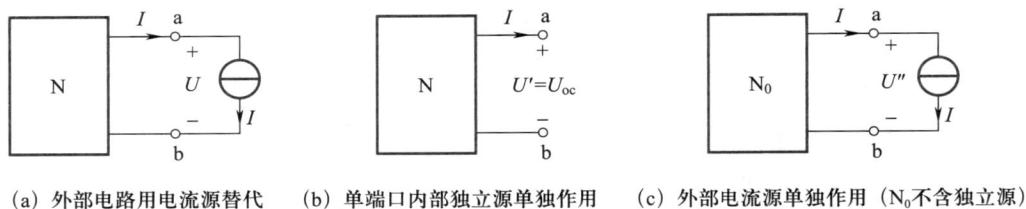

(a) 外部电路用电流源替代 (b) 单端口内部独立源单独作用 (c) 外部电流源单独作用(N_0不含独立源)

图 5.3.2 戴维南定理证明过程示意图

戴维南定理常用于简化一个复杂电路中不需要进行数值分析的有源部分,以利于对电路剩余部分的分析计算。

例 5.3.1 求图 5.3.3(a)所示电路 ab 端口的戴维南等效模型。

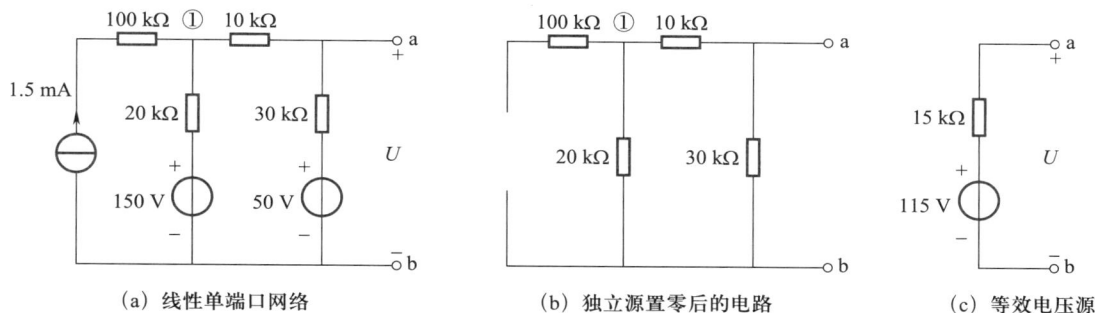

图 5.3.3 戴维南定理应用示例

解:（1）求开路电压 U_{oc}。

此处用节点电压法,选取节点 b 为参考节点,节点①的电压方程为

$$U_{n1}\left(\frac{1}{20}+\frac{1}{40}\right)=1.5+\frac{150}{20}+\frac{50}{40}$$

求之可得 $U_{n1}=\dfrac{410}{3}$ V。

（注:因无伴电流源 1.5 mA,最左边支路中的 100 kΩ 电阻不计入在内）

于是端口 ab 的开路电压为

$$U_{oc}=\frac{U_{n1}-50\ V}{(10+30)\ k\Omega}\times30\ k\Omega+50\ V=115\ V$$

（2）求端口 ab 的等效电阻 R_{eq}（独立源均置零,如图 5.3.3(b)所示）。

$$R_{eq}=\frac{30\times30}{30+30}\ k\Omega=15\ k\Omega$$

（3）原电路网络 ab 端口的等效电压源模型如图 5.3.3(c)所示。

例 5.3.2 （含受控源的情况）求图 5.3.4(a)所示电路端口 ab 的等效电压源模型。

解:（1）求端口 ab 的开路电压 U_{oc}。

此时图 5.3.4(a)电路中仅有一个回路,由 KVL 可得

$$8I_1+4I_1-2I_1=4$$

于是有

$$I_1=0.4\ A$$

故

$$U_{oc}=4\ \Omega I_1-2\ \Omega I_1=2\ \Omega I_1=(2\times0.4)\ V=0.8\ V$$

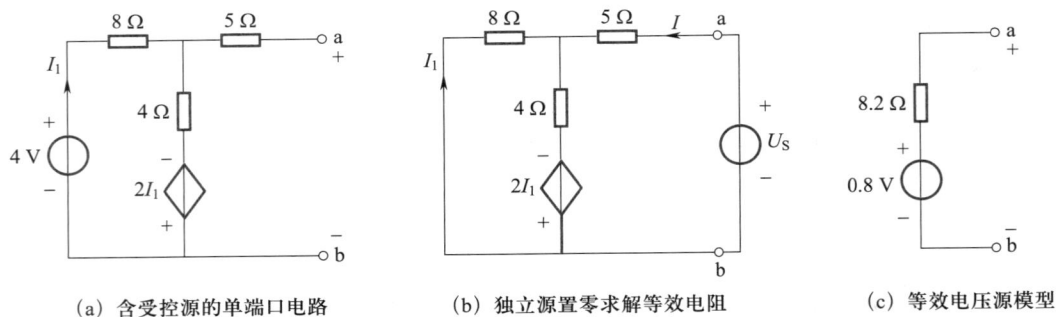

(a) 含受控源的单端口电路   (b) 独立源置零求解等效电阻   (c) 等效电压源模型

图 5.3.4   戴维南定理应用示例(含受控源)

（2）求等效电阻 R_{eq}。

因电路中含有受控源，此处用加压求流法求解，将图 5.3.4(a)中的独立源置零，并在端口 ab 处加入电压源 U_{S}，相应的支路电流为 I，参考方向如图 5.3.4(b)所示。注意：此时的受控源控制量和控制关系均不变。由 KVL 可得

$$U_{\mathrm{S}} = 5I + (-8I_1)$$
$$4(I + I_1) - 2I_1 = -8I_1$$

两式联立求解可得

$$R_{\mathrm{eq}} = \frac{U_{\mathrm{S}}}{I} = (5 + 3.2)\ \Omega = 8.2\ \Omega$$

（3）图 5.3.4(a)中 ab 端口的等效电压源模型如图 5.3.4(c)所示。

在单端口的戴维南电压源模型等效时，还有一种特殊情况，即等效电阻 $R_{\mathrm{eq}} = 0$ 的情况。此时的等效电压源为无伴电压源。

例 5.3.3   求图 5.3.5(a)所示电路中 ab 端口的等效电压源模型。

解：（1）求端口 ab 的开路电压 U_{oc}。

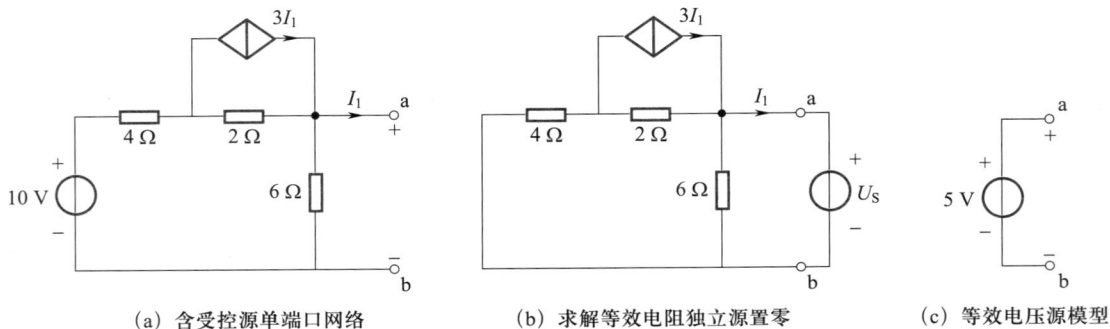

(a) 含受控源单端口网络   (b) 求解等效电阻独立源置零   (c) 等效电压源模型

图 5.3.5   戴维南定理应用示例

此时 $I_1=0$，受控源电流 $3I_1=0$，即受控源处于开路状态。由串联电阻的分压公式可得

$$U_{oc}=\left(10\times\frac{6}{6+4+2}\right)\ \text{V}=5\ \text{V}$$

（2）求端口 ab 的等效电阻 R_{eq}（因电路中含有受控源，此处用加压求流法求解）。

如图 5.3.5（b）所示，原电路中的独立源置零，即 10 V 电压源用短路替代。并在端口 ab 之间加入一个电压源 U_S，相应支路电流为 I_1（注：原电路中受控源的控制变量不能改变）。考虑到无伴电压源 U_S 的电流可以是任意值，故与之并联的 6 Ω 电阻支路可以省略。由 KCL 可知，4 Ω 电阻支路的电流为 I_1，方向为从左至右（注：受控源与 2 Ω 电阻支路并联视为一个闭合面）。所以有 2 Ω 电阻支路的电流为 $2I_1$，方向为从右至左。由 KVL 可得回路方程如下：

$$U_S=2\times2I_1-4\times I_1=0$$

也就是说，当在 ab 端口加入电压源 U_S 时，此电压源的电压 U_S 被强制变为 0，这意味着该端口的等效电阻值为 $R_{eq}=0$。故该单端口网络的等效模型是一个 5 V 的无伴电压源，如图 5.3.5（c）所示。

注：此例也可以用加流求压法求解，请读者自行尝试。

如果单端口含独立源电路网络可以等效为有伴电压源（实际电压源模型），即一个无伴电压源和电阻的串联，根据有伴电源的相互转换规则，该有伴电压源可变换为有伴电流源，如图 5.3.6 所示。

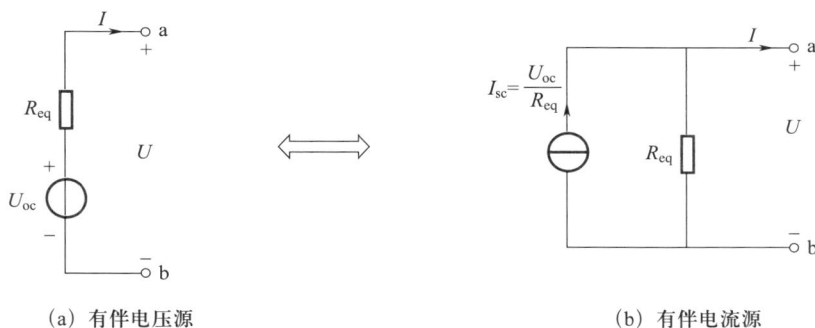

(a) 有伴电压源　　　　　　　　　　(b) 有伴电流源

图 5.3.6　有伴电压源和有伴电流源的相互转换

图 5.3.6（a）有伴电压源和（b）有伴电流源的 ab 端口伏安关系式分别为

$$U=U_{oc}-R_{eq}I$$

$$I=I_{sc}-\frac{U}{R_{eq}}$$

当 $I_{sc}=\dfrac{U_{oc}}{R_{eq}}$ 时两个二端网络的端口等效，称电流 I_{sc} 为该端口的短路电流。

此有伴电流源模型是诺顿在戴维南定理提出 26 年后提出的，也称为单端口网络的诺顿等效

模型或等效电流源模型。

§5.3.2 诺顿定理

一个由线性独立源、受控源和电阻元件构成的有源单端口网络 N,对于外部电路而言,可等效为一个电流源和一个电阻元件并联组成的有伴电流源电路。该电流源的电流值为原单端口网络端口短路时的端口电流 I_{sc},电阻元件的阻值等于网络 N 中所有独立源置零时的等效电阻 R_{eq}。这就是诺顿定理的基本描述。

如图 5.3.7 所示,单端口网络 N 端口处的电压和电流为非关联参考方向,则诺顿等效电路的端口伏安关系为

$$I = I_{sc} - \frac{U}{R_{eq}} \tag{5.3.2}$$

在图 5.3.7(a)中,若 ab 端口电流 I 和 U 确定,则可用替代定理将外部电路替换为电压源 U,如图 5.3.8(a)所示。

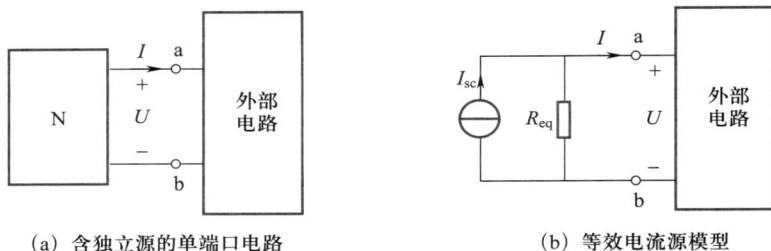

(a) 含独立源的单端口电路   (b) 等效电流源模型

图 5.3.7　单端口电路的等效电流源模型

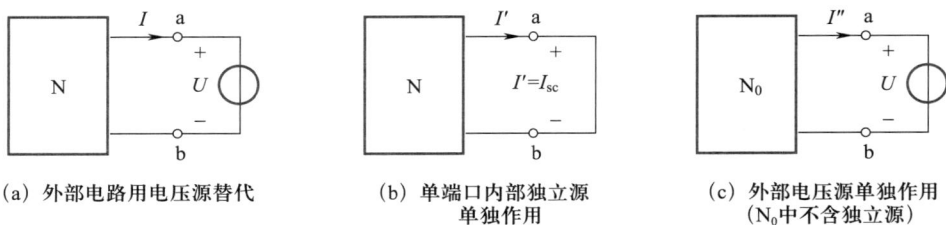

(a) 外部电路用电压源替代　　(b) 单端口内部独立源　　(c) 外部电压源单独作用
　　　　　　　　　　　　　　　单独作用　　　　　　　　(N₀中不含独立源)

图 5.3.8　诺顿定理证明过程示意图

根据叠加定理,图 5.3.8 中(a)可分解为(b)和(c)两部分。在(b)电路中的 ab 端口短路,即电压源 U 置零,仅有单端口网络 N 内的独立源单独工作,此时 ab 端口的电流为 $I' = I_{sc}$;在(c)中,网络 N 内部的独立源置零,即独立电压源做短路处理,独立电流源做开路处理,所有内部独立源置零后的网络记为 N_0,此时端口 ab 可等效为一纯电阻 R_{eq},所以有 $I'' = \dfrac{-U}{R_{eq}}$。两者相加,可得单端

口网络 N 内的独立源和电压源 U 共同作用时的端口电流为

$$I = I' + I'' = I_{sc} - \frac{U}{R_{eq}}$$

此即为式(5.3.2)的等效端口伏安关系,得证。

例 5.3.4 用诺顿定理求图 5.3.9(a)所示电路中 ab 支路的电流 I。

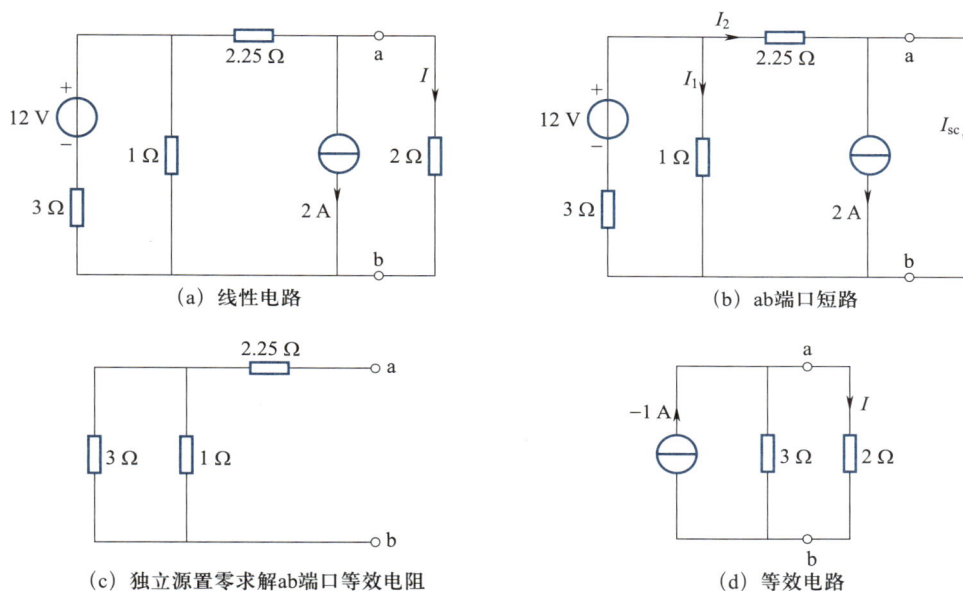

(a) 线性电路　　　　　　　　(b) ab端口短路

(c) 独立源置零求解ab端口等效电阻　　　(d) 等效电路

图 5.3.9 诺顿定理应用示例

解:求 ab 端口左端电路的诺顿等效模型。先求 ab 支路的短路电流 I_{sc},由图 5.3.9(b)可知

$$I_1 = 2.25 I_2 = 2.25(I_{sc} + 2)$$
$$12 = 1 \times I_1 + 3(I_1 + I_{sc} + 2)$$

联立可得 $I_{sc} = -1$ A。

再求 ab 端口左端电路的等效电阻 R_{eq},将独立电压源用短路线替代,独立电流源用开路替代,如图 5.3.9(c)所示,故而可得

$$R_{eq} = \left(2.25 + \frac{3 \times 1}{3 + 1}\right) \ \Omega = 3 \ \Omega$$

因此图 5.3.9(a)电路可以化简为图 5.3.9(d)的形式。由分流公式可得

$$I = I_{sc} \times \frac{3}{3 + 2} = -\frac{3}{5} \ \text{A} = -0.6 \ \text{A}$$

例 5.3.5 求图 5.3.10 所示电路中端口 ab 的诺顿等效模型。

(a) 单端口线性电路　　　　　　　　　　(b) 求ab端口的开路电压

(c) 戴维南等效模型

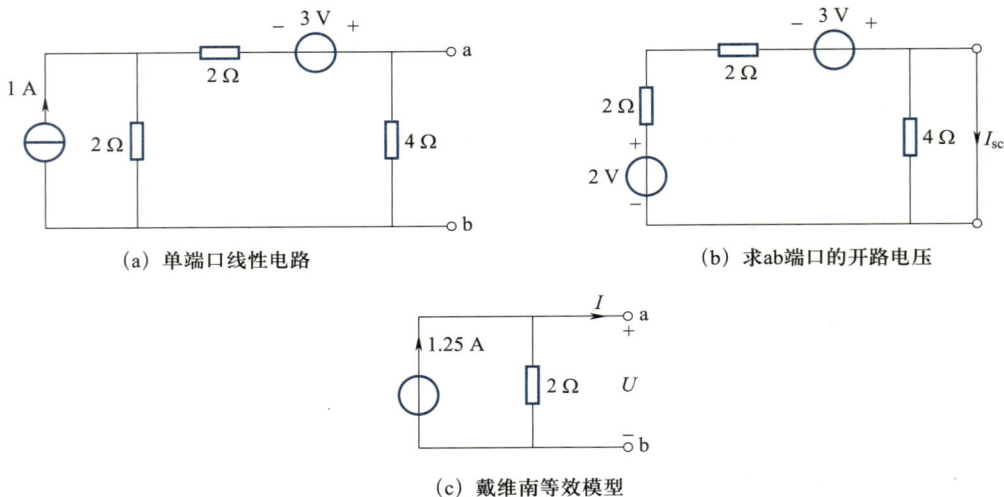

图 5.3.10　诺顿定理应用示例

解：（1）求 ab 端口的短路电流 I_{sc}。

将有伴电流源变换为有伴电压源，则由 KVL 可得

$$I_{sc} = \left(\frac{2+3}{2+2}\right) \text{ A} = 1.25 \text{ A}$$

（2）求独立源置零后 ab 端口的等效电阻 R_{eq}。

$$R_{eq} = \frac{4 \times (2+2)}{4+(2+2)} = 2 \text{ } \Omega$$

（3）ab 端口的诺顿等效模型如图 5.3.10(c)所示。

一般情况下，含源单端口网络的端口等效电流源模型和电压源模型可以相互转换。特殊情况下，若端口等效电阻 $R_{eq} \to \infty$，则此时的等效电流源模型为无伴电流源，故不能和电压源相互转换。

不管是戴维南定理还是诺顿定理，若等效电阻的求解较为困难，根据 U_{oc} 和 I_{sc}、R_{eq} 三者的关系，等效电阻还可以通过求开路电压和短路电流两者比值的方法获得，即

$$R_{eq} = \frac{U_{oc}}{I_{sc}} \tag{5.3.3}$$

换句话说，开路电压、短路电流和等效电阻三个参数在表达单端口网络时仅有两个是独立的。知道了其中任意两个，第三个便可推导出来。

例 5.3.6　求图 5.3.11 中 ab 端口的诺顿等效模型。

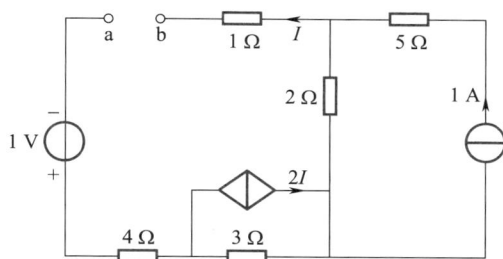

图 5.3.11　诺顿等效模型求解示例

解：（1）求短路电流 I_{sc}。利用有伴电源的转换，并将 5 Ω 电阻省略后的电路如图 5.3.12（a）所示。

注意，此时的电流 I 需要维持不变，因为这是受控源的控制量。

由 KVL 方程可得

$$I_{sc}(1+2+3+4) = 1+6I+2$$

且 $I = I_{sc}$，故 $I_{sc} = 0.75$ A。

（2）求独立源置零时的等效电阻 R_{eq}。此处用加流求压法，如图 5.3.12（b）所示。电流源的电流值为 I_S，且 $I_S = I$。

由 KVL 可得

$$U = (1+2+3+4)I - 6I = 4I$$

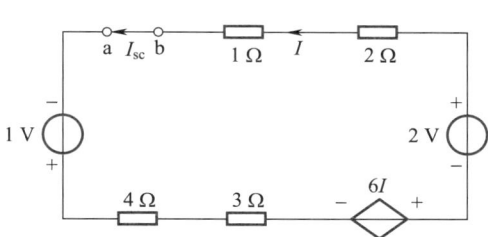

（a）求ab端口短路电流

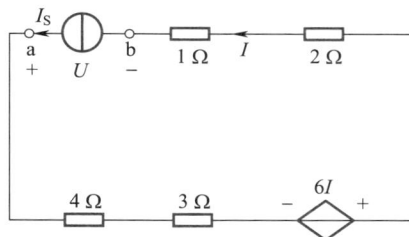

（b）独立源置零求解等效电阻

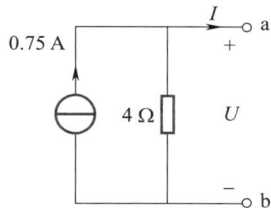

（c）等效模型

图 5.3.12　例 5.3.6 求解过程示意图

故 $R_{eq} = 4\ \Omega$。

还可以先求出开路电压 U_{oc}，再根据 $R_{eq} = \dfrac{U_{oc}}{I_{sc}}$ 求出 R_{eq}，读者可自行尝试。

（3）此电路在 ab 端口的诺顿等效模型如图 5.3.12（c）所示。

注意：等效模型中电流源电流的方向要求和 I_{sc} 一致，即参考方向为从节点 a 流出。

【思维训练】
替代定理与
等效电源定
理的联系与
区别

【思维训练】
逆向思维在
电路分析与
综合中的应用

【思维训练】替代定理与等效电源定理的联系与区别

请扫码查看具体内容。

【思维训练】逆向思维在电路分析与综合中的应用

请扫码查看具体内容。

§5.4 最大功率传输定理

电路的作用之一就是向负载传输能量，或者说使接收设备从给定的信号源中取得能量。在什么情况下传输的功率最大或者负载获得的能量最多是电路分析与综合时必须考虑的问题。最大功率传输定理便有效地回答了此问题。

以电源向负载提供能量为例，如图 5.4.1 所示，电压源电压为 U_S，电压源内阻及连接线等的电阻统一用 R_S 表示，负载为 R_L。

由 KVL 可知，负载上的功率为

$$P_L = I_L^2 R_L = \left(\frac{U_S}{R_S + R_L}\right)^2 R_L \tag{5.4.1}$$

将 R_L 视为变量，P_L 获得极值的条件为 $\dfrac{\mathrm{d}P_L}{\mathrm{d}R_L} = 0$，即

$$\frac{\mathrm{d}P_L}{\mathrm{d}R_L} = \frac{U_S^2(R_S - R_L)}{(R_S + R_L)^3} = 0 \tag{5.4.2}$$

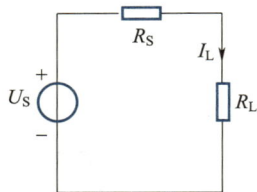

图 5.4.1　电压源向负载
提供能量

因此，$R_L = R_S$ 时功率 P_L 达到极值。因为 $R_L = 0$ 及 $R_L \to \infty$ 时，P_L 均为 0，故 $R_L = R_S$ 时功率 P_L 达到极大值。此时负载 R_L 称为匹配电阻，激励源提供给负载的最大功率为

$$P_{Lmax} = \frac{U_S^2}{4R_S} \tag{5.4.3}$$

若激励源以电流源形式给出，匹配条件并未改变，最大功率可表示为

$$P_{\mathrm{Lmax}} = \frac{I_{\mathrm{S}}^2}{4G_{\mathrm{S}}} \qquad\qquad (5.4.4)$$

两者是完全等价的。

例 5.4.1　图 5.4.2(a) 所示电路中,当 R_{L} 的电阻值为多大时可获得最大功率? 此功率值是多少?

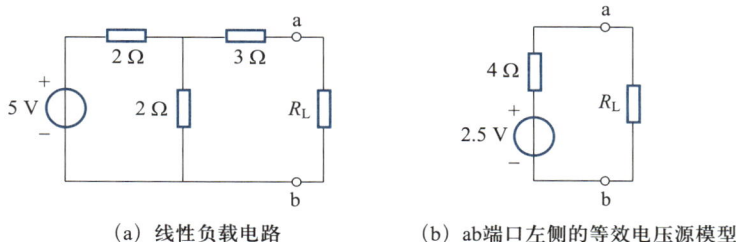

(a)　线性负载电路　　　　(b)　ab 端口左侧的等效电压源模型

图 5.4.2　最大功率传输定理应用示例

解:用戴维南定理求 ab 两端左边电路的等效电压源模型。

(1) 求 ab 端口的开路电压 U_{oc}。

显然,开路时的 ab 端口电压即为 $U_{\mathrm{oc}} = 5 \times \dfrac{2}{2+2}$ V $= 2.5$ V

(2) 求 ab 端口的等效电阻 R_{eq}。

此时 5 V 电压源做短路处理,$R_{\mathrm{eq}} = \left(3 + \dfrac{2 \times 2}{2+2}\right)$ Ω $= 4$ Ω。

(3) 由图 5.4.2(b) 电路可得,$R_{\mathrm{L}} = R_{\mathrm{eq}} = 4$ Ω 时可获得最大功率,此功率值为

$$P_{\max} = \frac{U_{\mathrm{oc}}^2}{4R_{\mathrm{eq}}} = \frac{2.5 \times 2.5}{4 \times 4} \text{ W} = 0.39 \text{ W}$$

讨论:此例中 5 V 电压源在 $R_{\mathrm{L}} = 4$ Ω 时所输出的功率为

$$P = 5 \text{ V} \times \frac{5 \text{ V}}{2 \text{ Ω} + 2 \text{ Ω} // (3+4) \text{ Ω}} = \frac{9 \times 25}{32} \text{ W} = 7.03 \text{ W}$$

负载 R_{L} 获得的最大功率 $P_{\max}$ 占电源发出功率的比值为

$$\eta = \frac{P_{\max}}{P} = \frac{0.39}{7.03} \times 100\% = 5.55\%$$

而在图 5.4.2(b) 中,$R_{\mathrm{L}} = R_{\mathrm{eq}} = 4$ Ω 匹配条件下等效电压源 U_{oc} 发出的功率为

$$P_{\text{等}} = \frac{U_{\mathrm{oc}}^2}{R_{\mathrm{eq}} + R_{\mathrm{L}}} = 0.78 \text{ W}$$

负载获得的功率占等效电压源 U_{oc} 发出功率的一半（50%）。即负载获得的最大功率是等效模型中等效电源发出功率的一半，而不是实际电源发出功率的一半。换句话说，负载获得的最大功率是等效网络传递功率的一半。这也说明了戴维南等效电压源模型给出的电路仅在端口处等效，对电路内部并不等效。

例 5.4.2　求图 5.4.3 所示电路中负载 R_L 为多大时可获得最大功率，并求此最大功率。

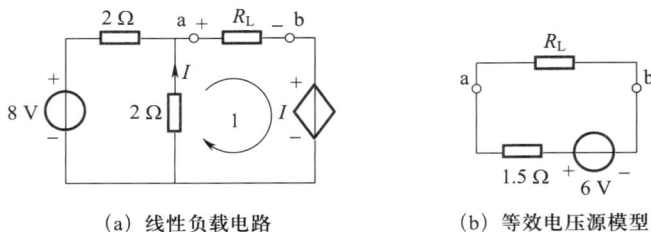

（a）线性负载电路　　　　（b）等效电压源模型

图 5.4.3　最大功率传输定理应用示例（含受控源）

解： 求 ab 端口的戴维南等效电压源模型。

（1）求 ab 支路的开路电压 U_{oc}。此时有

$$I = \left(-\frac{8}{2+2}\right) \text{A} = -2 \text{ A}, \quad U_{oc} = -2I - I = -3I = 6 \text{ V}$$

（2）求 ab 支路短路时的电流 I_{sc}。

如图 5.4.3(a) 所示，当 R_L 短路时，对环路 1 列 KVL 得

$$2I + I = 0$$

此时有

$$I = 0, \quad I_{sc} = \frac{8}{2} \text{ A} = 4 \text{ A}$$

因此 ab 端的等效电阻为

$$R_{eq} = \frac{U_{oc}}{I_{sc}} = \frac{6}{4} \text{ A} = 1.5 \text{ } \Omega$$

如图 5.4.3(b) 所示为其等效电压源模型，据最大功率传输定理可得 $R_L = R_{eq} = 1.5 \text{ } \Omega$ 时负载 P_L 获得最大功率，其值为

$$P_{max} = \frac{U_{oc}^2}{4R_{eq}} = \frac{6 \times 6}{4 \times 1.5} \text{ W} = 6 \text{ W}$$

不失一般性，下面以 $U_S = 100 \text{ V}, R_S = 10 \text{ } \Omega$ 为例对负载吸收功率和负载之间的关系做进一步分析。根据前面的负载吸收功率表达式可以画出其与负载大小之间的关系曲线，如图 5.4.4 所示。可以看出，当负载电阻从零增加到 $R_S = 10 \text{ } \Omega$ 时，功率变化非常显著。而当负载电阻大于等效电阻时，功率的下降比较平缓。这一规律表明：如果负载电阻小于等效电阻，负载消耗的功率将会快速下降。而如果负载电阻大于等效电阻，则负载功率下降的速率会慢很多。

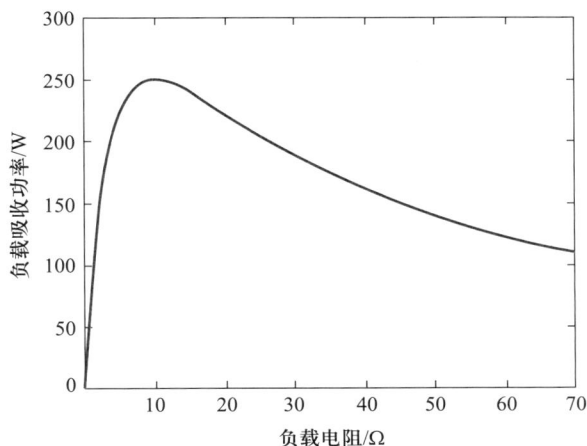

图 5.4.4　负载功率和端口等效电阻之间的关系

如果将负载消耗的功率随负载电阻的变化情况用对数刻度展示,其形状如图 5.4.5 所示。需要注意的是,负载电阻各个值之间的间隔不是线性的,而是 10 的乘方之间的距离,其形状变为以等效电阻 10 Ω 为中心的一个对称曲线。

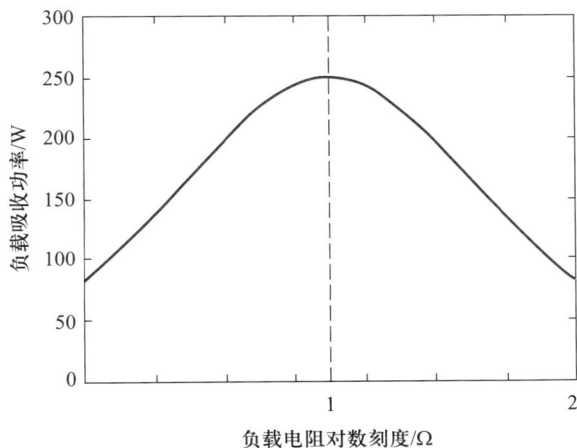

图 5.4.5　负载功率和端口等效电阻对数刻度之间的关系

【知识链接】阻抗匹配的作用与电源的传输效率问题

最大功率传输定理告诉我们,在阻抗匹配条件下负载能够获得最大的功率,其典型应用领域有传输线的行波工作状态,数据传输中的匹配滤波等。详细内容可参考微波技术和通信原理等相关教材。

直流电源传输效率定义为负载吸收的功率和电源发出功率之比,电压源模型时其值随着负载电阻的增大而增大。在负载电阻值小于等效电阻时,传输效率增大较快,而负载电阻值大于等效电阻时,传输效率的增大趋势逐渐变缓。注意,电流源模型时结论相反。这是在电源的内阻或二端网络的等效电阻不可调,而负载电阻可调的条件下得出的结论。如果电源内阻可调,则当内阻为零时,传输效率可达 100%。另外,传输效率并不是越大越好。仍以内阻为 10 Ω 的 100 V 电源为例,当负载电阻值为 100 Ω 时,电源传输效率接近 90%。但是此时负载所获得的功率却仅有 80 W,远远小于在负载为 10 Ω 时所获得的 250 W 功率,其对应的电源传输效率为 50%。

在电子技术中,电源传输效率通常是无关紧要的问题,其主要需求是负载要获得最大的功率;而在电力系统中却不同,电源的传输效率是主要需求,通常情况下 50% 的传输效率是远远不够的。

当满足最大功率传输的要求时,其等效电源的传输效率为 50%。但是并不意味着端口等效前的直流电源工作效率也为 50%。由于等效前后的电路结构和参数均发生了变化,U_{oc} 的功率并非独立电源产生的功率,同样 R_{eq} 的功率也不等于原电路网络中所有电阻消耗的功率。

§5.5 对偶原理

至此,细心的读者可能会发现,在电路分析中所遇到的诸多变量、元件、结构,甚至定理、定律等有许多是成对出现的,且存在着类似一一对应的特性。以变量为例,电压和电流就总是成对出现,电路结构中有时候串联和并联可以相互转换,和 KCL 对应的有 KVL,戴维南定理和诺顿定理也有一定的对应关系。表 5.5.1 列出了电路中的一些对应关系,称之为对偶关系。可以看出,对偶的元素不局限于电阻电路,在后续动态电路中电容和电感也存在这样的对偶关系。

如果某电路中的所有元素(元件及结构)均用其对偶元素置换,所构成的新电路称为原电路的对偶电路,且两电路互为对偶电路。例如,考虑表 5.5.1 中的对偶关系,图 5.5.1(a)和(b)两个电路就互为对偶关系,两个电路分别具有如下的关系表达式:

表 5.5.1 电路中的一些对偶量

	电压 u	电流 i
对偶变量	电荷 q	磁链 Ψ
	网孔电流	节点电压

续表

对偶元件	电阻 R	电导 G
	电容 C	电感 L
	电压源	电流源
	CCVS	VVCS
	VCVS	CCCS
对偶约束关系	KCL	KVL
	$u = Ri$	$i = Gu$
对偶电路结构	串联	并联
	短路$(R=0)$	开路$(G=0)$
	独立节点	网孔
对偶电路方程	KVL 方程	KCL 方程
对偶分析法	网孔电流法	节点电压法

注:参考节点与外网孔对偶。

（a）总电阻 $R = \sum\limits_{k=1}^{n} R_k$

电流 $i = \dfrac{u_s}{R}$

分压公式 $u_k = \dfrac{R_k}{R} u_s$

（b）总电导 $G = \sum\limits_{k=1}^{n} G_k$

电压 $u = \dfrac{i_S}{G}$

分流公式 $i_k = \dfrac{G_k}{G} i_S$

由此可见,考虑表 5.5.1 中的对偶关系,图 5.5.1(a)和(b)两个对偶电路中的关系表达式在数学形式上完全相同,这种存在于对偶电路之间的特殊表达形式,称为对偶原理。

研究结果表明,只有平面电路才有对偶电路,非平面电路不存在对偶电路。因为它不能用网孔电流方程描述。只有平面电路才有网孔的概念,这也是网孔电流法只适合平面电路的分析的原因。而回路电流法是适用于平面和非平面电路的。网孔电流法的优势是独立回路就是网孔,很容易获得;而回路电流法在复杂电路特别是非平面电路中获取一组独立回路并不容易,这也是计算机辅助电路分析程序使用改进的节点电压法而不用回路电流法的原因之一。

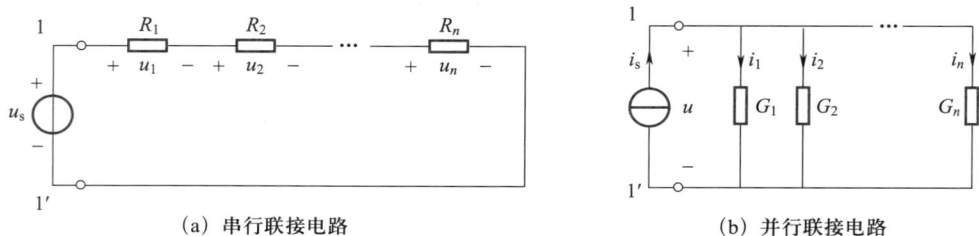

(a) 串行联接电路 (b) 并行联接电路

图 5.5.1 电路对偶示例

对偶原理的重要性是不言而喻的。一旦求得一个电路的解,也就自动得到了它的对偶元素。

对偶关系的用途就在于,如果任何一个平面电路问题的解答得出后,其对偶电路的解就可根据对偶原理直接得出。也可以这样理解,了解了某些电路的特性,依据对偶原理(对偶关系及对偶电路)就可以掌握另外一些电路的特性。这显然有助于我们对电路知识的理解与掌握,因为电路中确实存在大量具有对偶关系和对偶电路的内容,这源于电与磁的内在规律。

更多关于对偶原理的知识请参考电路理论方面的书籍。

【章节知识点测验】

请扫码进行章节知识点测验。

【典型习题精讲】

请扫码查看具体内容。

【章节知识点测验】 【典型习题精讲】

习 题

5.1 已知题 5.1 图所示电路中的电流可写成 $I=k_1u_1+k_2u_2+k_3u_3+k_4u_4$。试求各比例系数 k_i。

5.2 用叠加定理求题 5.2 图所示电路的电压 u_{ab}。

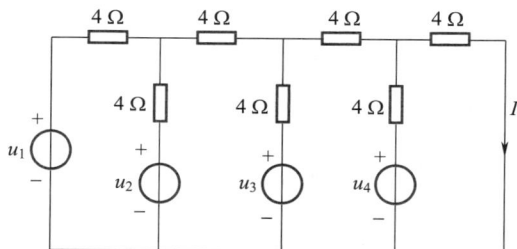

题 5.1 图

5.3 用叠加定理求题 5.3 图所示电路的电压 U_3。

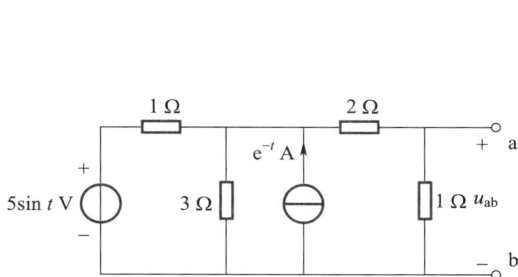

题 5.2 图

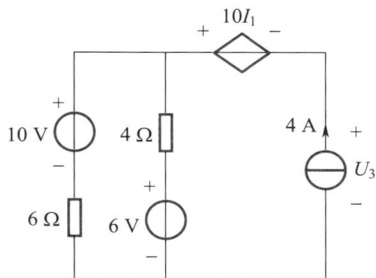

题 5.3 图

5.4 已知题 5.4 图所示电路,求:(1)虚线右边部分电路的端口等效电阻;(2)图示电流 I;(3)用替代定理求图示电流 I_0。

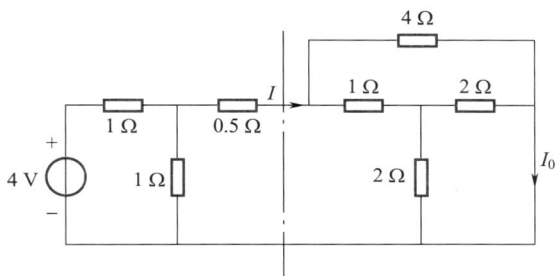

题 5.4 图

5.5 已知题 5.5 图所示电路中 R_x 支路的电流为 0.5 A,试求 R_x。

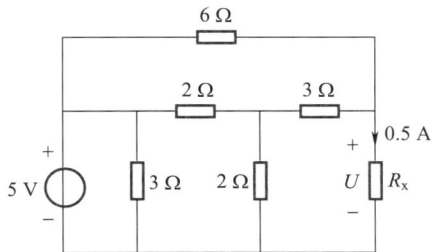

题 5.5 图

5.6 求题 5.6 图(1)和(2)中 ab 端口的戴维南等效电路。

5.7 已知题 5.7 图所示电路,开关 S 打开时,$U=8$ V;开关 S 闭合时,$I=6$ A。求单端口网络 N 的戴维南等效电路。

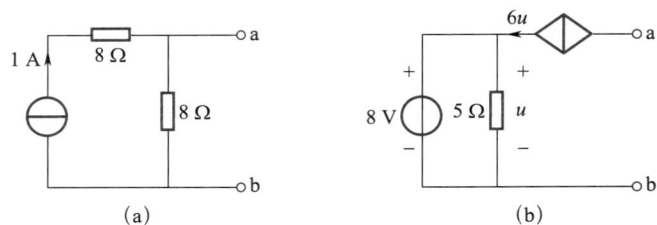

题 5.6 图

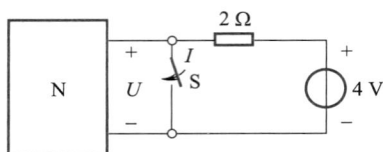

题 5.7 图

5.8　求题 5.8 图(a)和(b)所示电路的等效电压源模型。

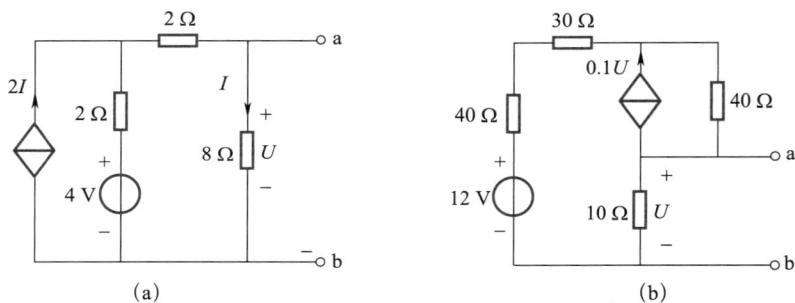

题 5.8 图

5.9　求题 5.9 图(a)和(b)所示电路的等效诺顿电路。

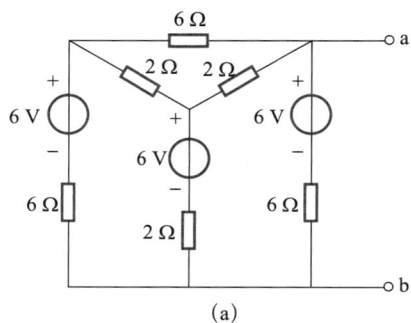

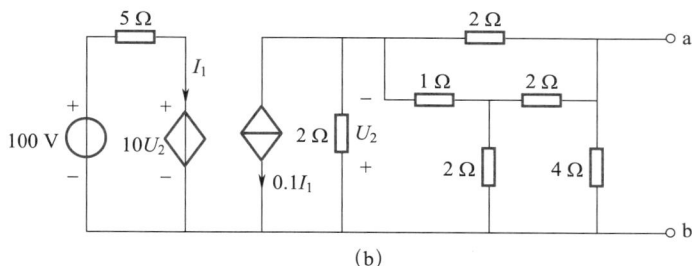

(b)

题 5.9 图

5.10 求题 5.10 图所示电路的戴维南和诺顿等效电路。(已知 $I_c = +I_1$)

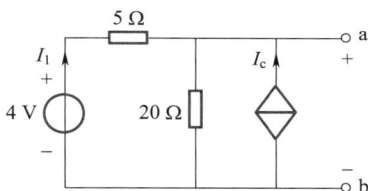

题 5.10 图

5.11 求题 5.11 图(a)和(b)中 ab 端口的诺顿等效电路。

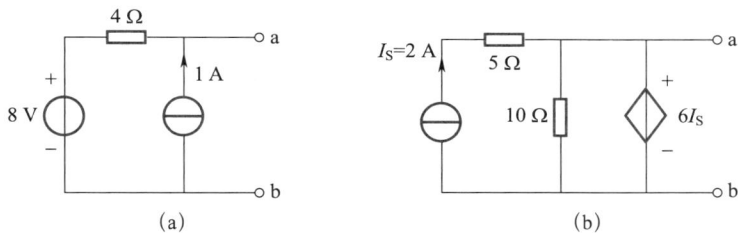

(a)   (b)

题 5.11 图

5.12 已知题 5.12 图所示电路(a)中 2 A 电流源发出的功率为 28 W,(b)中 3 A 电流源发出的功率为 54 W。(注:N_0 中不含独立源。)

(1) 求图(c)中两个电流源各自发出的功率。

(2) 求图(d)中的电流 I 和 5 Ω 电阻吸收的功率。

5.13 求题 5.13 图所示电路 ab 端口所输出的功率最大值。

5.14 题 5.14 图所示电路中的电阻 R 可调。试问 R 为何值时可获得最大功率? 并求此功率值。

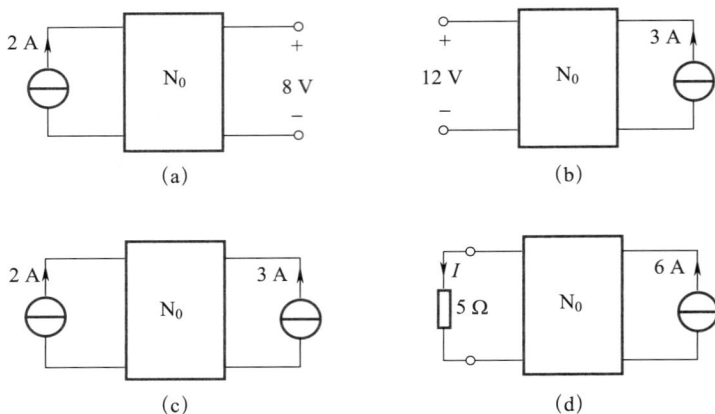

题 5.12 图

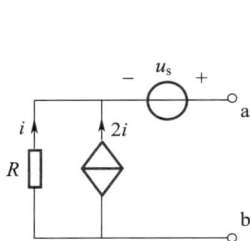

题 5.13 图

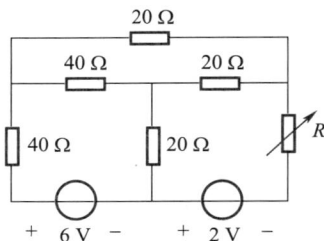

题 5.14 图

5.15 题 5.15 图所示电路中负载 R_L 可变,取何值时可吸收最大功率? 求此功率值。

5.16 题 5.16 图所示电路中 R 取多大时可获得最大功率? 此值是多少? 此时两个电压源输出的功率各为多少? 若并联一个元件使 R 中电流为零,a、b 端之间的元件可能是什么? 其参数值会是多少?

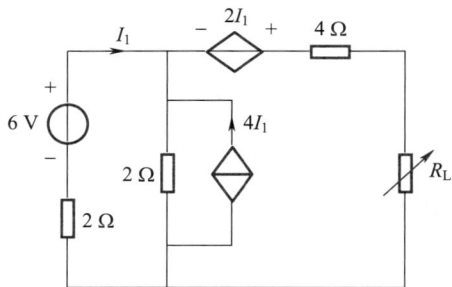

题 5.15 图

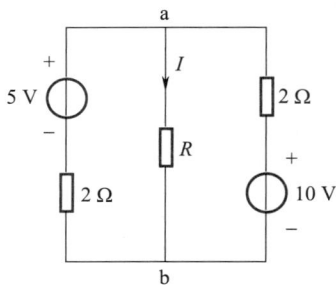

题 5.16 图

5.17　对于题 5.17 图所示电路,已知 $R = 270\ \Omega$, $R_1 = 140\ \Omega$, $R_2 = 100\ \Omega$, $R_3 = 200\ \Omega$, $R_4 = 160\ \Omega$, $R_5 = 120\ \Omega$。当电阻值在所标注值上下有 ±10% 的变化范围时,问端口 ab 的输出电压 U_{ab} 由于电阻 R 引起的变化范围是多大?

[提示:如果电压源 U 不变,则 ab 端口的输出电压 U_{ab} 是电阻值 R_1—R_5 和 R 的函数。当这些电阻值个别地或者同时发生变化时,电压 U_{ab} 就随之变化。U_{ab} 对于电阻值 R_1—R_5 和 R 变化的敏感程度可以用如下偏导数来衡量

$$\frac{\partial U_{ab}}{\partial R_1}、\frac{\partial U_{ab}}{\partial R_2}、\frac{\partial U_{ab}}{\partial R_3}、\frac{\partial U_{ab}}{\partial R_4}、\frac{\partial U_{ab}}{\partial R_5}、\frac{\partial U_{ab}}{\partial R}$$

上述偏导数也分别称为 U_{ab} 对于电阻值 R_1—R_5 和 R 的灵敏度。

当电阻值 R_1—R_5 和 R 各有增量 ΔR_i 和 ΔR 时($i = 1, 2, \cdots, 5$),如果增量的数值足够小,则有如下关系式

$$\Delta U_{ab} = \frac{\partial U_{ab}}{\partial R_1}\Delta R_1 + \frac{\partial U_{ab}}{\partial R_2}\Delta R_2 + \frac{\partial U_{ab}}{\partial R_3}\Delta R_3 + \frac{\partial U_{ab}}{\partial R_4}\Delta R_4 + \frac{\partial U_{ab}}{\partial R_5}\Delta R_5 + \frac{\partial U_{ab}}{\partial R}\Delta R]$$

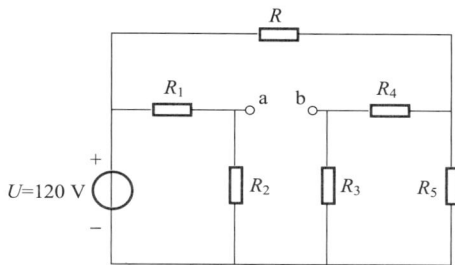

题 5.17 图

第三篇

电阻电路分析的拓展内容

第六章　二端口网络分析

【引言】在实际电路中,源和负载是必备部分,其中源包括电源和信号源,负载则将电能或电信号转化为其他形式的能量或信息。而介于电源和负载之间的电路一般可等效为不包含独立源的二端口网络模型,因此本章讨论的二端口网络中不包含独立源,而是把独立源通过戴维南定理或诺顿定理等效为单端口网络后与二端口网络的输入端口相连。显然,二端口网络是电路网络的重要结构成分,可以视为是组成复杂网络的基本单元。本章首先依据二端口网络端口电压和电流的一般关系式,推导出描述端口特性的网络参数,然后讨论二端口网络的互易性和对称性,进而描述二端口网络的简化模型,以及二端口网络之间的连接特性。此外,作为二端口网络的例子,我们还将讨论负电阻变换器和回转器这两个重要的器件。值得指出的是,本章在直流电路的范畴内介绍二端口网络的基本概念和原理,但二端口网络的应用却不限于直流电路,在后续交流电路,甚至变换域电路中,仍然可以应用本章的知识分析电路。

§6.1　端口抽象与网络参数

在 §2.4.2 介绍相关元件时提到,电阻、独立源等是二端元件,而受控源则是四端元件,在第一章绪论中也提到了端口抽象的概念。

通常将拓扑结构比较复杂的电路称为电网络。实际工程中,为实现更多的功能及更好的性能,电路结构往往都比较复杂。此时如果还沿用一般的将电路作为一个整体的分析方法分析电网络,则显得比较繁琐。对复杂网络的分析,我们往往采用层次化和模块化的方法,将一个复杂网络分解成子网络的合理组合。一般意义上的子网络在电路图中常用一矩形方框表示,含有说明文字及端钮标识。这个过程可以持续进行下去,也就是说,子网络也可以继续拆分直到分解为合适的、功能单一的单元电路。此时,我们关注的是每个子网络与网络其他部分的连接关系,以及这种连接对整个网络的影响。而子网络之间的连接正是通过所谓的"端口"实现的。

§6.1.1　端口条件

端钮可以看作是与电路其他部分连接的点,在电路图中用悬空的两个空心圆点表示。一个端口由两个端钮构成,但并非任意两个端钮都可以构成一个端口。

如图 6.1.1 所示四端网络 N,如果其通过某种方式确保从端钮 1 流入网络的电流和从端钮 $1'$ 流出网络的电流始终相等,即

$$I_1 = I'_1 \tag{6.1.1}$$

则称 1-1′构成一个端口,式(6.1.1)也被称为端口条件,只有满足端口条件的两个端钮才能构成一个端口。

可见,二端元件的两个端钮一定构成一个端口,而四端元件其中的两个端钮是否构成一个端口,则需看是否满足端口条件。

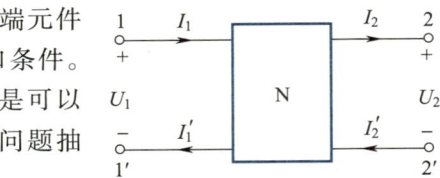

图 6.1.1　二端口网络的端口变量

可以证明,能够用电路理论处理的电磁场问题一定是可以定义端口的电磁问题。换句话说,端口条件是从电磁场问题抽象为电路问题的必要条件。

而根据基尔霍夫电流定律,如果 1-1′构成一个端口,则 2-2′构成另一个端口。换句话说,只有 $I_1 = I'_1$ 和 $I_2 = I'_2$ 的四端网络才称为二端口网络。在网络连接时只有满足上述端口条件的网络才具有连接的意义。

通常习惯上把 1-1′端口表示为输入端口,2-2′端口表示为输出端口。在输入端口处加上激励,在输出端口处产生响应。这样的网络就具有了信号处理或能量传输的意义。

同理还可以定义所谓多端口网络。若线性网络 N 有 $2n$ 个端钮可与其他网络连接,且该线性网络的外端钮两两构成端口,即满足 $I_1 = I'_1, I_2 = I'_2, \cdots, I_n = I'_n$,则称其为线性 n 端口网络。如图 6.1.2 所示。

注意:普通四端网络的任意两个端钮之间都不一定满足端口条件,但四个端钮电流仍服从基尔霍夫电流定律。如图 6.1.3 所示,$I_1 + I_2 + I_3 + I_4 = 0$,通常仅将该网络视为普通四端网络或具有一个公共端的三端口网络进行分析和处理。

本书只涉及单端口及二端口网络的相关内容。

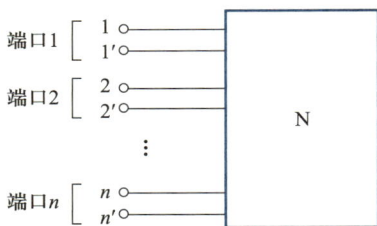

图 6.1.2　线性 n 端口网络图

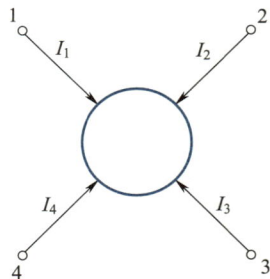

图 6.1.3　一般四端网络

§6.1.2　端口特性

针对电路网络,我们既可以分析其内部电路的功能和性能,也可以不关注其内部结构,而只关注它与外界的连接关系。也就是将网络当成"黑盒子",只描述其端口关系。而无论是简单网络还是复杂网络,端口的电压、电流关系仍然是分析的主要对象。

对于任意一个端口,可以定义端口电压和端口电流的函数关系,称为端口特性方程,如式(6.1.2)所示。

$$f(U, I) = 0 \tag{6.1.2}$$

单端口网络只有端口的电压 U 与流过该端口的电流 I 这两个变量。从数学意义来说,如果其中一个为自变量,另外一个为因变量,则它们的约束关系由单个端口方程就能限定,其电流与电压只有一个是独立的。

一般而言,式(6.1.2)在 u-i 平面上为一条曲线,称为端口伏安特性曲线。其上的任一坐标点 (U,I) 中的某一值确定后,另一值即可唯一确定。例如端口电压值确定,则端口电流值也就相应确定了,反之亦然。如图 6.1.4 所示。

二端口网络的每个端口各有一对电压、电流变量,即共有四个变量。从数学意义来说,为描述这两个端口的电压、电流约束关系,可任选两个变量做自变量,另外两个变量做因变量,二端口网络的端口约束就可以由两个独立方程组成的二元方程组来描述。方程组中的参数称为网络参数。选择不同的网络端口方程

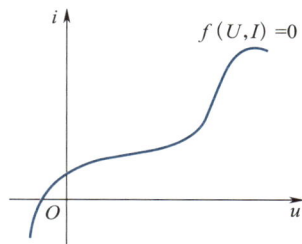

图 6.1.4 端口伏安特性曲线

可以反映二端口网络的不同特性,例如阻抗特性、传输特性等。不含独立源的线性二端口网络的网络参数为四个,而含独立源的线性二端口的网络参数可以达到六个,本书只讨论无独立源二端口网络。

类似地,对于 n 端口网络,需要 n 个端口特性方程来描述该网络的特性。因为 n 端口网络有 $2n$ 个变量,其中 n 个自变量、n 个因变量,即端口约束方程由 n 个独立方程组成。共有 C_{2n}^n 种组合方式,n^2 个网络参数。故需要指出的是:只有当两个 n 端口网络的所有对应端口的特性方程均相同时,我们才称这两个 n 端口网络对于外部电路而言是等效的。

网络参数既能描述每个端口各自的特性,又能描述任意两个端口之间的传输或转移特性。这是典型的系统或网络分析方法。关注子网络之间的关联特性是网络分析方法的主要特征。

§6.1.3 端口连接

各子网络之间的连接是通过端口进行的。而端口和端口之间的连接有三种方式,分别为串联、并联、对接,如图 6.1.5(a)、(b)和(c)所示。

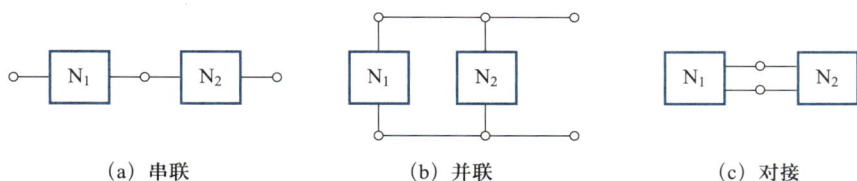

(a) 串联　　　　　　　(b) 并联　　　　　　　(c) 对接

图 6.1.5 端口连接方式示意

注意:图中只画出了有连接关系的端钮,网络的其余端钮没有画出来。两个端口串联之后的总端口电压是两端口电压之和,端口电流不变;两个端口并联之后的总端口电流是两端口电流之和,端口电压不变;两端口对接可以看作是端口串联后总端口短路,或者端口并联后总端口开路,

两端口电压相等,两端口电流互为相反数。

上述端口连接中的电压、电流关系可由基尔霍夫定律得出。基尔霍夫定律依然是描述端口连接关系的拓扑约束条件。

对于 n 端口网络的连接,则可以看作是上述端口之间连接的组合。例如二端口网络的连接方式可分为串串连接、并并连接、串并连接、并串连接、级联五种,如图 6.1.6 所示。

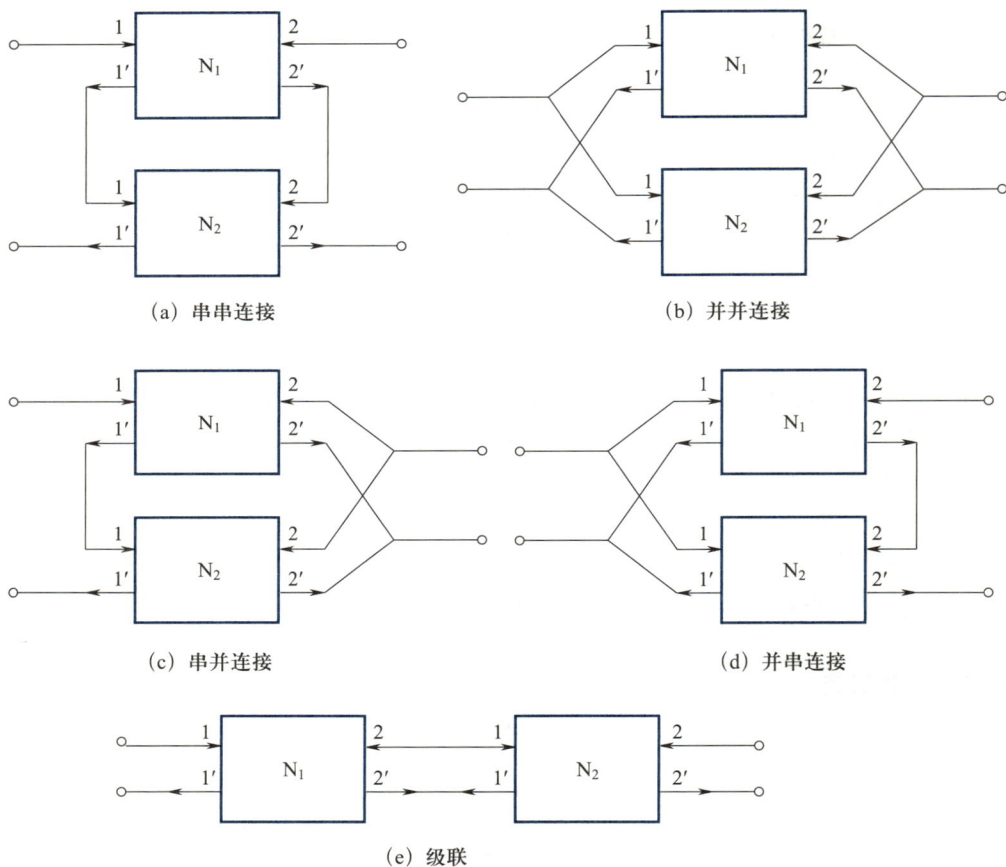

(a) 串串连接   (b) 并并连接

(c) 串并连接   (d) 并串连接

(e) 级联

图 6.1.6 二端口网络连接

对于二端口网络不同的连接方式即对应的端口参数特性分析将在后续章节进行详细介绍。

【知识链接】耦合电路:组成系统的功能电路之间的匹配桥梁

请扫码查看具体内容。

§6.2　二端口网络的端口参数

在图 6.2.1 所示的电路中,左侧是有伴电压源,右侧是负载,中间的方框代表具有某种或几种特定功能的线性网络,例如滤波器、变压器、放大器等。

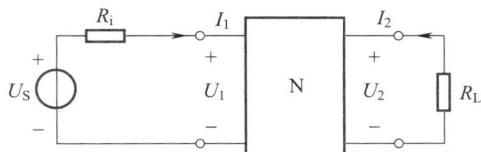

图 6.2.1　二端口网络与电源和负载相连

在这种形式的电路中,为了确定电源和负载的工作情况,必须知道介于其间的线性网络的特性。为表述方便,本章中端口电压和电流均采用相对于二端口网络的关联参考方向。

事实上,对于电源有

$$U_S - R_i I_1 = U_1 \tag{6.2.1}$$

对于负载有

$$-R_L I_2 = U_2 \tag{6.2.2}$$

此外,还需要两个独立的端口方程来唯一确定整个网络的工作状态,即需要列写四个端口变量 $\{U_1, I_1, U_2, I_2\}$ 之间的一般关系表达式。可以任选两个端口变量做自变量,另外两个做因变量,以此列出两个独立的线性方程,方程组的系数则反映了该线性二端口网络的对外特性,称为二端口网络的端口参数。

根据方程组自变量和因变量的不同,端口参数有电阻参数、电导参数、传输参数等多种形式(理论上共有六种形式),下面分别介绍。

§6.2.1　电阻参数(*R* 参数)

设想二端口网络由两个电流源 I_1 和 I_2 所激励,如图 6.2.2 所示。

U_1 和 U_2 则是由电流源激励所引起的"响应",由叠加定理有:

$$\begin{cases} U_1 = R_{11} I_1 + R_{12} I_2 \\ U_2 = R_{21} I_1 + R_{22} I_2 \end{cases} \tag{6.2.3}$$

这就是线性二端口网络端口方程的一种形式。

从方程式(6.2.3)看来,一个线性无源二端口网络的外部特性,即其端口上电压和电流的关系取决于四个参数:R_{11}、R_{12}、R_{21} 和 R_{22}。这些参数的物理意义如下:

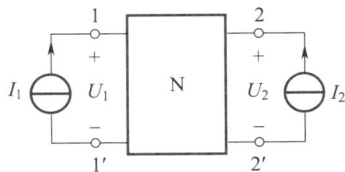

图 6.2.2　用电流源激励二端口

$$R_{11} = \frac{U_1}{I_1}\bigg|_{I_2=0} \quad\text{——2-2'开路时 1-1'两端的输入电阻}$$

$$R_{12} = \frac{U_1}{I_2}\bigg|_{I_1=0} \quad\text{——1-1'开路时从 2-2'到 1-1'的转移电阻}$$

$$R_{21} = \frac{U_2}{I_1}\bigg|_{I_2=0} \quad\text{——2-2'开路时从 1-1'到 2-2'的转移电阻}$$

$$R_{22} = \frac{U_2}{I_2}\bigg|_{I_1=0} \quad\text{——1-1'开路时 2-2'两端的输出电阻}$$

以上四个参数简称为二端口网络的电阻参数。电阻参数还可以表示为矩阵形式

$$\boldsymbol{R} = \begin{bmatrix} R_{11} & R_{12} \\ R_{21} & R_{22} \end{bmatrix}。$$

例 6.2.1 求图 6.2.3 所示二端口网络的电阻参数

解： 可以看到，图 6.2.3 所示电路的网络结构是左右对称的，因此输入电阻和输出电阻必然相等。求输入电阻时，根据定义将 2-2'开路，电路变为两条串联支路再并联，如图 6.2.4 所示。

根据电阻参数定义可得

$$R_{11} = \frac{U_1}{I_1}\bigg|_{I_2=0} = \frac{(R_a+R_b)(R_a+R_b)}{(R_a+R_b)+(R_a+R_b)} = \frac{(R_a+R_b)}{2} = R_{22}$$

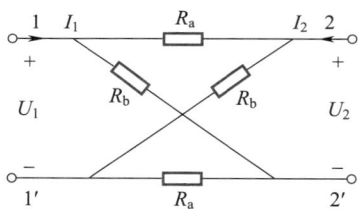

图 6.2.3 电阻参数求解示例

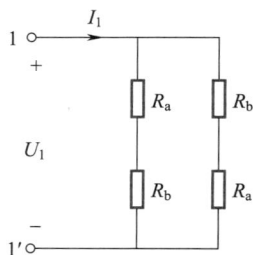

图 6.2.4 2-2'端口开路时的电路模型

假设 1-1'端口有电流源 I_1，如图 6.2.5 所示。

根据并联分流和串联分压规律，并考虑到结构的对称性，转移电阻为

$$R_{12} = R_{21} = \frac{U_2}{I_1}\bigg|_{I_2=0} = \frac{\dfrac{1}{2}I_1R_b - \dfrac{1}{2}I_1R_a}{I_1} = \frac{1}{2}(R_b - R_a)$$

综上所述，图示电路电阻参数为

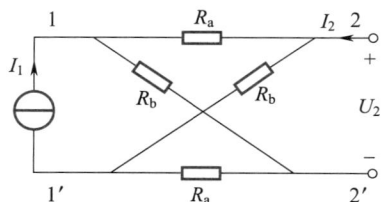

图 6.2.5 左侧加电流源激励的电路模型

$$R = \begin{bmatrix} \dfrac{R_{\mathrm{a}}+R_{\mathrm{b}}}{2} & \dfrac{R_{\mathrm{b}}-R_{\mathrm{a}}}{2} \\[3mm] \dfrac{R_{\mathrm{b}}-R_{\mathrm{a}}}{2} & \dfrac{R_{\mathrm{a}}+R_{\mathrm{b}}}{2} \end{bmatrix}$$

例 6.2.2 求图 6.2.6 所示二端口网络的电阻参数

解：该电路可以用定义求解，也可以用回路法。

首先将电压 U_1 和 U_2 替换为电压源，对两个网孔列方程如下（思考下述网孔方程的绕行方向）：

$$\begin{cases} U_1 = (R_1+R_3)I_1 + R_3 I_2 \\ U_2 = R_3 I_1 + (R_2+R_3)I_2 \end{cases}$$

对比公式（6.2.3）可得

$$\boldsymbol{R} = \begin{bmatrix} R_1+R_3 & R_3 \\ R_3 & R_2+R_3 \end{bmatrix}$$

特殊的，当 $R_1 = R_2 = 0$ 时，电路如图 6.2.7 所示。

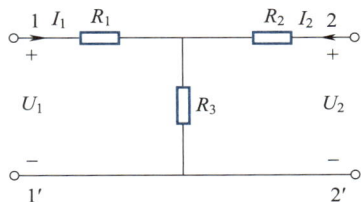

图 6.2.6 T 形网络求解电阻参数示例   图 6.2.7 仅有一个电阻元件的二端口网络

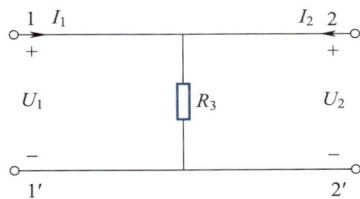

电阻参数矩阵为

$$\boldsymbol{R} = \begin{bmatrix} R_3 & R_3 \\ R_3 & R_3 \end{bmatrix}$$

可以看到，该矩阵的秩为 1，该电路也可以作为单端口网络。

§6.2.2 电导参数（G 参数）

如果设想二端口网络由两个电压源 U_1 和 U_2 激励，如图 6.2.8 所示，而电流 I_1 和 I_2 则是对此激励的响应，由叠加定理可得

$$\begin{cases} I_1 = G_{11}U_1 + G_{12}U_2 \\ I_2 = G_{21}U_1 + G_{22}U_2 \end{cases} \qquad （6.2.4）$$

图 6.2.8 用电压源激励二端口

这是二端口网络端口方程的又一形式。其中各参数 G_{11}，G_{12}，G_{21} 和 G_{22} 的物理意义如下：

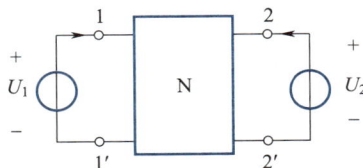

$$G_{11} = \frac{I_1}{U_1}\bigg|_{U_2=0} \text{——}2\text{-}2'\text{短路时 }1\text{-}1'\text{两端的输入电导}$$

$$G_{12} = \frac{I_1}{U_2}\bigg|_{U_1=0} \text{——}1\text{-}1'\text{短路时从 }2\text{-}2'\text{到}1\text{-}1'\text{的转移电导}$$

$$G_{21} = \frac{I_2}{U_1}\bigg|_{U_2=0} \text{——}2\text{-}2'\text{短路时从 }1\text{-}1'\text{到 }2\text{-}2'\text{的转移电导}$$

$$G_{22} = \frac{I_2}{U_2}\bigg|_{U_1=0} \text{——}1\text{-}1'\text{短路时 }2\text{-}2'\text{两端的输出电导}$$

以上四个参数简称为二端口网络的电导参数,也可表示为矩阵形式 $\boldsymbol{G} = \begin{bmatrix} G_{11} & G_{12} \\ G_{21} & G_{22} \end{bmatrix}$。

例 6.2.3 求图 6.2.9 所示二端口网络的电导参数。

解: 该电路也具有对称结构,只需求取 G_{11}、G_{21}。将 2-2'短路,根据电导参数的定义可得

$$G_{11} = \frac{I_1}{U_1}\bigg|_{U_2=0} = \frac{(G_a+G_b)(G_a+G_b)}{G_a+G_b+G_a+G_b} = \frac{G_a+G_b}{2} = G_{22}$$

对于转移电导,由 KCL 可知,I_2 为 I_{21} 和 I_{22} 两个电流之和,为方便理解,将电路转为图 6.2.10 的形式,I_{21} 和 I_{22} 可由欧姆定律求得,

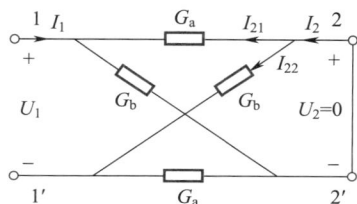

图 6.2.9　电导参数求解示例

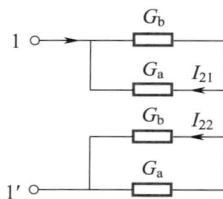

图 6.2.10　2-2'端口短路时
电流分流示意图

$$G_{21} = \frac{I_2}{U_1}\bigg|_{U_2=0} = \frac{\frac{1}{2}U_1 G_b - \frac{1}{2}U_1 G_a}{U_1} = \frac{1}{2}(G_b - G_a) = G_{12}$$

因此,图示电路的电导参数矩阵为

$$\boldsymbol{G} = \begin{bmatrix} \dfrac{G_a+G_b}{2} & \dfrac{G_b-G_a}{2} \\ \dfrac{G_b-G_a}{2} & \dfrac{G_a+G_b}{2} \end{bmatrix}$$

例 6.2.4 求图 6.2.11 所示二端口网络的 G 参数。

解: 该题可由定义求解,也可由节点法求解。

由替代定理,将电流 I_1 和 I_2 替换为电流源,以 1'-2' 为参考节点,列节点 1、2 的节点方程

$$\begin{cases} I_1 = (G_1 + G_3)U_1 - G_3 U_2 \\ I_2 = -G_3 U_1 + (G_2 + G_3)U_2 \end{cases}$$

对比式(6.2.4)可得

$$\boldsymbol{G} = \begin{bmatrix} (G_1+G_3) & -G_3 \\ -G_3 & (G_2+G_3) \end{bmatrix}$$

特殊的,当 G_1 和 G_2 均为零时,如图 6.2.12 所示。

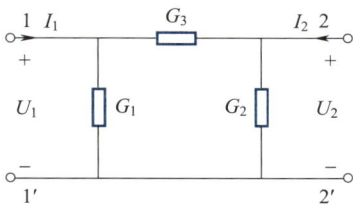

图 6.2.11 Ⅱ形网络电导参数求解示例 | 图 6.2.12 仅有一个电导元件的二端口电路

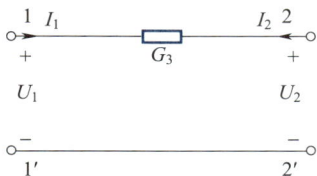

对应的 G 参数为

$$\boldsymbol{G} = \begin{bmatrix} G_3 & -G_3 \\ -G_3 & G_3 \end{bmatrix}$$

可以看到,该矩阵的秩为 1,该电路也可以作为 1-2 组成的单端口网络。

§6.2.3 传输参数(T 参数)

当选择 U_2 和 I_2 作为激励,以 U_1 和 I_1 为响应时,二端口网络的端口方程可表示为:

$$\begin{cases} U_1 = AU_2 + B(-I_2) \\ I_1 = CU_2 + D(-I_2) \end{cases} \tag{6.2.5}$$

在 T 参数中,各个参数定义如下:

$$A = \left. \frac{U_1}{U_2} \right|_{I_2=0} \quad \text{——1-1'所加电压与 2-2'间开路电压之比}$$

$$B = \left. \frac{U_1}{-I_2} \right|_{U_2=0} \quad \text{——1-1'所加电压与 2-2'短路输出电流之比}$$

$$C = \left. \frac{I_1}{U_2} \right|_{I_2=0} \quad \text{——1-1'注入电流与 2-2'间开路电压之比}$$

$$D = \left. \frac{I_1}{-I_2} \right|_{U_2=0} \quad \text{——1-1'注入电流与 2-2'短路输出电流之比}$$

T 参数的矩阵可表示为 $\boldsymbol{T} = \begin{bmatrix} A & B \\ C & D \end{bmatrix}$。

传输参数定义中 $-I_2$ 前面的负号是为了计算多个二端口网络级联时的等效传输参数更加方

便,表示前一级网络流出的电流等于后一级网络的流入电流。

例 6.2.5 求图 6.2.13 所示二端口网络的传输参数。

解: 将 2-2′端开路,根据串联分压可得

$$U_2 = \frac{R_b}{R_a + R_b} U_1 - \frac{R_a}{R_a + R_b} U_1 = \left(\frac{R_b - R_a}{R_a + R_b} \right) U_1$$

根据定义及电路的对称性可得

$$A = \frac{U_1}{U_2} \bigg|_{I_2=0} = \frac{U_1}{\left(\dfrac{R_b - R_a}{R_a + R_b} \right) U_1} = \left(\frac{R_b + R_a}{R_b - R_a} \right) = D$$

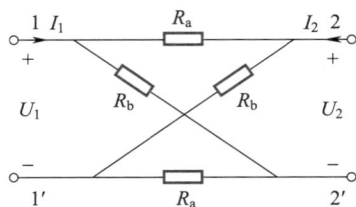

图 6.2.13 传输参数求解示例

$$C = \frac{I_1}{U_2} \bigg|_{I_2=0} = \frac{1}{R_{21}} = \frac{2}{R_b - R_a}$$

可对比上式 C 与例 6.2.1 中的 R_{12} 的关系。

将 2-2′端短路,则有

$$B = \frac{U_1}{-I_2} \bigg|_{U_2=0} = 2 \frac{R_a \cdot R_b}{R_b - R_a}$$

故图示电路的传输参数矩阵

$$\boldsymbol{T} = \begin{bmatrix} \left(\dfrac{R_b + R_a}{R_b - R_a} \right) & 2 \dfrac{R_a R_b}{R_b - R_a} \\ \dfrac{2}{R_b - R_a} & \left(\dfrac{R_b + R_a}{R_b - R_a} \right) \end{bmatrix}$$

§6.2.4 其他参数

除了上述三种参数,线性无源二端口网络的端口方程还可以采取其他形式。实际上,在 $\{U_1, I_1, U_2, I_2\}$ 四个量中,任意取两个为自变量即为激励,其余两个为因变量即为响应,总共有 $C_4^2 = 6$ 种不同的取法。其余三种分别是:

逆传输参数 T':

$$\begin{cases} U_2 = A'U_1 + B'(-I_1) \\ I_2 = C'U_1 + D'(-I_1) \end{cases} \tag{6.2.6}$$

混合参数 h:

$$\begin{cases} U_1 = h_{11}I_1 + h_{12}U_2 \\ I_2 = h_{21}I_1 + h_{22}U_2 \end{cases} \tag{6.2.7}$$

逆混合参数 g:

$$\begin{cases} I_1 = g_{11}U_1 + g_{12}I_2 \\ U_2 = g_{21}U_1 + g_{22}I_2 \end{cases} \tag{6.2.8}$$

其中 h 参数在电子线路中分析晶体管性能时非常有用。

§6.2.5　不同参数之间的转换

前面介绍的六种不同的二端口网络参数均可以独立地描述某一个二端口网络的外部特性。实际应用时可根据需要做适当选择。例如 T 形网络的电阻参数容易求取，Π 形网络的电导参数容易求取，而在网络传递特性分析中使用传输参数较为方便。

在一般情况下，同一个二端口网络的各参数之间可以相互转换。

例如，根据定义，矩阵 $\boldsymbol{R}$ 和矩阵 $\boldsymbol{G}$ 互为逆矩阵，即

$$\boldsymbol{R} = \boldsymbol{G}^{-1} = \begin{bmatrix} \dfrac{G_{22}}{\Delta_G} & -\dfrac{G_{12}}{\Delta_G} \\[3mm] -\dfrac{G_{21}}{\Delta_G} & \dfrac{G_{11}}{\Delta_G} \end{bmatrix}$$

其中 Δ_G 表示矩阵 $\boldsymbol{G}$ 的行列式值。

应当指出，对于一个给定的二端口网络，并非六种参数都一定存在。例如，对于图 6.2.14(a) 的网络，其矩阵 $\boldsymbol{R}$ 的秩为 1，行列式为 0，则矩阵 $\boldsymbol{G}$ 显然不存在。对于图 6.2.14(b) 的网络，其矩阵 $\boldsymbol{R}$ 不存在。

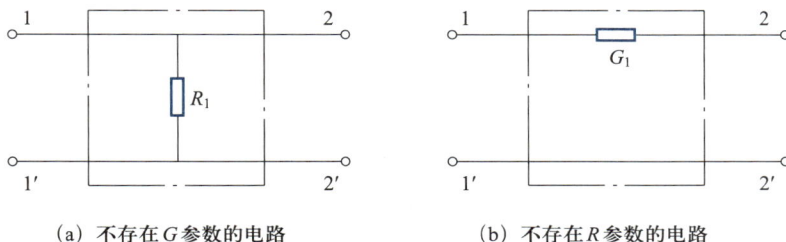

(a) 不存在 G 参数的电路　　　　(b) 不存在 R 参数的电路

图 6.2.14　某些网络参数不存在的特殊电路

又如，对于 T 参数和 R 参数之间的相互转换，把式(6.2.3)重写如下：

$$\begin{cases} U_1 = R_{11}I_1 + R_{12}I_2 \\ U_2 = R_{21}I_1 + R_{22}I_2 \end{cases}$$

将第二式等号两端同时除以 R_{21}，得

$$I_1 = U_2 \frac{1}{R_{21}} + \frac{R_{22}}{R_{21}}(-I_2)$$

将上式代入式(6.2.3)的第一式，得

$$U_1 = \frac{R_{11}}{R_{21}}U_2 + \frac{R_{11}R_{22} - R_{12}R_{21}}{R_{21}}(-I_2)$$

将以上两式与式(6.2.6)的系数进行对比，可得传输参数矩阵用 R 参数表示

$$T = \begin{bmatrix} \dfrac{R_{11}}{R_{21}} & \dfrac{\Delta_R}{R_{21}} \\[2mm] \dfrac{1}{R_{21}} & \dfrac{R_{22}}{R_{21}} \end{bmatrix}$$

其中 Δ_R 表示矩阵 $\boldsymbol{R}$ 的行列式值。

同理可求出其他不同参数之间的两两转换关系，如表 6.2.1 所示。

表 6.2.1 二端口网络的参数矩阵互换表

	R	G	h	g	T	T'
R	$\begin{matrix} R_{11} & R_{12} \\ R_{21} & R_{22} \end{matrix}$	$\begin{matrix} \dfrac{G_{22}}{\Delta_G} & -\dfrac{G_{12}}{\Delta_G} \\ -\dfrac{G_{21}}{\Delta_G} & \dfrac{G_{11}}{\Delta_G} \end{matrix}$	$\begin{matrix} \dfrac{\Delta_h}{h_{22}} & \dfrac{h_{12}}{h_{22}} \\ -\dfrac{h_{21}}{h_{22}} & \dfrac{1}{h_{22}} \end{matrix}$	$\begin{matrix} \dfrac{1}{g_{11}} & -\dfrac{g_{12}}{g_{11}} \\ \dfrac{g_{21}}{g_{11}} & \dfrac{\Delta_g}{g_{11}} \end{matrix}$	$\begin{matrix} \dfrac{A}{C} & \dfrac{\Delta_T}{C} \\ \dfrac{1}{C} & \dfrac{D}{C} \end{matrix}$	$\begin{matrix} -\dfrac{D'}{C'} & -\dfrac{1}{C'} \\ -\dfrac{\Delta_{T'}}{C'} & -\dfrac{A'}{C'} \end{matrix}$
G	$\begin{matrix} \dfrac{R_{22}}{\Delta_R} & -\dfrac{R_{12}}{\Delta_R} \\ -\dfrac{R_{21}}{\Delta_R} & \dfrac{R_{11}}{\Delta_R} \end{matrix}$	$\begin{matrix} G_{11} & G_{12} \\ G_{21} & G_{22} \end{matrix}$	$\begin{matrix} \dfrac{1}{h_{11}} & -\dfrac{h_{12}}{h_{11}} \\ \dfrac{h_{21}}{h_{11}} & \dfrac{\Delta_h}{h_{11}} \end{matrix}$	$\begin{matrix} \dfrac{\Delta_g}{g_{22}} & \dfrac{g_{12}}{g_{22}} \\ -\dfrac{g_{21}}{g_{22}} & \dfrac{1}{g_{22}} \end{matrix}$	$\begin{matrix} \dfrac{D}{B} & -\dfrac{\Delta_T}{B} \\ -\dfrac{1}{B} & \dfrac{A}{B} \end{matrix}$	$\begin{matrix} -\dfrac{A'}{B'} & \dfrac{1}{B'} \\ \dfrac{\Delta_{T'}}{B'} & -\dfrac{D'}{B'} \end{matrix}$
h	$\begin{matrix} \dfrac{\Delta_R}{R_{22}} & \dfrac{R_{12}}{R_{22}} \\ -\dfrac{R_{21}}{R_{22}} & \dfrac{1}{R_{22}} \end{matrix}$	$\begin{matrix} \dfrac{1}{G_{11}} & -\dfrac{G_{12}}{G_{11}} \\ \dfrac{G_{21}}{G_{11}} & \dfrac{\Delta_G}{G_{11}} \end{matrix}$	$\begin{matrix} h_{11} & h_{12} \\ h_{21} & h_{22} \end{matrix}$	$\begin{matrix} \dfrac{g_{22}}{\Delta_g} & -\dfrac{g_{12}}{\Delta_g} \\ -\dfrac{g_{21}}{\Delta_g} & \dfrac{g_{11}}{\Delta_g} \end{matrix}$	$\begin{matrix} \dfrac{B}{D} & \dfrac{\Delta_T}{D} \\ -\dfrac{1}{D} & \dfrac{C}{D} \end{matrix}$	$\begin{matrix} -\dfrac{B'}{A'} & \dfrac{1}{A'} \\ -\dfrac{\Delta_{T'}}{A'} & -\dfrac{C'}{A'} \end{matrix}$
g	$\begin{matrix} \dfrac{1}{R_{11}} & -\dfrac{R_{12}}{R_{11}} \\ \dfrac{R_{21}}{R_{11}} & \dfrac{\Delta_R}{R_{11}} \end{matrix}$	$\begin{matrix} \dfrac{\Delta_G}{G_{22}} & \dfrac{G_{12}}{G_{22}} \\ -\dfrac{G_{21}}{G_{22}} & \dfrac{1}{G_{22}} \end{matrix}$	$\begin{matrix} \dfrac{h_{22}}{\Delta_h} & -\dfrac{h_{12}}{\Delta_h} \\ -\dfrac{h_{21}}{\Delta_h} & \dfrac{h_{11}}{\Delta_h} \end{matrix}$	$\begin{matrix} g_{11} & g_{12} \\ g_{21} & g_{22} \end{matrix}$	$\begin{matrix} \dfrac{C}{A} & -\dfrac{\Delta_T}{A} \\ \dfrac{1}{A} & \dfrac{B}{A} \end{matrix}$	$\begin{matrix} -\dfrac{C'}{D'} & -\dfrac{1}{D'} \\ \dfrac{\Delta_{T'}}{D'} & -\dfrac{B'}{D'} \end{matrix}$
T	$\begin{matrix} \dfrac{R_{11}}{R_{21}} & \dfrac{\Delta_R}{R_{21}} \\ \dfrac{1}{R_{21}} & \dfrac{R_{22}}{R_{21}} \end{matrix}$	$\begin{matrix} -\dfrac{G_{22}}{G_{21}} & -\dfrac{1}{G_{21}} \\ -\dfrac{\Delta_G}{G_{21}} & -\dfrac{G_{11}}{G_{21}} \end{matrix}$	$\begin{matrix} -\dfrac{\Delta_h}{h_{21}} & -\dfrac{h_{11}}{h_{21}} \\ -\dfrac{h_{22}}{h_{21}} & -\dfrac{1}{h_{21}} \end{matrix}$	$\begin{matrix} \dfrac{1}{g_{21}} & \dfrac{g_{22}}{g_{21}} \\ \dfrac{g_{11}}{g_{21}} & \dfrac{\Delta_g}{g_{21}} \end{matrix}$	$\begin{matrix} A & B \\ C & D \end{matrix}$	$\begin{matrix} \dfrac{D'}{\Delta_{T'}} & -\dfrac{B'}{\Delta_{T'}} \\ -\dfrac{C'}{\Delta_{T'}} & \dfrac{A'}{\Delta_{T'}} \end{matrix}$
T'	$\begin{matrix} \dfrac{R_{22}}{R_{12}} & -\dfrac{\Delta_R}{R_{12}} \\ -\dfrac{1}{R_{12}} & \dfrac{R_{11}}{R_{12}} \end{matrix}$	$\begin{matrix} -\dfrac{G_{11}}{G_{12}} & \dfrac{1}{G_{12}} \\ \dfrac{\Delta_G}{G_{12}} & -\dfrac{G_{22}}{G_{12}} \end{matrix}$	$\begin{matrix} \dfrac{1}{h_{12}} & -\dfrac{h_{11}}{h_{12}} \\ -\dfrac{h_{22}}{h_{12}} & \dfrac{\Delta_h}{h_{12}} \end{matrix}$	$\begin{matrix} -\dfrac{\Delta_g}{g_{12}} & \dfrac{g_{22}}{g_{12}} \\ \dfrac{g_{11}}{g_{12}} & -\dfrac{1}{g_{12}} \end{matrix}$	$\begin{matrix} \dfrac{D}{\Delta_T} & -\dfrac{B}{\Delta_T} \\ -\dfrac{C}{\Delta_T} & \dfrac{A}{\Delta_T} \end{matrix}$	$\begin{matrix} A' & B' \\ C' & D' \end{matrix}$

【知识链接】网络函数

前面引入的六种网络参数描述了网络本身的特性,与负载和电源无关。但在实际使用时,网络总是接有电源和负载。因此,我们还必须研究网络在接有电源和负载时响应与激励的关系,这些关系统称为网络函数。网络函数定义为响应与激励之比,即:

$$网络函数 = \frac{响应}{激励}$$

网络函数分两类,一类是响应与激励在同一端口,称为策动点函数。例如输入(端)电阻、输出电阻等;另一类是响应与激励在不同端口,称为转移函数或传输函数,如输入输出电压比即电压放大系数、输入输出电流比即电流放大系数以及转移电阻及转移电导。这些网络函数可用任何一种网络参数表示。

§6.3　二端口的互易与对称

由例 6.2.1 和例 6.2.3 可知,某些特殊结构的二端口网络其电路参数也具有一定的特殊性,其中最典型的是网络存在互易性或对称性。本节将介绍二端口网络互易性和对称性的概念,并对此类特殊二端口网络的电路参数展开分析。

§6.3.1　互易二端口网络

互易性是指二端口网络在单一激励的情况下,当激励端口和响应端口互换位置时,响应与激励之间的数值关系不因这种互换而有所改变的特性。下面以电导参数 G 为例证明既无独立源又无受控源的二端口网络的互易性,并推导互易二端口网络参数的性质。此类网络常简称为无源网络,用 N_0 表示。假设图 6.3.1 是一个无源的二端口网络,设该二端口网络电路共有 b 条支路,包括两条端口支路和网络内部的 $(b-2)$ 条支路。

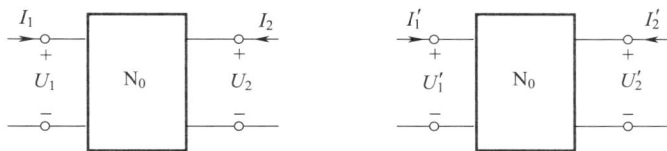

(a) 网络 N_0 左侧加电压或电流激励　　(b) 网络 N_0 右侧加激励电压或电流激励

图 6.3.1　互易二端口网络

设左右互易前后二端口网络的 G 参数方程为

$$\begin{bmatrix} I_1 \\ I_2 \end{bmatrix} = \boldsymbol{G} \begin{bmatrix} U_1 \\ U_2 \end{bmatrix} = \begin{bmatrix} G_{11} & G_{12} \\ G_{21} & G_{22} \end{bmatrix} \begin{bmatrix} U_1 \\ U_2 \end{bmatrix} \qquad (6.3.1)$$

$$\begin{bmatrix} I'_1 \\ I'_2 \end{bmatrix} = G \begin{bmatrix} U'_1 \\ U'_2 \end{bmatrix} = \begin{bmatrix} G_{11} & G_{12} \\ G_{21} & G_{22} \end{bmatrix} \begin{bmatrix} U'_1 \\ U'_2 \end{bmatrix} \tag{6.3.2}$$

由特勒根似功率定理得

$$\begin{cases} -U_1 I'_1 - U_2 I'_2 + \sum_{j=3}^{b} U_j I'_j = 0 \\ -U'_1 I_1 - U'_2 I_2 + \sum_{j=3}^{b} U'_j I_j = 0 \end{cases} \tag{6.3.3}$$

对于无受控源二端口网络,根据欧姆定律有

$$\sum_{j=3}^{b} U_j I'_j = \sum_{j=3}^{b} R_j I_j I'_j = \sum_{j=3}^{b} R_j I'_j I_j = \sum_{j=3}^{b} U'_j I_j \tag{6.3.4}$$

由式(6.3.3)和式(6.3.4)得到端口互易方程为

$$U_1 I'_1 + U_2 I'_2 = U'_1 I_1 + U'_2 I_2 \tag{6.3.5}$$

将式(6.3.1)和式(6.3.2)代入式(6.3.5)得

$$U_1 (G_{11} U'_1 + G_{12} U'_2) + U_2 (G_{21} U'_1 + G_{22} U'_2)$$
$$= U'_1 (G_{11} U_1 + G_{12} U_2) + U'_2 (G_{21} U_1 + G_{22} U_2) \tag{6.3.6}$$

整理得

$$(G_{12} - G_{21}) (U_1 U'_2 - U'_1 U_2) = 0 \tag{6.3.7}$$

式(6.3.7)对所有的端口电压值均应该成立,所以有

$$G_{12} - G_{21} = 0 \tag{6.3.8}$$

可见,无受控源的二端口网络,其电导参数满足式(6.3.8),即最多只有三个电导参数是独立的。

使用类似的方法还可以证明,无受控源的二端口网络 R 参数满足 $R_{12} = R_{21}$,T 参数满足 $AD - EC = 1$ 以及 h 参数的 $h_{21} = -h_{12}$,这些证明请读者自行完成。上述结论也可以由二端口网络不同参数之间的转换关系得到。

此外,由端口互易方程式(6.3.5)可以演化出三种形式的互易定理。

1. 互易定理一(电压激励和电流响应互易)

对于不含受控源的单一激励线性电阻网络,将电压激励和短路电流响应互换位置,其响应和激励的比值保持不变。特殊情况下,电压激励数值不变,电流响应的数值也不变,即将电路中的理想电压源和理想电流表互换位置,则电流表的读数不变。

如图 6.3.2 所示,响应电流支路的电压 $U_2 = 0$,$U'_1 = 0$,互易方程式(6.3.5)变为

$$U_1 I'_1 = U'_2 I_2 \tag{6.3.9}$$

即

$$\frac{U_1}{I_2} = \frac{U'_2}{I'_1}$$

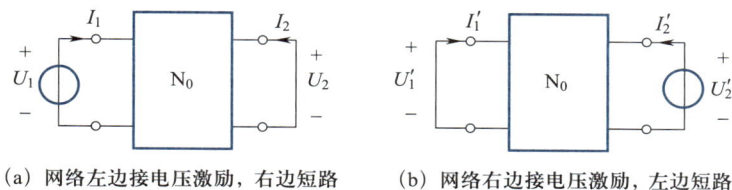

(a) 网络左边接电压激励，右边短路　　　(b) 网络右边接电压激励，左边短路

图 6.3.2　互易定理一网络示意图

例 6.3.1　已知图 6.3.3(a)电路中的参数如图所示，N_0 是纯电阻网络，试求图 6.3.3(b)中电阻 R 的值。

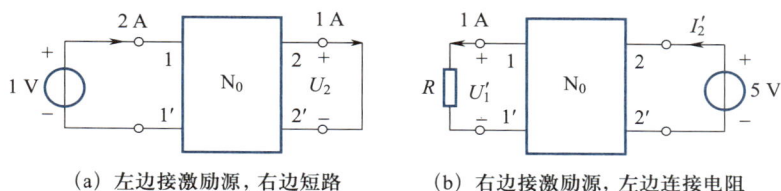

(a) 左边接激励源，右边短路　　　(b) 右边接激励源，左边连接电阻

图 6.3.3　互易定理应用示例

解：由图(a)可知 1-1'端口右侧的等效电阻为

$$R_{eq} = \frac{1}{2} \ \Omega$$

对图(b)求 1-1'端口的短路电流 I_{sc}，据互易定理形式一可知

$$I_{sc} = 5 \ A$$

则图(b)中 1-1'端口右侧的诺顿等效如图 6.3.4 所示，由 KCL 和 KVL 可得

$$R = \left(\frac{4 \times 0.5}{1}\right) \ \Omega = 2 \ \Omega$$

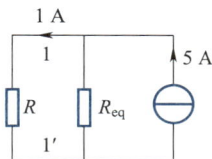

图 6.3.4　图 6.3.3(b) 电路的诺顿等效电路

讨论：此例的求解也可直接用特勒根似功率定理推导出的端口互易方程式(6.3.5)求解，注意端口电压、电流参考方向即可。

2. 互易定理二(电流激励和电压响应互易)

对于不含受控源的单一激励的线性电阻电路，将电流激励和开路电压响应互换位置，其响应和激励的比值保持不变。特殊情况下，电流激励数值不变时，电压响应数值也不变，即将电路中的理想电流源和理想电压表互换位置，则电压表的读数不变。

如图 6.3.5 所示，响应电压支路的电流 $I_2 = 0$，$I_1' = 0$，互易方程式(6.3.5)变为

$$U_2 I_2' = U_1' I_1 \tag{6.3.10}$$

即：

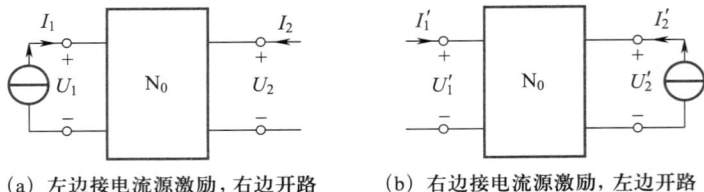

（a）左边接电流源激励，右边开路　　　（b）右边接电流源激励，左边开路

图 6.3.5　互易定理二网络示意图

$$\frac{I_1}{U_2} = \frac{I_2'}{U_1'}$$

类似互易定理一，互易定理二可用节点电压法的矩阵解和特勒根似功率定理两种方法加以证明，由读者自行完成。

3. 互易定理三（电流电压混合互易）

对于不含受控源的单一激励的线性电阻电路，支路 1-1' 上的电流源激励在 2-2' 支路产生短路电流 i_2。若将电压源激励加在 2-2' 支路上，在 1-1' 支路上产生开路电压响应 U_1，则响应与激励的比值不变。特殊情况下，若电流激励和电压激励的数值相等，则对应的电流响应和电压响应的数值也相等。

如图 6.3.6 所示，响应支路的 $U_2 = 0$，$I_1' = 0$，互易方程式（6.3.5）变为

$$U_1'I_1 + U_2'I_2 = 0 \tag{6.3.11}$$

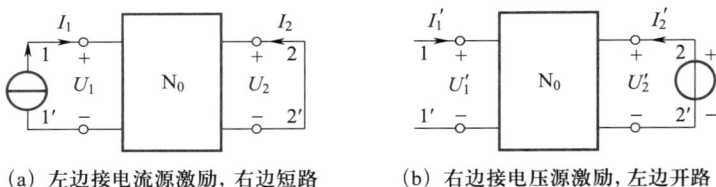

（a）左边接电流源激励，右边短路　　　（b）右边接电压源激励，左边开路

图 6.3.6　互易定理三网络示意图

即

$$\frac{I_1}{I_2} = -\frac{U_2'}{U_1'}$$

例 6.3.2　图 6.3.7 中 N_0 为纯电阻电路，求图 6.3.7(b) 图中电流 I 及 2 Ω 电阻吸收的功率 P。

解：由图（a）可得 1-1' 端口右端网络的等效电阻为

$$R_{eq} = \frac{20\ V}{10\ A} = 2\ \Omega$$

由图（b）求 1-1' 端口的开路电压 U_{oc}。据互易定理三可知

$$\frac{U_{oc}}{40\ V} = -\frac{1\ A}{10\ A}$$

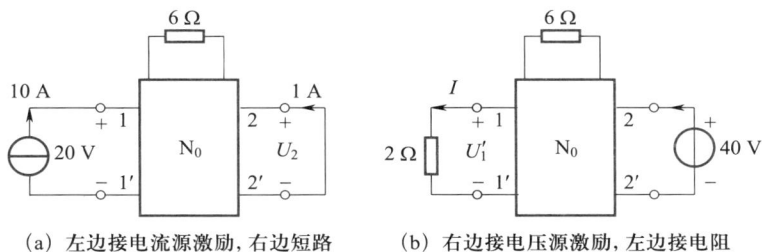

(a) 左边接电流源激励,右边短路　　(b) 右边接电压源激励,左边接电阻

图 6.3.7　互易定理三应用示例

即 $U_{oc} = -4$ V,所以图(b)中 $1-1'$ 端口右端网络的戴维南等效模型如图 6.3.8 所示。

于是有

$$I = \frac{U_{oc}}{R_{eq} + 2 \ \Omega} = \frac{-4}{2+2} \ \text{A} = -1 \ \text{A}$$

$$P = I^2 \times 2 \ \Omega = (-1)^2 \times 2 \ \text{W} = 2 \ \text{W}$$

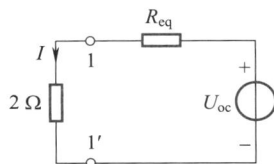

图 6.3.8　$1-1'$ 端口的
戴维南等效模型

讨论:此例也可直接用特勒根似功率定理推导出的端口互易方程式(6.3.5)求解,注意端口电压、电流参考方向即可。

§6.3.2　对称二端口网络

如果将一个互易二端口网络的输入端口与输出端口互相交换而能保持其输入端口与输出端口的电压电流之间的关系不变,则此网络称为对称二端口网络。

也就是说,在对称二端口网络的输入端加一激励,令输出口短路或开路;在输出端加一激励,令输入口短路或开路。此时应有输入电导 G_{in} 等于输出电导 G_{out},或输入电阻 R_{in} 等于输出电阻 R_{out}。其中:

$$G_{11} = \frac{I_1}{U_1}\bigg|_{U_2=0} = G_{in}\big|_{U_2=0}, \quad R_{11} = \frac{U_1}{I_1}\bigg|_{I_2=0} = R_{in}\big|_{I_2=0}$$

$$G_{22} = \frac{I_2}{U_2}\bigg|_{U_1=0} = G_{out}\big|_{U_1=0}, \quad R_{22} = \frac{U_2}{I_2}\bigg|_{I_1=0} = R_{out}\big|_{I_1=0}$$

由于有对称性条件,即 $G_{in} = G_{out}$,或者 $R_{in} = R_{out}$,所以 G 参数矩阵及 R 参数矩阵为

$$\boldsymbol{G} = \begin{bmatrix} G_{11} & G_{12} \\ G_{21} & G_{22} \end{bmatrix} = \begin{bmatrix} G_{11} & G_{12} \\ G_{12} & G_{11} \end{bmatrix} \tag{6.3.12}$$

$$\boldsymbol{R} = \begin{bmatrix} R_{11} & R_{12} \\ R_{21} & R_{22} \end{bmatrix} = \begin{bmatrix} R_{11} & R_{12} \\ R_{12} & R_{11} \end{bmatrix} \tag{6.3.13}$$

由此可见,当二端口网络具有对称性时(显然也具有互易性),4 个 G 参数或 R 参数只有两个是独立的。

二端口网络的互易条件和互易二端口网络的对称条件见表 6.3.1。

表 6.3.1　二端口网络的互易条件和互易二端口网络的对称条件

参数	互易条件	对称条件
R	$R_{12} = R_{21}$	$R_{11} = R_{22}, R_{12} = R_{21}$
G	$G_{12} = G_{21}$	$G_{11} = G_{22}, G_{12} = G_{21}$
h	$h_{12} = -h_{21}$	$h_{11}h_{22} - h_{12}h_{21} = 1, h_{12} = -h_{21}$
g	$g_{12} = -g_{21}$	$g_{11}g_{22} - g_{12}g_{21} = 1, g_{12} = -g_{21}$
T	$AD - BC = 1$	$A = D, AD - BC = 1$
T'	$A'D' - B'C' = 1$	$A' = D', A'D' - B'C' = 1$

§6.3.3　二端口网络等效模型

对于每一个具体的、结构和参数已知的二端口网络,它外部四个量之间的关系可以用一般网络分析方法推导出来,进而求得端口参数。我们先来看两个具体的例子,就是 T 形和 Π 形网络——两个很简单、但很重要的二端口网络。实际上,我们在前面接触的星形和三角形网络就是 T 形和 Π 形网络的另一种表述。

1. T 形网络

如图 6.3.9 所示的网络叫作 T 形网络。

运用回路法,可以写出下列方程式

$$\begin{cases} U_1 = R_{11}I_1 + R_{12}I_2 \\ U_2 = R_{21}I_1 + R_{22}I_2 \end{cases} \quad (6.3.14)$$

式(6.3.14)中

$$\begin{cases} R_{11} = R_1 + R_3 \\ R_{12} = R_{21} = R_3 \\ R_{22} = R_2 + R_3 \end{cases} \quad (6.3.15)$$

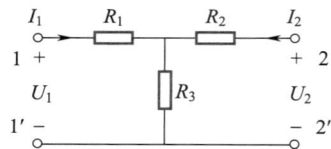

图 6.3.9　T 形网络

式(6.3.15)反映了 T 形网络的网络参数与内部元件取值之间的关系。

显然,如果事先给定了网络参数,且满足互易条件 $R_{12} = R_{21}$ 的话,则可以用 T 形网络给出具体的电路设计。此时

$$\begin{cases} R_1 = R_{11} - R_{12} \\ R_2 = R_{22} - R_{12} \\ R_3 = R_{12} = R_{21} \end{cases} \quad (6.3.16)$$

式（6.3.14）可以变换为其他形式。例如，从其中解出 I_1 和 I_2 便得出

$$\begin{cases} I_1 = G_{11}U_1 + G_{12}U_2 \\ I_2 = G_{21}U_1 + G_{22}U_2 \end{cases} \tag{6.3.17}$$

式中

$$\begin{cases} G_{11} = \dfrac{R_{22}}{R_{11}R_{22} - R_{12}R_{21}} = \dfrac{R_2 + R_3}{R_1 R_2 + R_2 R_3 + R_3 R_1} \\[2mm] G_{12} = \dfrac{-R_{12}}{R_{11}R_{22} - R_{12}R_{21}} = \dfrac{-R_3}{R_1 R_2 + R_2 R_3 + R_3 R_1} \\[2mm] G_{21} = \dfrac{-R_{21}}{R_{11}R_{22} - R_{12}R_{21}} = \dfrac{-R_3}{R_1 R_2 + R_2 R_3 + R_3 R_1} \\[2mm] G_{22} = \dfrac{R_{11}}{R_{11}R_{22} - R_{12}R_{21}} = \dfrac{R_1 + R_3}{R_1 R_2 + R_2 R_3 + R_3 R_1} \end{cases} \tag{6.3.18}$$

2. Ⅱ 形网络

如图 6.3.10 所示的网络叫作 Ⅱ 形网络。

对于这个网络，运用节点法，可以写出下列方程式

$$\begin{cases} I_1 = G_{11}U_1 + G_{12}U_2 \\ I_2 = G_{21}U_1 + G_{22}U_2 \end{cases} \tag{6.3.19}$$

式中

$$\begin{cases} G_{11} = G_1 + G_3 \\ G_{12} = G_{21} = -G_3 \\ G_{22} = G_2 + G_3 \end{cases} \tag{6.3.20}$$

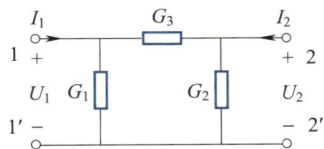

图 6.3.10　Ⅱ 形网络

方程式（6.3.20）反映了 Ⅱ 形网络的端口参数与内部元件取值之间的关系。

同理，如果事先给定了网络参数，且满足互易条件 $G_{12} = G_{21}$ 的话，则可以用 Ⅱ 形网络给出具体的电路设计。此时

$$\begin{cases} G_1 = G_{11} + G_{12} \\ G_2 = G_{22} + G_{12} \\ G_3 = -G_{12} = -G_{21} \end{cases} \tag{6.3.21}$$

式（6.3.20）也可变换为其他形式。例如，从其中解出 U_1 和 U_2 便得

$$\begin{cases} U_1 = R_{11}I_1 + R_{12}I_2 \\ U_2 = R_{21}I_1 + R_{22}I_2 \end{cases} \tag{6.3.22}$$

式中

$$
\begin{cases}
R_{11} = \dfrac{G_{22}}{G_{11}G_{22}-G_{12}G_{21}} = \dfrac{G_2+G_3}{G_1G_2+G_2G_3+G_3G_1} \\[4mm]
R_{12} = \dfrac{-G_{21}}{G_{11}G_{22}-G_{12}G_{21}} = \dfrac{-G_3}{G_1G_2+G_2G_3+G_3G_{11}} \\[4mm]
R_{21} = \dfrac{-G_{12}}{G_{11}G_{22}-G_{12}G_{21}} = \dfrac{-G_3}{G_1G_2+G_2G_3+G_3G_1} \\[4mm]
R_{22} = \dfrac{G_{11}}{G_{11}G_{22}-G_{12}G_{21}} = \dfrac{G_1+G_3}{G_1G_2+G_2G_3+G_3G_{11}}
\end{cases}
\tag{6.3.23}
$$

综上所述,T 形网络和 Π 形网络可以互相转换。实际上,将式(6.3.18)与式(6.3.23)联立,就可以得到 T 形网络与 Π 形网络等效变换的公式。

如前所述,任何一个互易二端口网络的外部特性都可以用三个独立端口参数来表示,因此,可以用一个简单网络来等效而又不至改变网络的外特性,这对网络分析与设计都非常有好处。显然,T 形和 Π 形网络可以作为任何线性互易二端口网络的等效电路。

当然,对称二端口网络首先是互易网络,也可以用 T 形或 Π 形网络等效;其次又只有两个独立端口参数,表现在具体电路上即是 T 形与 Π 形网络的左右两个元件是等值的。

3. 含受控源二端口网络的等效

线性无源二端口网络的端口方程可以用叠加定理推导,而叠加定理也适用于线性含受控源网络。由此可知,线性无受控源二端口网络端口方程的所有形式全都适用于线性含受控源二端口网络。

含受控源与无受控源二端口的主要区别是:无受控源二端口网络具有互易性,含受控源二端口网络一般不具有互易性。因此,对于无受控源二端口网络由互易性推导出的关于四个特性参数之间存在一定关系的结论,一般不适用于含受控源二端口网络,即线性含受控源二端口网络的四个参数一般都是独立的。

设图 6.3.11 为含受控源二端口网络,其端口方程式为

$$
\begin{cases}
I_1 = G_{11}U_1 + G_{12}U_2 \\
I_2 = G_{21}U_1 + G_{22}U_2
\end{cases}
\tag{6.3.24}
$$

其中 $G_{12} \neq G_{21}$,令 $G_{21} = G_{12}+G$,则式(6.3.25)可写作

$$
\begin{cases}
I_1 = G_{11}U_1 + G_{12}U_2 \\
I_2 = G_{12}U_1 + GU_1 + G_{22}U_2
\end{cases}
\tag{6.3.25}
$$

根据式(6.3.25)可以画出等效电路,如图 6.3.12 所示。

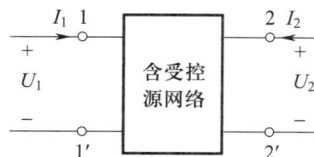

图 6.3.11 含受控源二端口网络

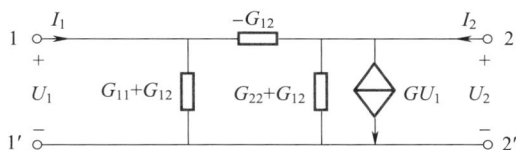

图 6.3.12 含受控源二端口网络的 Π 形等效电路

其中

$$\begin{cases} G_{11}+G_{12}=G_1 \\ G_{22}+G_{12}=G_2 \\ \qquad -G_{12}=G_3 \\ G_{21}-G_{12}=G \end{cases} \tag{6.3.26}$$

图 6.3.12 所示电路实际上是无受控源 Π 形网络与受控源组合形成的。上述由端口参数描述到具体电路的实现这一过程看似简单,但它却是由分析到综合(设计)的重要思维转换,读者需要仔细体会。

类似的,若有含受控源二端口网络由 R 参数给出,则其 T 形等效电路如图 6.3.13 所示。

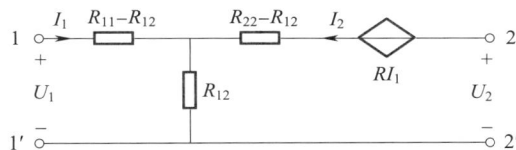

图 6.3.13 含受控源二端口网络的 T 形等效电路

其中

$$\begin{cases} R_{11}-R_{12}=R_1 \\ R_{22}-R_{12}=R_2 \\ \qquad R_{12}=R_3 \\ R_{21}-R_{12}=R \end{cases} \tag{6.3.27}$$

例 6.3.3 如图 6.3.14 所示为负反馈运算放大器电路及其受控源模型,试求该二端口网络的 R 参数。

解: 当输出端开路,即 $I_2=0$ 时,等效电路如图 6.3.15 所示。

对于 U_n 和 U_2 节点,采取节点电压分析法,有

$$\left(\frac{1}{R_1}+\frac{1}{R_i}+\frac{1}{R_2+R_o}\right)U_n=\frac{U_1}{R_1}-\frac{AU_n}{R_2+R_o} \tag{1}$$

$$\left(\frac{1}{R_2}+\frac{1}{R_o}\right)U_2-\frac{U_n}{R_2}=-\frac{AU_n}{R_o} \tag{2}$$

其中 $U_n=-U_d$。

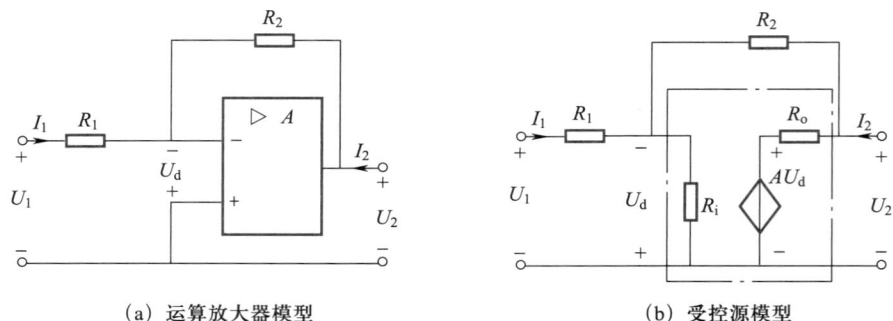

(a) 运算放大器模型　　　　　　(b) 受控源模型

图 6.3.14 负反馈运算放大器电路

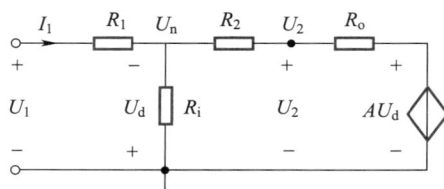

图 6.3.15 输出端开路等效电路

补充方程

$$U_n = U_1 - I_1 R_1 \tag{3}$$

将式(3)代入式(1)有

$$\left(\frac{1}{R_i} + \frac{A+1}{R_2+R_o} \right) U_n = I_1 \tag{4}$$

由式(3)和(4),可得

$$R_{11} = \frac{U_1}{I_1} \bigg|_{I_2=0} = R_1 + \left(\frac{1}{R_i} + \frac{A+1}{R_2+R_o} \right)^{-1} = R_1 + \frac{R_i(R_2+R_o)}{R_2+R_o+(A+1)R_i} \tag{5}$$

由式(2)和(4),可得

$$R_{21} = \frac{U_2}{I_1} \bigg|_{I_2=0} = \frac{R_o-AR_2}{R_o+R_2} \left(\frac{1}{R_i} + \frac{A+1}{R_2+R_o} \right)^{-1} = \frac{R_i(R_o-AR_2)}{R_2+R_o+(A+1)R_i} \tag{6}$$

当输入端开路,即 $I_1 = 0$ 时,等效电路如图 6.3.16 所示。

对 U_2 节点有

$$I_2 = \frac{U_2}{R_2+R_i} + \frac{U_2+AU_1}{R_o} \tag{7}$$

补充方程

$$U_1 = \frac{R_i}{R_2+R_i} U_2 \tag{8}$$

将式（8）代入式（7）消去 U_1 可得

$$R_{22} = \frac{U_2}{I_2}\bigg|_{I_1=0} = \left(\frac{1}{R_2+R_i} + \frac{1}{R_o} + \frac{A}{R_o}\frac{R_i}{R_2+R_i}\right)^{-1} = \frac{R_o(R_i+R_2)}{R_2+R_o+(A+1)R_i} \quad (9)$$

将式（8）代入式（7）消去 U_2 可得

$$R_{12} = \frac{U_1}{I_2}\bigg|_{I_1=0} = \frac{R_o R_i}{R_2+R_o+(A+1)R_i} \quad (10)$$

综上所述可得

图 6.3.16 输入端开路
等效电路

$$\mathbf{R} = \begin{bmatrix} R_1 + \dfrac{R_i(R_2+R_o)}{R_2+R_o+(A+1)R_i} & \dfrac{R_o R_i}{R_2+R_o+(A+1)R_i} \\[3mm] \dfrac{R_i(R_o-AR_2)}{R_2+R_o+(A+1)R_i} & \dfrac{R_o(R_i+R_2)}{R_2+R_o+(A+1)R_i} \end{bmatrix} \quad (11)$$

当 A 和 R_i 趋近于无穷，且 R_o 趋近于 0 时，式（11）变为

$$\mathbf{R} = \begin{bmatrix} R_1 & 0 \\ -R_2 & 0 \end{bmatrix} \quad (12)$$

由二端口参数转化公式可以得到

$$\mathbf{T} = \begin{bmatrix} -\dfrac{R_1}{R_2} & 0 \\[3mm] -\dfrac{1}{R_2} & 0 \end{bmatrix} \quad (13)$$

由传输参数定义

$$\begin{cases} U_1 = \dfrac{-R_1}{R_2}U_2 \\[3mm] I_1 = \dfrac{-1}{R_2}U_2 \end{cases} \quad (14)$$

这恰好与运用"虚短–虚断"方法得到的理想运算放大器负反馈电路的特性一致。

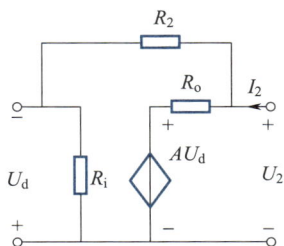

§6.4 二端口网络的连接

　　§6.1.3 中曾介绍过，两个或多个二端口网络可以互相连接而成为一个新的复杂二端口网络。反之，一个复杂二端口网络可以分解为若干个互相连接的简单二端口网络。这样组合与分解的目的是更好地分析网络的特性，也可为综合设计出更有效、更合理的电路网络提供帮助。二端口连接的方式可有多种，常用的连接类型是串联、并联和级联。

§6.4.1　串联

如果两个二端口网络的输入端口和输出端口分别以串联方式连接,就称为串串连接,简称为串联,如图6.4.1所示。

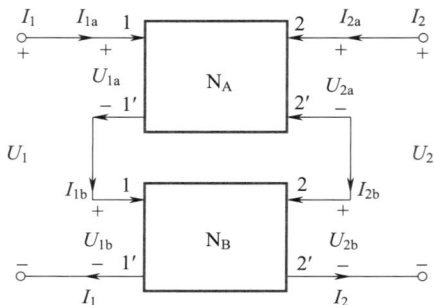

图6.4.1　二端口网络的串联

这种连接的特点,使连接后的端口电流和电压与连接前的端口电流和电压的关系分别为

$$\begin{cases} I_1 = I_{1a} = I_{1b} \\ I_2 = I_{2a} = I_{2b} \end{cases} \tag{6.4.1}$$

$$\begin{cases} U_1 = U_{1a} + U_{1b} \\ U_2 = U_{2a} + U_{2b} \end{cases} \tag{6.4.2}$$

若用 R 参数表征二端口网络 N_A 和 N_B 时,即

$$\begin{bmatrix} U_{1a} \\ U_{2a} \end{bmatrix} = \boldsymbol{R}_A \begin{bmatrix} I_{1a} \\ I_{2a} \end{bmatrix}, \quad \begin{bmatrix} U_{1b} \\ U_{2b} \end{bmatrix} = \boldsymbol{R}_B \begin{bmatrix} I_{1b} \\ I_{2b} \end{bmatrix} \tag{6.4.3}$$

将式(6.4.3)两个矩阵方程的左右两边分别相加,并且考虑到式(6.4.2),可得

$$\begin{bmatrix} U_1 \\ U_2 \end{bmatrix} = \begin{bmatrix} \boldsymbol{R}_A + \boldsymbol{R}_B \end{bmatrix} \begin{bmatrix} I_1 \\ I_2 \end{bmatrix} = \boldsymbol{R} \begin{bmatrix} I_1 \\ I_2 \end{bmatrix} \tag{6.4.4}$$

其中

$$\boldsymbol{R} = \boldsymbol{R}_A + \boldsymbol{R}_B = \begin{bmatrix} R_{11a} + R_{11b} & R_{12a} + R_{12b} \\ R_{21a} + R_{21b} & R_{22a} + R_{22b} \end{bmatrix} \tag{6.4.5}$$

由上述分析可得出结论:当多个二端口网络串串连接时,连接后的二端口网络的矩阵 $\boldsymbol{R}$,等于各个二端口网络的矩阵 $\boldsymbol{R}$ 之和。

§6.4.2　并联

两个二端口网络的输入输出端口分别以并联方式连接,就称为并并连接,简称为并联,如图6.4.2所示。

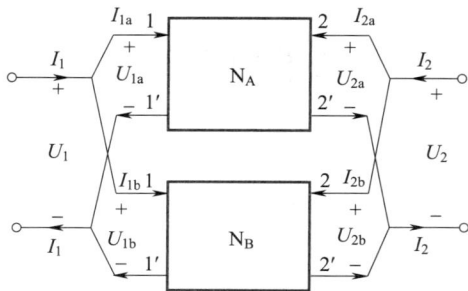

图6.4.2　二端口网络并联

设图 6.4.2 中两个二端口网络的 **G** 参数矩阵分别为

$$\boldsymbol{G}_{\mathrm{a}} = \begin{bmatrix} G_{11a} & G_{12a} \\ G_{21a} & G_{22a} \end{bmatrix} \tag{6.4.6}$$

$$\boldsymbol{G}_{\mathrm{b}} = \begin{bmatrix} G_{11b} & G_{12b} \\ G_{21b} & G_{22b} \end{bmatrix} \tag{6.4.7}$$

则当它们并联时,根据基尔霍夫定律有

$$\begin{bmatrix} I_1 \\ I_2 \end{bmatrix} = \begin{bmatrix} I_{1a} \\ I_{2a} \end{bmatrix} + \begin{bmatrix} I_{1b} \\ I_{2b} \end{bmatrix} = \begin{bmatrix} G_{11a} & G_{12a} \\ G_{21a} & G_{22a} \end{bmatrix}\begin{bmatrix} U_1 \\ U_2 \end{bmatrix} + \begin{bmatrix} G_{11b} & G_{12b} \\ G_{21b} & G_{22b} \end{bmatrix}\begin{bmatrix} U_1 \\ U_2 \end{bmatrix}$$

$$= \left\{ \begin{bmatrix} G_{11a} & G_{12a} \\ G_{21a} & G_{22a} \end{bmatrix} + \begin{bmatrix} G_{11b} & G_{12b} \\ G_{21b} & G_{22b} \end{bmatrix} \right\}\begin{bmatrix} U_1 \\ U_2 \end{bmatrix}$$

或写作

$$\begin{bmatrix} I_1 \\ I_2 \end{bmatrix} = \begin{bmatrix} G_{11} & G_{12} \\ G_{21} & G_{22} \end{bmatrix}\begin{bmatrix} U_1 \\ U_2 \end{bmatrix}$$

式中

$$\begin{bmatrix} G_{11} & G_{12} \\ G_{21} & G_{22} \end{bmatrix} = \begin{bmatrix} G_{11a} & G_{12a} \\ G_{21a} & G_{22a} \end{bmatrix} + \begin{bmatrix} G_{11b} & G_{12b} \\ G_{21b} & G_{22b} \end{bmatrix} \tag{6.4.8}$$

就是并联后二端口网络的 **G** 参数矩阵。

例 6.4.1 求图 6.4.3 所示二端口网络的 **G** 参数矩阵。

解: 将图 6.4.3 变为图 6.4.4 中的两个二端口并联电路。

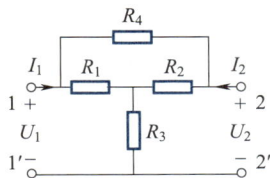

图 6.4.3 二端口网络并联求解示例

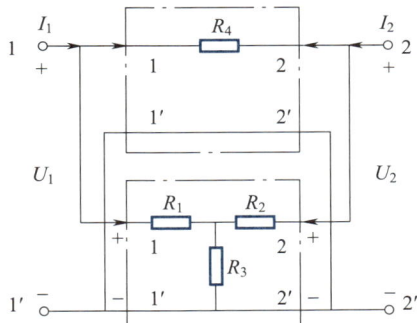

图 6.4.4 两个二端口网络并联示意图

可以求出

$$\boldsymbol{G}_1 = \begin{bmatrix} \dfrac{1}{R_4} & -\dfrac{1}{R_4} \\[2mm] -\dfrac{1}{R_4} & \dfrac{1}{R_4} \end{bmatrix} \quad \boldsymbol{G}_2 = \begin{bmatrix} \dfrac{R_1+R_3}{\Delta} & \dfrac{-R_3}{\Delta} \\[2mm] \dfrac{-R_3}{\Delta} & \dfrac{R_2+R_3}{\Delta} \end{bmatrix}$$

其中

$$\Delta = R_1 R_2 + R_2 R_3 + R_3 R_1$$

则图 6.4.3 中二端口网络的 G 参数矩阵为

$$G = G_1 + G_2$$

§6.4.3 级联

图 6.4.5 表示两个二端口网络的级联。假定其中两个二端口网络的 T 参数各为

$$\begin{bmatrix} A_1 & B_1 \\ C_1 & D_1 \end{bmatrix} \quad 和 \quad \begin{bmatrix} A_2 & B_2 \\ C_2 & D_2 \end{bmatrix}$$

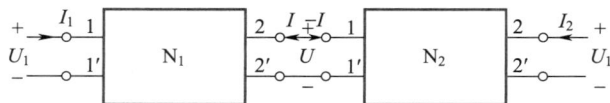

图 6.4.5 二端口网络级联

由上图可得

$$\begin{bmatrix} U_1 \\ I_1 \end{bmatrix} = \begin{bmatrix} A_1 & B_1 \\ C_1 & D_1 \end{bmatrix} \begin{bmatrix} U \\ -I \end{bmatrix} \tag{6.4.9}$$

$$\begin{bmatrix} U \\ -I \end{bmatrix} = \begin{bmatrix} A_2 & B_2 \\ C_2 & D_2 \end{bmatrix} \begin{bmatrix} U_2 \\ -I_2 \end{bmatrix} \tag{6.4.10}$$

从而有

$$\begin{bmatrix} U_1 \\ I_1 \end{bmatrix} = \begin{bmatrix} A_1 & B_1 \\ C_1 & D_1 \end{bmatrix} \begin{bmatrix} A_2 & B_2 \\ C_2 & D_2 \end{bmatrix} \begin{bmatrix} U_2 \\ -I_2 \end{bmatrix} \tag{6.4.11}$$

或写作

$$\begin{bmatrix} U_1 \\ I_1 \end{bmatrix} = \begin{bmatrix} A & B \\ C & D \end{bmatrix} \begin{bmatrix} U_2 \\ -I_2 \end{bmatrix} \tag{6.4.12}$$

式中

$$\begin{bmatrix} A & B \\ C & D \end{bmatrix} = \begin{bmatrix} A_1 & B_1 \\ C_1 & D_1 \end{bmatrix} \begin{bmatrix} A_2 & B_2 \\ C_2 & D_2 \end{bmatrix} \tag{6.4.13}$$

就是级联后二端口网络的 T 参数矩阵。即级联时复合二端口网络的传输参数矩阵等于级联的各二端口网络的传输参数矩阵的乘积。

由式(6.4.13)也可以看出,T 参数的定义中 I_2 取"$-$"的好处,它使得级联后电流参考方向协调一致,公式更简洁。

例 6.4.2 一个二端口网络,如在其输入端并联电导 G,T 参数会发生什么变化? 如将此电导多到输出端,情况是否一样?

解: 这种情况可视为两个二端口网络的级联,如图 6.4.6 所示。

左边单个电导所组成网络的传输参数矩阵显然是

$$T_1 = \begin{bmatrix} 1 & 0 \\ G & 1 \end{bmatrix}$$

因此,假设原网络 N 的传输参数矩阵为

$$T = \begin{bmatrix} A & B \\ C & D \end{bmatrix}$$

图 6.4.6　二端口网络
级联示例

则总的级联网络传输参数矩阵为

$$T' = T_1 T = \begin{bmatrix} 1 & 0 \\ G & 1 \end{bmatrix} \begin{bmatrix} A & B \\ C & D \end{bmatrix}$$

$$= \begin{bmatrix} A & B \\ GA+C & GB+D \end{bmatrix}$$

如果电导 G 移至输出端,则

$$T'' = T T_1 = \begin{bmatrix} A & B \\ C & D \end{bmatrix} \begin{bmatrix} 1 & 0 \\ G & 1 \end{bmatrix}$$

$$= \begin{bmatrix} A+BG & A \\ C+DG & D \end{bmatrix}$$

可见,两种情况下的电路传输参数矩阵完全不同。因此,两个级联的二端口网络顺序不同,其电路特性一般情况下也是不同的。

§6.4.4　串并联和并串联

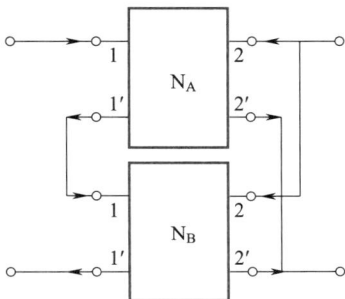

图 6.4.7 表示两个二端口网络的串并联,即两个网络的输入端口串联、输出端口并联。图 6.4.8 表示两个二端口网络的并串联,即两个网络的输入端口并联、输出端口串联。如果连接后两个二端口网络的每一个端口仍满足端口条件,则串并联时,复合二端口网络的混合参数矩阵等于串并联的各二端口网络的混合参数矩阵之和,即

$$h = h_a + h_b \tag{6.4.14}$$

图 6.4.7　二端口网络的串并联

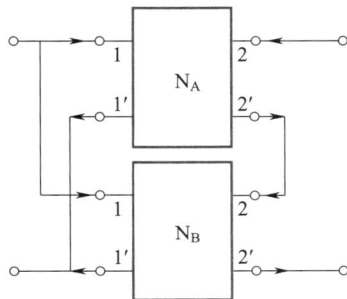

图 6.4.8　二端口网络的并串联

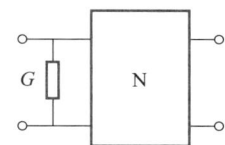

并串联时,复合二端口网络的逆混合参数矩阵等于并串联的各二端口网络的逆混合参数矩阵之和,即

$$g = g_a + g_b \tag{6.4.15}$$

必须强调的是,只有当连接后的网络以及各子网络的每个端口仍满足端口条件时,才能按照上述公式由子网络参数矩阵计算总的连接网络参数矩阵。显然,级联之后的总连接网络仍满足端口条件,但是其他几种连接方式则不一定满足上述条件。

【知识拓展】二端口网络连接的有效性判定

扫码查看详细内容。

【知识拓展】
二端口网络
连接的有效
性判定

§6.5 二端口网络的工作分析

在实际电路中,二端口网络的输入端口一般是与一个激励源相连接,输出端口则与一个负载相连接。而大多数情况下,两个二端口网络之间的连接也可以通过将上一级二端口网络等效为一个戴维南模型(从上一级网络的输出端看进去)接入下一级的输入端,或将下一级二端口网络等效为一个电阻(其值等于下级网络的输入电阻)接入上一级的输出端的方式来等效分析,如图 6.5.1 所示。本节将介绍几种有用的二端口网络的网络函数和电阻变换。

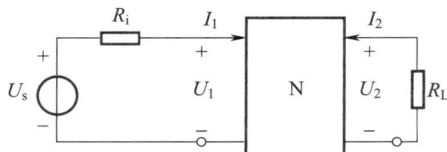

图 6.5.1 二端口网络的实际工作状态

下面对图 6.5.1 的二端口网络进行具体分析。对于激励源有

$$U_1 = U_s - R_i I_1 \tag{6.5.1}$$

负载方程

$$U_2 = -R_L I_2 \tag{6.5.2}$$

网络的 R 参数方程

$$\begin{cases} U_1 = R_{11} I_1 + R_{12} I_2 \\ U_2 = R_{21} I_1 + R_{22} I_2 \end{cases} \tag{6.5.3}$$

由式(6.5.3)可得从 1-1′ 向右看进去的输入电阻为

$$R_{i1-1'} = \frac{U_1}{I_1} = R_{11} + R_{12} \frac{I_2}{I_1} \tag{6.5.4}$$

由式(6.5.2)和式(6.5.3)得

$$-R_L I_2 = R_{21} I_1 + R_{22} I_2 \tag{6.5.5}$$

解得

$$\frac{I_2}{I_1} = -\frac{R_{21}}{R_{22}+R_L} \tag{6.5.6}$$

将式(6.5.6)代入式(6.5.4)得从 1-1′ 向右看进去的输入电阻与负载 R_L 的关系为

$$R_{i1-1'} = R_{11} - \frac{R_{12}R_{21}}{R_{22}+R_L} \tag{6.5.7}$$

同理可得,从端口 2-2′ 向左看进去的输出电阻与电源内阻 R_i 的关系为:

$$R_{i2-2'} = R_{22} - \frac{R_{12}R_{21}}{R_{11}+R_i} \tag{6.5.8}$$

定义:如果 $R_{i1-1'} = R_i$, $R_{i2-2'} = R_L$,则称 R_i 和 R_L 分别为端口 1-1′ 和端口 2-2′ 的端口特征电阻。

而对于传输参数方程

$$\begin{bmatrix} U_1 \\ I_1 \end{bmatrix} = \begin{bmatrix} A & B \\ C & D \end{bmatrix} \begin{bmatrix} U_2 \\ -I_2 \end{bmatrix} \tag{6.5.9}$$

由 1-1′ 向右看进去的输入电阻

$$R_{i1-1'} = \frac{U_1}{I_1} = \frac{AU_2 + B(-I_2)}{CU_2 + D(-I_2)} = \frac{AR_L+B}{CR_L+D} \tag{6.5.10}$$

又因为

$$\begin{bmatrix} U_2 \\ -I_2 \end{bmatrix} = \boldsymbol{T}^{-1} \begin{bmatrix} U_1 \\ I_1 \end{bmatrix} = \frac{1}{|\boldsymbol{T}|} \begin{bmatrix} D & -B \\ -C & A \end{bmatrix} \begin{bmatrix} U_1 \\ I_1 \end{bmatrix} \tag{6.5.11}$$

由 2-2′ 向左看进去的输出电阻

$$R_{i2-2'} = \frac{U_2}{I_2} = \frac{DU_1 - BI_1}{CU_1 - AI_1} = \frac{DR_i+B}{CR_i+A} \tag{6.5.12}$$

电阻变换(匹配)在工程实践中有许多应用。常见于各级放大电路之间、放大器与负载之间、测量仪器与被测电路之间,以及天线与接收机之间。

例 6.5.1 设计端口特征电阻分别为 50 Ω 和 75 Ω 的纯电阻二端口网络,如图 6.5.2 所示,且使得正向功率衰减小于 10 dB。

解:设 $R_i = 50\ \Omega$,$R_L = 75\ \Omega$,
由特征电阻的定义以及电阻串并联可得

$$R_1 + \frac{R_3(R_2+R_L)}{R_3+R_2+R_L} = R_i \tag{1}$$

$$R_2 + \frac{R_3(R_1+R_i)}{R_3+R_1+R_i} = R_L \tag{2}$$

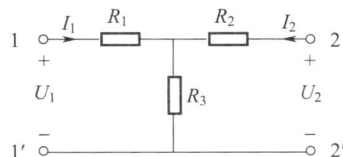

图 6.5.2 例 6.5.1 图

上述两个方程中含有 3 个未知数,因此可能存在无穷多组解。

将上述两个方程中的 R_3 分离出来,并化简得到下面关于 R_1 和 R_2 的两个约束条件:

$$R_3 = \frac{1}{R_L - R_i}(R_i R_2 - R_L R_1) > 0 \tag{3}$$

$$\frac{R_2{}^2}{R_L} - \frac{R_1{}^2}{R_i} = R_L - R_i \tag{4}$$

将上述两个约束条件等式代表的曲线画在 R_1-R_2 平面内,如图 6.5.3 所示。图中直线上方的区域表示 R_3 大于零,满足式(3);该区域内双曲线上的点则同时满足式(3)和式(4)。

下面根据正向功率衰减小于 10 dB 的条件确定一个合适的 R_1,则 R_2 和 R_3 可同时确定。由功率传输比

$$\frac{P_1}{P_2} = \frac{U_1 I_1}{-U_2 I_2} = \frac{(A U_2 - B I_2)(C U_2 - D I_2)}{-U_2 I_2} = AD + BC + AC \times Z_L + \frac{BD}{Z_L}$$

功率衰减(dB)为

$$P_r = \lg\left(\frac{P_1}{P_2}\right)$$

将功率衰减 P_r 表示为 R_1 的函数,如图 6.5.4 所示。

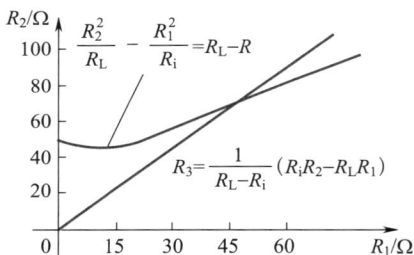

图 6.5.3　R_1-R_2 平面内的约束条件曲线

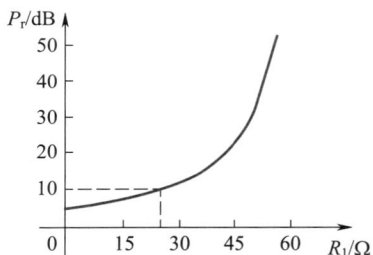

图 6.5.4　功率衰减与 R_1 的关系曲线

由上图可知当 R_1 小于某一值(约 25 Ω)时均符合功率衰减条件,特殊的,当 $R_1 = 0$ 时,正向功率衰减最小,为 5.72 dB 左右。此时,$R_2 = 25\sqrt{3}$ Ω,$R_3 = 50\sqrt{3}$ Ω。

§6.6　二端口网络示例

负阻变换器和回转器是近代电路理论中两个重要的概念,也是实际电路中两种重要的二端口元件。这里将它们作为含源二端口网络的例子来讨论。

§6.6.1　负阻变换器

顾名思义,负阻变换器(negative-impedance convertor,NIC)具有将(正)电阻变换成负电阻的

功能。负阻变换器的符号如图 6.6.1 所示。

通过受控源知识的学习我们知道,负阻具有源的特性,可以为外部电路提供功率。为实现这一特性,负阻变换器的传输参数矩阵 T 的各元素应满足如下条件:

$$B = C = 0 \tag{6.6.1}$$

$$\frac{A}{D} = -K \quad (K \text{ 为正数}) \tag{6.6.2}$$

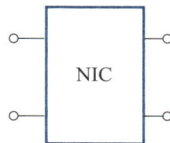

图 6.6.1 负阻变换器符号

负阻变换器既可变换电阻,也可变换电导,因此也被称为负导变换器。如取 $A = 1$,则

$$D = -\frac{1}{K} \tag{6.6.3}$$

此时传输参数矩阵为

$$T = \begin{bmatrix} A & B \\ C & D \end{bmatrix} = \begin{bmatrix} 1 & 0 \\ 0 & -\dfrac{1}{K} \end{bmatrix} \tag{6.6.4}$$

具有这种传输参数矩阵的负导变换器被称为电流型负导变换器。其传输方程为

$$\begin{cases} U_1 = U_2 \\ I_1 = \dfrac{I_2}{K} \end{cases} \tag{6.6.5}$$

由此看出电流型负导变换器的基本特性是:

(1) 输出电流比输入电流大 K 倍("电流型"名称的含义),并向外输出功率。

(2) 当在端口 2-2′ 接电阻 R 时,端口 1-1′ 的输入电阻为 $-KR$(如图 6.6.2(a)所示)。

(3) 当在端口 1-1′ 接电阻 R 时,端口 2-2′ 的输入电阻为 $-\dfrac{R}{K}$(如图 6.6.2(b)所示)。

可见负导变换器是在等效的概念上将输入端的电阻变成了输出端的等效负电阻,或者将输出端的电阻变换为输入端的等效负电阻,但变换比互为倒数。

图 6.6.3(a)是电流型 NIC 的一种原理电路。

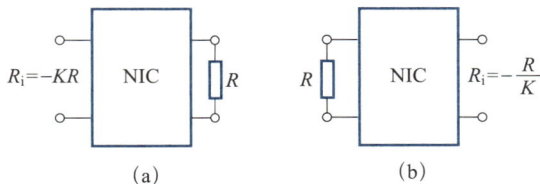

图 6.6.2 电流型 NIC 电阻变换作用

它的方程式为

$$\begin{cases} U_1 = U_2 \\ R_1\left[I_1 - \dfrac{I_1 + I_2}{\alpha} \right] = R_2\left[I_2 + \dfrac{I_1 + I_2}{\alpha} \right] \end{cases} \qquad (6.6.6)$$

当 $\alpha \to \infty$ 时,上式变为

$$\begin{cases} U_1 = U_2 \\ R_1 I_1 = R_2 I_2 \end{cases} \qquad (6.6.7)$$

这相当于 $K = \dfrac{R_1}{R_2}$ 的电流型 NIC。

图 6.6.3(b)是用运放实现的电流型 NIC。由(理想)运放的性质,不难证明它恰好满足上列方程式,请读者自行验证。

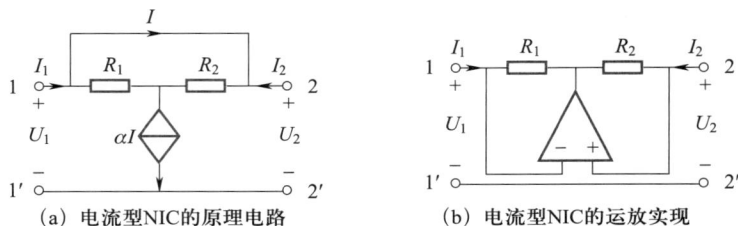

(a) 电流型NIC的原理电路   (b) 电流型NIC的运放实现

图 6.6.3 电流型 NIC 的原理电路及其实现

需要说明的是,除了电流型 NIC,尚有电压型 NIC,其传输矩阵为

$$\begin{bmatrix} A & B \\ C & D \end{bmatrix} = \begin{bmatrix} -K & 0 \\ 0 & 1 \end{bmatrix} \qquad (6.6.8)$$

§6.6.2 回转器

回转器(gyrator)是一种二端口网络,从其一侧看入的等效电阻等于对侧所接电阻的倒数乘一个常数。也就是说回转器具有将输入端的电阻(导)变换成输出端的等效电导(阻)或者将输出端的电阻(导)变换成输入端的等效电导(阻)的功能。理想回转器用如图 6.6.4 所示的符号表示。

一个二端口网络要具有"回转"作用,充分和必要条件是

$$\begin{cases} A = D = 0 \\ \dfrac{B}{C} > 0 \end{cases} \qquad (6.6.9)$$

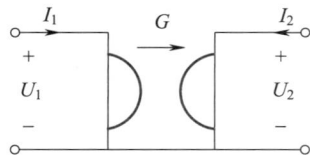

图 6.6.4 回转器

但这显然不能满足 $AD - BC = 1$ 的条件,所以回转器要用含源网络来实现。

如取 $C = G, B = \dfrac{1}{G}$，就可以得到所谓理想回转器，其传输方程为

$$T = \begin{bmatrix} 0 & \dfrac{1}{G} \\ G & 0 \end{bmatrix}$$

(6.6.10)

参数 G 具有电导的量纲，称为回转电导。

也可以这样描述回转器：它将一个端口上的电流（电压）"回转"为另一端口上的电压（电流），如图 6.6.5 所示。

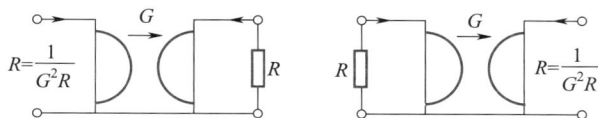

图 6.6.5 理想回转器的电阻变换特性

由式(6.6.10)得

$$\frac{U_1}{I_1} = \frac{1}{G^2}\left(\frac{-I_2}{U_2}\right) = \frac{1}{G^2 R}$$

(6.6.11)

和

$$\frac{U_2}{I_2} = \frac{1}{G^2}\left(\frac{-I_1}{U_1}\right) = \frac{1}{G^2 R}$$

(6.6.12)

由此可见，如在某一侧接电阻 R，则从对侧看入的输入电阻是一致的。

图 6.6.6 是回转器的一种原理电路，其中 $-R$ 也须用一负导变换器来实现。

图中左边二端口网络的传输参数矩阵为

$$T_1 = \begin{bmatrix} 1 & 0 \\ 0 & -1 \end{bmatrix}$$

(6.6.13)

右边二端口的传输参数矩阵为

$$T_2 = \begin{bmatrix} 0 & R \\ -\dfrac{1}{R} & 0 \end{bmatrix}$$

(6.6.14)

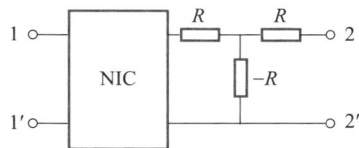

图 6.6.6 一种回转器电路

所以回转器电路的传输参数矩阵为

$$T = T_1 T_2 = \begin{bmatrix} 1 & 0 \\ 0 & -1 \end{bmatrix}\begin{bmatrix} 0 & R \\ -\dfrac{1}{R} & 0 \end{bmatrix} = \begin{bmatrix} 0 & R \\ \dfrac{1}{R} & 0 \end{bmatrix}$$

(6.6.15)

符合回转器电路的定义。

【章节知识点测验】

请扫码进行章节知识点测验。

【章节知识点
测验】 【典型习题
精讲】

【典型习题精讲】

请扫码查看详细内容。

习　题

6.1　求题 6.1 图所示的各二端口网络的开路电阻矩阵 R。

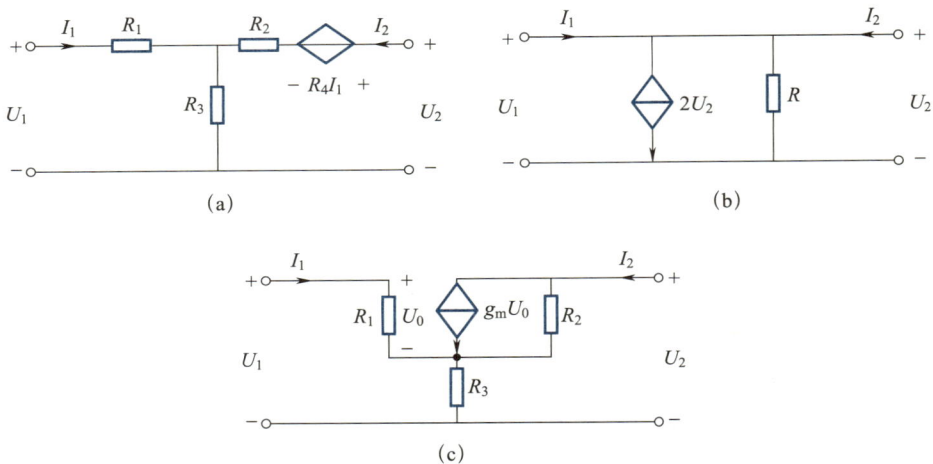

(a)　　　　　　　　　　　　(b)

(c)

题 6.1 图

6.2　求题 6.2 图所示二端口网络的短路电导矩阵 G。

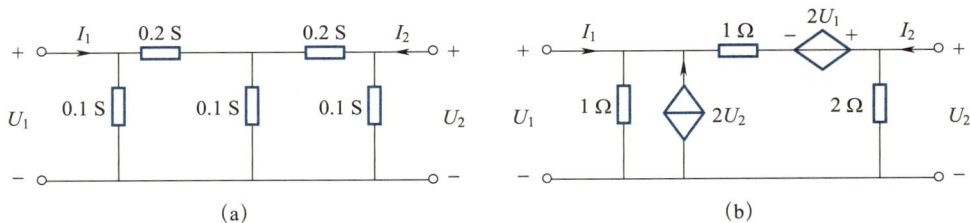

(a)　　　　　　　　　　　　(b)

题 6.2 图

6.3 求题 6.3 图所示二端口网络的开路电阻矩阵 **R** 和短路电导矩阵 **G**。

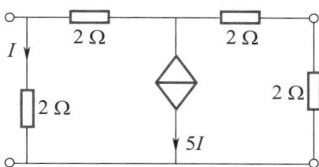

题 6.3 图

6.4 求题 6.4 图所示二端口网络的开路电阻矩阵 **R** 和短路电导矩阵 **G**。

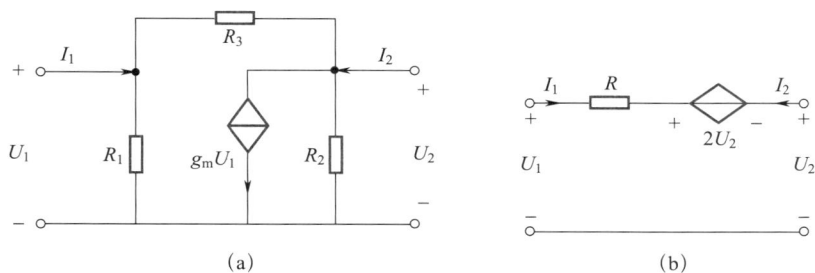

(a)   (b)

题 6.4 图

6.5 求题 6.5 图所示二端口网络的开路电阻矩阵 **R** 和短路电导矩阵 **G**。

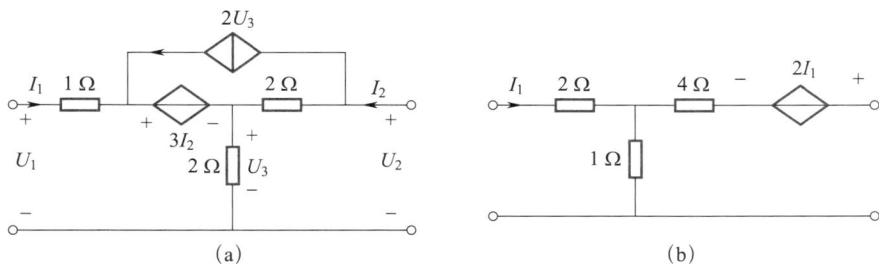

(a)   (b)

题 6.5 图

6.6 题 6.6 图所示电路参数均为已知,试求该电路的 T 参数。

6.7 已知题 6.7 图(a)中 $I_1 = 0.3 I_s$,图(b)中 $I_2 = 0.2 I_s$,试求电阻 R_1 的值。

6.8 试求题 6.8 图(a)所示电路中的电流 I 和题 6.8 图(b)所示电路中的电压 U。

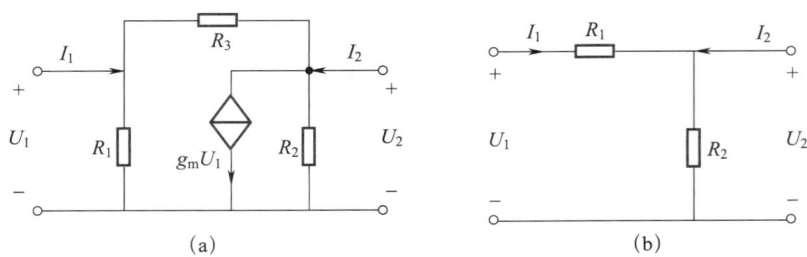

题 6.6 图

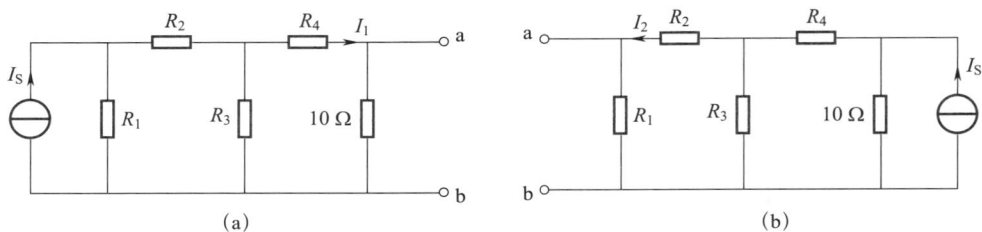

题 6.7 图

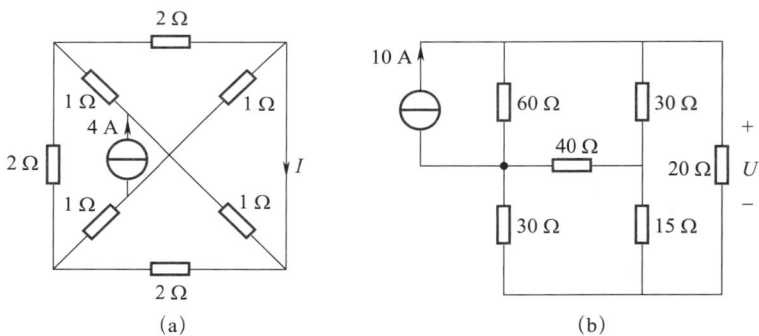

题 6.8 图

6.9 试绘出对应于下列各矩阵的任意一种等效二端口网络模型,并标出各端口电压、电流的参考方向。

(a) $\boldsymbol{G} = \begin{bmatrix} 5 & -2 \\ 0 & 3 \end{bmatrix}$ S

(b) $\boldsymbol{G} = \begin{bmatrix} 10 & 0 \\ -5 & 20 \end{bmatrix}$ S

(c) $\boldsymbol{R} = \begin{bmatrix} 3 & 1 \\ 1 & 2 \end{bmatrix}$ Ω

(d) $\boldsymbol{R} = \begin{bmatrix} 3 & 2 \\ -4 & 4 \end{bmatrix}$ Ω

6.10 已知某二端口网络的开路电阻参数为 $r_{11} = r_{22} = 10\ \Omega$，$r_{12} = 8\ \Omega$，$r_{21} = 5\ \Omega$。题 6.10 图所示电路为其等效电路，求 R_1、R_2、R_3 和 r 的值。

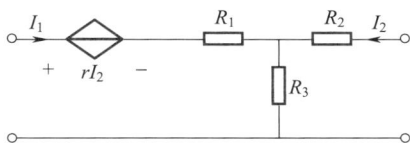

题 6.10 图

6.11 求题 6.11 图所示二端口网络的 G 参数。

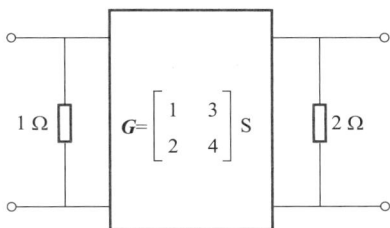

题 6.11 图

6.12 求题 6.12 图所示电路的开路电阻矩阵。

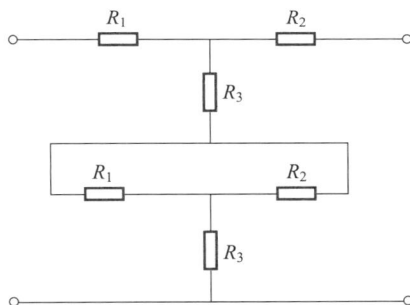

题 6.12 图

6.13 如题 6.13 图所示二端口网络，试分别使用定义和二端口网络级联的方法求解电路的 R 参数，其中二端口网络 N 的传输参数矩阵为 $T = \begin{bmatrix} 2 & 1\ \Omega \\ 1\ \mathrm{S} & 2 \end{bmatrix}$。

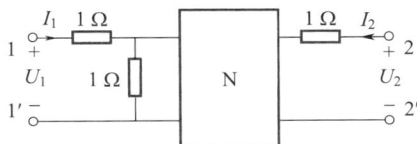

题 6.13 图

6.14 如题 6.14 图所示,已知二端口 N_1 的 G 参数方程为 $\begin{cases} I_1 = 2U_1 + U_2 \\ I_2 = -U_1 + 2U_2 \end{cases}$,求二端口 N 的传输参数矩阵。

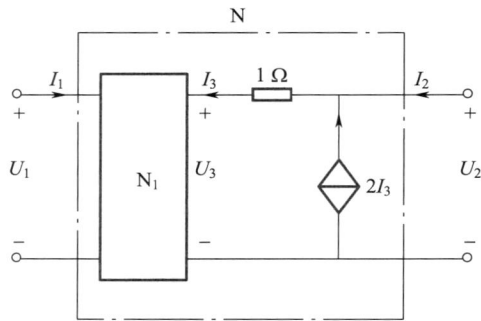

题 6.14 图

第七章 非线性电阻电路分析

【引言】电子电路中的元器件,很多是非线性的,如半导体晶体管、开环运算放大器等。**当电路元件的端电压与流入电流之间呈非线性关系,即电压电流关系不成比例时,就称其为非线性元件。由非线性元件和独立电源组成的电路,其电路方程为非线性方程,这种电路称为非线性电路**。现代通信及各种电子设备中广泛采用的频率变换电路和功率变换电路,如调制解调、变频等,都属于非线性电路的范畴。另一类典型应用则是利用电路的非线性特性实现系统的反馈控制,如自动增益控制、自动频率控制、自动相位控制等。严格地说,**一切实际电路都是非线性电路**。但在大部分情况下,电路中元器件的非线性特性并不明显,因此可采用线性模型对其进行近似处理以简化分析过程。然而在某些应用场景,电路中的许多非线性元器件的非线性特征不容忽略,否则就无法解释电路中发生的物理现象,因此,研究非线性器件及非线性电路具有十分重要的意义。

分析非线性电路的基本依据仍然是 KCL、KVL 以及元件的伏安特性,也就是我们常提及的电路分析的两类约束条件。但由于"非线性"的特点,就不能直接使用在前面章节里介绍的线性电路定理,因此对非线性电路的分析和计算有时并不容易,甚至十分复杂,是电路分析中的一大难点。本章主要介绍非线性电阻元件及非线性电阻电路的特性、作用及其与线性电阻电路的区别,并介绍几种常用的非线性电阻电路的分析方法。

§7.1 非线性元件与非线性电路

前面几章介绍的电路中,只包含了线性元件和独立电源,其电路方程是线性方程,这类电路称为线性电路。线性电路元件的主要特点是端电压和流入电流之间的关系是由线性算子决定的。例如,通常大量应用的电阻、电容和空心电感都可视为是线性元件。但正像绪论中所提到的,常用的元器件除线性元件外,还有许多非线性元器件。此外,时变参数电路也可分为线性时变参数电路和非线性时变参数电路两种。

非线性元器件种类很多,归纳起来,可分为非线性电阻、非线性电容和非线性电感三类。如隧道二极管、变容二极管及铁心线圈等。本章主要讨论非线性电阻元件及由非线性电阻元件与独立电源组成的非线性电阻电路。

与线性电路相比,非线性电路的分析与计算要复杂得多。在线性电路中,可用多种电路分析方法建立线性电路方程并较精确地将电路指标计算出来。而在非线性电路中,由于元件的非线性特性,无法再用简单的线性公式来做计算。因此在分析非线性电路时,除解析法外,还常用到图解法。此外,利用分段线性化的折线分析法以及利用局部线性化的小信号分析法也是重要的分析手段,我们将在本章的后续部分中分别进行介绍。

§7.1.1 非线性电阻元件的基本概念

所谓非线性电阻元件,是指其伏安特性可以用 u-i 平面内的曲线表示,但又不是过原点的直线的电子器件。按此定义,忽略了电感、电容效应后的半导体二极管、晶体管、场效应晶体管等器件都可称为是非线性电阻。例如,通过二极管的电流大小不同,二极管的内阻值便不同;晶体管的放大系数与工作点相关等。

显然,"非线性"是与"线性"相对应的概念,例如,元件的伏安特性曲线是一条过原点的直线的称为线性电阻,线性电阻满足欧姆定律;除此之外的均称为非线性电阻,非线性电阻不满足欧姆定律。

非线性电阻的符号与线性电阻略有不同,如图 7.1.1 所示。

一个元器件究竟是线性还是非线性是相对的。线性和非线性的划分,很大程度上取决于元器件的工作状态,如静态工作点、动态工作范围等。当元器件在某一特定条件下工作,若其响应中的非线性效应小到可以忽略的程度时,则可认为此元器件是线性

图 7.1.1 非线性电阻的符号

的。但是,当动态范围变大,以至于非线性效应占据主导地位时,此元器件就应视为是非线性的。如输入小信号时,晶体管可以看成是线性器件,因而允许用线性四端网络等效之,并用一般线性系统分析方法分析其性能;但当输入信号逐渐增大,使其动态工作点延伸至饱和区或截止区时,晶体管就表现出与其在小信号状态下极不相同的性质,这时就应把晶体管看作非线性器件。

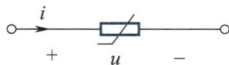

§7.1.2 非线性电阻的特性

1. 非线性电阻的工作特性

按照伏安特性曲线的特点,可以将非线性电阻分为流控型电阻、压控型电阻和单调型电阻三类。

流控型电阻两端的电压是其电流的单值函数,表示为 $u=f(i)$。如果以 u 为横轴,i 为纵轴来绘制,其伏安特性曲线呈 S 形,如图 7.1.2(a) 所示。具有负温度系数的热敏电阻器和某些充气二极管表现出类似的伏安特性。其特点是:

(1) 对每一电流值有唯一的电压与之对应。

(2) 对任一电压值则可能有多个电流与之对应。

通过压控型电阻的电流是其两端电压的单值函数,表示为 $i=g(u)$。同样地,如果以 u 为横轴,i 为纵轴来绘制,其伏安特性曲线呈 N 形,如图 7.1.2(b) 所示。具有正温度系数的热敏电阻器和隧道二极管(单极晶体管)便具有上述的伏安特性。其特点是:

(1) 对每一电压值有唯一的电流与之对应。

(2) 对任一电流值则可能有多个电压与之对应。

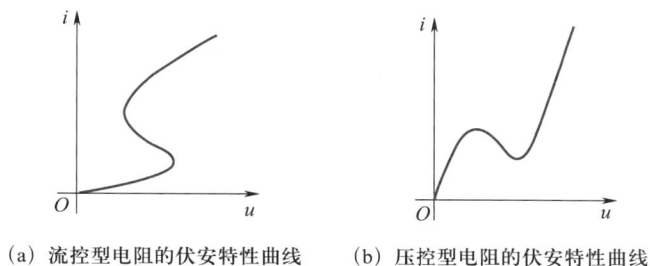

(a) 流控型电阻的伏安特性曲线　　(b) 压控型电阻的伏安特性曲线

图 7.1.2　非线性电阻伏安特性示意图（1）

注意：流控型和压控型电阻的伏安特性均有一段下倾段，在此段内电流随电压增大而减小。（说明什么？）

如图 7.1.3 所示为某一非线性电阻的伏安特性曲线，试判断其类型。（流控型，为什么？）

单调型非线性电阻的伏安特性则呈现单调增长或单调下降的趋势，最典型的例子就是所谓 PN 结二极管的伏安特性。如图 7.1.4 所示。

由图 7.1.4 可知，PN 结二极管的伏安特性曲线其正向工作特性按指数规律变化，U_{on}表示正向导通电压。反向工作特性与横轴非常接近，其中，I_S 为反向饱和电流，U_{BR} 表示反向击穿电压。其 u、i 是一一对应的。其伏安特性表达式为：

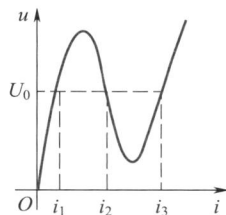

图 7.1.3　非线性电阻
伏安特性示意图（2）

$$i = I_S(e^{\frac{qu}{kT}} - 1)$$

　　　　　　　（7.1.1）

或

$$u = \frac{kT}{q}\ln\left(\frac{i}{I_S} + 1\right)$$

其中：I_S——反向饱和电流（常数）；

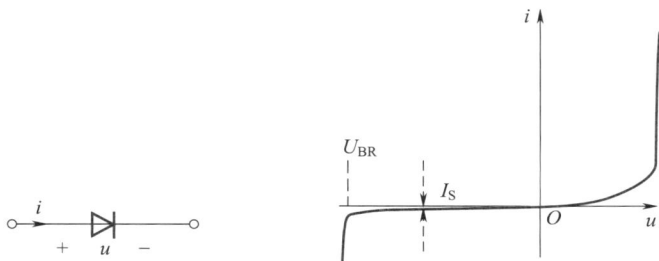

图 7.1.4　PN 结二极管符号及伏安特性曲线

q ——电子电荷，$1.6×10^{-19}$ C；

k ——玻尔兹曼常数，$1.38×10^{-23}$ J/K；

T ——热力学温度（绝对温度）。

由上述伏安特性曲线可以看出，曲线不关于原点对称。电压或电流方向改变时，其电流或电压改变很多。称这种特性为单向导通性（unilateral）。二极管的典型特点就是具有单向导电性，可用于整流。若电阻的伏安特性曲线与方向无关，则电阻两端钮可互换，称为双向导通性（bilateral）。

对非线性电阻电路分析时，还有静态电阻和动态电阻之分。如图 7.1.5 所示。

非线性电阻在某一工作状态下（如 P 点）的电压值与电流值之比称为该非线性电阻在该点的静态电阻（static resistance）R。

$$R = \frac{u_P}{i_P} \propto \tan\alpha \qquad (7.1.2)①$$

非线性电阻在某一工作状态下（如 P 点）的电压对电流的导数，即电压增量与电流增量之比的极限，称为该非线性电阻在该点的动态电阻（dynamic resistance）R_d。

$$R_d = \frac{du}{di} \propto \tan\beta \qquad (7.1.3)②$$

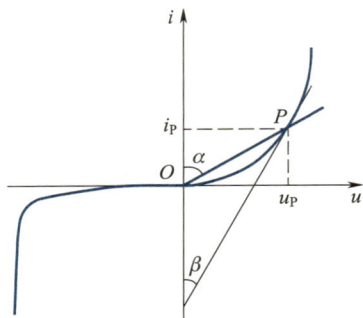

图 7.1.5 静态电阻与动态电阻的含义

静态电阻与动态电阻都与工作点有关。当 P 点位置不同时，R 与 R_d 均会变化，但它们是不同的。静态电阻 R 反映了伏安特性曲线上某一点 u 与 i 的关系。静态电阻的定义与一般线性电阻的定义类似，只不过线性电阻在整个工作范围，即元件电压、电流的取值范围内保持不变，而非线性电阻的静态电阻则是变化的。动态电阻 R_d 则反映了在某一点 u 的变化与 i 的变化的关系，即 u 对 i 的变化率。动态电阻的定义主要针对元器件尤其是晶体管在小信号工作环境下的性能描述。在本章后续内容及模拟电子线路的学习中，大家会有更深刻的体会。

对压控型或流控型电阻而言，伏安特性曲线有一段下倾段，此时 R_d 为负，表明动态电阻具有"负电阻"的性质，也就是具有"源"的特性，可以提供功率。当然，和受控源是由受控源外部电路的某支路电压或电流控制一样，它们也是由外部电路提供能量的。

【知识链接】非线性电阻器件的描述参数

除了静态电阻与动态电阻，非线性电阻器件还有多种含义不同的参数，且这些参数都随激励量的大小而变化，如直流电导、交流电导、平均电导等。

直流电导又称为静态电导，与上述的静态电阻对应。直流电导指非线性电阻器件伏安特性

---

① 式中 ∝ 表示正比于。

② 同上。

曲线上任一点电流值与电压值之比。显然与外加电压有关。

交流电导又称为增量电导或微分电导,与上述的动态电阻对应。交流电导指伏安特性曲线上任一点的斜率或近似为该点上增量电流与增量电压的比值,它是外加电压的非线性函数。

平均电导指在叠加的交变信号 $u(t)$ 作用下电流波形中与 $u(t)$ 同频率的基波分量振幅 Im 与 $u(t)$ 的振幅之比。当非线性电阻器两端在静态直流电压的基础上又叠加幅度较大的交变信号,对其不同的瞬时值,非线性电阻器伏安特性曲线上某一点的交流电导是变化的,故引入平均电导的概念。

【知识链接】负阻抗效应及负电阻元件

请扫码查看具体内容。

【知识链接】
负阻抗效应
及负电阻元件

2. 非线性电阻的频率变换特性

当某一频率的正弦电压作用于二极管,根据 $u(t)$ 的波形和二极管的伏安特性曲线,即可用作图的方法求出通过二极管的电流 $i(t)$ 的波形。如图 7.1.6 所示。

虽然 $i(t)$ 还是一个周期函数,但已经不再是正弦波形。所以非线性电阻元件上的电压和电流的波形是不相同的。如果将电流用傅里叶级数展开,可以发现,它的频谱中除包含电压 $u(t)$ 的频率成分 ω(即基波)外,还新产生了频率为 ω 的整数倍的各次谐波及直流成分(相关概念请参见 §11.6)。即二极管具有频率变换的能力。

一般来说,非线性元件的输出信号比输入信号具有更为丰富的频率成分。在通信、广播电路中,正是利用非线性元件的这种频率变换作用来实现调制、解调、混频等功能的。

下面就以常用的 PN 结二极管为例,说明非线性电阻器件的频率变换作用。

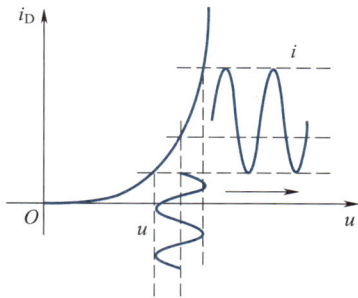

图 7.1.6 正弦信号通过
二极管的波形示意图

(1) 二极管上加电压 $u_d = U_Q + U_{sm}\cos \omega_s t$

其中,U_Q 表示工作点 Q 的直流电压激励,$U_{sm}\cos \omega_s t$ 表示加载的交流小信号。当 PN 结二极管的电压、电流值较小时,流过二极管的电流 $i_d(t)$ 可写为:

$$i_d(t) = I_S\left(e^{\frac{u_d}{U_T}} - 1\right)$$

若其中 U_{sm} 较小,$U_Q \gg U_T$。则流过二极管的电流可表示为

$$i_d(t) \approx I_S e^{\frac{u_d}{U_T}} = I_S e^{\frac{1}{U_T}(U_Q + U_{sm}\cos \omega_s t)}$$

令

$$X = \frac{1}{U_T}(U_Q + U_{sm}\cos \omega_s t)$$

则

$$i_d(t) \approx I_S e^X$$

根据指数函数的泰勒级数展开 $i_d(t)$ 可写成

$$i_d(t) \approx I_S + \frac{I_S}{U_T}(U_Q + U_{sm}\cos\omega_s t) + \frac{1}{2!}\frac{I_S}{U_T^2}(U_Q + U_{sm}\cos\omega_s t)^2 + \cdots +$$

$$\frac{1}{n!}\frac{I_S}{U_T^n}(U_Q + U_{sm}\cos\omega_s t)^n$$

由二项式定理

$$(u_1 + u_2)^n = \sum_{m=0}^{n} C_n^m u_1^{n-m} u_2^m$$

可进一步展开,其中

$$C_n^m = \frac{n!}{m!(n-m)!}$$

代入三角函数公式

$$\cos^n \omega_s t = \begin{cases} \dfrac{1}{2^n}\left[C_n^{\frac{n}{2}} + \displaystyle\sum_{k=0}^{\frac{n}{2}-1} C_n^k \cos(n-2k)\omega_s t\right], & n\ \text{为偶数} \\[3mm] \dfrac{1}{2^n}\left[\displaystyle\sum_{k=0}^{\frac{1}{2}(n-1)} C_n^k \cos(n-2k)\omega_s t\right], & n\ \text{为奇数} \end{cases}$$

可以将 $i_d(t)$ 表达为

$$i_d(t) = \sum_{n=0}^{\infty} a_n \cos n\omega_s t$$

以上分析表明:单一频率的信号电压作用于非线性元件时,在电流中不仅含有输入信号的频率分量 ω_s,而且还含有各次谐波频率分量 $n\omega_s$。

(2)二极管上加电压 $u_d = u_{d1} + u_{d2} = u_{dm1}\cos\omega_1 t + u_{dm2}\cos\omega_2 t$。

当两个信号电压 $u_{d1} = u_{dm1}\cos\omega_1 t$ 和 $u_{d2} = u_{dm2}\cos\omega_2 t$ 同时作用于二极管时,根据以上的分析可得简化后的 $i_d(t)$ 表达式为

$$i_d(t) = \sum_{n=0}^{\infty} \sum_{m=0}^{n} a_{n,m}\cos^{n-m}\omega_1 t \cdot \cos^m \omega_2 t$$

利用三角函数的积化和差公式

$$\cos\omega_1 t \cdot \cos\omega_2 t = \frac{1}{2}\cos(\omega_1 + \omega_2)t + \frac{1}{2}\cos(\omega_1 - \omega_2)t$$

可以推出 $i_d(t)$ 所包含的频率成分为

$$\begin{cases} p\omega_1, q\omega_2 \\ |p\omega_1 \pm q\omega_2| \end{cases} \quad p,q\ \text{为正整数,且}\ p+q \leqslant n$$

根据分析,可以得到如下结论:

1) 由于元器件的非线性作用,输出电流中产生了输入电压中不曾有的新频率成分。

2) 由于表示特性曲线的幂多项式最高次数等于 n,所以电流中最高谐波次数不超过 n。若组合频率表示为 $p\omega_1+q\omega_2$ 和 $p\omega_1-q\omega_2$,则 $p+q\leqslant n$。

3) 电流中的直流成分、偶次谐波以及系数之和 $p+q$ 为偶数的各种组合频率成分,其振幅均只与幂级数的偶次项系数及常数项有关,而与奇次项系数无关;类似地,奇次谐波以及系数之和为奇数的各种组合频率成分,其振幅只与非线性特性表示中的奇次项系数有关,而与偶次项系数无关。

4) m 次谐波以及系数之和等于 m 的各组合频率成分,其振幅只与幂级数中等于及高于 m 次的各项系数有关,可将直流成分视作零次、基波视作一次。如直流成分的振幅与直流项系数 b_0、二次谐波项系数 b_2 都有关,而二次谐波及其组合频率 $\omega_1+\omega_2$ 与 $\omega_1-\omega_2$ 的各成分其振幅只与二次谐波项系数 b_2 有关,与直流项系数 b_0 无关。

5) 因为幂级数展开式中含有两个信号的相乘项,起到乘法器的作用,因此,所有组合频率分量都是成对出现的。如有 $\omega_1+\omega_2$,就一定有 $\omega_1-\omega_2$,有 $2\omega_1-\omega_2$,就一定有 $2\omega_1+\omega_2$ 等。

实际上模拟乘法器是一种非线性时变参数电路。在高频应用中,乘法器是实现频率变换的基本组件。与一般非线性电阻器件相比,乘法器可进一步过滤某些无用的组合频率分量,使输出信号频谱得以净化。

3. 非线性电阻不一定满足叠加定理

线性电路一定满足叠加定理,即具有叠加性和均匀性。非线性电阻元件组成的非线性电阻电路通常并不满足叠加定理。

例 7.1.1　一非线性电阻的伏安特性 $u=100i+i^3$。

(1) 求 $i_1=2$ A,$i_2=10$ A 时对应的电压 u_1,u_2;

(2) 求 $i=2\cos(314t)$ A 时对应的电压 u_3;

(3) 设 $u_{12}=f(i_1+i_2)$,问是否有 $u_{12}=u_1+u_2$?

(4) 若忽略高次项,当 $i=10$ mA 时,由此产生多大误差?

解:(1) $u_1=100i_1+i_1^3=208$ V

$\qquad\quad u_2=100i_2+i_2^3=2\,000$ V

此例表明非线性电路不必然具有均匀性。

(2) $u=100i+i^3=200\cos(314t)+8\cos^3(314t)$

因为 $-\cos 3\theta=3\cos\theta-4\cos^3\theta$

$u=200\cos(314t)+6\cos(314t)+2\cos(942t)$

$\quad=[\,206\cos(314t)+2\cos(942t)\,]$ V

电压 u 中含有 3 倍频分量,因此利用非线性电阻可以产生频率不同于输入频率的输出。

(3) $u_{12}=100(i_1+i_2)+(i_1+i_2)^3$

$\qquad\quad u_{12}=100(i_1+i_2)+(i_1^3+i_2^3)+3i_1i_2(i_1+i_2)$

$\qquad\qquad\quad=u_1+u_2+3i_1i_2(i_1+i_2)$

$$u_1+u_2=100i_1+i_1^3+100i_2+i_2^3$$

显然 $u_{12}\neq u_1+u_2$，表明叠加定理不必然适用于非线性电路。

（4） $u=100i+i^3=(100\times0.01+0.01^3)\ \text{V}=(1+10^{-6})\ \text{V}$

忽略高次项，$u'=(100\times0.01)\ \text{V}=1\text{V}$

表明当非线性电阻激励的工作范围充分小时，可用工作点处的线性电阻来近似。此时忽略高次项引起的误差很小。

4. 当输入信号很小时，把非线性问题线性化引起的误差很小。

根据非线性元件的伏安特性曲线特点，要使得非线性元件工作于某一特定区段，往往需要施加一定的直流激励，使其工作于特定的静态工作点，同时再输入有效的交流小信号。依据上例（4）的结论进一步思考，当非线性元件工作于某特定工作点，且输入有效信号相对于特定工作点处的电压、电流很小时，可在工作点附近，将伏安特性曲线表达式进行泰勒级数展开并忽略高阶项。此时，非线性元件等效为一个独立源与一个线性动态电阻的组合。正是利用这一特点，衍生出了小信号分析方法。

§7.1.3 非线性电阻电路分析的特点

非线性电阻器件广泛存在于电子电路中。在对电子产品进行设计或性能改进等研究时，需要先了解器件的工作原理，各单元电路的作用和相互联系，才能确定电路的功能及性能，从而知晓电子产品设计、改进的途径等。

如果电路中至少有一个等效电阻元件是非线性的，便是非线性电阻电路。如前所述，分析非线性电阻电路的基本依据仍然是基尔霍夫定律和元件伏安关系。但是，由于非线性电阻元件的伏安关系比较复杂，直接用解析法分析电路有时会比较繁琐，此时，采用图解法或非线性电阻电路的线性化等价分析方法可以获得比较好的效果。

图 7.1.7(a) 是一个线性单端口网络与非线性电阻组成的非线性电阻电路，若非线性电阻的伏安特性如图 7.1.7(b) 所示。可以用图解法求得电路的静态工作点 Q（静态工作点的定义见 §7.3）。

由于二极管是非线性器件，假设其伏安特性函数关系为 $i=f(u)$。u 是所加信号源，且幅度不大。如前所述，可在工作点 $Q(U_Q,I_Q)$ 附近，用泰勒级数展开的方式表现其电流 i 与输入电压 u 的关系：

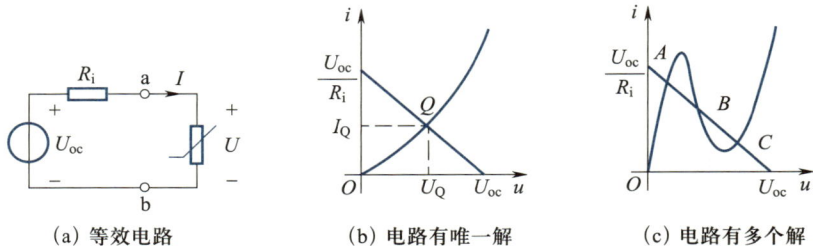

(a) 等效电路   (b) 电路有唯一解   (c) 电路有多个解

图 7.1.7 含有二极管与线性电阻的非线性电路的伏安特性

$$i=a_0+a_1(u-u_Q)+a_2(u-u_Q)^2+a_3(u-u_Q)^3+\cdots\cdots+a_n(u-u_Q)^n$$

显然,这是一个非线性方程。但如果 u 很小,也可以只取上述关系中的直流项及一次项,这样就完成了非线性电路的线性化等价分析。

线性电阻电路一般有唯一解。而非线性电阻电路可以有多个解或没有解。若非线性电阻的伏安特性如图 7.1.7(c)所示,同时有 A、B、C 三个静态工作点,表明解不是唯一的。

【知识链接】非线性电阻电路有唯一解的一种充分条件

1. 电路中的每个电阻的伏安特性都是严格递增的,且每个电阻的电压趋于正/负无穷大时,电流也分别趋于正/负无穷大。

伏安特性严格递增是 $(u_2-u_1)(i_2-i_1)>0$ 或表示为当 $u=f(i)$ 时,$\dfrac{\mathrm{d}u}{\mathrm{d}i}=\dfrac{\mathrm{d}f(i)}{\mathrm{d}i}>0$。

2. 电路中不存在仅由独立电压源构成的回路;电路中不存在仅由独立电流源连接而成的节点,或更精确的表述为:不存在仅由独立电流源构成的割集。有关割集的概念参见第二章的【数理基础】图论基础知识。

由前述的内容介绍和例子已经看到,与线性电阻电路相比,非线性电阻电路的分析与计算要复杂得多。虽然仍以电路的两类约束条件为基础,但非线性电阻元件伏安特性给解析方法带来了困难。除了上述图解法及线性化等效分析方法,依据非线性电阻元件的自身特点和特定应用,工程上也常采用分段线性近似方法和小信号分析法来求解。

例如,二极管元件的种类非常多,其功能也非常丰富,常用的就包括混频、整流、静电保护、限幅、稳压等。但大部分二极管的伏安特性都具有近似分段线性的特点,故二极管的分段线性电路模型是分析含有二极管的非线性电阻电路的有效方法。

同样,晶体管电路也是典型的非线性电阻电路。晶体管的主要类型包括双极型和单极型、场效应和势效应晶体管等。最常用的主要是双极结型晶体管(bipolar junction transistor,BJT)和金属-氧化物半导体场效应晶体管(metal-oxide-semiconductor field-effect transistor,MOSFET)两种类型,它们又分别分为 NPN 和 PNP,NMOS 和 PMOS 各两种类型。其电路符号如图 7.1.8 所示。

晶体管的主要特性是信号放大。其典型应用有构成反相器、电流镜、负阻放大器和晶体管放大器等。其中,负阻放大器和晶体管放大器是典型的二端口非线性电阻器件。在小信号作用时,可用线性微变等效电路替代,这就是小信号分析法,也称为局部线性化分析法。

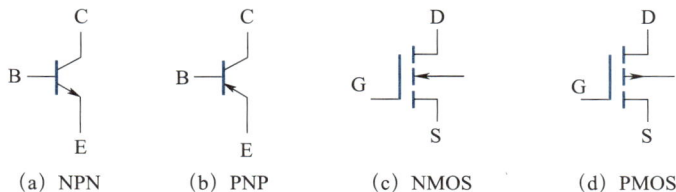

(a) NPN   (b) PNP   (c) NMOS   (d) PMOS

图 7.1.8 常用晶体管的电路符号

以 BJT 为例,如图 7.1.9 所示,图(a)为其完整的 h 参数等效电路。其中,h_{12}、h_{22} 很小 $\left(r_{ce} = \dfrac{1}{h_{22}} \right.$ 很大 $\Big)$。忽略 h_{12} 和 r_{ce},可以得到简化的 h 参数模型,如图(b)所示。其中,$r_{be} = h_{11}$,$\beta = h_{21}$,这就是在小信号作用下的微变等效电路。

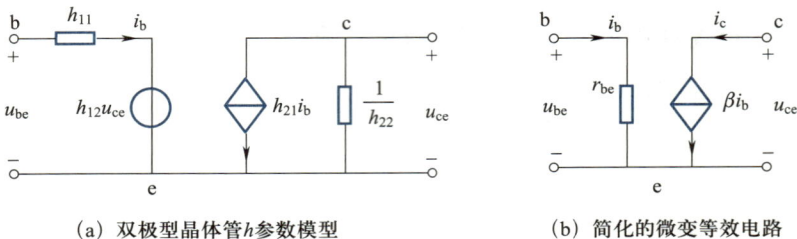

(a) 双极型晶体管 h 参数模型　　　　(b) 简化的微变等效电路

图 7.1.9　晶体管微变等效电路示意图

在小信号作用下,晶体管的输入端 b、e 之间可用一个线性电阻 r_{be} 等效代替。当输入电压 u_{be} 有一微小变化时,基极电流 i_b 对应一微小变化,两者的比值即为晶体管的线性输入电阻。同样,在小信号作用下,晶体管的输出电路可用一个电流控制电流源来等效代替。

同理,场效应晶体管在小信号作用下也可利用微变等效电路分析,应用示例如图 7.1.10 所示。在小信号作用下,场效应晶体管的输出电路可用一个电压控制电流源来等效代替。

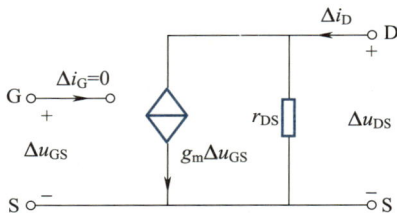

图 7.1.10　场效应晶体管的微变等效电路

有关二极管、晶体管的知识,将在模拟电子线路课程中进一步详细介绍。

以下各节将具体介绍非线性电路分析时的几种常用方法,包括解析法、图解法、折线法及小信号分析法等。

【知识链接】
二极管的
伏安特性

【知识链接】
晶体管的
输入、输出
伏安特性

【知识链接】二极管的伏安特性

请扫码查看具体内容。

【知识链接】晶体管的输入、输出伏安特性

请扫码查看具体内容。

§7.2　解析法

利用 KCL 和 KVL 列出各独立节点和独立回路的方程,然后写出各元件的电压电流关系式,最后解出所求变量是解析法的基本分析方法。也可以采用节点法或回路法等简化分析方法。

例 7.2.1　如图 7.2.1 所示,已知 $i_1 = u_1$, $i_2 = u_2^5$, $i_3 = u_3^3$,求 u。

解:非线性电阻是压控电阻,列 KCL 方程求解比较方便。

$$i_1 + i_2 + i_3 = 0$$

将 $i_1 = u_1$, $i_2 = u_2^5$, $i_3 = u_3^3$ 代入上式得

$$u_1 + u_2^5 + u_3^3 = 0$$

由 KVL 可知: $u_1 = u-2$, $u_2 = u-1$, $u_3 = u-4$

即: $u-2 + (u-1)^5 + (u-4)^3 = 0$

求解此一元五次方程即可得到 u。(略)

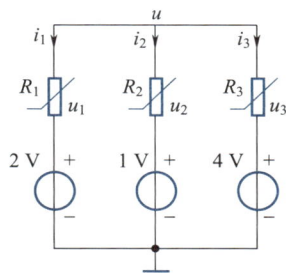

图 7.2.1　非线性电路求解示例

例 7.2.2　如图 7.2.2 所示,已知 $u_3 = 20(i_3)^{\frac{1}{3}}$,求节点电压 u。

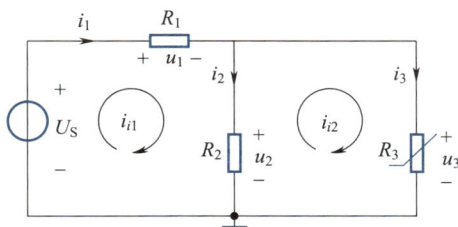

图 7.2.2　非线性电路求解示例

解:非线性电阻为流控型电阻,列 KVL 方程求解比较方便。

$$R_1 i_{l1} + R_2(i_{l1} - i_{l2}) = U_s$$

$$R_2(i_{l1} - i_{l2}) - 20(i_{l2})^{\frac{1}{3}} = 0$$

解得

$$i_3 = i_{l2}$$

$$u = u_3$$

也可以先将线性部分作戴维南等效,如图 7.2.3 所示。

其中, $U_0 = \dfrac{R_2 U_s}{R_1 + R_2}$, $R = \dfrac{R_1 R_2}{R_1 + R_2}$。

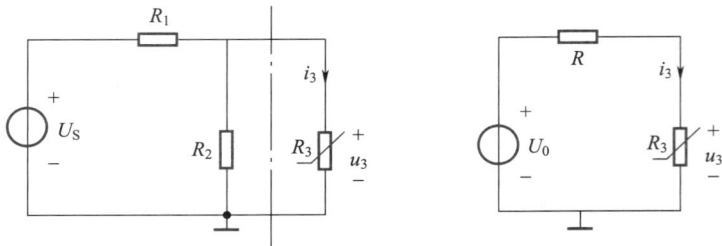

图 7.2.3 例 7.2.2 电路的戴维南模型

由此得

$$U_0 = Ri_3 + 20 \left(i_3 \right)^{\frac{1}{3}}$$

进而求出 i_3，得到 $u = u_3$。

由上述两个例子可以看出，各种非线性元件的特性方程有着各自不同的形式。例如晶体管伏安特性是指数函数，场效应晶体管伏安特性是二次函数等。把输入信号直接代入非线性特性的数学表达式中，就可求得输出信号。但由于非线性，所列方程都比较复杂，求解困难。

求解的具体过程可以利用各种有效的数学方法。有时可能得不到精确的解析解，这就需要采用所谓的解析近似法。下面以常用的幂级数分析法为例，讲述解析近似法的解题步骤。

当非线性元件的函数关系 $i = f(u)$ 中，存在该函数的各阶导数，则可将这个函数展开成幂级数表达式的方式：

$$i = a_0 + a_1 u + a_2 u^2 + a_3 u^3 + \cdots + a_n u^n \tag{7.2.1}$$

该级数的各系数与函数 $i = f(u)$ 的各阶导数有关。若函数在静态工作点 U_0 附近的各阶导数都存在，则可在静态工作点 U_0 附近展开为幂级数，即泰勒级数。

$$i = f(u)$$

$$= f(U_0) + f'(U_0)(u - U_0) + \frac{f''(U_0)}{2!}(u - U_0)^2 + \frac{f'''(U_0)}{3!}(u - U_0)^3 + \cdots + \frac{f^{(n)}(U_0)}{n!}(u - U_0)^n$$

$$\tag{7.2.2}$$

由数学分析可知，上述幂级数展开式是一收敛函数，幂次越高的项其系数越小，这一特点为近似分析带来了依据。幂级数到底应该取多少项，应由近似条件来决定。如果输入信号较小，可以选择比较少的项数。

当输入信号足够大，若用幂级数分析，就必须选取比较多的项，这将使得分析计算变得很复杂。在这种情况下，§7.4 介绍的折线法是一种比较好的分析方法。

还可以借助计算机辅助分析的手段，采用数值迭代法求解非线性电路方程。例如对于非线性代数方程，常用的算法有牛顿-拉弗森法，对于非线性微分方程其数值求解法有龙格-库塔法等。

§7.3　图解法

对于相对简单的非线性电路,用图解方法说明非线性元件的伏安特性、输入特性和输出特性,比较直观明了,有助于对非线性元件工作特性的理解。

例如半导体二极管伏安特性曲线直观地表明了加在二极管的端电压与流过二极管的电流之间的非线性关系,如§7.1.2节中图7.1.4所示。

§7.3.1　非线性电阻的串并联分析

一般来说,只有所有非线性电阻元件的控制类型相同,才能得出其串联或并联等效电阻伏安特性的解析表达式。但压控型和流控型电阻串联或并联,可以用图解方法获得等效非线性电阻的伏安特性曲线。流控型电阻串联组合的等效电阻还是一个流控型的非线性电阻,压控型电阻并联组合的等效电阻还是一个压控型的非线性电阻。

例如,两个非线性电阻串联的情况,只需在同一电流下将电压相加,如图7.3.1所示。

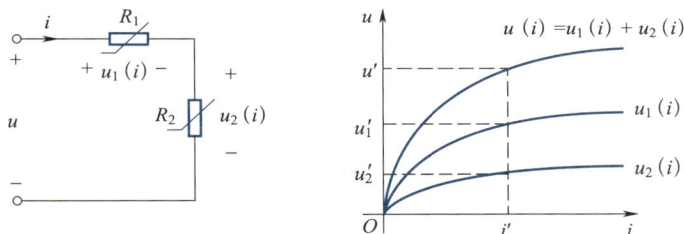

图 7.3.1　两个非线性电阻串联

$$\begin{cases} i = i_1 = i_2 \\ u = u_1 + u_2 \end{cases} \tag{7.3.1}$$

$$u = f(i) = f_1(i) + f_2(i) \tag{7.3.2}$$

又如两个非线性电阻并联的情况,只需在同一电压下将电流相加。如图7.3.2所示。

$$\begin{cases} i = i_1 + i_2 \\ u = u_1 = u_2 \end{cases} \tag{7.3.3}$$

$$i = f_1(u) + f_2(u) \tag{7.3.4}$$

§7.3.2　负载线法(曲线相交法)

对一些由非线性元件和线性网络组成的电路,将其中一些非线性元件用串并联方法等效为一个非线性电阻元件,将其余不含非线性电阻的线性部分等效为一个戴维南单端口网络,画出这两部分电路的伏安曲线,它们的交点就是电路的工作点(operating point),或称为静态工作点

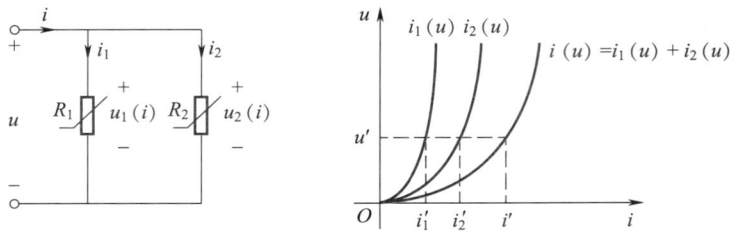

图 7.3.2　两个非线性电阻并联

$Q(U_Q, I_Q)$。这种图解方法称为负载线法或曲线相交法。

不失一般性,我们分析一个非线性电阻与一个线性含源单端口网络组合的工作情况。如图 7.3.3 所示。

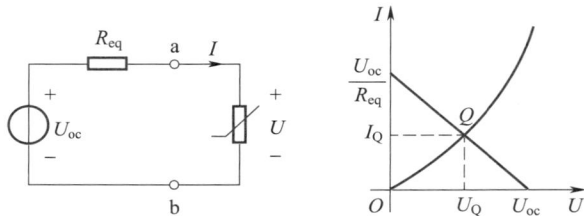

图 7.3.3　负载线图解法示例

由 KVL 可得：$U = U_{oc} - R_{eq}i$,称为负载线。设非线性电阻的伏安特性为 $i = g(u)$。将两条线在同一坐标系中画出,则其交点 Q 上的电压 U_Q 和电流 I_Q 就是所求的解。

例 7.3.1　图 7.3.4 中电路(a)中的稳压管的伏安特性如图(b)所示。

(1) 求稳压管的电压 U_2 和功耗。

(2) 若 U 改变为 10 V,U_2 变为多少?

(3) 若使稳压管工作于 12 mA 的电流,应取 $R = ?$

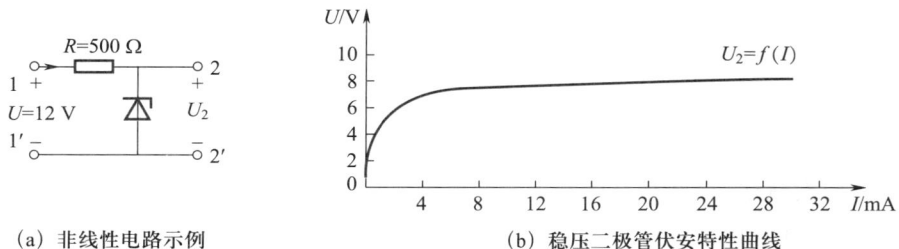

(a) 非线性电路示例　　　　(b) 稳压二极管伏安特性曲线

图 7.3.4　例 7.3.1 电路

解：（1）在图 7.3.4（b）上以相同的比例作直线，$U_2 = U - RI = 12$ V $-500I$，如图 7.3.5（a）所示。

当 $I = 0$ 时，$U_2 = U = 12$ V；

当 $U_2 = 0$ 时，$I = \dfrac{U}{R} = 24$ mA。

设交点为 Q，对应的 $I = 10$ mA，$U_2 = 7$ V，$P = U_2 I = (7 \times 10 \times 10^{-3})$ W $= 70$ mW。

（2）若 $U = 10$ V，将（1）中直线 U_2 平移到截距为 10 V 的地方，如图 7.3.5（b）所示。

该直线与 $U_2 = f(I)$ 的交点 Q' 给出 $I = 6.4$ mA，$U_2 = 6.8$ V。

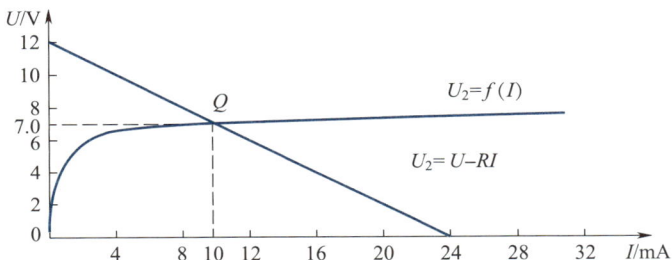

（a）负载线交点 Q

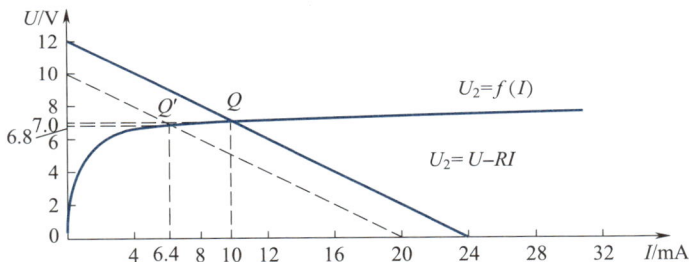

（b）平移负载线

图 7.3.5　例 7.3.1 图解法示意图（1）

（3）为了使 $I = 12$ mA，Q'' 应在 $U_2 = f(I)$ 曲线上对应于（12 mA，$U_{Q''}$）的点上，从纵坐标轴上 $U = 12$ V 过 Q'' 点引一条直线，如图 7.3.6 所示。

其斜率为 R 值：

$$R = \frac{12 \text{ V}}{28.8 \times 10^{-3} \text{ A}} = 416 \ \Omega$$

实际工作中非线性电阻元件总是要与一定性能的线性网络互相配合起来使用的。非线性电阻元件的主要作用在于进行频率变换，线性网络的主要作用在于选频或滤波。为了完成一定的功能，常常用具有选频作用的某种线性网络作为非线性电阻元件的负载，以便从非线性电阻元件的输出电流中取出所需要的频率成分，同时滤掉不需要的各种干扰成分。

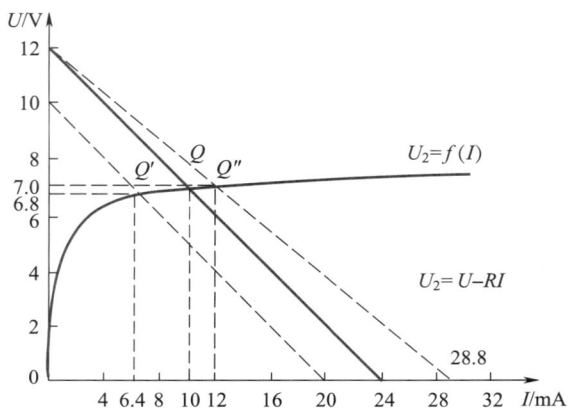

图 7.3.6 例 7.3.1 图解法示意图（2）

§7.4 折线分析法（分段线性近似法）

所谓折线分析法就是将非线性元件的实际特性曲线根据需要和可能，用一条或多条直线段来近似，然后再依据折线参数，分析输出信号与输入信号之间的关系。分两种情况讨论。

1. 非线性元件进入特殊工作状态

通常情况下，当输入信号足够大时，非线性元件就会进入到特殊的工作状态。

例如，信号较大时，所有实际的非线性元件，如晶体管和运算放大器等，几乎都会进入饱和状态。此时，元件的非线性特性的突出表现是截止、导通、饱和等几种不同状态之间的转换。在大信号条件下，忽略非线性特性尾部的弯曲，用两个直线段所组成的折线来近似代替实际的特性曲线，并不会造成很大的误差。这种情况可用运算放大器为例说明。

如图 7.4.1 所示为实际运算放大器的输入、输出电压关系示意图。

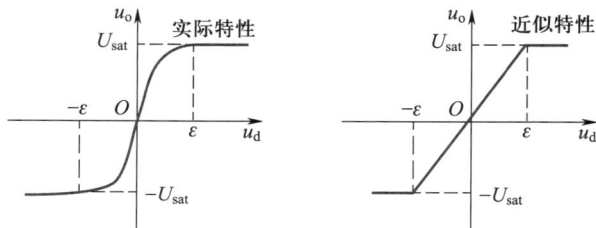

图 7.4.1 运算放大器的特性曲线

由已知的运算放大器的相关知识，结合图 7.4.1 可见，实际运算放大器的输入、输出电压的关系分为三个区域：负饱和区（$u_d<-\varepsilon$）、线性区（$-\varepsilon<u_d<+\varepsilon$）、正饱和区（$u_d>+\varepsilon$）。当运放工作在

饱和区时,它是在非线性区工作,此时 u_d 不为零。其饱和特性如下:

$$i^- = 0, \quad i^+ = 0 \tag{7.4.1}$$

$$u_o = \frac{|u_d|}{u_d} U_{sat}, \quad u_d \neq 0 \tag{7.4.2}$$

$$-U_{sat} < u_o < U_{sat}, \quad u_d = 0 \tag{7.4.3}$$

由式(7.4.1)可知,正向及反向输入端的输入电流为零,表明实际运放仍具有虚断性质;式(7.4.2)表明,如果 u_d 的绝对值大于某一数值 ε($\varepsilon > 0$),实际运放工作在饱和区,此时输出电压是一个固定值;式(7.4.3)表明如果 u_d 为零,则输出电压 u_o 处于不定状态。只有当 u_d 不为零,且绝对值小于某一数值 ε 时,实际运放才处于线性工作区,即处于正常放大状态。此时 $u_o = Au_d$,A 是实际运放的放大倍数。

例 7.4.1 分析图 7.4.2 理想运放电路的驱动点(输入电压)工作情况,以及在饱和区的工作状态。

解: 分线性区和非线性区两种情况分别讨论。

(1)工作在线性区的情况

根据理想运放的"虚短"和"虚断"特性,应用 KVL 可得

$$u = R_f i + u_o$$

$$u_2 = \frac{R_b}{R_a + R_b} u_o = \alpha u_o$$

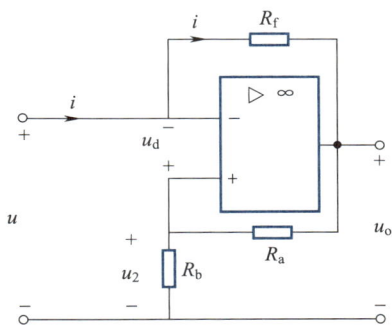

图 7.4.2 例 7.4.1 电路图

式中 $\alpha = \dfrac{R_b}{R_a + R_b}$,则

$$u_o = \frac{1}{\alpha} u_2 = \frac{1}{\alpha} u$$

$$i = -\left(\frac{R_a}{R_b}\right)\left(\frac{1}{R_f}\right) u$$

(2)在非线性区的情况

1)正饱和区时,$u_o = U_{sat}$,根据 KVL 可得

$$u = R_f i + U_{sat}$$

则

$$i = \frac{1}{R_f}(u - U_{sat})$$

由此可以确定电压 u 的范围为

$$u_d = u_2 - u = \frac{R_b}{R_a + R_b} U_{sat} - u$$

$$u_d = \alpha U_{sat} - u > 0$$

$$u < \alpha U_{sat}$$

2）在负饱和区，$u_o = -U_{sat}$，应用 KVL 可得

$$u = R_f i - U_{sat}$$

$$i = \frac{1}{R_f}(u + U_{sat})$$

也可确定电压 u 的范围为

$$u_d = u_2 - u = \frac{R_b}{R_a + R_b} U_{sat} - u$$

$$u_d = \alpha U_{sat} - u < 0$$

$$u > -\alpha U_{sat}$$

图 7.4.3 为上述理想运放输入电压 u_d 与输出电压 u_o 的输入输出转移示意图。其中，上面的线表示负饱和区的工作状态，下面的线表示正饱和区的工作状态，中间则是线性放大区的工作状态。

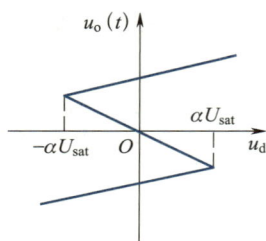

由于折线的数学表示比较简单，所以折线近似使分析大大简化。当然，如果作用于非线性元件的信号很小，而且工作范围又正处在我们所忽略了的特性曲线的弯曲部分，这时若采用折线法分析法，就必然会产生很大的误差。所以折线法只适用于大信号情况，如功率放大器和大信号检波器的分析等。

图 7.4.3　例 7.4.1 输入
输出转移示意图

2. 非线性元件伏安曲线的直线段逼近

如果非线性元件的特性曲线可划分为许多区域，并且每个区域中都可以用一段直线段来近似表示且满足近似条件，则每个区域中，可用线性电路的分析方法来加以求解。故折线法又称为分段线性近似法。此种情况的例子可用二极管模型来说明。

如图 7.4.4(a)所示是理想二极管模型的伏安特性曲线。一般认为理想二极管在正向电压作用时完全导通，相当于短路即电压为零；在电压反向时，二极管截止，相当于开路即电流为零。因此，理想二极管也常被称为是开关元件。

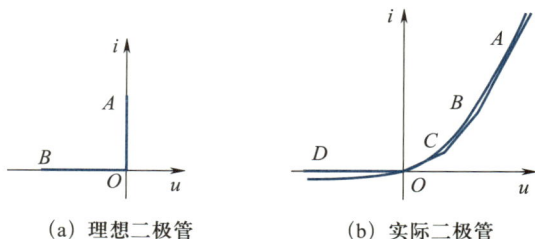

(a) 理想二极管　　　　(b) 实际二极管

图 7.4.4　理想二极管与实际二极管的伏安曲线示意图

实际 PN 结二极管的特性曲线,可以用折线 *ABCOD* 近似表示,如图 7.4.4(b)所示。可见,实际二极管的模型可由理想二极管和线性电阻串联组成。

又如,隧道二极管(N 形、压控形)可以用三段直线近似,看作是三个电导并联后的等效电导的伏安特性。

§7.5　小信号分析法(动态电阻法)

小信号包括时变输入信号、小干扰信号、小扰动变化等情况。

分析非线性电路时,可以用分段线性化模型来近似地表示某些非线性元件,如上一节所述。然而从全局看电路仍然是非线性的。这种使用全局模型分析电路,允许电路的电压和电流在大范围内变化的方法,称为大信号分析法。

在某些电阻电路中信号的变化幅度很小,如对微小信号的放大等。在这种情况下,可以围绕相关工作点建立局部线性模型,根据局部线性模型运用线性电路的分析方法进行研究,即称为非线性电路的"小信号分析法"。

晶体管作为非线性电阻元件的典型代表,其主要功能之一是对小信号进行线性放大。由于小信号的幅度较小,不足以让晶体管正常工作,需要给晶体管加上合适的直流电源(直流偏置),使其工作在导通状态,然后再对小信号进行放大。即使对交流信号进行有效放大,也需要对器件施加额外的直流偏置以保证负向电流可以有效通过。于是,工程上非线性电阻电路的工作模式通常是除了作用有信号(常称为时变电源),往往同时还作用有直流电源。直流电源是其工作电源,时变电源是要放大的信号,它的有效值相对于直流电源要小得多($<10^{-3}$),一般称之为小信号(small-signal)。故在非线性电阻的响应中除了直流分量,还有时变分量。

如图 7.5.1 所示,含有小信号的非线性电阻电路,根据 KVL 有

$$U_{S0} + \Delta u_s(t) = R_0 i + u(t) \tag{7.5.1}$$

(1)当只有直流电源作用时,根据前述的方法(解析法、图解法、折线法)求得静态工作点 $Q(U_Q, I_Q)$。

(2)当直流电源和小信号共同作用时,由于 $\Delta u_s(t)$ 的幅值很小,因此,非线性电阻上的响应必然在工作点附近变动。

$$u(t) = U_Q + \Delta u \tag{7.5.2}$$

$$i(t) = I_Q + \Delta i \tag{7.5.3}$$

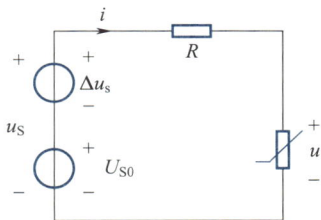

图 7.5.1　小信号分析法

Δu、Δi 可以看成是小信号引起的扰动,幅值很小。

若非线性电阻的伏安特性为 $u = f(i)$,将其在工作点处展开为泰勒级数:

$$u = f(i) = f(I_Q) + f'(I_Q)\Delta i + \frac{1}{2}f''(I_Q)\Delta i^2 + \cdots + \frac{1}{n}f^{(n)}(I_Q)\Delta i^n \tag{7.5.4}$$

由于 Δi 很小，可略去二次及高次项

$$u(t)=f(I_Q)+f'(I_Q)\Delta i=U_Q+R_d(I_Q)\Delta i \tag{7.5.5}$$

又由于 $u(t)=U_Q+\Delta u$，则有

$$\Delta u=R_d(I_Q)\Delta i \tag{7.5.6}$$

依据动态电阻的定义可知，在小信号作用时非线性电阻可看作线性电阻，参数为其在工作点处的动态电阻。

根据以上讨论，可以总结出小信号分析法的求解步骤：

（1）用小信号 Δu_s 置零后的电路，确定非线性电阻的静态工作点 $Q(U_Q,I_Q)$。

（2）求非线性电阻在静态工作点 Q 处的动态电阻 R_d 或动态电导 G_d。

（3）画出在静态工作点 Q 处的小信号电路，求动态响应 i_d，u_d。

（4）将静态响应与动态响应合成。

若非线性电阻的激励为大直流与小交流之和，则在误差允许范围内，可认为小交流信号作用在一个线性电阻上，其阻值为非线性电阻在直流激励处（静态工作点）的一阶导数（特性曲线函数进行泰勒展开后，忽略高阶项，则该点附近的小扰动及其响应之间为线性关系）。

我们所关心的是小信号 $\Delta u_s(t)$ 激励作用下引起的电压、电流的交变分量。由于电路中有非线性元件，不能使用叠加定理，因此采用工作点处线性化的近似计算——小信号分析。

例 7.5.1 如图 7.5.2 所示，已知 $e(t)=7+E_m\sin\omega t$ V，$\omega=100$ rad/s，$E_m\ll7$ V，$R_1=2$ Ω。非线性电阻 r_2、r_3 特性如下，求电压 u_2 和电流 i_1，i_2，i_3。

$$r_2:u_2=i_2+2i_2^3$$
$$r_3:u_3=2i_3+i_3^3$$

解：（1）先求当直流电压单独作用时的静态工作电压、电流。等效电路如图 7.5.3 所示。

$$2i_{10}+u_{20}=7$$
$$u_{20}=u_{30}$$
$$2(i_{20}+i_{30})+i_{20}+2i_{20}^3=7$$
$$i_{20}+2i_{20}^3=2i_{30}+i_{30}^3$$

解得：

$$i_{20}=i_{30}=1 \text{ A}, \quad i_{10}=2 \text{ A}$$
$$u_{20}=u_{30}=3 \text{ V}$$

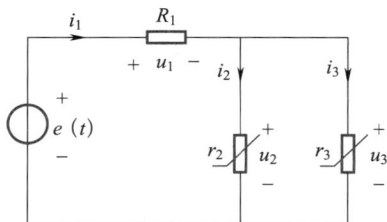

图 7.5.2 例 7.5.1 电路图　　　　图 7.5.3 直流等效电路

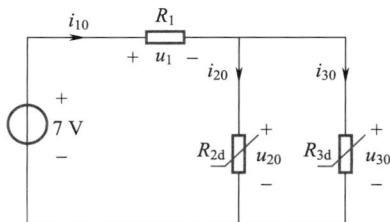

（2）求直流工作点下两个非线性电阻的动态电阻。

$$R_{2d} = \frac{du_2}{di_2}\bigg|_{i_2 = 1\,A} = 1 + 6\,i_2^2\big|_{i_2 = 1\,A} = 7\ \Omega$$

$$R_{3d} = \frac{du_3}{di_3}\bigg|_{i_3 = 1\,A} = 2 + 3\,i_3^2\big|_{i_3 = 1\,A} = 5\ \Omega$$

（3）画出小信号工作等效电路，如图 7.5.4 所示，求 Δu、Δi。

$$\Delta i_1 = \frac{E_m \sin \omega t}{2\ \Omega + 5\ \Omega /\!/ 7\ \Omega} = 0.203\,3E_m \sin \omega t\ A$$

$$\Delta i_2 = \Delta i_1 \frac{5}{12} = 0.084\,7E_m \sin \omega t\ A$$

$$\Delta i_3 = \Delta i_1 \frac{7}{12} = 0.118\,6E_m \sin \omega t\ A$$

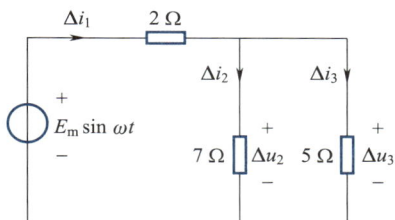

图 7.5.4 小信号等效电路

所求的电流、电压为

$$i_1 = (2 + 0.203\,3E_m \sin \omega t)\ A$$
$$i_2 = (1 + 0.084\,7E_m \sin \omega t)\ A$$
$$i_3 = (1 + 0.118\,6E_m \sin \omega t)\ A$$
$$u_2 = 3\ V + R_{2d}\Delta i_2 = (3 + 0.593\,2E_m \sin \omega t)\ V$$

实际上，当两个信号同时作用于一个非线性电阻器件，其中一个振幅很小，处于线性工作状态，另一个为大信号工作状态时，可以使这一非线性电阻电路等效为线性时变电阻电路。故小信号分析法也可称为线性时变参数电路分析法。

根据线性时变参数电阻元件的定义，线性时变参数电阻元件是参数按照某一方式随时间变化的线性电阻元件，由线性时变参数电阻元件所组成的电路，称为线性参变电阻电路，有时也称为线性时变电阻电路。

例如由两个频率不同的大、小信号 u_1、u_2 同时作用于晶体管的基极，静态工作点为 U_Q。其中 u_1 的幅值较大，其变化范围涉及元件特性曲线中较大范围的非线性部分（但使元件导通工作），元件的特性变量主要由（$U_Q + u_1$）控制，即可把大信号近似看作是非线性电阻元件的一个附加偏置，此信号把元件的工作点周期性地在特性曲线上移动，由于非线性特性曲线各点处的参数是不同的，所以元件的参数是受大幅度信号控制的，也是周期性变化着的，时变参数的名称即由此而来。而对小信号 u_2 来说，在其变化的动态范围内，近似地认为元件参数为常数，即处于线性工作状态。由于在信号电压作用的同时，元件参量随 u_1 周期性变化，故称该电路为线性时变参数电阻电路。

【知识链接】牛顿–拉弗森法

请扫码查看具体内容。

【知识链接】
牛顿–拉弗
森法

【章节知识点
测验】　【典型习题
精讲】

【章节知识点测验】

请扫码进行章节知识点测验。

【典型习题精讲】

请扫码查看具体内容。

习　题

7.1　如题 7.1 图所示电路含有理想二极管,试判断二极管能否导通。

7.2　如题 7.2 图所示为自动控制系统常用的开关电路,K_1 和 K_2 为继电器,导通工作电流为 0.5 mA。D_1 和 D_2 为理想二极管。试问在图示状态下,继电器能否导通工作?

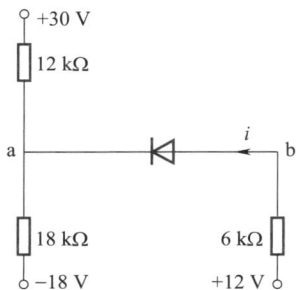

题 7.1 图

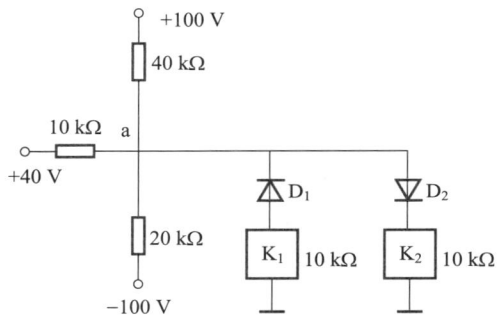

题 7.2 图

7.3　如题 7.3 图(a)所示电路为一逻辑电路,其中二极管的特征如题 7.3 图(b)所示。当 $U_2 = 2$ V,$U_2 = 3$ V,$U_3 = 5$ V 时,试求工作点 u。

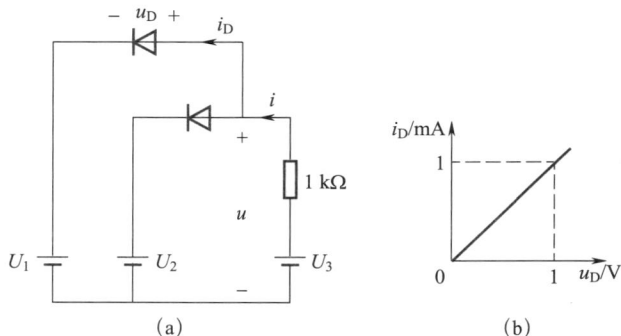

(a)　　　　　　　(b)

题 7.3 图

7.4　设有一非线性电阻的特性为 $i=4u^3-3u$，它是压控的还是流控的？若 $u=\cos(\omega t)$，求该电阻上的电流 i。

7.5　如题 7.5 图(a)所示为非线性网络，非线性电阻的伏安特性曲线如题 7.5 图(b)所示，试求工作点 u 和 i。

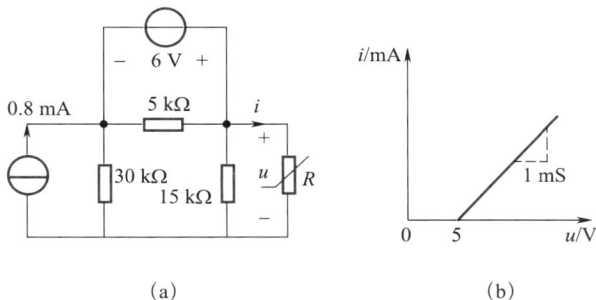

题 7.5 图

7.6　如题 7.6 图所示电路中，非线性电阻为 N 形特征。试用作图法求工作点。

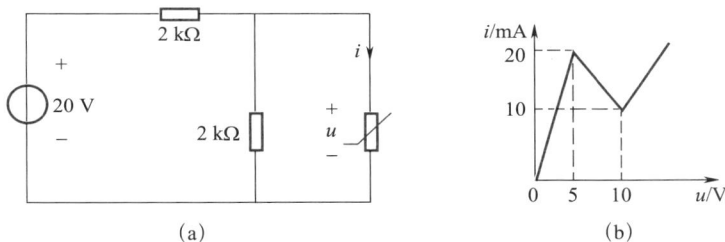

题 7.6 图

7.7　如题 7.7 图所示电路，此中 A 网络的传输参数矩阵为 $\boldsymbol{T}=\begin{bmatrix} 2.5 & 5\ \Omega \\ 0.05\ \mathrm{S} & 1.5 \end{bmatrix}$，非线性电阻的伏安关系式为 $i=1-u+u^2$，试求工作点 u 和 i。

7.8　在题 7.8 图所示电路中，非线性电阻元件特性的表达式为 $i=u^2(u>0)$，i、u 的单位分别为 A、V，并设 $I_\mathrm{S}=10$ A，$\Delta i_\mathrm{s}=\cos t$ A，$R_1=1\ \Omega$，试用小信号分析法求非线性电阻元件的端电压 u。

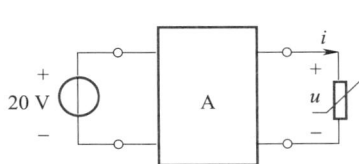

题 7.7 图

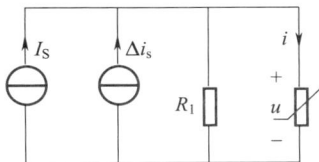

题 7.8 图

7.9 在题7.9图所示电路中，非线性电阻元件特性的表达式为 $u = \dfrac{i^3}{5} - 2i$，i、u 的单位分别为 A、V，并设 $U_\mathrm{S} = 25$ V，$\Delta u_\mathrm{s} = \sin t$ A，$R = 2$ Ω，试用小信号分析法求电流 i。

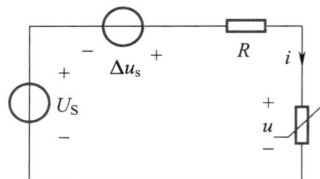

题 7.9 图

7.10 试写出题7.10图所示分段线性非线性电阻的 $u-i$ 特征表达式。

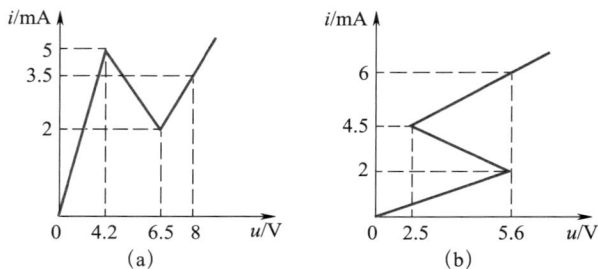

题 7.10 图

第四篇

动态电路的暂态分析

第八章 动态电路基础与一阶电路

【引言】前几章在讲解电路求解方法及电路定理时,分析的对象都是电阻电路,并不是因为电阻电路可以满足所有应用需求,而是因为电阻电路的激励与响应的关系较为简单直接,这样便于突出对分析方法和定理本身内容的阐述和理解。但是在实际场景中,特别是在电子信息领域,更多的需求是希望响应跟激励具有不同的变化规律,大量的实际电路还必须包含有电容元件和电感元件等。电容元件和电感元件的端口电压-电流关系要用微分方程来描述,所以又称为动态元件。含有动态元件的电路称为动态电路。

动态电路与电阻电路的特性存在显著的不同。电阻电路是采用代数方程来描述的,其在某一时刻的响应只和当前时刻的激励有关,与过去的激励无关。也就是说,电阻电路是"无记忆"的。而动态电路中动态元件的引入,使得对电路分析时往往涉及电流和电压对时间的变化(微分或积分)。伏安特性是微分关系的元件被称为动态元件。动态电路的响应是"有记忆"的,也就是说任一时刻的响应与激励的全部过去(历史)有关。例如,某一时刻电路无激励源,但这时仍可能有响应。这是因为动态元件具有储能特性,在无外激励的情况下,依靠自身储能或称为内激励也可引起电路的响应。只是随着元件储能的减少,如果没有外激励,能量会在一定时间内耗尽,故这种仅由动态元件引起的响应是暂时的,称为暂态响应。

本章首先讨论线性动态元件,包括电容元件、电感元件和耦合电感元件的性质,然后简要介绍动态电路的经典解法及响应特点,最后详细阐述一阶电路的时域分析。

§8.1 电容元件

§8.1.1 电容元件的静态特性

与电阻元件的线性伏安特性不同,电容、电感及耦合电感等元件的端口电压-电流关系要用微分方程来描述,故称电容、电感等为动态元件。相应地,可称电阻元件为静态元件。在直流激励作用下,动态元件最终也会表现出一些静态特性,下面进行简要介绍。

电容器在实际电路中使用广泛,常简称为电容。电容器的主要参数是电容(量),它是反映电容器电场储能性质的电路参数。在实际电路中也会有分布电容存在,比如线圈的匝间分布电容和传输线的线间分布电容等。最简单的平板电容器可由两块中间用电介质隔开的金属板构成,当两极板上存储有电荷 q 时建立电场,体现为两板之间有电压 u,且 q 和 u 之间有约束关系。如图 8.1.1 所示。为了模拟电容器和其他器件的电容特性,引入了理想电容元件,也简称为电

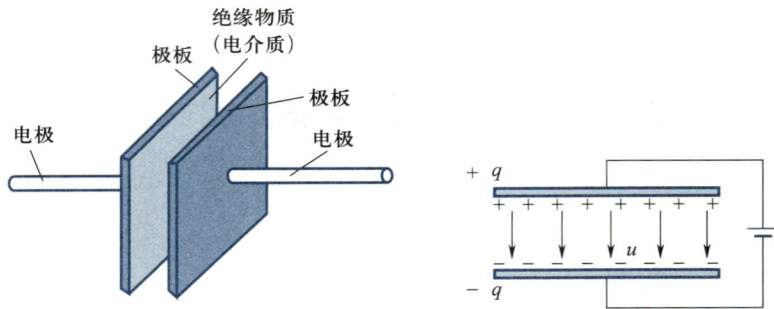

图 8.1.1　极板电容器的示例

容。对一个二端元件,如果在任一时刻 t,它储存的电荷 $q(t)$ 同它的端电压 $u(t)$ 之间的关系可用 u-q 平面上的一条曲线来确定,则此元件为电容元件。如果 u-q 曲线是一条通过原点的直线,如图 8.1.2(b)所示,则称其为线性电容元件,其电路符号如图 8.1.2(a)所示。线性电容元件所储存的电荷 $q(t)$ 同它的端电压 $u(t)$ 之间具有如下的正比关系:

$$q(t) = Cu(t)$$

$$u(t) = \frac{q(t)}{C}$$

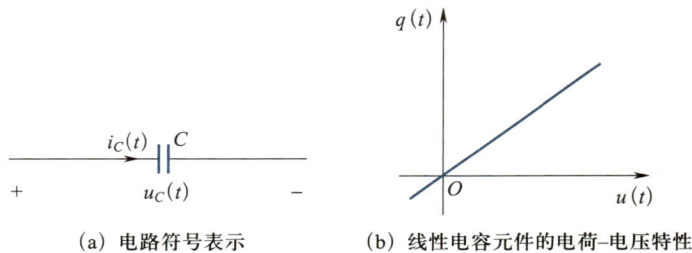

(a) 电路符号表示　　　(b) 线性电容元件的电荷-电压特性

图 8.1.2　电容元件

上式称为线性电容的特性方程,C 就称为该元件的电容(量)。如果电荷单位取库仑(C, 1 C=1 A·S),电压单位取伏特(V),则电容单位是库/伏(C/V),称为法拉(F),且 $1\ F = \dfrac{1\ C}{1\ V} = \dfrac{1\ A \cdot S}{1\ V} = 1\ \dfrac{S}{\Omega}$。实际应用中法拉单位太大,用得较多的单位是毫法(mF)、微法(μF)、纳法(nF)和皮法(pF),且有

$$1\ \mu F = 10^{-6}\ F, \quad 1\ pF = 10^{-12}\ F$$

需要特别指出的是,同线性电阻的阻值与电阻两端施加的电压及流过的电流无关一样,线性电容元件的容值 C 也只与自身材料结构参数有关,而与储存的电荷及极板两端的电压无关。C 表征了电容元件储存电荷进而产生电场具有电能的能力,C 越大,在同样电压下储存电荷的能力

越强。

虽然电容是根据电荷-电压关系来定义的,但在电路分析中更受关注的还是其电压-电流关系。根据电荷守恒定律,也就是电容元件极板上电荷的增减量必然等于通过引线截面的电荷量,即流过引线的电流,如式(8.1.1)。

$$i_C(t) = \frac{\mathrm{d}q(t)}{\mathrm{d}t} \tag{8.1.1}$$

对于线性电容元件: $q(t) = Cu_c(t)$,则有

$$i_C(t) = C\frac{\mathrm{d}u_C(t)}{\mathrm{d}t} \tag{8.1.2}$$

式(8.1.2)就称为电容电压-电流关系的微分形式。由该式并结合式(8.1.1)可以得到,电容电压变化时产生的电容电流,就是电容电荷的变化率。变化的电压引起电流,电压变化得越快其电流值就越大,反之则电流值越小。电压值如果不变,例如直流电压,则通过的电流为零。换言之,电容元件对于直流电源相当于开路,这就是电容元件的(静态)隔直性。

电容的上述电压-电流关系是在电压电流为关联参考方向的前提下得出的。如果电容的电压电流为非关联参考方向,应在式(8.1.2)右侧添加一个负号。

例 8.1.1　若在 $t \leqslant 0$ 时,电容两端电压为 0 , $t>0$ 时,加在电容上的 $u(t)$ 为一恒定值,如图 8.1.3 所示,求 $i(t) = ?$

解:根据电容元件电压-电流关系的微分形式

$$i(t) = C\frac{\mathrm{d}u(t)}{\mathrm{d}t} = 0$$

§8.1.2　电容元件的记忆性

对式(8.1.2)两边积分可以得到电容电压-电流关系的积分形式

$$u(t) = \frac{1}{C}\int_{-\infty}^{t} i(t')\,\mathrm{d}t' = u(t_0) + \frac{1}{C}\int_{t_0}^{t} i(t')\,\mathrm{d}t'$$

上式表明,线性电容在某时刻 t 的端电压 $u(t)$ 与从 $-\infty$ 到 t 所有时刻的电流值有关。即电容电压记忆了流过电容电流的历史。从这个意义来说,电容元件是一种记忆元件。从物理的角度理解,电容的记忆性是因为电容是聚集电荷的元件,电荷的聚集是电流从 $-\infty$ 到 t 持续作用的结果,聚集电荷的多少则通过电容元件的电压来反映。

由于电容的记忆性,其初始时刻 t_0 的状态对 t 时刻的结果有影响,初始时刻的状态由 $(-\infty, t_0)$ 的全部历史情况决定,而以前全部历史情况对未来($t>t_0$)的 $u(t)$ 的影响可由 $u(t_0)$,即电容的初始电压来反映。因此,具有初始电压的电容元件的电路等效模型可表示为一个电压源和一个无初始电压的电容元件的串联,如图 8.1.4 所示。

电容元件的记忆性还体现在电容两端电压的时间连续性,即当流过电容的电流 $i(t)$ 为有限值时,电容电

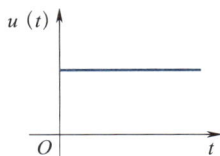

图 8.1.3　加在电容上的电压信号

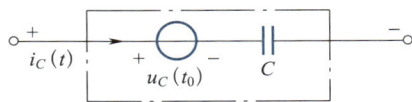

图 8.1.4　具有初始电压的电容元件的电路等效模型

压不能瞬间跃变,表达为

$$\lim_{dt \to 0}\left[u(t+dt)-u(t)\right]=0$$

推导过程如下:

根据式(8.1.2)可以得到

$$u(t+dt)=\frac{1}{C}\int_{-\infty}^{t+dt}i(t')\,dt'=\frac{1}{C}\int_{-\infty}^{t}i(t')\,dt'+\frac{1}{C}\int_{t}^{t+dt}i(t')\,dt'$$

$$\lim_{dt \to 0}\left[u(t+dt)-u(t)\right]=\lim_{dt \to 0}\frac{1}{C}\int_{t}^{t+dt}i(t')\,dt'$$

如果在时间区间$[t,t+dt]$内,电流均为有限值,那么当$dt \to 0$时,$[u(t+dt)-u(t)]\to 0$。这说明只要是电容电流是有界函数,电容电压就是连续函数,不会跃变。

例 8.1.2 若加在电容上的电压$u(t)$如图 8.1.5 所示,求$i(t_0)=?$

解:根据电容元件的特性方程

$$i(t_0)=C\frac{du(t)}{dt}\bigg|_{t=t_0}=\infty$$

可以看出,电容电压在t_0处发生突变时,电流为无穷大。如果流过电容的电流大小为有限值,则电容两端的电压不会发生突变。

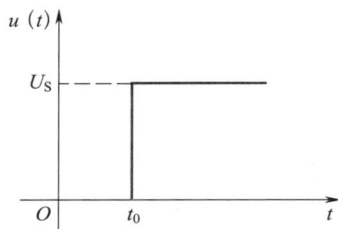

图 8.1.5 加在电容上的电压曲线

§8.1.3 电容元件的储能性

由电学理论可知,有电压就有电场,电场中储存着能量。因此,电容元件是储能元件。对电容元件进行充电时,其储存能量W的变化率,也就是功率为

$$\frac{dW}{dt}=p(t)=u(t)i(t)=Cu(t)\frac{du(t)}{dt}$$

在时间间隔$[t_1,t_2]$内,线性电容元件吸收的能量可以用定积分计算如下:

$$\Delta W[t_1,t_2]=\int_{t_1}^{t_2}p(t')\,dt'=C\int_{u(t_1)}^{u(t_2)}u(t')\,du(t')=\frac{1}{2}Cu^2(t)\bigg|_{t_1}^{t_2}$$

$$=\frac{1}{2}C\left[u^2(t_2)-u^2(t_1)\right]=W(t_2)-W(t_1)$$

可以看出在$[t_1,t_2]$内吸收的能量只与这两个时刻的储能差ΔW有关系,而电容元件在某一时刻的储能W只与该时刻的电压值和电容大小有关。

$$W(t)=\frac{1}{2}Cu^2(t)$$

例 8.1.3 设$C=0.1\ \mu F$的电容从$t=0$时刻开始以$i=100\ mA$的电流充电,问$t=50\ \mu s$时的电压u等于多少?按照下面两种情况求解:

(1)已知$u(0)=0\ V$。

（2）已知 $u(0) = -16$ V。

解： 首先，要选一个合适的时间参考点，将电容的电流历史记忆在初值里。根据已知条件，选择 0 时刻作为时间参考点，

$$u(t) = \frac{1}{C} \int_{-\infty}^{t} i(t)\,\mathrm{d}t = \frac{1}{C} \int_{-\infty}^{0} i(t)\,\mathrm{d}t + \frac{1}{C} \int_{0}^{t} i(t)\,\mathrm{d}t = u(0) + \frac{1}{C} \int_{0}^{t} i(t)\,\mathrm{d}t$$

（1）$u(t) = \frac{1}{C} \int_{0}^{t} i(t)\,\mathrm{d}t + 0 = \frac{1}{C} i(t) t = \frac{0.1t}{0.1 \times 10^{-6}} = (10^6 \times 50 \times 10^{-6})$ V $= 50$ V

（2）$u(t) = \frac{1}{C} \int_{0}^{t} i(t)\,\mathrm{d}t - 16$ V $= 10^6 t - 16$ V $= (10^6 \times 50 \times 10^{-6} - 16)$ V $= 34$ V

中学物理曾学习过有关电阻串并联等效的知识，多个电阻的串并联组合可以用一个电阻来替代。即

串联：

$$R_{\mathrm{eq}} = R_1 + R_2 + \cdots + R_n = \sum_{k=1}^{n} R_k$$

并联：

$$\frac{1}{R_{\mathrm{eq}}} = \frac{1}{R_1} + \frac{1}{R_2} + \cdots + \frac{1}{R_n} = \sum_{k=1}^{n} \frac{1}{R_k}$$

同电阻一样，多个电容的串并联组合也可以用一个等效电容来替代。n 个电容串联的等效电容值的倒数等于各电容值的倒数之和，其形式上同电阻的并联一样，即

$$\frac{1}{C_{\mathrm{eq}}} = \frac{1}{C_1} + \frac{1}{C_2} + \cdots + \frac{1}{C_n} = \sum_{k=1}^{n} \frac{1}{C_k}$$

n 个电容并联的等效电容值等于各电容值之和，形式上同电阻的串联一样，即

$$C_{\mathrm{eq}} = C_1 + C_2 + \cdots + C_n = \sum_{k=1}^{n} C_k$$

思考题

1. 电阻的电压与电流的波形相同，而电容的电压与电流的波形不同，这是为什么？
2. 试证明若电容电流为有限值时，电容电压不能跃变。
3. 为什么说电容在某一时刻的储能与这一时刻电容电流的数值没有关系？

§8.2　电感元件

§8.2.1　电感元件的静态特性

电感器在实际电路中使用广泛，常简称为电感。同电容一样，电感也是反映储能性质的电路参数，电感器的主要参数就是电感。导线中有电流时，其周围就会建立磁场。为增强磁场，通常

把导线绕成线圈,称为电感线圈。和电容器通过电场的方式存储能量类似,电感线圈通过磁场的方式存储能量。

当电感线圈通过电流 $i(t)$ 时,在线圈内将激发磁链 $\Psi(t)$。一个二端元件,如果在任一时刻 t,它的电流 $i(t)$ 同它的磁链 $\Psi(t)$ 之间的关系可用 i-Ψ 平面上的一条曲线来确定,则此二端元件称为电感元件。电感元件是实际电感器的理想化模型。如果 i-Ψ 曲线是一条通过原点的直线,如图 8.2.1(b)所示,则该元件称为线性电感元件,其电路符号如图 8.2.1(a)所示。

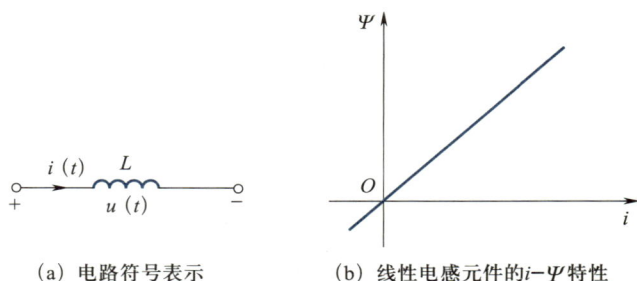

(a) 电路符号表示   (b) 线性电感元件的 i-Ψ 特性

图 8.2.1 电感元件

线性电感元件所储存的磁链 $\Psi(t)$ 与通过它的电流 $i(t)$ 之间具有如下的线性函数关系

$$\Psi(t) = L \cdot i(t)$$

L 称为该元件的电感(量)。其中磁链 $\Psi(t)$ 的单位是韦伯(简称韦,Wb),且有 1 Wb = 1 V·S,电感 L 的单位为亨(H),且 $1\ H = \dfrac{1\ Wb}{1\ A} = \dfrac{1\ V \cdot S}{1\ A} = 1\ \Omega \cdot S$。常用的电感值单位还有毫亨(mH)、微亨(μH),且 1 mH = 10^{-3} H,1 μH = 10^{-6} H。同电容值类似,L 的大小与磁链及电流无关,与电感线圈的匝数及材料等相关,表征了电感元件产生磁通的能力,L 越大,产生磁链的能力越强。

虽然电感是根据电流-磁链关系来定义的,但在电路分析中更受关注的还是其电压-电流关系。根据法拉第电磁感应定律,当穿过线圈的磁链发生变化时,在线圈中就会产生感应电压,其大小为

$$u(t) = \frac{\mathrm{d}\Psi(t)}{\mathrm{d}t}$$

因此线圈中有无感应电压,取决于穿过线圈中的磁链是否变化,而不是看穿过线圈的磁链的多少。

感应电压的方向是由楞次定律决定的。由楞次定律可知,当流过线圈的电流变化时,磁链随之变化并在线圈中产生感应电动势,感应电动势 e 的方向使其产生的感应电流试图阻止原磁链的变化。如图 8.2.2 所示,规定磁链的方向与电流的参考方向符合右手螺旋定

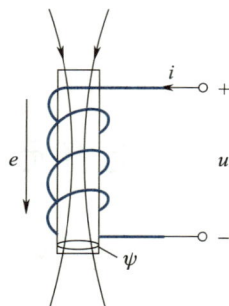

图 8.2.2 磁链与感应电压

则,感应电压 u 和电流 i 取关联参考方向,所以感应电动势

$$e(t) = -\frac{\mathrm{d}\varPsi(t)}{\mathrm{d}t}$$

则

$$u(t) = -e(t) = \frac{\mathrm{d}\varPsi(t)}{\mathrm{d}t}$$

代入 $\varPsi(t) = L \cdot i(t)$ 可以得到

$$u(t) = L\frac{\mathrm{d}i(t)}{\mathrm{d}t} \tag{8.2.1}$$

式(8.2.1)即为电感电压-电流关系的微分形式。从式(8.2.1)可以看出,感应电压的大小取决于电流的变化率,而与电流的绝对大小无关。电流变化得越快,感应电压越大,反之则感应电压越小。电流值如果不变,例如直流电流,其感应电压为零。换言之,电感元件对于直流电源相当于短路。

同样地,当电感的电压电流取非关联参考方向时,应在式(8.2.1)等号右侧添加一个负号。

例 8.2.1　若电感元件中的电流 $i(t)$ 为一恒定值,如图 8.2.3 所示,求其端电压 $u(t)$。

解: 根据电感元件的伏安特性

$$u(t) = L\frac{\mathrm{d}i(t)}{\mathrm{d}t} = 0$$

对于电感元件,n 个电感串联的等效电感值等于各电感值之和,形式上同电阻的串联一样,即

$$L_{\text{eq}} = L_1 + L_2 + \cdots + L_n = \sum_{k=1}^{n} L_k$$

n 个电感并联的等效电感值的倒数等于各电感值的倒数之和,其形式同电阻的并联一样,即

$$\frac{1}{L_{\text{eq}}} = \frac{1}{L_1} + \frac{1}{L_2} + \cdots + \frac{1}{L_n} = \sum_{k=1}^{n}\frac{1}{L_k}$$

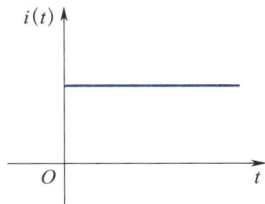

图 8.2.3　加在电感上的电流信号

【知识链接】电容、电感串并联公式的推导

请扫码查看详细内容。

【知识链接】电容、电感串并联公式的推导

§8.2.2　电感元件的记忆性

对式(8.2.1)两边积分可以得到电感电压-电流关系的积分形式

$$i(t) = i(t_0) + \frac{1}{L}\int_{t_0}^{t} u(t)\,\mathrm{d}t \tag{8.2.2}$$

若令初始时刻为 $-\infty$,且 $i(-\infty) = 0$,则有

$$i(t) = \frac{1}{L} \int_{-\infty}^{t} u(t') \, dt'$$

由电感特性方程的积分形式,即式(8.2.2)可以得到,电感上的电流与电感电压的时间积分成比例。因此,电感在某时刻 t 的电流 $i(t)$ 与从 $-\infty$ 到 t 所有时刻的电压值有关。即电感的电流记忆了电感工作的历史。从这个意义来说,电感元件是一种记忆元件。

同样的,由于电感的记忆性,其初始时刻 t_0 的状态对 t 时刻的结果有影响,初始时刻的状态由 $(-\infty, t_0)$ 的全部历史情况决定。而以前全部历史情况对未来 $(t>t_0)i(t)$ 的影响可由 $i(t_0)$,即电感的初始电流来反映。因此,具有初始电流的电感元件的电路等效模型可表示为一个电流源和一个无初始电流的电感元件的并联,如图 8.2.4 所示。

电感元件的记忆性还体现在流过电感电流的时间连续性,即当加载到电感上的电压 $u(t)$ 为有限值时,电感电流为连续函数,不能瞬间跃变,表达为

$$\lim_{dt \to 0} [\, i(t+dt) - i(t) \,] = 0 \tag{8.2.3}$$

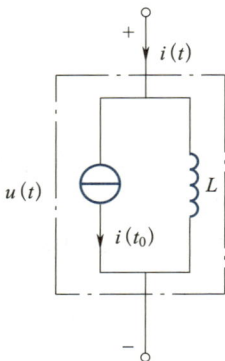

图 8.2.4 具有初始电流的电感元件的电路等效模型

推导过程如下:

根据式(8.2.1)可以得到

$$i(t+dt) - i(t) = \frac{1}{L} \int_{-\infty}^{t+dt} u(t') \, dt' - \frac{1}{L} \int_{-\infty}^{t} u(t') \, dt' = \frac{1}{L} \int_{t}^{t+dt} u(t') \, dt'$$

$$\lim_{dt \to 0} [\, i(t+dt) - i(t) \,] = \lim_{dt \to 0} \frac{1}{L} \int_{t}^{t+dt} u(t') \, dt'$$

如果在时间区间 $[t, t+dt]$ 内,电压均为有限值,那么当 $dt \to 0$ 时,$[\, i(t+dt) - i(t) \,] \to 0$。这说明只要电感电压是有界函数,电感电流就是连续函数,不会跃变。

例 8.2.2 电感元件的电流 $i(t)$ 如图 8.2.5 所示,求 t_0 时刻电感两端的电压 $u(t_0)$

解:根据电感元件的伏安特性

$$u(t_0) = L \left. \frac{di(t)}{dt} \right|_{t=t_0} = \infty$$

可以看出当通过电感的电流瞬间跃变时,电感电压无限大,而通过电感的电流不瞬间跃变时,电感电压为有限值。

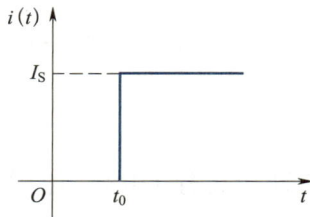

图 8.2.5 经过电感元件的电流曲线

§8.2.3 电感元件的储能性

有电流就有磁场,直流电流产生恒压磁场,交变电流产生交变磁场。电容储存的能量是电场能量,与电压相关,而电感元件储存的能量为磁场能量,与电流有关。因此,电感元件也是储能元件。对于通入电流的电感元件,当电感电压和电流取关联参考方向时,吸收的瞬时功率为

$$p(t) = u(t)i(t) = Li(t)\frac{\mathrm{d}i(t)}{\mathrm{d}t}$$

经过时间间隔 $[t_0, t]$ 后,线性电感元件吸收的能量 $\Delta W[t_0, t]$ 可以用定积分计算如下:

$$\Delta W[t_0, t] = \int_{t_0}^{t} p(t')\,\mathrm{d}t' = \frac{1}{2}Li^2(t) - \frac{1}{2}Li^2(t_0) = W(t) - W(t_0)$$

可以看出在时间 $[t_0, t]$ 内吸收的能量只与这两个时刻的储能差 ΔW 有关系,而电感元件在某一时刻的储能只与该时刻的电流和电感值有关。

$$W(t) = \frac{1}{2}Li^2(t)$$

从上面的电容元件和电感元件的特性可以看出电路物理量的对偶性,比如,磁场和电场是对偶的,电容和电感的伏安特性也具有对偶性。

【工程拓展】实际动态器件的电路模型

扫码查看详细内容。

思考题

1. 电感电压－电流关系的推导使用了哪几个定理?
2. 试证明在电感电压有限时,电感电流具有记忆性。
3. 为什么说电感的储能与电感电压的数值没有关系?
4. 电容和电感的对偶性是如何体现的?

【工程拓展】
实际动态器件
的电路模型

§8.3　耦合电感

对于电感元件,如果磁通变化,会在电感元件的两端产生感应电动势,进而在闭合回路中产生感应电流。若电感元件中电流随时间变化,则可以产生感应电压。

基于此原理,相近的两个电感元件若通过磁场使之关联,则可产生相互影响的感应电压和感应电流,这样的现象称为电感的耦合。耦合电感元件就是通过磁场关联并相互约束的若干电感元件的集合。耦合电感元件是耦合电感线圈的理想电路模型,也是电路中的基本元件。和单个电感元件类似,耦合电感元件也分为线性耦合电感元件和非线性耦合电感元件,本书只讨论线性耦合电感元件。

当相互靠近的两个独立线圈的磁链相互交链时,就构成了一个简单的耦合电感元件。对于相互耦合的两个紧密缠绕的线圈,如图 8.3.1 所示,每个线圈中的磁通都包括两部分。线圈 1 中的磁通包括自感磁通 Φ_{11},

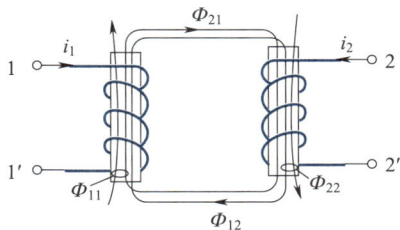

图 8.3.1　耦合电感元件产生的
自感磁通和互感磁通

也就是线圈 1 的施感电流 i_1 在自身线圈中产生的磁通,还包括互感磁通 Φ_{12},这是由线圈 2 的自感磁通的一部分或全部交链于线圈 1 的磁通,是由线圈 2 中的电流 i_2 造成的。相似的,线圈 2 中的磁通包括自感磁通 Φ_{22},也就是线圈 2 的施感电流 i_2 在自身线圈中产生的磁通,还包括互感磁通 Φ_{21},这是由线圈 1 的自感磁通的一部分或全部交链于线圈 2 的磁通,是由线圈 1 中的电流 i_1 造成的。

自感磁通和互感磁通方向相同时相互加强,方向相反时相互减弱,因此,线圈 1 的总磁通 Φ_1 和线圈 2 的总磁通 Φ_2 分别为各自自感磁通和互感磁通的代数和。

$$\Phi_1 = \Phi_{11} \pm \Phi_{12}$$
$$\Phi_2 = \Phi_{22} \pm \Phi_{21}$$

对于如图 8.3.2(a)所示的耦合电感,根据右手螺旋定则,1 和 2 之间的自感磁通和互感磁通相互加强,$\Phi_1 = \Phi_{11} + \Phi_{12}$,$\Phi_2 = \Phi_{21} + \Phi_{22}$。如图 8.3.2(b)所示的耦合电感,1 和 2 之间的自感和互感相互减弱,$\Phi_1 = \Phi_{11} - \Phi_{12}$,$\Phi_2 = \Phi_{22} - \Phi_{21}$。

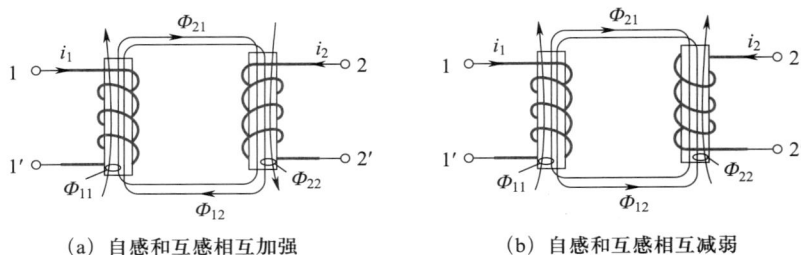

(a) 自感和互感相互加强   (b) 自感和互感相互减弱

图 8.3.2 耦合电感相互加强和相互减弱

可以看出,每一个耦合电感元件中的互感磁通与自感磁通是相互加强还是相互减弱,涉及电感元件所模拟的实际电感线圈的绕向和相对位置。实际电感线圈的绕向通常是不能直接观察出来的。同时,在电路图中,代表耦合电感元件的符号也无法显示它所模拟的线圈的绕向,这就需要在元件的端钮标注某种形式的符号,以便判断互感磁通的相互影响。

如果两个线圈电流 i_1,i_2 分别从各自的一个端钮流入,使自感磁通和另一个线圈的电流所产生的互感磁通方向一致,即互相加强,则这两端钮叫作同名端,用"*"或者"·"表示,反之称为异名端或非同名端。如前所述,线圈中电流与磁通的方向关系满足右手螺旋定则。如图 8.3.3(a)所示,端钮 1 和 2、1′和 2′为同名端;端钮 1 和 2′、1′和 2 为异名端;如图 8.3.3(b)所示,端钮 1 和 2′、1′和 2 为同名端,端钮 1 和 2、1′和 2′为异名端。

根据紧密缠绕的电感线圈中的磁链与磁通的关系,$\Psi = N\Phi$,其中 Ψ 为磁链,Φ 为磁通,N 为线圈的匝数。对于耦合电感元件,线圈 1 和线圈 2 中的磁链,分别表示为自感磁链和互感磁链的代数和。

$$\Psi_1 = \Psi_{11} \pm \Psi_{12}$$

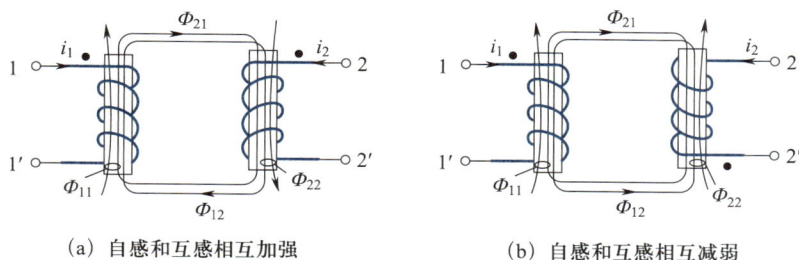

（a）自感和互感相互加强　　　　（b）自感和互感相互减弱

图 8.3.3　同名端和异名端

$$\Psi_2 = \Psi_{22} \pm \Psi_{21} \tag{8.3.1}$$

式中

$$\Psi_{11} = \Phi_{11}N_1 \qquad \Psi_{12} = \Phi_{12}N_1$$
$$\Psi_{22} = \Phi_{22}N_2 \qquad \Psi_{21} = \Phi_{21}N_2$$

其中 N_1 为线圈 1 的匝数，N_2 为线圈 2 的匝数。

对于线性耦合电感元件，每一个元件的自感磁链、互感磁链均应为产生该磁链的电流的线性函数，因此式（8.3.1）可以改写为

$$\Psi_1(t) = L_1 i_1(t) \pm M_{12} i_2(t)$$
$$\Psi_2(t) = \pm M_{21} i_1(t) + L_2 i_2(t)$$

式中 $L_1 = \dfrac{\Psi_{11}}{i_1}$、$L_2 = \dfrac{\Psi_{22}}{i_2}$，分别表示两个线圈的电感值，为电感元件的自感，恒取正值，$M_{12} = \dfrac{\Psi_{12}}{i_2}$、$M_{21} = \dfrac{\Psi_{21}}{i_1}$ 分别表示两个线圈彼此影响的电感值，称为电感元件的互感，可正可负，且 $M_{12} = M_{21}$，因此今后将不加区别地用 M 表示耦合元件的互感，从而得到

$$\Psi_1(t) = L_1 i_1(t) \pm M i_2(t)$$
$$\Psi_2(t) = L_2 i_2(t) \pm M i_1(t)$$

耦合电感元件的示意图如图 8.3.4 所示，显然，耦合电感元件为二端元件。设 L_1，L_2 的端口电压、电流分为 $u_1(t)$、$i_1(t)$，$u_2(t)$、$i_2(t)$，且均为关联参考方向，根据法拉第电磁感应定律，两耦合电感元件端口电压分别为

$$u_1(t) = \frac{\mathrm{d}\Psi_1(t)}{\mathrm{d}t} = L_1 \frac{\mathrm{d}i_1(t)}{\mathrm{d}t} \pm M \frac{\mathrm{d}i_2(t)}{\mathrm{d}t}$$

$$u_2(t) = \frac{\mathrm{d}\Psi_2(t)}{\mathrm{d}t} = L_2 \frac{\mathrm{d}i_2(t)}{\mathrm{d}t} \pm M \frac{\mathrm{d}i_1(t)}{\mathrm{d}t} \tag{8.3.2}$$

如果电压和电流为关联参考方向，且电流为同名端流入时，式（8.3.2）表达为

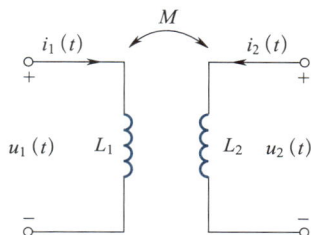

图 8.3.4　耦合电感元件

$$u_1(t) = \frac{\mathrm{d}\Psi_1(t)}{\mathrm{d}t} = L_1 \frac{\mathrm{d}i_1(t)}{\mathrm{d}t} + M \frac{\mathrm{d}i_2(t)}{\mathrm{d}t}$$

$$u_2(t) = \frac{\mathrm{d}\Psi_2(t)}{\mathrm{d}t} = L_2 \frac{\mathrm{d}i_2(t)}{\mathrm{d}t} + M \frac{\mathrm{d}i_1(t)}{\mathrm{d}t}$$

如果电压和电流为关联参考方向,且电流为异名端流入时,式(8.3.2)表达为

$$u_1(t) = \frac{\mathrm{d}\Psi_1(t)}{\mathrm{d}t} = L_1 \frac{\mathrm{d}i_1(t)}{\mathrm{d}t} - M \frac{\mathrm{d}i_2(t)}{\mathrm{d}t}$$

$$u_2(t) = \frac{\mathrm{d}\Psi_2(t)}{\mathrm{d}t} = L_2 \frac{\mathrm{d}i_2(t)}{\mathrm{d}t} - M \frac{\mathrm{d}i_1(t)}{\mathrm{d}t}$$

当电流和电压为非关联参考方向时,自感电压和互感电压的符号要逐一判断。自感项的正负根据电压、电流的参考方向就可以判定。互感项的正负既要考虑参考方向,又要考虑同名端,比较复杂,可以考虑下面的简化方法:

(1) 设置新电流、电压变量,使得所有端口电压、电流方向为关联参考方向,同时所有电流从同名端流入。

(2) 按照新变量写出标准互感方程,这时所有项都为"+"。

(3) 把方程中新变量用原来的变量代替并整理。

例 8.3.1 判断图 8.3.5 中互感表达式中的正负号。

解: 按照上述的方法,使所有端口电压、电流方向为关联参考方向,同时所有电流从同名端流入。若以 i_1 流入的端钮为同名端之一,先进行变量替代,令 $u_2'(t) = -u_2(t)$,$i_2'(t) = -i_2(t)$,则满足关联参考方向和电流从同名端流入的条件,列写方程

$$u_1(t) = L_1 \frac{\mathrm{d}i_1(t)}{\mathrm{d}t} + M \frac{\mathrm{d}i_2'(t)}{\mathrm{d}t}$$

$$u_2'(t) = L_2 \frac{\mathrm{d}i_2'(t)}{\mathrm{d}t} + M \frac{\mathrm{d}i_1(t)}{\mathrm{d}t}$$

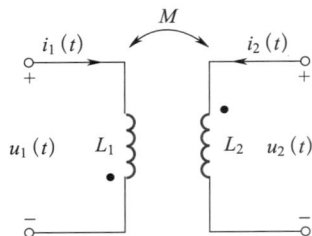

图 8.3.5 例 8.3.1 电路图

代入 $u_2'(t) = -u_2(t)$ 和 $i_2'(t) = -i_2(t)$,可以得到

$$u_1(t) = L_1 \frac{\mathrm{d}i_1(t)}{\mathrm{d}t} - M \frac{\mathrm{d}i_2(t)}{\mathrm{d}t}$$

$$u_2(t) = L_2 \frac{\mathrm{d}i_2(t)}{\mathrm{d}t} - M \frac{\mathrm{d}i_1(t)}{\mathrm{d}t}$$

思考题

1. 互感元件和电感元件的联系和区别是什么?

2. 如何判断互感元件的同名端?

§8.4　动态电路的经典解法

如何评价一个系统性能的优劣是工程设计和应用中经常遇到的问题。黑盒测试法是一种典型的检测与评价系统性能的方法,即给系统一个激励(输入),并依据系统的响应(输出)来判断系统的性能特点。例如,判断一个碗是否有裂纹,可以敲击它,并通过听声音判断。敲击就是激励,它发出的声音就是响应。对电路系统而言,可以利用电路的两类约束条件建立电路方程来反映激励与响应之间的联系,这种方法既适用于电阻电路系统,也适用于包含电容和电感等动态元件的动态电路系统。

§8.4.1　(单)输入-(单)输出方程

在绪论及§4.1均介绍过激励与响应的相关概念。在电路分析中,作为激励的电压或电流称为输入,作为待求响应的电压或电流称为输出。先讨论一种简单的情况,即只含有一个外部激励的动态电路。只含有一个激励源和一个输出变量的电路系统称为单输入-单输出系统。对于动态电路而言,电路的输入 $u_S(t)$(或 $i_S(t)$)与输出 $u_C(t)$(或 $i_L(t)$)之间单一变量的方程,称为该电路的输入-输出方程。由于动态元件的电压-电流关系都是微分关系或积分关系,所以描述动态电路的输入-输出方程通常为微分方程。

以图8.4.1(a)所示 RC 电路为例,列写输入-输出方程。已知输入 $u_S(t)$,由 KVL 和元件特性方程得

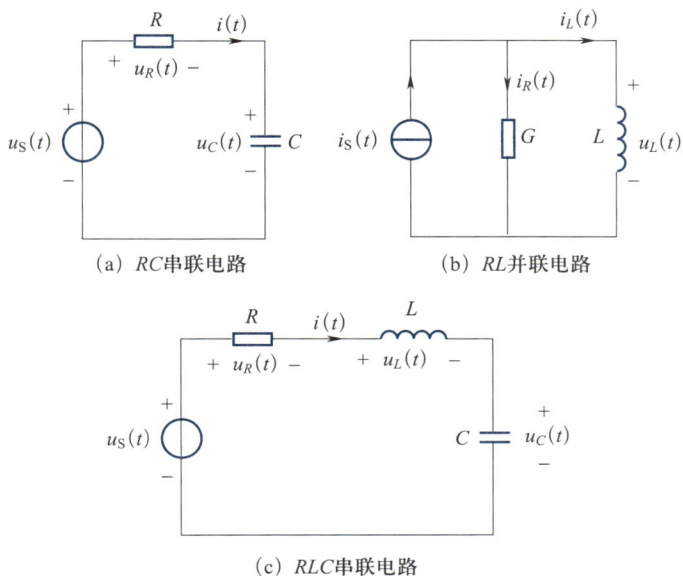

(a) RC串联电路　　　　(b) RL并联电路

(c) RLC串联电路

图 8.4.1　RC、RL 和 RCL 电路

$$u_\text{s}(t) = u_R(t) + u_C(t) = Ri(t) + u_C(t)$$

其中

$$i(t) = C\frac{\mathrm{d}u_C(t)}{\mathrm{d}t}$$

代入整理可以得到

$$RC\frac{\mathrm{d}u_C(t)}{\mathrm{d}t} + u_C(t) = u_\text{s}(t)$$

可见，该方程为反映单一激励源 $u_\text{s}(t)$ 和单一输出电容电压 $u_C(t)$ 之间关系的输入-输出方程，为一阶微分方程，该电路为一阶电路。

又如图 8.4.1(b)所示 RL 电路，列写输入-输出方程，已知输入 $i_\text{s}(t)$，由 KCL 和元件特性方程可写出

$$i_\text{s}(t) = i_R(t) + i_L(t) = Gu_L(t) + i_L(t)$$

其中

$$u_L(t) = L\frac{\mathrm{d}i_L(t)}{\mathrm{d}t}$$

代入整理可以得到

$$GL\frac{\mathrm{d}i_L(t)}{\mathrm{d}t} + i_L(t) = i_\text{s}(t)$$

该输入-输出方程也是一阶微分方程，因此该电路也是一阶电路。

RCL 电路如图 8.4.1(c)所示，列写输入-输出方程。已知输入 $u_\text{s}(t)$，由 KVL 和元件特性方程可写出以下方程：

$$u_\text{s}(t) = u_R(t) + u_L(t) + u_C(t)$$

$$\begin{cases} u_R(t) = i(t) \cdot R \\ i_C(t) = C \cdot \dfrac{\mathrm{d}u_C(t)}{\mathrm{d}t} \\ u_L(t) = L \cdot \dfrac{\mathrm{d}i_L(t)}{\mathrm{d}t} \end{cases}$$

整理可得

$$LC\frac{\mathrm{d}^2 u_C(t)}{\mathrm{d}t^2} + RC\frac{\mathrm{d}u_C(t)}{\mathrm{d}t} + u_C(t) = u_\text{s}(t)$$

该输入-输出方程为二阶微分方程，该电路称为二阶电路。

从上述例子可以看出，对于一般的动态电路，可以通过元件特性方程及基尔霍夫定律建立一组联立的微分方程。由此联立方程出发，总可以求出对应于电路中某一输出变量的输

入-输出方程。因此,求解动态电路问题就变成列写以及求解常系数线性微分方程的数学问题。

一般来说,如果描述动态电路的输入-输出方程是一阶微分方程,则称该电路为一阶电路。如果输入-输出方程是 n 阶微分方程,则称该电路为 n 阶电路。需要注意的是,电路的阶数不一定和电路中动态元件的个数相同,因为动态元件的连接方式也会影响电路的性质。

例 8.4.1　如图 8.4.2 所示电路,以 $u_c(t)$ 为变量列出电路的微分方程。

解:分别以图示 $i_L(t)$ 和 $i_c(t)$ 为网孔电流,列出网孔方程。

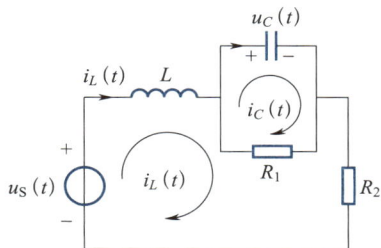

图 8.4.2　例 8.4.1 电路图

网孔 $i_L(t)$:

$$L\frac{\mathrm{d}i_L(t)}{\mathrm{d}t}+(R_1+R_2)i_L(t)-R_1i_c(t)=u_s(t)$$

网孔 $i_c(t)$:

$$\left[i_L(t)-i_c(t)\right]R_1-u_c(t)=0$$

代入电容的 VCR 方程:

$$i_c(t)=C\frac{\mathrm{d}u_c(t)}{\mathrm{d}t}$$

得到以 $i_L(t)$ 和 $u_c(t)$ 为变量的方程:

$$\begin{cases} L\dfrac{\mathrm{d}i_L(t)}{\mathrm{d}t}+(R_1+R_2)i_L(t)-R_1C\dfrac{\mathrm{d}u_c(t)}{\mathrm{d}t}=u_s(t) & (1) \\[3mm] -R_1i_L(t)+R_1C\dfrac{\mathrm{d}u_c(t)}{\mathrm{d}t}+u_c(t)=0 & (2) \end{cases}$$

从式(2)得到 $i_L(t)$ 的表达式

$$i_L(t)=C\frac{\mathrm{d}u_c(t)}{\mathrm{d}t}+\frac{1}{R_1}u_c(t)$$

代入式(1)中,消去变量 $i_L(t)$ 得到仅以 $u_c(t)$ 为变量的微分方程

$$LC\frac{\mathrm{d}^2u_c(t)}{\mathrm{d}t^2}+\frac{L}{R_1}\frac{\mathrm{d}u_c(t)}{\mathrm{d}t}+(R_1+R_2)C\frac{\mathrm{d}u_c(t)}{\mathrm{d}t}+\frac{(R_1+R_2)}{R_1}u_c(t)-$$

$$R_1C\frac{\mathrm{d}u_c(t)}{\mathrm{d}t}=u_s(t)$$

经过整理得到以下微分方程:

$$LC\frac{\mathrm{d}^2u_c(t)}{\mathrm{d}t^2}+(\frac{L}{R_1}+R_2C)\frac{\mathrm{d}u_c(t)}{\mathrm{d}t}+\frac{(R_1+R_2)}{R_1}u_c(t)=u_s(t)$$

可见,方程中只有一个变量,该输入-输出方程为二阶方程,该电路为二阶电路。

【工程拓展】动态电路的实例——照相机闪光灯电路及汽车火花塞点火电路

【工程拓展】
动态电路的
实例——照
相机闪光灯
电路及汽车
火花塞点火
电路

【工程拓展】动态电路的实例——照相机闪光灯电路及汽车火花塞点火电路

扫码查看详细内容。

【知识拓展】电路阶数与动态元件个数、微分方程最高次数的关系

如上所述,电路的阶数和输入输出微分方程的阶数是完全一样的,方程是 n 阶微分方程,则电路为 n 阶电路。但是,电路的阶数不一定和电路中动态元件的个数相同,动态元件的连接方式也会影响电路的性质。例如,一个支路由两个电容串联组合而成,其等效模型即为一个(独立)电容。此电容的值与串联的两个实际电容的值相关。通常来讲,电路的阶数等于电路中独立动态元件的个数。可以用下面的式子表示:电路的阶数=电路内储能元件的总数-仅由电容或电容和电压源组成的回路的数目-仅由电感或电感和电流源组成的割集(可理解为超节点)的数目。

§8.4.2 初始状态与初始条件

对电路输入-输出方程的求解需要借助高等数学中微分方程求解的相关知识。由高等数学知识可知,为了求解微分方程,需要知道方程的初始条件,也就是该方程中输出变量的初始值(对一阶电路)及其一阶(对二阶电路)至($n-1$)阶(对二阶以上电路,$n>2$)导数的初始值。

那么,在分析动态电路时如何得到输出变量的这些初始值呢? 首先介绍与电路的初始状态密切相关的一个概念——换路。在电路分析中,将电路的突然变化称为换路。这种突然变化包括电路结构的变化与电路元件的变化,比如电路中电源的接通、切断,元件参数的改变,电路连接方式的改变等。

通常认为换路在 0 时刻发生,换路前的瞬间称为 0_- 时刻,而换路后的瞬间称为 0_+ 时刻。如图 8.4.3 所示为电路在 $t=0$ 时刻发生换路的几种方式,(a)中电路由并联变为串联,电路的结构发生改变,(b)中电路的元件发生了改变,(c)中电路的结构和元件种类都没发生变化,但元件参数改变,这些情况都称为换路。正是由于换路,输出变量才会产生变化从而引起暂态过程和暂态响应。

动态电路中各独立电容电压和各独立电感电流在换路前 0_- 时刻的值的集合称为电路的原始状态,各独立电容电压和各独立电感电流在换路后 0_+ 时刻的值的集合称为电路的初始状态。0_-、0 和 0_+ 时刻只有逻辑上的前后,并没有数值大小上的差别,它们之间的时间间隔趋近于 0。

输入-输出方程的初始条件是指 $t=0_+$ 时输出变量的初始值及其各阶导数的初始值。初始条件可根据电路的微分积分方程和元件的电压、电流初始值来确定。利用初始条件,就可以求解电路输入-输出方程通解中的待定系数。

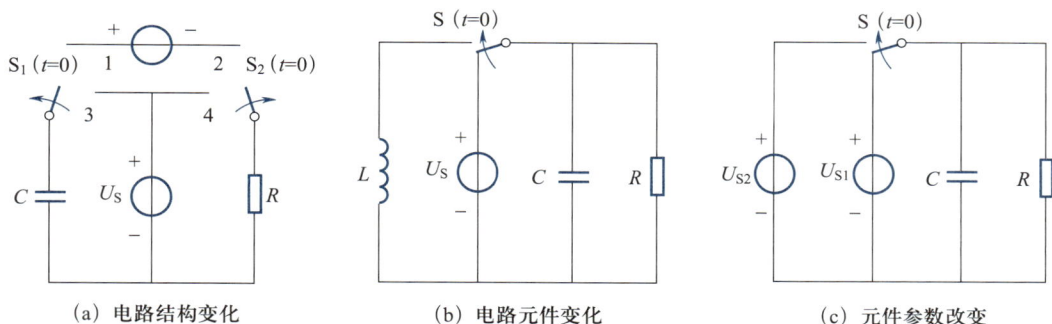

| (a) 电路结构变化 | (b) 电路元件变化 | (c) 元件参数改变 |

图 8.4.3　几种换路形式

【数理基础】一阶常系数线性微分方程的求解

凡含有未知函数和未知函数导数(或微分)的方程,称为微分方程。微分方程中出现的未知函数最高阶导数的阶数,称为微分方程的阶。本书介绍的动态电路的求解方法中,主要涉及一阶、二阶常系数线性微分方程的求解。此处以一阶常系数线性微分方程的解法为例介绍。

下式为一阶常系数线性微分方程的基本形式,其中 p 为常数,$Q(x)$ 为 x 的连续函数。如果 $Q(x)\equiv0$,则方程为齐次的;如果 $Q(x)\neq0$,则方程为非齐次的。

$$\frac{\mathrm{d}y}{\mathrm{d}x}+py=Q(x)$$

非齐次方程的解(也称为全解)为对应齐次方程的解(通解)加上非齐次方程的特解。令 $Q(x)=0$,齐次线性方程

$$\frac{\mathrm{d}y}{\mathrm{d}x}+py=0$$

的解为 $y=Ce^{sx}$,C 称为积分常数或待定系数,用分离变量法可理解 C 为积分常数的原因。将此通解代入齐次方程,得到

$$sCe^{sx}+pCe^{sx}=0$$

或特征方程

$$s+p=0$$

此特征方程的解即特征根为 $s=-p$,因此齐次方程的通解为 Ce^{-px}。将由此通解和一个特解(任一满足非齐次方程的解,通常可在特定条件下求得)表示的全解代入非齐次方程的表达式中并结合初始条件,即可以得到积分常数 C 的值,进而求得通解。将齐次方程的通解和特解相加,就得到了上述一阶常系数线性微分方程的全解。

§8.4.3　状态变量与换路定理

在前文的例子中,列写动态电路的输入-输出方程时,选择的变量不是 $u_C(t)$ 就是 $i_L(t)$,这是

有原因的,由于动态电路时域分析的典型特点,需要寻找并利用所谓的"状态变量"列写输入−输出方程,进而分析电路的全部性能。

"状态"这一概念来源于系统理论,是一个比较抽象但又基本的概念。由系统理论可知,系统中引入"状态"这一概念,是指在某个给定时刻系统必须具备的最少量信息。由这些信息加上从该时刻起的系统输入,就能够完全确定以后任何时刻该系统的行为。"最少量的信息"就由状态变量表示。在电路网络理论中状态变量就是电路中独立的状态变量的集合,它们在任何时刻的值形成了该时刻电路的状态。

具体来讲,对于任意的电路,总可以找到一组独立变量$\{X_1(t),X_2(t),\cdots,X_n(t)\}$,只要给定它们在某一时刻$t=t_0$的值以及$t\geqslant t_0$时的激励,电路在$t\geqslant t_0$时的行为便可完全确定。这样一组独立变量就称为网络的状态变量。不失一般性,取$t_0=0$。这里的"状态"指的是电路的能量状态。因此,对于线性电路,很自然地想到用电容电压$u_C(t)$和电感电流$i_L(t)$作为电路的状态变量,当然也可以用电荷$q(t)$和磁链$\Psi(t)$作为电路的状态变量。所以,一个电路的状态变量的选择是不唯一的。如果知道了$u_C(t)$和$i_L(t)$(或$q(t)$和$\Psi(t)$)在换路时刻的值以及外部激励的情况,就可以全部掌握电路的各种变化细节。

如前所述,换路通常是在$t=0$时刻发生的。用数学公式准确表达在换路前后,即0_-到0_+瞬间的电路各状态变量的变化特点,可由换路定理来描述。其定义为在有限电容电流的条件下,任意电容元件上的电荷量$q(t)$或电压$u_C(t)$不能跃变;在有限电感电压的条件下,电感元件上的磁链$\Psi(t)$或电流$i_L(t)$不能跃变,即

$$u_C(0_+)=u_C(0_-) \text{ 或 } q(0_+)=q(0_-)$$
$$i_L(0_+)=i_L(0_-) \text{ 或 } \Psi(0_+)=\Psi(0_-)$$

以电容为例说明换路定理。

例 8.4.2 如图 8.4.4 所示电路,$t=0$ 时换路,开关 S 由 2 倒向 1,证明换路定理。

证明:$t>0$ 时,根据 KVL,$U_s=Ri(t)+u_C(t)$,根据电容的特性方程

$$u_C(t)=\frac{1}{C}\int i(t)\,dt=u_C(0_-)+\frac{1}{C}\int_{0_-}^{t} i(t)\,dt$$

$t=0_+$时,

$$u_C(0_+)=u_C(0_-)+\frac{1}{C}\int_{0_-}^{0_+} i(t)\,dt$$

如果在换路前后,即0_-到0_+瞬间,电流为有限值,则

$$\frac{1}{C}\int_{0_-}^{0_+} i(t)\,dt=0$$

因此电容上的电压不发生突变,即

$$u_C(0_+)=u_C(0_-)$$

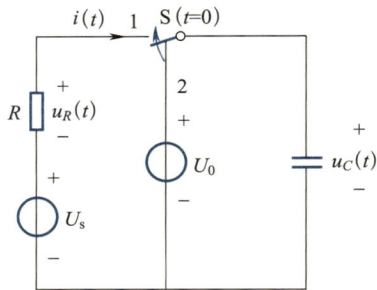

图 8.4.4 例 8.4.2 电路图

同理

$$q(0_+) = q(0_-)$$

进一步从储能的角度分析,若换路时刻为 $t_0 = 0$,电容的储能在换路前 $t_0 = 0_-$ 时刻为 $\frac{1}{2}Cu_C^2(0_-)$,在换路后 $t_0 = 0_+$ 时刻为 $\frac{1}{2}Cu_C^2(0_+)$。当电容充电或者放电的电流为有限值时,电容在换路前后瞬间的能量是保持不变的,所以在换路前后电容的电压相等或电容的电荷守恒。同理,电感的储能在换路前 $t_0 = 0_-$ 时刻为 $\frac{1}{2}Li_L^2(0_-)$,换路后 $t_0 = 0_+$ 时刻为 $\frac{1}{2}Li_L^2(0_+)$。换路前后瞬间电感的储能是保持不变的,所以在换路前后电感的电流相等或电感的磁链守恒。

需要说明的是换路定理描述的是状态变量在有限电量的条件下其值不跃变的特性。如果是冲激电流作用于电容或冲激电压作用于电感,则会出现状态变量跃变的情况,这属于非常态电路的范畴。此外,对于电容电流 $i_C(t)$、电感电压 $u_L(t)$ 这些非状态变量而言,其值跃变与否需要根据换路定理及电路的两类约束条件共同确定。换句话说,换路定理不适用于非状态变量。

【知识链接】常态电路与非常态电路

扫码查看详细内容。

【知识链接】常态电路与非常态电路

根据以上描述,下面给出求解动态电路初始条件的具体步骤:

(1)画出原始时刻($t = 0_-$)的电路,其中 L 用短路代替,C 用断路代替;然后求出 $i_L(0_-)$ 和 $u_C(0_-)$。

(2)根据换路后($t > 0$)的电路,判断是常态还是非常态电路。如果是常态电路,用换路定理求出 $i_L(0_+)$ 和 $u_C(0_+)$;如果是非常态电路,用电荷守恒定律或者磁链守恒定律求解。用数值等于 $i_L(0_+)$ 的电流源替代电感,数值等于 $u_C(0_+)$ 的电压源替代电容,画出初始时刻($t = 0_+$)的电路。

(3)对 $i_L(0_+)$ 和 $u_C(0_+)$ 以外其他量的初始条件,在 $t = 0_+$ 电路中用元件特性方程和基尔霍夫定律求出。

(4)对于高阶电路还要根据电路的微分方程求各阶导数的初始值。

例 8.4.3　如图 8.4.5 所示电路中,$R = 5\ \Omega$,$L = 1\ \text{H}$,$C = \frac{1}{6}\ \text{F}$,电源电压 $u_S(0_-) = 1\ \text{V}$,开关 S 在 $t = 0$ 时闭合。已知:$i(0_-) = 0$,$u_C(0_-) = 6\ \text{V}$,列写以 $i(t)$ 为输出变量的输入-输出方程并求其初始条件。

解　根据 KVL 和元件特性方程可得换路后电路的微积分方程为

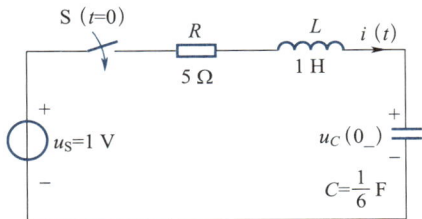

图 8.4.5　例 8.4.3 电路图

$$\frac{\mathrm{d}i(t)}{\mathrm{d}t} + 5i(t) + u_C(0_+) + 6\int_{0_+}^{t} i(t')\,\mathrm{d}t' = 1 \tag{1}$$

整理后得到

$$\frac{\mathrm{d}^2 i(t)}{\mathrm{d}t^2} + 5\frac{\mathrm{d}i(t)}{\mathrm{d}t} + 6i(t) = -1 \tag{2}$$

式（2）为以 $i(t)$ 为输出变量的输入-输出方程。

令式（1）中 $t = 0_+$，可得

$$i'(0_+) + 5i(0_+) + u_C(0_+) = 1 \tag{3}$$

根据换路定理，电感电流和电容电压均不能跃变，即：

$$i(0_+) = i_L(0_+) = i_L(0_-) = 0$$
$$u_C(0_+) = u_C(0_-) = 6 \text{ V}$$

代入式（3）得

$$i'(0_+) = \frac{(1-6)\text{ A}}{s} = -\frac{5\text{ A}}{s}$$

故该二阶微分方程（输入-输出方程）的初始条件为

$$i(0_+) = 0 \text{ A}$$
$$i'(0_+) = -\frac{5\text{ A}}{s}$$

思考题

1. 从数学上来讲，什么是动态电路？或者说动态电路的数学模型是什么？
2. 什么是动态电路的输入-输出方程？
3. 动态电路的阶数由什么决定？
4. 唯一地确定一个微分方程的解需要知道什么条件？

§8.5　一阶电路的暂态过程与时间常数

动态电路发生换路时，一般会引起电压、电流的改变，使电路的工作状态发生变化。由于电路中存在储能元件，这种改变通常不可能在瞬间完成，需要一段时间历程。这一时间历程称为动态电路的暂态过程，在工程上也称为过渡过程。暂态过程对控制系统、计算机系统和通信系统都意义重大。简单的 RC 和 RL 电路都是一阶电路的典型例子。下面分析这些一阶电路的暂态远程。

§8.5.1　RC 串联电路接通到直流电压源

设在图 8.5.1 的电路中，开关 S 于 $t = 0$ 时闭合，使直流电压源 U_s 通过电阻 R 对电容 C 充电；电容在开关闭合之前电压为 0，即：$u_C(0_-)=0$。

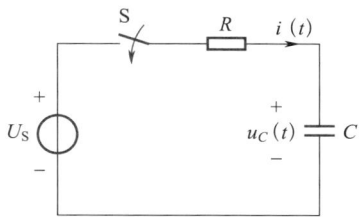

图 8.5.1　RC 串联电路

$t \geqslant 0$ 时，电路的方程为 $Ri+u_C(t)=U_\mathrm{S}$，即

$$RC\frac{\mathrm{d}u_C(t)}{\mathrm{d}t}+u_C(t)=U_\mathrm{S} \qquad (8.5.1)$$

该方程为一阶常系数非齐次线性微分方程。它的全解等于特解与齐次方程的通解之和。可以直观地看出其特解为 $u_{C_\mathrm{s}}(t)=U_\mathrm{S}$，它表示电路最终的状态（直流稳态），即电容将充电至具有电压 U_S。它的解还包括齐次方程

$$RC\frac{\mathrm{d}u_C(t)}{\mathrm{d}t}+u_C(t)=0$$

的通解 $u_{C_\mathrm{t}}(t)$。其特征方程为 $RCs+1=0$，特征根为 $s=-\dfrac{1}{RC}$，因此该齐次微分方程的通解为

$$u_{C_\mathrm{t}}(t)=A\mathrm{e}^{st}=A\mathrm{e}^{-\frac{t}{RC}}$$

方程式（8.5.1）的全解可写作

$$u_C(t)=u_{C_\mathrm{s}}(t)+u_{C_\mathrm{t}}(t)=U_\mathrm{S}+A\mathrm{e}^{-\frac{t}{RC}}$$

利用换路定理可得 $u_C(0_+)=u_C(0_-)=0$

于是有

$$U_\mathrm{S}+A\mathrm{e}^{-\frac{t}{RC}}\bigg|_{t=0_+}=U_\mathrm{S}+A=u_C(0_-)=0$$

由此得

$$A=-U_\mathrm{S}$$

则全响应为

$$u_C(t)=u_{C_\mathrm{s}}(t)+u_{C_\mathrm{t}}(t)=U_\mathrm{S}-U_\mathrm{S}\mathrm{e}^{-\frac{t}{RC}}$$

流过电容的电流为

$$i(t)=\frac{U_\mathrm{S}-u_C(t)}{R}=\frac{U_\mathrm{S}}{R}\mathrm{e}^{-\frac{t}{RC}}$$

图 8.5.2 画出了 $u_C(t)$ 和 $i(t)$ 的曲线，由此可清楚地看到开关闭合后电路中发生的过程。在开关闭合之前，电路达到稳态 $u_C=0$，$i=0$。开关闭合后，u_C 按指数规律由 0 上升至 U_S；与此同时，i 先突变到 $\dfrac{U_\mathrm{S}}{R}$，然后由此依指数规律下降至零。这样，电路最终将建立起直流稳态：$u_C=U_\mathrm{S}$，$i=0$。电压 $u_C(t)$ 可以分为强迫分量 $u_{C_\mathrm{s}}(t)$ 和自由分量 $u_{C_\mathrm{t}}(t)$，分别对应于非齐次方程的特解和齐次方程的通解。其中 $u_{C_\mathrm{s}}(t)$ 给出电容在电源

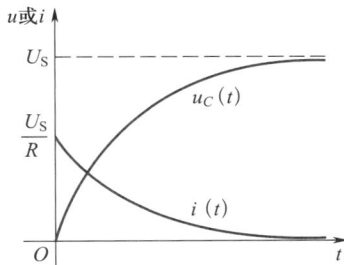

图 8.5.2　RC 串联电路的
$u_C(t)$ 和 $i(t)$ 的曲线

强迫激励下最终建立起的稳态电压,为稳态分量;$u_{C_t}(t)$ 反映了电容电压的暂态过程,为暂态分量。

很明显,上述过程实际上是电容充电的过程:从 $u_C = 0$ 充电到 $u_C = U_s$。容易检验,在整个过程中输入电容的能量为

$$W = \int_0^\infty u_C(t) i \mathrm{d}t = \frac{1}{2} C U_s^2$$

这正是 $u_C = U_s$ 时电容的储能。

从上面暂态过程的讨论中看到,RC 一阶电路中电压和电流的暂态分量与一个随时间衰减的指数函数相关:

$$u_t, \quad i_t \propto \mathrm{e}^{-\frac{t}{\tau}}$$

其中,

$$\tau = RC$$

$\mathrm{e}^{-\frac{t}{\tau}}$ 无量纲,因此参数 τ 具有时间的量纲,称为时间常数。显然,时间常数决定暂态分量变化的速率:时间常数越大,指数衰减越慢。如图 8.5.3 所示,$\tau_1 > \tau_2$,而曲线 $\mathrm{e}^{-\frac{t}{\tau_1}}$ 的衰减要慢于 $\mathrm{e}^{-\frac{t}{\tau_2}}$,另外,时间常数 τ 只与电路的参数有关,与激励无关。

因为暂态分量是一个渐趋于零的指数函数,所以暂态过程理论上要经历无限长的时间。不过实际上,在经过若干个 τ 的时间之后,暂态分量比起其初值来,已经非常之小了。表 8.5.1 列出 $t = \tau, 2\tau, 3\tau, 4\tau, 5\tau$ 时,

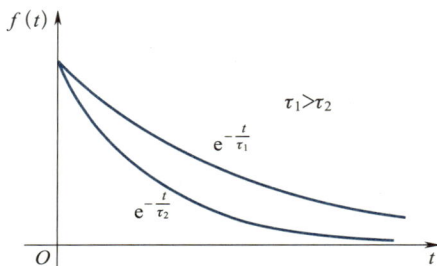

图 8.5.3 时间常数越大,暂态分量衰减越慢

函数 $\mathrm{e}^{-\frac{t}{\tau}}$ 之值与其初值 $\mathrm{e}^{-\frac{t}{\tau}}\big|_{t=0} = 1$ 之比。当 $t = \tau$ 时暂态分量衰减至初值的 $\frac{1}{\mathrm{e}}$,即 36.8%。换言之,时间常数数值上等于暂态分量衰减至其初值 36.8% 所需的时间。当 $t = 5\tau$ 时,暂态分量仅为其初值的 0.67%。所以实际工程上可以认为,过渡过程的持续时间约为时间常数的数倍。例如,如果规定暂态分量衰减至其初值的 10% 时过渡过程就算结束,则暂态持续时间 t_1 可根据如下方法求出:当 $\dfrac{u_C(t_1)}{u_C(0)} = \mathrm{e}^{-\frac{t_1}{\tau}} = 0.1$ 时 $-\dfrac{t_1}{\tau} = \ln 0.1 = -2.3$,由此得 $t_1 = 2.3\tau$。

表 8.5.1 指数函数值随时间的变化

t	τ	2τ	3τ	4τ	5τ
$\mathrm{e}^{-\frac{t}{\tau}}$	36.8%	13.6%	5%	1.8%	0.67%

§8.5.2 *RL* 串联电路接通到直流电压源

下面介绍 *RL* 串联电路的暂态过程分析。设在图 8.5.4 的电路中开关 S 于 $t = 0$ 时闭合,则

电流 $i(t)$ 必将达到 $I = \dfrac{U_s}{R}$。但是依照开关定理,电感电流不能

突变,所以电流 i 从 0 到 I 要经历一个连续变化的过程。

对于 $t \geq 0$,电路方程式为

$$L \frac{\mathrm{d}i(t)}{\mathrm{d}t} + Ri(t) = U_s$$

其全解可以写作

$$i(t) = i_s + i_t(t) = \frac{U_s}{R} + Ae^{st}$$

式中 $i_s = \dfrac{U_s}{R}$ 和 $i_t(t) = Ae^{st}$ 分别为 $i(t)$ 的稳态分量和暂态分量;

s 是特征方程 $Ls + R = 0$ 的根,且 $s = -\dfrac{R}{L}$。积分常数 A 根据如下方法确定:由换路定理,$i(0_+) = \dfrac{U_s}{R} +$

$A = i(0_-) = 0$,所以 $A = -\dfrac{U_s}{R}$。故电流解为

$$i(t) = i_s + i_t(t) = \frac{U_s}{R}\left(1 - e^{-\frac{R}{L}t}\right)$$

电感电压响应为

$$u_L(t) = L \frac{\mathrm{d}i(t)}{\mathrm{d}t} = U_s e^{-\frac{R}{L}t}$$

可见在开关闭合后,电流 $i(t)$ 从零依指数规律增长,渐趋于稳态值 $I = \dfrac{U_s}{R}$;而电感电压 $u_L(t)$ 则在 $t = 0$ 时突变至 U_s,然后依同样的指数规律下降至零。图 8.5.5 画出了 $i(t)$ 和 $u_L(t)$ 曲线。

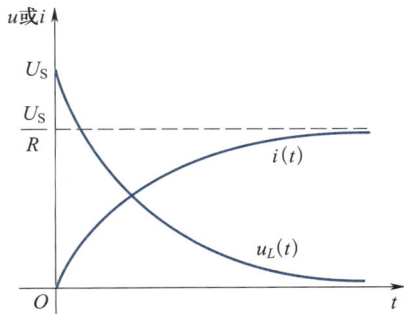

与一阶 RC 电路类似,RL 电路中电压和电流的暂态分量也与一个随时间衰减的指数函数相关,其时间常数

$$\tau = \frac{L}{R}$$

同样,参数 τ 具有时间的量纲。

不难检验,整个过程中输入电感的能量为

$$W = \int_0^\infty u_L(t)i\,\mathrm{d}t = \frac{1}{2}LI^2$$

这正好是稳态时电感的储能。

例 8.5.1　如图 8.5.6(a)所示电路,求:$i_C(t) = ?$ $i_R(t) = ?$

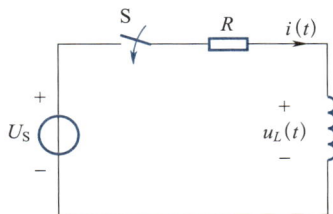

图 8.5.4　*RL* 电路接通到
直流电压源

图 8.5.5　*RL* 串联电路的
$i(t)$ 和 $u_L(t)$ 曲线

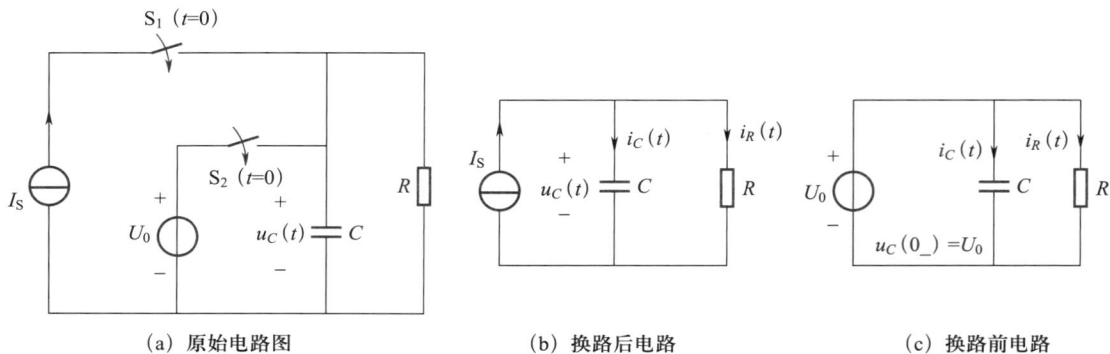

(a) 原始电路图　　　　　(b) 换路后电路　　　　　(c) 换路前电路

图 8.5.6 例 8.5.1 电路图

解：求解 $u_R(t)$ 和 $i_R(t)$，$u_L(t)$ 和 $i_C(t)$ 等非状态变量的最常用的解法还是列写电路的状态方程，然后利用非状态变量与状态变量之间的关系求解。

（1）画出 $t>0$ 的电路如图 8.5.6(b) 所示，并列写电路方程

$$I_S = i_C(t) + i_R(t) = i_C(t) + \frac{u_c(t)}{R} = C\frac{\mathrm{d}u_c(t)}{\mathrm{d}t} + \frac{u_c(t)}{R}$$

整理可得

$$\frac{\mathrm{d}u_c(t)}{\mathrm{d}t} + \frac{1}{RC}u_c(t) = \frac{I_S}{C}$$

（2）用数学方法求解线性非齐次微分方程

$$\frac{\mathrm{d}u_c(t)}{\mathrm{d}t} + \frac{1}{RC}u_c(t) = \frac{I_S}{C}$$

其齐次通解为 $u_{C_t}(t) = A\mathrm{e}^{-\frac{t}{RC}}$，$A$ 为积分常数。又因非齐次方程特解 $u_{C_s}(t) = I_S R$，则其全解为 $u_c(t) = u_{C_t}(t) + u_{C_s}(t) = A\mathrm{e}^{-\frac{t}{RC}} + I_S R$。由图 8.5.6(a) 可知，$t=0_-$ 时的等效电路如图 8.5.6(c) 所示，由换路定理得 $u_C(0_+) = u_C(0_-) = U_0$。代入全解 $u_C(0_+) = A\mathrm{e}^{-\frac{0_+}{RC}} + I_S R$ 中，求得 $A = (U_0 - I_S R)$，因此全解为 $u_C(t) = (U_0 - I_S R)\mathrm{e}^{-\frac{t}{RC}} + I_S R$。

得到

$$i_R(t) = \frac{u_C(t)}{R} = \frac{U_0}{R}\mathrm{e}^{-\frac{t}{RC}} + I_S\left(1 - \mathrm{e}^{-\frac{t}{RC}}\right)$$

$$i_C(t) = i_S(t) - i_R(t) = -\frac{U_0}{R}\mathrm{e}^{-\frac{t}{RC}} + I_S\mathrm{e}^{-\frac{t}{RC}}$$

另外，也可使用元件的特性方程求解电容电流：

$$i_C(t) = C\frac{\mathrm{d}u_C(t)}{R} = -\frac{U_0}{R}\mathrm{e}^{-\frac{t}{RC}} + I_S\mathrm{e}^{-\frac{t}{RC}}$$

　　求解非状态量也可以直接列写非状态量方程,然后用换路后的 $u_C(0_+)$ 和 $i_L(0_+)$ 做激励替代动态元件,形成 0_+ 时刻电路,再求解非状态量的初值。需要注意的是:非状态量 $[i_C(t)$、$u_L(t)$、$i_R(t)$、$u_R(t)]$ 是可以跃变的,也就是说,通常情况下

$$i_C(0_+) \neq i_C(0_-)$$
$$u_L(0_+) \neq u_L(0_-)$$

　　从上面的分析中看到,非零初始条件下的电路响应可分解为强迫分量和自由分量,也可以分解为稳态响应和暂态响应。除此之外,还可以从引起响应的原因这个角度将其分解为仅由原始状态引起的响应与由输入激励引起的响应,也就是分解为"零输入响应"和"零状态响应"。下面的章节会详细介绍一阶电路的响应。

【工程拓展】
图解法求
时间常数

【工程拓展】图解法求时间常数

扫码查看详细内容。

思考题

1. 一阶 RC 和 RL 电路的时间常数分别是什么?代表什么含义?
2. 一般多长时间就认为一阶电路的暂态过程结束了?
3. 求解一阶电路的时间常数有几种方法?

§8.6　一阶电路的响应

§8.6.1　一阶电路的零输入响应

　　动态电路在无输入激励情况下,仅由动态元件的原始储能产生的响应称为零输入响应。工程上通常将其称为动态元件的放电过程,即释放能量的过程。动态元件的原始状态使得电容电压和(或)电感电流具有"非零"初始值,"非零"是指这些初始值不全为零。无激励源时动态电路的动力来源是储能元件原来所储存的电能(对 C)和磁能(对 L)。各零输入响应都是电路初始状态的线性函数,即满足齐次性和可加性。下面以简单的 RC 并联电路为例分析零输入响应。

　　如图 8.6.1 所示,电容 C 的初始电压为 U_0,电路中没有外加激励,在 $t=0$ 时 S 闭合,电容放电,电容电压降低,电路中有电流流过,这些都是由电容的初始储能产生的,这种情况下电路中的电容电压和电流的响应都是零输入响应,显然两者最终都将趋于零。

　　电容的原始状态为 $u_C(0_-) = U_0$,$t=0$ 时 S 闭合,S 闭合后,电容两端电压与电阻两端电压相等,注意电容电压电流是非关联参考方向:

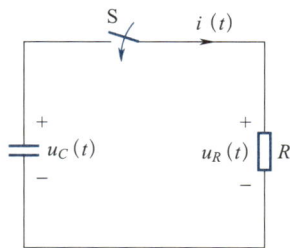

图 8.6.1　RC 并联电路的
零输入响应

$$u_C(t) = u_R(t) = Ri(t) = -RC\frac{\mathrm{d}u_C(t)}{\mathrm{d}t}$$

得到齐次微分方程 $RC\dfrac{\mathrm{d}u_C(t)}{\mathrm{d}t}+u_C(t)=0$，其解为 $u_C=Ae^{st}$，其中 s 为特征方程 $RCs+1=0$ 的根，即 $s=-\dfrac{1}{RC}$，所以 $u_C(t)=Ae^{-\frac{t}{RC}}$，常数 A 需由初始条件确定。根据换路定理可知：$u_C(0_+)=u_C(0_-)=U_0$，故 $A=U_0$。则所求解的零输入响应为

$$u_C(t) = U_0 e^{-\frac{t}{RC}}$$

$$i(t) = \frac{u_R(t)}{R} = \frac{u_C(t)}{R} = \frac{U_0}{R} e^{-\frac{t}{RC}}$$

因此，电容的零输入响应曲线（即电容的放电过程）如图 8.6.2 所示，其为指数衰减模式，快慢由时间常数 $\tau=RC$ 决定，最终电压和电流都衰减到零，电容放电结束。

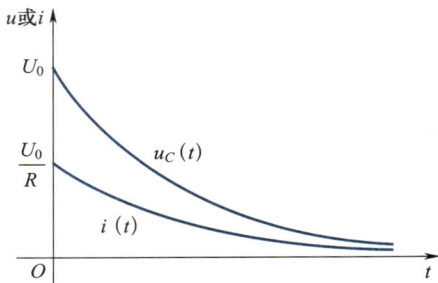

图 8.6.2　电容的零输入响应曲线

§8.6.2　一阶电路的零状态响应

动态电路在零原始状态下，仅由输入激励产生的响应称为零状态响应。工程上通常称其为动态元件的充电过程，即储存能量的过程。下面以 RL 并联电路为例，分析动态电路的零状态响应。

如图 8.6.3 所示，求 RL 并联电路的零状态响应。

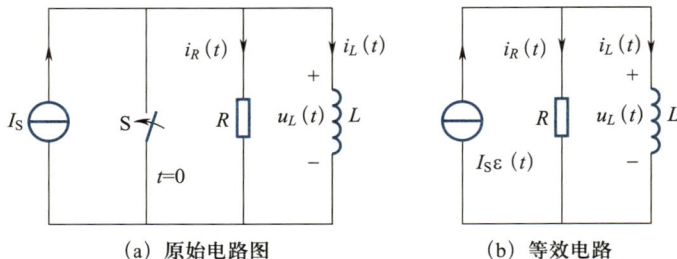

(a) 原始电路图　　　　　(b) 等效电路

图 8.6.3　RL 并联电路及其零状态响应等效模型

RL 并联电路的零状态响应是在零原始条件下,仅由外部电路引起的响应,也就是 $i_L(0_-)=0$ 情况下,RL 并联电路在 $t=0$ 时接入直流电流源时的响应。图 8.6.3(a)中电路在 $t=0$ 时 S 断开,相当于该电路的激励源为阶跃电流源 $i_s=I_s\varepsilon(t)$(如图 8.6.3(b)所示,阶跃的概念会在下一小节中进行介绍)。由 KCL 有 $i_R(t)+i_L(t)=I_s$,又由于 $i_R(t)=\dfrac{u_L(t)}{R}=\dfrac{L}{R}\dfrac{\mathrm{d}i_L(t)}{\mathrm{d}t}$,得到 $\dfrac{L}{R}\dfrac{\mathrm{d}i_L(t)}{\mathrm{d}t}+i_L(t)=I_s$,其解 $i_L(t)=i_{L_s}(t)+i_{L_t}(t)=I_s+A\mathrm{e}^{-\frac{Rt}{L}}$。根据换路定理 $i_L(0_+)=i_L(0_-)=0$ 得到 $i_L(0_+)=I_s+A=0$,可知 $A=-I_s$,于是全解

$$i_L(t)=I_s-I_s\mathrm{e}^{-\frac{t}{RC}}=I_s(1-\mathrm{e}^{-\frac{t}{RC}})$$

$$i_R(t)=\frac{u_L(t)}{R}=\frac{L}{R}\frac{\mathrm{d}i_L(t)}{\mathrm{d}t}=I_s\mathrm{e}^{-\frac{Rt}{L}}$$

可以画出 i_L、i_R 曲线如图 8.6.4 所示。

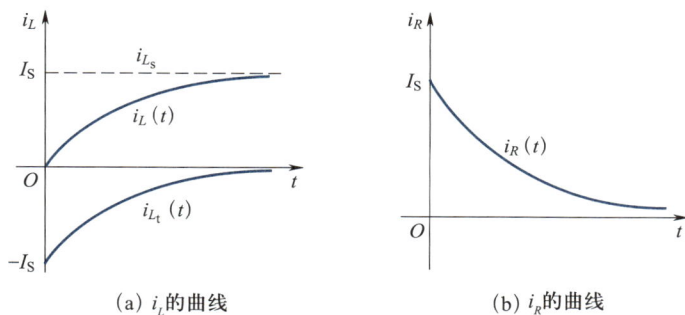

(a) i_L 的曲线   (b) i_R 的曲线

图 8.6.4 零状态响应下的电流响应曲线

反映线性电路基本性质的叠加定理不仅适用于线性电阻电路,也适用于线性动态电路。考虑具有任意非零原始条件的线性电路在独立源激励下的响应时,如果将原始储能等效为初始状态时的电源激励,则叠加定理依然适用。故依照叠加定理,此时动态电路的完全响应可以表示为相应的零状态响应和零输入响应之和。如果以 $u(t)$ 表示完全响应,以 $u_{zs}(t)$ 和 $u_{zi}(t)$ 分别表示零状态响应和零输入响应,则有

$$u(t)=u_{zs}(t)+u_{zi}(t)$$

上述公式就是叠加定理应用于线性动态电路的结果。

§8.6.3 一阶电路的全响应

在非零原始状态的动态电路中,由输入激励和原始状态共同作用产生的响应称为电路的全响应。前两个小节中分别介绍了零输入响应和零状态响应,并依据叠加定理得出结论:动态电路的全响应等于其零输入响应与零状态响应之和,即

全响应 = 零输入响应 + 零状态响应

当然,正如前述,还可以从其他角度去理解全响应。通过求解动态电路的输入-输出方程

（通常为非齐次线性常微分方程），可以得到动态电路的全响应。在这个过程中，需要分别求出特解和通解来得到全解。特解对应强制分量，它与输入激励的变化规律有关，某些激励产生的强制分量就是电路的稳态解，此时强制分量称为稳态分量。通解对应自由分量，也称为暂态分量。齐次方程通解的变化规律由电路参数和结构决定，与激励无关。因此全响应又可表述为自由分量和强制分量的和，或暂态响应和稳态响应的和，即

$$全响应 = 自由分量 + 强制分量$$
$$全响应 = 暂态响应 + 稳态响应$$

全响应的强制分量即为零状态响应的强制分量；全响应的自由分量则等于零状态响应的自由分量和零输入响应之和，这是因为零输入响应也是自由分量。

仍以 RC 串联电路为例进一步说明各不同响应之间的关系。如图 8.6.5 所示，电容的原始电压 U_0，S 在 0 时刻闭合。

全响应表示为通解和特解的和，即

$$u_C(t) = u_{C_s}(t) + u_{C_t}(t)$$
$$u_C(t) = U_S + (U_0 - U_S)e^{-\frac{t}{RC}}$$

全响应可以根据微分方程通解和特解的形式或特性不同，做如下解释：

$u_{C_s}(t)$ 与外激励形式相同，称为强制响应；当 $t \to \infty$ 时，这一分量不随时间变化，故又称为稳态响应。$u_{C_t}(t)$ 按指数规律变化由电路自身特性所决定，是电路的自由响应；在有损（耗）电路中，当 $t \to \infty$ 时，这一分量将衰减至 0，故又称为暂态响应。

对全响应的表达式重新组合，可以得到

$$u_C(t) = u_{C_s}(t) + u_{C_t}(t) = U_S + (U_0 - U_S)e^{-\frac{t}{RC}} = U_S(1 - e^{-\frac{t}{RC}}) + U_0 e^{-\frac{t}{RC}}$$

其中 $U_S(1 - e^{-\frac{t}{RC}})$ 是零状态响应，$U_0 e^{-\frac{t}{RC}}$ 是零输入响应。

通过上述论述，可以总结得到求解一阶电路暂态响应的一般步骤如下：

（1）对 $t>0$ 时电路列写微分方程（以 u_C 或 i_L 为变量）。

（2）求非齐次方程的通解（也就是相应齐次方程的解），通常如下：

$$u(t) \quad 或 \quad i(t) = Ae^{-\frac{t}{\tau}}$$
$$\tau = RC \quad 或 \quad \tau = \frac{L}{R}$$

（3）求非齐次方程的特解，也就是稳态解，对应 $t \to \infty$ 时电路的响应。

（4）确定初始条件（0_+ 时刻的响应）。对于常态电路，利用换路定理和 $t=0_-$ 时刻电路的响应求解。

（5）根据初始条件确定积分常数，最终得到全响应。

上述方法适用于电路中只有一个动态元件和一个电阻的情况。实际一阶电路通常包含一个

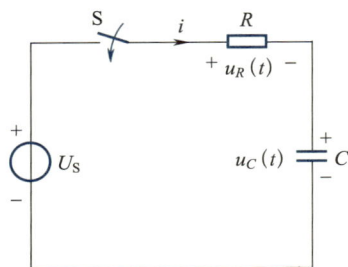

图 8.6.5 *RC* 串联电路

动态元件和多个电阻,此时则可采用戴维南等效或者诺顿等效的方法,计算动态元件两端的等效电阻,求得时间常数 τ 后,再对原电路进行求解。

思考题

1. 什么是电路的零输入响应? 什么是电路的零状态响应?

2. 在零输入响应时,电路方程在形式上是如何体现的? 在零状态响应时,电路方程在形式上是如何体现的?

3. 电路的全响应可分为几部分? 有几种划分方法? 各划分部分的物理含义是什么?

§8.7　一阶电路的阶跃响应与冲激响应

阶跃响应和冲激响应是线性电路分析中互相关联的两个重要概念,如§1.5所述,它们可以反映出线性电路的系统特征,通常被称为线性电路的时域特征函数。阶跃响应和冲激响应是在输入激励(电压或电流)为阶跃函数或者冲激函数时产生的响应,且均为零状态响应。

§8.7.1　阶跃函数与冲激函数

首先,回顾阶跃函数与冲激函数。最常使用的阶跃函数为单位阶跃函数,用符号 $\varepsilon(t)$ 表示,其定义式如下:

$$\varepsilon(t) = \begin{cases} 0, t<0 \\ 1, t>0 \end{cases}$$

单位阶跃函数的曲线如图 8.7.1 所示。在 $t=0$ 时刻函数有跃变,即 $\varepsilon(0_-)=0$,$\varepsilon(0_+)=1$。

对于跃变发生在 t_0 时刻的单位阶跃函数 $\varepsilon(t-t_0)$,依照函数 $\varepsilon(t)$ 的定义可以得到

$$\varepsilon(t-t_0) = \begin{cases} 0, t<t_0 \\ 1, t>t_0 \end{cases}$$

如果 $t_0>0$,$\varepsilon(t-t_0)$ 是延迟了时间 t_0 的单位阶跃函数;如果 $t_0<0$,$\varepsilon(t-t_0)$ 是超前了时间 t_0 的单位阶跃函数。图 8.7.2 是上述两种情况的函数曲线。可以看出,单位阶跃函数具有开关的特性,可以模拟电路中开关的作用。

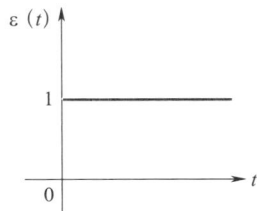

图 8.7.1　单位阶跃函数

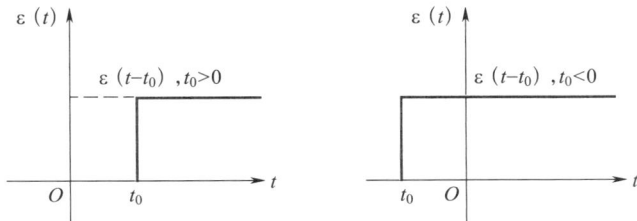

图 8.7.2　阶跃函数示例

单位冲激函数用符号 $\delta(t)$ 表示,其定义式如下:

$$\begin{cases} \delta(t) = 0, t \neq 0 \\ \displaystyle\int_{-\infty}^{\infty} \delta(t)\,\mathrm{d}t = 1 \end{cases}$$

单位冲激函数可设想为在原点处宽度趋于零而幅度趋于无限大且具有单位面积的脉冲(如图 8.7.3 所示)。冲激函数所含的面积称为冲激函数的冲激强度;单位冲激函数指强度为 1 的冲激函数,即

$$\int_{-\infty}^{\infty} \delta(t)\,\mathrm{d}t = \int_{0_-}^{0_+} \delta(t)\,\mathrm{d}t = 1$$

单位延时冲激函数的定义为

$$\begin{cases} \delta(t-t_0) = 0, t \neq t_0 \\ \displaystyle\int_{-\infty}^{\infty} \delta(t-t_0)\,\mathrm{d}t = 1 \end{cases}$$

此外,常数 A 与 $\delta(t)$ 的乘积也称为冲激函数。求此冲激函数的积分,可得

$$\int_{-\infty}^{\infty} A\delta(t)\,\mathrm{d}t = A\int_{0_-}^{0_+} \delta(t)\,\mathrm{d}t = A$$

冲激函数 $A\delta(t-t_0)$ 可设想为在 $t=t_0$ 处,强度为 A 的冲激函数。

冲激函数和延时冲激函数在实际工程中并不存在,但可作为数学工具,用于分析某些电脉冲信号。如图 8.7.4 所示的一带电量为 Q 的电容,在 $t=0$ 时通过短路线放电,放电电流可表示为 $i(t) = Q\delta(t)$。冲激强度 Q 等于电容的放电电荷

$$\int_{-\infty}^{\infty} i(t)\,\mathrm{d}t = \int_{-\infty}^{\infty} Q\delta(t)\,\mathrm{d}t = Q$$

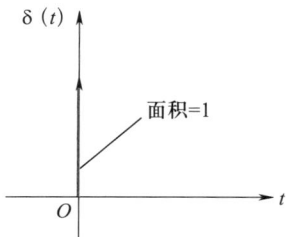

图 8.7.3 单位冲激函数　　　　图 8.7.4 电容放电电路

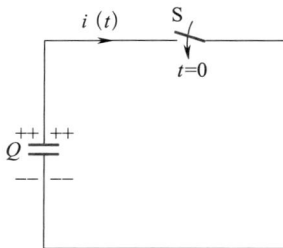

在 t 处连续且处处有界的任意函数 $f(t)$ 与 $\delta(t)$ 的乘积 $f(t)\delta(t)$ 的积分为

$$\int_{-\infty}^{\infty} f(t)\delta(t)\,\mathrm{d}t = f(0)\int_{0_-}^{0_+} \delta(t)\,\mathrm{d}t = f(0)$$

类似的,有

$$\int_{-\infty}^{\infty} f(t)\delta(t-t_0)\,\mathrm{d}t = f(t_0)$$

以上两式说明:用一个单位冲激函数乘任一函数 $f(t)$ 再求积分,其值等于函数 $f(t)$ 在此单位冲激函数出现时刻的值。因此,用出现在不同时刻的单位冲激函数乘 $f(t)$ 再求积分,就可以得到在不同时刻的函数值。单位冲激函数的这种特性称为采样性质(sampling property)。

此外,从两个函数的定义出发,还可以得到如下结论:单位冲激函数等于单位阶跃函数对时间的一阶导数,单位阶跃函数等于单位冲激函数对时间的积分。

$$\delta(t) = \frac{\mathrm{d}\varepsilon(t)}{\mathrm{d}t}$$

$$\varepsilon(t) = \int_{-\infty}^{t} \delta(t')\,\mathrm{d}t'$$

注意:单位阶跃函数在 $t=0$ 时刻不连续,微积分中对不连续函数是无法定义其导数的,但在广义函数中有严格定义,且在实际工程中符合直觉。因此,认为单位冲激函数是单位阶跃函数的导数是可以接受的。

§8.7.2　阶跃响应

线性电路在单位阶跃激励 $\varepsilon(t)$ 输入时的零状态响应称为该电路的(单位)阶跃响应,常用 $g(t)$ 表示,如图 8.7.5 所示。这相当于在 $t=0$ 时将 1 V 电压源或 1 A 电流源接入电路时的零状态响应。如果电路的输入变为 $A\varepsilon(t)$,根据零状态响应的线性性质,电路的零状态相应就是 $Ag(t)$。由于非时变电路的参数是不随时间变化的,因此在延迟的单位阶跃信号 $\varepsilon(t-t_0)$ 作用下,该电路的零状态相应就是 $g(t-t_0)$。

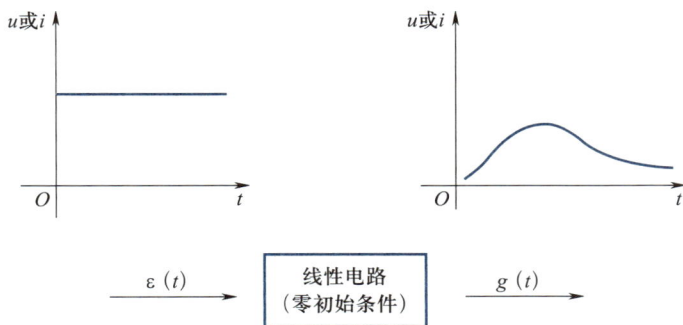

图 8.7.5　阶跃响应

如图 8.7.6 所示的 RC 并联电路在阶跃电流源 $i_s(t)=I_0\varepsilon(t)$ 激励下的阶跃响应分析如下:对于任一时刻,电路方程为

$$i_C(t)+i_R(t)=i_s(t)$$

或

$$\frac{\mathrm{d}u_c(t)}{\mathrm{d}t} + \frac{1}{RC}u_c(t) = \frac{1}{C}i_S(t)$$

$t \geqslant 0_+$ 时，

$$\frac{\mathrm{d}u_c(t)}{\mathrm{d}t} + \frac{1}{RC}u_c(t) = \frac{I_0}{C}$$

因初始条件为

$$u_c(0_+) = 0$$

则阶跃响应为

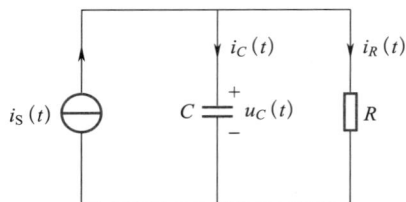

图 8.7.6　RC 并联电路

$$u_c(t) = R(1 - e^{-\frac{t}{RC}})I_0\varepsilon(t)$$

值得注意的是，当响应表达式中包含 $\varepsilon(t)$ 时，不需要再按时间分段列写。图 8.7.7（a）和（b）分别为阶跃函数的曲线和响应函数曲线。

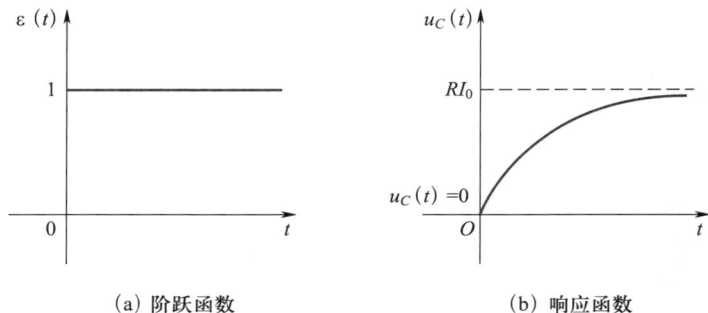

(a) 阶跃函数　　　　　　　　(b) 响应函数

图 8.7.7　阶跃函数和响应函数曲线

注：比较（a）和（b）两个曲线可知，响应函数曲线的上升速率比阶跃函数曲线的上升速率要慢得多，请读者思考这其中的原因是什么？

§8.7.3　冲激响应

线性电路在单位冲激函数 $\delta(t)$ 的激励下所产生的零状态响应称为（单位）冲激响应，常用 $h(t)$ 表示，如图 8.7.8 所示。

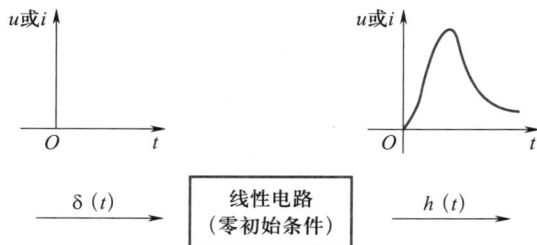

图 8.7.8　冲激响应

$\delta(t)$可视为在$t=0$时刻作用的幅度为无限大而持续时间为无限短的激励源。冲激激励源作用于零状态电路所引起的响应可以分为两个阶段:

(1)$t=0_- \sim t=0_+$,电路在冲激激励源作用下,u_C或i_L发生跃变,储能元件得到能量。电路建立了在$t=0_+$时的非零初始状态。

(2)$t>0_+$时,激励源$\delta(t)$为零,电路的响应变为由$t=0_+$时建立的初始状态所引起的零输入响应。

例如,RC并联接至冲激电流源$i_S(t)=I_0\delta(t)$,如图8.7.9所示u_C和i_C的冲激响应如何求解?

由KCL可得$i_C(t)+i_R(t)=i_S(t)$,即$C\dfrac{\mathrm{d}u_C(t)}{\mathrm{d}t}+\dfrac{u_C(t)}{R}=I_0\delta(t)$,此式两边积分可得

$$\int_{0_-}^{0_+} C\frac{\mathrm{d}u_C(t)}{\mathrm{d}t}\mathrm{d}t+\int_{0_-}^{0_+}\frac{u_C(t)}{R}\mathrm{d}t=\int_{0_-}^{0_+}I_0\delta(t)\mathrm{d}t$$

上式左边第二项的值取决于$u_C(t)$在$t=0$时是否是有界函数,若$u_C(t)$为有界函数,则该项为0;若$u_C(t)$为无界函数,即含$\delta(t)$因子,则方程两边将不匹配。故$u_C(t)$为有界函数,且

$$\int_{0_-}^{0_+} u_C(t)\,\mathrm{d}t=0$$

于是有

$$C\left[u_C(0_+)-u_C(0_-)\right]=\int_{0_-}^{0_+}I_0\delta(t)\mathrm{d}t$$

或

$$u_C(0_+)=\frac{I_0}{C}+u_C(0_-)=\frac{I_0}{C}$$

当$t>0_+$时,冲激电流源相当于开路,等效电路如图8.7.10所示。

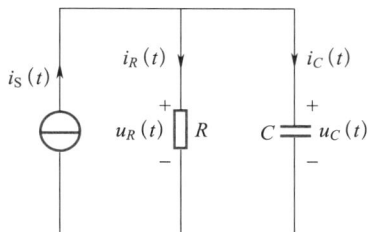

图 8.7.9 RC 并联电路

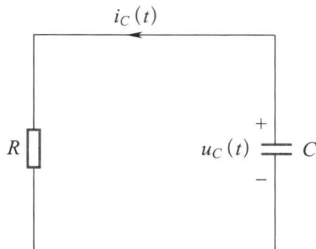

图 8.7.10 冲激电流源
开路时的等效电路

求解此时的零输入响应即可得电路的冲激响应为

$$u_C(t)=\frac{I_0}{C}\mathrm{e}^{-\frac{t}{RC}}\varepsilon(t)$$

$$i_C(t) = I_0\delta(t) - \frac{I_0}{RC}\mathrm{e}^{-\frac{t}{RC}}\varepsilon(t)$$

图 8.7.11 画出了电容电压和电容电流的响应曲线。

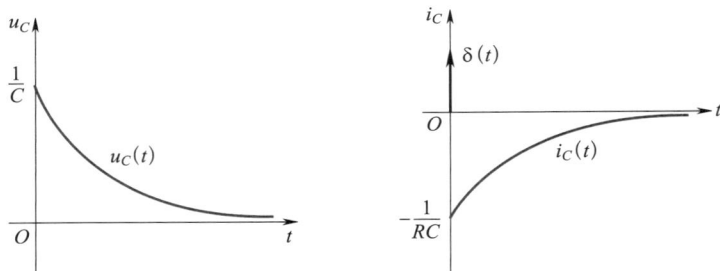

图 8.7.11 冲激响应曲线

和 RC 并联电路类似,如图 8.7.12 所示为 RL 串联电路,冲激电压源 $u_S(t) = U_0\delta(t)$ 作为激励,下面分析其响应 $i_L(t)$ 和 $u_L(t)$。

由 KVL 可得 $u_L(t) + u_R(t) = u_S(t)$,即 $L\dfrac{\mathrm{d}i_L(t)}{\mathrm{d}t} + Ri_L(t) = U_0\delta(t)$,将上式在 $t = 0_- \sim 0_+$ 区间内积分,得

$$\int_{0_-}^{0_+} L\frac{\mathrm{d}i_L(t)}{\mathrm{d}t}\mathrm{d}t + \int_{0_-}^{0_+} Ri_L(t)\mathrm{d}t = U_0\int_{0_-}^{0_+}\delta(t)\mathrm{d}t$$

同样,该式的第二项由于 $i_L(t)$ 为有界函数而为 0,故

$$L[i_L(0_+) - i_L(0_-)] = U_0$$

$$i_L(0_+) = \frac{U_0}{L}(\text{注}: i_L(0_-) = 0)$$

当 $t > 0_+$ 时,由于 $\delta(t) = 0$,电压源可视为短路,此时的响应为零输入响应,等效电路如图 8.7.13 所示。

根据电路可直接给出 i_L 的冲激响应表达式为

$$i_L(t) = i_L(0_+)\mathrm{e}^{-\frac{Rt}{L}}\varepsilon(t) = \frac{U_0}{L}\mathrm{e}^{-\frac{Rt}{L}}\varepsilon(t)$$

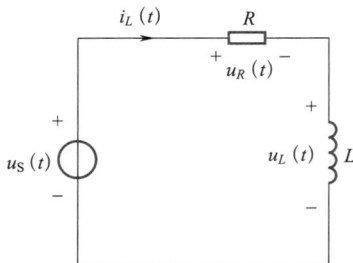

图 8.7.12 RL 电路冲激响应   图 8.7.13 等效电路图

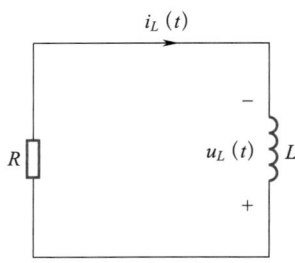

对其进行求导可进一步求得 $u_L(t)$ 为

$$u_L(t) = U_0\delta(t) - \frac{RU_0}{L}e^{-\frac{Rt}{L}}\varepsilon(t)$$

$i_L(t)$ 和 $u_L(t)$ 的变化曲线如图 8.7.14 所示。

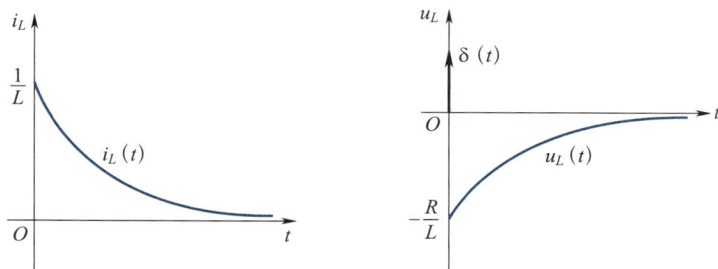

图 8.7.14　i_L、u_L 的变化曲线

　　RC 并联电路和 RL 串联电路的冲激响应也可做如下理解:在冲激电流的作用下,零状态电容的初始状态相当于短路。电流全部流经电容,使其电压初值跃变。在冲激电压的作用下,零状态电感的初态相当于开路。全部电压加在电感两端,使其电流初值跃变。表 8.7.1 总结了常见的 RC 和 RL 电路的阶跃响应和冲激响应,供读者查阅。

表 8.7.1　常见电路的阶跃响应和冲激响应

电路	阶跃响应	冲激响应
	$i_S(t) = \varepsilon(t)$ $u_C(t) = R(1 - e^{-\frac{t}{RC}})\varepsilon(t)$ $i_C(t) = e^{-\frac{t}{RC}}\varepsilon(t)$	$i_S(t) = \delta(t)$ $u_C(t) = \frac{1}{C}e^{-\frac{t}{RC}}\varepsilon(t)$ $i_C(t) = \delta(t) - \frac{1}{RC}e^{-\frac{t}{RC}}\varepsilon(t)$
	$u_S(t) = \varepsilon(t)$ $u_C(t) = (1 - e^{-\frac{t}{RC}})\varepsilon(t)$ $i_C(t) = \frac{1}{R}e^{-\frac{t}{RC}}\varepsilon(t)$	$u_S(t) = \delta(t)$ $u_C(t) = \frac{1}{RC}e^{-\frac{t}{RC}}\varepsilon(t)$ $i_C(t) = \frac{1}{R}\delta(t) - \frac{1}{R^2C}e^{-\frac{t}{RC}}\varepsilon(t)$

电路	阶跃响应	冲激响应
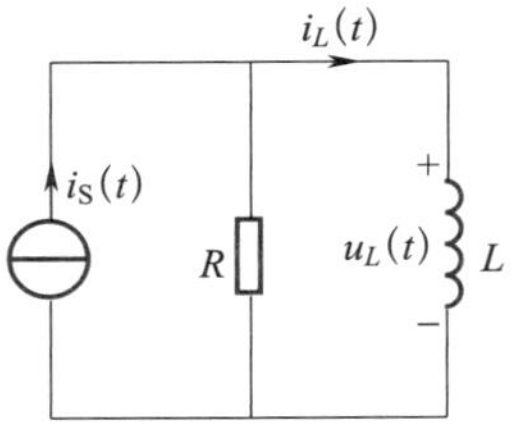	$i_S(t) = \varepsilon(t)$ $u_L(t) = Re^{-\frac{Rt}{L}}\varepsilon(t)$ $i_L(t) = (1 - e^{-\frac{Rt}{L}})\varepsilon(t)$	$i_S(t) = \delta(t)$ $u_L(t) = R\delta(t) - \frac{R^2}{L}e^{-\frac{Rt}{L}}\varepsilon(t)$ $i_L(t) = \frac{R}{L}e^{-\frac{Rt}{L}}\varepsilon(t)$
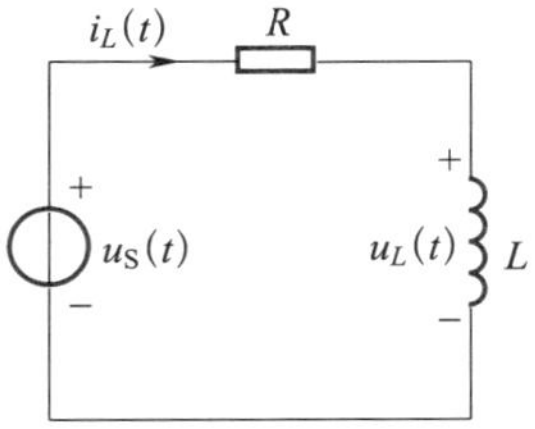	$u_S(t) = \varepsilon(t)$ $u_L(t) = e^{-\frac{R}{L}t}\varepsilon(t)$ $i_L(t) = \frac{1}{R}(1 - e^{-\frac{R}{L}t})\varepsilon(t)$	$u_S(t) = \delta(t)$ $u_L(t) = \delta(t) - \frac{R}{L}e^{-\frac{R}{L}t}\varepsilon(t)$ $i_L(t) = \frac{1}{L}e^{-\frac{R}{L}t}\varepsilon(t)$

　　在实际应用中,用于激励的电信号十分复杂,通常需要求解电路对任意输入信号的响应,而电路的冲激响应能反映出电路的特性,可用于简化分析求解过程。在已知线性非时变电路的冲激响应的条件下,可以通过一个积分运算求出电路在任意输入信号时的零状态响应,这就是卷积积分的应用。通过卷积积分可以求任意激励作用下电路系统的零状态响应。

　　对任一线性时不变电路,若已知其 $\delta(t)$ 的响应为 $h(t)$,则任一激励 $e(t)$ 的响应 $r(t)$ 为

$$r(t) = \int_0^t e(\tau)h(t-\tau)\,\mathrm{d}\tau$$

线性时不变电路的响应如图 8.7.15 所示。

图 8.7.15　线性时不变电路的响应

　　这个关系是叠加定理在线性网络中的成功应用。在随后的"信号与系统"课程中对卷积积分会有更详细的分析,在此不再赘述。

　　如同单位冲激函数等于单位阶跃函数的一次导数,线性非时变电路的冲激响应 $h(t)$ 也是阶跃响应 $g(t)$ 的一次导数,表示为

$$h(t) = \frac{\mathrm{d}}{\mathrm{d}t}g(t) \quad \text{或} \quad g(t) = \int_{0_-}^{t} h(\tau)\mathrm{d}\tau$$

证明：由单位脉冲函数 $p(t)$ 定义可知，单位冲激函数 $\delta(t)$ 是单位脉冲函数在脉冲宽度趋于零时的极限，如图 8.7.16 所示。

根据图示

$$p(t) = \frac{1}{\Delta}\left[\varepsilon(t) - \varepsilon(t-\Delta)\right]$$

即脉冲 $p(t)$ 可分解为两个阶跃函数的和，如图 8.7.17 所示。

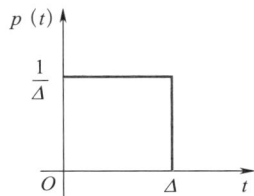

图 8.7.16　单位脉冲函数

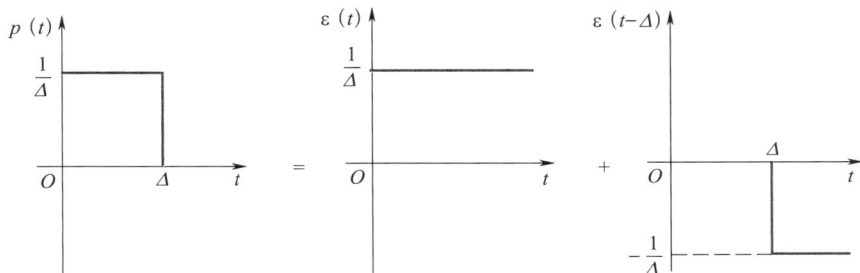

图 8.7.17　脉冲函数的等效

线性系统满足叠加性和齐次性，于是有

$$\delta(t) = \lim_{\Delta \to 0}\frac{1}{\Delta}\left[\varepsilon(t) - \varepsilon(t-\Delta)\right] = \frac{\mathrm{d}}{\mathrm{d}t}\varepsilon(t)$$

$$h(t) = \lim_{\Delta \to 0}\frac{1}{\Delta}\left[g(t) - g(t-\Delta)\right] = \frac{\mathrm{d}}{\mathrm{d}t}g(t)$$

换言之，冲激响应等于阶跃响应的导数，阶跃响应等于冲激响应由 0_- 到 t 的积分。因此，求单位冲激响应可以总结为两种方法，第一种方法是分两个时间段来考虑，

$$t\begin{cases} 0_- \to 0_+ \\ 0_+ \to \infty \end{cases}$$

求解的关键在于求 $u_C(0_+)$、$i_L(0_+)$；第二种方法是先求出单位阶跃响应，再对单位阶跃响应求导得到单位冲激响应。下面通过例子来看两种方法求解的过程。

例 8.7.1　如图 8.7.18 所示，已知：$u_C(0_-) = 0$，求：$i_S(t)$ 为冲激电流 $I_0\delta(t)$ 时，电路响应 $u_C(t)$ 和 $i_C(t)$。

解法 1：先求阶跃响应。令 $i_S(t) = I_0\varepsilon(t)$，已知 $u_C(0_+) = 0$，$u_C(\infty) = I_0R$，$\tau = RC$，$i_C(\infty) = 0$，可以求得阶跃响应 $u_C(t) = I_0R(1-e^{-\frac{t}{RC}})\varepsilon(t)$，$i_C(t) = I_0e^{-\frac{t}{RC}}\varepsilon(t)$，其响应曲线如图 8.7.19 所示。

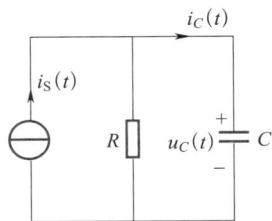

图 8.7.18　例 8.7.1 电路图

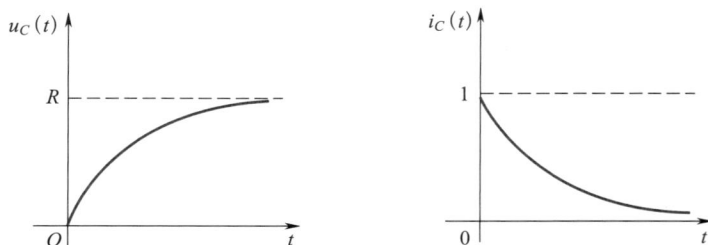

图 8.7.19 阶跃响应曲线

再通过求导得到单位冲激响应如下：

$$u_C(t) = \frac{\mathrm{d}}{\mathrm{d}t} I_0 R \left(1 - \mathrm{e}^{-\frac{t}{RC}}\right) \varepsilon(t) = I_0 R \left(1 - \mathrm{e}^{-\frac{t}{RC}}\right) \delta(t) + \frac{I_0}{C} \mathrm{e}^{-\frac{t}{RC}} \varepsilon(t) = \frac{I_0}{C} \mathrm{e}^{-\frac{t}{RC}} \varepsilon(t)$$

$$i_C(t) = \frac{\mathrm{d}}{\mathrm{d}t} \left[I_0 \mathrm{e}^{-\frac{t}{RC}} \varepsilon(t) \right] = I_0 \mathrm{e}^{-\frac{t}{RC}} \delta(t) - \frac{I_0}{RC} \mathrm{e}^{-\frac{t}{RC}} \varepsilon(t) = I_0 \delta(t) - \frac{I_0}{RC} \mathrm{e}^{-\frac{t}{RC}} \varepsilon(t)$$

图 8.7.20 给出了冲激响应的曲线。需要注意的是，响应可以有两种时间表示方式，不能同时出现，一种是本例所用 $\varepsilon(t)$ 的形式，注意此时的响应曲线中 $t < 0$ 的情况也要画出。另一种形式是只关注 $t > 0$ 的情况，此时要在表达式后标示 $t > 0$。曲线 $t < 0$ 的情况无须画出。

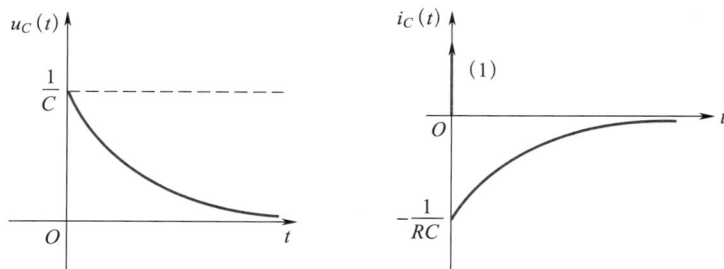

图 8.7.20 冲激响应曲线

解法 2：根据不同时间段，采用电路直接观察法求解。针对本题的步骤为先画 $0_- \sim 0_+$ 范围内的等效电路，列写 $i_C(t)$ 方程，观察方程求 $u_C(0_+)$，再求 $t > 0_+$ 时的零输入响应（RC 放电过程）。原始电路图如图 8.7.21(a) 所示。

在 $0_- \sim 0_+$ 范围内将 C 用电压源替代，零状态的电容电压为 0，相当于短路，在 $\delta(t)$ 作用下的 $0_- \sim 0_+$ 范围内其等效电路如图 8.7.21(b) 所示。

$$i_C(t) = I_0 \delta(t)$$

$$u_C(0_+) = u_C(0_-) + \frac{1}{C}\int_{0_-}^{0_+} i_C \mathrm{d}t = \frac{I_0}{C} \neq u_C(0_-) = 0$$

$t>0_+$ 时电容放电,其等效电路如图 8.7.21(c)所示。

$$u_C(t) = \frac{I_0}{C}\mathrm{e}^{-\frac{t}{RC}}(t \geq 0_+)$$

$$i_C(t) = -\frac{u_C}{R} = -\frac{I_0}{RC}\mathrm{e}^{-\frac{t}{RC}}(t \geq 0_+)$$

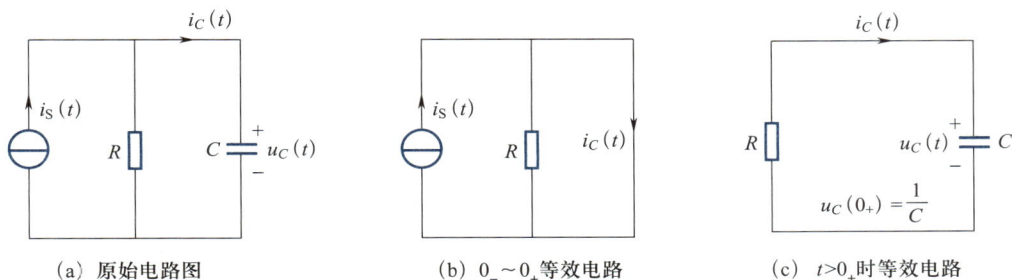

(a) 原始电路图　　　　　　(b) 0_-~0_+等效电路　　　　(c) $t>0_+$时等效电路

图 8.7.21　电路图

思考题

1. 动态电路的阶跃响应属于零状态响应还是零输入响应? 动态电路的冲激响应属于零状态响应还是零输入响应?

2. 有多种不同形式的激励,为什么单独介绍阶跃响应和冲激响应?

3. 冲激响应和阶跃响应之间有什么关系?

§8.8　一阶电路的三要素解法

根据前面章节的介绍,可以用经典解法得到一阶线性动态电路的响应。理论上来讲,这种方法适用于求解任意激励下一阶线性动态电路的响应,但是这个过程比较繁琐,尤其当电路的激励为直流或者正弦交流等稳定激励时,可以用更简单的方法进行求解,这就是下面要讨论的三要素法。

电路的经典方法表明,任意一个一阶线性动态电路的全响应 $r(t)$ 总可以表示成稳态分量 $r_s(t)$ 和暂态分量 $r_t(t)$ 之和,即

$$r(t) = r_t(t) + r_s(t) \tag{8.8.1}$$

一阶线性动态电路的过渡过程中,所有变量都是按照相同的、与时间常数有关的指数规律,从初始值变化到新的稳态值的。因此,一阶电路响应的暂态分量的形式总是

$$r_t(t) = Ae^{-\frac{t}{\tau}}, \quad t \geqslant 0_+$$

式中，A 是待定系数，可根据初始条件求得 $A = r(0_+) - r_s(0_+)$，代入上式，得

$$r_t(t) = [r(0_+) - r_s(0_+)]e^{-\frac{t}{\tau}} \tag{8.8.2}$$

至于稳态响应 $r_s(t)$，当直流或阶跃电源输入时是常量，当正弦电源输入时是同频率正弦量。将式(8.8.2)代入式(8.8.1)得

$$r(t) = [r(0_+) - r_s(0_+)]e^{-\frac{t}{\tau}} + r_s(t) \tag{8.8.3}$$

显然，只要求得 $r(0_+)$、$r_s(t)$ [$r_s(0_+)$ 是 $t=0$ 时 $r_s(t)$ 的值]和 τ 这三个量，就可以根据上式直接写出一阶电路的全响应，上述三个量称为全响应的三要素，用三要素直接求出全响应的方法称为三要素法。

三要素中 τ 是电路的时间常数，为 $\tau = RC$ 或者 $\tau = \dfrac{L}{R}$，其中 R 就是从动态元件两端看进去的等效电阻。

一阶电路在直流或阶跃电源输入时，响应的稳态分量是常量，此时有

$$r_s(t) = r_s(0_+) = r(\infty)$$

代入式(8.8.3)得

$$r(t) = [r(0_+) - r(\infty)]e^{-\frac{t}{\tau}} + r(\infty) \tag{8.8.4}$$

用三要素法求图 8.8.1 所示电路的电容电压，$u_C(0_-) = U_0$。

首先求 $u_C(0_+)$，根据换路定理，$u_C(0_+) = u_C(0_-) = U_0$。然后求 $u_C(\infty)$，即电压的稳态值，当电路达到稳态时，电容相当于开路，其两端电压为电压源电压，因此 $u_C(\infty) = U_s$。再求时间常数，对于简单的一阶 RC 电路，可以直接写出 $\tau = RC$。

最后，将上述三要素代入式(8.8.4)，得到电容电压

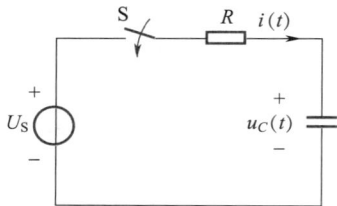

图 8.8.1 RC 串联电路

$$u_C(t) = (U_0 - U_s)e^{-\frac{t}{RC}} + U_s$$

例 8.8.1 如图 8.8.2(a)所示电路中，$U = 10$ V，$R_1 = R_2 = 30$ Ω，$R_3 = 20$ Ω，$L = 1$ H，设换路前电路已工作了很长时间，试用三要素法求换路后各支路的电流。

解：求初始值，开关闭合前($t = 0_-$)的等效电路如图 8.8.2(b)所示，可以求出

$$i_1(0_-) = i_3(0_-) = \frac{U}{R_1 + R_3} = 0.2 \text{ A}$$

$$i_2(0_-) = 0$$

开关闭合后($t = 0_+$)常态电路中电感中的电流不可能发生跃变，即

$$i_3(0_+) = i_3(0_-) = 0.2 \text{ A}$$

用等效电流源代替电感电流的初始值，作出换路后 0_+ 时刻的等效电路如图 8.8.2(c)所示，并按照网孔分析法列出以网孔电流 $i_1(0_+)$ 为未知量的网孔方程

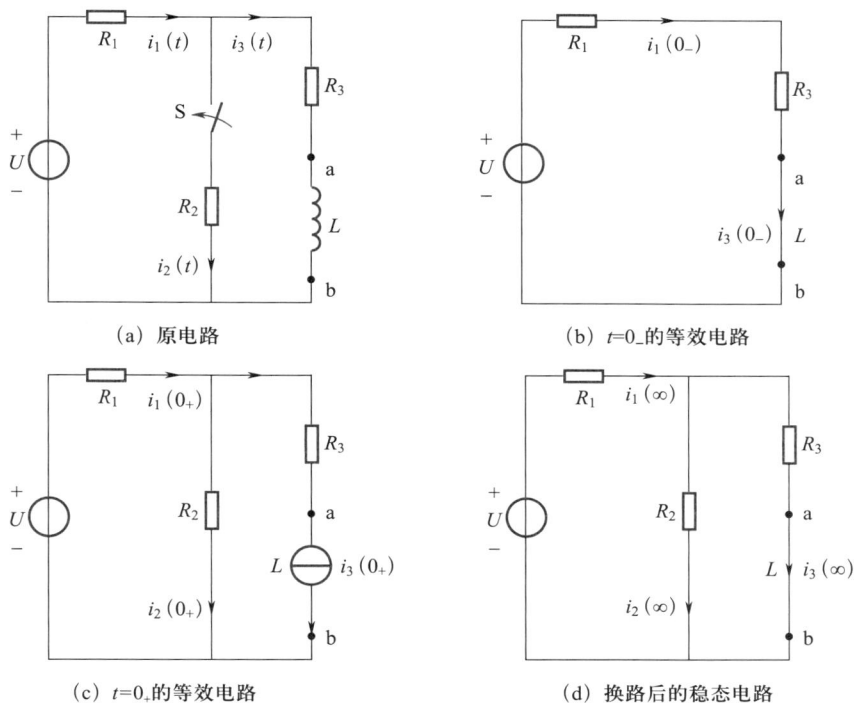

(a) 原电路

(b) $t=0_-$的等效电路

(c) $t=0_+$的等效电路

(d) 换路后的稳态电路

图 8.8.2　用三要素法求全响应示例

$$(R_1+R_2)i_1(0_+)-R_2i_3(0_+)=U$$

从而解出

$$i_1(0_+)=0.267\text{ A}$$

换路后的稳态等效电路如图 8.8.2(d)所示,可求得稳态电流 $i_1(\infty)$、$i_2(\infty)$、$i_3(\infty)$分别为

$$i_1(\infty)=\frac{U}{R_1+(R_2 /\!/ R_3)}=0.238\text{ A}$$

$$i_3(\infty)=\frac{R_2}{R_2+R_3}i_1(\infty)=0.143\text{ A}$$

$$i_2(\infty)=i_1(\infty)-i_3(\infty)=0.095\text{ A}$$

时间常数按自然响应(输入激励置零)的等效电路计算,从动态元件两端看进去的等效电阻

$$R_0=(R_1 /\!/ R_2)+R_3=35\ \Omega$$

因此

$$\tau=\frac{1}{35}\text{ s}$$

于是,各支路电流的解分别为

$$i_1(t) = i_1(\infty) + [i_1(0_+) - i_1(\infty)]e^{-\frac{t}{\tau}} = [0.238 + (0.267 - 0.238)e^{-35t}] \text{ A}$$
$$= [0.238 + 0.029e^{-35t}] \text{ A}, \quad t \geq 0_+$$

$$i_3(t) = i_3(\infty) + [i_3(0_+) - i_3(\infty)]e^{-\frac{t}{\tau}} = [0.143 + (0.2 - 0.143)e^{-35t}] \text{ A}$$
$$= [0.143 + 0.057e^{-35t}] \text{ A}, \quad t \geq 0_+$$

$$i_2(t) = i_1(t) - i_3(t) = [0.095 - 0.028e^{-35t}] \text{ A}, \quad t \geq 0_+$$

在实际应用中一个动态元件和多个电阻元件组成的一阶电路才是常见情况,而介绍一个动态元件和一个电阻元件的经典一阶电路是为了突出电路的一般性质。一个动态元件与多个电阻元件组合的电路可以等效为动态元件和一个等效电阻元件的经典一阶电路。其中的等效电阻就是对动态元件两端求戴维南或诺顿等效电路时的等效电阻值。基于此等效电阻可以进一步求出时间常数 τ,使用三要素法便可以求解任何具体元件(或支路)的电压或者电流值。

最后对一阶电路的响应总结如下:

(1)同一电路各响应变量微分方程的特征方程完全相同;

同一电路各响应变量解的自由分量形式完全相同。

(2)同一电路各响应变量微分方程等号右端项和初始值通常不同;

同一电路各响应变量解的强制分量和待定系数通常不同。

(3)同一电路各响应变量解的强制分量均为该变量的稳态解。

如果一阶电路任意变量方程的形式为

$$\frac{\mathrm{d}f(t)}{\mathrm{d}t} + af(t) = u(t)$$

则恒定激励下一阶电路解的一般形式为

$$f(t) = f(\infty) + Ae^{-\frac{t}{\tau}}$$

其中,第一项为强制分量,第二项为自由分量。这也是三要素法的基础。

思考题

1. 什么是三要素法?三要素的解属于零状态响应,零输入响应,还是全响应?三要素法适用于什么样的电路?

2. 三要素法与求解电路输入输出微分方程有什么关系?

**【章节知识点
测验】**　　**【典型习题
精讲】**

【章节知识点测验】

请扫码进行章节知识点测验。

【典型习题精讲】

请扫码查看详细内容。

习　　题

8.1　求一个 $1\ \mu F$ 的未带电电容元件充电到 $100\ V$ 时极板上所带的电荷量 Q 及储存在电场中的能量。

8.2　试绘出一个事先未曾带电的 $0.1\ \mu F$ 电容在如题 8.2 图所示电压作用下的电容电流 $i_C(t)$ 的波形。

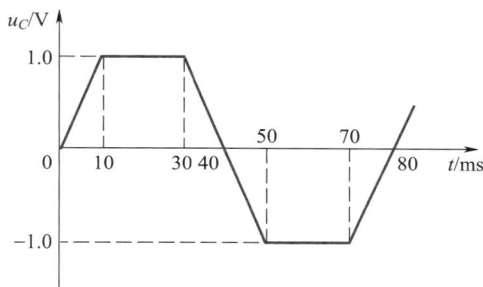

题 8.2 图

8.3　题 8.3 图中 $C_1 = 2\ \mu F, C_2 = 8\ \mu F; u_{C_1}(0) = u_{C_2}(0) = -5\ V$。现已知 $i(t) = 120 e^{-5t}\ \mu A$，求：

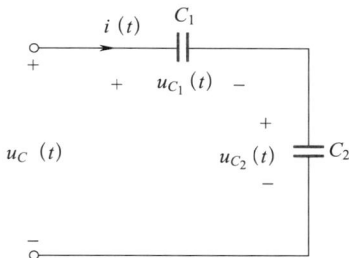

题 8.3 图

（1）等效电容 C 及 $u_C(t)$ 表达式；

（2）分别求 $u_{C_1}(t)$ 与 $u_{C_2}(t)$，并核对 KVL。

8.4　用电流 $i(t) = (0.5 e^{-10t} - 0.5)\ A$ 激励一电感元件，已知 $t = 0.005\ s$ 时的自感电压 u_L 为 $-1\ V$。试问 $t = 0.01\ s$ 时的自感电压是多少？[$i(t)$ 与 $u_L(t)$ 的参考方向是一致的]

8.5　题 8.5 图（a）中，$L = 4\ H$，且 $i(0) = 0$，电压的波形如题 8.5 图（b）所示。试求当 $t = 1\ s$，$t = 2\ s, t = 3\ s$ 和 $t = 4\ s$ 时的电感电流 $i(t)$。

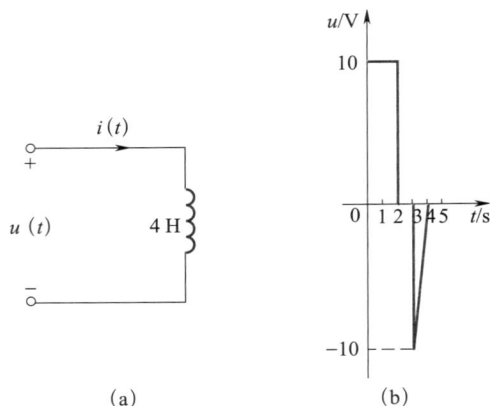

题 8.5 图

8.6 画出如题 8.6 图所示耦合电感线圈的电路模型(电阻可略去不计),并标出同名端。

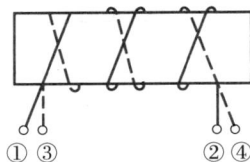

题 8.6 图

8.7 已知题 8.7 图中 $L_1 = 4$ H,$L_2 = 3$ H,$|M| = 2$ H。如果:(1) $i_1(t) = 3e^{-2t}$ A;$i_2(t) = 0$;(2) $i_1(t) = 0.5e^{-3t}$ A,$i_2(t) = 2e^{-0.5t}$ A;(3) $i_1(t) = 10$ A,$i_2(t) = 0$;(4) $i_1(t) = 0$,$i_2(t) = 10\sin 100t$ A。求电压 $u_1(t)$ 和 $u_2(t)$。

8.8 已知如题 8.8 图所示电路的参数为:$R = 10$ Ω,$L_1 = L_2 = 3$ H,$|M| = 2$ H。试求电压 $u_1(t)$ 和 $u_2(t)$。

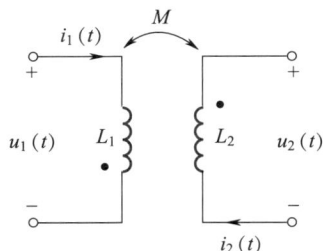

题 8.7 图

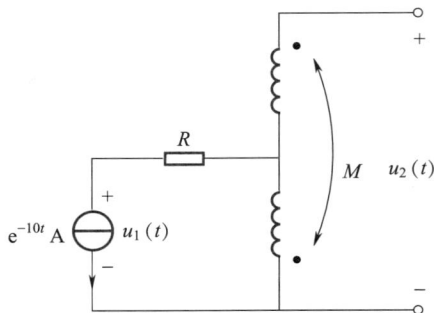

题 8.8 图

8.9 题8.9图中,电感 L_1 具有初始电流 $i(0)$,在 $t=0$ 瞬间换接开关。试问在 $G\neq0$ 和 $G=0$ 两种情形下,电感 L_2 的电流 i_2 和电压 u_2 是否跃变?

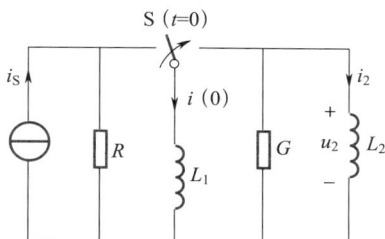

题 8.9 图

8.10 如题8.10图(a)和(b)所示电路中开关 S 在 $t=0$ 时动作,试求电路在 $t=0_+$ 时刻电压、电流的初始值。

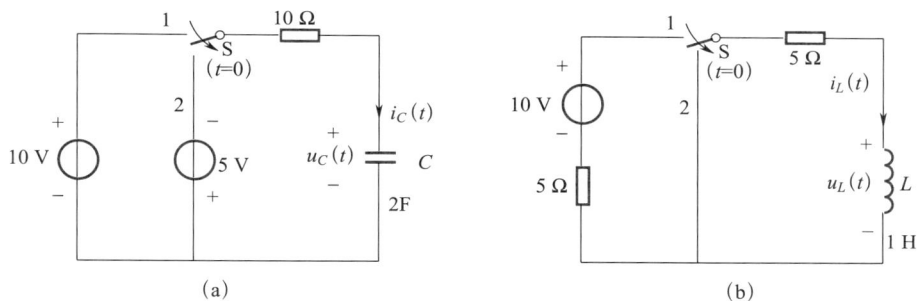

(a)

(b)

题 8.10 图

8.11 如题8.11图所示电路中直流电压源的电压为 U_0。当电路中的电压和电流恒定不变时打开开关 S。试求 $u_C(0_+)$、$i_L(0_+)$、$i_C(0_+)$、$u_L(0_+)$ 和 $u_{R_2}(0_+)$。

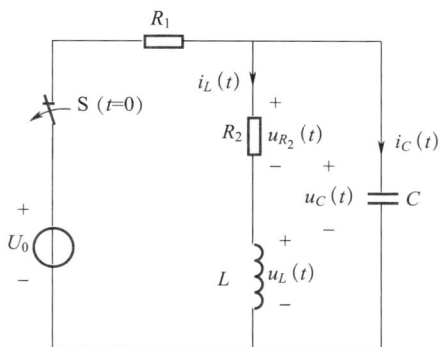

题 8.11 图

8.12 如题 8.12 图所示电路在换路前已工作了很长的时间,试求换路后 30 Ω 支路电流的初始值。

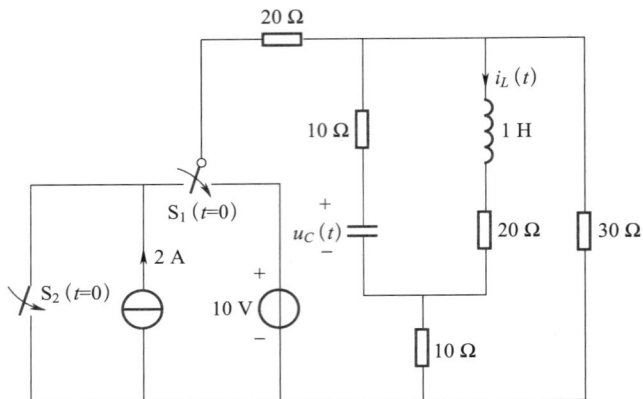

题 8.12 图

8.13 写出题 8.13 图所示电路以 $u_C(t)$ 为输出变量的输入-输出方程。

8.14 如题 8.14 图所示是一台 300 kW 汽轮发电机的励磁回路。已知励磁绕组的电阻 $R=0.189\ \Omega$,电感 $L=0.398\ H$,直流电压 $U=35\ V$。电压表的量程为 50 V,内阻 $R_V=5\ k\Omega$。开关未断开时,电路中电流已经恒定不变。在 $t=0$ 时,断开开关。求:

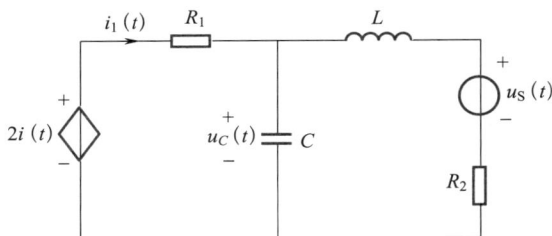

题 8.13 图

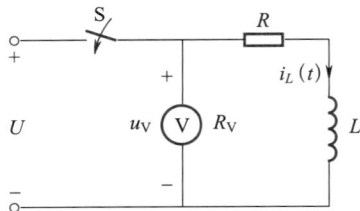

题 8.14 图

(1) 电阻、电感回路的时间常数;

(2) 电流 i_L 的初始值和开关断开后电流 i_L 的最终值;

(3) 电流 i_L 和电压表处的电压 u_V;

(4) 开关刚断开时,电压表处的电压。

8.15 在工作了很长时间的如题 8.15 图所示电路中,开关 S_1 和 S_2 同时开、闭,以切断电源并接入放电电阻 R_f。试选择 R_f 的阻值,以期同时满足下列要求:

（1）放电电阻端电压的初始值不超过 500 V；

（2）放电过程在 1 s 内基本结束。

8.16 给定电路如题 8.16 图所示。设 $i_{L_1}(0_-) = 20$ A，$i_{L_2}(0_-) = 5$ A。

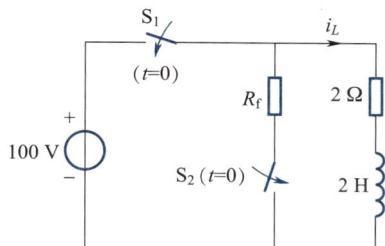

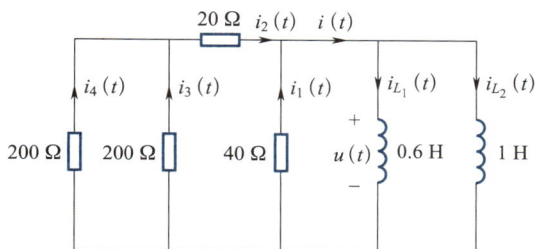

题 8.15 图   题 8.16 图

求：

（1）$i(t)$，$u(t)$，$i_{L_1}(t)$，$i_{L_2}(t)$；

（2）各电阻从 $t = 0$ 到 $t \to \infty$ 时所消耗的能量；

（3）$t \to \infty$ 时电感中的能量。

8.17 如题 8.17 图所示电路中 $U_S = 10$ V，$I_S = 2$ A，$R = 2$ Ω，$L = 4$ H。试求 S 闭合后电路中的电流 $i_L(t)$ 和 $i(t)$。

8.18 如题 8.18 图所示电路，开关 S 合在位置 1 时电路已达到稳定状态。$t = 0$ 时，开关由位置 1 合向位置 2，在 $t = \tau = RC$ 时又由位置 2 合向位置 1，求 $t \geq 0$ 时电容电压 $u_C(t)$。

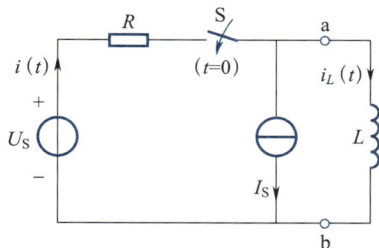

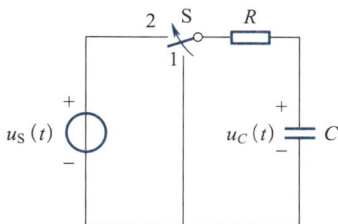

题 8.17 图   题 8.18 图

8.19 在如题 8.19 图所示电路中，$i_L(0_+) = 2$ A，$u_C(0_+) = 20$ V，$R = 9$ Ω，$C = 0.05$ F，$L = 1$ H。

求：

（1）零输入响应电压 $u_C(t)$；

（2）零输入响应电流 $i_L(t)$。

8.20 在如题 8.20 图所示电路中，已知 $R_1 = 10$ Ω，$R_2 = 10$ Ω，

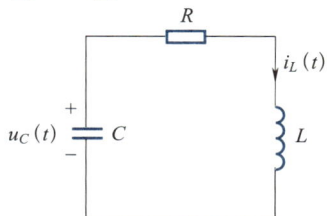

题 8.19 图

$L=1$ H,$R_3=10$ Ω,$R_4=10$ Ω,$U_s=15$ V。设换路前电路已工作了很长时间,试求零输入响应 $i_L(t)$。

8.21　如题 8.21 图所示电路中,开关 S 闭合前电路已达到稳定状态,$t=0$ 时 S 闭合,求 $t \geq 0$ 时电容电压 $u_C(t)$ 的零状态响应、零输入响应和全响应,并定性绘制出波形图。

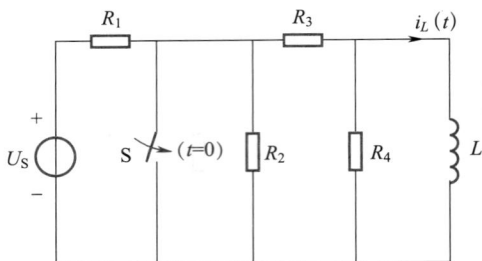

题 8.20 图

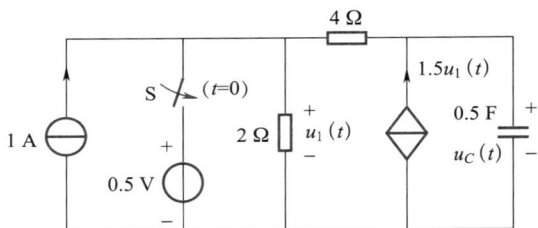

题 8.21 图

8.22　如题 8.22 图所示电路中开关 S_1 在 $t=0$ 时闭合,开关 S_2 在 $t=1$ s 时闭合,试用阶跃函数表示电流 $i(t)$。

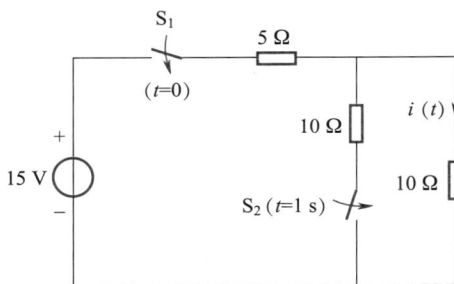

题 8.22 图

8.23　试写出如题 8.23 图所示图形的时间函数表达式 $f(t)$。

8.24　试应用单位冲激函数的采样性质,计算下列各式的积分值。

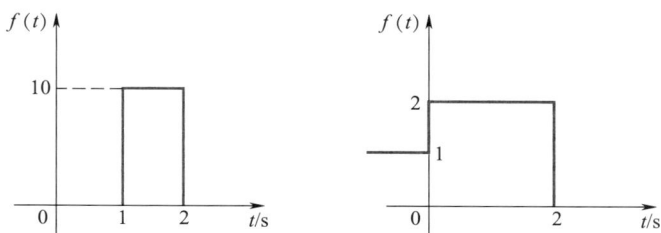

题 8.23 图

$(1)\ \displaystyle\int_{-\infty}^{\infty}\delta(t)f(t-t_1)\,\mathrm{d}t;$ $(2)\ \displaystyle\int_{-\infty}^{\infty}\delta(t-t_0)\varepsilon(t-3t_0)\,\mathrm{d}t;$

$(3)\ \displaystyle\int_{-\infty}^{\infty}(t+\cos t)\delta\!\left(t-\dfrac{\pi}{3}\right)\mathrm{d}t;$ $(4)\ \displaystyle\int_{-\infty}^{\infty}\mathrm{e}^{-\mathrm{j}\omega t}\delta(t-t_0)\,\mathrm{d}t;$

$(5)\ \displaystyle\int_{-\infty}^{\infty}f(t_1-t)\delta(t)\,\mathrm{d}t$

8.25　在如图 8.25 所示电路中，$u_C(0_-)=0$，$R_1=3\ \mathrm{k}\Omega$，$R_2=6\ \mathrm{k}\Omega$，$C=2.5\ \mu\mathrm{F}$，试求电路的冲激响应 $i_C(t)$、$i_1(t)$ 和 $u_C(t)$。

8.26　求如题 8.26 图所示电路中的电感电流 $i_L(t)$。已知 $i_L(0_-)=-1\ \mathrm{A}$。

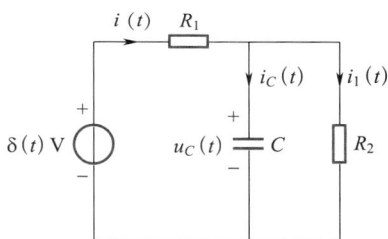 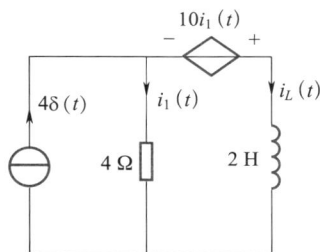

题 8.25 图　　　　　　　　　　　题 8.26 图

8.27　求如题 8.27 图所示电路的冲激响应 $u_C(t)$ 和 $i(t)$，并用阶跃响应的导数对所求结果予以校验。

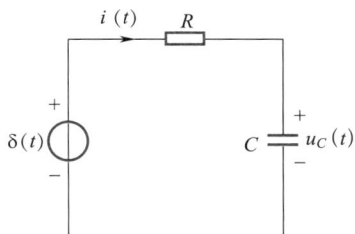

题 8.27 图

8.28 求如题 8.28 图所示电路的冲激响应 $i(t)$ 和 $u(t)$，并画出它们的曲线。

8.29 在如题 8.29 图所示电路中，电容电压的初始值为 -4 V。试用三要素法求开关闭合后的全响应 $u_C(t)$ 和 $i(t)$，并画出它们的曲线。

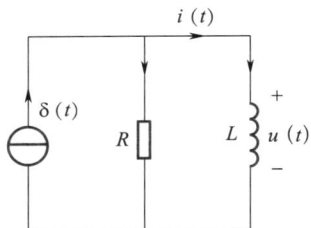

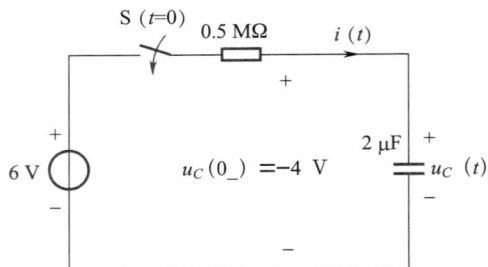

题 8.28 图   题 8.29 图

8.30 如题 8.30 图所示电路将进行两次换路。试用三要素法求出电路中电容的电压响应 $u_C(t)$ 和电流响应 $i_C(t)$，并绘出 $u_C(t)$ 和 $i_C(t)$ 的曲线。

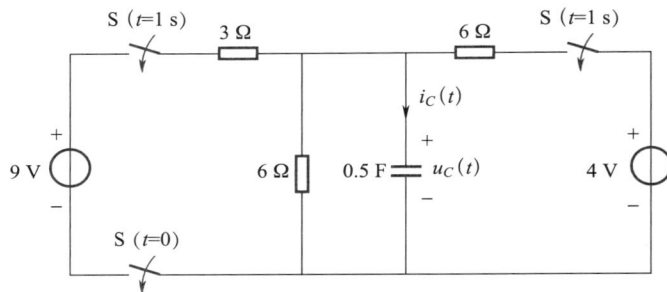

题 8.30 图

8.31 试用三要素法求解如题 8.31 图所示电路的电容电压 $u_C(t)$（全响应），并根据电容电压的解答求出电容电流 $i_{C_1}(t)$ 和 $i_{C_2}(t)$。设换路前电路处于稳定状态。

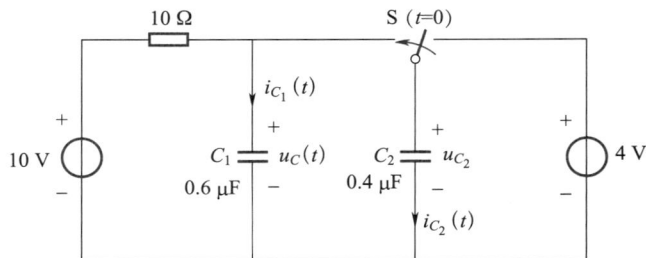

题 8.31 图

第九章 二阶电路与其他动态电路分析方法简介

【引言】上一章,我们介绍了一阶动态电路的时域分析方法。在实际电路系统中,二阶甚至更高阶的动态电路也经常被使用。我们可以通过列写二阶微分方程并求解的方式,实现对二阶动态电路的分析。但对于更高阶的、多输入多输出的复杂动态电路,通过时域求微分方程的方法会变得很困难。解决这一类复杂问题的方法中,特别适用于计算机辅助分析的状态变量分析方法和利用变换域思想的拉普拉斯变换方法将是很好的选择。

本章在第八章介绍一阶动态电路分析方法的基础上,简要介绍二阶电路的经典解法。此外,还简要介绍动态电路的状态变量分析方法与拉普拉斯变换方法。拉普拉斯变换方法也可简称为复频域方法或 s 域方法。

§9.1 二阶电路的动态特性

§9.1.1 二阶电路的解的特性

包含两个独立动态元件或输入–输出方程的最高阶数为二的电路称为二阶电路,通常用二阶微分方程来描述二阶电路的响应。与一阶电路相似,二阶电路的响应也可以通过求解微分方程来分析。同样的,二阶电路的全响应也等于零输入响应和零状态响应的叠加。但是与一阶电路最终会达到稳态不同,二阶电路可能会出现振荡。RLC 串联电路和 RLC 并联电路是最简单和典型的二阶电路,本节将以 RLC 串联电路为例,分析二阶电路的零输入响应、阶跃响应和冲激响应。

如图 9.1.1 所示的 RLC 串联电路,当 $t=0$ 时,开关闭合。设电容的初始电压 $u_C(0_-)=U_0$,电感的初始电流 $i(0_-)=0$。显然,在初始时刻,能量全部储存在电容中,电容通过 RL 放电,由于电路中有耗能元件 R,而且无激励补充能量,可以想象,电容的初始储能将被电阻耗尽,最后电路各电压、电流趋于 0。但这与一阶零输入 RC 放电过程有所不同,原因是电路中有储能元件 L,电容在放电过程中释放的能量除供电阻消耗外,部分电场能量将随放电电流流经电感而被转换成磁场能量储存于电感中。同样,电感的磁场能量除供电阻消耗外,也可能再次转换为电容的电场能量,从而形成电场和磁场能量的交换。这种能量交换视 RLC 参数相对大小不同可能会反复多次,也可能不构成能量的交换。具体情况由各参数的数值关系决定。

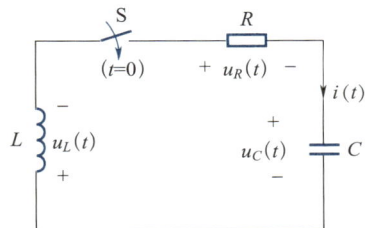

图 9.1.1　RLC 串联电路

在图 9.1.1 所示电压、电流参考方向下,由 KVL,得

$$u_L(t) + u_R(t) + u_C(t) = 0, t>0$$

将元件的特性方程,$i(t) = C\dfrac{du_C(t)}{dt}$,$u_R(t) = Ri(t) = RC\dfrac{du_C(t)}{dt}$,$u_L(t) = L\dfrac{di_L(t)}{dt} = LC\dfrac{d^2u_C(t)}{d^2t}$

代入上式,可以得到以 $u_C(t)$ 为变量的二阶线性常系数齐次微分方程,为

$$LC\frac{d^2u_C(t)}{dt^2} + RC\frac{du_C(t)}{dt} + u_C(t) = 0, t>0 \tag{9.1.1}$$

为求解该微分方程,必须知道两个初始条件 $u_C(0_+)$ 和 $u_C'(0_+)$。第一个条件可直接由换路定理确定,即 $u_C(0_+) = u_C(0_-) = U_0$。第二个条件由换路定理 $i(0_+) = i_L(0_+) = i_L(0_-) = I_0 = 0$,以及电容元件的特性方程确定,即

$$u_C'(0_+) = \frac{du_C(t)}{dt}\bigg|_{t=0_+} = \frac{i(0_+)}{C} = \frac{I_0}{C} = 0$$

因此,只要知道电路的原始状态 $u_C(0_-)$ 及 $i_L(0_-)$,即可确定电路的两个初始条件,进而确定响应 $u_C(t)$。由微分方程理论可知,式(9.1.1)解的形式将视特征根的性质而定。其特征方程为

$$LCs^2 + RCs + 1 = 0$$

其特征根为

$$s_{1,2} = -\frac{R}{2L} \pm \sqrt{\left(\frac{R}{2L}\right)^2 - \frac{1}{LC}} \tag{9.1.2}$$

式(9.1.2)表明,特征根由电路本身的参数 R、L、C 的数值决定,反映了电路的固有特性,且具有频率的量纲,称为电路的固有频率。电路的固有频率将决定电路响应的模式。由于 R、L、C 相对数值不同,电路的固有频率可能出现以下三种情况。

(1) 当 $\left(\dfrac{R}{2L}\right)^2 > \dfrac{1}{LC}$ 即 $R > 2\sqrt{\dfrac{L}{C}}$ 时,s_1,s_2 为不相等的负实数。

(2) 当 $\left(\dfrac{R}{2L}\right)^2 = \dfrac{1}{LC}$ 即 $R = 2\sqrt{\dfrac{L}{C}}$ 时,s_1,s_2 为相等的负实数。

(3) 当 $\left(\dfrac{R}{2L}\right)^2 < \dfrac{1}{LC}$ 即 $R < 2\sqrt{\dfrac{L}{C}}$ 时,s_1,s_2 为共轭复数。

$2\sqrt{\dfrac{L}{C}}$ 具有电阻的量纲,称为 RLC 串联电路的阻尼电阻,记为 R_d,即

$$R_d = 2\sqrt{\frac{L}{C}} \tag{9.1.3}$$

1. 过阻尼情况

当 $R > R_d$ 时,为过阻尼。电路的两个固有频率 s_1 和 s_2 为不相等的负实数,即

$$s_1 = -\frac{R}{2L} + \sqrt{\left(\frac{R}{2L}\right)^2 - \frac{1}{LC}} = -\alpha_1, s_2 = -\frac{R}{2L} - \sqrt{\left(\frac{R}{2L}\right)^2 - \frac{1}{LC}} = -\alpha_2$$

齐次方程的解为

$$u_C(t) = A_1 e^{s_1 t} + A_2 e^{s_2 t} = A_1 e^{-\alpha_1 t} + A_2 e^{-\alpha_2 t} \quad t>0 \tag{9.1.4}$$

式中,常数 A_1 和 A_2 由初始条件确定。将初始条件代入式(9.1.4),得

$$u_C(0_+) = A_1 + A_2 = U_0$$

$$u_C'(0_+) = -\alpha_1 A_1 - \alpha_2 A_2 = 0$$

联立求解上述两式,得

$$A_1 = \frac{\alpha_2}{\alpha_2 - \alpha_1} U_0$$

$$A_2 = \frac{\alpha_1}{\alpha_2 - \alpha_1} U_0$$

将 A_1、A_2 代入(9.1.4),得零输入响应 $u_C(t)$ 的表达式为

$$u_C(t) = \frac{\alpha_2}{\alpha_2 - \alpha_1} U_0 e^{-\alpha_1 t} - \frac{\alpha_1}{\alpha_2 - \alpha_1} U_0 e^{-\alpha_2 t}$$

$$= \frac{U_0}{\alpha_2 - \alpha_1} (\alpha_2 e^{-\alpha_1 t} - \alpha_1 e^{-\alpha_2 t}) \quad t>0$$

电路的其他响应为

$$i(t) = C\frac{\mathrm{d}u_C}{\mathrm{d}t} = \frac{CU_0 \alpha_1 \alpha_2}{\alpha_2 - \alpha_1} (e^{-\alpha_1 t} - e^{-\alpha_2 t})$$

$$= \frac{U_0}{L(\alpha_2 - \alpha_1)} (e^{-\alpha_1 t} - e^{-\alpha_2 t}) \quad t>0 \tag{9.1.5}$$

$$u_L(t) = L\frac{\mathrm{d}i}{\mathrm{d}t} = \frac{U_0}{\alpha_2 - \alpha_1} (\alpha_1 e^{-\alpha_1 t} - \alpha_2 e^{-\alpha_2 t}) \quad t>0 \tag{9.1.6}$$

由前述 α_1、α_2 的表达式可知,$\alpha_2 > \alpha_1$,故 $t>0$ 时,$e^{-\alpha_1 t} > e^{-\alpha_2 t}$,且 $\frac{\alpha_2}{\alpha_2 - \alpha_1} > \frac{\alpha_1}{\alpha_2 - \alpha_1} > 0$。所以,$u_C(t)$ 在 $t>0$ 的所有时间内均为正值,而 $i(t)$ 在 $t>0$ 的所有时间内均为负值,这同时说明 $u_C(t)$ 的斜率始终为负值,即 $u_C(t)$ 始终单调递减直至趋于 0。

式(9.1.5)还表明,$t=0$ 时,$i(0)=0$;$t\to\infty$ 时,$i(\infty)=0$,这表明 $i(t)$ 将出现极值,可通过对 $i(t)$ 求导,即令(9.1.6)中 $u_L(t)=0$ 得到极值出现的时刻。

$$\alpha_1 e^{-\alpha_1 t} - \alpha_2 e^{-\alpha_2 t} = 0$$

故得

$$t = t_m = \frac{1}{\alpha_2 - \alpha_1} \ln \frac{\alpha_2}{\alpha_1}$$

$u_C(t)$、$i(t)$ 和 $u_L(t)$ 的波形如图 9.1.2 所示。

分析图 9.1.2 所示的各电压、电流可知,在整个工作过程中,$u_C(t)$ 单调下降,电容始终处于放电状态,且 $u_C(t)$ 和 $i(t)$ 的方向相反,其瞬时功率 $p_C(t) = u_C(t)i(t) < 0$,表明电容始终在释放电场能量。但在 $0 < t < t_m$ 期间,$i(t)$ 和 $u_L(t)$ 方向相同,其瞬时功率 $p_L(t) = u_L(t)i(t) > 0$,表明电感吸收能量。在 $t = t_m$ 时电感储能达最大值。故在此期间,电容释放的能量除一部分供电阻消耗外,另一部分转换成磁场能量。在 $t > t_m$ 期间,$u_L(t)$ 改变了方向,$u_L(t)$ 和 $i(t)$ 方向相反,其瞬时功率 $p_L(t) = u_L(t)i(t) < 0$,表明电感释放原先储存的能量。可见,$t > t_m$,电容和电感均在释放能量,共同提供给电阻,最终被电阻耗尽,各电压、电流均趋于 0。电容的这种单向性放电称为非振荡放电。

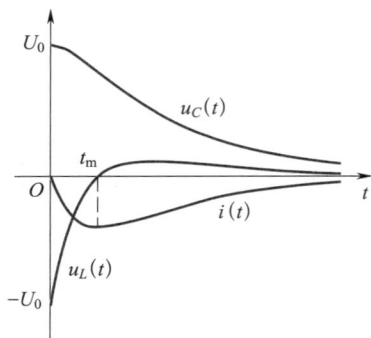

图 9.1.2　RLC 串联电路过阻尼情况下的电压、电流

因此,当电路中电阻符合 $R > R_d$ 的过阻尼条件时,电容电压响应是非振荡性的。

2. 临界阻尼情况

当 $R = R_d$ 时,为临界阻尼。此时固有频率 s_1、s_2 为相等的负实数,即

$$s_1 = s_2 = -\frac{R}{2L} = -\alpha$$

齐次方程的解为

$$u_C(t) = A_1 e^{-\alpha t} + A_2 t e^{-\alpha t}, t > 0 \tag{9.1.7}$$

式中常数由初始条件确定,用 $t = 0_+$ 代入式(9.1.7),得

$$u_C(0_+) = A_1 = U_0$$

$$u_C'(0_+) = \frac{du_C}{dt}\bigg|_{t=0_+} = -A_1\alpha + A_2 = \frac{i(0_+)}{C} = 0$$

得

$$A_2 = U_0\alpha$$

将 A_1、A_2 代入式(9.1.7),零输入响应 $u_C(t)$ 的表达式为

$$u_C(t) = U_0(1 + \alpha t)e^{-\alpha t}, t > 0 \tag{9.1.8}$$

电路其他响应为

$$i(t) = C\frac{du_C}{dt} = -\alpha^2 CU_0 t e^{-\alpha t} = -\frac{U_0}{L}t e^{-\alpha t}, t > 0 \tag{9.1.9}$$

$$u_L(t) = L\frac{di}{dt} = U_0(\alpha t - 1)e^{-\alpha t}, t > 0 \tag{9.1.10}$$

根据式(9.1.8)—(9.1.10)的响应表达式,可得电容电压 $u_C(t)$、电流 $i(t)$ 和电感电压 $u_L(t)$ 的曲线如图 9.1.3 所示。

与图 9.1.2 所示的过阻尼情况类似,临界阻尼情况下的响应也是非振荡的,电容仍处于单向

放电状态。由于 $R=R_d$ 恰是电路响应呈非振荡与振荡的分界线,故称之为临界振荡情况,此时电阻称为临界电阻,它等于阻尼 R_d。图 9.1.3 中 $i(t)$ 出现极值的时刻为 $t_m=\dfrac{1}{\alpha}$。

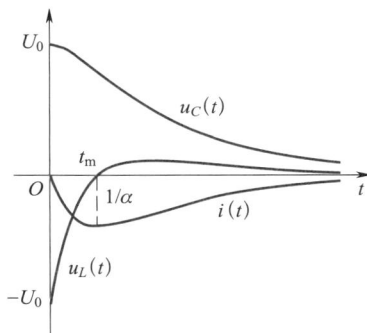

图 9.1.3 *RLC* 串联零输入电路临界阻尼情况下的电压、电流波形

3. 欠阻尼情况

当 $R<R_d$ 时,为欠阻尼。电路的两个固有频率 s_1,s_2 为一对共轭复数,即

$$s_1=-\frac{R}{2L}+\mathrm{j}\sqrt{\frac{1}{LC}-\left(\frac{R}{2L}\right)^2}$$

$$s_2=-\frac{R}{2L}-\mathrm{j}\sqrt{\frac{1}{LC}-\left(\frac{R}{2L}\right)^2}$$

式中,$\mathrm{j}=\sqrt{-1}$ 为虚数单位。定义 $\alpha=\dfrac{R}{2L}$ 为振荡电路的衰减系数,$\omega_0=\dfrac{1}{\sqrt{LC}}$ 为电路无阻尼自由振荡角频率或谐振角频率,设 $\omega_d=\sqrt{\omega_0^2-\alpha^2}$ 为电路的衰减振荡角频率,于是 s_1 和 s_2 可表示为

$$s_1=-\alpha+\mathrm{j}\omega_d,\ s_2=-\alpha-\mathrm{j}\omega_d$$

齐次方程的解为

$$u_C(t)=A_1\mathrm{e}^{s_1t}+A_2\mathrm{e}^{s_2t}=A_1\mathrm{e}^{(-\alpha+\mathrm{j}\omega_d)t}+A_2\mathrm{e}^{(-\alpha-\mathrm{j}\omega_d)t}$$

$$=\mathrm{e}^{-\alpha t}(A_1\mathrm{e}^{\mathrm{j}\omega_dt}+A_2\mathrm{e}^{-\mathrm{j}\omega_dt}),\ t>0$$

应用欧拉公式 $\mathrm{e}^{\mathrm{j}x}=\cos x+\mathrm{j}\sin x$,上式可变换为

$$u_C(t)=\mathrm{e}^{-\alpha t}\left[(A_1+A_2)\cos \omega_dt+\mathrm{j}(A_1-A_2)\sin \omega_dt\right]$$

令

$$A_1+A_2=K_1$$

$$\mathrm{j}(A_1-A_2)=K_2$$

则上式可表示为

$$u_C(t)=\mathrm{e}^{-\alpha t}(K_1\cos \omega_dt+K_2\sin \omega_dt),\ t>0 \tag{9.1.11}$$

也可写成

$$u_C(t)=K\mathrm{e}^{-\alpha t}\cos(\omega_dt-\theta),\ t>0$$

式中 $K=\sqrt{K_1^2+K_2^2}$,$\theta=\arctan\dfrac{K_2}{K_1}$。

待定常数 K_1、K_2 或 K、θ 由初始条件确定。用 $t=0_+$ 代入式(9.1.11),得

$$u_C(0_+)=K_1=U_0$$

$$u_C'(0_+)=\frac{\mathrm{d}u_C}{\mathrm{d}t}\bigg|_{t=0^+}=-\alpha K_1+\omega_d K_2=\frac{i(0_+)}{C}=0$$

得

$$K_2=\frac{\alpha U_0}{\omega_d}$$

将常数 K_1、K_2 代入式(9.1.11),有

$$u_C(t) = e^{-\alpha t}(U_0 \cos \omega_d t + \frac{\alpha U_0}{\omega_d} \sin \omega_d t), t>0$$

或

$$u_C(t) = \frac{\omega_0}{\omega_d} U_0 e^{-\alpha t} \cos(\omega_d t - \theta), t>0 \tag{9.1.12}$$

式中,$\theta = \arctan \dfrac{\alpha}{\omega_d}$。$\omega_0$、$\omega_d$、$\alpha$、$\theta$ 之间的关系可用如图 9.1.4 所示的直角三角形表示。

电路的其他响应为

$$i(t) = C\frac{\mathrm{d}u_C}{\mathrm{d}t} = -\frac{U_0}{L\omega_d} e^{-\alpha t} \sin \omega_d t, t>0 \tag{9.1.13}$$

$$u_L(t) = L\frac{\mathrm{d}i}{\mathrm{d}t} = -\frac{\omega_0}{\omega_d} e^{-\alpha t} \cos(\omega_d + \theta) \tag{9.1.14}$$

从式(9.1.12)—(9.1.14)可知,欠阻尼情况下,零输入响应电容电压 $u_C(t)$、电感电流 $i(t)$ 和电感电压 $u_L(t)$ 都是振幅按指数规律衰减的正弦量,即放电过程是周期性振荡的。它们的响应曲线如图 9.1.5 所示。虚线构成衰减振荡的包络线,振荡幅度衰减的快慢取决于 α 的大小。α 越小,衰减得越慢。而衰减振荡又是按照周期规律变化的,振荡周期 $T = \dfrac{2\pi}{\omega_d}$,衰减振荡角频率 ω_d 越大,振荡周期 T 越小,振荡就越快。

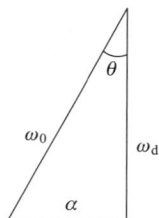

图 9.1.4 ω_0、ω_d、α、θ 的关系

在欠阻尼情况下,由于电阻比较小,消耗能量的速度慢,所以在电阻消耗所有能量之前,电容中的电场能量与电感中的磁场能量之间存在多次能量交换,响应是衰减振荡的。由图 9.1.5 可知,在 $0<t<t_1$ 期间,$u_C(t)$ 从最大值 U_0 开始下降,$u_C(t)$ 和 $i(t)$ 的方向相反,电

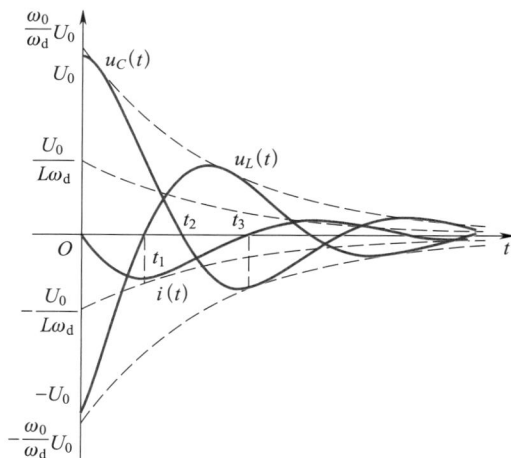

图 9.1.5 RLC 串联电路欠阻尼情况下的电压、电流零输入波形

容瞬时功率 $p(t) = u_C(t)i(t) < 0$，表明电容释放电场能量；而 $u_L(t)$ 和 $i(t)$ 方向相同，电感瞬时功率 $p(t) = u_L(t) > 0$，表明电感在吸收能量。在此期间，电容释放的电场能量，一部分供给电阻消耗，另一部分转换成电感的磁场能量。在 $t_1 < t < t_2$ 期间，$u_C(t)$ 继续下降，这时 $u_C(t)$、$u_L(t)$ 与 $i(t)$ 的方向相反，表明 $p_C(t) < 0$，$p_L(t) < 0$，在此期间，电容和电感均释放能量给电阻。在 $t_2 < t < t_3$ 期间，$u_C(t)$ 和 $i(t)$ 的方向相同，而 $u_L(t)$ 和 $i(t)$ 方向相反，即 $p_C(t) > 0$，$p_L(t) < 0$，在此期间，电感持续释放磁场能量，一部分供给电阻消耗，另一部分转换为电容的电场能量。在 $t = t_3$ 时，$i = 0$，此时电感磁场能量已经释放完毕，而电容反向充电完毕。至此，电场能和磁场能完成了一次交换。$t > t_3$ 以后，又重复前面的过程，直至电容初始储能被电阻完全耗尽，电路中各电压、电流均趋于 0。

在 $R = 0$ 时，响应是等幅振荡的。因为 $R = 0$ 是欠阻尼情况的特例，这时 $\alpha = \dfrac{R}{2L} = 0$，$\omega_{\mathrm{d}} = \sqrt{\omega_0^2 - \alpha^2} = \omega_0 = \dfrac{1}{\sqrt{LC}}$。固有频率 s_1、s_2 是一对共轭虚数，为

$$s_1 = \mathrm{j}\omega_0,\ s_2 = -\mathrm{j}\omega_0$$

由式(9.1.12)可知 $u_C(t)$ 表达式为

$$u_C(t) = U_0 \cos \omega_0 t,\ t > 0$$

由式(9.1.13)、式(9.1.14)可分别得到 $i(t)$ 和 $u_L(t)$ 为

$$i(t) = -\frac{U_0}{L\omega_0}\sin \omega_0 t,\ t > 0$$

$$u_L(t) = -U_0 \cos \omega_0 t,\ t > 0$$

$R = 0$ 时电路各响应曲线如图 9.1.6 所示，各响应均以角频率 ω_0 作无衰减的等幅振荡。由于电路中没有能量消耗，故电容和电感之间周期性地进行电场能量和磁场能量的交换。振荡一经形成，就将一直持续下去。

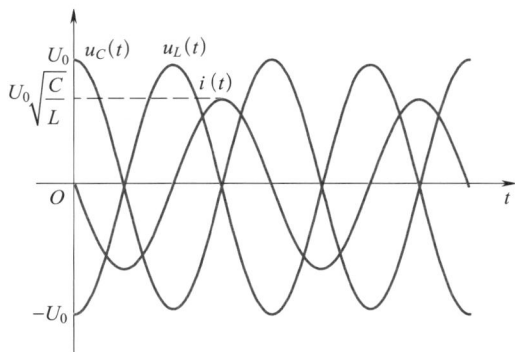

图 9.1.6　LC 零输入电路无阻尼时的电压、电流波形

零输入的 RLC 串联电路，当电阻从大到小变化时，电路工作状态从过阻尼、临界阻尼到欠阻尼变化，直到 $R = 0$ 时为无阻尼状态。电路响应的形式分别对应非振荡、衰减振荡和等幅振荡。

综上所述,电路零输入响应的模式仅取决于电路的固有频率,而与初始条件无关。此结论可推广到任意高阶电路。

§9.1.2　二阶电路的阶跃响应

零状态的二阶电路在阶跃函数激励下的响应就是二阶电路阶跃响应。如图 9.1.7 所示是一个零状态的 RLC 串联电路,电压源电压 $u_s(t)=\varepsilon(t)$ V。若以 $u_c(t)$ 为变量,根据 KVL 可得电路方程

$$LC\frac{\mathrm{d}^2 u_c(t)}{\mathrm{d}t^2}+RC\frac{\mathrm{d}u_c(t)}{\mathrm{d}t}+u_c(t)=u_s(t) \qquad (9.1.15)$$

式(9.1.15)是关于 $u_c(t)$ 的二阶常系数线性非齐次微分方程,它的全解由齐次方程的通解 $u_{c_t}(t)$ 和非齐次方程的特解 $u_{c_s}(t)$ 组成。

$$u_c(t)=u_{c_t}(t)+u_{c_s}(t)$$

图 9.1.7　零状态的 RLC 串联电路

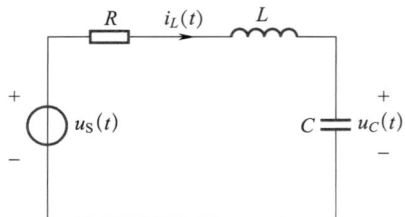

特解 $u_{c_s}(t)$ 为响应的强制分量,与激励同模式,为常量。将 $u_{c_s}(t)=K$ 代入式(9.1.15),得 $u_{c_s}(t)=\varepsilon(t)$ V。通解 $u_{c_t}(t)$ 为响应的固有分量,由上一小节可知其模式由电路的固有频率决定,即由 R、L、C 的大小完全决定。以过阻尼情况为例,通解可以表达为 $u_{c_t}(t)=A_1 e^{s_1 t}+A_2 e^{s_2 t}$。因此在阶跃激励下,全解可以表示为

$$u_c(t)=A_1 e^{s_1 t}+A_2 e^{s_2 t}+\varepsilon(t) \text{ V}$$

由初始条件 $u_c(0_+)=0$ 和 $\dfrac{\mathrm{d}u_c(t)}{\mathrm{d}t}=\dfrac{i_L(0_+)}{C}=0$ 可以确定得到

$$A_1+A_2+1=0$$

$$\frac{\mathrm{d}u_c(t)}{\mathrm{d}t}\bigg|_{t=0_+}=s_1 A_1+s_2 A_2=0$$

$$A_1=-A_2-1=\frac{s_2}{s_1-s_2}$$

$$u_c(t)=\frac{s_2}{s_1-s_2}e^{s_1 t}-\frac{s_1}{s_2-s_1}e^{s_2 t} \text{ V}$$

阶跃响应与零输入响应一样,根据电路元件参数 R、L、C 之间的相互关系,可以分为过阻尼、临界阻尼和欠阻尼三种情况,相应的响应为非振荡型和衰减振荡型。

§9.1.3　二阶电路的冲激响应

零状态的二阶电路在冲激函数激励下的响应就是二阶电路的冲激响应。如图 9.1.8 所示的零状态 RLC 串联电路,在 $t=0$ 时,电压源为单位冲激电压 $u_s(t)=\delta(t)$ V。若以 u_c 为变量,根据 KVL 可得电路方程

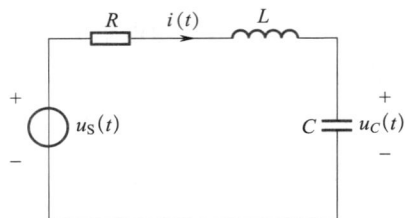

图 9.1.8　二阶电路的冲激响应

$$LC \frac{\mathrm{d}^2 u_C(t)}{\mathrm{d}t^2} + RC \frac{\mathrm{d}u_C(t)}{\mathrm{d}t} + u_C(t) = u_{\mathrm{S}}(t) \tag{9.1.16}$$

由于 $\delta(t)$ 在 $t \neq 0$ 时为零,即在 $t > 0_+$ 时,有

$$LC \frac{\mathrm{d}^2 u_C(t)}{\mathrm{d}t^2} + RC \frac{\mathrm{d}u_C(t)}{\mathrm{d}t} + u_C(t) = 0$$

其解的关键在于与初始能量对应的初始条件 $u_C(0_+)$ 和 $i(0_+)$。对式(9.1.16)在 0_- 至 0_+ 时间间隔内积分,得

$$LC \left[\frac{\mathrm{d}u_C(t)}{\mathrm{d}t} \bigg|_{t=0_+} - \frac{\mathrm{d}u_C(t)}{\mathrm{d}t} \bigg|_{t=0_-} \right] +$$

$$RC \left[u_C(0_+) - u_C(0_-) \right] + \int_{0_-}^{0_+} u_C(t) \mathrm{d}t = 1$$

根据零状态条件,有 $u_C(0_-) = 0$,$i(0_-) = 0$,故 $\dfrac{\mathrm{d}u_C(t)}{\mathrm{d}t} \bigg|_{t=0_-} = 0$。由于 $u_C(t)$ 不可能是阶跃函数或者冲激函数,否则式(9.1.17)不能成立,因此 $u_C(t)$ 不可能跃变,仅 $\dfrac{\mathrm{d}u_C(t)}{\mathrm{d}t}$ 才可能发生跃变。故

$$LC \frac{\mathrm{d}u_C(t)}{\mathrm{d}t} \bigg|_{t=0_+} = 1$$

即 $\dfrac{\mathrm{d}u_C(t)}{\mathrm{d}t} \bigg|_{t=0_+} = \dfrac{1}{LC}$。

该式的意义是冲激电压源在 0_- 至 0_+ 时间间隔内使电感电流跃变,跃变后

$$i(0_+) = C \frac{\mathrm{d}u_C(t)}{\mathrm{d}t} \bigg|_{t=0_+} = \frac{1}{L} \mathrm{A}$$

电感中储存了一定的磁场能量,而冲激响应就是由此磁场能量引起的变化过程。从物理概念上,也可以理解为零状态的电感相当于开路,零状态的电容相当于短路,故冲激电压源加在电感两端迫使其电流发生了跃变。

$t > 0$ 时输入为零,其过渡过程的分析和解答与前面零输入响应相同,如过阻尼即 $R < 2\sqrt{\dfrac{L}{C}}$,则

$$u_C(t) = A_1 \mathrm{e}^{s_1 t} + A_2 \mathrm{e}^{s_2 t}$$

初始条件为

$$u_C(0_+) = A_1 + A_2 = 0$$

$$\frac{\mathrm{d}u_C(t)}{\mathrm{d}t} \bigg|_{t=0_+} = s_1 A_1 + s_2 A_2 = \frac{1}{LC}$$

有

$$A_1 = -A_2 = \frac{-\dfrac{1}{LC}}{s_2 - s_1}$$

$$u_C(t) = -\frac{1}{LC(s_2 - s_1)}(e^{s_1 t} - e^{s_2 t})$$

过阻尼为振荡放电情况,冲激响应为

$$u_C(t) = -\frac{1}{\omega LC}e^{-\alpha t}\sin(\omega t)$$

例 9.1.1　如图 9.1.9 所示电路,已知 $R_1 = 4\ \Omega, R_2 = 3\ \Omega, L = 1\ \mathrm{H}, C = 0.25\ \mathrm{F}$,电路原已稳定,$t = 0$ 时开关 S 打开,试求 $t > 0$ 时的 $u_C(t)$ 和 $i_L(t)$。

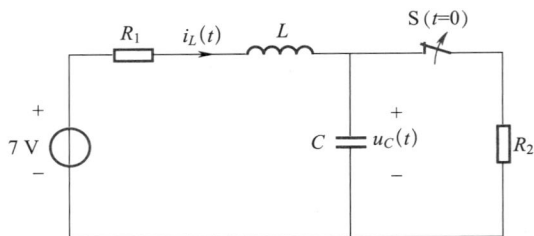

图 9.1.9　电路图

解:在恒定电压源激励下,电路原已稳定,电感可视作短路,电容可视作开路,得

$$i_L(0_-) = \left(\frac{7}{4+3}\right)\mathrm{A} = 1\ \mathrm{A}$$

$$u_C(0_-) = 3\ \mathrm{V}$$

$t = 0$ 时开关 S 打开,即为 RLC 串联电路,由换路定理,得 $u_C(0_+) = u_C(0_-) = 3\ \mathrm{V}, i_L(0_+) = i_L(0_-) = 1\ \mathrm{A}$。

$$s_{1,2} = -\frac{R}{2L} \pm \sqrt{\left(\frac{R}{2L}\right)^2 - \frac{1}{LC}} = -2\mathrm{s}^{-1}$$

特征根为两个相等的负实数,是临界阻尼情况。$t \to \infty$ 时电路达到新的稳定状态,电容开路,电感短路,得

$$u_{C_s}(t) = u_C(t)\big|_{t \to \infty} = 7\ \mathrm{V}$$

故全响应

$$u_C(t) = [(A_1 + A_2 t)e^{-2t} + 7]\ \mathrm{V},\ t \geqslant 0$$

$t = 0_+$ 时,

$$u_C(0_+) = A_1 + 7 = 3\ \mathrm{V}$$

$$u_C'(0_+) = \frac{i_C(0_+)}{C} = \frac{i_L(0_+)}{C} = \frac{1}{0.25}\ \mathrm{V} = 4\ \mathrm{V} = -2A_1 + A_2$$

解得

$$A_1 = -4,\quad A_2 = -4$$

故全响应

$$u_C(t) = \left[7 - (4 + 4t) e^{-2t} \right] \text{V}, t \geqslant 0$$

$$i_L(t) = C \frac{du_C}{dt} = (1 + 2t) e^{-2t} \text{A}, t \geqslant 0$$

可以看出,电容电压是单调上升的,从 3 V 趋向 7 V,说明电容一直在充电;电感电流单调下降,从 1 A 趋向 0,一直在放电。响应是非振荡型。

RLC 串联电路和 *GCL* 并联电路是最简单的二阶电路,这两种电路的分析总结为二阶常系数线性微分方程的求解。对于任意结构形式的一般二阶电路,由于其激励-响应关系仍然是二阶常系数线性微分方程,故其分析方法与 *RLC* 串联电路的分析方法相同,现举例说明。

例 9.1.2 如图 9.1.10 所示的电路已处于稳态,已知 $L = 1$ H, $C = 0.5$ F, $R_1 = 1$ Ω, $R_2 = 2$ Ω, $R_3 = 2$ Ω, $u_s = 4$ V,开关 S 在 $t = 0$ 时打开。试求 $t > 0$ 时的电容电压 $u_C(t)$ 和电感电流 $i_L(t)$。

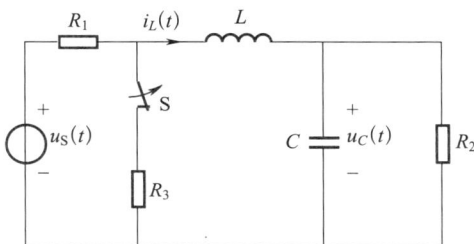

图 9.1.10 电路图

解: 电路换路前已经稳定,可求得

$$i_L(0_-) = \frac{4}{R_1 + R_2 /\!/ R_3} \times \frac{R_3}{R_2 + R_3} = 1 \text{ A}$$

$$u_C(0_-) = R_2 \times i_L(0_-) = 2 \text{ V}$$

列写电路方程。换路后由 KCL,得

$$-i_L(t) + C \frac{du_C(t)}{dt} + \frac{u_C(t)}{R_2} = 0 \tag{1}$$

由 KVL,得

$$R_1(t) i_L(t) + L \frac{di_L(t)}{dt} + u_C(t) = u_s \tag{2}$$

由式(1)得 $i_L(t) = C \dfrac{du_C(t)}{dt} + \dfrac{u_C(t)}{R_2}$,代入式(2),得

$$R_1 C \frac{du_C(t)}{dt} + \frac{R_1}{R_2} u_C(t) + LC \frac{d^2 u_C(t)}{dt^2} + \frac{L}{R_2} \frac{du_C(t)}{dt} + u_C(t) = u_s$$

整理后得

$$LC \frac{\mathrm{d}^2 u_C(t)}{\mathrm{d}t^2} + \left(R_1 C + \frac{L}{R_2} \right) \frac{\mathrm{d}u_C(t)}{\mathrm{d}t} + \left(\frac{R_1}{R_2} + 1 \right) u_C(t) = u_s$$

将参数代入上式,得

$$\frac{\mathrm{d}^2 u_C(t)}{\mathrm{d}t^2} + 2 \frac{\mathrm{d}u_C(t)}{\mathrm{d}t} + 3u_C(t) = 8 \text{ V}$$

特征方程为

$$s^2 + 2s + 3 = 0$$

特征根为

$$s_{1,2} = \frac{-2 \pm \sqrt{4-12}}{2} = -1 \pm \mathrm{j}\sqrt{2} \text{ s}^{-1}$$

在恒定激励下,强制响应为常量,设 $u_{C_s}(t) = K$,代入方程,或取电容电压的稳态值,均可得 $K = u_{C_s}(t) = u_C(\infty) = \frac{8}{3}$ V。故得 u_C 的解为

$$u_C(t) = \left[K_1 \mathrm{e}^{-t} \cos(\sqrt{2}t + \theta) + \frac{8}{3} \right] \text{V} \tag{3}$$

式中,常数 K_1 和 θ 由初始条件决定。由换路定理,得 $u_C(0_+) = u_C(0_-) = 2$ V,$i_L(0_+) = i_L(0_-) = 1$ A。由式(1)可得 $u'_C(0_+) = \frac{i_L(0_+)}{C} - \frac{1}{R_2 C} u_C(0_+) = 0$。

式(3)取 $t = 0_+$,得

$$u_C(0_+) = K_1 \cos\theta + \frac{8}{3}\text{V} = 2 \text{ V}$$

式(3)微分后取 $t = 0_+$,得

$$u'_C(0_+) = \left[-K_1 \mathrm{e}^{-t} \cos(\sqrt{2}t + \theta) - \sqrt{2} K_1 \mathrm{e}^{-t} \sin(\sqrt{2}t + \theta) \right] \Big|_{t=0_+}$$
$$= -K_1 \cos\theta - \sqrt{2} K_1 \sin\theta = 0$$

解得

$$K_1 = -0.816, \theta = -35.3°$$

故全响应

$$u_C(t) = \left[-0.816\mathrm{e}^{-t} \cos(\sqrt{2}t - 35.3°) + \frac{8}{3} \right] \text{V}, t \geq 0$$

由式(1)得

$$i_L(t) = C \frac{\mathrm{d}u_C(t)}{\mathrm{d}t} + \frac{u_C(t)}{R_2} = \left[0.577\mathrm{e}^{-t} \sin(\sqrt{2}t - 35.5°) + \frac{4}{3} \right] \text{A}, t \geq 0$$

由 R、L、C 元件组成的一般二阶电路,当 R、L、C 元件参数不同时,其固有频率有不相等负实数、相等负实数和共轭复数 3 种可能,故其响应有非振荡、振荡之分。从物理概念上讲,同类动态元件不可能出现电场能量与磁场能量交换的电磁振荡过程。

§9.2　动态电路的状态变量分析法

如果将电路看作一个线性时不变系统(LTI 系统)的话,还可以从系统角度将 LTI 系统分析方法分为外部法和内部法两类。

状态变量分析法就是一种典型的内部法,它面向基于状态变量描述的系统,分析系统内部状态的特性,并通过状态变量将系统的输入和输出联系起来,求得系统的外部特性。

状态变量分析法强调系统内部特性的分析,其中系统用相互独立的一组变量即状态变量来描述。对应动态的连续时间系统和离散时间系统而言,响应的数学模型分别是一阶微分方程组和一阶差分方程组,称为状态方程。由状态变量和输入表示输出的方程称为输出方程。

本节介绍状态变量法在电路分析中的应用。状态变量分析法具有广泛的适用性。它既可以用于分析单输入-单输出电路,也能用于分析多输入-多输出电路;既能用于分析连续时间信号电路,也能分析离散时间信号电路。当然,这种分析方法的主要目的之一在于解决多输入-多输出电路问题。本小节将基于网络的状态、状态变量等定义,引入状态方程及输出方程等基本概念,再讨论线性常态网络状态方程的建立方法。状态变量法特别适于用计算机对大规模动态电路或系统进行暂态分析,因而具有重要的实际意义。

§9.2.1　对状态变量的进一步说明

状态变量是网络内部能反映网络(系统)性能、状态的一组变量,对于任意的线性电路,只要知道它所有状态变量的初始值以及 $t \geqslant 0$ 时的激励,便可确定电路的完全响应。在动态电路中,所有独立的电容电压和电感电流便是一组状态变量。注意,这里所谓独立电容电压是指该电压之值不能由其他电容电压以及电压源电压之值推算出来,即此电容电压不能表示为其他电容电压和电压源电压的线性组合;类似地,独立电感电流指此电感电流之值不能由其他电感电流和电流源电流之值推算出来,即此电感电流不能表示为其他电感电流和电流源电流的线性组合。显然,如果一个电路中出现不独立的电容电压或不独立的电感电流,这个电路就属于上一节所讨论的非常态电路。

由于电容电压 $u_C(t)$ 或电荷 $q_C(t)$ 以及电感电流 $i_L(t)$ 或磁链 $\Psi_L(t)$ 代表了电路或系统在任何时刻的储能,这些储能可以确定电路或系统在任何时刻的状态,故通常选 $u_C(t)$ (或 $q_C(t)$)和 $i_L(t)$ (或 $\Psi_L(t)$)为状态变量。但是,对于同一电路而言,状态变量的选择不是唯一的。在线性时不变电路中,一般选电容电压 $u_C(t)$ 和电感电流 $i_L(t)$ 作为状态变量,也可以选电容电荷 $q_C(t)$ $\left(i_C(t) = \dfrac{\mathrm{d}q_C(t)}{\mathrm{d}t} \right)$ 和电感磁通链 $\psi_L(t)$ $\left(u_L(t) = \dfrac{\mathrm{d}\psi_L(t)}{\mathrm{d}t} \right)$ 作为状态变量,两种选择方法没有优劣之分。例如,对于线性时变电路,最宜选 $q_C(t)$ 和 $\psi_L(t)$ 为状态变量。本节仅讨论线性时不变电路的状态变量分析法。

§9.2.2　状态方程与输出方程

利用状态变量可以建立描述电路行为的方程。这种方程一般是关于状态变量的一阶常系数线性微分方程组,称为状态方程。下面通过 RLC 并联电路的响应分析来说明上述基本概念。

对如图 9.2.1 所示的 RLC 并联电路,可以列出以电感电流 $i_L(t)$ 为求解对象的微分方程

$$LC\frac{\mathrm{d}^2 i_L(t)}{\mathrm{d}t^2}+\frac{L}{R}\frac{\mathrm{d}i_L(t)}{\mathrm{d}t}+i_L(t)=i_\mathrm{s}$$

这是一个二阶常系数线性非齐次微分方程。用以确定待定系数的初始条件是电感电流、电容电压的初始值,即 $i_L(0_+)=I_0$、$u_C(0_+)=U_0$。

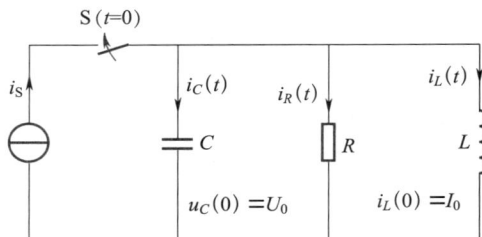

图 9.2.1 RLC 并联电路

如果以电感电流 $i_L(t)$ 和电容电压 $u_C(t)$ 作为变量分别列写 RLC 并联电路的方程,则有

$$L\frac{\mathrm{d}i_L(t)}{\mathrm{d}t}=u_C(t)$$

$$C\frac{\mathrm{d}u_C(t)}{\mathrm{d}t}=-i_L(t)-\frac{u_C(t)}{R}+i_\mathrm{s}$$

这是以 $i_L(t)$ 和 $u_C(t)$ 为变量的一阶微分方程组,可表示成矩阵形式。

$$\begin{bmatrix}\dfrac{\mathrm{d}i_L(t)}{\mathrm{d}t}\\[2mm]\dfrac{\mathrm{d}u_C(t)}{\mathrm{d}t}\end{bmatrix}=\begin{bmatrix}0 & \dfrac{1}{L}\\[2mm]-\dfrac{1}{C} & -\dfrac{1}{RC}\end{bmatrix}\begin{bmatrix}i_L(t)\\[2mm]u_C(t)\end{bmatrix}+\begin{bmatrix}0\\[2mm]\dfrac{1}{C}\end{bmatrix}i_\mathrm{s}$$

$$\begin{bmatrix}i_L(0_+)\\[2mm]u_C(0_+)\end{bmatrix}=\begin{bmatrix}I_0\\[2mm]U_0\end{bmatrix}$$

若令 $x_1=i_L(t)$,$x_2=u_C(t)$,$\dot{x}_1=\dfrac{\mathrm{d}i_L(t)}{\mathrm{d}t}$,$\dot{x}_2=\dfrac{\mathrm{d}u_C(t)}{\mathrm{d}t}$,则有

$$\begin{bmatrix}\dot{x}_1\\ \dot{x}_2\end{bmatrix}=\boldsymbol{A}\begin{bmatrix}x_1\\ x_2\end{bmatrix}+\boldsymbol{B}\begin{bmatrix}i_\mathrm{s}\end{bmatrix}$$

式中

$$\boldsymbol{A}=\begin{bmatrix}0 & \dfrac{1}{L}\\[2mm]-\dfrac{1}{C} & -\dfrac{1}{RC}\end{bmatrix},\boldsymbol{B}=\begin{bmatrix}0\\[2mm]\dfrac{1}{C}\end{bmatrix}$$

如果令 $\dot{\boldsymbol{x}} \stackrel{\text{def}}{=\!=\!=} [\,\dot{x}_1\ \dot{x}_2\,]^{\mathrm{T}}, \boldsymbol{x} = [\,\boldsymbol{x}_1\ \boldsymbol{x}_2\,]^{\mathrm{T}}, \boldsymbol{w} = [\,i_{\mathrm{s}}\,]$，则有

$$\dot{\boldsymbol{x}} = \boldsymbol{Ax} + \boldsymbol{Bw} \tag{9.2.1}$$

式(9.2.1)称为状态方程的标准形式；$\boldsymbol{x}$ 称为状态向量，$\boldsymbol{w}$ 为输入向量。在一般情况下，假设电路有 n 个状态变量，m 个独立源，式(9.2.1)中的 $\dot{\boldsymbol{x}}$ 和 $\boldsymbol{x}$ 为 n 阶列向量，$\boldsymbol{A}$ 为 $n \times n$ 方阵，$\boldsymbol{w}$ 为 $n \times m$ 矩阵。状态方程是一组一阶微分方程，方程左边是状态变量的一阶导数，右边只含有状态变量和输入量。

电路的输出方程就是用电路的状态变量和输入量表示其输出量的方程。输出方程的标准形式是

$$\boldsymbol{y} = \boldsymbol{Cx} + \boldsymbol{Dw}$$

式中，$\boldsymbol{y}$ 表示输出量的列向量；$\boldsymbol{x}$ 和 $\boldsymbol{w}$ 的含义与状态方程中的含义相同，分别表示状态变量和输入量。输出方程是一组代数方程，方程的左边是输出量，方程右边只有状态变量和输入量。

顺便指出，如果电路中存在由电容 C 与电压源 u_{s} 组成的回路以及由电感 L 与电流源 i_{s} 组成的割集(超节点)，此时的电路则变成非常态电路，输出方程中将出现输入向量的导数

$$u_L(t) = L\frac{\mathrm{d}i_L(t)}{\mathrm{d}t} = L\frac{\mathrm{d}i_{\mathrm{s}}}{\mathrm{d}t} = L\dot{i}_{\mathrm{s}}$$

$$i_C(t) = C\frac{\mathrm{d}u_C(t)}{\mathrm{d}t} = C\frac{\mathrm{d}u_{\mathrm{s}}}{\mathrm{d}t} = C\dot{u}_{\mathrm{s}}$$

这种情况下输出方程的形式为

$$\boldsymbol{y} = \boldsymbol{Cx} + \boldsymbol{Dw} + \boldsymbol{E\dot{w}}$$

§9.2.3　线性常态网络状态方程的建立

如前所述，所谓建立电路的状态方程就是根据电路的拓扑结构和元件伏安特性确定其方程具体形式的过程。首先要选取状态变量。在电路理论中通常选取电容电压(或电荷)与电感电流(或磁通链)作为状态变量。从数学上来说，这主要有两个原因：其一，这样选取状态变量容易建立状态变量与电路基本方程的联系，因而便于建立状态方程。其二，状态方程的初始条件常由电路直接给出或很容易求出。显然，和任何电路分析方法一样，建立电路状态方程应遵循电路的基本规律：KCL、KVL 和欧姆定律等。从基本方程中消去不应出现在状态方程和输出方程中的"多余变量"，就可以得到状态方程和输出方程。对于比较简单的电路可以通过直观法列写基本方程而得到状态方程，对于稍微复杂的电路必须按照一定的方法和步骤列写状态方程。下面介绍线性常态网络状态方程的基本建立方法。

1. 基本观察法

如果选用电容电压 $u_C(t)$ 和电感电流 $i_L(t)$ 作为电路的状态变量，那么状态方程中左边状态变量的一阶导数实际上就对应于电容电流和电感电压，因此列写状态方程的过程实际就是用电容电压 $u_C(t)$、电感电流 $i_L(t)$ 和输入量表示电容电流和电感电压的过程。对于结构较为简单的电路可以直接依据 KCL 和 KVL 用观察的方法列写其状态方程。

例 9.2.1　对如图 9.2.2 所示的线性时不变电路,试列写其状态方程。

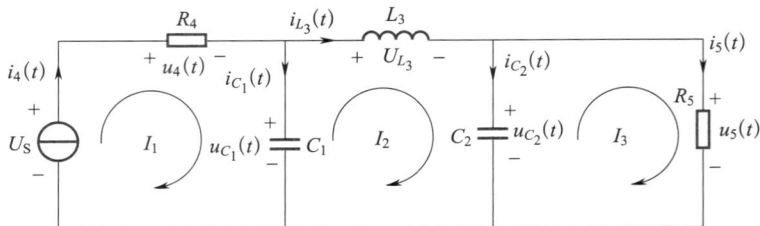

图 9.2.2　例 9.2.1 电路图

解: 此电路为常态电路,可选取电感电流 $i_{L_3}(t)$ 和电容电压 $u_{C_1}(t)$、$u_{C_2}(t)$ 为状态变量。列写独立的 KVL 和 KCL 方程分别为

$$L_3 \frac{\mathrm{d}i_{L_3}(t)}{\mathrm{d}t} - u_{C_1}(t) + u_{C_2}(t) = 0$$

$$C_1 \frac{\mathrm{d}u_{C_1}(t)}{\mathrm{d}t} + i_{L_3}(t) - i_4(t) = 0 \tag{9.2.2}$$

$$C_2 \frac{\mathrm{d}u_{C_2}(t)}{\mathrm{d}t} - i_{L_3}(t) + i_5(t) = 0 \tag{9.2.3}$$

为消去非状态变量 i_4、i_5,列写方程

$$i_4(t) = \frac{U_{\mathrm{S}} - u_{C_1}(t)}{R_4} \tag{9.2.4}$$

$$i_5(t) = \frac{u_{C_2}(t)}{R_5} \tag{9.2.5}$$

将式(9.2.4)和式(9.2.5)分别代入式(9.2.2)和式(9.2.3)可得

$$C_1 \frac{\mathrm{d}u_{C_1}(t)}{\mathrm{d}t} + \frac{u_{C_1}(t)}{R_4} + i_{L_3}(t) - \frac{U_{\mathrm{S}}}{R_4} = 0 \tag{9.2.6}$$

$$C_2 \frac{\mathrm{d}u_{C_2}(t)}{\mathrm{d}t} + \frac{u_{C_2}(t)}{R_5} - i_{L_3}(t) = 0 \tag{9.2.7}$$

由式(9.2.1)、式(9.2.6)和式(9.2.7)可得电路的状态方程为

$$\begin{bmatrix} \dfrac{\mathrm{d}u_{C_1}(t)}{\mathrm{d}t} \\[2mm] \dfrac{\mathrm{d}u_{C_2}(t)}{\mathrm{d}t} \\[2mm] \dfrac{\mathrm{d}i_{L_3}(t)}{\mathrm{d}t} \end{bmatrix} = \begin{bmatrix} -\dfrac{1}{R_4 C_1} & 0 & -\dfrac{1}{C_1} \\[2mm] 0 & -\dfrac{1}{R_5 C_2} & \dfrac{1}{C_2} \\[2mm] \dfrac{1}{L_3} & -\dfrac{1}{L_3} & 0 \end{bmatrix} \begin{bmatrix} u_{C_1}(t) \\[2mm] u_{C_2}(t) \\[2mm] i_{L_3}(t) \end{bmatrix} + \begin{bmatrix} \dfrac{1}{R_4 C_1} \\[2mm] 0 \\[2mm] 0 \end{bmatrix} U_{\mathrm{S}}$$

2. 常态树法

对于复杂电路,由于每一个状态方程中只能含有一个状态变量的一阶导数,故在选定电容电压 $u_c(t)$(或电荷 $q(t)$)和电感电流 $i_L(t)$(或磁通链 $\Psi_L(t)$)作状态变量时,状态方程便可以分为两类。一类是每个方程仅含一项 $\dfrac{\mathrm{d}u_c}{\mathrm{d}t}$(或 $\dfrac{\mathrm{d}q}{\mathrm{d}t}$),另一类是每个方程仅含一项 $\dfrac{\mathrm{d}i_L}{\mathrm{d}t}$(或 $\dfrac{\mathrm{d}\Psi}{\mathrm{d}t}$)。因为 $\dfrac{\mathrm{d}u_c}{\mathrm{d}t}$($或 \dfrac{\mathrm{d}q}{\mathrm{d}t}$)对应于电容电流,故对第一类方程应依据 KCL 来列写,而为了减少消元的工作量,则应使所列出的每个 KCL 方程中只包含一个电容电流项。为此对给定的电路选取一个树,并将全部电容元件支路都选为树支。这样就可以做到由树支定义的基本割集 KCL 方程中,每个方程至多只包含一个电容元件的电流。由于 $\dfrac{\mathrm{d}i_L}{\mathrm{d}t}$($或 \dfrac{\mathrm{d}\Psi}{\mathrm{d}t}$)对应于电感电压,故对第二类方程依据 KVL 来列写,并应使所列出的每个 KVL 方程中只包含一个电感电压项。和列写 KCL 方程类似,将全部电感元件支路选为连支。于是,在按每个连支定义的基本回路的 KVL 方程中,每个方程中最多只包含一个电感元件的电压。此外,为了保证未知的独立电压源电流不出现在电容树支定义的基本割集的 KCL 方程中,在满足树的定义的条件下应将尽可能多的独立电压源选为树支,而要使未知的独立电流源电压不出现在电感连支定义的基本回路的 KVL 方程中,应将尽量多的独立电流源选为连支,以减少消去非状态变量的工作量。

针对常态电路给出常态树的定义为:它包含电路中的所有电容元件和一些电阻支路,而不能包含任一电感元件。于是,在对一个常态电路列写状态方程时,首先将每个二端元件均看作一个支路,选择一个常态树,选全部电容电压和全部电感电流或全部电容电荷和全部电感磁通链为状态变量(状态变量的数目等于电容元件和电感元件的总数),对每一个电容树支定义的基本割集列写一个 KCL 方程,对每一个电感连支定义的基本回路列写一个 KVL 方程,然后消去状态方程中出现的非状态变量。对位于树支的非状态变量应列写该树支所在的基本割集的 KCL 方程,而对位于连支的非状态变量则应列写该连支所在的基本回路的 KVL 方程,再将这些 KCL、KVL 方程联立求解(有时需要利用所在支路的特性方程)便能将非状态变量用状态变量和独立电源变量来表示。最后将这些被表示的非状态变量代入前面列写出的单电容树支基本割集的 KCL 方程以及单电感连支基本回路的 KVL 方程中,并加以整理便得到标准形式的状态方程。

例 9.2.2　试列出如图 9.2.3 所示的线性时不变电路的状态方程。

解：选常态树如图 9.2.3(b)中的实线所示,并选 $u_{C_1}(t)$、$u_{C_2}(t)$、$i_{L_1}(t)$ 和 $i_{L_2}(t)$ 为状态变量。分别对由 C_1 定义的基本割集 $\{C_1,L_1\}$ 和由 C_2 定义的基本割集 $\{C_2,L_1,L_2\}$ 列写 KCL 方程,即

$$C_1 \frac{\mathrm{d}u_{C_1}(t)}{\mathrm{d}t} = i_{L_1}(t)$$

$$C_2 \frac{\mathrm{d}u_{C_2}(t)}{\mathrm{d}t} = i_{L_1}(t) + i_{L_2}(t)$$

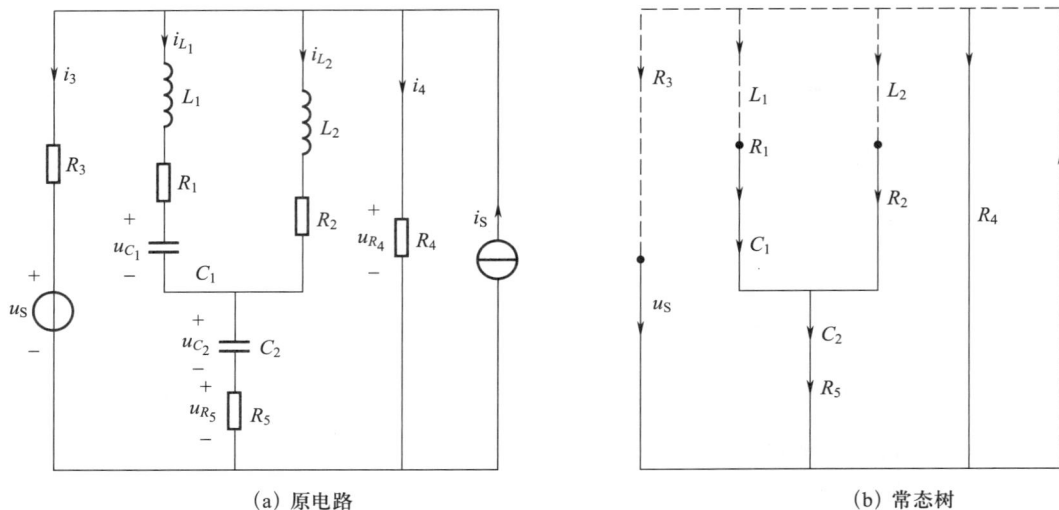

(a) 原电路 (b) 常态树

图 9.2.3 例 9.2.2 电路图

再分别对由 L_1 定义的基本回路 $\{L_1, R_1, C_1, C_2, R_5, R_4\}$ 和由 L_2 定义的基本回路 $\{L_2, R_2, C_2, R_5, R_4\}$ 列写 KVL 方程可得

$$L_1 \frac{\mathrm{d}i_{L_1}(t)}{\mathrm{d}t} = -u_{R_1}(t) - u_{C_1}(t) - u_{C_2}(t) - u_{R_5}(t) + u_{R_4}(t) \tag{1}$$

$$L_2 \frac{\mathrm{d}i_{L_2}(t)}{\mathrm{d}t} = -u_{R_2}(t) - u_{C_2}(t) - u_{R_5}(t) + u_{R_4}(t) \tag{2}$$

要从上式中得到状态方程,必须消去其中的非状态变量 $u_{R_1}(t)$、$u_{R_2}(t)$、$u_{R_4}(t)$ 和 $u_{R_5}(t)$,即用 $u_S(t)$、$i_S(t)$ 和状态变量表示这些变量。直接由图 9.2.3 可以得出

$$u_{R_1}(t) = R_1 i_{L_1}(t) \tag{3}$$

$$u_{R_2}(t) = R_2 i_{L_2}(t) \tag{4}$$

$$u_{R_5}(t) = R_5 [i_{L_1}(t) + i_{L_2}(t)] \tag{5}$$

由 KCL 可得

$$\frac{u_{R_4}(t) - u_S(t)}{R_3} + \frac{u_{R_4}(t)}{R_4} + i_{L_1}(t) + i_{L_2}(t) = i_S(t) \tag{6}$$

由式(6)解得 $u_{R_4}(t)$ 为

$$u_{R_4}(t) = -\frac{R_3 R_4}{R_3 + R_4}(i_{L_1}(t) + i_{L_2}(t)) + \frac{R_3 R_4}{R_3 + R_4}i_S(t) + \frac{R_3 R_4}{R_3 + R_4}u_S(t) \tag{7}$$

将式(3)—(5)和式(7)代入式(1)和式(2)并略加整理可得

$$\frac{\mathrm{d}i_{L_1}(t)}{\mathrm{d}t} = -\frac{u_{C_1}(t)}{L_1} - \frac{u_{C_2}(t)}{L_1} - \frac{R_1 + R}{L_1}i_{L_1}(t) - \frac{R}{L_1}i_{L_2}(t) + \frac{R_4 u_S(t)}{L_1(R_3 + R_4)} + \frac{R_3 R_4 i_S(t)}{L_1(R_3 + R_4)} \tag{8}$$

$$\frac{\mathrm{d}i_{L_2}(t)}{\mathrm{d}t} = -\frac{u_{C_2}(t)}{L_2} - \frac{R}{L_2}i_{L_1}(t) - \frac{R_2+R}{L_2}i_{L_2}(t) + \frac{R_4 u_S(t)}{L_2(R_3+R_4)} - \frac{R_3 R_4 i_S(t)}{L_2(R_3+R_4)} \tag{9}$$

式（8）和式（9）中 R 为

$$R = R_5 + \frac{R_3 R_4}{R_3 + R_4} \tag{10}$$

可得电路的状态方程为

$$
\begin{bmatrix} \dfrac{\mathrm{d}u_{C_1}(t)}{\mathrm{d}t} \\[2mm] \dfrac{\mathrm{d}u_{C_2}(t)}{\mathrm{d}t} \\[2mm] \dfrac{\mathrm{d}i_{L_1}(t)}{\mathrm{d}t} \\[2mm] \dfrac{\mathrm{d}i_{L_2}(t)}{\mathrm{d}t} \end{bmatrix}
=
\begin{bmatrix}
0 & 0 & \dfrac{1}{C_1} & 0 \\[2mm]
0 & 0 & \dfrac{1}{C_2} & \dfrac{1}{C_2} \\[2mm]
-\dfrac{1}{L_1} & -\dfrac{1}{L_1} & -\dfrac{R_1+R}{L_1} & -\dfrac{R}{L_1} \\[2mm]
0 & -\dfrac{1}{L_2} & -\dfrac{R}{L_2} & -\dfrac{R_2+R}{L_2}
\end{bmatrix}
\begin{bmatrix} u_{C_1}(t) \\[2mm] u_{C_2}(t) \\[2mm] i_{L_1}(t) \\[2mm] i_{L_2}(t) \end{bmatrix}
+ \frac{R_4}{R_3+R_4}
\begin{bmatrix}
0 & 0 \\[2mm]
0 & 0 \\[2mm]
\dfrac{1}{L_1} & \dfrac{R_3}{L_1} \\[2mm]
\dfrac{1}{L_2} & -\dfrac{R_3}{L_2}
\end{bmatrix}
\begin{bmatrix} u_S(t) \\[2mm] i_S(t) \end{bmatrix}
$$

对于简单电路，消去非状态变量可以从电路图上直观地得到结果，本例即是如此。一般说来，可以根据替代定理将状态变量用独立源代替，再对替代后所得的电阻电路进行分析消去非状态变量。对于本例，为消去 $u_{R_1}(t)$、$u_{R_2}(t)$、$u_{R_4}(t)$、$u_{R_5}(t)$，可以根据对如图 9.2.3 所示的电路应用替代定理所得的电阻电路立即求出式（3）—（5），为求 $u_{R_4}(t)$ 则可对图 9.2.4（a）所示的电路做进一步等效，即其中与电流源串联的支路等效为该电流源，两个电流源并联等效为一个新的电流源，因此可得图 9.2.4（b），应用节点法有

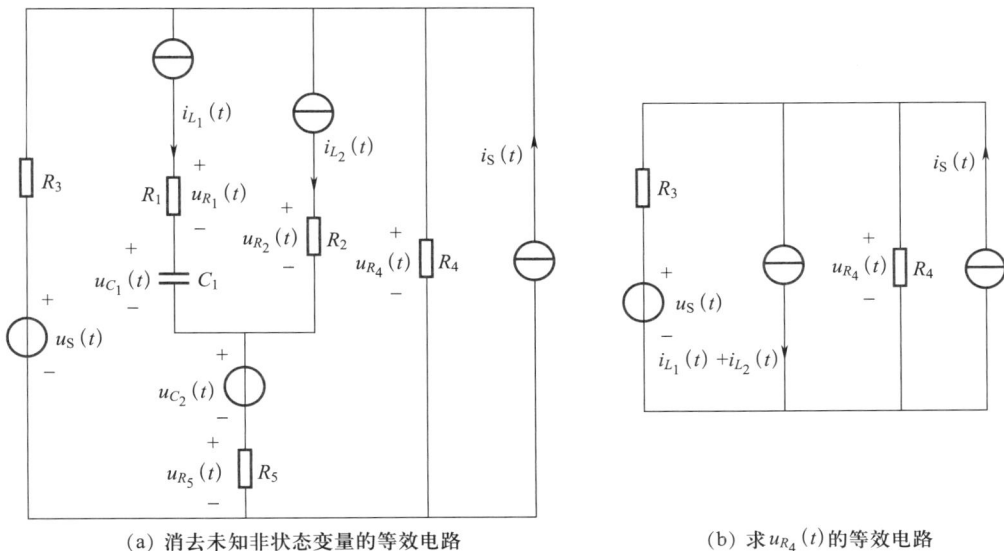

(a) 消去未知非状态变量的等效电路　　　　　　(b) 求 $u_{R_4}(t)$ 的等效电路

图 9.2.4　例 9.2.2 电路图

$$\left(\frac{1}{R_3}+\frac{1}{R_4}\right)u_{R_4}(t) = -\left[i_{L_1}(t)+i_{L_2}(t)\right]+i_s(t)+\frac{u_s(t)}{R_3}$$

由此同样可得式(7)。

§9.3 动态电路的复频域分析方法

上一章介绍了线性动态电路暂态响应的经典时域分析方法。该方法可概括为建立电路的输入-输出方程,并寻求该方程满足给定初始条件的解。对于高阶电路而言,其求解步骤十分复杂。§9.2 提到了线性时不变系统(LTI 系统)分析方法分类并介绍了一种常用的内部法——状态变量法,相应的,LTI 系统分析方法的外部法又称为端口分析法。外部法适用于基于输入与输出关系描述的系统,强调系统外部特性的分析,并不关心系统内部的情况。在描述系统输入与输出关系的数学模型已知的情况下,外部法又可以采用直接法或间接法去求取系统给定输入和初始状态下的输出。

直接法是对描述系统特性的微分方程或差分方程直接进行求解的一种方法,通常先分别求解零输入响应和零状态响应,然后将两者相加即得全响应。直接法的最大困难是求系统的零状态响应,特别是其中的特解。间接法又分为时域间接法和变换域间接法。时域间接法,即卷积分析法,只能求解系统的零状态响应,而变换域间接法先求解响应的变换域解,然后作逆变换求得时域响应。部分变换域间接法既可以用于求解零状态响应,也可以用于求解零输入响应。两种间接法在求解系统零状态响应时,其基本思想是一样的:① 把输入信号用基本分量进行分解;② 求取单位基本分量作用下的零状态响应;③ 根据系统的线性和时不变性,求取所有基本分量作用下的零状态响应,即输入信号的零状态响应。

本节将一种变换域间接法——拉普拉斯变换法引入电路分析。这种方法的思路是将时域信号和元件模型变换到复频域(也称为 s 域),将时域的微分方程转化为复频域的代数方程进行分析求解,最后再返回时域。

利用这种变换域方法求解高阶电路,根据拉普拉斯变换的性质,在变换过程中已经计入了原微分方程的初始条件,因此避免了确定积分常数的复杂计算。这正是 s 域分析法的主要优势。

§9.3.1 拉普拉斯变换与反变换

在电路的暂态分析中,通常把换路的时刻记为 $t=0$,并研究换路后($0 \leqslant t \leqslant \infty$)电路的暂态过程。这等价于换路后电路中的激励函数从 $t=0$ 时开始作用,由此而产生的响应函数存在于 $0 \leqslant t \leqslant \infty$ 的区间。因此,若使用 $f(t)$ 代表换路后电路中的激励函数或响应函数,则 $f(t)$ 定义于 $0 \leqslant t \leqslant \infty$ 的区间,而当 $t<0$ 时其值为 0,定义这种因果函数 $f(t)$ 的拉普拉斯变换式为

$$F(s)=\int_{0_-}^{\infty}f(t)\mathrm{e}^{-st}\mathrm{d}t \tag{9.3.1}$$

其中 $s=\sigma+\mathrm{j}\omega$ 是一个复参变量,即复频率。$F(s)$ 为复频域函数,也称为 $f(t)$ 的拉普拉斯象函

数，$f(t)$ 称为 $F(s)$ 的原函数。在拉普拉斯变换式中将积分下限规定为 0_-，也将可能出现于 $t=0$ 时的冲激函数纳入拉普拉斯变换的范围。

一般地，当 $\sigma > \sigma_0$ 时，式（9.3.1）收敛，此时 s 的范围称为 $f(t)$ 的拉普拉斯变换收敛域。

由已知象函数 $F(s)$ 求对应原函数 $f(t)$ 的变换称为拉普拉斯反变换，其积分公式为

$$f(t) = \frac{1}{2\pi \mathrm{j}} \int_{c-\mathrm{j}\infty}^{c+\mathrm{j}\infty} F(s) \mathrm{e}^{st} \mathrm{d}s \qquad (9.3.2)$$

式（9.3.2）中 $c > \sigma_0$，即处于收敛域中。

拉普拉斯变换是由时域到复频域的变换，拉普拉斯反变换是由复频域到时域的变换。拉普拉斯变换和拉普拉斯反变换可分别简记为 $F(s) = \mathscr{L}(f(t))$ 和 $f(t) = \mathscr{L}^{-1}(F(s))$。

例 9.3.1　求单位冲激函数 $\delta(t)$ 的拉普拉斯变换。

解：根据拉普拉斯变换的定义

$$\mathscr{L}(\delta(t)) = \int_{0_-}^{\infty} \delta(t) \mathrm{e}^{-st} \mathrm{d}t = \int_{0_-}^{0_+} \delta(t) \mathrm{e}^{-st} \mathrm{d}t = 1$$

例 9.3.2　求单位阶跃函数 $\varepsilon(t)$ 的拉普拉斯变换。

解：根据拉普拉斯变换的定义

$$\mathscr{L}(\varepsilon(t)) = \int_{0_-}^{\infty} \varepsilon(t) \mathrm{e}^{-st} \mathrm{d}t = \int_{0_-}^{\infty} \mathrm{e}^{-st} \mathrm{d}t = -\frac{1}{s} \mathrm{e}^{-st} \Big|_{0_-}^{\infty} = \frac{1}{s}$$

例 9.3.3　求指数函数 e^{at} 的拉普拉斯变换。

解：根据拉普拉斯变换的定义

$$\mathscr{L}(\mathrm{e}^{at}) = \int_{0_-}^{\infty} \mathrm{e}^{at} \mathrm{e}^{-st} \mathrm{d}t = \int_{0_-}^{\infty} \mathrm{e}^{(a-s)t} \mathrm{d}t = \frac{1}{s-a}$$

拉普拉斯变换有一些基本性质，其在拉普拉斯变换的实际应用中非常重要。下面介绍各个基本性质时，假设所有需要进行拉普拉斯变换的时域函数均为因果函数，且其拉普拉斯变换存在。

1. 线性性质

线性性质表明，若干个原函数的线性组合的象函数，等于各原函数的象函数的相同形式的线性组合，如下式所示：

$$\mathscr{L}[af_1(t) \pm bf_2(t)] = a\mathscr{L}[f_1(t)] \pm b\mathscr{L}[f_2(t)]$$

例 9.3.4　求函数 $f(t) = K(1 - \mathrm{e}^{-at})$ 的拉普拉斯变换。

解：由拉普拉斯变换的线性性质

$$\mathscr{L}(f(t)) = \mathscr{L}(K) - \mathscr{L}(K\mathrm{e}^{-at}) = \frac{K}{s} + \frac{K}{s+a} = \frac{Ka}{s(s+a)}$$

例 9.3.5　求函数 $f(t) = \sin(\omega t)$ 的拉普拉斯变换。

解：由拉普拉斯变换的线性性质

$$\mathscr{L}(\sin(\omega t)) = \mathscr{L}\left(\frac{\mathrm{e}^{\mathrm{j}\omega t} - \mathrm{e}^{-\mathrm{j}\omega t}}{2\mathrm{j}}\right) = \frac{1}{2\mathrm{j}}\left[\frac{1}{s - \mathrm{j}\omega} - \frac{1}{s + \mathrm{j}\omega}\right] = \frac{\omega}{s^2 + \omega^2}$$

例 9.3.6　求函数 $f(t) = \cos(\omega t)$ 的拉普拉斯变换。

解： 由拉普拉斯变换的线性性质

$$\mathscr{L}(\cos(\omega t)) = \mathscr{L}\left(\frac{e^{j\omega t} + e^{-j\omega t}}{2}\right) = \frac{1}{2}\left[\frac{1}{s-j\omega} + \frac{1}{s+j\omega}\right] = \frac{s}{s^2+\omega^2}$$

2. 微分性质

微分性质的数学表达式

$$\mathscr{L}\left[\frac{\mathrm{d}}{\mathrm{d}t}f(t)\right] = s\mathscr{L}[f(t)] - f(0_-)$$

证明：

$$\begin{aligned}
\mathscr{L}\left[\frac{\mathrm{d}}{\mathrm{d}t}f(t)\right] &= \int_{0_-}^{\infty} e^{-st}\frac{\mathrm{d}f(t)}{\mathrm{d}t}\mathrm{d}t = \int_{0_-}^{\infty} e^{-st}\mathrm{d}f(t) \\
&= \left[e^{-st}f(t)\right]\Big|_{0_-}^{\infty} - \int_{0_-}^{\infty} f(t)\,\mathrm{d}e^{-st} \\
&= 0 - f(0_-) + s\int_{0_-}^{\infty} f(t)\,e^{-st}\mathrm{d}t \\
&= s\mathscr{L}[f(t)] - f(0_-)
\end{aligned}$$

拉普拉斯变换的微分性质可推广至求原函数的二阶及以上导数的拉普拉斯变换，即

$$\mathscr{L}\left[\frac{\mathrm{d}^n}{\mathrm{d}t^n}f(t)\right] = s^n\mathscr{L}[f(t)] - s^{n-1}f(0_-) - s^{n-2}f'(0_-) - \cdots - f^{(n-1)}(0_-)$$

例 9.3.7　求函数 $f(t) = \cos(\omega t)$ 的拉普拉斯变换。

解： 根据拉普拉斯变换的微分性质

$$\mathscr{L}(\cos(\omega t)) = \mathscr{L}\left(\frac{1}{\omega}\frac{\mathrm{d}(\sin\omega t)}{\mathrm{d}t}\right) = \frac{1}{\omega}\left[s\frac{\omega}{s^2+\omega^2} - 0\right] = \frac{s}{s^2+\omega^2}$$

例 9.3.8　求单位冲激函数 $\delta(t)$ 的拉普拉斯变换。

解： 根据拉普拉斯变换的微分性质

$$\mathscr{L}(\delta(t)) = \mathscr{L}\left(\frac{\mathrm{d}\varepsilon(t)}{\mathrm{d}t}\right) = s\frac{1}{s} - 0 = 1$$

3. 积分性质

积分性质的数学表达式

$$\mathscr{L}\left[\int_{0_-}^{t} f(t)\,\mathrm{d}t\right] = \frac{1}{s}\mathscr{L}[f(t)]$$

证明：

$$\mathscr{L}\left[\frac{\mathrm{d}}{\mathrm{d}t}\int_{0_-}^{t} f(t)\,\mathrm{d}t\right] = \mathscr{L}[f(t)]$$

由拉普拉斯变换的微分性质可得，

$$s\mathscr{L}\left[\int_{0_-}^{t}f(t)\,\mathrm{d}t\right] - \left[\int_{0_-}^{t}f(t)\,\mathrm{d}t\right]_{t=0_-} = \mathscr{L}[f(t)]$$

故

$$\mathscr{L}\left[\int_{0_-}^{t}f(t)\,\mathrm{d}t\right] = \frac{1}{s}\mathscr{L}[f(t)]$$

例 9.3.9 求函数 $t\varepsilon(t)$ 的拉普拉斯变换。

解：根据拉普拉斯变换的积分性质

$$\mathscr{L}(t\varepsilon(t)) = \mathscr{L}\left(\int_{0_-}^{\infty}\varepsilon(t)\,\mathrm{d}t\right) = \frac{1}{s}\cdot\frac{1}{s} = \frac{1}{s^2}$$

4. 时域位移定理

设时间函数 $f(t)\varepsilon(t)$ 的拉普拉斯变换为 $\mathscr{L}[f(t)\varepsilon(t)] = F(s)$，则当此时间函数推迟 t_0 出现而成为 $f(t-t_0)\varepsilon(t-t_0)$ 时，其拉普拉斯变换为

$$\mathscr{L}[f(t-t_0)\varepsilon(t-t_0)] = \mathrm{e}^{-st_0}F(s)$$

证明：

$$\mathscr{L}[f(t-t_0)\varepsilon(t-t_0)] = \int_{0_-}^{\infty}f(t-t_0)\varepsilon(t-t_0)\mathrm{e}^{-st}\mathrm{d}t$$

$$= \int_{t_{0_-}}^{\infty}f(t-t_0)\varepsilon(t-t_0)\mathrm{e}^{-st}\mathrm{d}t$$

令 $t' = t-t_0$，

$$\mathscr{L}[f(t-t_0)\varepsilon(t-t_0)] = \int_{0_-}^{\infty}f(t')\varepsilon(t')\mathrm{e}^{-s(t'+t_0)}\mathrm{d}t' = \mathrm{e}^{-st_0}\int_{0_-}^{\infty}f(t')\varepsilon(t')\mathrm{e}^{-st'}\mathrm{d}t'$$

$$= \mathrm{e}^{-st_0}F(s)$$

时域位移定理表明，若原函数在时间上推迟 t_0，则其象函数应乘以 e^{-st_0}，该值也可称为时延因子。

例 9.3.10 求矩形脉冲 $\varepsilon(t)-\varepsilon(t-T)$ 的拉普拉斯变换。

解：根据时域位移定理

$$\mathscr{L}(\varepsilon(t)-\varepsilon(t-T)) = \frac{1}{s} - \frac{1}{s}\mathrm{e}^{-sT}$$

5. 初值定理与终值定理

初值定理：设 $\mathscr{L}[f(t)] = F(s)$，且 $\lim\limits_{s\to\infty}sF(s)$ 存在，则有

$$f(0_+) = \lim\limits_{s\to\infty}sF(s)$$

证明：

$$sF(s) - f(0_-) = \int_{0_-}^{\infty}\frac{\mathrm{d}}{\mathrm{d}t}f(t)\mathrm{e}^{-st}\mathrm{d}t$$

$$= \int_{0_-}^{0_+}\frac{\mathrm{d}}{\mathrm{d}t}f(t)\mathrm{e}^{-st}\mathrm{d}t + \int_{0_+}^{\infty}\frac{\mathrm{d}}{\mathrm{d}t}f(t)\mathrm{e}^{-st}\mathrm{d}t$$

$$= f(0_+) - f(0_-) + \int_{0_+}^{\infty} \frac{\mathrm{d}}{\mathrm{d}t} f(t) \mathrm{e}^{-st} \mathrm{d}t$$

则

$$sF(s) = f(0_+) + \int_{0_+}^{\infty} \frac{\mathrm{d}f(t)}{\mathrm{d}t} \mathrm{e}^{-st} \mathrm{d}t$$

两边同时取 $s \to \infty$ 时的极限,可得

$$f(0_+) = \lim_{s \to \infty} sF(s)$$

终值定理:设 $\mathscr{L}[f(t)] = F(s)$,且 $\lim_{t \to \infty} f(t)$ 存在,则有

$$\lim_{t \to \infty} f(t) = \lim_{s \to 0} sF(s)$$

证明:

由

$$sF(s) = f(0_+) + \int_{0_+}^{\infty} \frac{\mathrm{d}f(t)}{\mathrm{d}t} \mathrm{e}^{-st} \mathrm{d}t$$

两端取 $s \to 0$ 的极限,得

$$\lim_{s \to 0} sF(s) = f(0_+) + \lim_{t \to \infty} f(t) - f(0_+) = \lim_{t \to \infty} f(t)$$

6. 时域卷积定理

设

$$\mathscr{L}[f_1(t)] = F_1(s)$$
$$\mathscr{L}[f_2(t)] = F_2(s)$$

则 $f_1(t)$ 与 $f_2(t)$ 的卷积的象函数等于 $f_1(t)$ 的象函数与 $f_2(t)$ 的象函数的乘积,即

$$\mathscr{L}[f_1(t) * f_2(t)] = F_1(s) F_2(s)$$

证明:

$$\mathscr{L}[f_1(t) * f_2(t)] = \int_{0_-}^{\infty} \left[\int_{0_-}^{t} f_1(\tau) f_2(t-\tau) \mathrm{d}\tau \right] \mathrm{e}^{-st} \mathrm{d}t$$

$$= \int_{0_-}^{\infty} f_1(\tau) \left[\int_{0_-}^{t} f_2(t-\tau) \mathrm{e}^{-st} \mathrm{d}t \right] \mathrm{d}\tau$$

应用时域位移定理可得

$$\mathscr{L}[f_1(t) * f_2(t)] = \int_{0_-}^{\infty} f_1(\tau) F_2(s) \mathrm{e}^{-s\tau} \mathrm{d}\tau$$

$$= F_2(s) \int_{0_-}^{\infty} f_1(\tau) \mathrm{e}^{-s\tau} \mathrm{d}\tau = F_1(s) F_2(s)$$

§9.3.2 部分分式展开法

用拉氏变换求解线性电路的时域响应时,需要把求得的响应的拉氏变换式反变换为时间函数。对于简单形式的象函数,可以利用拉普拉斯反变换公式求解,或者查拉氏变换表得到原函数。对于形如下式的复杂象函数,需要利用部分分式展开法将其转化为多个简单象函数之和的形式。

$$F(s) = \frac{N(s)}{D(s)} = \frac{a_0 s^m + a_1 s^{m-1} + \cdots + a_m}{b_0 s^n + b_1 s^{n-1} + \cdots + b_n}, n \geqslant m$$

设 $D(s) = 0$ 有 n 个根 $p_1, \cdots, p_n$，则

$$F(s) = \frac{K_1}{s-p_1} + \frac{K_2}{s-p_2} + \cdots + \frac{K_n}{s-p_n}$$

其中 $K_1, \cdots, K_n$ 为待定系数。可用因式相乘法求解，即

$$K_i = (s-p_i) F(s) \big|_{s=p_i} \tag{9.3.3}$$

例 9.3.11　求下面函数的原函数。

$$F(s) = \frac{4s+5}{s^2+5s+6}$$

解： 首先进行待定系数展开

$$F(s) = \frac{4s+5}{s^2+5s+6} = \frac{K_1}{s+2} + \frac{K_2}{s+3}$$

其中根据式(9.3.3)计算待定系数

$$K_1 = (s+2) F(s) \big|_{s=-2} = \frac{4s+5}{s+3} \bigg|_{s=-2} = -3$$

$$K_2 = (s+3) F(s) \big|_{s=-3} = \frac{4s+5}{s+2} \bigg|_{s=-3} = 7$$

则原函数为

$$f(t) = -3\mathrm{e}^{-2t}\varepsilon(t) + 7\mathrm{e}^{-3t}\varepsilon(t)$$

例 9.3.12　求下面函数的原函数。

$$F(s) = \frac{s+3}{s^2+2s+5}$$

解： 首先进行待定系数展开

$$F(s) = \frac{s+3}{s^2+2s+5} = \frac{K_1}{s+1-2\mathrm{j}} + \frac{K_2}{s+1+2\mathrm{j}}$$

其中

$$K_1 = (s+1-2\mathrm{j}) F(s) \big|_{s=-1+2\mathrm{j}} = \frac{s+3}{s+1+2\mathrm{j}} \bigg|_{s=-1+2\mathrm{j}} = \frac{1-\mathrm{j}}{2} = \frac{\sqrt{2}}{2}\mathrm{e}^{-\frac{\pi}{4}\mathrm{j}}$$

$$K_2 = (s+1+2\mathrm{j}) F(s) \big|_{s=-1-2\mathrm{j}} = \frac{s+3}{s+1-2\mathrm{j}} \bigg|_{s=-1-2\mathrm{j}} = \frac{1+\mathrm{j}}{2} = \frac{\sqrt{2}}{2}\mathrm{e}^{\frac{\pi}{4}\mathrm{j}}$$

则原函数为

$$f(t) = \frac{\sqrt{2}}{2}\mathrm{e}^{-t}\left[\mathrm{e}^{\left(2t-\frac{\pi}{4}\right)\mathrm{j}} + \mathrm{e}^{\left(-2t+\frac{\pi}{4}\right)\mathrm{j}}\right]\varepsilon(t) = \sqrt{2}\,\mathrm{e}^{-t}\cos\left(2t-\frac{\pi}{4}\right)\varepsilon(t)$$

§9.3.3 电路元件方程和基尔霍夫定律的复频域形式

§9.3.3.1 基尔霍夫定律的复频域形式

通过前面章节的学习我们知道,分析任何电路(电阻电路或动态电路)均以基尔霍夫定律及元件特性方程这两个约束条件为依据。拉氏变换将变量从时域变换到复频域,故需要导出作为基本依据的基尔霍夫定律的复频域形式和元件方程的复频域形式。后续章节中分析正弦稳态电流电路的相量法也是基于这样的思路。

基尔霍夫定律的复频域形式也就是基尔霍夫方程的拉普拉斯变换式,它是用以计算电路的复频域模型的基本依据。

基尔霍夫电流定律用数学式表达为

$$\sum i(t) = 0$$

设电流 $i(t)$ 的象函数 $I(s)$,即

$$\mathscr{L}[i(t)] = I(s)$$

则按线性组合定理将基尔霍夫电流方程进行拉普拉斯变换,得

$$\begin{cases} \mathscr{L}[\sum i(t)] = \sum \mathscr{L}[i(t)] = 0 \\ \sum I(s) = 0 \end{cases}$$

这就是基尔霍夫电流定律的复频域形式。用语言表述为:在电路的任何一个节点上,流入或流出此节点的电流象函数的代数和恒等于零。

基尔霍夫电压定律用数学式表达为

$$\sum u(t) = 0$$

设电压 $u(t)$ 的象函数为 $U(s)$,即

$$\mathscr{L}[u(t)] = U(s)$$

则按线性组合定理将基尔霍夫电压方程进行拉普拉斯变换,得

$$\mathscr{L}[\sum u(t)] = \sum \mathscr{L}[u(t)] = \sum U(s) = 0$$

这就是基尔霍夫电压定律的复频域形式。用语言表述为:在电路的任何一个闭合回路中,各支路电压的象函数的代数和恒等于零。

§9.3.3.2 电路元件的复频域模型

1. 电阻元件

线性电阻元件的电压电流关系服从欧姆定律,即

$$u_R(t) = Ri(t)$$
$$i(t) = Gu_R(t)$$

对两式进行拉普拉斯变换,得

$$\mathscr{L}[u_R(t)] = \mathscr{L}[Ri(t)] = R\mathscr{L}[i(t)]$$
$$\mathscr{L}[i(t)] = \mathscr{L}[Gu_R(t)] = G\mathscr{L}[u_R(t)]$$

即

$$U_R(s) = RI(s)$$

$$I(s) = GU_R(s)$$

因此,可以计算出电阻元件的复频域阻抗和复频域导纳(有关阻抗与导纳的概念详见第十章)。

$$Z_R(s) = \frac{U_R(s)}{I(s)} = R$$

$$Y_R(s) = \frac{I(s)}{U_R(s)} = G$$

可见电阻元件方程的复频域形式与时域形式是一致的。图 9.3.1 展示了电阻元件的时域模型和复频域模型。

2. 电容元件

电容元件的电压电流关系为

$$u_C(t) = \frac{1}{C}\int_{0_-}^{t} i(t')\,\mathrm{d}t' + u_C(0_-)$$

$$i_C(t) = C\frac{\mathrm{d}u_C(t)}{\mathrm{d}t}$$

通过拉普拉斯变换可以得到复频域的电压和电流关系式为

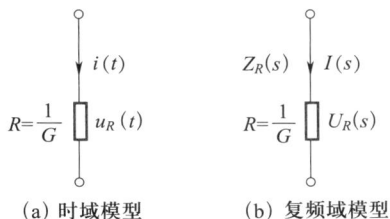

(a) 时域模型　　(b) 复频域模型

图 9.3.1　电阻元件

$$U_C(s) = \frac{1}{sC}I(s) + \frac{u_C(0_-)}{s}$$

$$I_C(s) = C\left[sU_C(s) - u_C(0_-)\right]$$

因此可以得到电容元件的复频域模型,如图 9.3.2 所示。

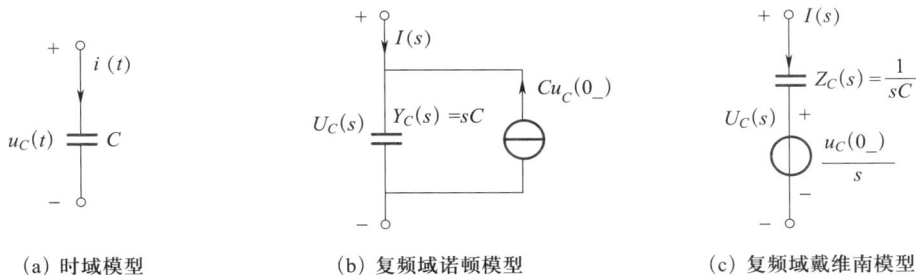

(a) 时域模型　　　　　　(b) 复频域诺顿模型　　　　　　(c) 复频域戴维南模型

图 9.3.2　电容元件

3. 电感元件

$$u_L(t) = L\frac{\mathrm{d}i(t)}{\mathrm{d}t}$$

$$i(t) = \frac{1}{L}\int_{0_-}^{t} u_L(t')\,\mathrm{d}t' + i(0_-)$$

通过拉普拉斯变换可以得到复频域的电压和电流关系式

$$U_L(s) = sLI(s) - Li(0_-)$$

$$I(s) = \frac{1}{sL}U_L(s) + \frac{i(0_-)}{s}$$

因此可以得到电感元件的复频域模型,如图 9.3.3 所示。

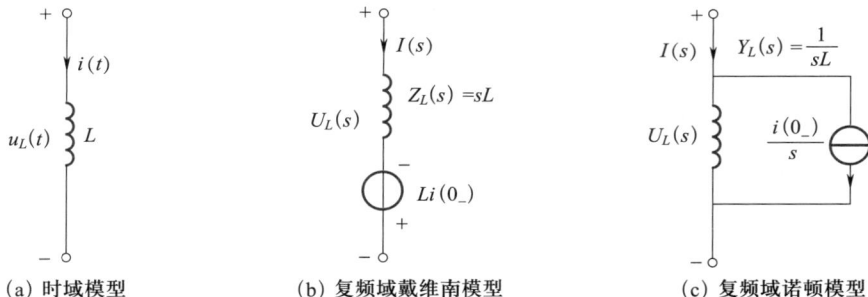

| (a) 时域模型 | (b) 复频域戴维南模型 | (c) 复频域诺顿模型 |

图 9.3.3 电感元件

4. 耦合电感元件

二端口耦合电感元件的电压电流关系为

$$u_1(t) = L_1\frac{\mathrm{d}i_1(t)}{\mathrm{d}t} + M\frac{\mathrm{d}i_2(t)}{\mathrm{d}t}$$

$$u_2(t) = M\frac{\mathrm{d}i_1(t)}{\mathrm{d}t} + L_2\frac{\mathrm{d}i_2(t)}{\mathrm{d}t}$$

通过拉普拉斯变换可以得到复频域电压和电流关系式

$$U_1(s) = sL_1I_1(s) + sMI_2(s) - L_1i_1(0_-) - Mi_2(0_-)$$

$$U_2(s) = sL_2I_2(s) + sMI_1(s) - L_2i_2(0_-) - Mi_1(0_-)$$

因此可以得到耦合电感元件的复频域模型,如图 9.3.4 所示。

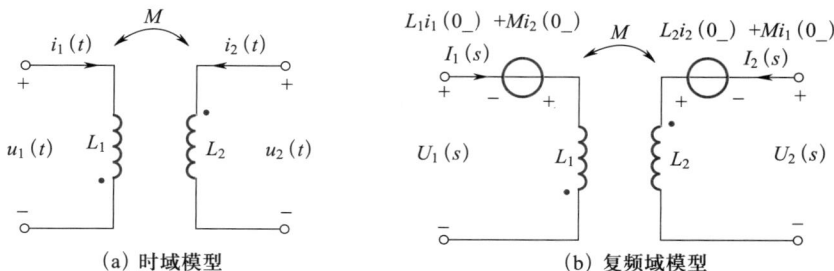

| (a) 时域模型 | (b) 复频域模型 |

图 9.3.4 耦合元件

5. 受控源

线性受控源的受控变量与控制变量之间的关系如以下各式：

$$u_2(t) = \mu u_1(t)$$
$$i_2(t) = g_m u_1(t)$$
$$i_2(t) = \alpha i_1(t)$$
$$u_2(t) = r_m i_1(t)$$

上述四个关系式的系数均为常数，对以上各式进行拉普拉斯变换，得到以下各式：

$$U_2(s) = \mu U_1(s)$$
$$I_2(s) = g_m U_1(s)$$
$$I_2(s) = \alpha I_1(s)$$
$$U_2(s) = r_m I_1(s)$$

例如图 9.3.5 所示的电压控电压源的复频域模型。

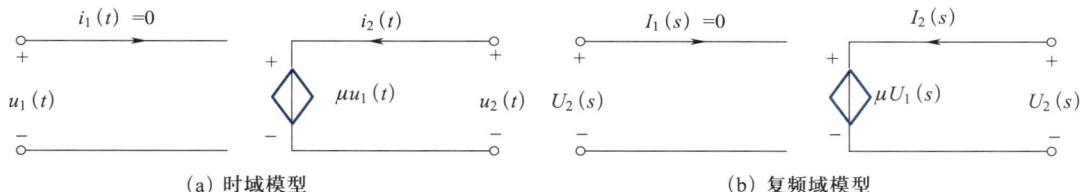

(a) 时域模型　　　　　　　　　　　　　(b) 复频域模型

图 9.3.5　电压控电压源

§9.3.4　线性电路的全响应

通过电路元件的复频域模型可以构造出给定时域电路的复频域模型，即保持电路的结构，元件使用复频域模型进行替换，将电压电流时间函数变为象函数。从而可以利用复频域模型求解电路的暂态响应，其步骤如下：

（1）绘制电路的复频域模型。

（2）基于复频域形式的基尔霍夫定律和元件方程求解响应的象函数。

（3）对求得的响应的象函数进行拉普拉斯反变换，求出时域响应。

拉普拉斯变换在电路分析中有很广泛的应用，如利用复频域模型（也称为"计算电路"），可以简化计算如图 9.3.6 所示电路全响应的求解过程。

已知 0_- 时刻电容电压为 $u_C(0_-)$，求全响应 $u_C(t)$。

首先，画出电路的复频域模型，如图 9.3.7 所示。

由节点法列出方程（在复频域，节点法同样适用）如下：

$$\frac{U_C(s) - \dfrac{U_s}{s}}{R} + sCU_C(s) = Cu_C(0_-)$$

等式左侧仅保留 $U_C(s)$，有

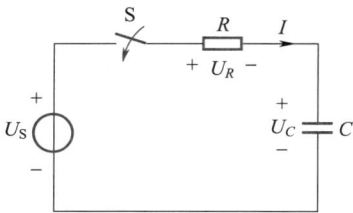

图 9.3.6 RC 电压阶跃电路

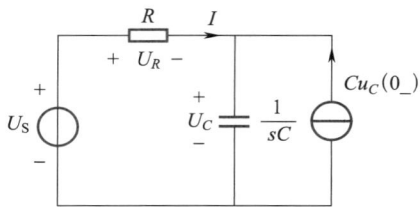

图 9.3.7 RC 电压阶跃电路复频域模型

$$U_C(s) = \frac{\dfrac{U_s}{s} + RCu_C(0_-)}{1 + sRC} = \frac{\dfrac{U_s}{RC}}{s\left(s + \dfrac{1}{RC}\right)} + \frac{u_C(0_-)}{s + \dfrac{1}{RC}}$$

对 $U_C(s)$ 作拉普拉斯反变换,即可得到 $u_C(t)$ 的全响应为

$$u_C(t) = \left[U_s\left(1 - e^{-\frac{t}{RC}}\right) + u_C(0_-)e^{-\frac{t}{RC}}\right]\varepsilon(t)$$

例 9.3.13 如图 9.3.8(a)所示电路的两个电压源均为单位阶跃函数,$L = 1$ H,$C = 1$ F,$R = 1$ Ω,电感电流和电容电压的初始值分别为 $i_L(0_-) = 1$ A 和 $u_C(0_-) = 1$ V,求电路的全响应 $u_R(t)$。

解:电路的复频域模型如图 9.3.8(b)所示,由节点电压法

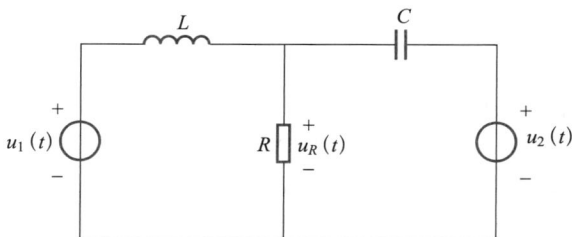

(a) 时域电路模型

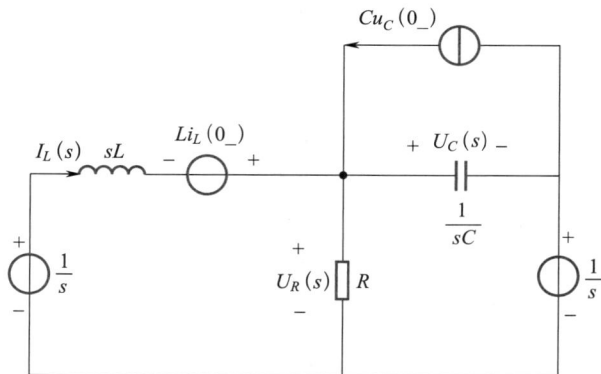

(b) 复频域模型

图 9.3.8 计算电路法求解全响应

$$\left(\frac{1}{R}+\frac{1}{sL}+sC\right)U_R(s)=\frac{\frac{1}{s}+Li_L(0_-)}{sL}+sC\frac{1}{s}+Cu_C(0_-)$$

代入数值,解得

$$U_R(s)=\frac{2s^2+s+1}{s(s^2+s+1)}$$

上式为真分式,进行部分分式展开,设

$$U_R(s)=\frac{k_1}{s}+\frac{k_{21}}{s+\dfrac{1-\sqrt{3}\,\mathrm{j}}{2}}+\frac{k_{22}}{s+\dfrac{1+\sqrt{3}\,\mathrm{j}}{2}}$$

利用对应系数相等解得

$$k_1=sF(s)\Big|_{s=0}=\frac{2s^2+s+1}{s^2+s+1}\Big|_{s=0}=1$$

$$k_{21}=\left(s+\frac{1-\sqrt{3}\,\mathrm{j}}{2}\right)F(s)\Big|_{s=\frac{-1+\sqrt{3}\mathrm{j}}{2}}=\frac{2s^2+s+1}{s\left(s+\dfrac{1+\sqrt{3}\,\mathrm{j}}{2}\right)}\Big|_{s=\frac{-1+\sqrt{3}\mathrm{j}}{2}}$$

$$=\frac{1}{2}+\frac{\sqrt{3}}{6}\mathrm{j}=\frac{\sqrt{3}}{3}\mathrm{e}^{\frac{\pi}{6}\mathrm{j}}$$

$$k_{22}=\left(s+\frac{1+\sqrt{3}\,\mathrm{j}}{2}\right)F(s)\Big|_{s=\frac{-1-\sqrt{3}\mathrm{j}}{2}}=\frac{2s^2+s+1}{s\left(s+\dfrac{1-\sqrt{3}\,\mathrm{j}}{2}\right)}\Big|_{s=\frac{-1-\sqrt{3}\mathrm{j}}{2}}$$

$$=\frac{1}{2}-\frac{\sqrt{3}}{6}\mathrm{j}=\frac{\sqrt{3}}{3}\mathrm{e}^{-\frac{\pi}{6}\mathrm{j}}$$

则原函数为

$$U_R(t)=\varepsilon(t)+\frac{\sqrt{3}}{3}\mathrm{e}^{-\frac{t}{2}}\left[\mathrm{e}^{\left(\frac{\sqrt{3}}{2}t+\frac{\pi}{6}\right)\mathrm{j}}+\mathrm{e}^{\left(-\frac{\sqrt{3}}{2}t-\frac{\pi}{6}\right)\mathrm{j}}\right]\varepsilon(t)$$

$$=\left[\varepsilon(t)+\frac{2\sqrt{3}}{3}\mathrm{e}^{-\frac{t}{2}}\cos\left(\frac{\sqrt{3}}{2}t+\frac{\pi}{6}\right)\varepsilon(t)\right]\ \mathrm{V}$$

【章节知识点测验】

请扫码进行章节知识点测验。

【典型习题精讲】

请扫码查看具体内容。

【章节知识点
测验】

【典型习题
精讲】

习　题

9.1　如题 9.1 图所示电路,已知 $U_S = 300$ V,$R = 250$ Ω,$L = 0.25$ H,$C = 25$ μF,原来开关 S 是闭合的,电路已达到稳态,$t = 0$ 将 S 打开,求 S 打开后电容和电感上的电压、电流的变化规律。

9.2　试求如题 9.2 图所示电路的零状态响应 $i(t)$。

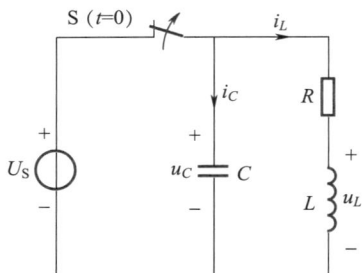

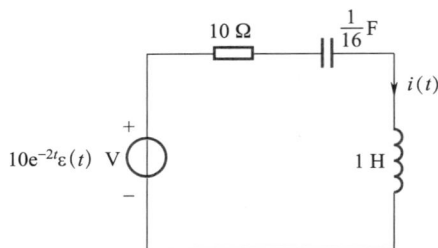

题 9.1 图　　　　　　　　　　　题 9.2 图

9.3　求如题 9.3 图所示电路的冲激响应 $i(t)$。

9.4　在如题 9.4 图所示的电路中,已知 $U_S = 10$ V,$C = 1$ μF,$R = 4$ kΩ,$L = 1$ H,开关 S 原来闭合在位置 1 处,在 $t = 0$ 时,开关 S 由位置 1 接至位置 2 处。求:$u_C(t)$、$u_R(t)$、$i(t)$ 和 $u_L(t)$。

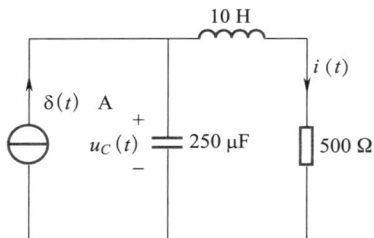

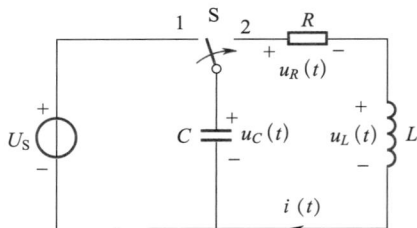

题 9.3 图　　　　　　　　　　　题 9.4 图

9.5　若题 9.5 图中电流源为冲激电流源,即 $i_S = \delta(t)$ A,试求单位冲激响应 $i_L(t)$。

9.6　列写如题 9.6 图所示电路的状态方程和输出方程。

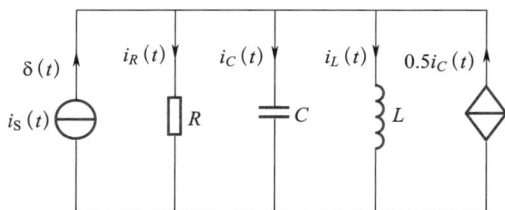

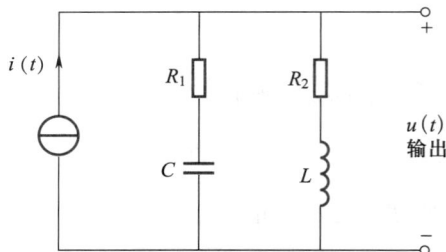

题 9.5 图　　　　　　　　　　　题 9.6 图

9.7　列写如题 9.7 图所示电路的状态方程和输出方程。

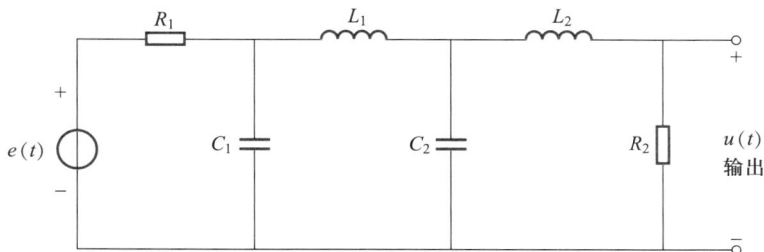

题 9.7 图

9.8　列写如题 9.1 图所示电路的状态方程。

9.9　列写如题 9.9 图所示电路的状态方程。

9.10　列写如题 9.10 图所示电路的状态方程。

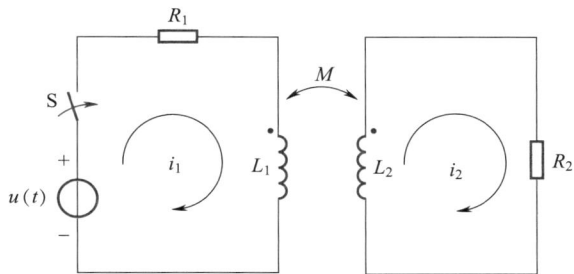

题 9.9 图

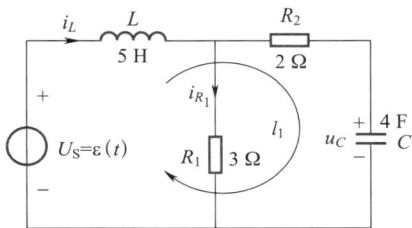

题 9.10 图

9.11　求下列函数的拉普拉斯变换。

（1）$f(t) = t^2 \varepsilon(t)$

（2）$f(t) = t e^{-at} \varepsilon(t)$

9.12　已知一个 RL 串联电路中的电流为 i，且满足如下方程：$2\dfrac{\mathrm{d}i}{\mathrm{d}t} + 4i = 0$。试表示其中 s 域中的电流 $I(s)$。

9.13　试求下列各拉普拉斯函数的原函数。

（1）$\dfrac{s+3}{s^2 + 5s + 4}$

（2）$\dfrac{10s}{s^2 + 4s + 4}$

9.14　试求下列各拉普拉斯函数的原函数。

（1）$\dfrac{s^2 + s}{s^3 + 2s^2 + s + 2}$

（2）$\dfrac{3s^2+10s+10}{(s+2)(s^2+6s+10)}$

9.15 使用拉普拉斯变换,求如题 9.15 图所示电路的 $u_2(t)$。已知初始条件 $u_1(0_-)=10$ V, $u_2(0_-)=25$ V,电压源 $u_s(t)=50\cos 2t\varepsilon(t)$ V。

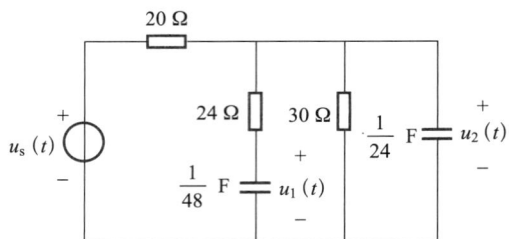

题 9.15 图

第五篇

正弦稳态电路分析

第十章 正弦激励电路分析基础

【引言】在之前章节中,介绍了电阻电路和动态电路,及其各自的分析方法,它们通常以直流信号作为激励,由于线性电阻元件的即时响应特性,以及线性动态元件的记忆特性,可以分别通过线性代数方程和线性微分方程进行时域分析。在实际生活和工业生产中,激励信号的形态更加多样,其中正弦交流信号是常用的信号(激励)形式之一,如发电厂发出的电压是正弦电压,通信技术中所用的载波是正弦波等。

正弦函数和余弦函数被用来描述自然界中广泛存在的周期性现象。由于余弦函数也可以写成正弦函数的形式,在电路中,我们将其统称为正弦函数。正弦函数具有若干利于计算的特性,例如,正弦函数的导数和积分都可以写为正弦函数的形式,且其频率保持不变;正弦函数的代数运算结果仍为正弦函数。此外,借助傅里叶级数,还可以把非正弦周期函数分解成一系列不同频率的正弦分量的叠加。

一般线性电路在正弦交流电源的激励下,经过一定时间后,响应的自由分量将趋于零,此时电路的响应仅包含强制分量,且与激励源形式相同,即正弦信号形式,这样的状态称为正弦稳态。研究电路在该情况下的各部分电流、电压、功率等,称为正弦稳态分析。本章开始主要讨论线性电路在正弦激励下的稳态响应及其分析计算方法。

§10.1 正弦电压和电流的基本概念

随时间按正弦规律变化的物理量称为正弦量,正弦电量包含正弦电压和正弦电流。为方便计算,本书所说的正弦量均是按正弦规律变化的电量的简称。

§10.1.1 正弦量三要素

以正弦电流为例,一般可用正弦时间函数式表示如下

$$i(t) = I_{m}\sin(\omega t + \varphi) \tag{10.1.1}$$

当然,也可以用余弦函数式表示为

$$i(t) = I_{m}\cos(\omega t + \theta) \tag{10.1.2}$$

其中 $\theta = \varphi - 90°$。

在电路分析中通常采用前一种方法表示,并将其统称为正弦量。本书采用正弦函数表示,其波形如图 10.1.1 所示。

通过函数式可见,确定了 I_{m}、ω 和 φ,就能完整地描述一个正弦量,因此它们被称为正弦量的三要素,以下分别进行介绍。

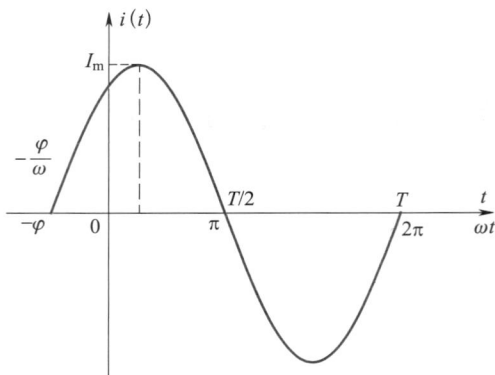

图 10.1.1 正弦电流波形

（1）振幅：正弦量的最大值，通常带下标 m，如上式中的 I_m，其恒为正值。

（2）周期、频率和角频率：**周期**是正弦量重复变化一次所需要的时间，用 T 来表示，单位为秒（s），也常用毫秒（ms）、微秒（μs）等。**频率**是单位时间内正弦量重复变化的次数，为周期的倒数，用 f 表示，单位为赫兹（Hz），也常用千赫（kHz）、兆赫（MHz）等。我国工业用电的频率为 50 Hz，称为工频。正弦量在单位时间内变化的弧度称为**角频率**，用 ω 表示，单位为弧度/秒（rad/s）。显然，正弦量变化一个周期对应的角度为 2π 弧度，因此有 $\omega T = 2\pi$，即 $\omega = 2\pi f$。

（3）初相：在振幅确定的情况下，正弦量的瞬时值由辐角 $\omega t + \varphi$ 决定。辐角决定了正弦量的变化进程，称为瞬时相位角，简称为相位角或相角，又称为相位。零时刻的相位 φ 称为初相角或初相位，简称为初相。

三要素分别代表正弦量的幅值大小、变化快慢及起点位置。正弦量间的相互区别依据这 3 个特征量，只有这 3 个特征量全都相同的正弦量才相等。

对于同频率的正弦量，可以比较其相位差和振幅的大小。如图 10.1.2 所示两个正弦电流 $i_1(t) = I_{m1}\sin(\omega t + \varphi_1)$ 和 $i_2(t) = I_{m2}\sin(\omega t + \varphi_2)$，可以比较其振幅大小，也可以获得其相位差 $\Delta\varphi = (\omega t + \varphi_1) - (\omega t + \varphi_2)$。$\Delta\varphi = \varphi_1 - \varphi_2$ 是 $i_1(t)$ 超前于 $i_2(t)$ 的相角，反之，$\varphi_2 - \varphi_1$ 是 $i_1(t)$ 滞后于 $i_2(t)$ 的相角。如果 $\Delta\varphi = 0$，称 $i_1(t)$ 和 $i_2(t)$ 同相；若 $\Delta\varphi = \pm 180°$，称 $i_1(t)$ 和 $i_2(t)$ 反相；若 $\Delta\varphi = \pm 90°$，则称 $i_1(t)$ 和 $i_2(t)$ 相互正交。为便于判断，一般规定 $|\Delta\varphi| \leqslant 180°$。

要注意相位是瞬时变化的，且与角频率直接相关。如果角频率是固定值，则相位随时间的变化是线性的，角频率为其变化曲线的斜率。对于不同频率的正弦量而言，其相位差不仅与时间有关，还与两个正弦量的角频率有关，难以分析其随时间变化的规律。故一般情况下，不同频率的正弦量之间不讨论其相位差。另一方面，虽然初相与时间起点有关，但是相位差与时间起点无关。频率相同的两个正弦量的相位差即为初相之差，还需注意的是，在进行两个正弦量的相位比较时，应统一表示为正弦（或余弦）形式。

例 10.1.1 写出以下各正弦电流和正弦电压的幅值、角频率、周期和初相，并比较（1）和（2）的相位差。

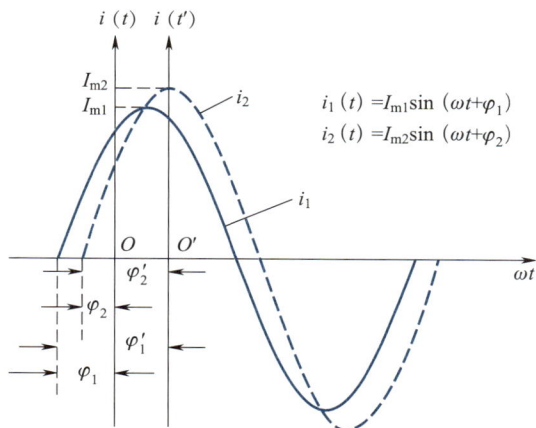

图 10.1.2　同频率的正弦电流波形比较

（1）$i(t) = 9.8\sin(314t-60°)$ A

（2）$i(t) = 5\sin\left(314t+\dfrac{\pi}{3}\right)$ A

（3）$u(t) = 7.07\sqrt{2}\sin(2\pi×438t+\pi)$ V

（4）$u(t) = 3.11\sin\left(6.28t+\dfrac{2\pi}{3}\right)$ V

解：（1）正弦电流的幅值为 9.8 A，角频率为 314 rad/s，周期为 $\dfrac{2\pi}{314}=0.02$ s，初相为 $-60°$。

（2）正弦电流的幅值为 5 A，角频率为 314 rad/s，周期为 $\dfrac{2\pi}{314}=0.02$ s，初相为 $\dfrac{\pi}{3}$rad，也就是 60°。

（1）和（2）两个正弦电流的相位差为 $-60°-60°=-120°$，即（1）电流滞后（2）电流。

（3）正弦电压的幅值为 $7.07\sqrt{2}=10$ V，角频率为 $2\pi×438=2\,752.04$ rad/s，周期为 $\dfrac{1}{438}=$ 0.002 28 s（即 2.28 ms），初相为 π rad。

（4）正弦电压的幅值为 3.11 V，角频率为 6.28 rad/s，周期为 $\dfrac{2\pi}{6.28}=1$ s，初相为 $\dfrac{2\pi}{3}$ rad。

§10.1.2　正弦量的有效值

周期电压、电流的瞬时值是随时间变化的。对于任何一个随时间按一定周期规律变化的电流或电压，在实际应用中，往往希望定义一个能够反映周期电流或电压在足够长时间下平均做功能力的量，即有效值。

若有一直流电流 I 通过电阻 R，在一段时间（t_1 到 t_2）内电阻消耗的能量为

$$W_{\text{DC}} = I^2 R(t_2-t_1) \tag{10.1.3}$$

而若有一周期为 T 的电流 $i(t)$ 通过上述电阻 R,在一个周期内消耗的能量为

$$W_{AC} = \int_0^T i^2(t) R dt \qquad (10.1.4)$$

如果直流电流 I 和周期电流 $i(t)$ 通过相同的电阻 R,在相同的时间区间 T 内,电阻所消耗的能量相等,那么就平均效果,譬如热效应而言,两者是相同的。我们称周期电流的有效值就等于该直流电流的值 I。于是在式(10.1.3)中,令 $t_2 - t_1 = T$,并令 $W_{DC} = W_{AC}$,得

$$I^2 R T = \int_0^T i^2(t) R dt \qquad (10.1.5)$$

于是得到周期电流 $i(t)$ 的有效值为

$$I = \sqrt{\frac{1}{T} \int_0^T i^2(t) dt} \qquad (10.1.6)$$

由此式可知,周期电流的有效值等于它的瞬时值的平方在一周期内的平均值的平方根。按其计算步骤,有效值又可称为方均根(平方-均值-平方根)值。

同理,周期电压 $u(t)$ 的有效值

$$U = \sqrt{\frac{1}{T} \int_0^T u^2(t) dt} \qquad (10.1.7)$$

通过以上描述容易理解有效值的物理含义,其为与周期电压、电流的平均做功能力等效的直流电压、电流值。

对于任一周期函数 $a(t)$,定义其有效值

$$A = \sqrt{\frac{1}{T} \int_0^T a^2(t) dt} \qquad (10.1.8)$$

即 $a(t)$ 的有效值等于其在一个周期内的方均根值,其中 T 为该周期函数的周期。

为计算正弦电流的有效值,将正弦电流的时间函数式

$$i(t) = I_m \sin(\omega t + \varphi) \qquad (10.1.9)$$

代入式(10.1.6)中,得

$$\begin{aligned}
I &= \sqrt{\frac{1}{T} \int_0^T I_m^2 \sin^2(\omega t + \varphi) dt} = \sqrt{\frac{I_m^2}{T} \int_0^T \frac{1 - \cos 2(\omega t + \varphi)}{2} dt} \\
&= \sqrt{\frac{I_m^2}{T} \left[\frac{t}{2} - \frac{\sin 2(\omega t + \varphi)}{4\omega} \right]_0^T} \\
&= \frac{I_m}{\sqrt{2}} \qquad (10.1.10)
\end{aligned}$$

上式表明,正弦电流的有效值等于其幅值的 $\dfrac{\sqrt{2}}{2}$。同理,正弦电压的有效值也等于其幅值的 $\dfrac{\sqrt{2}}{2}$。

　　在工程上,谈到正弦电流、电压等量值而无特殊声明时,一般均指其有效值,比如民用交流电压 220 V、工业用电电压 380 V 等均为有效值。

　　正弦量也可用其有效值表示,如正弦电流

$$i(t) = I_{\mathrm{m}}\sin(\omega t + \varphi) = \sqrt{2}\,I\sin(\omega t + \varphi) \tag{10.1.11}$$

　　有效值的定义式(10.1.8)适用于一切周期函数。只是不同周期函数,其有效值 A 与峰值 A_{m} 间的系数不同而已。例如正弦函数的有效值 A 与幅值(即峰值)A_{m} 之间的关系为 $A = \dfrac{A_{\mathrm{m}}}{\sqrt{2}}$,如图 10.1.3 所示的占空比为 50% 的周期性方波的有效值 A 与峰值 A_{m} 之间同样有 $A = \dfrac{A_{\mathrm{m}}}{\sqrt{2}}$,而占空比为 25% 的周期性方波的有效值 A 与峰值 A_{m} 之间则是 $A = \dfrac{A_{\mathrm{m}}}{2}$。

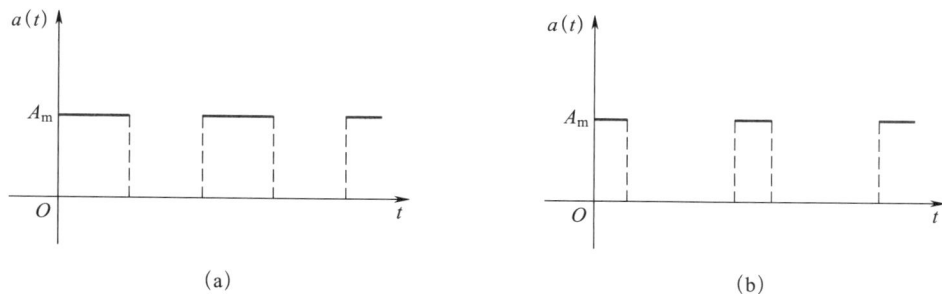

| (a) | (b) |

图 10.1.3　占空比分别为 50% 和 25% 的周期性方波

例 10.1.2　求如图 10.1.4 所示的锯齿形周期电流的有效值。

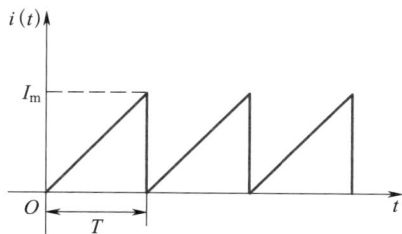

图 10.1.4　周期电流

　　解:根据有效值的定义,图 10.1.4 中周期电流的有效值为

$$I = \sqrt{\frac{1}{T}\int_0^T i^2(t)\,\mathrm{d}t} = \sqrt{\frac{1}{T}\int_0^T \left(\frac{I_{\mathrm{m}}}{T}t\right)^2 \mathrm{d}t} = \sqrt{\left.\frac{I_{\mathrm{m}}^2}{3T^3}t^3\right|_0^T} = \frac{I_{\mathrm{m}}}{\sqrt{3}}$$

思考题

1. 如何唯一地确定一个正弦量？

2. 什么样的正弦量之间才可以比较相位差？

3. 什么是正弦量间的超前、滞后、同相、反相、正交？

4. 为什么要引入有效值？什么样的量才有有效值？正弦量的有效值是多少？

5. 用万用表测量的工频交流电电压为 220 V 指的是什么？能把一个最大安全电压为 300 V 的电器设备接到工频交流电里吗？

§10.2 线性电路的正弦稳态响应

在一个线性电路中,当其激励源(电流源或电压源)是正弦量时,所得到的响应就是正弦激励响应。

以下将以图 10.2.1 中的 *RL* 串联电路为例分析正弦激励响应。在正弦电压激励下,由基尔霍夫定律以及电感的元件特性方程,可得到此电路的输入−输出方程为

$$L\frac{\mathrm{d}i}{\mathrm{d}t}+Ri=U_{sm}\sin \omega t , t>0_+ \qquad (10.2.1)$$

根据在第八章所阐述的线性动态电路的时域求解方法,以及解的划分概念,式(10.2.1)中的电流 $i(t)$ 的全解,即全响应电流,可表示为电流的暂态分量(自由分量)与稳态分量(强制分量)之和,分别对应相应齐次微分方程的通解及非齐次微分方程的特解。

$$i(t)=i_t(t)+i_s(t) \qquad (10.2.2)$$

其中通解为

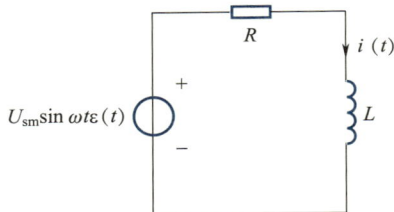

图 10.2.1 正弦电压激励下
的 *RL* 串联电路

$$i_t(t)=Ke^{-\frac{R}{L}t} \qquad (10.2.3)$$

K 为积分常数。由于微分方程式(10.2.1)的右端为正弦函数,可设其特解为一个幅值与初相待定的同类型函数,写为

$$i_s(t)=I_m\sin(\omega t+\varphi_i) \qquad (10.2.4)$$

式中 I_m 与 φ_i 为待定常数,将式(10.2.4)代入式(10.2.1)中,得

$$\omega LI_m\cos(\omega t+\varphi_i)+RI_m\sin(\omega t+\varphi_i)=U_{sm}\sin \omega t \qquad (10.2.5)$$

再将上式等号左端的三角函数展开,整理后令等号两端对应项的系数相等,可得

$$\omega LI_m\cos \varphi_i+RI_m\sin \varphi_i=0$$

$$RI_m\cos \varphi_i-\omega LI_m\sin \varphi_i=U_{sm}$$

由此可得

$$\varphi_i=-\arctan \frac{\omega L}{R} \qquad (10.2.6)$$

初相角 φ_i 与 R、ωL 的关系,可用如图 10.2.2 所示的直角三角形表示。

从图中可以看出

$$\cos \varphi_i = \frac{R}{\sqrt{R^2 + \omega^2 L^2}}$$

$$\sin \varphi_i = -\frac{\omega L}{\sqrt{R^2 + \omega^2 L^2}}$$

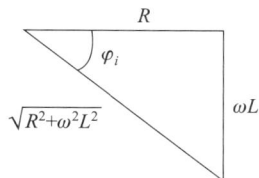

图 10.2.2 初相角 φ_i 与
R、ωL 间的直角三角关系

可解得

$$I_m = \frac{U_{sm}}{\sqrt{R^2 + \omega^2 L^2}} \qquad (10.2.7)$$

再将 φ_i 与 I_m 代入式(10.2.4),得

$$i_s(t) = \frac{U_{sm}}{\sqrt{R^2 + \omega^2 L^2}} \sin\left(\omega t - \arctan \frac{\omega L}{R}\right) \qquad (10.2.8)$$

由此可得原微分方程式(10.2.1)的全解为

$$i(t) = K e^{-\frac{R}{L}t} + \frac{U_{sm}}{\sqrt{R^2 + \omega^2 L^2}} \sin\left(\omega t - \arctan \frac{\omega L}{R}\right) \qquad (10.2.9)$$

设电流 $i(t)$ 的初始值为 $i(0_+)$,令上式中 $t = 0_+$,可求得积分常数

$$K = i(0_+) + \frac{U_{sm}}{\sqrt{R^2 + \omega^2 L^2}} \sin\left(\arctan \frac{\omega L}{R}\right)$$

将 K 代入式(10.2.9)中,得原微分方程满足初始条件的解,即全响应电流为

$$i(t) = \left[i(0_+) + \frac{U_{sm}}{\sqrt{R^2 + \omega^2 L^2}} \sin\left(\arctan \frac{\omega L}{R}\right) \right] e^{-\frac{R}{L}t} +$$

$$\frac{U_{sm}}{\sqrt{R^2 + \omega^2 L^2}} \sin\left(\omega t - \arctan \frac{\omega L}{R}\right) \qquad (10.2.10)$$

通过以上对正弦激励下的一阶 RL 电路的分析,可以看出线性动态电路的全响应由一个随时间逐渐衰减的暂态响应和一个不随时间衰减且与激励同频变化的稳态响应所组成。这一规律可以推广到所有的线性动态电路。在一般情况下,由于电阻的存在,当 $t \to \infty$ 时,暂态分量均趋近于零,这时电路的响应仅由强制分量 $A\sin(\omega t + \varphi_i)$ 构成,即电路已进入正弦稳态。换言之,当 $t \to \infty$ 时,电路中任一响应均只剩下与激励源同频率的正弦量分量,这就是电路的正弦稳态响应。当然在实际工程实践中,并不需要等无限长的时间,而是根据要求,在有限时间后即可认为电路达到稳定状态。例如,对于一阶电路,通常等待 $3\tau \sim 5\tau$。这一时间也称为热机时间。

思考题

1. 正弦激励的全响应分为几部分?

2. 从数学上来说,线性动态电路的暂态响应、稳定响应分别是什么?

3. 线性动态电路的正弦稳态响应的形式是什么？并简单说明原因。

§10.3 正弦量的相量表示法

通过上节的讨论,可看出当开机一段时间后,电路达到稳定状态,电路里只存在稳态分量。利用时域方法对正弦激励的稳态响应求解过程十分繁琐,繁琐之处主要在于三角函数求解,而电路对指数函数激励的响应求解过程要容易得多。另一方面,根据欧拉公式,时间 t 的余弦函数、正弦函数与复指数函数之间存在着以下关系

$$\cos(\omega t+\varphi)+j\sin(\omega t+\varphi)=e^{j(\omega t+\varphi)} \qquad (10.3.1)$$
$$\cos(\omega t+\varphi)=\mathrm{Re}\left[e^{j(\omega t+\varphi)}\right]$$
$$\sin(\omega t+\varphi)=\mathrm{Im}\left[e^{j(\omega t+\varphi)}\right]$$

因此,为了简化正弦稳态响应的分析,可以设法将求正弦稳态响应的问题,转化为求复指数函数激励下的稳态响应问题,再进一步导出正弦量的相量表示法,过程如图 10.3.1 所示。

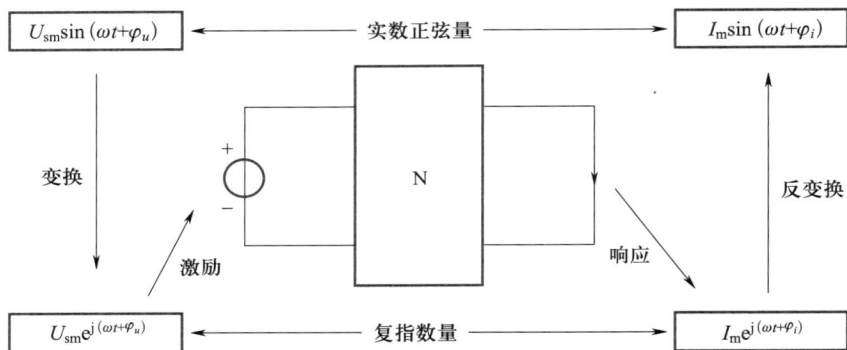

图 10.3.1 从正弦激励分析转换到复指数激励分析的过程

同样以图 10.2.1 中的 RL 串联电路为例,讨论在相同的电路中对复指数激励求解过程,如图 10.3.2所示。

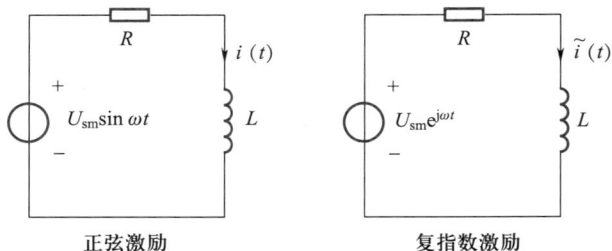

图 10.3.2 RL 串联电路的正弦激励与复指数激励

电路的微分方程可写为

$$L\frac{\mathrm{d}\tilde{i}(t)}{\mathrm{d}t}+R\tilde{i}(t)=U_{sm}\mathrm{e}^{\mathrm{j}\omega t} \tag{10.3.2}$$

其中 $\tilde{i}(t)$ 为复指数激励下的电流响应。由于电路的强迫响应也应是复指数函数,且频率与激励一样,有

$$\tilde{i}(t)=I_{m}\mathrm{e}^{\mathrm{j}(\omega t+\varphi_i)}=(I_{m}\mathrm{e}^{\mathrm{j}\varphi_i})\mathrm{e}^{\mathrm{j}\omega t}=\dot{I}_{m}\mathrm{e}^{\mathrm{j}\omega t} \tag{10.3.3}$$

由复数知识可知, $I_{m}\mathrm{e}^{\mathrm{j}\varphi_i}$ 是复数的指数表达形式,它对应着复平面上的一个向量,模为 I_{m},与实轴的夹角为 φ_i,用符号 $\dot{I}_{m}$ 表示。将式(10.3.3)代入式(10.3.2),得

$$\mathrm{j}\omega L\dot{I}_{m}\mathrm{e}^{\mathrm{j}\omega t}+R\dot{I}_{m}\mathrm{e}^{\mathrm{j}\omega t}=U_{sm}\mathrm{e}^{\mathrm{j}\omega t} \tag{10.3.4}$$

将公共因子 $\mathrm{e}^{\mathrm{j}\omega t}$ 去掉,有

$$\mathrm{j}\omega L\dot{I}_{m}+R\dot{I}_{m}=U_{sm} \tag{10.3.5}$$

故

$$\dot{I}_{m}=\frac{U_{sm}}{R+\mathrm{j}\omega L} \tag{10.3.6}$$

写成复指数表示形式,有

$$\dot{I}_{m}=\frac{U_{sm}}{\sqrt{R^2+\omega^2L^2}}\mathrm{e}^{\mathrm{j}\left(-\arctan\frac{\omega L}{R}\right)} \tag{10.3.7}$$

因此,所求电路的复指数形式的强迫响应 $\tilde{i}(t)$ 为

$$\tilde{i}(t)=\dot{I}_{m}\mathrm{e}^{\mathrm{j}\omega t}=\frac{U_{sm}}{\sqrt{R^2+\omega^2L^2}}\mathrm{e}^{\mathrm{j}\left(\omega t-\arctan\frac{\omega L}{R}\right)} \tag{10.3.8}$$

而对 $\tilde{i}(t)$ 取虚部可得原电路在正弦激励下的强迫响应(稳态响应)为

$$i(t)=\mathrm{Im}(\dot{I}_{m}\mathrm{e}^{\mathrm{j}\omega t})=\frac{U_{sm}}{\sqrt{R^2+\omega^2L^2}}\sin\left(\omega t-\arctan\frac{\omega L}{R}\right) \tag{10.3.9}$$

可见式(10.3.9)和上一节中的式(10.2.8)解出的结果一样。

　　通过计算电路对复指数函数激励的响应以寻求正弦稳态响应的方法,相比上一节中通过时域分析求解微分方程而言,避免了繁琐的三角函数运算,显得简单易行。通过消去方程中各项均包含的时谐因子 $\mathrm{e}^{\mathrm{j}\omega t}$,容易发现求解的关键在于找出不随时间 t 变化的复数项 $\dot{I}_{m}$,而其求解过程仅通过简单的复代数方程即可实现。$\dot{I}_{m}$ 是一个包含给定正弦函数 $i(t)$ 的幅值和初相两个要素的复数,称其为给定正弦函数的幅值相量。另一个要素包含在 $\mathrm{e}^{\mathrm{j}\omega t}$ 中,且不会改变。可以看出 $\dot{I}_{m}$ 是特殊的复数,与一个正弦量一一对应。

以正弦电压为例，从给定的正弦量获得其幅值相量的步骤可总结如下：

（1）写出正弦电压的正弦时间函数式。

（2）将正弦电压函数表示为复指数函数的虚部，即

$$u(t) = U_m \sin(\omega t + \varphi_u) = \text{Im}[U_m e^{j(\omega t + \varphi_u)}] = \text{Im}[U_m e^{j\varphi_u} \cdot e^{j\omega t}]$$

在上述复指数函数的虚部项中去掉时谐因子 $e^{j\omega t}$，即得电压的幅值相量 $\dot{U}_m = U_m e^{j\varphi_u}$，在工程上也常写作 $\dot{U}_m = U_m \underline{/\varphi_u}$。

综上，幅值相量是一个包含了正弦量除频率以外其他两要素的复数，其模为正弦量的幅值，其辐角等于正弦量的初相。当电路处于正弦稳态时，电路中的电压电流等响应均为与激励源同频率的正弦量，因此频率可视为已知且固定不变的。为了完全确定一个具有正弦形式的电路响应，只需要求解其幅值和初相这两个包含在相量里的正弦量要素即可。因此，使用幅值相量来表示正弦量，可以大大简化正弦稳态电路的分析过程。

实际应用中常常用有效值来表示正弦电流、电压的大小，因此除了幅值相量，有效值相量是应用更为广泛的一种表示。如式（10.3.10）所示，有效值相量的模为相应正弦量的有效值，其辐角仍等于正弦量的初相。

$$\dot{U} = \frac{\dot{U}_m}{\sqrt{2}} = \frac{U_m}{\sqrt{2}} e^{j\varphi_u} = U e^{j\varphi_u} \tag{10.3.10}$$

也可记作 $\dot{U} = U \underline{/\varphi_u}$。对于同一个正弦电压，有

$$u(t) = \text{Im}[\dot{U}_m e^{j\omega t}] = \text{Im}[\sqrt{2}\,\dot{U} e^{j\omega t}] = U_m \sin(\omega t + \varphi_u) = \sqrt{2}\,U \sin(\omega t + \varphi_u)$$

注：在后面的内容中若无特别声明，"相量"通常指有效值相量。

我们知道任意一个复数可以用复平面上的一个向量与其一一对应。既然一个正弦时间函数可以用一个称为相量的特殊复数表示，必然也可以用与此复数相对应的复平面上的向量表示。相量在复平面上的表示图称为相量图，如图 10.3.3（a）所示。

需要指出的是，相量是复数，且是一种特殊的复数，它只是用来表示与正弦量相对应的复数，且并不等于正弦量。若这一幅值相量 $\dot{I}_m$ 或有效值相量 $\dot{I}$ 乘以时谐因子 $e^{j\omega t}$，则得到复指数函数。在复平面上，它对应于一个以角速度 ω 按逆时针旋转的向量——称为旋转相量，如图 10.3.3（b）所示。当 $t = 0$ 时，即为对应于幅值相量或有效值相量的向量。

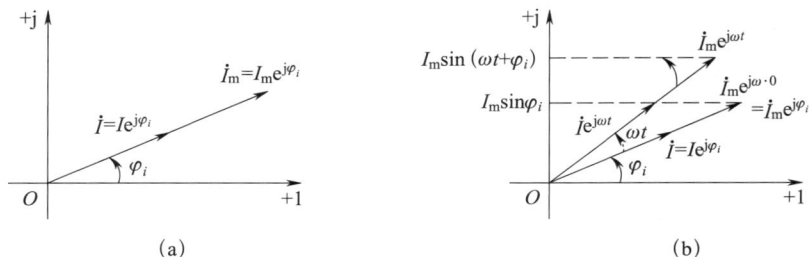

图 10.3.3　相量的图形表示

因此，$e^{j\omega t}$ 又被称为旋转因子，对应的 $\dot{I}_m e^{j\omega t}$ 及 $\dot{I} e^{j\omega t}$ 又被称为旋转相量。旋转相量 $\dot{I}_m e^{j\omega t}$ 于任意时刻 t 在虚轴上的投影即为正弦量的瞬时值 $I_m \sin(\omega t + \varphi_i)$。

由此可见，相量图可表示各旋转相量（分别一一对应于各正弦量）间的关系。因为拥有相同的旋转因子，同频率的各旋转相量之间是相对静止的，即在任何时刻它们之间的相对相位不变，如图 10.3.4 所示。因此可选择任一时刻来研究不同旋转相量之间的相对关系，为简单起见，通常选 0 时刻的旋转相量，即相量，这就是用相量法研究正弦量的根据。

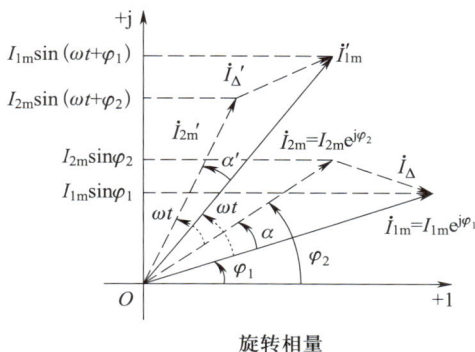

图 10.3.4　同频率的旋转相量比较

例 10.3.1　已知电流 $i(t) = 5\sqrt{2}\cos(314t - 30°)$ A，求其相量 $\dot{I}$。

解：将 $i(t)$ 写为正弦形式，再表示成对应的复指数函数的虚部，

$$i(t) = 5\sqrt{2}\sin(314t + 60°) = \text{Im}\left[5\sqrt{2}\,e^{j60°}\,e^{j314t}\right]$$

于是有

$$\dot{I} = 5\ \underline{/60°}\ \text{A}$$

相量既可以表示为极坐标形式，也可以表示为直角坐标的形式。例如，本例中 $\dot{I} = 5(\cos 60° + j\sin 60°) = (2.5 + j2.5\sqrt{3})$ A。两者可以相互转换。

例 10.3.2　已知某正弦电压的角频率为 $\omega = 628$ rad/s，相量为 $\dot{U} = 1\ \underline{/30°}$ V，求它所代表的正弦电压。

解：根据相量的定义可得

$$u(t) = \text{Im}\left[\sqrt{2}\,e^{j30°}\,e^{j628t}\right] = \sqrt{2}\sin(628t + 30°)\ \text{V}$$

例 10.3.3　已知正弦电压 $u_1(t) = 2\sin(314t - 45°)$ V，$u_2(t) = \sin(314t + 30°)$ V。求这两个电压的有效值相量，并绘出其相量图。

解：两个正弦电压的有效值相量分别为

$$\dot{U}_1 = \sqrt{2}\ \underline{/-45°}\ \text{V},\ \dot{U}_2 = \frac{\sqrt{2}}{2}\ \underline{/30°}\ \text{V}$$

相量图如图 10.3.5 所示。可以看出，两个正弦电压的相位差为 75°。

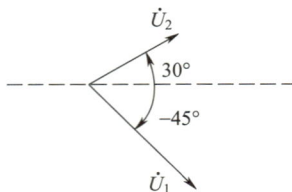

图 10.3.5 正弦电压的有效值相量图

讨论:请读者自行尝试求解两个正弦电压和的表达形式,以及此电压和的相量。

【数理基础】复数及其运算

扫码查看详细内容。

【知识链接】任一线性无源网络的正弦稳态响应

扫码查看详细内容。

思考题

1. 正弦量与复指数量之间是什么关系?
2. 为什么要引入复指数量?
3. 动态电路的正弦响应与其对应的复指数响应之间有什么关系?
4. 为什么用复指数响应求解与其对应的正弦稳态响应更简单?
5. 什么是幅值相量?什么是有效值相量?相量是几维的?
6. 简述使用复指数响应或相量来求解实数的动态电路的正弦稳态响应方法的本质。

§10.4 基尔霍夫定律的相量形式

从上一节分析中可见,当使用复指数激励代替正弦激励来分析正弦稳态响应时,可使微分问题转换成(复)代数问题,从而使计算简化。那么是否有可能直接从电路图得到相量形式的电路方程,从而省略列写微分方程的过程?电路分析中的两类约束分别是拓扑约束(基尔霍夫定律)和元件约束(元件特性方程)。因此要想根据电路图直接列写相量形式的电路方程,需要研究这两类约束的相量形式。接下来要讨论的是基尔霍夫定律的相量形式。

基尔霍夫电流定律的一般表达式为

$$\sum i(t) = 0 \tag{10.4.1}$$

对于线性正弦稳态电路而言,所有激励和响应都是同频率的正弦时间函数。根据欧拉公式 $\cos(\omega t + \varphi) + j\sin(\omega t + \varphi) = e^{j(\omega t + \varphi)}$ 可知,正弦电流 $i(t) = I_m \sin(\omega t + \varphi_i) = \mathrm{Im}[\dot{I}_m e^{j\omega t}]$,则对电路的任

一节点而言,根据基尔霍夫电流定律有

$$\sum i(t) = \sum \{ \mathrm{Im}[\ \dot{I}_{\mathrm{m}}\mathrm{e}^{\mathrm{j}\omega t}\ ] \} = 0 \tag{10.4.2}$$

将上式中对复数取虚部的运算与求和的运算次序交换,得

$$\sum i(t) = \mathrm{Im}[\ \sum (\ \dot{I}_{\mathrm{m}}\mathrm{e}^{\mathrm{j}\omega t})\ ] = \mathrm{Im}[\ (\ \sum \dot{I}_{\mathrm{m}})\ \mathrm{e}^{\mathrm{j}\omega t}\ ] = 0 \tag{10.4.3}$$

上式意味着旋转相量 $(\ \sum \dot{I}_{\mathrm{m}})\mathrm{e}^{\mathrm{j}\omega t}$ 于任意时刻在虚轴上的投影恒等于零。而旋转因子 $\mathrm{e}^{\mathrm{j}\omega t}$ 总不为零,因而相量 $(\ \sum \dot{I}_{\mathrm{m}})$ 必恒等于零,即

$$\sum \dot{I}_{\mathrm{m}} = 0 \tag{10.4.4}$$

将上式各项除以 $\sqrt{2}$,即对于有效值相量有同样的结论。

$$\sum \dot{I} = 0 \tag{10.4.5}$$

这就是基尔霍夫电流定律的相量形式。

同理,根据基尔霍夫电压定律的时域方程表达式

$$\sum u(t) = 0 \tag{10.4.6}$$

可以获得相量形式的基尔霍夫电压定律表达式

$$\sum \dot{U}_{\mathrm{m}} = 0 \tag{10.4.7}$$

$$\sum \dot{U} = 0 \tag{10.4.8}$$

例 10.4.1　如图 10.4.1 所示的某稳态正弦电流电路的一个节点,已知 $\dot{I}_1 = (3+\mathrm{j}4)$ A, $\dot{I}_2 = (-9+\mathrm{j}3)$ A, $\dot{I}_3 = (7-\mathrm{j}6)$ A,求 $\dot{I}_4$。

解：根据基尔霍夫电流定律的相量形式,对于图 10.4.1 中的节点有

$$\dot{I}_1 + \dot{I}_2 - \dot{I}_3 + \dot{I}_4 = 0$$

即

$$\dot{I}_4 = -\dot{I}_1 - \dot{I}_2 + \dot{I}_3$$

代入已知条件可得

$$\dot{I}_4 = (-3-\mathrm{j}4+9-\mathrm{j}3+7-\mathrm{j}6)\ \mathrm{A} = (13-\mathrm{j}13)\ \mathrm{A}$$

例 10.4.2　如图 10.4.2 所示的某稳态正弦电流电路中的一个回路,已知 $\dot{U}_1 = (2+\mathrm{j}1)$ V, $\dot{U}_2 = (10+\mathrm{j}1)$ V,且电压表读数(有效值)为 $U_3 = 6$ V, $U_4 = 10$ V,求电压相量 $\dot{U}_3$ 和 $\dot{U}_4$。

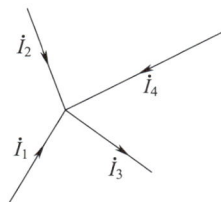

图 10.4.1　基尔霍夫电流
定律相量形式应用示例

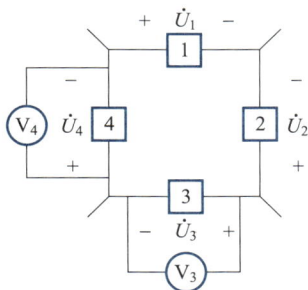

图 10.4.2　基尔霍夫电压定律
的相量形式应用示例

解： 由基尔霍夫电压定律的相量形式可得

$$\dot{U}_1 - \dot{U}_2 + \dot{U}_3 + \dot{U}_4 = 0$$

令 $\dot{U}_3 = (a_3 + jb_3)$ V，$\dot{U}_4 = (a_4 + jb_4)$ V，连同已知条件代入上式中有

$$a_3 + jb_3 + a_4 + jb_4 = 10 + j1 - 2 - j1 = 8$$

即

$$a_3 + a_4 = 8 \tag{1}$$
$$b_3 + b_4 = 0 \tag{2}$$

根据电压表的读数可得

$$a_3^2 + b_3^2 = 36 \tag{3}$$
$$a_4^2 + b_4^2 = 100 \tag{4}$$

联立式（1）—（4）求解结果为

$$a_3 = 0, \quad a_4 = 8, \quad b_3 = \pm 6, \quad b_4 = \mp 6$$

于是共有两组解

$$\dot{U}_3 = j6 \text{ V}, \quad \dot{U}_4 = (8 - j6) \text{ V}$$

或

$$\dot{U}_3 = -j6 \text{ V}, \quad \dot{U}_4 = (8 + j6) \text{ V}$$

§10.5 电路元件方程的相量形式

在解决了基尔霍夫定律的相量形式表示后，研究各电路元件特性方程的相量形式。

1. 电阻元件

线性电阻元件的电压电流关系服从欧姆定律，即

$$u_R(t) = Ri_R(t) \tag{10.5.1}$$

王弦稳态下，设电压、电流分别为

$$u_R(t) = U_{Rm}\sin(\omega t + \varphi_u) = \text{Im}[\dot{U}_{Rm} e^{j\omega t}] \tag{10.5.2}$$
$$i_R(t) = I_{Rm}\sin(\omega t + \varphi_i) = \text{Im}[\dot{I}_{Rm} e^{j\omega t}] \tag{10.5.3}$$

式中 $\dot{U}_{Rm} = U_{Rm} e^{j\varphi_u}$，$\dot{I}_{Rm} = I_{Rm} e^{j\varphi_i}$ 分别为电压幅值相量和电流幅值相量。将式（10.5.2）和式（10.5.3）代入式（10.5.1），得

$$\text{Im}[\dot{U}_{Rm} e^{j\omega t}] = \text{Im}[R\dot{I}_{Rm} e^{j\omega t}] \tag{10.5.4}$$

由此可得

$$\dot{U}_{Rm} = R\dot{I}_{Rm} \tag{10.5.5}$$

或

$$\dot{U}_R = R\dot{I}_R \tag{10.5.6}$$

上式即为电阻元件电压电流关系的相量形式。它除了反映电压、电流、电阻间的数值关系，还包含了一个重要的信息，即电阻两端的电压与流过的电流之间始终同相，两者同时经历最大值以及最小值。

电阻元件的时域电路模型、相量电路模型及相量图如图 10.5.1 所示。

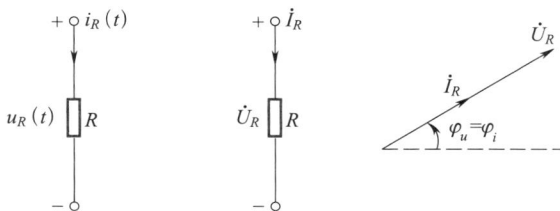

图 10.5.1 电阻元件的时域、相量电路模型及相量图

2. 电容元件

线性电容元件的时域电压与电流关系为

$$i_C(t) = C\frac{\mathrm{d}u_C(t)}{\mathrm{d}t} \tag{10.5.7}$$

在正弦稳态下，设其电压、电流分别为

$$u_C(t) = U_{Cm}\sin(\omega t + \varphi_u) = \mathrm{Im}[\dot{U}_{Cm}\mathrm{e}^{\mathrm{j}\omega t}] \tag{10.5.8}$$

$$i_C(t) = I_{Cm}\sin(\omega t + \varphi_i) = \mathrm{Im}[\dot{I}_{Cm}\mathrm{e}^{\mathrm{j}\omega t}] \tag{10.5.9}$$

式中 $\dot{U}_{Cm} = U_{Cm}\mathrm{e}^{\mathrm{j}\varphi_u}$，$\dot{I}_{Cm} = I_{Cm}\mathrm{e}^{\mathrm{j}\varphi_i}$ 分别为电容的电压幅值相量和电流幅值相量。将式(10.5.8)和式(10.5.9)代入式(10.5.7)，得

$$i_C(t) = C\frac{\mathrm{d}}{\mathrm{d}t}\{\mathrm{Im}[\dot{U}_{Cm}\mathrm{e}^{\mathrm{j}\omega t}]\} = \mathrm{Im}\left[C\frac{\mathrm{d}}{\mathrm{d}t}(\dot{U}_{Cm}\mathrm{e}^{\mathrm{j}\omega t})\right] \tag{10.5.10}$$

$$i_C(t) = \mathrm{Im}[\mathrm{j}\omega C\dot{U}_{Cm}\mathrm{e}^{\mathrm{j}\omega t}] \tag{10.5.11}$$

比较式(10.5.9)与式(10.5.11)，可得

$$\dot{I}_{Cm} = \mathrm{j}\omega C\dot{U}_{Cm} \tag{10.5.12}$$

或

$$\dot{I}_C = \mathrm{j}\omega C\dot{U}_C \tag{10.5.13}$$

上式即为线性电容元件电压电流关系的相量形式。可以看出，电容元件的电压电流关系是一个与欧姆定律类似的代数方程关系，但其比值不是电阻，而是一个复数 $\dfrac{1}{\mathrm{j}\omega C}$。由于 $-\mathrm{j} = \mathrm{e}^{-\mathrm{j}\frac{\pi}{2}}$，这意味着电容两端的电压不再与流过的电流同相，而是滞后于电流的相角 90°，或者说电流超前电压 90°。这个结果从物理上可以理解为先有电流在电容上积累电荷，然后在电容的两端才产生了电压。根据式(10.5.11)及式(10.5.12)，将电容电压有效值 U_C（或幅值 U_{Cm}）与电流有效值 I_C

（或幅值 I_{Cm}）之比定义为容抗，用符号 X_C 表示，同时考虑相位关系，有

$$X_C \stackrel{\text{def}}{=\!=} -\frac{1}{\omega C} = -\frac{1}{2\pi f C} \tag{10.5.14}$$

　　容抗是正弦电流电路中的一个重要的导出参数，与电阻具有相同的量纲，在国际单位制中，其单位名称也是欧姆，其值总是负值。容抗值的大小反映了电容对正弦电流抵抗能力的强弱，它不仅取决于电容 C 的大小，还与电路的工作频率有关。在一定的频率下，容抗值 $|X_C|$ 与电容 C 成反比。而频率越低，容抗值越大，当 $\omega \to 0$ 时（即相当于直流时），$|X_C| \to \infty$，相当于开路；频率越高，容抗值越小，当 $\omega \to \infty$ 时，$|X_C| \to 0$，相当于短路。可见频率越高的电流越容易通过电容，因此描述电容的性质时通常说其"通交流阻直流"。

　　电容元件的时域电路模型、相量电路模型及相量图如图 10.5.2 所示。

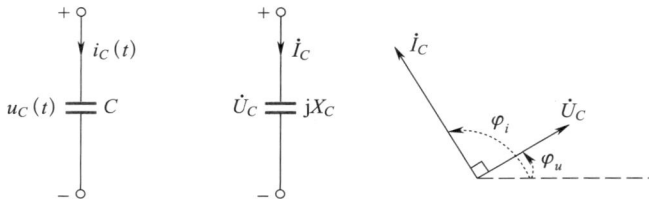

图 10.5.2　电容元件的时域、相量电路模型及相量图

3. 电感元件

线性电感元件的时域电压与电流关系为

$$u_L(t) = L\frac{\mathrm{d}i_L(t)}{\mathrm{d}t} \tag{10.5.15}$$

在正弦稳态下，设电压、电流分别为

$$u_L(t) = U_{Lm}\sin(\omega t + \varphi_u) = \mathrm{Im}[\dot{U}_{Lm}\mathrm{e}^{\mathrm{j}\omega t}] \tag{10.5.16}$$

$$i_L(t) = I_{Lm}\sin(\omega t + \varphi_i) = \mathrm{Im}[\dot{I}_{Lm}\mathrm{e}^{\mathrm{j}\omega t}] \tag{10.5.17}$$

式中 $\dot{U}_{Lm} = U_{Lm}\mathrm{e}^{\mathrm{j}\varphi_u}$，$\dot{I}_{Lm} = I_{Lm}\mathrm{e}^{\mathrm{j}\varphi_i}$，分别为电感电压幅值相量和电流幅值相量。将式（10.5.17）代入式（10.5.15），得

$$u_L(t) = L\frac{\mathrm{d}}{\mathrm{d}t}\{\mathrm{Im}[\dot{I}_{Lm}\mathrm{e}^{\mathrm{j}\omega t}]\} = \mathrm{Im}\left[L\frac{\mathrm{d}}{\mathrm{d}t}(\dot{I}_{Lm}\mathrm{e}^{\mathrm{j}\omega t})\right] \tag{10.5.18}$$

$$u_L(t) = \mathrm{Im}[\mathrm{j}\omega L\dot{I}_{Lm}\mathrm{e}^{\mathrm{j}\omega t}] \tag{10.5.19}$$

比较式（10.5.16）与式（10.5.19）可得

$$\dot{U}_{Lm} = \mathrm{j}\omega L\dot{I}_{Lm} \tag{10.5.20}$$

或

$$\dot{U}_L = \mathrm{j}\omega L\dot{I}_L \tag{10.5.21}$$

上式即为线性电感元件电压电流关系的相量形式。可以看出,电感元件的电压电流关系也是一个与欧姆定律类似的代数方程关系,但其比值是一个复数 $j\omega L$。由于 $j = e^{j\frac{\pi}{2}}$,这意味着电感两端的电压不再与流过的电流同相,而是超前于电流的相角 $90°$,或者说电流滞后于电压 $90°$。这一结果从物理上可以理解成需克服感应电压使电流流动。根据式(10.5.20)及式(10.5.21),电感电压有效值 U_L(或幅值 U_{Lm})与电流有效值 I_L(或幅值 I_{Lm})之比定义为感抗,用符号 X_L 表示,即

$$X_L \xlongequal{\text{def}} \omega L = 2\pi f L \qquad (10.5.22)$$

感抗是正弦电流电路中的另一个重要的导出参数,在国际单位制中,感抗的单位名称也是欧姆,其值总为正值。和容抗类似,感抗的大小反映了电感对正弦电流抵抗能力的强弱,这在本质上是由于电感电压总是倾向于阻止电流的变化而形成的。感抗不仅决定于电感 L,还与电路的工作频率有关。在一定的频率下,感抗 X_L 与电感 L 成正比。而频率越低,感抗越小,当 $\omega \to 0$ 时,$X_L \to 0$,相当于短路;频率越高,感抗越大,当 $\omega \to \infty$ 时,$X_L \to \infty$,相当于开路。可见频率越低的电流越容易通过电感,因此描述电感的性质时常有"通直流阻交流"的说法,其功能与电容的性质互补。通常将容抗和感抗统称为电抗,用 X 表示,有 $\dot{U}_m = jX\dot{I}_m$,以及 $\dot{U} = jX\dot{I}$。

电感元件的时域电路模型、相量电路模型及相量图如图 10.5.3 所示。

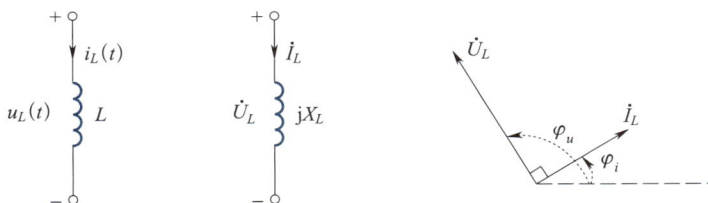

图 10.5.3 电感元件的时域、相量电路模型及相量图

4. 耦合电感元件

如图 10.5.4(a)所示的一个二端口耦合电感元件,其端口电压与电流间的时域关系为

$$u_1(t) = L_1 \frac{di_1(t)}{dt} + M\frac{di_2(t)}{dt} \qquad (10.5.23)$$

$$u_2(t) = M\frac{di_1(t)}{dt} + L_2\frac{di_2(t)}{dt} \qquad (10.5.24)$$

在正弦稳态下,将各电压、电流分别写作其对应的复指数函数的虚部,然后代入式(10.5.23)和式(10.5.24),经推导和整理可得

$$\dot{U}_{1m} = j\omega L_1 \dot{I}_{1m} + j\omega M\dot{I}_{2m} \qquad (10.5.25)$$

$$\dot{U}_{2m} = j\omega M\dot{I}_{1m} + j\omega L_2 \dot{I}_{2m} \qquad (10.5.26)$$

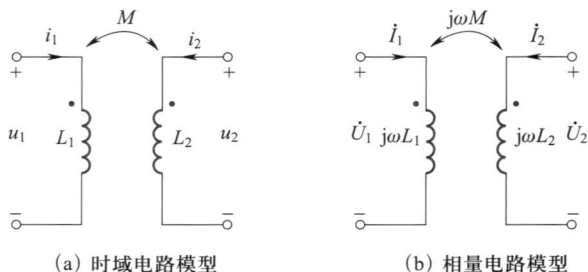

(a) 时域电路模型   (b) 相量电路模型

图 10.5.4 耦合电感元件的时域及相量电路模型

写成有效值相量形式,有

$$\dot{U}_1 = j\omega L_1 \dot{I}_1 + j\omega M \dot{I}_2 \tag{10.5.27}$$

$$\dot{U}_2 = j\omega M \dot{I}_1 + j\omega L_2 \dot{I}_2 \tag{10.5.28}$$

式(10.5.25)—(10.5.28)即为二端口耦合电感元件的电压电流关系的相量形式,式中 ωM 形式与感抗 ωL 类似,称为互感电抗。根据方程所表示的电压、电流有效值相量间的关系,可画出相立的相量电路模型,如图 10.5.4(b)所示。

5. 受控源

线性受控源的受控变量与控制变量之间的关系均为线性函数关系,即

$$\text{VCVS:} \quad u_2(t) = \mu u_1(t) \tag{10.5.29}$$

$$\text{VCCS:} \quad i_2(t) = g_m u_1(t) \tag{10.5.30}$$

$$\text{CCCS:} \quad i_2(t) = \alpha i_1(t) \tag{10.5.31}$$

$$\text{CCVS:} \quad u_2(t) = r_m i_1(t) \tag{10.5.32}$$

式中各变量下标为 1 表示控制变量,下标为 2 表示受控变量。在正弦稳态下,各电压、电流均为同频率的正弦时间函数,将它们分别用相应相量表示,即可以得出各类受控源的受控变量与控制变量间的相量关系

$$\text{VCVS:} \quad \dot{U}_2 = \mu \dot{U}_1 \tag{10.5.33}$$

$$\text{VCCS:} \quad \dot{I}_2 = g_m \dot{U}_1 \tag{10.5.34}$$

$$\text{CCCS:} \quad \dot{I}_2 = \alpha \dot{I}_1 \tag{10.5.35}$$

$$\text{CCVS:} \quad \dot{U}_2 = r_m \dot{I}_1 \tag{10.5.36}$$

综合上述各种不同元件的相量模型,根据正弦激励下的时域电路模型,即可得到其相应的相量电路模型,如图 10.5.5 所示。

例 10.5.1 求如图 10.5.6(a)和(b)所示正弦稳态电路中待求的电表读数。

(注:各电流表的内阻可视为零;各电压表的内阻可视为无限大;电表读数为有效值。)

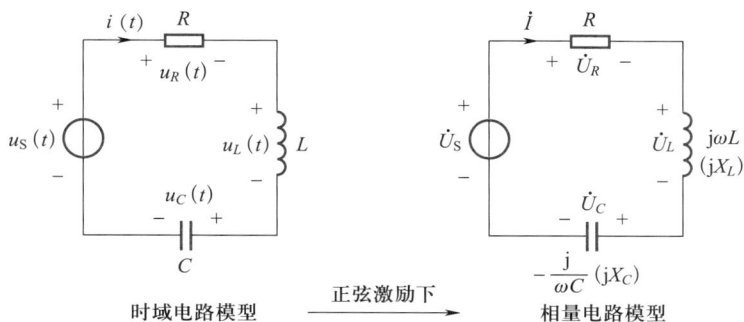

图 10.5.5 时域电路模型及其正弦激励下的相量电路模型

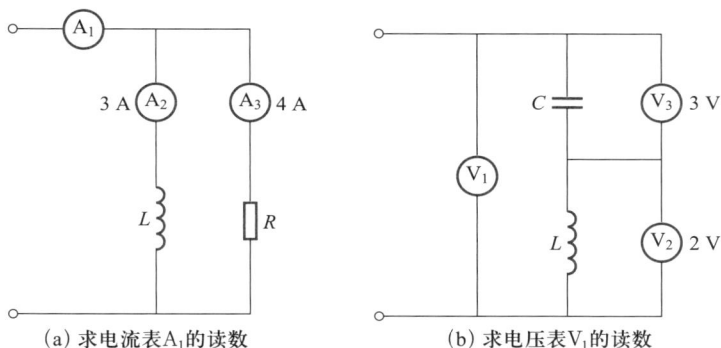

图 10.5.6 元件特性方程的相量形式应用示例

解:(1)根据基尔霍夫电流定律,电流表 A_1 支路的电流相量与 A_2 和 A_3 两个支路电流相量之和相等。由于 A_2 支路电流和 A_3 支路电流的相位差为 $90°$,假定以两个支路的公共的电压相量为参考相量(设相角为 $0°$),则对应的电流相量图如图 10.5.7(a)所示。容易看出,合成电流的有效值即电流表 A_1 的数值为 5 A。

(2)根据基尔霍夫电压定律,电压表 V_1 所表示的电压相量等于 V_2 和 V_3 所表示的电压相量之和。以串联电路的支路电流为参考相量(其相角为 $0°$),则对应的电压相量图如图 10.5.7(b)所示。

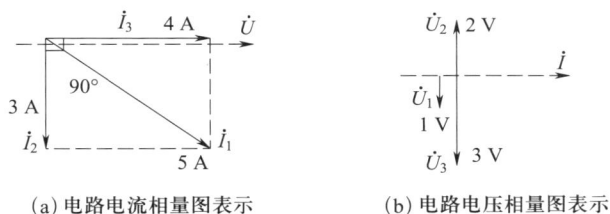

图 10.5.7 例 10.5.1 解的示例图

其中 V_2 表示的电压相量超前电流相量 90°，V_3 表示的电压相量滞后电流相量 90°。容易看出，合成电压为滞后电流相量 90°，其数值为 3 V－2 V＝1 V，即电压表 V_1 的数值为 1 V。

例 10.5.2 试画出如图 10.5.8（a）所示电路的相量电路模型。其中 $R_1 = R_2 = 10\ \Omega$，$R_3 = 20\ \Omega$，$L = 0.1\ \text{H}$，$C = 10\ \mu\text{F}$，正弦电压 $u(t) = 2\sin(314t + 30°)$ V。

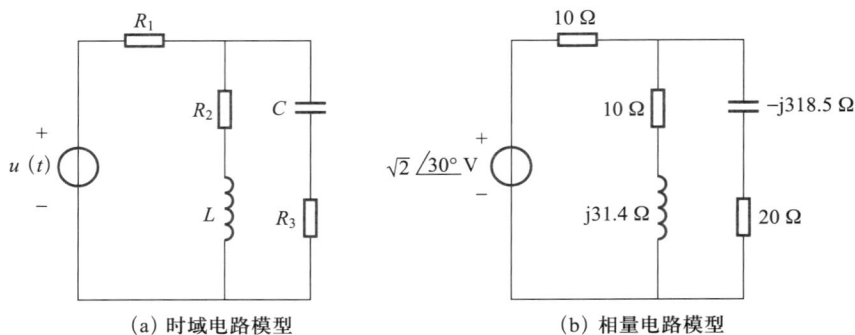

(a) 时域电路模型   (b) 相量电路模型

图 10.5.8 例 10.5.2 的电路示例

解： 根据已知条件可以得到正弦电压源相量为

$$\dot{U} = \sqrt{2}\,\underline{/30°}\ \text{V}$$

因为电路的工作角频率为 $\omega = 314\ \text{rad/s}$，所以电感的感抗与电容的容抗分别为

$$X_L = \omega L = (314 \times 0.1)\ \Omega = 31.4\ \Omega$$

$$X_C = -\frac{1}{\omega C} = -\frac{1}{314 \times 10 \times 10^{-6}}\ \Omega = -318.5\ \Omega$$

电路的相量模型如图 10.5.8（b）所示。

例 10.5.3 试画出如图 10.5.9 所示电路的相量电路模型。已知

$$u_2(t) = 30\sqrt{2}\sin 400t\ \text{V}$$

$$i_1(t) = 10\sqrt{2}\cos(400t - 30°)\ \text{A}$$

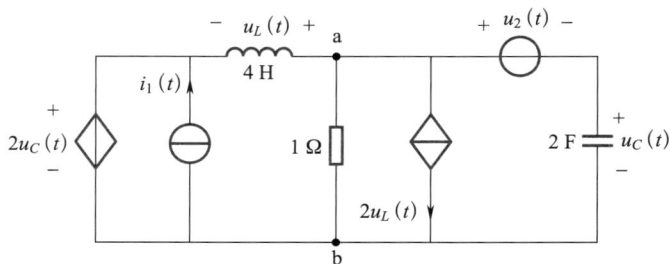

图 10.5.9 相量电路模型应用示例

解： 过程省略。相量电路模型如图 10.5.10 所示。

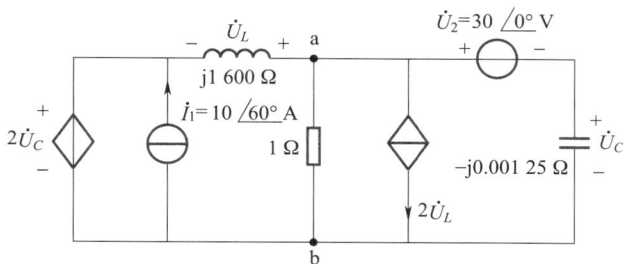

图 10.5.10 例 10.5.3 的相量电路模型

思考题

1. 试从相量形式的元件特性方程出发说明各元件电流电压之间的关系。

2. 工程上所说的电容元件的阻直流、通交流,电感元件的通直流、阻交流特性在相量形式下是如何体现的?

3. 在相量图上,各类元件电流电压之间的关系如何?

4. 在时域中,什么样的电路才有相对应的相量电路模型?

§10.6 阻抗与导纳

上一节中,我们介绍了三种无源二端元件(电阻、电容和电感)的电压电流关系的相量形式,如下所示。

$$\dot{U}_R = R\dot{I}_R \tag{10.6.1}$$

$$\dot{U}_C = \frac{1}{\mathrm{j}\omega C}\,\dot{I}_C = \mathrm{j}X_C\,\dot{I}_C \tag{10.6.2}$$

$$\dot{U}_L = \mathrm{j}\omega L\dot{I}_L = \mathrm{j}X_L\,\dot{I}_L \tag{10.6.3}$$

由此可见,在角频率为 ω 的正弦电流电路中,电容元件及电感元件的电压相量与电流相量之比,均等于一个复数,该复数只决定于元件参数(C 或 L)和频率 ω,而与元件电压、电流无关,且量纲均为欧姆。这种关系和电阻元件上电压相量与电流相量间的线性关系 $\dot{U}_R = R\dot{I}_R$ 相似。

为了用统一的参数表示正弦电流电路中无源二端元件上的电压相量与电流相量间的关系,仿照对电阻元件参数(电阻 R 及电导 G)的定义,定义阻抗和导纳如下:

无源二端元件两端的电压相量与流过的电流相量之比,称为阻抗,用符号 Z 表示,其单位与电阻的单位相同;无源二端元件流过的电流相量与两端电压相量之比,称为导纳,用符号 Y 表示,其单位与电导的单位相同。同一元件的阻抗和导纳互为倒数。一般来说,阻抗与导纳都是 $\mathrm{j}\omega$ 的函数,故又记为 $Z(\mathrm{j}\omega)$ 与 $Y(\mathrm{j}\omega)$。

根据以上定义,电阻、电容和电感元件的阻抗与导纳分别为

$$Z_R = \frac{\dot{U}_R}{\dot{I}_R} = R, \quad Y_R = \frac{1}{Z_R} = \frac{1}{R} \tag{10.6.4}$$

$$Z_C = \frac{\dot{U}_C}{\dot{I}_C} = \frac{1}{j\omega C}, \quad Y_C = \frac{1}{Z_C} = j\omega C \tag{10.6.5}$$

$$Z_L = \frac{\dot{U}_L}{\dot{I}_L} = j\omega L, \quad Y_L = \frac{1}{Z_L} = \frac{1}{j\omega L} \tag{10.6.6}$$

上述阻抗和导纳的定义,不仅适用于无源二端元件,而且适用于由线性元件组成的二端网络。

图 10.6.1 表示一个由线性元件组成的无源二端网络,它是正弦稳态电流电路的一部分,二端网络 N_0 的外部有激励源作用。设该二端网络的端口电压、电流分别为

$$u(t) = \sqrt{2}\,U\sin(\omega t + \varphi_u) = \text{Im}[\sqrt{2}\,\dot{U}e^{j\omega t}] \tag{10.6.7}$$

$$i(t) = \sqrt{2}\,I\sin(\omega t + \varphi_i) = \text{Im}[\sqrt{2}\,\dot{I}e^{j\omega t}] \tag{10.6.8}$$

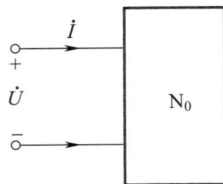

图 10.6.1 线性无源
二端网络电路模型

式中,电压相量 $\dot{U} = Ue^{j\varphi_u}$,电流相量 $\dot{I} = Ie^{j\varphi_i}$,则此二端网络的端口等效阻抗定义为

$$Z \xlongequal{\text{def}} \frac{\dot{U}}{\dot{I}} \tag{10.6.9}$$

等效导纳定义为

$$Y \xlongequal{\text{def}} \frac{\dot{I}}{\dot{U}} \tag{10.6.10}$$

对于同一个二端网络 N_0,其等效阻抗与等效导纳互为倒数,即

$$Y = \frac{1}{Z} \tag{10.6.11}$$

借助于阻抗和导纳,正弦稳态电路中任一不含独立源的二端网络的端口电压相量与电流相量间的关系可以表示为

$$\dot{U} = Z\dot{I} \tag{10.6.12}$$

$$\text{或} \quad \dot{I} = Y\dot{U} \tag{10.6.13}$$

阻抗和导纳一般均为复数。将阻抗 Z 表示为复数的指数式,则有

$$Z = |Z|e^{j\varphi} \tag{10.6.14}$$

式中 $|Z|$ 是阻抗 Z 的模,φ 是阻抗 Z 的辐角。又根据阻抗的定义

$$Z = \frac{\dot{U}}{\dot{I}} = \frac{Ue^{j\varphi_u}}{Ie^{j\varphi_i}} \tag{10.6.15}$$

即

$$Z = \frac{U}{I} \mathrm{e}^{\mathrm{j}(\varphi_u - \varphi_i)} \qquad (10.6.16)$$

比较式(10.6.14)与式(10.6.16)

$$|Z| = \frac{U}{I} \qquad (10.6.17)$$

$$\varphi = \varphi_u - \varphi_i \qquad (10.6.18)$$

式(10.6.17)与式(10.6.18)表明二端网络端口电压的有效值与端口电流的有效值之比等于阻抗的模,电压超前于端口电流的相角,等于阻抗的辐角。因此,阻抗既反映了二端网络端口电压与电流的有效值间的关系,又反映了二者相角间的关系。导纳是阻抗的倒数,同样可以全面地反映上述电压电流之间的关系。

将二端网络的端口等效阻抗 Z 和等效导纳 Y 分别表示为复数的代数式,则有

$$Z = R + \mathrm{j}X \qquad (10.6.19)$$

$$Y = G + \mathrm{j}B \qquad (10.6.20)$$

式中等效阻抗 Z 的实部 R 称为等效电阻,虚部 X 称为等效电抗。等效导纳 Y 的实部 G 称为等效电导,虚部 B 称为等效电纳。如果等效电抗 $X > 0$,称等效阻抗 Z 是感性的;如果等效电抗 $X < 0$,称等效阻抗 Z 是容性的。同理,如果等效电纳 $B > 0$,称等效导纳 Y 是容性的;如果等效电抗 $B < 0$,称等效导纳 Y 是感性的。需注意,一般情况下

$$G \neq \frac{1}{R}, \quad B \neq \frac{1}{X} \qquad (10.6.21)$$

G、B 与 R、X 之间的关系应当由 $Y = \dfrac{1}{Z}$ 的关系来确定,即

$$G = \frac{R}{R^2 + X^2} \qquad (10.6.22)$$

$$B = -\frac{X}{R^2 + X^2} \qquad (10.6.23)$$

$$R = \frac{G}{G^2 + B^2} \qquad (10.6.24)$$

$$X = -\frac{B}{G^2 + B^2} \qquad (10.6.25)$$

实际分析正弦稳态电路时,阻抗 Z 和导纳 Y 也常常表示为极坐标形式,即 $Z = |Z| \underline{/\varphi}$。需要强调的是阻抗和导纳虽然是复数,但不是相量。

在正弦稳态电流电路中,由于电容、电感及耦合电感元件的导出参数(容抗、感抗及互感电抗)是角频率 ω 的函数,因此含有这些元件的无源二端网络的等效阻抗和等效导纳也是角频率的函数。即二端网络 N_0 的端口网络参数将随激励频率的改变而变化。由此可见,用相量法进行正弦稳态分析时,联系各网络变量相量的方程是包含频率变量的代数方程。相量法实际上是一种频域分析方法,通过在频域分析电路元件和信号特性,能极大简化交流电路的

分析过程。

例 10.6.1 在一个将 RLC 串联的电路网络中，$R = 10\ \Omega$，$L = 0.05$ H，$C = 100\ \mu$F，设电路的工作频率为 50 Hz，求电路的等效阻抗。将这三个元件改接成并联，再求电路的等效导纳。

解：根据已知条件，三个元件的串联电路工作角频率为 $\omega = 2\pi f = (2 \times 3.14 \times 50)\ \text{rad/s} = 314\ \text{rad/s}$。因此电路等效阻抗为

$$Z_{\text{eq}} = R + j\omega L + \frac{1}{j\omega C} = \left(10 + j314 \times 0.05 + \frac{1}{j314 \times 10^{-4}}\right)\ \Omega = (10 - j16.1)\ \Omega,$$

电路为容性。而三个元件并联后，电路的等效导纳为

$$Y_{\text{eq}} = \frac{1}{R} + \frac{1}{j\omega L} + j\omega C = \left(0.1 + \frac{1}{j314 \times 0.05} + j314 \times 10^{-4}\right)\ \text{S} = (0.1 - j0.03)\ \text{S}，\text{是感性网络。}$$

由此例可看出，相同的三个元件，连接方式不同，不仅改变阻抗值的大小，还改变了电路的性质（容性、感性）。这个例子又一次说明电路的性质是由元件和结构两部分共同决定的。

讨论：请读者自行求解该例中阻抗和导纳的辐角。

有了阻抗和导纳的概念后，即可将第六章中讨论的二端口的电阻参数 R 和电导参数 G 推广应用到正弦稳态电路，相应变成更普适的阻抗参数 Z 和导纳参数 Y。对于一个无独立源的二端口网络 N，根据其相量模型即可获得 Z 参数方程和 Y 参数方程

$$\begin{cases} \dot{U}_1 = Z_{11}\dot{I}_1 + Z_{12}\dot{I}_2 \\ \dot{U}_2 = Z_{21}\dot{I}_1 + Z_{22}\dot{I}_2 \end{cases}$$

$$\begin{cases} \dot{I}_1 = Y_{11}\dot{U}_1 + Y_{12}\dot{U}_2 \\ \dot{I}_2 = Y_{21}\dot{U}_1 + Y_{22}\dot{U}_2 \end{cases}$$

例 10.6.2 求如图 10.6.2(a)所示的正弦稳态二端口网络的 Y 参数方程。

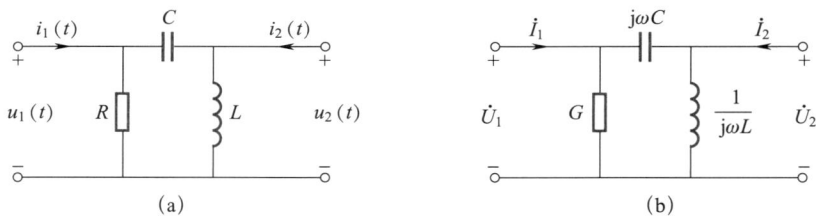

图 10.6.2 例 10.6.2 的电路示例

解：首先画出该正弦稳态电路的相量模型，如图 10.6.2(b)所示。

解法 1：此电路属于 Π 形网络。列写端口 KCL 方程。

$$\begin{cases} \dot{I}_1 = G\dot{U}_1 + j\omega C(\dot{U}_1 - \dot{U}_2) \\ \dot{I}_2 = \frac{1}{j\omega L}\dot{U}_2 + j\omega C(\dot{U}_2 - \dot{U}_1) \end{cases}$$

$$\begin{cases} \dot{I}_1 = (G+j\omega C) \, \dot{U}_1 -j\omega C\dot{U}_2 \\ \dot{I}_1 = -j\omega C\dot{U}_1 +\left(\dfrac{1}{j\omega L} +j\omega C\right) \dot{U}_2 \end{cases}$$

则

$$Y = \begin{bmatrix} G+j\omega C & -j\omega C \\ -j\omega C & \dfrac{1}{j\omega L}+j\omega C \end{bmatrix}$$

解法 2:按 Y 参数的定义计算。

$$Y_{11} = \left. \frac{\dot{I}_1}{\dot{U}_1} \right|_{\dot{U}_2=0} = G+j\omega C$$

$$Y_{12} = \left. \frac{\dot{I}_1}{\dot{U}_2} \right|_{\dot{U}_1=0} = -j\omega C$$

$$Y_{21} = \left. \frac{\dot{I}_2}{\dot{U}_1} \right|_{\dot{U}_2=0} = -j\omega C$$

$$Y_{22} = \left. \frac{\dot{I}_2}{\dot{U}_2} \right|_{\dot{U}_1=0} = \frac{1}{j\omega L}+j\omega C$$

显然有 $Y_{12}=Y_{21}$,满足互易性。通过此例可以推广得到以下结论:由无源元件(电阻、电容、电感)组成的二端口网络均具有互易性。

思考题

1. 什么是阻抗? 什么是导纳? 元件的阻抗、导纳与单端口网络的阻抗、导纳的联系和区别是什么?

2. 单端口网络的阻抗、导纳的实部和虚部间的转换关系是什么?

3. 从元件和电路两方面来说明引入阻抗、导纳的好处是什么?

【章节知识点测验】

请扫码进行章节知识点测验。

【典型习题精讲】

请扫码查看具体内容。

【章节知识点测验】

【典型习题精讲】

习　　题

10.1　写出以下各正弦电压的幅值、角频率、周期和初相角，并分别绘出其波形图。

（1）$u(t) = 7.07\sqrt{2}\sin(2\pi\times465\times10^3 t+\pi)$ V；

（2）$u(t) = 3.11\sin\left(6.28t+\dfrac{3\pi}{2}\right)$ V。

10.2　根据如题 10.2 图（a）和（b）所示的两个波形图，写出它们的正弦函数形式的瞬时值表达式。

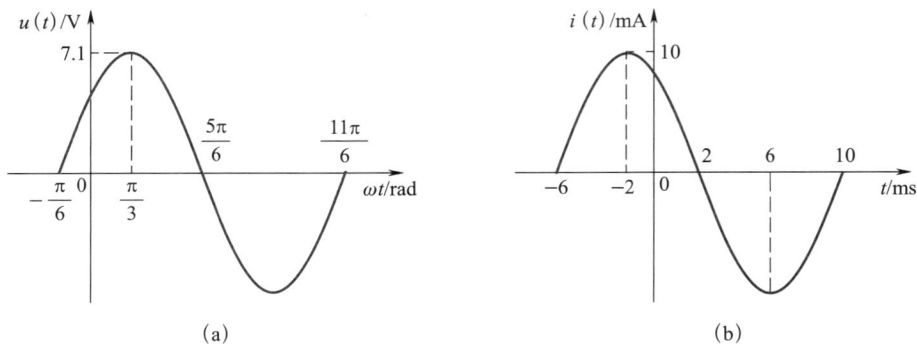

(a)　　　　　　　　　　　　　(b)

题 10.2 图

10.3　对下列各组正弦量，试计算前一个正弦量与后一个正弦量的相位差 φ，并指出其超前、滞后关系。

（1）$u_1(t) = \sin(\omega t+60°)$ V，$u_2(t) = \sin\left(\omega t+\dfrac{\pi}{3}\right)$ V；

（2）$u_1(t) = \sin\left(\omega t+\dfrac{\pi}{4}\right)$ V，$u_2(t) = \sin\left(\omega t-\dfrac{\pi}{6}\right)$ V。

10.4　求如题 10.4 图所示周期性电压的有效值。

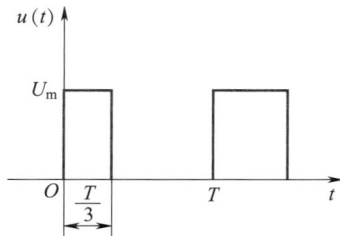

题 10.4 图

10.5 试求如题 10.5 图所示电路在开关闭合后的零状态响应电流 $i(t)$。

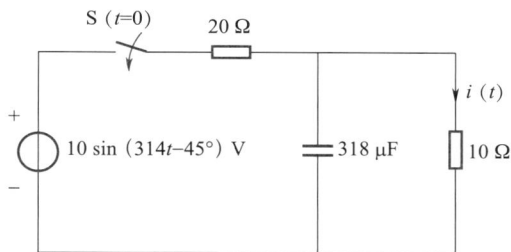

题 10.5 图

10.6 对于如题 10.6 图所示电路,

(1) 设 $i_s = \sin(314t + 135°)\varepsilon(t)$ A,求零状态响应电压 $u(t)$;

(2) 设 $i_s = \sin(314t - 45°)\varepsilon(t)$ A,求零状态响应电压 $u(t)$;

(3) 设 $i_s = \sin(314t - 45°)\varepsilon(t)$ A,$i_L(0_-) = 1$ A,求电压 $u(t)$(全响应)。

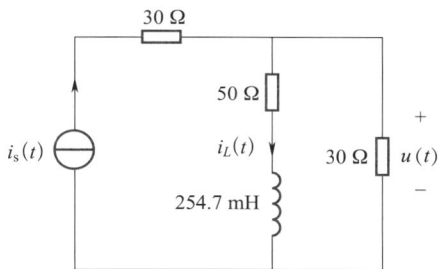

题 10.6 图

10.7 当用复指数函数电流源 $\dot{I}_s(t) = 0.12\mathrm{e}^{\mathrm{j}(400t - 30°)}$ A 激励以下几种二端元件时,求元件两端间的稳态响应电压 $\dot{U}(t)$。

(1) 0.01 H 的电感;

(2) 5 μF 的电容;

(3) 50 Ω 的电阻。

10.8 写出下列各正弦量的有效值相量,并绘出相量图。

(1) $i(t) = 3\sin\left(314t + \dfrac{\pi}{4}\right)$ A;

(2) $u(t) = -10\cos(628t - 120°)$ V。

10.9 写出对应于下列各有效值相量的正弦时间函数式,并绘出相量图。

(1) $\dot{U}_1 = 200 \underline{/120°}$ V;

(2) $\dot{U}_2 = 300 \underline{/0°}$ V;

(3) $\dot{U}_3 = 250 \underline{/-60°}$ V。

10.10 试求下列同频率电流之和(限定用相量法求)。

(1) $i_1(t) = 1.4\sin\left(314t - \dfrac{\pi}{2}\right)$ A;

(2) $i_2(t) = 2.3\sin\left(314t + \dfrac{\pi}{6}\right)$ A。

10.11 题 10.11 图表示某正弦电流电路,已知 $\dot{I}_1 = (1+\text{j}2)$ A,$\dot{I}_2 = (0.5-\text{j}4)$ A,求 $\dot{I}_3$、$\dot{I}_4$、$\dot{I}_5$、$\dot{I}_6$。若有一组电流值如下,试问满足基尔霍夫电流定律吗?

$$\dot{I}_2 = (3+\text{j}4) \text{ A}, \quad \dot{I}_5 = (9-\text{j}4) \text{ A}, \quad \dot{I}_3 = 6 \text{ A}$$

10.12 题 10.12 图表示某正弦电流电路中的一个回路,已知 $\dot{U}_1 = (2.5+\text{j}3.6)$ V,$\dot{U}_2 = \text{j}7.5$ V,$\dot{U}_3 = (6-\text{j}3.2)$ V,求 $\dot{U}_4$。

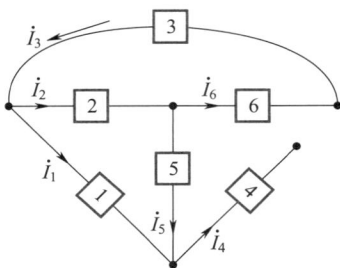

题 10.11 图

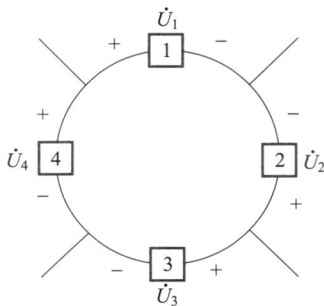

题 10.12 图

10.13 对于如题 10.13 图所示工频电容电路:
(1) 设图(a)中 $u_s(t) = 310\sin314t$ V,求 $i(t)$,并画出 $u_s(t)$ 和 $i(t)$ 的波形图;
(2) 设图(b)中 $\dot{I} = 0.1\underline{/-60°}$ A,求 $\dot{U}_s$,并画出 $\dot{I}$ 和 $\dot{U}_s$ 的相量图。

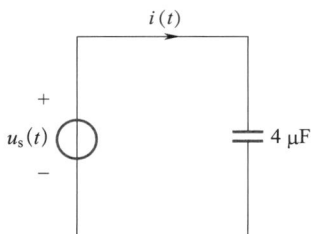

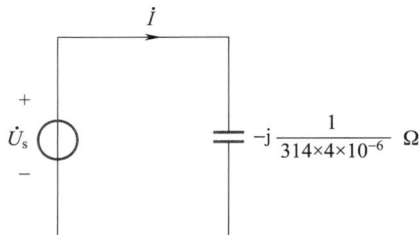

题 10.13 图

10.14 对于如题 10.14 图所示电感电路:
(1) 已知图(a)中 $i(t) = 0.675\sin314t$ A,求 $u_s(t)$ 并绘出 $i(t)$、$u_s(t)$ 的波形图;
(2) 已知图(b)中 $\dot{U}_s = 127\underline{/-30°}$ V,求 $\dot{I}$ 并绘出 $\dot{U}_s$、$\dot{I}$ 的相量图。

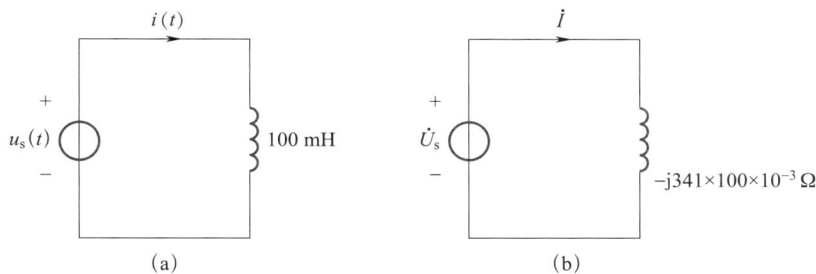

题 10.14 图

10.15　写出如题 10.15 图所示两个含有耦合电感元件的电路中的电压相量表达式。

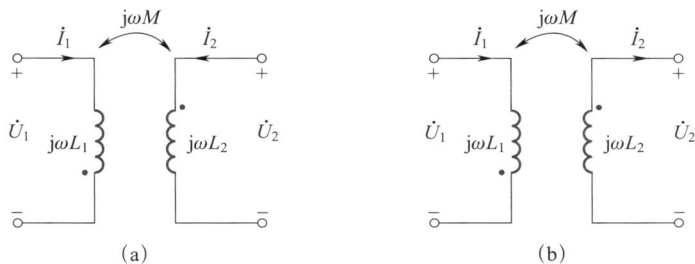

题 10.15 图

10.16　画出与如题 10.16 图所示电路对应的相量电路模型。

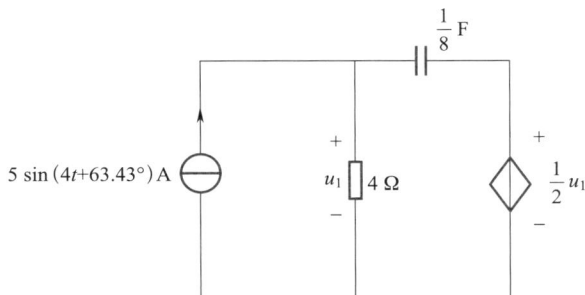

题 10.16 图

10.17　解答下列各分题：

（1）已知 $\dot{U} = (160+\mathrm{j}120)$ V，$\dot{I} = (24-\mathrm{j}32)$ A，求 Y；

（2）已知 $u(t) = 50\sin\left(\omega t + \dfrac{\pi}{6}\right)$ V，$Z = (2.5+\mathrm{j}4.33)$ Ω，求 $i(t)$；

（3）已知 $i(t) = -4\sin(\omega t - 27°)$ A，$Z = (1+\mathrm{j}17.3)$ Ω，求 $u(t)$。

10.18　已知负载的电压、电流相量分别为：

（1）$\dot{U} = 48 \underline{/70°}$ V，$\dot{I} = 8 \underline{/100°}$ A；

（2）$\dot{U} = 220 \underline{/120°}$ V，$\dot{I} = 6 \underline{/30°}$ A；

（3）$\dot{U} = 0.03 \underline{/-67°}$ V，$\dot{I} = 5 \underline{/-37°}$ A；

试求负载的导纳、电导和电纳。

10.19　已知电路的等效阻抗为

（1）$Z = (5 + j12)$ Ω；　　（2）$Z = (0.8 - j0.6)$ Ω；　　（3）$Z = \sqrt{2} \underline{/45°}$ Ω。

求电路的等效电导和等效电纳。

10.20　一个线圈和一个有损耗的电容器串联，当其工作于工频正弦稳态时，总阻抗为$(3.5 + j28)$ Ω。如果线圈的阻抗为$(2.5 + j60)$ Ω，试确定电容器的电容及其等效串联电阻值。

10.21　有三个元件的导纳分别为$Y_1 = (8 + j6)$ S，$Y_2 = (3 - j4)$ S，$Y_3 = (9 + j18)$ S。求它们的并联等效导纳和串联等效导纳。

10.22　求题 10.22 图各分图中待求的电表读数（有效值）。

（注：各电流表的内阻可视为零；各电压表的内阻可视为无限大。）

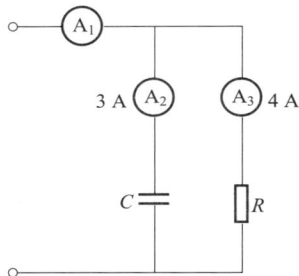

求 (A_1) 的读数

(a)

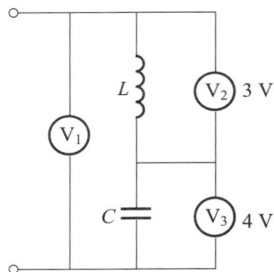

求 (V_1) 的读数

(b)

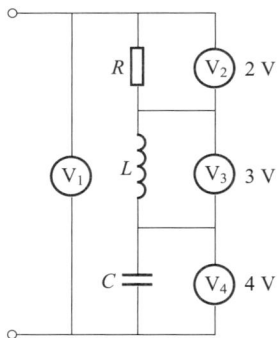

求 (V_1) 的读数

(c)

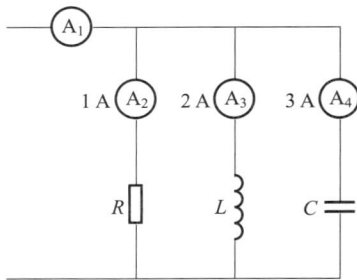

求 (A_1) 的读数

(d)

题 10.22 图

10.23 利用二端口网络的分析方法,求出如题 10.23 图所示正弦交流网络中电流相量 $\dot{I}_3$ 与电压相量 $\dot{U}_1$ 之比 $\dfrac{\dot{I}_3}{\dot{U}_1}$(电源角频率为 ω)。

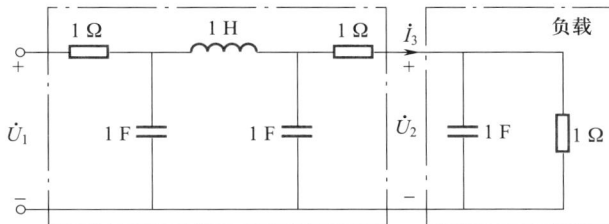

题 10.23 图

10.24 已知题 10.24 图所示二端口网络的 Z 参数为 $\mathbf{Z}=\begin{bmatrix} \dfrac{2}{\mathrm{j}\omega} & -\dfrac{1}{\mathrm{j}\omega} \\ -\dfrac{1}{\mathrm{j}\omega} & \dfrac{1-\omega^2}{\mathrm{j}\omega} \end{bmatrix}$,求网络函数 $H=\dfrac{\dot{U}_2}{\dot{U}_1}$。

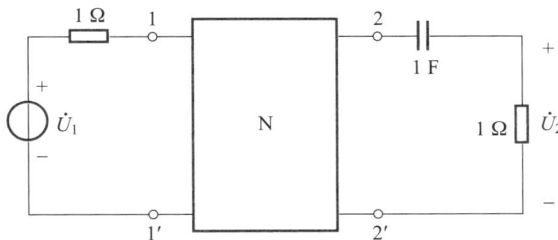

题 10.24 图

10.25 求如题 10.25 图所示二端口网络的 Z 参数、Y 参数和 T 参数。

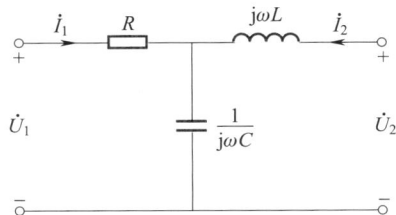

题 10.25 图

10.26 求如题 10.26 图所示二端口网络的 T 参数。

10.27 如题 10.27 图所示电路中二端口网络 N 的 Z 参数为 $Z_{11}=5\ \Omega$、$Z_{12}=Z_{21}=4\ \Omega$、$Z_{22}=12\ \Omega$,试求输出电压 $\dot{U}$。

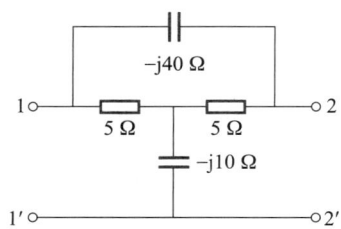

题 10.26 图

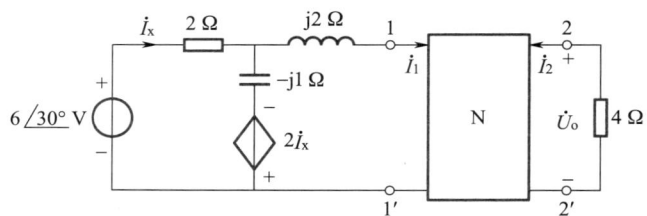

题 10.27 图

第十一章　动态电路的稳态分析

【引言】第十章以一个简单的一阶电路的正弦激励为例,从时域分析出发,引入了相量法来简化正弦稳态响应的分析。本章将继续通过相量法来对更普遍的线性动态电路的正弦稳态响应进行分析,包括一些典型的电路现象和典型应用电路,用以说明相量法对正弦稳态电路分析的普适性。具体内容包括:分析和研究正弦稳态电路中的功率,讨论正弦激励电路中的谐振现象,以及含有耦合电感元件(如变压器等)的正弦电路的分析,然后介绍对称三相电路的分析和计算,最后简单介绍如何通过正弦稳态分析获得周期非正弦激励下动态电路的稳态响应。

§11.1　正弦稳态响应的相量分析法

正如上一章所讨论的那样,线性正弦稳态电路的拓扑约束——基尔霍夫电压定律和电流定律的相量表示与时域表示在形式上完全相同,各电路变量之间均为线性关系。而电路的元件约束——元件(包括线性电阻以及线性动态元件)特性方程的相量表示与线性电阻的欧姆定律形式上完全相同。因此,在前面第二至六章中所阐述的关于线性电阻电路分析的各种方法(支路电流法、回路(网孔)法、节点法等)、定理(叠加定理、替代定理、等效电源定理、特勒根定理、互易定理等),以及电路的各种等效变换原则(电阻的 Δ-Y 变换、电源的分裂转移等),包括二端口网络的分析原则和方法,均适用于正弦电路稳态分析的相量分析法,只是此时必须根据相量电路模型列写电路方程,即所有的电路参变量用复数或相量形式表示,各支路中元件用相量模型代替,相应的运算是复数运算。

用相量分析法求解正弦稳态响应的具体步骤大致如下:

(1)将电路的时域模型变换为相量模型。首先把时域参量转化为相对应的复数,变量用相量表示,然后画出和时域电路相对应的相量电路模型。

(2)利用相量形式的元件约束和拓扑约束,以及电阻电路的分析方法,建立相量形式的电路方程求解相量,求解方式也可分为两种:一种是对电路相量方程通过复数运算法则解析求解各相量,这种方法称为解析法。另一种是画出各电路量的相量图,然后进行相量图分析和求解,该方法被称为相量图法,采用此法时要注意参考相量的选择。

(3)将解得的相量形式变换回对应的时域表达式。

下面通过实例来进一步加深对相量分析法的理解。

例 11.1.1 如图 11.1.1（a）所示电路中，已知 $R = 10\ \Omega$，$L = 40\ \text{mH}$，$C = 500\ \mu\text{F}$，$u_1(t) = 40\sqrt{2}\sin 400t\ \text{V}$，$u_2(t) = 30\sqrt{2}\sin(400t+90°)\ \text{V}$，请分别用回路法和节点法求 $u_R(t)$。

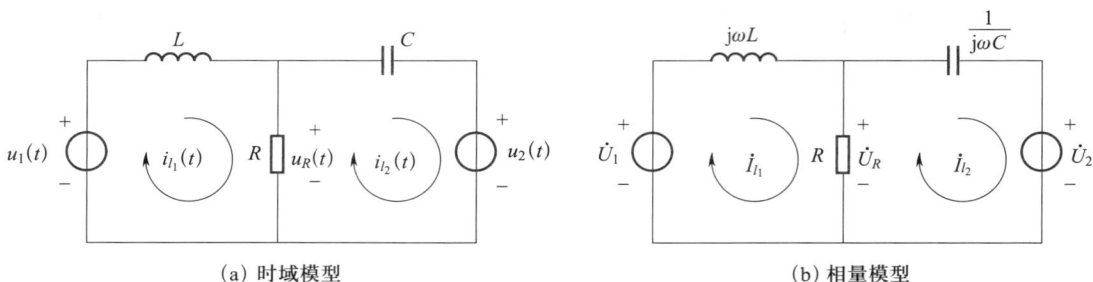

（a）时域模型   （b）相量模型

图 11.1.1 用回路法分析例 11.1.1 中电路

解： 首先将如图 11.1.1（a）所示的时域模型转换为如图 11.1.1（b）所示的相量模型。采用有效值相量，有 $\dot{U}_1 = 40\ \underline{/0°}\ \text{V}$，$\dot{U}_2 = 30\ \underline{/90°}\ \text{V}$，而 $\omega = 400\ \text{rad/s}$。

（1）根据相量电路模型，采用回路法，列回路方程：

$$\begin{cases} (R+j\omega L)\,\dot{I}_{l_1} - R\dot{I}_{l_2} = \dot{U}_1 \\ -R\dot{I}_{l_1} + \left(R+\dfrac{1}{j\omega C}\right)\dot{I}_{l_2} = -\dot{U}_2 \end{cases}$$

代入各电路参数值，有

$$\begin{cases} (10+j16)\,\dot{I}_{l_1} - 10\dot{I}_{l_2} = 40\ \underline{/0°} \\ -10\dot{I}_{l_1} + (10-j5)\,\dot{I}_{l_2} = -30\ \underline{/90°} \end{cases}$$

利用克莱姆法则求解上述方程组，可解得

$$\dot{I}_{l_1} = 4.71\ \underline{/-105°}\ \text{A}$$

$$\dot{I}_{l_2} = 6.84\ \underline{/-72.8°}\ \text{A}$$

$$\dot{U}_R = R(\dot{I}_{l_1} - \dot{I}_{l_2}) = 38.2\ \underline{/149°}\ \text{V}$$

最后将求解的相量表达式变换回对应的时域形式，有

$$u_R(t) = 38.2\sqrt{2}\sin(400t+149°)\ \text{V}$$

（2）采用节点法求解，则根据图 11.1.2 中的相量模型直接列写节点方程，除参考节点外，节点 a 处电压即为待求电压。

$$\left(\dfrac{1}{j\omega L} + \dfrac{1}{R} + j\omega C\right)\dot{U}_a = \dfrac{\dot{U}_1}{j\omega L} + j\omega C\dot{U}_2$$

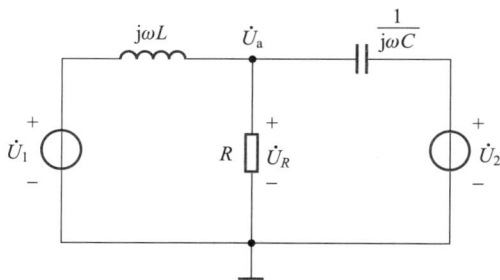

图 11.1.2 用节点法分析例 11.1.1 中电路

代入各电路参数值,有

$$\left(\frac{1}{j16}+\frac{1}{10}+j0.2\right)\dot{U}_a=\frac{40\underline{/0°}}{j16}+30\underline{/90°}\cdot j0.2$$

解得

$$\dot{U}_R=\dot{U}_a=38.2\underline{/149°}\text{ V}$$

变换成对应的时域形式,有

$$u_R(t)=38.2\sqrt{2}\sin(400t+149°)\text{ V}$$

例 11.1.2　求图 11.1.3(a)所示电路的戴维南等效电路,已知:$\dot{I}_s=0.2\underline{/0°}$ A,$R=250$ Ω,$X_C=-250$ Ω,受控源的 $\beta=0.5$。

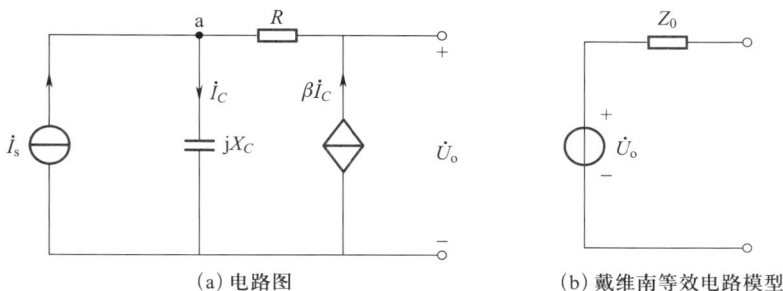

(a) 电路图　　　　　　　(b) 戴维南等效电路模型

图 11.1.3

解:根据戴维南定理,分别求得开路电压 $\dot{U}_o$ 和等效阻抗 Z_0,即可获得如图 11.1.3(b)所示的戴维南等效电路。

首先求开路电压。对 a 点列写 KCL 方程得

$$\dot{I}_C=\dot{I}_s+\beta\dot{I}_C=0.2\underline{/0°}+0.5\dot{I}_C$$

整理上式,可求得

$$\dot{I}_C=0.4\underline{/0°}\text{ A}$$

根据 KVL,得

$$\dot{U}_o=\beta\dot{I}_C R+jX_C\dot{I}_C=\dot{I}_C(\beta R+jX_C)=\dot{I}_C(125-j250)=111.8\underline{/-63.4°}\text{ V}$$

然后求等效阻抗 Z_0。由于电路中包含受控源,采用加压求流法。如图 11.1.4 所示,对节点 b 用 KCL 有

$$\dot{I}_C-\beta\dot{I}_C=\dot{I}\quad\text{即}\quad\dot{I}_C=2\dot{I}$$

对最外部回路用 KVL 有

$$R(\dot{I}+\beta\dot{I}_C)+\dot{I}_C\cdot jX_C=\dot{U}$$

得

$$Z_0=\frac{\dot{U}}{\dot{I}}=(500-j500)\text{ Ω}$$

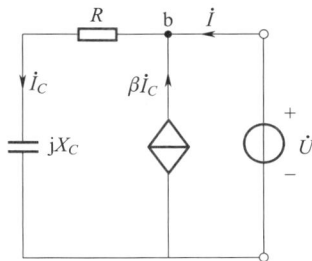

图 11.1.4　例 11.1.2 中求等效阻抗 Z_0 电路示意图

例 11.1.3 如图 11.1.5 所示的电桥电路中,已知 $Z_2 = R_2$,$Z_3 = R_3$,$\dfrac{1}{Z_1} = G + j\omega C$,$Z_4 = R_x + j\omega L_x$,问在什么条件下电桥平衡? 怎样由平衡时各桥臂的电阻、电容测出 R_x 和 L_x 的值。

解: 对于图 11.1.5 中的电桥电路,当电桥平衡时 $\dot{I}_0 = 0$ 且 $\dot{U}_0 = 0$,因此有

$$\frac{Z_2}{Z_1 + Z_2}\dot{U}_s - \frac{Z_4}{Z_3 + Z_4}\dot{U}_s = 0$$

由上式得出的电桥平衡条件:$Z_1 Z_4 = Z_2 Z_3$

这一平衡条件与电阻电路中类似,只是将电阻 R 拓展为阻抗 Z。代入电路参数得

$$\frac{R_x + j\omega L_x}{G + j\omega C} = R_2 R_3$$

将上式整理后,令实、虚部分别相等,即有 $R_x = GR_2 R_3$,$L_x = R_2 R_3 C$。

图 11.1.5 例 11.1.3 中
电桥电路示意图

例 11.1.4 如图 11.1.6(a) 所示电路,已知 $I = \sqrt{3}$ A,$I_1 = I_2 = 1$ A,$R_1 = 10\ \Omega$,求电感线圈的电阻 R_2 和感抗 X_2。

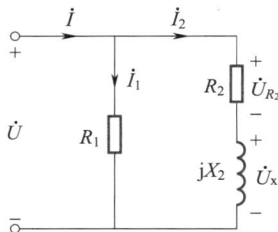

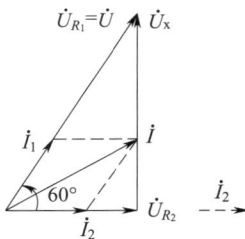

(a) 电路示意图 (b) 各电路变量相量图

图 11.1.6 例 11.1.4 中电路示意图及相量图

解: 本节一开始提到相量分析法不仅包括解析法,还包括相量图法,有些时候采用相量图法甚至比解析法更加直观、简便。本题中采用两种方式分别求解。

解法一:解析法

设 $\dot{I}_2 = 1\ \underline{/0°}$ 为参考相量

$$\dot{I}_1 = 1\ \underline{/\varphi_1} = \cos\varphi_1 + j\sin\varphi_1$$

$$\dot{I} = \sqrt{3}\ \underline{/\varphi} = \sqrt{3}\cos\varphi + j\sqrt{3}\sin\varphi$$

因为

$$\dot{I} = \dot{I}_1 + \dot{I}_2$$

代入各自的复数形式,有 $\sqrt{3}\cos\varphi + j\sqrt{3}\sin\varphi = 1 + \cos\varphi_1 + j\sin\varphi_1$

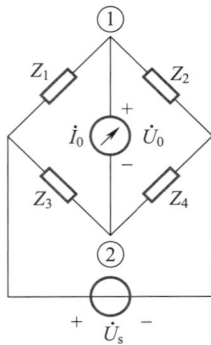

令等式两边虚、实部分别相等,有

$$\begin{cases} \sqrt{3}\cos\varphi = 1+\cos\varphi_1 = 2\cos^2\left(\dfrac{\varphi_1}{2}\right) \\ \sqrt{3}\sin\varphi = \sin\varphi_1 = 2\sin\left(\dfrac{\varphi_1}{2}\right)\cos\left(\dfrac{\varphi_1}{2}\right) \end{cases}$$

通过三角函数变换求解上式,可得

$$\varphi_1 = 60°$$

$$\varphi = \frac{\varphi_1}{2} = 30°$$

因此可得 $\dot{I}_2 = 1\underline{/0°}$, $\dot{I}_1 = 1\underline{/60°}$, $\dot{I} = 1\underline{/30°}$。根据 KVL,有

$$\begin{cases} \dot{U} = R_1\dot{I}_1 = 10\dot{I}_1 = 10\underline{/60°} \\ \dot{U} = (R_2+jX_2)\dot{I}_2 = (R_2+jX_2)\times 1\underline{/0°} \\ \quad\quad (R_2+jX_2)\times 1\underline{/0°} = 10\underline{/60°} \end{cases}$$

利用上式中虚、实部分别相等可求得 $R_2 = 5\ \Omega$ 和感抗 $X_2 = 8.66\ \Omega$。

解法二:相量图法

根据 I_1、I_2、I 的模值和余弦定理($a=I,b=I_1,c=I_2$)

$$a^2 = b^2+c^2-2bc\cos A$$

可知 $\dot{I}_1$ 和 $\dot{I}_2$ 两个电流相量间夹角为 $60°$,即 $A = 120°$。以 $\dot{I}_2$ 为参考相量,即可在相量图上获得 $\dot{U}_{R_2}$、$\dot{U}_{R_1}$、$\dot{U}_x$ 的初相,又因为 $\dot{U}_{R_1} = \dot{U}_{R_2}+\dot{U}_x$,即可确定其模值,如图 11.1.6(b)所示,设 $U_{R_1} = U$,有

$$U_{R_2} = U\cos 60° = 0.5U$$

$$U_x = U\sin 60° = 0.866U$$

因为 $U = R_1I_1 = 10\ \Omega\times 1\ \text{A} = 10\ \text{V}$,所以有

$$R_2 = \frac{U_{R_2}}{I_2} = \frac{0.5\cdot U}{1} = 5\ \Omega$$

$$X_2 = \frac{U_x}{I_2} = \frac{0.866\cdot U}{1} = 8.66\ \Omega$$

对比解析法和相量图法,可见对于如本例中的相关问题,采用相量图法可避免繁琐的三角函数运算,更为直观和简便。

例 11.1.5　如图 11.1.7 所示的网络中,设 $i_s = 8\sqrt{2}\cos 2t$ A,若要使稳态响应 $i_L = 2\cos(2t-45°)$ A,试确定 R、L 值。已知二端口网络的 T 参数矩阵为 $\boldsymbol{T} = \begin{bmatrix} 2 & 1\ \Omega \\ 1\ \text{S} & 1 \end{bmatrix}$。

解:标出端口电流和电压的参考方向,相量模型如图 11.1.8 所示。

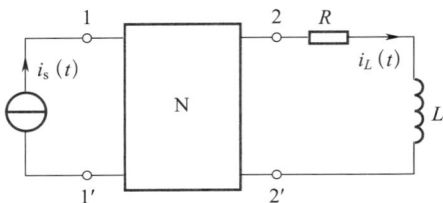

图 11.1.7 例 11.1.5 的电路示例 图 11.1.8 例 11.1.5 的电路相量模型

由题意,二端口网络的 T 参数方程为

$$\begin{cases} \dot{U}_1 = 2\dot{U}_2 - 1\dot{I}_2 \\ \dot{I}_1 = 1\dot{U}_2 - 1\dot{I}_2 \end{cases}$$

端口电流为

$$\dot{I}_1 = \dot{I}_s = 8\underline{/0°}\ \text{A}$$

$$\dot{I}_2 = -\dot{I}_L = -\sqrt{2}\underline{/-45°} = (-1+\text{j}1)\ \text{A}$$

将端口电流代入 T 参数方程,得

$$\dot{U}_2 = 7+\text{j}1$$

由端口 2-2′ 所接支路的伏安关系可得

$$R+\text{j}\omega L = \frac{\dot{U}_2}{\dot{I}_L} = \frac{7+\text{j}1}{1-\text{j}1} = (3+\text{j}4)\ \Omega$$

由上式求得

$$R = 3\ \Omega$$

$$L = 2\ \text{H}(\omega = 2\ \text{rad/s}, X_L = \omega L = 4\ \Omega)$$

注:本题中 $\dot{I}_s$ 和 $\dot{I}_L$ 相量获取过程中并未将余弦函数转换为正弦函数,请读者思考为什么能这么做。

例 11.1.6 如图 11.1.9 所示的电路中二端口网络 N 的 Z 参数为 $Z_{11} = 3\ \Omega$,$Z_{12} = Z_{21} = 1\ \Omega$,$Z_{22} = 3\ \Omega$,求输出电压 $\dot{U}_o$。

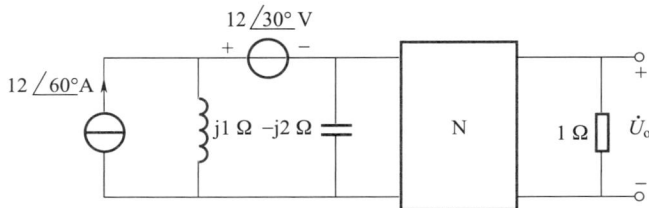

图 11.1.9 例 11.1.6 的电路示例

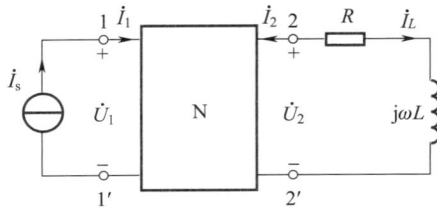

解:将 N 输入端口所接的电路化简为戴维南等效电路(过程略),如图 11.1.10(a)所示。根据二端口网络 N 的 Z 参数矩阵 $\mathbf{Z} = \begin{bmatrix} Z_{11} & Z_{12} \\ Z_{21} & Z_{22} \end{bmatrix} = \begin{bmatrix} 3 & 1 \\ 1 & 3 \end{bmatrix}\ \Omega$,设 T 形等效电路如图 11.1.10(b)所示。

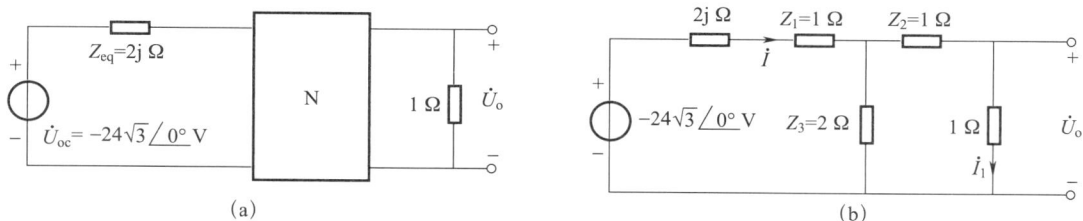

图 11.1.10　例 11.1.6 的等效电路

$$\begin{cases} Z_1 + Z_3 = Z_{11} \\ Z_{12} = Z_{21} = Z_3 \\ Z_{22} = Z_2 + Z_3 \end{cases}$$

可求得

$$Z_1 = Z_2 = 1\ \Omega,\quad Z_3 = 2\ \Omega$$

其各支路响应为

$$\dot{I} = \frac{-24\sqrt{3}}{j2 + 1 + 2//(1+1)}\ \text{A} = \frac{-12\sqrt{3}}{j1+1}\ \text{A}$$

$$\dot{I}_1 = \frac{2}{2+2}\dot{I} = \frac{-6\sqrt{3}}{j1+1}\ \text{A}$$

$$\dot{U}_o = 1 \times \dot{I}_1 = \frac{-6\sqrt{3}}{j1+1} = \frac{-6\sqrt{3}}{\sqrt{2}/45°} = 7.35\ \underline{/135°}\ \text{V}$$

本题解法很多,请读者思考其他可能的解法。

思考题

1. 在正弦稳态电流激励下,某条支路上的电流的幅值有可能比激励源电流幅值大吗? 为什么?

2. 在正弦稳态电压激励下,支路上某元件两端电压的幅值有可能比激励源电压幅值大吗? 为什么?

§11.2　正弦电路中的功率

在正弦激励电路中,由于电感和电容等储能元件的存在,功率的变化规律会出现在纯电阻电路中所没有的现象。因此,一般正弦激励电路中对功率的分析要比对纯电阻电路中功率的分析更为复杂,需要引入一些新的概念,如功率因数、无功功率等来加以描述。相关概念在电力行业中十分重要。

§11.2.1　瞬时功率

任何元件或电路的瞬时功率都是其电压、电流瞬时值的乘积,在正弦稳态电路中也不例外。

因此,研究正弦稳态电路的功率可以从同一时刻下电流与电压的乘积——瞬时功率入手。

对于如图 11.2.1 所示的任意无源二端网络,若端口电压 $u(t)$ 和端口电流 $i(t)$ 为关联参考方向,将瞬时电压与瞬时电流相乘,即可获得该二端网络吸收的瞬时功率 $p(t)$:

$$p(t) = u(t) \cdot i(t) \tag{11.2.1}$$

不失一般性,正弦激励电路的端电压、电流可分别表示为

$$\begin{cases} u(t) = U_m \sin(\omega t + \varphi_u) \\ i(t) = I_m \sin(\omega t + \varphi_i) \end{cases} \tag{11.2.2}$$

因此,瞬时功率可表示为

$$\begin{aligned} p(t) = u(t) \cdot i(t) &= \frac{1}{2} U_m I_m \cos(\varphi_u - \varphi_i) - \frac{1}{2} U_m I_m \cos(2\omega t + \varphi_u + \varphi_i) \\ &= UI\cos(\varphi_u - \varphi_i) - UI\cos(2\omega t + \varphi_u + \varphi_i) \\ &= UI\cos\varphi - UI\cos(2\omega t + \varphi + 2\varphi_i) \end{aligned} \tag{11.2.3}$$

其中,$\varphi = \varphi_u - \varphi_i$,表示端口电压 $u(t)$ 超前端口电流 $i(t)$ 的相位角,即等效阻抗 Z 的辐角:

$$Z = \frac{\dot{U}}{\dot{I}} = \frac{U\angle\varphi_u}{I\angle\varphi_i} = \frac{U}{I}\angle\varphi_u - \varphi_i = |Z|\angle\varphi \tag{11.2.4}$$

式(11.2.3)表明,瞬时功率 $p(t)$ 由两项叠加而成,第一项是与时间无关的恒定分量,第二项的幅值为电流电压有效值之积 UI,频率为电压(或电流)频率的两倍,以正弦规律变化。正弦电路中电压、电流及吸收的瞬时功率随时间变化的波形如图 11.2.2。由此可见,由于电压和电流不总同相,导致瞬时功率时而为正,时而为负。当瞬时功率为正时($p>0$),二端网络吸收功率,能量从外电路输入给二端网络;而当瞬时功率为负时($p<0$),二端网络发出功率,能量从二端网络释放出来,送回外电路。就这样,在外电路和二端网络间就形成了能量的来回交换现象。产生这一现象的原因在于二端网络中存在储能元件,其并不消耗能量,只是储存能量和释放能量。从公式上看,理想电感和电容元件的电流和电压总存在 90° 相位差,这是造成瞬时功率时而为正时而为负的根本原因。

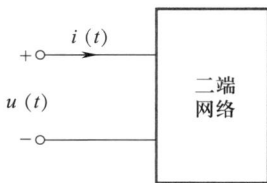

图 11.2.1 任意无源二端网络

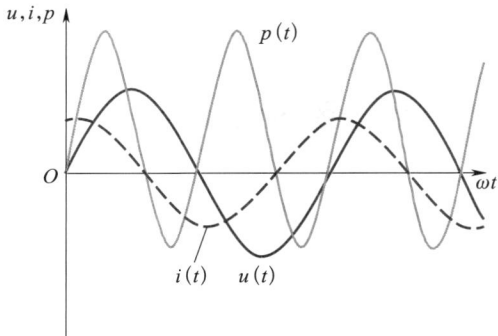

图 11.2.2 正弦电路中电压、电流及瞬时功率的波形图

§11.2.2　平均功率

由于瞬时功率随时间时刻变化,不便用来衡量二端网络真正消耗的功率大小,因此引入平均功率。同瞬时功率一样,平均功率的单位用瓦(W)或千瓦(kW)来表示。

平均功率,又称为有功功率,是瞬时功率在一个周期内的平均值,用大写字母 P 表示:

$$P \overset{\text{def}}{=\!=} \frac{1}{T} \int_0^T p(t)\,\mathrm{d}t = UI\cos(\varphi_u - \varphi_i) = UI\cos\varphi \tag{11.2.5}$$

由此可见,平均功率就是瞬时功率表达式(11.2.3)中不随时间变化的恒定分量项,它表征了无源二端网络实际消耗掉的功率,不仅取决于其电压和电流的有效值(幅值),还与它们之间的相位差有关。作为线性无源二端网络最简单的特例模型,先讨论正弦激励电路中常见的电阻、电容和电感元件的平均功率,以便对不同网络特性进行分析。

对于电阻元件,由于电阻两端电压和通过电流的相位差为 0,因此电阻的平均功率

$$P = UI\cos(0) = UI \tag{11.2.6}$$

这与直流电路中电阻的功率计算公式一致。而其瞬时功率

$$p(t) = UI[1 - \cos(2\omega t + 2\varphi_i)] \tag{11.2.7}$$

意味着在任意时刻电阻吸收的瞬时功率都不可能为负值,这正是由电阻元件只能消耗能量的物理特性决定的。

对于记忆元件,不论是电感还是电容,由于其端口电压和电流之间的相位总相差 90°,即 $\varphi = \varphi_u - \varphi_i = \pm\dfrac{\pi}{2}$,因此元件的平均功率

$$P = UI\cos\left(\pm\frac{\pi}{2}\right) = 0 \tag{11.2.8}$$

式(11.2.8)说明无论电压或电流幅值多大,电容和电感元件消耗的平均功率总为 0,这意味着电能没有被消耗。而其瞬时功率

$$p(t) = -UI\cos\left(2\omega t + 2\varphi_i \pm \frac{\pi}{2}\right) \tag{11.2.9}$$

表明记忆元件上的瞬时功率始终以 2ω 的频率在元件以及外部电路之间转换。换言之,当 $p > 0$ 时,记忆元件吸收功率,能量以电场能(磁场能)的形式储存于电容(电感)中,而 $p < 0$ 时,记忆元件发出功率,能量以电场能(磁场能)的形式释放出来。在任一周期内,元件获得的总能量总等于其释放出的总能量,这正是由记忆元件只能存储能量,并不消耗能量的物理特性决定的。

§11.2.3　无功功率

对式(11.2.3)所示瞬时功率进一步分析,进行三角变换后有

$$\begin{aligned}
p(t) &= UI\cos\varphi - UI\cos(2\omega t + \varphi + 2\varphi_i)\\
&= UI\cos\varphi - UI\cos\varphi\cos(2\omega t + 2\varphi_i) + UI\sin\varphi\sin(2\omega t + 2\varphi_i)\\
&= UI\cos\varphi[1 - \cos(2\omega t + 2\varphi_i)] + UI\sin\varphi\sin(2\omega t + 2\varphi_i) \tag{11.2.10}
\end{aligned}$$

其中,$\varphi = \varphi_u - \varphi_i$,代表无源线性二端网络的等效阻抗 Z 的辐角。由对平均功率的讨论可知,$P = UI\cos\varphi$,按类似形式假设 $Q = UI\sin\varphi$,则式(11.2.10)可以写成:

$$p(t) = P[1 - \cos(2\omega t + 2\varphi_i)] + Q\sin(2\omega t + 2\varphi_i) \qquad (11.2.11)$$

从上式可见,瞬时功率由两项叠加而成。其中第一项是以 P 为平均值、以 2ω 为频率周期振荡的简谐分量,其值始终大于或等于 0,如图 11.2.3(a)所示,并且其公式形式与式(11.2.7)中电阻元件的瞬时功率十分相似。

式(11.2.11)中第二项 $Q\sin(2\omega t + 2\varphi_i)$ 是一个均值为 0,且以 2ω 为频率正负交替变化的正弦分量,如图 11.2.3(b)所示。类似地,它代表了二端网络中等效电抗吸收的瞬时功率,反映的是储能元件与外部电路之间的能量交换。其平均值为 0,意味着不消耗能量。因此第二项代表着在平均意义上不能做功的无功分量,瞬时功率中无功分量的最大值称为无功功率的大小。为了区分无功功率和有功功率,虽然其量纲相同,但无功功率的单位定义为乏(var),常用乏及千乏(kvar)表示,工程上也常用无功伏安作为单位。

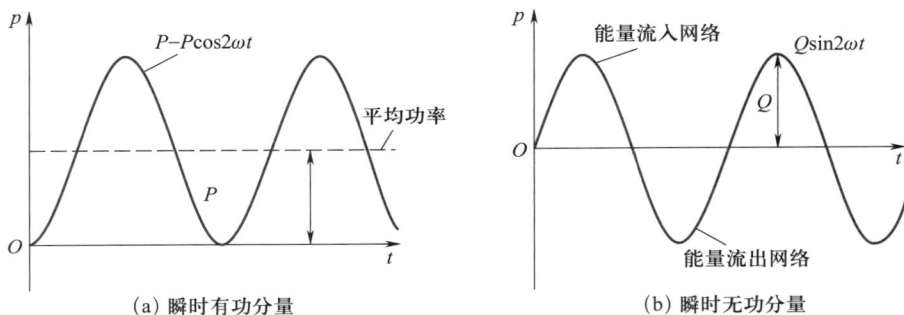

图 11.2.3　瞬时功率的有功和无功分量($\varphi_i = 0$ 时)

如果将图 11.2.1 中的无源线性二端网络等效阻抗 Z 分解为 $R_{eq} + jX_{eq}$ 的形式,如图 11.2.4 所示。计算等效电阻 R_{eq} 上的瞬时功率,有

$$\begin{aligned} p_R(t) &= i^2(t)R_{eq} = [\sqrt{2}I\sin(\omega t + \varphi_i)]^2 \cdot R_{eq} = (I^2 R_{eq})2\sin^2(\omega t + \varphi_i) \\ &= P[1 - \cos(2\omega t + 2\varphi_i)] \end{aligned} \qquad (11.2.12)$$

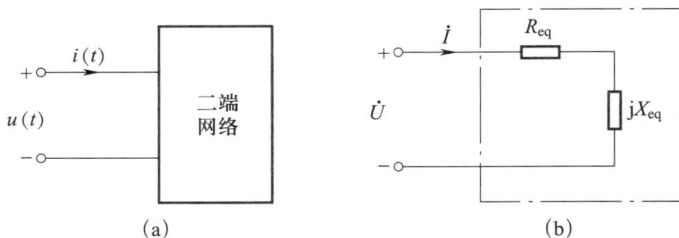

图 11.2.4　无源线性二端网络及其等效

上式代表二端网络中等效电阻吸收的瞬时功率,也就是反映电路实际消耗能量的有功分量,这也是其平均值 P 被称为有功功率的原因。而计算等效电抗 X_{eq} 上的瞬时功率则反映电路与外部能量交换的无功分量。

【知识链接】无功功率的物理意义

扫码查看详细内容。

【知识链接】
无功功率的
物理意义

§11.2.4 视在功率

由平均功率表达式(11.2.5)得,二端网络吸收的平均功率为 $P=UI\cos\varphi$,无功功率 $Q=UI\sin\varphi$,其中 UI 为端口电压有效值与电流有效值的乘积,将其称为视在功率,用符号 S 表示:

$$S\stackrel{\text{def}}{=}UI=\frac{1}{2}U_m I_m \qquad (11.2.13)$$

上述定义式看起来形式与直流电路中的功率计算式相同,但并不代表正弦电流电路实际消耗的功率。在实际工程上,常用视在功率衡量电气设备在额定电流、电压条件下最大的负荷能力或承载能力,即对外输出有功功率的极限。视在功率的单位为伏安(VA)或千伏安(kVA)。

§11.2.5 功率因数

平均功率与视在功率之比称为功率因数,用符号 λ 表示,比较式(11.2.5)和式(11.2.13),有

$$\lambda=\frac{P}{S}=\cos\varphi \qquad (11.2.14)$$

其中 $\varphi=\varphi_u-\varphi_i$,代表电压超前电流的相位角,对于一般无源二端网络而言,也即端口等效阻抗的辐角(阻抗角),又称为功率因数角,它由二端网络内电路的元件参数和电源的频率决定。若入端阻抗呈现感性,则功率因数角为正值,此时电流滞后电压,称为滞后的功率因数;若入端阻抗呈现容性,则功率因数角为负值,此时电流超前电压,称为超前的功率因数。功率因数角的绝对值在 $0\sim90°$ 之间,因此功率因数 λ 总在 $0\sim1$ 之间,通常使用功率因数时应注明是超前还是滞后。当 $\varphi=0$ 时,功率因数 $\lambda=1$,对应于纯电阻电路,如图 11.2.5(a)所示,这类电路的平均功率就等于视在功率;而当 $\varphi=\pm90°$ 时,功率因数 $\lambda=0$,如图 11.2.5(b)和(c)所示对应于纯电抗电路,这类电路的平均功率恒等于 0。

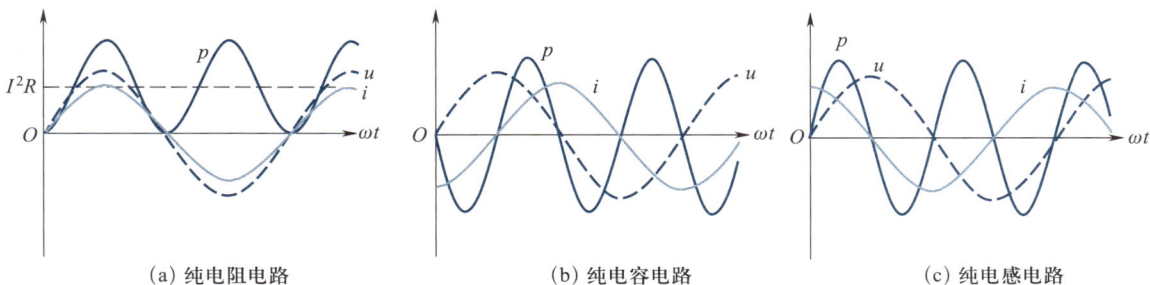

(a) 纯电阻电路　　　　　　(b) 纯电容电路　　　　　　(c) 纯电感电路

图 11.2.5　电压、电流及瞬时功率的波形图

例 11.2.1　图 11.2.6 为一老式日光灯电路的模型,已知工频电源电压有效值为 220 V,镇流器与灯管串联的等效电阻为 800 Ω,镇流器的电感为 1.465 H。求此日光灯电路吸收的平均功率及其功率因数。

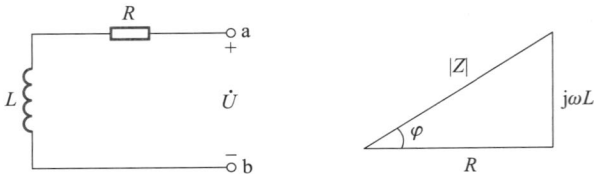

图 11.2.6　日光灯的电路等效模型

解：根据题意可知镇流器的电感阻抗为

$$jX_L = j\omega L = (j2\pi \times 50 \times 1.465)\ \Omega = j460\ \Omega$$

此时日光灯通电工作的电流有效值为

$$I = \frac{U}{|Z|} = \frac{220}{|800+j460|}\ A = \frac{220}{\sqrt{800^2+460^2}}\ A = 0.24\ A$$

该日光灯的功率因数为

$$\cos\varphi = \frac{800}{\sqrt{800^2+460^2}} = 0.87$$

于是其平均功率为

$$P = UI\cos\varphi = (220 \times 0.24 \times 0.87)\ W = 45.94\ W$$

当然,获得 I 后即可计算出电路吸收的平均功率

$$P = I^2R = (0.24 \times 0.24 \times 800)\ W = 46.08\ W$$

【工程拓展】
设备的额定
电压、电流
与额定功率

【工程拓展】设备的额定电压、电流与额定功率

扫码查看详细内容。

§11.2.6　复功率

复功率是以相量法来计算功率所引入的一个复数变量。对于如图 11.2.1 所示的任意无源二端网络,将时域表达式转换成相量形式,有

$$\dot{U} = U\underline{/\varphi_u}, \quad \dot{I} = I\underline{/\varphi_i}$$

将电压相量与电流相量的共轭复数乘积定义为复功率,用符号 $\tilde{S}$ 表示,有

$$\tilde{S} \stackrel{\text{def}}{=\!=} \dot{U}\dot{I}^* = (Ue^{j\varphi_u})(Ie^{-j\varphi_i}) = UIe^{j\varphi} = Se^{j\varphi}$$

$$= UI(\cos\varphi + j\sin\varphi) = P + jQ \tag{11.2.15}$$

其中,$\varphi = \varphi_u - \varphi_i$,$S = UI = \sqrt{P^2+Q^2}$,$\tan\varphi = \dfrac{Q}{P}$。

不难看出,将复功率写成代数形式时,其实部和虚部分别由有功功率 P 和无功功率 Q 构成;而将复功率写成指数形式时,其模即为视在功率 S,其幅角即为功率因数角 φ。因此复功率虽然没有实际物理意义,但其能够将正弦稳态电路中的有功功率、无功功率、视在功率、功率因数统一地表达出来,通过相量计算,为电路中的功率分析带来便利。此外,上述功率之间的关系还能通过功率三角形表示出来,如图 11.2.7 所示,有功功率 P、无功功率 Q 和视在功率 S 构成了一个直角三角形,而其夹角即为功率因数角 φ。显然,对于同一外加电源,网络的功率因数角越小,则功率因数越大,电源向负载提供的有功功率越大,电源的供电能力越能得到充分利用。因此在实际供电系统中常常需要提高负载网络的功率因数。

例 11.2.2　对于如图 11.2.8 所示的二端网络,图中各阻抗分别为 $Z_1 = j2\ \Omega$,$Z_2 = -j1\ \Omega$,$Z_3 = j1\ \Omega$,$Z_4 = 1\ \Omega$,其中 $\dot{U}_1 = 2\mathrm{e}^{j0°}$,求整个二端网络吸收的复功率和各支路元件吸收的复功率。

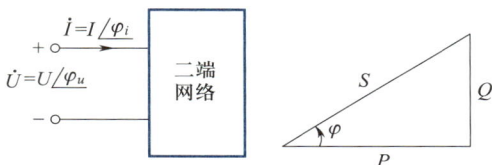

图 11.2.7　任意无源二端网络的相量模型及功率三角形　　　　图 11.2.8　例 11.2.2 电路

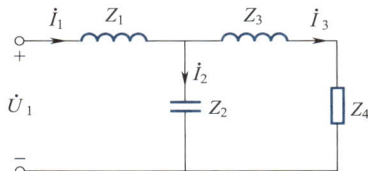

解:据已知,二端网络两端电压相量为 $\dot{U}_1$,以此相量为参考相量。端口电流相量为 $\dot{I}_1$,电路输入端口的等效阻抗为

$$Z = Z_1 + Z_2 /\!/ (Z_3 + Z_4) = Z_1 + \frac{Z_2(Z_3 + Z_4)}{Z_2 + Z_3 + Z_4} = \sqrt{2}\,\mathrm{e}^{j45°}\ \Omega$$

总电流相量为

$$\dot{I}_1 = \frac{\dot{U}_1}{Z} = \frac{2\mathrm{e}^{j0°}}{\sqrt{2}\,\mathrm{e}^{j45°}}\ \mathrm{A} = \sqrt{2}\,\mathrm{e}^{-j45°}\ \mathrm{A}$$

两并联支路的电流相量分别为

$$\dot{I}_2 = \frac{Z_3 + Z_4}{Z_2 + Z_3 + Z_4}\dot{I}_1 = \left(\frac{j1+1}{-j1+j1+1} \times \sqrt{2}\,\mathrm{e}^{-j45°}\right)\ \mathrm{A} = 2\mathrm{e}^{j0°}\ \mathrm{A}$$

$$\dot{I}_3 = \frac{Z_2}{Z_2 + Z_3 + Z_4}\dot{I}_1 = \left(\frac{-j1}{-j1+j1+1} \times \sqrt{2}\,\mathrm{e}^{-j45°}\right)\ \mathrm{A} = 2\mathrm{e}^{-j135°}\ \mathrm{A}$$

则二端网络吸收的复功率为

$$\tilde{S} = \dot{U}_1\dot{I}_1^* = (2\mathrm{e}^{j0°} \times \sqrt{2}\,\mathrm{e}^{j45°})\ \mathrm{VA} = 2\sqrt{2}\,\mathrm{e}^{j45°}\ \mathrm{VA} = (2+j2)\ \mathrm{VA}$$

设各阻抗元件两端电压相量分别为 $\dot{U}_{Z1}$,$\dot{U}_{Z2}$,$\dot{U}_{Z3}$ 和 $\dot{U}_{Z4}$,则各支路吸收的复功率分别为

$$\tilde{S}_1 = \dot{U}_{Z1}\dot{I}_1^* = Z_1\dot{I}_1\dot{I}_1^* = Z_1 I_1^2 = \left[j2 \times (\sqrt{2})^2\right]\ \mathrm{VA} = j4\ \mathrm{VA}$$

$$\tilde{S}_2 = \dot{U}_{Z2} \dot{I}_2^* = Z_2 \dot{I}_2 \dot{I}_2^* = Z_2 I_2^2 = \left[(-j1) \times 2^2 \right] \text{ VA} = -j4 \text{ VA}$$

$$\tilde{S}_3 = \dot{U}_{Z3} \dot{I}_3^* = Z_3 \dot{I}_3 \dot{I}_3^* = Z_3 I_3^2 = \left[j1 \times (\sqrt{2})^2 \right] \text{ VA} = j2 \text{ VA}$$

$$\tilde{S}_4 = \dot{U}_{Z4} \dot{I}_3^* = Z_4 \dot{I}_3 \dot{I}_3^* = Z_4 I_3^2 = \left[1 \times (\sqrt{2})^2 \right] \text{ VA} = 2 \text{ VA}$$

将各支路吸收的复功率相加,得

$$\tilde{S}_1 + \tilde{S}_2 + \tilde{S}_3 + \tilde{S}_4 = (j4 - j4 + j2 + 2) \text{ VA} = (2 + j2) \text{ VA}$$

由此可见根据二端网络端电压和电流计算得到的复功率等于支路各元件吸收的复功率之和。

在直流电路中,根据特勒根定理可知,任一电路的所有支路元件吸收的功率代数和恒为 0,这是能量守恒的体现。类似的,在正弦稳态电路中,任一电路的所有各支路元件(包括电源)吸收的复功率之代数和为 0,这就是复功率平衡定理。复功率的守恒性同时包含了有功功率的守恒性和无功功率的守恒性:

$$\sum \tilde{S}_k = 0 \tag{11.2.16}$$

等效为

$$\sum P_k = 0$$
$$\sum Q_k = 0 \tag{11.2.17}$$

可根据特勒根定理进行证明。要注意的是复功率守恒,但视在功率不一定守恒。

【知识链接】动态电路的最大功率传输定理

扫码查看详细内容。

【工程拓展】提高功率因数的有效方法

扫码查看详细内容。

例 11.2.3 如图 11.2.9 所示,一台功率为 1.1 kW 的电动机,接在 220 V 的工频电源上,工作电流为 10 A。求该电动机滞后的功率因数。如果在电动机两端并联一只 $C = 79.5$ μF 的电容,则整个电路的功率因数变为多少?

解: 电动机一般为感性,根据功率因数的定义可得

$$\lambda = \frac{P}{S} = \frac{1.1 \text{ kW}}{220 \text{ V} \times 10 \text{ A}} = 0.5 (\cos \varphi_1 = 0.5, 则 \varphi_1 = 60°)$$

如图 11.2.10 所示。

电动机两端并联一电容后,该电容吸收的无功功率为

$$Q_C = -U^2 \omega C = (-220^2 \times 2\pi \times 50 \times 79.5 \times 10^{-6}) \text{ kvar} = -1.209 \text{ kvar}$$

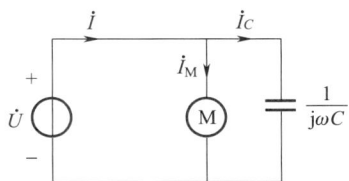

图 11.2.9 例 11.2.3 的电路示例

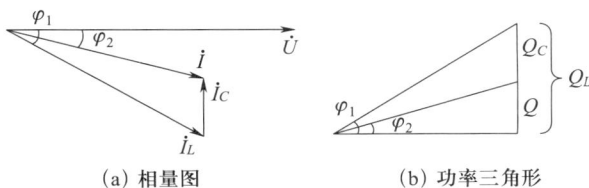

(a) 相量图   (b) 功率三角形

图 11.2.10

则并联电容后的电路总的无功功率变为

$$Q = S \times \sin 60° + Q_C = 696 \text{ var}$$

所以整个电路的功率因数变为

$$\lambda_{\text{new}} = \cos\left(\arctan\frac{Q}{P}\right) = 0.85$$

思考题

1. 正弦稳态电路中有几个功率概念？各个功率的意义及相互关系是什么？

2. 对一个正弦稳态电路,复功率守恒代表什么含义？

3. 正弦稳态电流电路的瞬时功率 p 在一个周期内会有 $p>0$ 和 $p<0$ 的部分,那么 $p>0$ 的部分是否有可能大于 $p<0$ 的部分？为什么？

4. 最大功率传输定理对于直流电路和正弦稳态电路有什么区别？

§11.3 电路的谐振

谐振又称为共振,是自然界中普遍存在的现象,指的是一个系统在周期性外力的作用下,当外力作用频率与系统固有振荡频率相同或接近时,振幅急剧增大的现象。在物理学的众多分支学科以及工程技术的许多领域中都可以观察到这一现象,只不过叫法不同,力学中叫作共振,声学中叫做共鸣,光学和电学中则叫作谐振或共振。在本节中,我们通过对电路谐振现象的研究,来探讨其发生的条件、产生的效应。在实际工程应用中,谐振电路常被用来实现有选择地传送信号,而有的时候又要避免谐振给电路系统带来危害,因此需要深入理解谐振电路的产生原因、物理内涵以及性质。

对于如图 11.3.1 所示的任意由线性电阻、电感和电容等无源元件组成的二端网络,输入端口等效阻抗 Z 可表示为

$$Z(j\omega) = \left| Z(j\omega) \right| e^{j\varphi(\omega)} = R(\omega) + jX(\omega)$$

相应地,其等效导纳 Y 可表示为

$$Y(j\omega) = \left| Y(j\omega) \right| e^{-j\varphi(\omega)} = G(\omega) + jB(\omega)$$

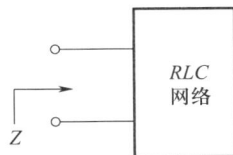

图 11.3.1 由 R、L、C 组成的任意线性二端网络

其辐角为

$$\varphi(\omega) = \arctan \frac{X(\omega)}{R(\omega)} = -\arctan \frac{B(\omega)}{G(\omega)}$$

由此可见,调整二端网络中各元件参数或是激励频率,等效阻抗的幅角就会发生变化,或者说端口电压和电流的相位差会发生改变。当幅角 $\varphi(\omega) > 0$ 时(即 $X(\omega) > 0$,$B(\omega) < 0$),电路呈感性;当幅角 $\varphi(\omega) < 0$ 时(即 $X(\omega) < 0$,$B(\omega) > 0$),电路呈容性。而当幅角 $\varphi(\omega) = 0$ 时(即 $X(\omega) = 0$,或 $B(\omega) = 0$),此时端口电压和电流同相,电路呈电阻性,称电路此时发生了谐振,相应地该电路称为谐振电路,激发谐振的条件称为谐振条件。根据电路连接形式的不同以及相应谐振条件的不同($X(\omega) = 0$ 或 $B(\omega) = 0$),谐振可分为串联谐振和并联谐振。

§11.3.1 串联谐振

如图 11.3.2 所示的在频率为 ω 的正弦电压源激励下的串联电路,其等效阻抗为

$$Z(j\omega) = R + j\omega L + \frac{1}{j\omega C} = R + j\left(\omega L - \frac{1}{\omega C}\right) = |Z| \underline{/\varphi}$$

$$|Z| = \sqrt{R^2 + \left(\omega L - \frac{1}{\omega C}\right)^2}$$

$$\varphi = e^{j\arctan \frac{\omega L - \frac{1}{\omega C}}{R}}$$

其实部大小即为电阻的阻值:$\mathrm{Re}[Z(j\omega)] = R$,而其虚部即电路的等效电抗值随频率变化而变化:

$$\mathrm{Im}[Z(j\omega)] = X(\omega) = X_L + X_C = \omega L - \frac{1}{\omega C} \tag{11.3.1}$$

画出等效电抗 $X(\omega)$ 随频率变化的频(率)响(应)曲线,如图 11.3.3 所示。

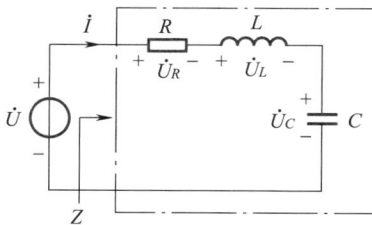

图 11.3.2 串联谐振电路示意   图 11.3.3 等效电抗的频响曲线

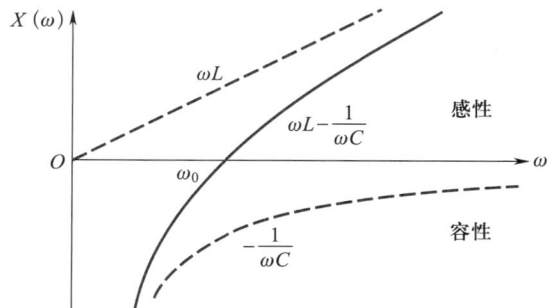

从中可见随着频率 ω 的变化,电路的(阻抗)性质随之变化:当 ω 较小时,$X(\omega) < 0$,电路呈容性;当 ω 逐渐增大,$X(\omega) > 0$,电路呈感性。而在 ω 增大的过程中,即电路从容性过渡到感性的过程中,一定存在某个频率点 ω_0,使 $X(\omega_0) = 0$,此时感抗和容抗数值大小相等、相互抵消,等效阻抗的虚部为零,电路呈阻性。这种状态被称为串联谐振,这时的频率 ω_0 被称为谐振角频率,大小为

$$\omega_0 = \frac{1}{\sqrt{LC}} \tag{11.3.2}$$

同时谐振频率为

$$f_0 = \frac{1}{2\pi\sqrt{LC}} \tag{11.3.3}$$

由此可见,谐振频率只与电路参数 L 和 C 有关。显然,要想使电路发生谐振,既可以通过改变电路参数 L 或 C 来实现,也可以通过改变电路的激励频率来实现,这都是实际工程上常见的做法。当满足谐振条件时,感抗 X_L 和容抗 X_C 的数值大小相等,称为特性阻抗,用符号 ρ 表示:

$$\rho = X_L = |X_C| = \omega_0 L = \frac{1}{\omega_0 C} = \sqrt{\frac{L}{C}} \tag{11.3.4}$$

以下来分析串联谐振电路的特性。

首先,由于等效阻抗 $Z(\omega_0)$ 数值最小,且等于电路串联电阻值 R,相应地,这时电路电流 $\dot{I}$ 的数值为最大 $\left[I(\omega_0) = \dfrac{U}{R} \right]$。其次,由于等效阻抗的虚部为零,即等效电抗为零,这时电感、电容部分相当于短路,对整个串联电路的电压贡献为零。即在 ω_0 频率时,电路如同没有电感、电容元件,如图 11.3.4 所示。

这是由于串联谐振电路的感抗与容抗值大小相同,串联电路中流过电感和电容的电流相同,使得电感和电容两端电压相量总是大小相等,相角相反,时刻相互抵消,导致总电抗两端电压相量为 $0(\dot{U}_{X_0} = \dot{U}_{L_0} + \dot{U}_{C_0} = 0)$,激励电压完全加在电阻 R 上,如图 11.3.5 所示。需要注意的是,虽然总电抗电压为零,但电感、电容各自的电压均不为零,且时时以大小相同、方向相反的方式同步变化。

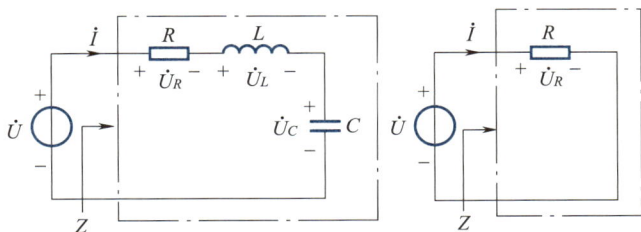

图 11.3.4 *RLC* 串联电路谐振时 *LC* 部分等效为短路

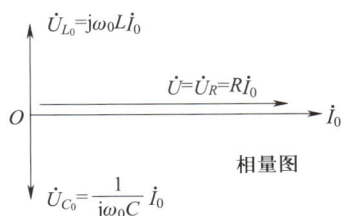

图 11.3.5 *RLC* 串联电路谐振的相量图

从能量的角度来理解,谐振时电感、电容各自吸收等值异号的无功功率。对于电容来说,有电压就有能量,有电压变化就有能量交换。由于电路中总的无功功率时刻为零,意味着储能元件中的能量转换与外部电路无关,而是在储能元件(电感、电容)之间相互进行,电场能量与磁场能量此增彼减,互相完全补偿。也就是说,有一部分能量在电场与磁场之间来回交换,这一现象称为电磁振荡。而全电路储存的电磁场能量的总和保持不变,即

$$W = W_C + W_L = \frac{1}{2}CU_{C_{0m}}^2 = \frac{1}{2}LI_{0m}^2, \quad U_{C_{0m}}、I_{0m} \text{ 为最大值} \tag{11.3.5}$$

能量公式的数学推导如下：

$$W(t) = \frac{1}{2}Cu_C^2(t) + \frac{1}{2}Li_L^2(t)$$

$$= \frac{1}{2}C\left[\sqrt{2}\,U_C\sin(\omega t + \varphi_{u_C})\right]^2 + \frac{1}{2}L\left[\sqrt{2}\,I_L\sin(\omega t + \varphi_{i_L})\right]^2$$

在串联电路中，有 $i_C(t) = i_L(t)$，设其有效值为 I_0，$U_C = \sqrt{\dfrac{L}{C}}\,I_0$，$\varphi_{u_C} = \varphi_{i_L} - \dfrac{\pi}{2}$，因此有

$$W(t) = \frac{1}{2}C\left[\sqrt{2}\cdot\sqrt{\frac{L}{C}}\cdot I_0\sin\left(\omega t + \varphi_{i_L} - \frac{\pi}{2}\right)\right]^2 + \frac{1}{2}L\left[\sqrt{2}\cdot I_0\sin(\omega t + \varphi_{i_L})\right]^2$$

$$= LI_0^2\left[\cos^2(\omega t + \varphi_{i_L}) + \sin^2(\omega t + \varphi_{i_L})\right] = LI_0^2 = \frac{1}{2}LI_{0m}^2$$

另外，发生谐振时的电路等效阻抗即为电阻值，全电路的有功功率即为电阻上的平均功率，这意味着激励源供给电路的能量全部转化为电阻消耗的能量，即

$$W_{耗} = \int_0^T p\,\mathrm{d}t = I_0^2RT \tag{11.3.6}$$

为维持谐振电路中的电磁振荡，激励源必须不断供给能量以补偿电路中电阻消耗的能量。与谐振电路所储存的电磁场总能量相比，每振荡一次电路消耗的能量越少，即维持一定能量的振荡所需功率越小，则谐振电路"品质"越好。为定量描述谐振电路的这一性质，定义谐振品质因数 Q 为

$$Q \stackrel{\mathrm{def}}{=\!=} 2\pi\frac{\text{谐振时电路中储存的电磁场总能量}}{\text{谐振时一周期内电路中消耗的能量}} \tag{11.3.7}$$

品质因数是衡量电路谐振程度的重要指标，其表达方式和物理含义十分丰富。

一方面，品质因数表示的是谐振时电路中电磁场的总储能与一周期内电路消耗的能量之比。将式（11.3.5）和式（11.3.6）代入式（11.3.7），串联谐振电路的品质因数可表示为

$$Q = 2\pi\cdot\frac{LI_0^2}{RI_0^2T_0} = \omega_0\cdot\frac{LI_0^2}{RI_0^2} = \frac{\omega_0L}{R} = \frac{1}{\omega_0CR} \tag{11.3.8}$$

即串联谐振电路的品质因数也可以表示谐振时的感抗（或容抗）值与电阻值之比。而由式（11.3.4）可知，谐振时彼此大小相等的感抗与容抗值，也被称为谐振电路的特性阻抗。因此串联谐振电路的品质因数等于特性阻抗与电阻之比，用电路参数表示为

$$Q = \frac{1}{R}\sqrt{\frac{L}{C}} = \frac{\rho}{R} \tag{11.3.9}$$

另一方面，品质因数还可以表示谐振电路对信号的放大能力。在串联谐振电路中，流过 R、L、C 元件的电流相同，而元件两端的电压有效值（幅值）正比于元件的阻抗。因此得到串联谐振

电路中的另一个品质因数定义式为

$$Q \overset{\text{def}_2}{=\!=\!=} \frac{U_{L_0}}{U} = \frac{U_{C_0}}{U} \tag{11.3.10}$$

在式(11.3.9)右端分子分母同乘电流的有效值,亦可得到相同结论。

$$Q = \frac{I_0 \rho}{I_0 R} = \frac{U_{L_0}}{U} = \frac{U_{C_0}}{U} \tag{11.3.11}$$

这表明,发生串联谐振时,电容电压和电感电压可远大于激励电压。利用这种性质,可在谐振频率 ω_0 处实现电压信号的放大,这也是串联谐振电路最广泛的实际应用之一。电路品质因数 Q 值越高,谐振时动态元件上的电压相较激励电压被放大的倍数越大,则电路"品质"就越好,这是对品质因数中"品质"二字的另一个解释。

正因如此,串联谐振有时候也称为电压谐振,此时电容电压与电感电压相互抵消。

例 11.3.1　如图 11.3.4 所示电路中,已知 $R = 10\ \Omega, L = 0.1\ \text{H}, C = 10\ \mu\text{F}$。求该串联电路发生谐振时的工作频率。当正弦电压源的有效值为 5 V 时,该电路中可产生的最大电压有效值为多少?

解:由串联电路发生谐振的条件可得谐振工作频率为

$$f = \frac{\omega_0}{2\pi} = \frac{\dfrac{1}{\sqrt{LC}}}{2\pi} = \frac{1}{\sqrt{0.1 \times 10 \times 10^{-6}} \times 2 \times 3.14}\ \text{Hz} = 159\ \text{Hz}$$

当串联电路发生谐振时,电路中可以产生大于激励源的最大电压值,该值为电压源有效值的 Q 倍。由品质因数 Q 的定义可得

$$Q = \frac{\sqrt{\dfrac{L}{C}}}{R} = \frac{\sqrt{\dfrac{0.1}{10^{-5}}}}{10} = 10$$

所以该电路中产生的最大电压有效值为 5 V×10 = 50 V。

§11.3.2　并联谐振

从对串联谐振电路的分析中容易理解,其电路端口应以理想电压源为激励,对于实际电压源来说,其内阻将被计入电路的总电阻,从而降低了电路的品质因数。因此在实际应用时,串联谐振电路的激励源只适宜采用低内阻信号源,而本节要讨论的并联谐振电路则适宜配合高内阻信号源工作。

如图 11.3.6 所示,在频率为 ω 的正弦电流源激励下的并联电路,等效导纳为

$$Y(\text{j}\omega) = \frac{1}{R} + \text{j}\omega C + \frac{1}{\text{j}\omega L} = G + \text{j}\left(\omega C - \frac{1}{\omega L}\right) = \sqrt{G^2 + \left(\omega C - \frac{1}{\omega L}\right)^2}\ \text{e}^{\text{jarctan}\frac{\omega C - \frac{1}{\omega L}}{G}},$$

其实部大小即为电阻元件的电导值:$\text{Re}[Y(\text{j}\omega)] = G$,而其虚部即电路的等效电纳值随频率变化而变化:

$$I_m\left[Y(j\omega)\right]=B(\omega)=B_C-B_L=\omega C-\frac{1}{\omega L}$$

采用和串联电路类似的分析方法,可画出等效电纳 $B(\omega)$ 随频率变化的频响曲线,如图 11.3.7 所示。

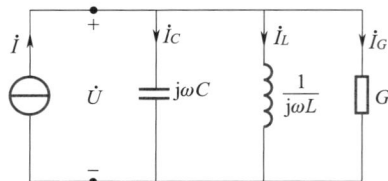

图 11.3.6 并联谐振电路示意   图 11.3.7 等效电纳的频响曲线

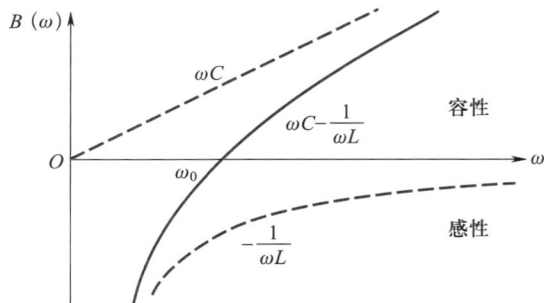

类似地,从中可见随着频率 ω 的变化,电路的(导纳)性质随之变化,只是此时随着频率变化电路表现出来的性质与串联电路中正好相反:当 ω 较小时,$B(\omega)<0$,电路呈感性;当 ω 逐渐增大,$B(\omega)>0$,电路呈容性。同样地,在 ω 增大的过程中,即电路从感性过渡到容性的过程中,在某一频率点 ω_0,有 $B(\omega_0)=0$,感纳和容纳大小相等、相互抵消,此时等效导纳的虚部为零,电路呈电阻性,此时即发生并联谐振。显然,谐振角频率 ω_0 同样有

$$\omega_0=\frac{1}{\sqrt{LC}}$$

同时谐振频率:

$$f_0=\frac{1}{2\pi\sqrt{LC}}$$

基于并联电路与串联电路的对偶性,容易得到并联谐振电路的特性。

首先由于谐振时等效导纳 $Y(j\omega_0)$ 最小,且等于电路并联电导 G,则相应地在电路电流 $\dot{I}$ 一定的情况下,电路电压的有效值最大,$U(\omega_0)=\dfrac{I}{G}=IR$。这时电纳电流为零,即相当于开路,$\dot{I}_{B_0}=\dot{I}_{C_0}+\dot{I}_{L_0}=0$,激励电流全部流过电导 G(电阻 R)。结合串联谐振电路的分析不难理解,虽然对于整个电路而言,在谐振发生时激励电流完全加载在电导 G(电阻 R)上,但电感和电容上并非没有电流,而是流过它们的电流相量总是大小相等,方向相反,时刻相互抵消,如图 11.3.8 所示。

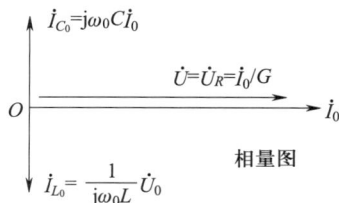

并联谐振电路中同样有品质因数的概念,也可以分

图 11.3.8 RLC 并联电路谐振的相量图

别从能量和信号两方面来理解。

首先,谐振时电路的有功功率即为电导 G 上消耗的平均功率;而图 11.3.6 中电感和电容这两条支路的电流不仅大小相同,而且方向相反,形成了一个环绕电感、电容两支路构成的回路的环路电流。而其能量交换过程与串联谐振时相同,此时电感中存储的磁场能和电容中存储的电场能相互往返交换,能量之和恒定,而与外部电路没有能量交换,因此全电路的无功功率为零;外部电路只对电导 G 做功,有功功率都消耗在电阻上。因此品质因数按式(11.3.7)中定义,有

$$Q = 2\pi \frac{谐振时电路中的电磁场总能量}{谐振时一周期内电路中消耗的能量}$$

$$= 2\pi \frac{\frac{1}{2}CU_{0m}^2}{T_0 G U_0^2} = 2\pi f_0 \frac{C}{G} = \frac{R}{\sqrt{\dfrac{L}{C}}} = \frac{R}{\rho} \tag{11.3.12}$$

将上式与式(11.3.9)中串联谐振中的 Q 值比较,发现此时的品质因数正好是相同参数的电路元件形成串联谐振时的 Q 值的倒数,即

$$Q_串 = Q_并^{-1} \tag{11.3.13}$$

其次,由于如图 11.3.6 所示的并联谐振电路中,各支路两端电压相同,因此式(11.3.12)分子分母同乘以谐振时的电压 U_0,则有

$$Q = \frac{R}{\rho} = \frac{RU_0}{\rho U_0} = \frac{\omega_0 C U_0}{G U_0} = \frac{I_{C_0}}{I} = \frac{\dfrac{1}{\omega_0 L}U_0}{G U_0} = \frac{I_{L_0}}{I} \tag{11.3.14}$$

由此可见,在并联谐振电路中,品质因数表示的是谐振电路对电流信号的放大能力,在实际应用中可通过并联谐振电路将激励源施加的小电流信号放大若干倍。因此,并联谐振有时又称为电流谐振。

由于串联谐振电路和并联谐振电路两者存在对偶关系,因此只要掌握一个便很容易理解另一个。串联谐振时,电路的等效阻抗虚部为零,串联的电感电容部分相当于短路,动态元件上的电压响应可以被放大;而并联谐振时,电路的等效导纳虚部为零,并联的电感电容部分相当于开路,动态元件上的电流响应可被放大。在特性阻抗一定的条件下(即电感与电容元件参数一定),对上述两种谐振电路而言,品质因数随着电路中电阻值的变化趋势相反:电阻越大,则串联谐振电路的 Q 值越低,而并联谐振电路的 Q 值越高;电阻越小,则串联谐振电路的 Q 值越高,而并联谐振电路的 Q 值越低。要保证高的品质因数,在串联和并联谐振电路中,对电阻值有相反的要求。因此为了使电路 Q 值不受信号源内阻的过分影响,串谐电路只宜配合低内阻源工作,而并谐电路则宜配合高内阻源工作。

例 11.3.2　例 11.3.1 中串联的三个元件 RLC 如果改为并联,则其谐振频率 f_0 为多少?其品质因数 Q 为多少?

解:根据并联谐振的定义,并联 RLC 电路发生谐振时的工作频率为

$$f_0 = \frac{1}{2\pi\sqrt{LC}} = \frac{1}{2\times 3.14 \times \sqrt{0.1\times 10\times 10^{-6}}} \text{ Hz} = 159 \text{ Hz}$$

可以发现并联电路的谐振频率和串联时的谐振频率相等。

其品质因数为

$$Q = \frac{R}{\sqrt{\dfrac{L}{C}}} = \frac{10}{\sqrt{\dfrac{0.1}{10^{-5}}}} = 0.1$$

可以看出,RLC 并联电路发生谐振时的品质因数为 0.1,是串联电路谐振品质因数 10 的倒数。

讨论:如果电阻值由 10 Ω 变为 100 Ω,电容和电感数值不变,那么在 RLC 串联和 RLC 并联模式下的品质因数分别为多少?

例 11.3.3 如图 11.3.9 所示正弦电流电路中会发生何种谐振,谐振频率为多少?

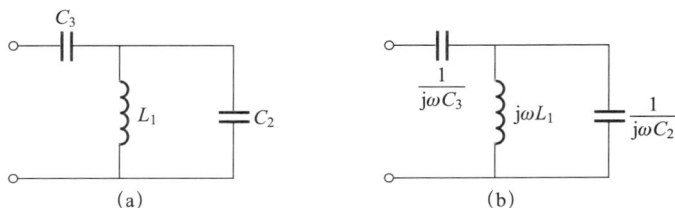

图 11.3.9 混联电路分析示例

解:端口可等效为电感 L_1 和电容 C_2 的并联部分与电容 C_3 的串联,故根据电路的相量模型,如图 11.3.9(b)所示,端口的等效阻抗可以通过相量模型的串并联形式求出:

$$Z(j\omega) = Z_{C_3}(j\omega) + Z_{L_1}(j\omega) // Z_{C_2}(j\omega)$$

$$= \frac{1}{j\omega C_3} + \frac{j\omega L_1 \cdot \dfrac{1}{j\omega C_2}}{j\omega L_1 + \dfrac{1}{j\omega C_2}} = \frac{1}{j\omega C_3} + \frac{j\omega L_1}{1-\omega^2 L_1 C_2}$$

$$= -j\frac{1-\omega^2 L_1(C_2+C_3)}{\omega C_3(1-\omega^2 L_1 C_2)}$$

根据串联谐振和并联谐振的定义,分别令分子、分母为零,可得

$$1-\omega^2 L_1(C_2+C_3) = 0$$

$$1-\omega^2 L_1 C_2 = 0$$

可解得串联谐振和并联谐振的谐振频率分别为

$$\omega_1 = \frac{1}{\sqrt{L_1(C_2+C_3)}}$$

$$\omega_2 = \frac{1}{\sqrt{L_1 C_2}}$$

§11.3.3　谐振时的幅频响应及相频响应

上两节中着重讨论了谐振电路在谐振频率 ω_0 下电路的特性,本节中将分析谐振电路中等效阻抗、导纳以及网络函数随输入频率变化的频率特性,也称为电路的频率响应。

以图 11.3.10(a)所示串联谐振电路为例,电路的等效阻抗:

$$Z(j\omega) = \sqrt{R^2 + \left(\omega L - \frac{1}{\omega C}\right)^2}\, e^{j\arctan\frac{\omega L - \frac{1}{\omega C}}{R}}$$

$$= R\sqrt{1 + Q^2\left(\frac{\omega}{\omega_0} - \frac{\omega_0}{\omega}\right)^2}\, e^{j\arctan\left[Q\left(\frac{\omega}{\omega_0} - \frac{\omega_0}{\omega}\right)\right]} = |Z(j\omega)|\underline{/\varphi_Z(\omega)}$$

其中 $|Z(j\omega)| = R\sqrt{1 + Q^2\left(\frac{\omega}{\omega_0} - \frac{\omega_0}{\omega}\right)^2}$, $\varphi_Z(\omega) = \arctan\left[Q\left(\frac{\omega}{\omega_0} - \frac{\omega_0}{\omega}\right)\right]$, $\omega_0 = \frac{1}{\sqrt{LC}}$, $Q = \frac{\omega_0 L}{R} = \frac{1}{\omega_0 CR}$。

图 11.3.10 中分别画出端口等效阻抗的模和辐角随频率的变化规律,称为该阻抗的幅频特性和相频特性。

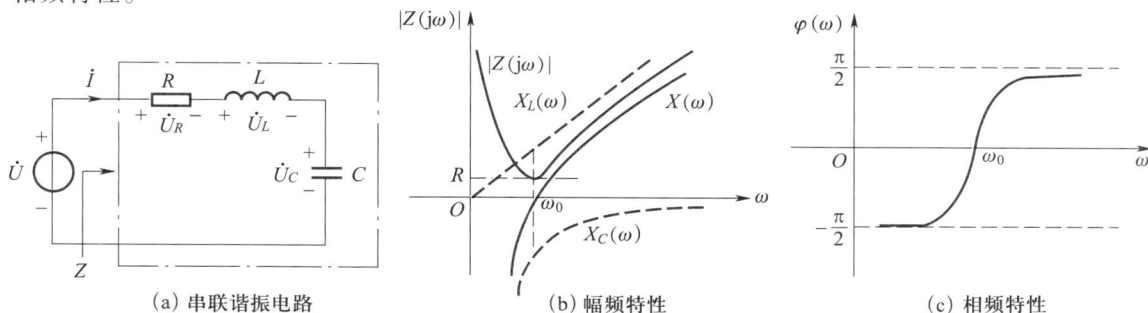

(a) 串联谐振电路　　(b) 幅频特性　　(c) 相频特性

图 11.3.10　串联谐振电路等效阻抗的频率响应

相应地,电路中的电流相量为

$$\dot{I} = \frac{\dot{U}}{Z(j\omega)} = \dot{U}Y(j\omega)$$

$$\dot{I}(\omega) = \frac{\dot{U}}{|Z(j\omega)|\underline{/\varphi_Z(\omega)}} = \dot{U}|Y(j\omega)|\underline{/\varphi_Y(\omega)} \tag{11.3.15}$$

因此,当外加电压有效值 U 一定时,电流的频率特性与等效导纳(等效阻抗的倒数)一致。图 11.3.11 分别画出了端口等效导纳的频率响应。

由于串联谐振又称为电压谐振,分别将电阻、电容和电感两端的电压作为输出信号,可获得相应的网络函数及其频率特性。以电阻 R 两端电压为例,其网络函数为

$$H(j\omega) = \frac{\dot{U}_R}{\dot{U}} = \frac{j\omega CR}{1 - \omega^2 LC + j\omega CR} \tag{11.3.16}$$

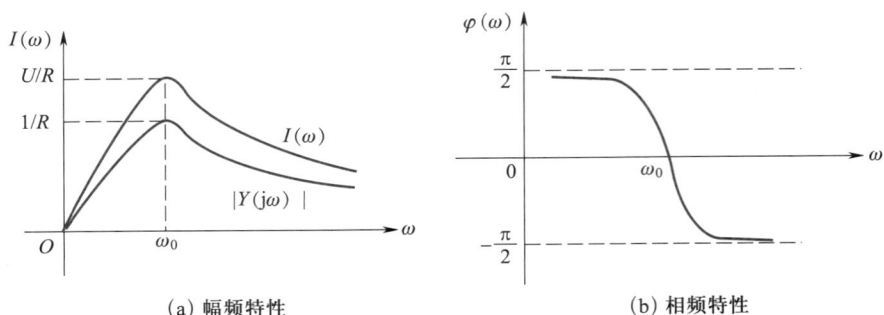

图 11.3.11 串联谐振电路等效导纳及电流的频率响应

其幅频特性和相频特性如图 11.3.12 所示。

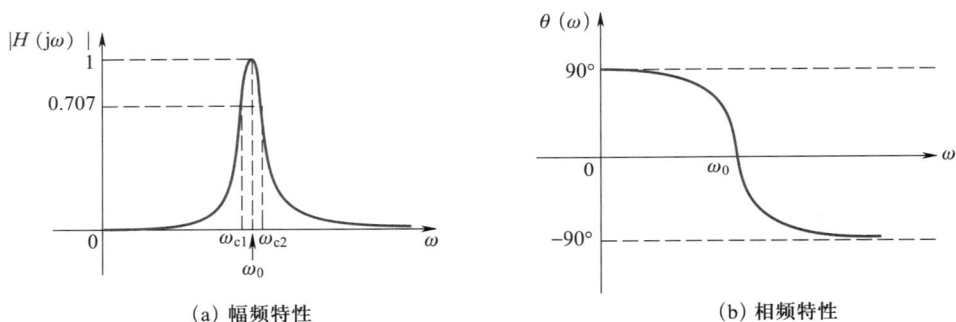

图 11.3.12 串联谐振电路的电阻电压频率响应

显然谐振电路对不同频率的信号的影响不同,且从图 11.3.12 可见此时以电阻两端电压作为输出的网络传递函数呈现带通滤波特性,在谐振频率附近的信号传输时衰减较小,而远离谐振频率的信号传输时衰减较大。采用同样的方法可以获得电感和电容两端电压的频率特性:

$$U_L(\omega) = \omega L I = \omega L \cdot \frac{U}{|Z|} = \frac{\omega L U}{\sqrt{R^2 + \left(\omega L - \dfrac{1}{\omega C}\right)^2}} \tag{11.3.17}$$

$$U_C(\omega) = \frac{I}{\omega C} = \frac{U}{\omega C \sqrt{R^2 + \left(\omega L - \dfrac{1}{\omega C}\right)^2}} \tag{11.3.18}$$

通过分析其频率响应可发现其分别对应高通滤波特性和低通滤波特性,如图 11.3.13 所示。

谐振电路可以对输出信号的频率进行选择,这是谐振电路最重要的应用。而在不同的参数条件下谐振电路的性能也会不同,例如信号频率 f 接近或者远离谐振频率 f_0 的程度,品质因数 Q

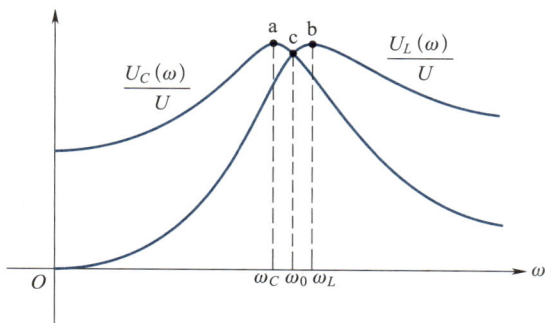

图 11.3.13　串联谐振电路中电感、电容电压的幅频特性

的大小等都会影响整个电路的性能。在串联谐振电路中,考虑电路导纳的幅频响应(或电流的幅频响应),将其分别对纵轴的最大幅度归一化,并对谐振频率归一化后,有

$$\frac{I(\omega)}{I(\omega_0)} = \frac{\dfrac{U}{|Z|}}{\dfrac{U}{R}} = \frac{R}{\sqrt{R^2 + \left(\omega L - \dfrac{1}{\omega C}\right)^2}} = \frac{1}{\sqrt{1 + \left(\dfrac{\omega L}{R} - \dfrac{1}{\omega R C}\right)^2}}$$

$$= \frac{1}{\sqrt{1 + \left(\dfrac{\omega_0 L}{R} \cdot \dfrac{\omega}{\omega_0} - \dfrac{1}{\omega_0 R C} \cdot \dfrac{\omega_0}{\omega}\right)^2}} = \frac{1}{\sqrt{1 + \left(Q \cdot \dfrac{\omega}{\omega_0} - Q \cdot \dfrac{\omega_0}{\omega}\right)^2}}$$

$$\frac{I(\eta)}{I_0} = \frac{1}{\sqrt{1 + Q^2 \left(\eta - \dfrac{1}{\eta}\right)^2}} \tag{11.3.19}$$

其中 $\eta = \dfrac{\omega}{\omega_0}$,所有谐振电路都在 $\eta = 1$ 处谐振,谐振点的幅频特性值为 1。图 11.3.14 画出了其幅频曲线。

由此可见,Q 越大,谐振曲线越尖。当稍微偏离谐振点时,曲线就急剧下降,电路对非谐振频率下的电流具有较强的抑制能力,所以选择性好。谐振曲线上,在谐振峰两边 $\dfrac{1}{\sqrt{2}} \approx 70\%$ 处频率之间的宽度定义为通频带宽度,简称为带宽。计算该归一化频率 η_1 和 η_2,有

$$\eta_1 = -\frac{1}{2Q} + \sqrt{\frac{1}{4Q^2} + 1}$$

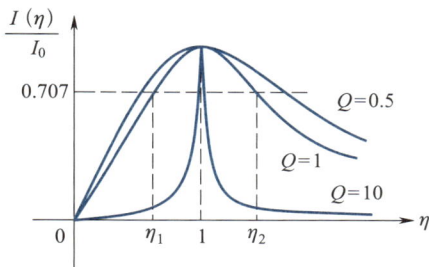

图 11.3.14　归一化幅频特性曲线

$$\eta_2 = \frac{1}{2Q} + \sqrt{\frac{1}{4Q^2} + 1}$$

由此可得到品质因数 Q 的第三个定义式:

$$Q \stackrel{\mathrm{def_3}}{=\!=\!=} \frac{1}{\eta_2 - \eta_1} = \frac{\omega_0}{\omega_2 - \omega_1} = \frac{\omega_0}{\Delta \omega} \qquad (11.3.20)$$

上式可见, Q 值可直接通过实验测量频响特性确定, 这在工程中十分常用。

根据类比或对偶分析方法可获得并联谐振电路的特性, 请读者自行尝试给出。

【知识链接】选频与滤波网络

扫码查看详细内容。

【知识链接】
选频与滤波
网络

思考题

1. 什么是谐振现象? 谐振现象的数学描述是什么?

2. 串联谐振电路和并联谐振电路各自有什么特点和应用?

3. 串联电路发生谐振时, 电容或电感元件上的分电压会是激励电源电压的 Q 倍, 请问能量还守恒吗? 这是否违反了自然规律?

4. 什么是谐振电路的特性阻抗?

5. 什么是电路的通频带宽度? 其数学表达式是什么? 通频带与 Q 参数间的关系是什么? 电路通频带宽度的作用是什么?

§11.4　含耦合电感元件电路的分析

在实际电力系统中, 变压器是实现电能远距离传输的重要器件, 它是利用耦合电感实现的典型器件。除耦合电感外, 由它演化而来的空心变压器、全耦合变压器以及理想变压器等电路模型, 都将在本节中加以讨论。

§11.4.1　含耦合电感元件的电路

如图 11.4.1 所示, 耦合电感是二端口元件, 因此要完整地描述其端口电压相量和端口电流相量间的关系, 需要用两个特性方程

$$\dot{U}_1 = +\mathrm{j}\omega L_1 \dot{I}_1 + \mathrm{j}\omega M \dot{I}_2 \qquad (11.4.1a)$$

$$\dot{U}_2 = +\mathrm{j}\omega M \dot{I}_1 + \mathrm{j}\omega L_2 \dot{I}_2 \qquad (11.4.1b)$$

其中, 自感和互感前的 "±" 不仅与电压电流的参考方向有关, 还取决于同名端的位置。每个端口的电压和电流如果是关联参考方向, 则自感前为 "+", 若是非关联参考方向, 则自感前为 "-"。根据两个电感的同名端所在位置, 互感磁通链相对于自感磁通链若是相互加强, 则互感前为 "+", 若是相互削弱, 则互感前为 "-"。(参见 §8.3 耦合电感)

对于包含耦合电感的电路来说,一种简单的做法是采用受控电压源等效的办法,将互感电压用电流控制电压源的形式表示出来。这样,耦合电感元件就可用"无耦合电感元件"与"受控电压源"的组合来代替。对图 11.4.1 中的耦合电感进行受控电压源等效后,如图 11.4.2 所示,互感连接导致的感应电压增强或者削弱通过转换后的受控源极性表示,图中不用再标注同名端。

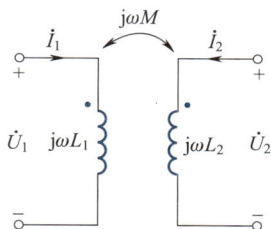

图 11.4.1　耦合电感元件的相量模型

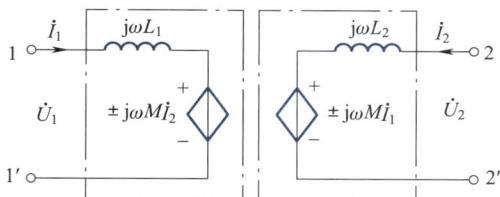

图 11.4.2　耦合电感的受控源等效模型

和电路中其他元件一样,具有互感耦合的两线圈在实际电路中可能是串联或并联,而根据同名端的位置,连接方式也可能是"顺串"或者"反串"、"同并"或者"反并"。例如对于如图 11.4.3 所示的以串联方式连接的耦合电感元件,根据基尔霍夫定律和耦合电感的时域特性方程可得此时的等效电感值

$$u(t) = u_1(t) + u_2(t) = \left[L_1 \frac{\mathrm{d}i_1(t)}{\mathrm{d}t} \pm M \frac{\mathrm{d}i_2(t)}{\mathrm{d}t} \right] + \left[L_2 \frac{\mathrm{d}i_2(t)}{\mathrm{d}t} \pm M \frac{\mathrm{d}i_1(t)}{\mathrm{d}t} \right]$$

$$= (L_1 + L_2 \pm 2M) \frac{\mathrm{d}i(t)}{\mathrm{d}t} \quad (i_1(t) = i_2(t) = i(t))$$

$$u(t) = L_{\mathrm{eq}} \frac{\mathrm{d}i(t)}{\mathrm{d}t}$$

$$L_{\mathrm{eq}} = L_1 + L_2 \pm 2M (顺串为"+") \tag{11.4.2}$$

图中星形为顺串(顺接),点形为反串(反接)。

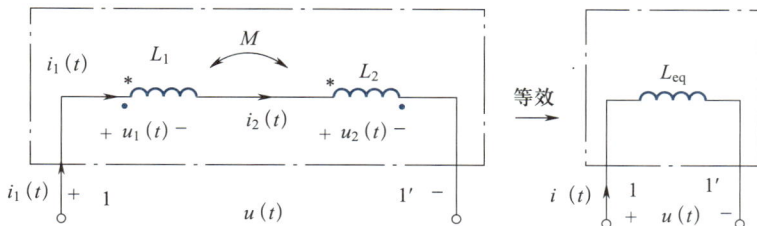

图 11.4.3　串联耦合电感的等效

同样,如图 11.4.4 中并联方式连接的耦合电感元件可根据同名端的不同连接,采用基尔霍夫定律,获得其等效电感(读者可自行推导):

$$L_{\mathrm{eq}} = \frac{L_1 L_2 - M^2}{L_1 + L_2 \mp 2M} (同名端相连为"-") \tag{11.4.3}$$

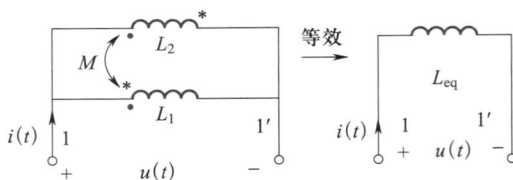

图 11.4.4 并联耦合电感的等效

图中点形为同名端相并(同并),星形为异名端相并(反并)。

需要注意的是,无论是串联还是并联,其等效电感都不可能为负值,这一点容易从物理上理解。因此分别从式(11.4.2)和式(11.4.3)可得到对互感值大小的限制:

$$M \leqslant \frac{(L_1+L_2)}{2} \tag{11.4.4}$$

$$M \leqslant \sqrt{L_1 L_2} \tag{11.4.5}$$

互感的最大值为 $\sqrt{L_1 L_2}$,因此为了更好地表示两元件间耦合的强弱程度,将两电感元件间实际互感值与其最大值之比定义为耦合系数,用 k 表示:

$$k = \frac{M}{\sqrt{L_1 L_2}} \tag{11.4.6}$$

显然有 $0 \leqslant k \leqslant 1$。当 $k=0$ 时,称为无耦合,此时两个线圈完全没有交链,互感 M 为零;而当 $k=1$ 时,称为全耦合,此时两电感间耦合最强,互感 M 取得最大值。

由自感和互感的定义(参见 §8.3),

$$\begin{aligned}
\Psi_{11} &= \Phi_{11} N_1 = L_1 i_1 \\
\Psi_{22} &= \Phi_{22} N_2 = L_2 i_2 \\
\Psi_{12} &= \Phi_{12} N_1 = M i_2 \\
\Psi_{21} &= \Phi_{21} N_2 = M i_1
\end{aligned} \tag{11.4.7}$$

当发生全耦合时,每一线圈产生的磁通全部与另一线圈交链,有 $\Phi_{21} = \Phi_{11}$,$\Phi_{12} = \Phi_{22}$,此时互感取得最大值,有

$$M_{\text{m}} = \frac{\Phi_{21} N_2}{i_1} = \frac{\Phi_{11} N_2}{i_1} = \frac{L_1}{N_1} N_2$$

$$M_{\text{m}} = \frac{\Phi_{12} N_1}{i_2} = \frac{\Phi_{22} N_1}{i_2} = \frac{L_2}{N_2} N_1 \tag{11.4.8}$$

显然有

$$\sqrt{\frac{L_1}{L_2}} = \frac{N_1}{N_2} \tag{11.4.9}$$

由此可知,发生全耦合时有 $M_{\text{m}} = \sqrt{L_1 L_2}$,此时 $k=1$。

在正弦稳态电路分析中,可根据耦合电感的特性方程获得包含耦合电感的各支路方程的相

量形式,结合基尔霍夫定律,采用支路(电流)法或回路(电流)法就可以列出整个电路网络的相量方程进而求解。然而直接利用耦合元件特性方程判断耦合(互感)电压项往往较为繁琐,容易出错,因此在实际工程中,常常利用等效的概念把耦合元件等效为无耦合的元件后再列写相量方程,如上述串联和并联的情况。

　　除上述两种连接外,耦合电感还有一种常见的连接方式,即有一个公共端相连,构成一种三端连接方式的电路,如图 11.4.5 所示。

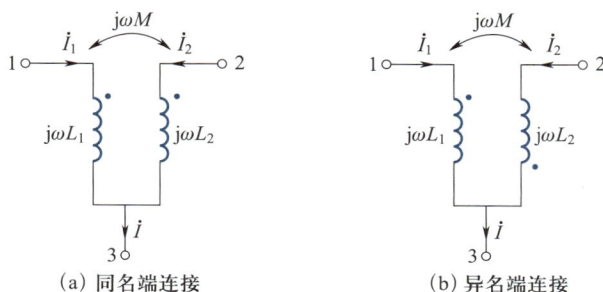

(a) 同名端连接　　　　　　(b) 异名端连接

图 11.4.5　有一个公共端相连的耦合电感模型

　　对于有公共端相连的耦合电感模型,分析的关键在于如何将含有互感的电路进行去耦等效,变换为无互感的等效电感电路进行分析。如图 11.4.6(a) 所示,对于同名端相连的耦合电感元件,若要消除磁耦合,需要在公共支路加入一个电感以等效互感的作用,故其等效模型应如图 11.4.6(b) 所示。

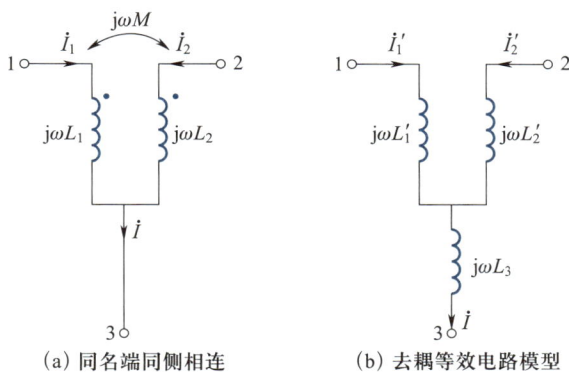

(a) 同名端同侧相连　　　　　　(b) 去耦等效电路模型

图 11.4.6　耦合电感的去耦等效模型

　　若要图(a)与图(b)电路等效,则必须满足:$\dot{U}_{13}=\dot{U}'_{13}$,$\dot{U}_{23}=\dot{U}'_{23}$,$\dot{I}_1=\dot{I}'_1$,$\dot{I}_2=\dot{I}'_2$。根据元件特性和连接方式,有

$$\dot{U}_{13}=j\omega L_1\dot{I}_1+j\omega M\dot{I}_2$$

$$\dot{U}_{23} = j\omega L_2 \dot{I}_2 + j\omega M \dot{I}_1$$

$$\dot{U}'_{13} = j\omega L'_1 \dot{I}'_1 + j\omega L_3 \dot{I} = j\omega L'_1 \dot{I}'_1 + j\omega L_3 (\dot{I}'_1 + \dot{I}'_2) = j\omega (L'_1 + L_3) \dot{I}'_1 + j\omega L_3 \dot{I}'_2$$

$$\dot{U}'_{23} = j\omega L'_2 \dot{I}'_2 + j\omega L_3 \dot{I} = j\omega L'_2 \dot{I}'_2 + j\omega L_3 (\dot{I}'_1 + \dot{I}'_2) = j\omega (L'_2 + L_3) \dot{I}'_1 + j\omega L_3 \dot{I}'_2$$

对比上述各式,可以看出,图 11.4.6(a)和(b)等效需满足 $L_3 = M, L'_1 = L_1 - M, L'_2 = L_2 - M$。

类似地,当异名端相连时,则需满足 $L_3 = -M, L'_1 = L_1 + M, L'_2 = L_2 + M$,如图 11.4.7 所示。

这种对互感的去耦等效也被称为互感消除法,只适用于有公共端相连的耦合电感电路。需要指出的是,该去耦等效模型中新电感元件的等效值与电流、电压的参考方向均无关,只与元件连接方式有关。

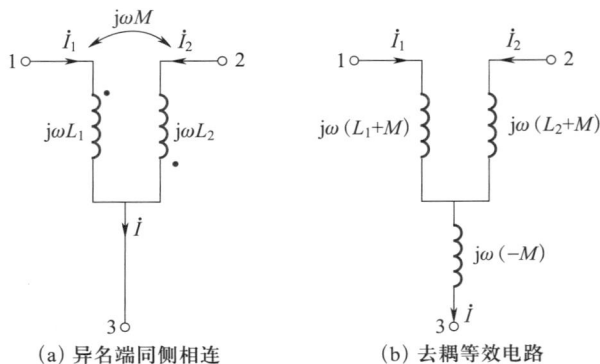

图 11.4.7 异名端连接的耦合电感及其去耦等效模型

例 11.4.1 在如图 11.4.8(a)所示的耦合电感电路中,已知正弦电压源的电压有效值为 $\dot{U}_s = 50$ V,互感抗为 $\omega M = 2$ Ω,求开关 S 断开和闭合时的电流 $I_{开}$ 和 $I_{闭}$。

解法一:互感消除法

由图 11.4.8(a)耦合电感电路可以看出,两个电感的连接端为异名端,因此去耦等效电路中的新加电感值为负。可得其去耦等效电路如图 11.4.8(b)所示。

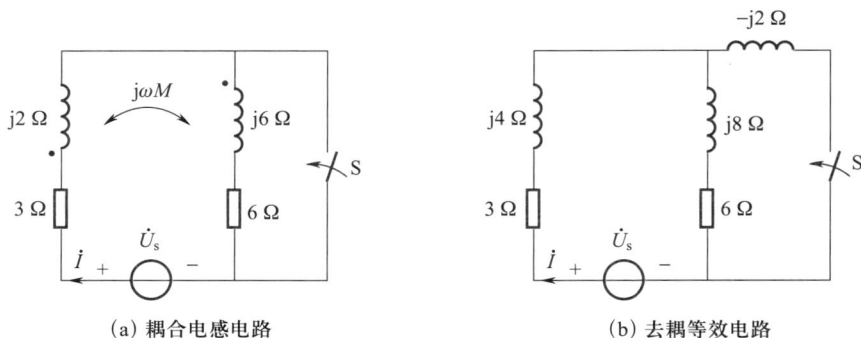

(a) 耦合电感电路   (b) 去耦等效电路

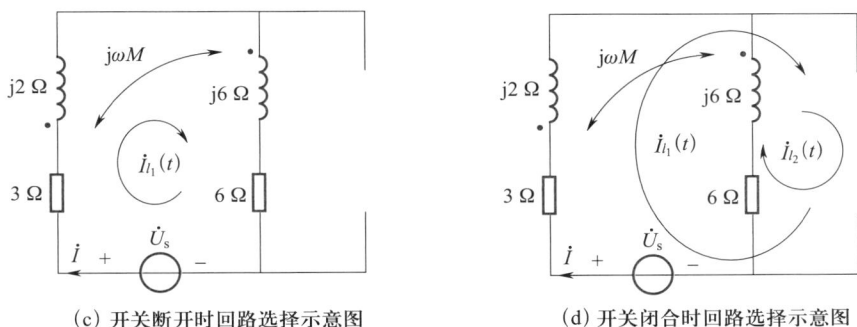

（c）开关断开时回路选择示意图　　　　（d）开关闭合时回路选择示意图

图 11.4.8　耦合电感电路求解示例

当开关 S 断开时，回路电流有效值为

$$I_{\text{开}} = \frac{50}{|3+j4+6+j8|} \text{ A} = \frac{10}{3} \text{ A} = 3.33 \text{ A}$$

当开关 S 闭合时，此时回路总阻抗为（6+j8）Ω 和（-j2）Ω 并联，后与（3+j4）Ω 串联，总的阻抗为

$$Z = 3+j4 + \frac{(6+j8)(-j2)}{6+j8-j2} = \frac{5(2+j)}{3}$$

故而电流有效值为

$$I_{\text{闭}} = \frac{50}{|Z|} = \frac{50}{\frac{5\sqrt{5}}{3}} \text{ A} = 6\sqrt{5} \text{ A} = 13.42 \text{ A}$$

讨论：若图 11.4.8（a）中的两个电感是同名端相连，则其结果如何？（$I_{\text{开}} = 5.08$ A，$I_{\text{闭}} = 13.42$ A）

解法二：一般相量法

用回路法求解。

当开关 S 断开时，如图 11.4.8（c）所示，只有左侧回路。

设网孔回路电流 $\dot{I}_{l_1}$ 为顺时针方向，其回路方程为

$$(3+j2)\dot{I}_{l_1} + j\omega M \dot{I}_{l_1} + (6+j6)\dot{I}_{l_1} + j\omega M \dot{I}_{l_1} = \dot{U}_s$$

代入参量后得

$$[(3+j4)+(6+j8)]\dot{I}_{l_1} = 50\underline{/0°}$$

回路电流有效值为

$$I_{\text{开}} = I_{l_1} = \frac{50}{|3+j4+6+j8|} \text{ A} = \frac{10}{3} \text{ A} = 3.33 \text{ A}$$

当开关 S 闭合时，由于感应电压的作用，右侧支路不能被开关短路掉。设回路如图 11.4.8（d）

所示设置,且电流 $\dot{I}_{l_1}$ 和 $\dot{I}_{l_2}$ 均为顺时针方向。回路方程为

$$\begin{cases} (3+\mathrm{j}2)\,\dot{I}_{l_1} - \mathrm{j}2\,\dot{I}_{l_2} = \dot{U}_\mathrm{s} \\ (6+\mathrm{j}6)\,\dot{I}_{l_2} - \mathrm{j}2\,\dot{I}_{l_1} = 0 \end{cases}$$

利用后式得

$$\dot{I}_{l_2} = \frac{\mathrm{j}2}{6+\mathrm{j}6}\,\dot{I}_{l_1}$$

代入前式整理后得

$$\frac{5(2+\mathrm{j})}{3}\,\dot{I}_{l_1} = \dot{U}_\mathrm{s}$$

故电流有效值为

$$I_{闭} = I_{l_1} = 13.42\ \mathrm{A}$$

还可以用网孔法或受控源等效的方法求解,请读者自行尝试。

无论是去耦等效法还是受控源等效法,其实质都是将磁耦合形式转换为电耦合形式,以利于分析和计算。

§11.4.2 变压器

变压器是电气工程领域中利用互感效应工作的典型电气设备,也是典型的二端口网络。它是由两个耦合线圈绕在同一个芯柱上制成,根据线圈芯柱材质的不同可分为空心变压器和铁心变压器。在本节讨论的变压器模型中,芯柱是由线性磁性材料或工作在线性段的材料制成,统称为线性变压器。本节从空心变压器这一典型的线性变压器出发,分析其工作特性,并在此基础上简要介绍全耦合变压器和理想变压器的模型及含变压器电路的分析。

§11.4.2.1 空心变压器

空心变压器本质上就是一对耦合线圈,如图11.4.9所示。

其中一个线圈作为输入,与电源相连,称为一次线圈,工程上也称为初级线圈,接上电源形成的回路称为一次回路或一次侧(旧称为初级回路、原边回路,简称为初级、原边);另一个线圈作为输出,与负载相连,称为二次线圈或次级线圈,构成的输出电路称为二次回路或二次侧(旧称为次级回路、副边回路,简称为次级、副边)。通过两个线圈的磁耦合作用,将输入一次侧的部分能量传递到二次侧输出。

如图11.4.9所示的空心变压器电路,其一次侧接电源,二次侧接负载。考虑 R_1、R_2 分别为一次、二次线圈损耗。根据回路电流法,分别列出一次、二次回路的方程,有

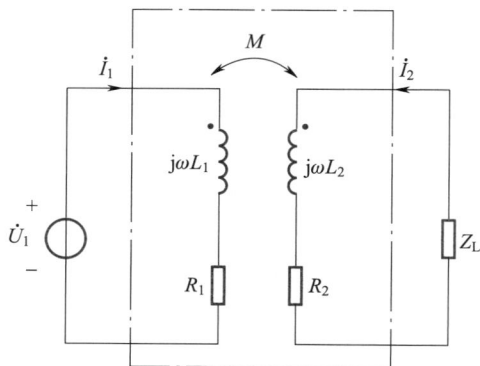

图11.4.9 含空心变压器的电路

$$(R_1+\mathrm{j}\omega L_1)\ \dot{I}_1+\mathrm{j}\omega M\dot{I}_2=\dot{U}_1$$

$$\mathrm{j}\omega M\dot{I}_1+(R_2+\mathrm{j}\omega L_2+Z_\mathrm{L})\ \dot{I}_2=0$$

由此可求出从一次侧两端看进去的等效阻抗

$$Z_{1\mathrm{eq}}=\frac{\dot{U}_1}{\dot{I}_1}=(R_1+\mathrm{j}\omega L_1)+\frac{\omega^2M^2}{R_2+\mathrm{j}\omega L_2+Z_\mathrm{L}}=Z_{11}+\frac{\omega^2M^2}{Z_{22}} \qquad (11.4.10)$$

其中 $Z_{11}=R_1+\mathrm{j}\omega L_1$，称为一次回路自阻抗，$Z_{22}=R_2+\mathrm{j}\omega L_2+Z_\mathrm{L}$，称为二次回路总阻抗。上式中等效阻抗不仅包括一次回路中的自阻抗，还包含了一项决定于互感和二次回路的阻抗，将其称为二次回路对一次回路的反映阻抗（也称为反射阻抗、引入阻抗），是二次回路阻抗通过互感映射到一次回路的体现，用 $Z_{1\mathrm{r}}$ 表示为

$$Z_{1\mathrm{r}}=\frac{\omega^2M^2}{Z_{22}} \qquad (11.4.11)$$

则空心变压器的一次侧等效电路如图 11.4.10 所示。

基于同样的分析方式，通过求解二次侧的开路电压 $\dot{U}_\mathrm{oc}$ 和等效阻抗，可以获得其二次侧等效电路，如图 11.4.11(a) 和(b)所示，其中：

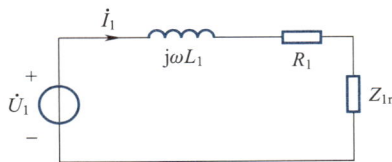

图 11.4.10　空心变压器的一次侧等效

$$\dot{U}_\mathrm{oc}=\frac{\dot{U}_1}{Z_{11}}\times\mathrm{j}\omega M \qquad (\dot{I}_2=0)$$

$$Z_0=(R_2+\mathrm{j}\omega L_2)+\frac{\omega^2M^2}{R_1+\mathrm{j}\omega L_1}=(R_2+\mathrm{j}\omega L_2)+\frac{\omega^2M^2}{Z_{11}} \qquad (\dot{U}_\mathrm{s}=0,加流求压) \qquad (11.4.12)$$

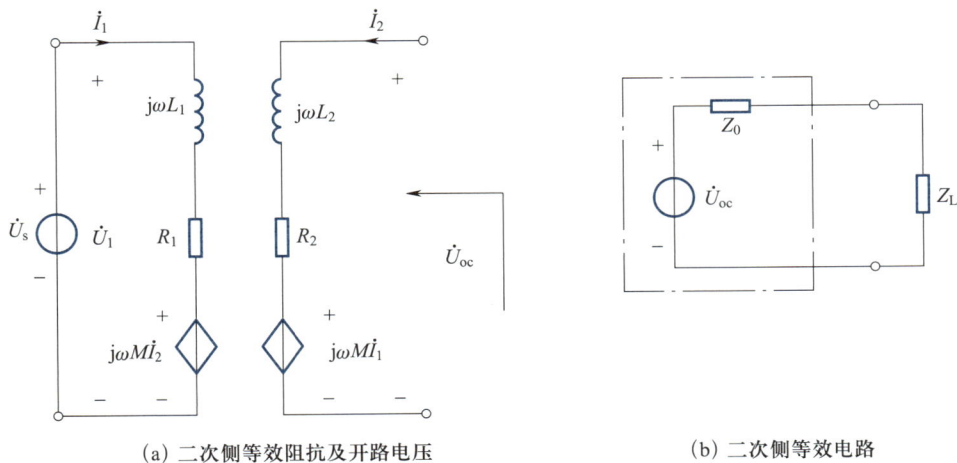

（a）二次侧等效阻抗及开路电压　　　　　　　（b）二次侧等效电路

图 11.4.11　图 11.4.9 中空心变压器的二次侧等效

其中一次回路自阻抗 Z_{11} 同上。由此可见,二次侧的等效阻抗不仅包括二次回路中除负载外的自阻抗 $(R_2+\mathrm{j}\omega L_2)$,还包含了一项决定于互感和一次回路的阻抗,将其称为一次回路对二次回路的反映阻抗,是一次回路阻抗通过互感映射到二次回路的体现,用 Z_{2r} 表示为

$$Z_{2r}=\frac{\omega^2 M^2}{Z_{11}} \tag{11.4.13}$$

综合上述分析可知,二次回路对一次回路的影响体现在反映阻抗 Z_{1r} 上,而二次回路所消耗的功率也可用一次侧等效中 Z_{1r} 消耗的功率计算,这对应于实际电力工程中变压器的重要应用,即功率的传送。另一方面,从式(11.4.11)及式(11.4.13)可见,不论是从一次侧到二次侧还是从二次侧到一次侧,反映阻抗均为原阻抗的倒数关系。阻抗性质的改变意味着变压器可起到元件变换的作用,即在二次侧为容性(感性)的元件,其对一次侧的作用相当于一个感性(容性)元件;而在一次侧为容性(感性)的元件,其对二次侧的作用相当于一个感性(容性)元件。

§11.4.2.2　全耦合无损变压器

当线性变压器一次线圈和二次线圈的耦合系数 $k=1$,即称为全耦合。此时两线圈的耦合最强,互感数值最大 $(M=\sqrt{L_1 L_2})$,若能忽略一次和二次线圈的绕线电阻,就得到全耦合无损变压器,如图 11.4.12 所示。分别列出一次、二次回路的方程,有

$$\begin{aligned}\mathrm{j}\omega L_1\dot{I}_1+\mathrm{j}\omega\sqrt{L_1 L_2}\,\dot{I}_2&=\dot{U}_1\\ \mathrm{j}\omega\sqrt{L_1 L_2}\,\dot{I}_1+\mathrm{j}\omega L_2\dot{I}_2&=\dot{U}_2\end{aligned} \tag{11.4.14}$$

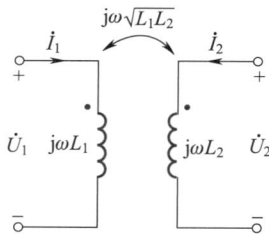

图 11.4.12　全耦合无损变压器电路模型

从上述第二式中将一次回路中的电流相量 $\dot{I}_1$ 用二次回路中的电流相量 $\dot{I}_2$ 及电压相量 $\dot{U}_2$ 表示,然后整理得到一次与二次回路间电压和电流的关系式:

$$\begin{cases}\dot{U}_1=n\dot{U}_2\\ \dot{I}_1=\dfrac{\dot{U}_1}{\mathrm{j}\omega L_1}-\dfrac{1}{n}\dot{I}_2\end{cases} \tag{11.4.15}$$

其中 $\sqrt{\dfrac{L_1}{L_2}}=n$ 称为全耦合变压器一次回路和二次回路的电压比,也是一次线圈和二次线圈的匝数比[见式(11.4.9)]。上述电流表达式中的第一项代表变压器二次侧开路时的一次电流,又称为空载电流;而第二项代表有负载时为了将能量输入到二次侧所需的一次电流。

§11.4.2.3　理想变压器

对全耦合无损变压器做进一步假设,若 L_1、L_2 和 M 均无穷大,且保持 $\sqrt{\dfrac{L_1}{L_2}}=n$ 为一常数,那

么此时的全耦合变压器就可以近似为理想变压器。虽然本节内容是从空心变压器出发,通过数学上的假设获得全耦合无损变压器模型,以及通过进一步的理想化近似获得理想变压器,但现实中的空心变压器往往耦合系数较小,能量传输效率不高。要实现接近全耦合的理想变压器,需要具有高磁导率低损耗的铁心材料,以及很高的线圈匝数,而现实中的铁心变压器也只有在优化设计后在特定的工作条件下表现得接近理想变压器模型。

实际变压器可视为理想变压器的条件如下:

(1) 一次、二次线圈的绕线电阻为零,变压器本身无功率损耗。

(2) 耦合系数等于 1,即一次线圈和二次线圈发生全耦合,无漏磁通。

(3) 自感和互感都可视为无穷大,以保证微小的电流通过电感线圈时能产生很大的磁通。

通常情况下理想变压器用一次侧和二次侧的电压比 n 表示,也称为理想变压器的电压比,是表征理想变压器特征的唯一参数。如图 11.4.13 所示为理想变压器的电路模型。

由式(11.4.15)得,理想变压器的特性方程为

$$\begin{cases} \dot{U}_1 = n\dot{U}_2 \\ \dot{I}_1 = -\dfrac{1}{n}\dot{I}_2 \end{cases} \qquad (11.4.16)$$

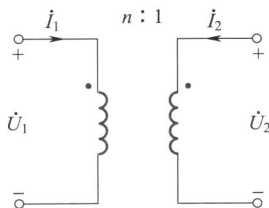

图 11.4.13　理想变压器电路模型

与空心变压器相比,理想变压器的特性方程其形式和计算都要简单得多。应该指出,理想变压器需要满足的三个条件在工程实际中是不太可能满足的,但在计算误差允许的范围内,用理想变压器模型来描述铁心变压器可以大大简化计算过程。

理想变压器的特性方程式(11.4.16)表明,理想变压器具有变换电压和电流的作用。但是,变换前后的电压之间和电流之间的相位差均为 0,数值关系也均为简单的倍数关系,即理想变压器没有记忆功能。

理想变压器吸收的瞬时功率为

$$p(t) = u_1 i_1 + u_2 i_2 = nu_2\left(-\frac{1}{n}i_2\right) + u_2 i_2 = 0 \qquad (11.4.17)$$

此式表明,理想变压器的瞬时功率时刻为零,这意味着它既不消耗能量,也不存储能量。理想变压器的作用只是即时地将一次侧输入的能量通过耦合传递到二次侧输出,并将电流、电压进行数值上的变换。

如果在理想变压器的二次侧接负载 Z_L,则从一次侧的输入端口看其等效阻抗为

$$Z_{eq} = \frac{\dot{U}_1'}{\dot{I}_1} = \frac{n\dot{U}_2}{-\frac{1}{n}\dot{I}_2} = n^2\frac{\dot{U}_2}{-\dot{I}_2} = n^2 Z_L \qquad (11.4.18)$$

将负载从二次回路映射到一次回路,即可得理想变压器的一次侧等效电路,如图 11.4.14 所示。

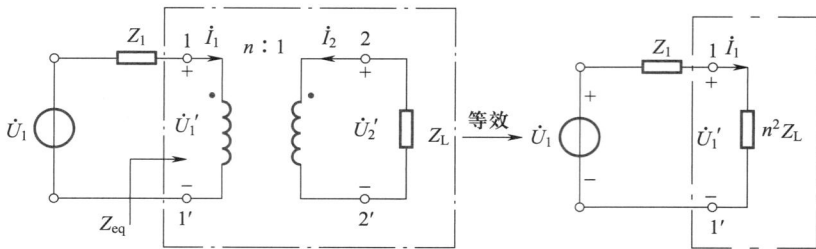

图 11.4.14 理想变压器的一次侧等效电路

类似地,也可获得理想变压器的二次侧等效电路,如图 11.4.15 所示。此时一次回路中(已没有耦合电感的概念)回路阻抗 Z_1 映射到二次回路,变成原来的 $\dfrac{1}{n^2}$。可见理想变压器具有阻抗变换的作用。需要指出的是,与空心变压器不同,不论是从一次侧到二次侧还是从二次侧到一次侧,理想变压器的反映阻抗只是数值发生变化,性质不发生改变,即映射前的阻抗若为容性(或感性),则映射后仍为容性(或感性)。

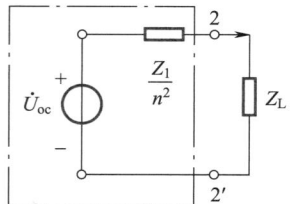

图 11.4.15 理想变压器的二次侧等效电路

如果理想变压器电流的参考方向是由异名端流入,但电流和电压依然是关联参考方向,则理想变压器中一次侧、二次侧的电压和电流满足以下关系:

$$\begin{cases} \dot{U}_1 = -n\dot{U}_2 \\ \dot{I}_1 = \dfrac{1}{n}\,\dot{I}_2 \end{cases} \tag{11.4.19}$$

而式(11.4.17)及(11.4.18)中反映的瞬时功率以及阻抗变换关系此时仍然不变,读者可自行计算查验。

例 11.4.2 若 $Z_L = (200+\text{j}50)\ \Omega$,求如图 11.4.16 所示电路中 ab 两端的等效阻抗 Z_{ab}。

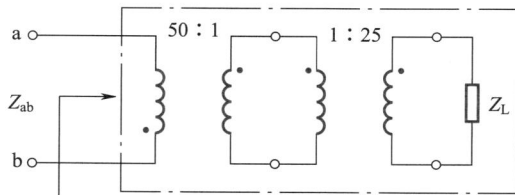

图 11.4.16 理想变压器等效阻抗求解示例

解: 题中出现了变压器的级联,要想求一次回路中的等效阻抗,必须先将三次回路中的负载经过阻抗变换映射至二次回路,然后从二次回路中再映射至一次回路,从而最终获得等效阻抗。已知三次回路和二次回路之间的理想变压器电压比为 1:25,故阻抗 Z_L 变换至二次回路时的值

为原值的 $\dfrac{1}{625}$，如图 11.4.17(a) 所示。随后，二次回路中的阻抗经过电压比为 50∶1 的理想变压器映射至一次回路，反映阻抗值变为二次回路中等效阻抗值的 2 500 倍，如图 11.4.17(b) 所示。代入数值，有

$$Z_{ab} = 50 \times 50 \times \frac{1}{25 \times 25} Z_L = 4 Z_L = (800 + j200)\ \Omega$$

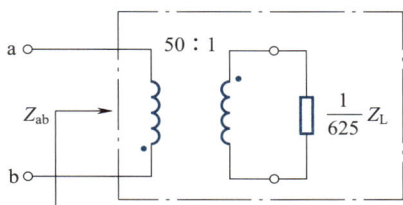

（a）三次回路阻抗映射至二次回路的等效　　　（b）二次回路阻抗映射至一次回路的等效

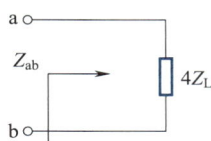

图 11.4.17　理想变压器等效阻抗求解过程示例

例 11.4.3　若 $Z_1 = 4\ \Omega$，$Z_2 = 5\ \Omega$，$n_1 = 5$，$n_2 = 6$，求如图 11.4.18 所示含理想变压器电路中 ab 两端的等效阻抗 Z_{ab}。

解：对于题中出现的二次侧多绕组的理想变压器，由于二次绕组之间相互没有耦合关系，可分别利用与一次侧的阻抗变换关系，将阻抗先后映射至一次侧两端以消除耦合，再求解等效阻抗。从一次侧看各等效负载是并联的，如图 11.4.19 所示。则有

$$Z_{ab} = \frac{\dot{U}_0}{\dot{I}_0} = \frac{\dot{U}_0}{\dfrac{\dot{I}_1}{n_1} + \dfrac{\dot{I}_2}{n_2}} = n_1^2 Z_1 // n_2^2 Z_2$$

代入数值，得 $Z_{ab} = (25 \times 4 // 36 \times 5)\ \Omega = (100 // 180)\ \Omega = 64.29\ \Omega$。

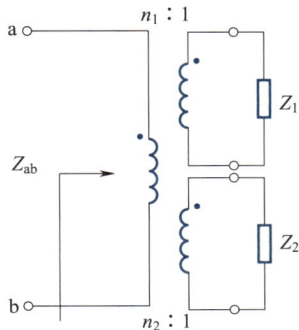

图 11.4.18　含理想变压器
电路的等效阻抗求解示例

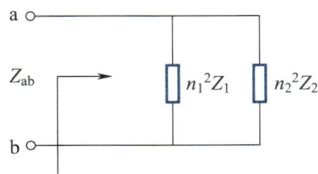

图 11.4.19　理想变压器的两个二次回路
映射至一次回路等效为阻抗并联

例 11.4.4 在如图 11.4.20 所示正弦稳态电路中,已知电源电压 $\dot{U}_s = 12 \underline{/0°}$ V,负载电阻 $R_L = 6 \Omega$,无独立源的二端口网络 N_0 的 Z 参数为 $Z_{11} = 3 \Omega$, $Z_{12} = 2 \Omega$, $Z_{21} = -3 \Omega$, $Z_{22} = 6 \Omega$。求 R_L 消耗的功率及电源发出的平均功率。

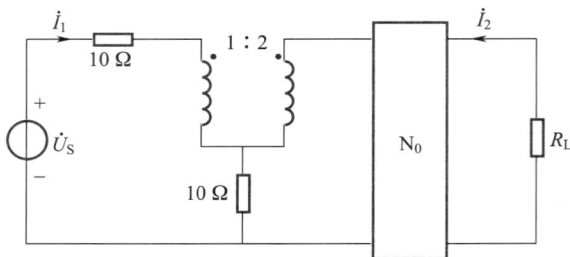

图 11.4.20 含理想变压器的有载二端口问题示例

解: 可以将源和负载之间的电路用二端口网络等效,如图 11.4.21 所示将二端口网络电路看作三个二端口网络的级联。

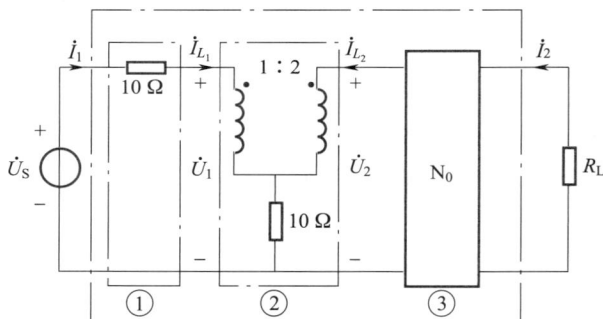

图 11.4.21 含理想变压器的有载二端口问题题解示例

易知①网络的传输参数矩阵为

$$T_1 = \begin{bmatrix} 1 & 10 \ \Omega \\ 0 \ \mathrm{S} & 1 \end{bmatrix}$$

对于②网络,设理想变压器一次电压为 $\dot{U}$,二次电压为 $2\dot{U}$,网络端口电压分别为 $\dot{U}_1$ 和 $\dot{U}_2$,网络端口电流分别为 $\dot{I}_{L_1}$ 和 $\dot{I}_{L_2}$,列写 KVL 方程。

$$\dot{U}_1 = \dot{U} + 10(\dot{I}_{L_1} + \dot{I}_{L_2})$$

$$\dot{U}_2 = 2\dot{U} + 10(\dot{I}_{L_1} + \dot{I}_{L_2})$$

$$\dot{I}_{L_1} = -2\dot{I}_{L_2}$$

化简消去 $\dot{U}$,可得到方程

$$\dot{U}_1 = 0.5\dot{U}_2 - 5\dot{I}_{L_2}$$

$$\dot{I}_{L_1} = -2\,\dot{I}_{L_2}$$

故②网络的传输参数矩阵为

$$T_2 = \begin{bmatrix} 0.5 & 5\ \Omega \\ 0\ \text{S} & 2 \end{bmatrix}$$

又由 N_0 的 Z 参数,求得 N_0 的传输参数矩阵为

$$T_3 = \begin{bmatrix} -1 & -8\ \Omega \\ -\dfrac{1}{3}\ \text{S} & -2 \end{bmatrix}$$

则整个电路的传输参数矩阵为

$$T = T_1 T_2 T_3 = \begin{bmatrix} 1 & 10 \\ 0 & 1 \end{bmatrix} \begin{bmatrix} 0.5 & 5 \\ 0 & 2 \end{bmatrix} \begin{bmatrix} -1 & -8 \\ -\dfrac{1}{3} & -2 \end{bmatrix} = \begin{bmatrix} -\dfrac{53}{6} & -54 \\ -\dfrac{2}{3} & -4 \end{bmatrix} = \begin{bmatrix} A & B \\ C & D \end{bmatrix}$$

据此可求出从 R_L 两端看进去的戴维南等效电路的参数为

$$\dot{U}_{oc} = \dot{U}_2 \big|_{i_2=0} = \frac{1}{A}\dot{U}_s = -1.36\ \text{V}$$

$$Z_0 = \frac{\dot{U}_2}{\dot{I}_2}\bigg|_{\dot{U}_1=0} = \frac{B}{A} = 6.11\ \Omega$$

进而求得

$$\dot{I}_1 = 0.90\ \text{A}$$

$$\dot{I}_2 = 0.11\ \text{A}$$

$$P_{R_L} = I_2^2 R_L = 0.07\ \text{W}$$

$$P_{U_s} = -U_s I_1 = -10.80\ \text{W}$$

例 11.4.5 求如图 11.4.22 所示包含负阻变换器、理想变压器,以及回转器的有载二端口网络的输入阻抗 Z_i。

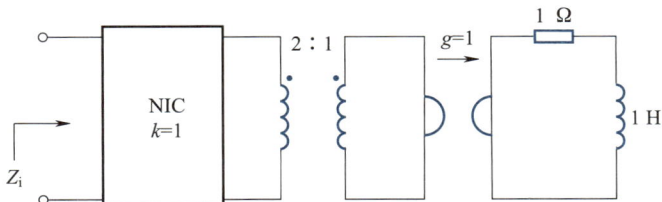

图 11.4.22 多种典型二端口网络级联的有载二端口问题示例

解:§6.4 中介绍过两种典型的二端口元件,负阻变换器和回转器,其分别具有将(正)电阻变换成负电阻的功能,以及将输入端的电阻(导)变换成输出端的等效电导(阻)的功能,对应的传输参数矩阵分别为

$$T_{\mathrm{NIC}} = \begin{bmatrix} 1 & 0 \\ 0 & -\dfrac{1}{k} \end{bmatrix}$$

$$T_g = \begin{bmatrix} 0 & \dfrac{1}{g} \\ g & 0 \end{bmatrix}$$

当该二端口网络连接的不仅是电阻元件,还包括动态元件时,通过相量电路模型的分析可知此时该二端口网络分别具有将阻抗变换成负阻抗的功能,以及将输入端的电容(感)变换成输出端的等效电感(容)的功能。而负阻变换器通常被称为负阻抗变换器。

本题中,由负阻抗变换器、理想变压器和回转器级联构成的复合二端口网络如图 11.4.23 所示。其传输参数矩阵为

$$T = \begin{bmatrix} 1 & 0 \\ 0 & -1 \end{bmatrix} = \begin{bmatrix} 2 & 0 \\ 0 & \dfrac{1}{2} \end{bmatrix} \begin{bmatrix} 0 & 1 \\ 1 & 0 \end{bmatrix} = \begin{bmatrix} 0 & 2 \\ \dfrac{1}{2} & 0 \end{bmatrix} = \begin{bmatrix} A & B \\ C & D \end{bmatrix}$$

如图 11.4.24 所示,设电路工作频率为 ω,由负阻抗变换器输入端向终端看去的输入阻抗为[参见 §6.5 式(6.5.10)]

$$Z_{\mathrm{i}} = \frac{A Z_{\mathrm{L}} + B}{C Z_{\mathrm{L}} + D}$$

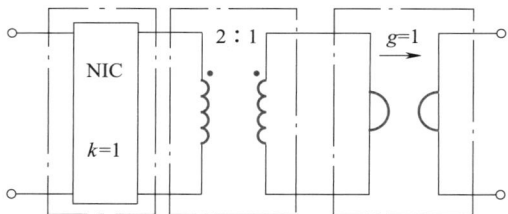

图 11.4.23　负阻抗变换器、理想变压器和回转器级的二端口网络

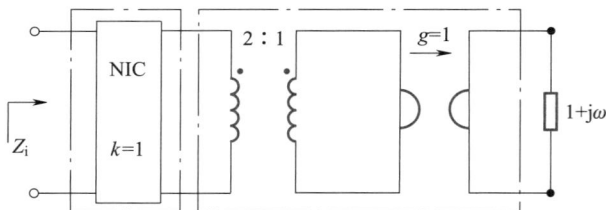

图 11.4.24　有载复合二端口网络

代入 T 矩阵参数,该有载二端口网络的输入阻抗为

$$Z_{\mathrm{i}} = -\frac{4}{1+\mathrm{j}\omega}$$

【工程拓展】用理想变压器模型描述实际变压器

扫码查看详细内容。

【工程拓展】深入理解变压器的阻抗变换特性

扫码查看详细内容。

思考题

1. 互感消除法适合于什么样的连接？受控源等效法适合于什么样的连接？
2. 含空心变压器的电路在什么情况下不能使用反映阻抗法求解？
3. 理想变压器是互易的二端口网络吗？空心变压器和全耦合变压器呢？

§11.5 三相电路——正弦稳态分析例子之一

三相电路是一种实际应用广泛的特殊正弦稳态电路,主要应用于电能传输系统,也就是电力系统。从 19 世纪末至今,三相制一直是电力系统的主要拓扑形式。虽然近年随着科技的进步,直流输变电技术有了长足的发展和实际应用,但目前绝大多数工业供电-用电系统还都是三相电路。在这一节里对三相电路,特别是对称三相电路的相关知识作简单介绍。

本节首先给出三相制的定义、连接方法等基础概念,然后重点讨论对称三相电路的分析方法。通过讲述中性线的作用,探讨工程实践中三相四线制的由来。本书未涉及不对称三相电路的分析方法。

§11.5.1 对称三相电路

三相电路是由三相电源供电的电路,它是由三相电源、三相负载和三相供电线路组成的。之所以称为三相电路是由于 3 组电源和三相负载均具有特殊的拓扑结构。

首先三相电源是由三个同频率、等幅值、初相依次滞后120°的单相正弦电压源连接成星形(Y)或三角形(△)的电源组合;其次,三相负载亦连接成星形或三角形从而构成星形或三角形三相负载,当三相负载的阻抗相等时,就称为对称三相负载;而三相电源中的某一相电源称为单相电源,通常用 A、B、C(也用 L1、L2、L3 或 U、V、W)表示依次滞后120°的相序,即 B 滞后 A,C 滞后 B,A 滞后 C,称为正序。电路中可能出现负序或零序,一般是由电路故障引起。

如图 11.5.1 所示,从三相电源的 3 个正极端钮引出具有相同阻抗的 3 条端线(或输电线),把一个或多个对称三相负载连接在端线上就形成了对称三相电路。图为两个对称三相电路的示例。图 11.5.1(a)中的三相电源为星形结构,负载亦为星形结构,称为 Y-Y 联结方式;图 11.5.1(b)中,

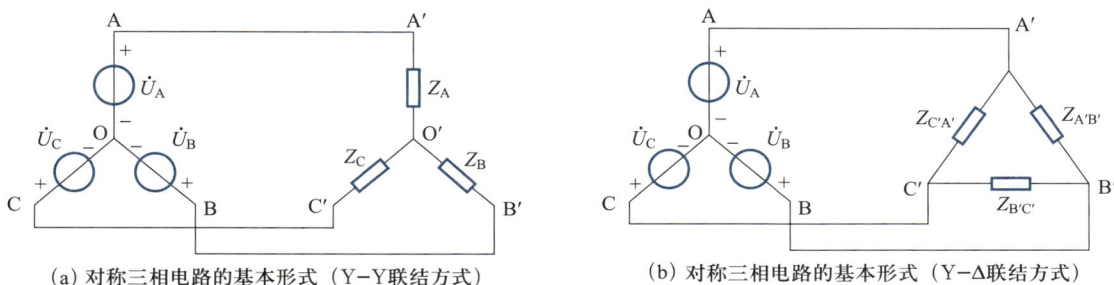

(a) 对称三相电路的基本形式（Y-Y联结方式）   (b) 对称三相电路的基本形式（Y-△联结方式）

图 11.5.1 三相电路连接图

三相电源为星形结构,而负载为三角形结构,称为 Y-Δ 联结方式;此外,还有 Δ-Y 和 Δ-Δ 联结方式。本书中只关注负载端不同接法的情况,默认源端为星形联结。

§11.5.1.1 三相电压

在三相电路中有两个重要的电压概念。其中,各输电线之间的电压称为线电压,三相电源或三相负载中每一相的电压称为相电压。

对于如图 11.5.2 所示的星形电源,依次设其线电压为 $\dot{U}_{AB}$、$\dot{U}_{BC}$、$\dot{U}_{CA}$,相电压为 $\dot{U}_{AO}$、$\dot{U}_{BO}$、$\dot{U}_{CO}$。

根据 KVL,有

$$\dot{U}_{AB} = \dot{U}_{AO} - \dot{U}_{BO} \tag{11.5.1}$$

$$\dot{U}_{BC} = \dot{U}_{BO} - \dot{U}_{CO} \tag{11.5.2}$$

$$\dot{U}_{CA} = \dot{U}_{CO} - \dot{U}_{AO} \tag{11.5.3}$$

另由于三相电源的对称性,有

$$\dot{U}_{AB} + \dot{U}_{BC} + \dot{U}_{CA} = 0 \tag{11.5.4}$$

式(11.5.1)—(11.5.4)中,只有 3 个方程是独立的。以 $\dot{U}_{AO}$ 为参考相量作对称星形三相电路电源端的电压相量图,其线电压和相电压之间的关系,可用如图 11.5.3 所示的电压相量图表示。

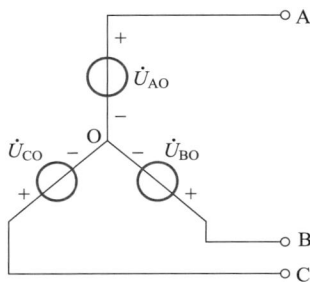

图 11.5.2 星形联结图

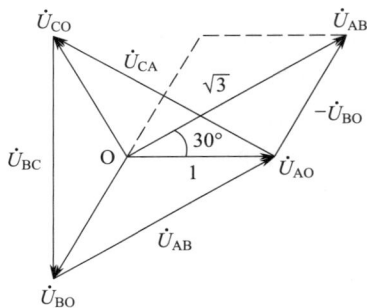

图 11.5.3 星形联结三相电源相量图

因为 3 个相电压的相位差为 120°,设:

$$\dot{U}_{AO} = U\ \underline{/0°} \tag{11.5.5}$$

$$\dot{U}_{BO} = U\ \underline{/-120°} \tag{11.5.6}$$

$$\dot{U}_{CO} = U\ \underline{/120°} \tag{11.5.7}$$

根据式(11.5.1)—(11.5.7)以及图 11.5.3 可得线电压与相电压的关系如式(11.5.8)—(11.5.10)所示。

$$\dot{U}_{AB} = \sqrt{3}\ \dot{U}_{AO}\underline{/30°} \tag{11.5.8}$$

$$\dot{U}_{BC} = \sqrt{3}\ \dot{U}_{BO}\underline{/30°} \tag{11.5.9}$$

$$\dot{U}_{CA} = \sqrt{3}\,\dot{U}_{CO}\underline{/30°} \tag{11.5.10}$$

可见,相电压对称时,3 个线电压 $\dot{U}_{AB}$、$\dot{U}_{BC}$ 和 $\dot{U}_{CA}$ 也是按序对称的(且大小相等,相位顺次滞后 120°),其大小均为相电压的 $\sqrt{3}$ 倍,相位依次比 $\dot{U}_{AO}$、$\dot{U}_{BO}$ 和 $\dot{U}_{CO}$ 超前 30°。

这样,一个星形联结的三相电源给出一组相电压,一组线电压。对称三相电源的相电压和线电压都是对称的,相、线电压以及它们的关系完全表示在图 11.5.3 的相量图中。对称情况下相电压与线电压的大小关系在实际工程应用中很重要。可统一表示为

$$\dot{U}_{IY} = \sqrt{3}\,\dot{U}_{\varphi Y}\underline{/30°} \tag{11.5.11}$$

其中 $\dot{U}_{IY}$ 表示星形联结的线电压相量,$\dot{U}_{\varphi Y}$ 表示星形联结的相电压相量。例如我国工频交流电的有效值 220 V 指的是相电压有效值,其对应的线电压有效值为 $220\sqrt{3}$ V,约为 380 V。

三相电源三角形联结时,三相电源依次首尾(正负极)相连,亦由每一相电源正极引出端线。显然,此时其线电压与相电压的关系为

$$\dot{U}_{I\Delta} = \dot{U}_{\varphi\Delta} \tag{11.5.12}$$

其中 $\dot{U}_{I\Delta}$ 表示三角形联结时的线电压相量,其中 $\dot{U}_{\varphi\Delta}$ 表示三角形联结时的相电压相量。即线电压等于相电压(大小和相位均相同),相电压对称时,线电压也一定对称。

以上有关电源端线电压和相电压的关系也适用于对称星形负载端和对称三角形负载端。当传输线路上存在阻抗时,负载端的线、相电压遵循基尔霍夫定律,和电源端的线、相电压不一定相等。

例 11.5.1　星形联结的三相对称电源相电压为 220 V,3 个相电压相量分别为 $\dot{U}_{AO} = 220\underline{/0°}$,$\dot{U}_{BO} = 220\underline{/-120°}$,$\dot{U}_{CO} = 220\underline{/120°}$,求 3 个线电压相量。

解：根据三相对称电源星形联结线电压和相电压的关系,可得 3 个线电压相量为

$$\dot{U}_{AB} = \sqrt{3}\,\dot{U}_{AO}\underline{/30°} = \sqrt{3}\times 220\underline{/0°+30°} \approx 380\underline{/30°}$$

$$\dot{U}_{BC} = \sqrt{3}\,\dot{U}_{BO}\underline{/30°} = \sqrt{3}\times 220\underline{/-120°+30°} \approx 380\underline{/-90°}$$

$$\dot{U}_{CA} = \sqrt{3}\,\dot{U}_{CO}\underline{/30°} = \sqrt{3}\times 220\underline{/120°+30°} \approx 380\underline{/150°}$$

§ 11.5.1.2　三相电流

三相系统中,流经输电线中的电流称为线电流,三相电源或三相负载中每一相中流过的电流称为相电流。对于负载三角形联结的情况,如图 11.5.4 所示。

设每相负载中对称相电流分别为 $\dot{I}_{A'B'}$、$\dot{I}_{B'C'}$、$\dot{I}_{C'A'}$,三个线电流分别是 $\dot{I}_A$、$\dot{I}_B$、$\dot{I}_C$,根据 KCL,有

$$\dot{I}_A = \dot{I}_{A'B'} - \dot{I}_{C'A'} \tag{11.5.13}$$

$$\dot{I}_B = \dot{I}_{B'C'} - \dot{I}_{A'B'} \tag{11.5.14}$$

$$\dot{I}_C = \dot{I}_{C'A'} - \dot{I}_{B'C'} \tag{11.5.15}$$

$$\dot{I}_A + \dot{I}_B + \dot{I}_C = 0 \tag{11.5.16}$$

上述方程中，只有 3 个方程是独立的。类似三相电路的线、相电压相量之间的关系，对称三相电路的相电流与线电流的相量图如图 11.5.5 所示，此时以相电流 $\dot{I}_{A'B'}$ 为参考相量。图中实线部分表示 $\dot{I}_A$ 的图解求法，另外两个线电流的图解求法与之相同，以虚线给出。从图 11.5.5 中可以看出，线电流与对称的三角形联结的负载相电流之间的关系，可以用一个正三角形说明。相电流对称时，线电流也一定对称。

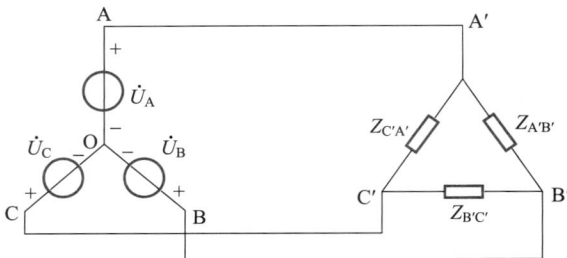

图 11.5.4　三相电路负载三角形联结图　　　　图 11.5.5　线电流与对应的相电流相量图

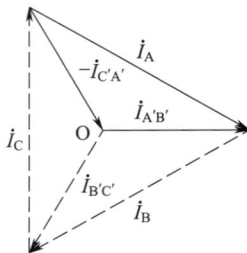

同样的，3 个相电流相位相差 120°，即有

$$\dot{I}_A = I \underline{/0°} \tag{11.5.17}$$

$$\dot{I}_B = I \underline{/-120°} \tag{11.5.18}$$

$$\dot{I}_C = I \underline{/120°} \tag{11.5.19}$$

根据图 11.5.5 可得线电流与相电流之间的关系为

$$\dot{I}_A = \sqrt{3}\ \dot{I}_{A'B'} \underline{/-30°} \tag{11.5.20}$$

$$\dot{I}_B = \sqrt{3}\ \dot{I}_{B'C'} \underline{/-30°} \tag{11.5.21}$$

$$\dot{I}_C = \sqrt{3}\ \dot{I}_{C'A'} \underline{/-30°} \tag{11.5.22}$$

可见，一个三角形联结的三相负载线电流大小是相电流的 $\sqrt{3}$ 倍，且其相位滞后相电流 30°。统一表示为

$$\dot{I}_{l\Delta} = \sqrt{3}\ \dot{I}_{\varphi\Delta} \underline{/-30°} \tag{11.5.23}$$

其中 $\dot{I}_{l\Delta}$ 表示三角形联结的线电流相量，$\dot{I}_{\varphi\Delta}$ 表示三角形联结时的相电流相量。

负载星形联结时，线电流显然等于相电流：

$$\dot{I}_{lY} = \dot{I}_{\varphi Y} \tag{11.5.24}$$

其中 $\dot{I}_{lY}$ 表示星形联结的线电流相量，$\dot{I}_{\varphi Y}$ 表示星形联结的相电流相量。

以上有关线电流和相电流的关系适用于电源端星形和三角形两种对称联结的情况。

§11.5.1.3　三相功率

对于对称三相负载，不论是星形联结还是三角形联结，对称三相负载吸收的总功率都可以表示为

$$P = 3U_\varphi I_\varphi \cos\varphi \tag{11.5.25}$$

其中 U_φ 和 I_φ 分别表示每相负载的电压和电流的有效值,φ 表示每相负载的阻抗角。

在实际应用中,每相负载往往封装在终端设备的内部,相电压和相电流是不容易测量的,因此常用线电压和线电流的有效值代替式(11.5.25)中的相电压和相电流的有效值。根据式(11.5.11)—(11.5.24)可得

$$P = \sqrt{3}\,U_1 I_1 \cos\varphi \tag{11.5.26}$$

式(11.5.26)对星形联结和三角形联结都适用。值得注意的是式中的 φ 仍表示每相负载的阻抗角,而不是线电压 $\dot{U}_1$ 和线电流 $\dot{I}_1$ 的相位差。

例 11.5.2　一 Y 形负载,$|Z| = 35\ \Omega$,$\cos\varphi = 0.85$(感性),接于线电压为 380 V 的对称三相电源,求各相电流和三相总功率。

解:相电压为

$$U_\varphi = \frac{U_1}{\sqrt{3}} = \frac{380}{\sqrt{3}}\ \text{V} = 220\ \text{V}$$

相电流为

$$I_\varphi = \frac{U_\varphi}{|Z|} = \frac{220}{35}\ \text{A} = 6.3\ \text{A}$$

三相总功率为

$$P = 3U_\varphi I_\varphi \cos\varphi = 3\,520\ \text{W}$$

§11.5.2　对称三相电路分析

§11.5.2.1　星形联结负载电路

图 11.5.6 是一星形联结负载的三相电路示意图。连接电源端钮和负载端钮的导线 A–A′,B–B′,C–C′ 称为相线,如前述,相线中流过的电流和线电流相同。在以下的分析中,认为电源是对称的。

对于如图 11.5.6(a)所示的电路,可列出节点电压方程式如下:

$$(Y_A + Y_B + Y_C)\dot{U}_{O'O} = \dot{U}_{AO}Y_A + \dot{U}_{BO}Y_B + \dot{U}_{CO}Y_C \tag{11.5.27}$$

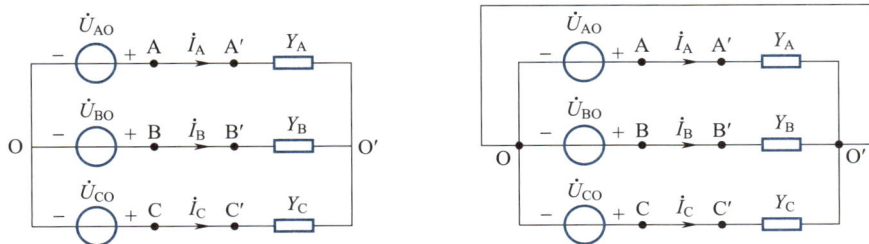

(a) 普通星形联结负载电路　　　　　(b) 添加中性线后的星形联结负载电路

图 11.5.6　星形联结负载的三相电路与中性线示意图

由此得

$$\dot{U}_{\text{O'O}} = \frac{\dot{U}_{\text{AO}}Y_{\text{A}} + \dot{U}_{\text{BO}}Y_{\text{B}} + \dot{U}_{\text{CO}}Y_{\text{C}}}{Y_{\text{A}} + Y_{\text{B}} + Y_{\text{C}}} \tag{11.5.28}$$

若负载是对称的,即

$$Y_{\text{A}} = Y_{\text{B}} = Y_{\text{C}} = Y \tag{11.5.29}$$

则有

$$\dot{U}_{\text{O'O}} = \frac{Y(\dot{U}_{\text{AO}} + \dot{U}_{\text{BO}} + \dot{U}_{\text{CO}})}{3Y} = \frac{1}{3}(\dot{U}_{\text{AO}} + \dot{U}_{\text{BO}} + \dot{U}_{\text{CO}}) = 0 \tag{11.5.30}$$

各相负载上的电压——负载相电压就等于电源相电压。

各相负载的电流——负载相电流也是对称的:大小相等而相位依次滞后 120°。对星形负载,线电流就是负载相电流。

实际上,既然 $\dot{U}_{\text{O'O}} = 0$,就可以在 O(称为源端的中性点或中点)和 O'(称为负载端的中性点或中点)之间添加一条短路线(称为中性线)而不改变电路的工作状态,如图 11.5.6(b)所示。此时,可以将电源和负载分别在其中性点处拆分开,该三相电路就变为 3 个独立的单相电路,其各电流、电压的求解结果并不改变。

例 11.5.3 在如图 11.5.7 所示的对称三相电路中,三相电压源的电压 $\dot{U}_{\text{sA}} = 300\mathrm{e}^{\mathrm{j}0°}$ V,$\dot{U}_{\text{sB}} = 300\mathrm{e}^{-\mathrm{j}120°}$ V,$\dot{U}_{\text{sC}} = 300\mathrm{e}^{\mathrm{j}120°}$ V。每项负载阻抗 $Z_{\text{p}} = (45+\mathrm{j}35)$ Ω,线路阻抗 $Z_{\text{l}} = (3+\mathrm{j}1)$ Ω,中性线阻抗 $Z_0 = (2+\mathrm{j}4)$ Ω。求各相电流相量及负载端相电压有效值和线电压的有效值。

解: 由于对称三相电路的中性线电流为零,中性线阻抗电压降为零,即 $\dot{U}_{\text{O'O}} = 0$,负载中性点与电源中性点为等电位点,可将 O 和 O'两点短接。显然,每一相的电流等于该相电压源电压除以该相的总阻抗。任意取出一相电路(例如 A 相)来计算,如图 11.5.8 所示,称为单相计算电路图。

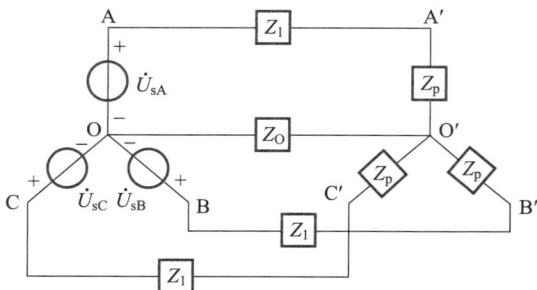

图 11.5.7 Y–Y 联结(有中性线)的对称电路

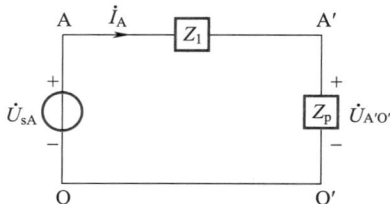

图 11.5.8 对称三相电路的单相计算电路图

图 11.5.8 中的总阻抗为

$$Z = Z_{\text{l}} + Z_{\text{p}} = [(3+\mathrm{j}1) + (45+35)]\ \Omega = (48+\mathrm{j}36)\ \Omega = 60\mathrm{e}^{\mathrm{j}36.9°}\ \Omega$$

A 相电流相量为

$$\dot{I}_{\text{A}} = \frac{\dot{U}_{\text{sA}}}{Z} = \frac{300\mathrm{e}^{\mathrm{j}0°}}{60\mathrm{e}^{\mathrm{j}36.9°}}\ \text{A} = 5\mathrm{e}^{-\mathrm{j}36.9°}\ \text{A}$$

A 相负载电压相量为

$$\dot{U}_{A'O'} = Z_p \dot{I}_A = \left[(45+j35)\times 5e^{-36.9°} \right] \text{ V} = (57e^{j37.9°}\times 5e^{-j36.9°}) \text{ V} = 285e^{j1°} \text{ V}$$

根据 A 相电流相量,可以推算出其余两相的电流相量为

$$\dot{I}_B = \dot{I}_A e^{-j120°} = 5e^{-j36.9°} e^{-j120°} \text{ A} = 5e^{-j156.9°} \text{ A}$$

$$\dot{I}_C = \dot{I}_A e^{j120°} = 5e^{-j36.9°} e^{j120°} \text{ A} = 5e^{-j83.1°} \text{ A}$$

负载端相电压有效值

$$U_{A'O'} = U_{B'O'} = U_{C'O'} = 285 \text{ V}$$

$$U_{A'B'} = U_{B'C'} = U_{C'A'} = \sqrt{3}\times 285 \text{ V} = 493.6 \text{ V}$$

　　由该例可以看出,为了分析 Y−Y 联结有中性线的对称三相电路,可以首先任意取一相(如上例中的 A 相)作为参考相,绘出其单相计算电路图,按照单相电路的分析方法计算参考相,然后再按对称关系推算出其余两相的解。应当注意,由于 3 个单相电流的代数和为零,即中性线流过的电流为零,故中性线阻抗不产生压降。原电路中两中性点 O 和 O' 之间的中性线阻抗 Z_0 不出现在单相计算电路中的 O 和 O' 之间。

　　对于 Y−Y 联结无中性线的对称三相电路,例如,图 11.5.7 中将 Z_0 支路断开后的电路,因其两中性点之间的电位差为零,在分析计算时,可以加上一根阻抗为零的中性线,然后按照上述方法进行分析计算。

　　§ 11.5.2.2　三角形联结的负载电路

　　图 11.5.9 为某三角形负载的三相电路。对于对称负载组成的三相电路,通常的分析方法是首先根据星形和三角形网络的转换关系将三角形负载转化为星形负载(因为负载对称,此时等效的星形负载是三角形负载大小的 $\dfrac{1}{3}$,其阻抗角不变),再利用星形对称负载电路的方法进行分析。值得注意的是,如果要求真实负载的相电流时,需要根据线、相电流的关系进行转换。

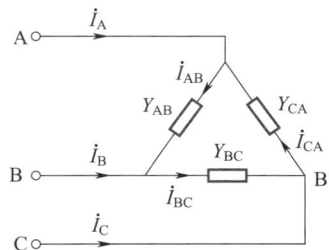

图 11.5.9　三角形负载的三相电路

　　实际工程应用中,一个三相负载既可以接成星形结构,也可以接成三角形结构,具体采用何种结构,需要以功率相等为条件。例如,一台三相电动机,它的 3 个绕组在电源端线电压为 220 V 时接成三角形,那么在电源端线电压为 380 V 时可接成星形。在这两种情况下,加在每相绕组上的电压显然是一样的,所以功率也一样。

　　由上述内容可知,当三相负载对称时,中性线上电流为零。这意味着负载端中性点电位与电源端中性点电位相等,如果电源端中性点接地,则负载端中性点也为地电位(零电位),也就是说,无论三相电路中是否有中性线阻抗都不会影响负载的额定需求,此时可采用三相三线制供电(也就是没有中性线)。

　　但当三相负载不对称时,此时若仍采用三相三线制,负载中性点电位与电源中性点电位就会

不相等,此时 $U_{00'}$ 不为零。称这种现象为负载中性点发生位移。这样会使得每一相负载上的电压(相电压)不一定满足负载的额定要求,从而可能使负载工作不正常,甚至导致设备的损坏。采用三相四线制则可以从根本上解决此问题。就是说,添加中性线强制使得负载中性点电位与电源中性点电位相等,从而使负载相电压保持对称状态,且各相由于中性线的存在而保持各自的独立性,各相的工作状态可以分别计算。但此时,由于负载不对称,各相电流就不会处于对称状态,故中性线电流不为零。

在工程实践中,除了三相异步电动机外,一般的负载很难保证负载三相对称,因此供电系统均采用三相四线制(参见拓展部分的介绍),且为保障安全,中性线上不允许加任何开关与熔断器。

【工程拓展】
交直流之争
与高压直流
输电系统

【工程拓展】
我国的输电
系统规范:
三相四线制

【工程链接】
为什么采取
三相制式?

【工程拓展】交直流之争与高压直流输电系统

扫码查看详细内容。

【工程拓展】我国的输电系统规范:三相四线制

扫码查看详细内容。

【工程链接】为什么采取三相制式?

扫码查看详细内容。

§11.6 非正弦周期激励电路——正弦稳态分析例子之二

本节将讨论周期性非正弦电压和电流作用下线性电路的分析方法。这类电路的分析在下述意义上是正弦稳态电路分析的推广:任意周期量可以通过傅里叶级数分解为一个正弦量序列,因此线性电路对周期性非正弦电压或电流激励的响应可以利用叠加定理来计算,这就是谐波分析法。在下面的讨论中,我们先说明周期量的傅里叶级数展开,然后详细讨论谐波分析的概念和方法。

§11.6.1 周期函数的傅里叶级数展开

§11.6.1.1 狄利克雷条件与傅里叶级数

由傅里叶级数理论可知,一个周期为 T 的周期函数 $f(t) = f(t+T)$ 只要满足狄利克雷条件(Dirichlet condition):

(1) 函数 $f(t)$ 在一个周期内绝对可积,即对于任意时刻 t_0,下列积分存在

$$\int_{t_0}^{t_0+T} |f(t)| \, dt$$

（2）函数 $f(t)$ 在一个周期内仅存在有限个极大值和极小值。

（3）函数 $f(t)$ 在一个周期内仅存在有限个不连续点。

则函数 $f(t)$ 可以展开为三角级数，即

$$f(t) = C_0 + \sum_{k=1}^{\infty} A_{km} \cos k\omega t + \sum_{k=1}^{\infty} B_{km} \sin k\omega t \qquad (11.6.1)$$

式（11.6.1）中，$\omega = \dfrac{2\pi}{T}$，等式右边第一项 C_0 称为直流分量（恒定分量）或零次谐波，是 $f(t)$ 在一个周期内的平均值；$k=1$ 称为基波或一次谐波，其余各项依次为二次谐波，三次谐波等。基波以上的谐波统称为高次谐波，其中偶数对应偶次谐波，奇数对应奇次谐波。

其中 $\{1, \cos k\omega t, \sin k\omega t\}$，$k=1,2,\cdots$，构成一组无穷维基底函数，$C_0$，$A_{km}$，$B_{km}$ 则表示各基底函数组成函数 $f(t)$ 的系数。根据基底函数互相之间的正交性，即：

$$\begin{cases} \displaystyle\int_0^T \cos k\omega t \ \mathrm{d}t = 0 \\[2mm] \displaystyle\int_0^T \sin k\omega t \ \mathrm{d}t = 0 \\[2mm] \displaystyle\int_0^T \cos p\omega t \cdot \sin q\omega t \ \mathrm{d}t = 0 \end{cases} \qquad (11.6.2)$$

计算各系数如下：

$$C_0 = \frac{1}{T} \int_0^T f(t) \cdot 1 \mathrm{d}t \qquad (11.6.3)$$

$$A_{km} = \frac{2}{T} \int_0^T f(t) \cdot \cos k\omega t \ \mathrm{d}t \qquad (11.6.4)$$

$$B_{km} = \frac{2}{T} \int_0^T f(t) \cdot \sin k\omega t \ \mathrm{d}t \qquad (11.6.5)$$

由于在物理上可实现的函数基本都满足狄利克雷条件，因此，该条件不影响傅里叶级数的实际应用。

将式（11.6.1）中具有相同角频率的正弦项和余弦项合并，则 $f(t)$ 的傅里叶级数还可以写成

$$f(t) = C_0 + \sum_{k=1}^{\infty} C_{km} \sin(k\omega t + \varphi_k) \qquad (11.6.6)$$

其中

$$C_{km} = \sqrt{A_{km}^2 + B_{km}^2} \qquad (11.6.7)$$

$$\varphi_k = \arctan \frac{A_{km}}{B_{km}} \qquad (11.6.8)$$

§11.6.1.2 特殊类型函数的傅里叶级数

以如图 11.6.1 所示的单位对称方波为例分析谐波分解的过程。

该方波表示为

$$f(t) = \begin{cases} 1, & 2m\pi < \omega t < (2m+1)\pi \\ -1, & (2m+1)\pi < \omega t < 2(m+1)\pi \end{cases} \quad (11.6.9)$$

由于其平均值为 0，因此 $A_0 = 0$。

其余各系数由式(11.6.4)、式(11.6.5)分别计算如下：

$$\begin{cases} A_{km} = \dfrac{1}{\pi} \displaystyle\int_0^{2\pi} f(t)\cos(k\omega t)\,\mathrm{d}(\omega t) = 0 \\ B_{km} = \dfrac{1}{\pi} \displaystyle\int_0^{2\pi} f(t)\sin(k\omega t)\,\mathrm{d}(\omega t) = \dfrac{2}{k\pi}(1-\cos k\pi) = \begin{cases} 0, k=偶数 \\ \dfrac{4}{k\pi}, k=奇数 \end{cases} \end{cases} \quad (11.6.10)$$

所以，单位对称方波的傅里叶级数展开式为

$$f(\omega t) = \frac{4}{\pi}\left(\sin \omega t + \frac{1}{3}\sin 3\omega t + \frac{1}{5}\sin 5\omega t + \cdots + \frac{1}{2k-1}\sin(2k-1)\omega t\right) \quad (11.6.11)$$

将 ωt 坐标轴向右平移 $\dfrac{\pi}{2}$，则对称方波的展开式为

$$f(\omega t) = \frac{4}{\pi}\left(\cos \omega t - \frac{1}{3}\cos 3\omega t + \frac{1}{5}\cos 5\omega t + \cdots + \frac{1}{2k-1}\cos(2k-1)\omega t\right) \quad (11.6.12)$$

从对称方波的展开式可以演绎出一些其他波形的展开式。如图 11.6.2 所示的单位幅度三角波的展开式可通过将式(11.6.12)的右方积分并除以 $\dfrac{\pi}{2}$ 得到。类似地，通过对三角波的积分，可得如图 11.6.3 所示的对称抛物线波的傅里叶级数展开式。其他常见波形的傅里叶级数展开式如表 11.6.1 所示。

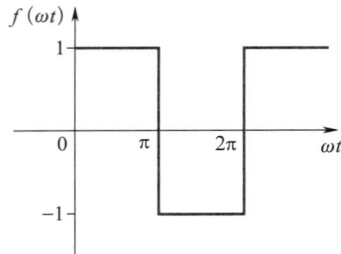

图 11.6.1 单位对称方波

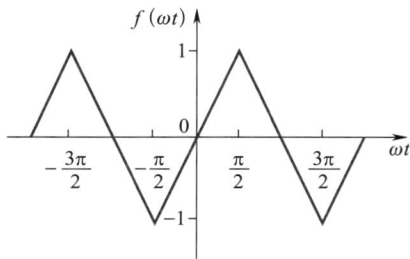

图 11.6.2 三角波波形

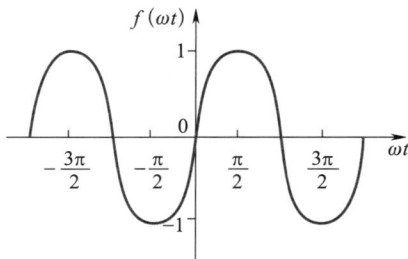

图 11.6.3 抛物线波形

表 11.6.1　各波形的傅里叶级数展开式

名称	波形	展开式
对称梯形波		$f(\omega t) = \dfrac{4}{2\pi}\left(\sin d \sin \omega t + \dfrac{1}{9}\sin 3d \sin 3\omega t + \cdots + \dfrac{1}{k^2}\sin kd \sin k\omega t + \cdots \right)$ k 为奇数
对称三角波		$f(\omega t) = \dfrac{8}{\pi^2}\left(\sin \omega t - \dfrac{1}{9}\sin 3\omega t + \cdots + \dfrac{1}{k^2}(-1)^{\frac{k-1}{2}}\sin k\omega t + \cdots \right)$ k 为奇数
锯齿波		$f(\omega t) = \dfrac{2}{\pi}\left(\sin \omega t - \dfrac{1}{2}\sin 2\omega t + \cdots + \dfrac{1}{k}(-1)^{k+1}\sin k\omega t + \cdots \right)$ k 为自然数
余弦半波整流		$f(\omega t) = \dfrac{2}{\pi}\left(\dfrac{1}{2} + \dfrac{\pi}{4}\cos \omega t + \dfrac{1}{1\times 3}\cos 2\omega t - \dfrac{1}{3\times 5}\cos 4\omega t + \dfrac{1}{5\times 7}\cos 6\omega t + \cdots + (-1)^{k+1}\dfrac{1}{(k-2)\times k}\cos(k-1)\omega t + \cdots \right)$ k 为奇数且 $k\geqslant 3$
余弦全波整流		$f(\omega t) = \dfrac{4}{\pi}\left(\dfrac{1}{2} + \dfrac{1}{1\times 3}\cos 2\omega t - \dfrac{1}{3\times 5}\cos 4\omega t + \dfrac{1}{5\times 7}\cos 6\omega t + \cdots + (-1)^{k+1}\dfrac{1}{(k-2)\times k}\cos(k-1)\omega t + \cdots \right)$ k 为奇数且 $k\geqslant 3$

§11.6.2 周期函数的有效值和平均功率

§11.6.2.1 周期函数与各谐波的有效值

以电流为例,非正弦周期电流的有效值即为其一个周期内电流的方均根值,如式(11.6.13)所示。

$$I = \sqrt{\frac{1}{T}\int_0^T [i(t)]^2 \mathrm{d}t} \tag{11.6.13}$$

非正弦周期电流 $i(t)$ 可展开为如式(11.6.14)所示的傅里叶级数。

$$i(t) = I_0 + \sum_{n=1}^{\infty} I_{nm}\sin(n\omega t + \varphi_n) \tag{11.6.14}$$

其中 I_{nm} 表示 n 次谐波的幅值(最大值)。为了计算非正弦周期电流 $i(t)$ 的有效值,先将式(11.6.14)代入式(11.6.13),有

$$I = \sqrt{\frac{1}{T}\int_0^T \left[I_0 + \sum_{n=1}^{\infty} I_{nm}\sin(n\omega t + \varphi_n)\right]^2 \mathrm{d}t}$$

将上式积分号内的直流分量与各次谐波之和的平方展开,可得如下四部分:

$$\frac{1}{T}\int_0^T I_0^2 \mathrm{d}t = I_0^2$$

$$\frac{1}{T}\int_0^T I_{nm}^2 \sin^2(n\omega t + \varphi_n)\mathrm{d}t = \frac{I_{nm}^2}{2} = I_n^2$$

$$\frac{1}{T}\int_0^T 2I_0 I_{nm}\sin(n\omega t + \varphi_n)\mathrm{d}t = 0$$

$$\frac{1}{T}\int_0^T 2I_{pm}\sin(p\omega t + \varphi_p) I_{qm}\sin(q\omega t + \varphi_q)\mathrm{d}t = 0 \quad (p \neq q)$$

其中前两部分分别是直流分量有效值的平方和各次谐波分量有效值的平方,后两部分由于三角函数基底的正交性,结果为零。因此,可求得周期电流 $i(t)$ 的有效值,如式(11.6.15)所示。

$$I = \sqrt{I_0^2 + I_1^2 + I_2^2 + I_3^2 + \cdots + I_n^2} = \sqrt{I_0^2 + \sum_{n=1}^{\infty} I_n^2} \tag{11.6.15}$$

其中 I_n 为 n 次谐波分量的有效值。由此可见,非正弦周期电流的有效值等于其直流分量及其谐波分量有效值的平方之和的平方根。

同理可得非正弦周期电压 $u(t)$ 的有效值表达式,如下式所示。

$$U = \sqrt{U_0^2 + U_1^2 + U_2^2 + U_3^2 + \cdots U_n^2} = \sqrt{U_0^2 + \sum_{n=1}^{\infty} U_n^2} \tag{11.6.16}$$

§11.6.2.2 周期函数与各谐波的平均功率

设单端口网络的端口电压、电流分别为 $u(t)$ 和 $i(t)$,两者参考方向一致,则该单端口网络吸收的瞬时功率及平均功率分别由式(11.6.17)、式(11.6.18)表示。

$$p(t) = u(t)i(t) \tag{11.6.17}$$

$$P = \frac{1}{T}\int_0^T p(t)\,\mathrm{d}t = \frac{1}{T}\int_0^T u(t)i(t)\,\mathrm{d}t \tag{11.6.18}$$

如果周期端口电压、电流均可展开为傅里叶级数,如下所示。

$$u(t) = U_0 + \sum_{n=1}^\infty U_{nm}\sin(n\omega t + \alpha_n) \tag{11.6.19}$$

$$i(t) = I_0 + \sum_{n=1}^\infty I_{nm}\sin(n\omega t + \beta_n) \tag{11.6.20}$$

其中 U_{nm} 和 I_{nm} 表示 n 次谐波电压和电流的幅值,α_n 和 β_n 表示 n 次谐波电压和电流的初相。则单端口网络的平均功率如式(11.6.21)所示。

$$P = \frac{1}{T}\int_0^T \left[U_0 + \sum_{n=1}^\infty U_{nm}\sin(n\omega t + \alpha_n) \right] \times \left[I_0 + \sum_{n=1}^\infty I_{nm}\sin(n\omega t + \beta_n) \right] \mathrm{d}t \tag{11.6.21}$$

将上式积分号内两个级数的乘积展开,可得如下五个部分:

$$\frac{1}{T}\int_0^T U_0 I_0 \,\mathrm{d}t = U_0 I_0$$

$$\frac{1}{T}\int_0^T U_{nm} I_{nm}\sin(n\omega_1 t + \alpha_n)\sin(n\omega_1 t + \beta_n)\,\mathrm{d}t = \frac{1}{2}U_{nm}I_{nm}\cos(\varphi_n) = U_n I_n \cos\varphi_n$$

$$\frac{1}{T}\int_0^T U_0 I_{nm}\sin(n\omega_1 t)\,\mathrm{d}t = 0$$

$$\frac{1}{T}\int_0^T I_0 U_{nm}\sin(n\omega_1 t)\,\mathrm{d}t = 0$$

$$\frac{1}{T}\int_0^T U_{pm} I_{qm}\sin(p\omega_1 t + \alpha_p)\sin(q\omega_1 t + \beta_q)\,\mathrm{d}t = 0, \quad p \neq q$$

上述前两部分分别为直流功率和 n 次谐波功率,其余三部分因为三角函数基底的正交性使得结果为零。因此,单端口网络吸收的平均功率为

$$P = U_0 I_0 + \sum_{n=1}^\infty U_n I_n \cos\varphi_n = P_0 + \sum_{n=1}^\infty P_n \tag{11.6.22}$$

其中,P_0 为电压、电流的直流分量产生的功率,P_n 为电压、电流的 n 次谐波产生的平均功率。因此,非正弦周期电流电路中的平均功率等于直流分量产生的功率与各次谐波产生的平均功率之和。

§11.6.3　谐波分析法——线性电路对非正弦周期激励的稳态响应

正如线性电路在正弦电源作用下将建立起正弦稳态一样,线性电路在周期性非正弦电源作用下也会建立起相应的周期稳定状态。谐波分析法是计算线性电路周期稳态的最基本和最重要的方法。其步骤为:首先,将给定的非正弦周期电压或电流在时域内分解为谐波序列,再分别计算各次谐波作用的结果(也可以用相量法),最后在时域通过叠加得出总的结果。如图 11.6.4 所示,将给定的激励源展开,再应用叠加定理获得结果。

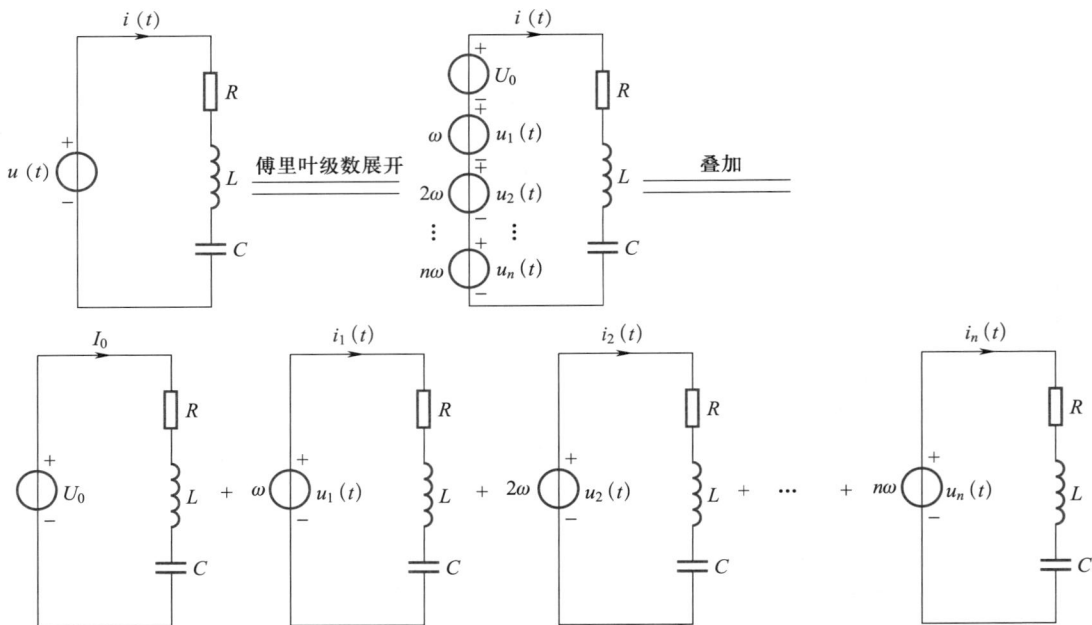

图 11.6.4 谐波分析法

例 11.6.1 已知 $u(t) = [50\cos\omega t + 25\cos(3\omega t + 60°)]$ V，电路如图 11.6.5 所示，$R = 8\ \Omega$，对基波 ω，有 $\omega L = 2\ \Omega$，$\dfrac{1}{\omega C} = 8\ \Omega$，求稳态电流 $i(t)$。

解： 对于基波，可通过相量法求得稳态电流 $i_1(t)$，即

$$\dot{U}_1 = \frac{50}{\sqrt{2}}\underline{/0°}\ \text{V}$$

$$Z_1 = (8-\text{j}6)\ \Omega = 10\ \underline{/-36.87°}\ \Omega$$

$$\dot{I}_1 = \frac{\dot{U}_1}{Z_1} = \frac{5}{\sqrt{2}}\ \underline{/36.87°}\ \text{A}$$

$$i_1(t) = 5\cos(\omega t + 36.87°)\ \text{A}$$

对于三次谐波，可通过相量法求得稳态电流 $i_3(t)$，即

$$\dot{U}_3 = \frac{25}{\sqrt{2}}\underline{/60°}\ \text{V}$$

$$Z_3 = \left[8+\text{j}\left(3\times2-\frac{8}{3}\right)\right]\ \Omega = 8.67\ \underline{/22.62°}\ \Omega$$

$$\dot{I}_3 = \frac{\dot{U}_3}{Z_3} = \frac{2.88}{\sqrt{2}}\ \underline{/37.4°}\ \text{A}$$

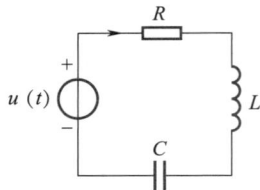

图 11.6.5 谐波分析法示例

$$i_3(t) = 2.88\cos(3\omega t + 37.4°) \text{ A}$$

综合上述两个谐波的结果,应用叠加定理可得稳态电流 $i(t)$,即

$$i(t) = i_1(t) + i_3(t) = 5\cos(\omega t + 36.87°) + 2.88\cos(3\omega t + 37.4°) \text{ A}$$

例 11.6.2 已知对称三相电路 Y−Y 联结的四线电路如图 11.6.6 所示,对称三相电压源的 A 相电压为 $u_A(t) = (100\sin\omega t + 40\sin 3\omega t) \text{ V}$,对称三相负载的参数为 $R = 3 \text{ } \Omega, L = 10 \text{ mH}$,中性线上的电容 $C_0 = 277.8 \text{ μF}$,基波角频率为 $\omega = 400 \text{ rad/s}$。试求线电流和中线电流的有效值。

解: 如图 11.6.6 所示对称三相电路,对于基波而言即为对称三相正弦电流电路,其中电源中性点和负载中性点的电位相等,中性线上的电容不起作用。因此可以任取一相进行计算。

相电压基波分量的有效值为

$$U_1 = \frac{100}{\sqrt{2}} \text{ V} = 70.7 \text{ V}$$

一相负载对基波的阻抗为

$$Z_1 = R + j\omega L = (3 + j4) \text{ } \Omega$$

故相电流(此处即为线电流)基波分量的有效值为

$$I_1 = \frac{U_1}{|Z_1|} = \frac{70.7}{5} \text{ A} = 14.14 \text{ A}$$

三次谐波电压单独作用时的电路相量模型如图 11.6.7 所示,其中 $\dot{U}_3$ 和 $\dot{I}_3$ 分别为三次谐波电压相量和电流相量。

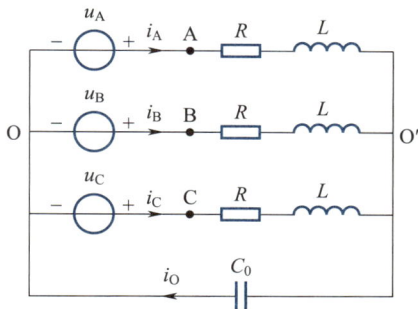

图 11.6.6 对称三相四线制计算示例

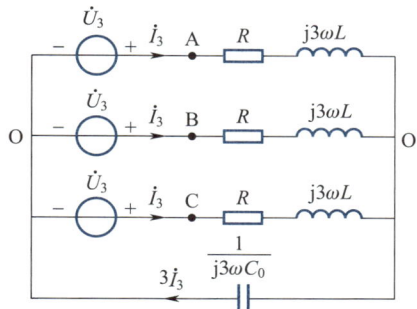

图 11.6.7 三次谐波电路的相量模型

三次谐波的电压有效值为

$$U_3 = \frac{40}{\sqrt{2}} \text{ V} = 28.28 \text{ V}$$

一相负载对三次谐波的阻抗为

$$Z_3 = R + j3\omega L = (3 + j12) \text{ } \Omega$$

中性线电容对三次谐波的阻抗为

$$Z_0 = \frac{1}{j3\omega C_0} = \frac{1}{j3 \times 400 \times 277.8 \times 10^{-6}} \text{ } \Omega = -j3 \text{ } \Omega$$

对称三相非正弦周期电压指的是其三相电压的波形相同,但在时间上依次滞后 $\frac{1}{3}$ 周期。因此,对于基波 A-B-C 三相依次滞后 120°,而对于三次谐波,三相的相角依次滞后 360°。

根据基尔霍夫定律的相量形式,对任一相负载和中性线构成的回路列写电压方程:

$$\dot{U}_3 = \dot{I}_3 Z_3 + 3\dot{I}_3 Z_0$$

于是有

$$\dot{I}_3 = \frac{\dot{U}_3}{Z_3 + 3Z_0} = \frac{\frac{40}{\sqrt{2}}\angle 0°}{3 + j12 - j9} \text{ A}$$

即

$$I_3 = \frac{\frac{40}{\sqrt{2}}}{3\sqrt{2}} \text{ A} = \frac{20}{3} \text{ A}$$

综合上述两个有效值分量,可以得到线电流的有效值为

$$I_l = \sqrt{I_1^2 + I_3^2} = \sqrt{14.14^2 + \frac{20^2}{3}} \text{ A} = 15.635 \text{ A}$$

中性线电流的有效值为

$$I_0 = 3I_3 = \left(3 \times \frac{20}{3}\right) \text{ A} = 20 \text{ A}$$

谐波分析法的根据是线性电路的叠加定理,换言之谐波分析法适用于线性电路。一般地,一个周期性非正弦波由一个无穷谐波序列构成。在用谐波分析法时,当然不可能考虑谐波序列中所有项,而只能考虑开头若干项。应取多少项则决定于谐波序列的衰减速率、电路的特性以及所需的精度。

【章节知识点
测验】　【典型习题
精讲】

【章节知识点测验】

请扫码进行章节知识点测验。

【典型习题精讲】

请扫码查看具体内容。

习　　题

11.1　用节点分析法求如题 11.1 图所示电路中电流源的端电压相量 $\dot{U}_0$(只列方程)。

11.2　试写出如题 11.2 图所示电路的节点方程。

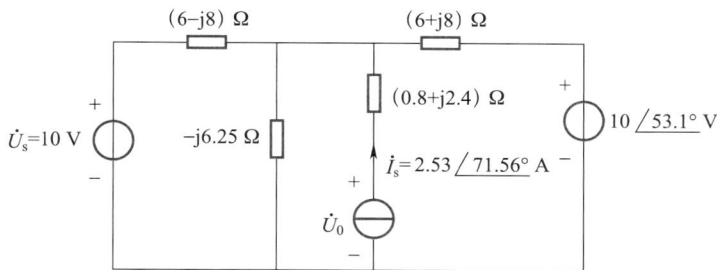

题 11.1 图

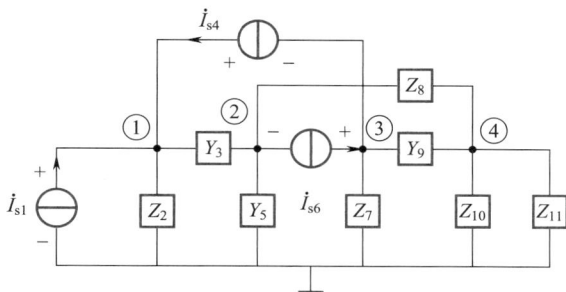

题 11.2 图

11.3 用叠加定理求如题 11.3 图所示电路的电流 $\dot{I}_1$ 的相量。

11.4 分别用节点分析法、回路分析法及戴维南定理求解如题 11.4 图所示电路中的电流相量 $\dot{I}$。

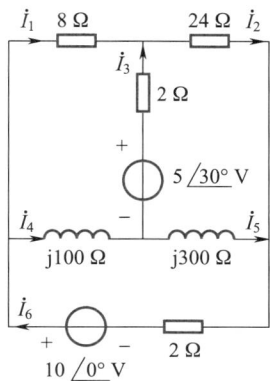

题 11.3 图

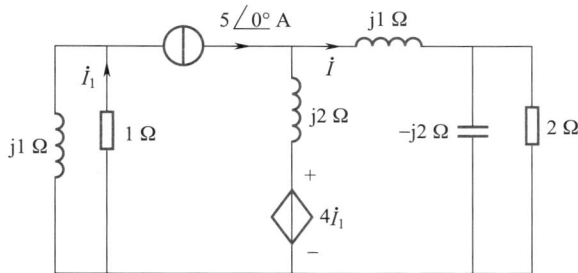

题 11.4 图

11.5 试求如题 11.5 图所示有源单端口网络的诺顿等效电路。

11.6 一个电感性负载在工频正弦电压激励下吸收的平均功率为 1 000 W,其端电压有效值为 220 V,通过该负载的电流为 5 A,试确定串联等效参数 $R_串$、$L_串$ 和并联等效参数 $R_并$、$L_并$。

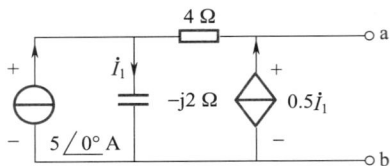

题 11.5 图

11.7 用三只电流表测定一电容性负载 Z 的功率的电路如题 11.7 图所示,其中表 A_1 的读数为 7 A,表 A_2 的读数为 2 A,表 A_3 的读数为 6 A,电源电压的有效值为 220 V。试画出电流、电压的相量图,并计算负载 Z 所吸收的平均功率及其功率因数。

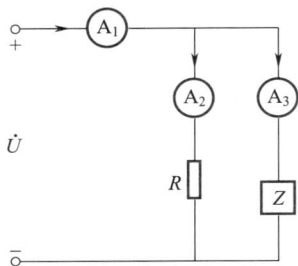

题 11.7 图

11.8 已知一 RLC 串联电路如题 11.8 图(a)所示,试求该电路吸收的有功功率及其功率因数。又若在此 RLC 串联电路两端并联一个电容,如题 11.8 图(b)所示,求电源发出的有功功率以及功率因数。

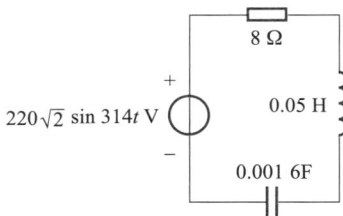
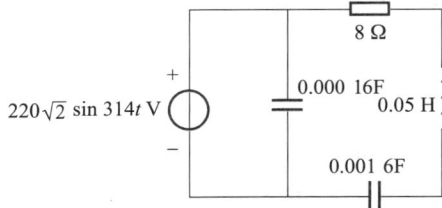

(a) (b)

题 11.8 图

11.9 求如题 11.9 图所示电路吸收的总复功率 $\widetilde{S}$ 和功率因数。

11.10 求如题 11.10 图中所示电路 a、b 端所接阻抗为多大时,该阻抗能获得最大的有功功率,并求此有功功率。

11.11 电路如题 11.11 图所示,已知 $u_S = 10\sqrt{2}\cos(10^3 t)$ V。试求负载功率,若(1) 负载为 5 Ω 电阻;(2) 负载为电阻且与电源内阻抗模匹配;(3) 负载与电源内阻抗为共轭匹配。

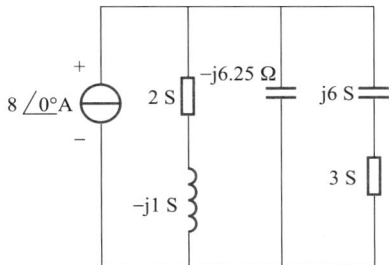

题 11.9 图

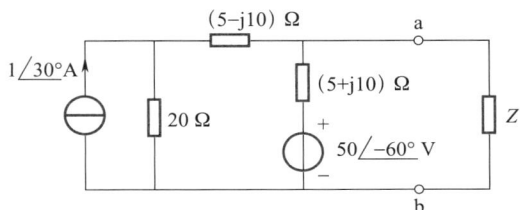

题 11.10 图

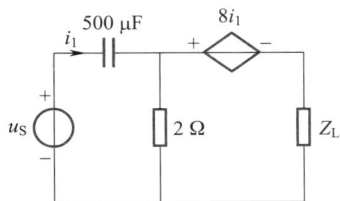

题 11.11 图

11.12　试求如题 11.12 图所示各电路的谐振角频率的表达式。

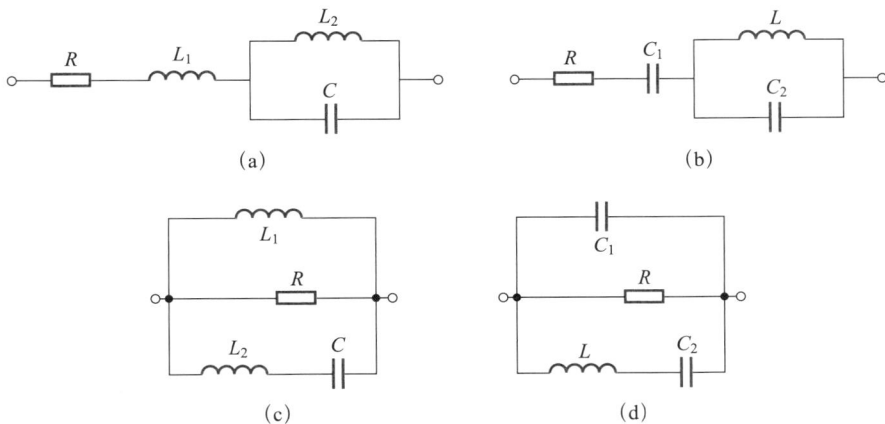

题 11.12 图

11.13　对于如题 11.13 图所示电路,(1) 试求它的并联谐振角频率表达式,并说明电路各参数间应满足什么条件才能实现并联谐振;(2) 当 $R_1 = R_2 = \sqrt{\dfrac{L}{C}}$ 时,试问电路将出现什么样的情况?

11.14　在如题 11.14 图所示电路中,电源电压 $U = 10$ V,角频率 $\omega = 300$ rad/s。调节电容 C 使电路达到谐振,谐振电流 $I_0 = 100$ mA,谐振电容电压 $U_{C0} = 200$ V。试求 R、L、C 之值以及回路的品质因数 Q。

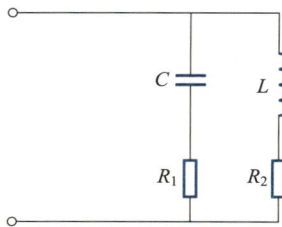

题 11.13 图

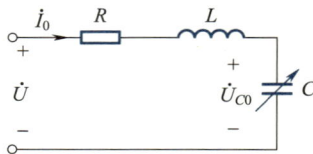

题 11.14 图

11.15　在题 11.15 图中，$L_1 = 10$ mH，$L_2 = 40$ mH，$M = 10$ mH，$R_3 = 500$ Ω，$U_s = 500$ V，$\omega = 10^4$ rad/s。C 的大小恰好使电路发生并联谐振，问此时各电流表的读数为多少？

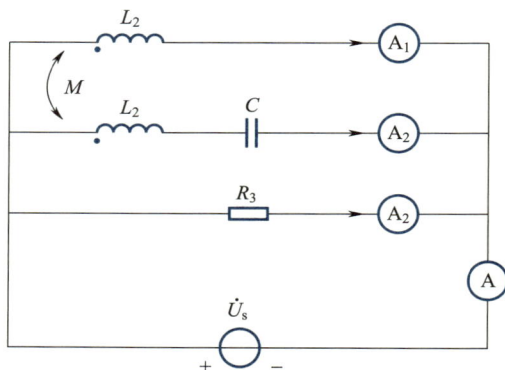

题 11.15 图

11.16　求如题 11.16 图所示电路中电压源输出的电流 $i_1(t)$。

11.17　题 11.17 图表示一空心变压器，$R = 5$ Ω，$L_1 = 1$ H，$L_2 = 1.35$ H，$M = 0.9$ H，二次侧短路。当一次侧受 $f = 1\,000$ Hz 的信号源激励时，试用反映阻抗分析法求一次侧的端口等效阻抗 Z_{le}。

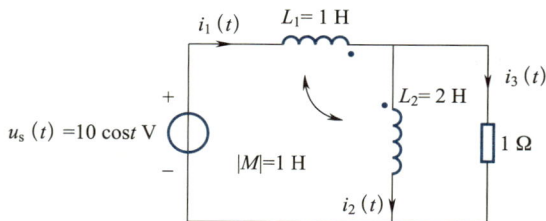

题 11.16 图

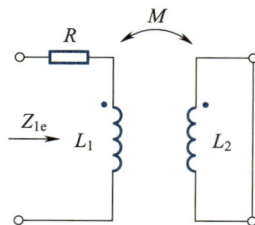

题 11.17 图

11.18　分别求出如题 11.18 图所示电路中开关 S 断开和闭合时的电压 $\dot{U}_{AB}$。设 $\omega M = 2\ \Omega$。

11.19　在如题 11.19 图所示电路中，已知一次侧电源电压为 20 V，角频率 $\omega = 1\ 000$ rad/s，$M = 6$ H，试问二次测的电容 C 为多大才能使一次电流 $\dot{I}$ 与电压 $\dot{U}_s$ 同相，并算出此时一次电流之值。

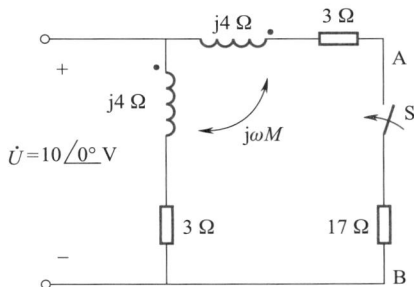

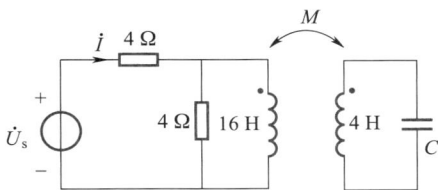

题 11.18 图　　　　　　　　题 11.19 图

11.20　如题 11.20 图所示是一个并联谐振电路，求端口等效阻抗 Z_{AB} 和并联谐振频率 f_0 的表达式。

11.21　如题 11.21 图所示电路中，理想变压器的电压比 $n = 10$，$u_1(t) = 100\sin(314t + 30°)$ V，$R = 10\ \Omega$，$C = 0.1$ F。求电路在正弦稳态下的电流 $i_1(t)$、$i_2(t)$ 和电压 $u_2(t)$。

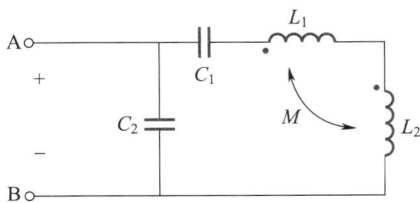

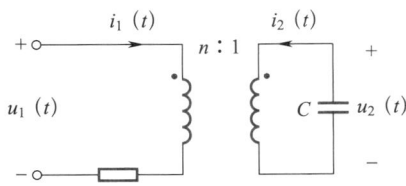

题 11.20 图　　　　　　　　题 11.21 图

11.22　如题 11.22 图所示全耦合无损变压器，$L_2 = 4L_1$，$\omega M = 1\ \Omega$，试求负载 Z_L 为何值时获得最大平均功率，并求该功率值。

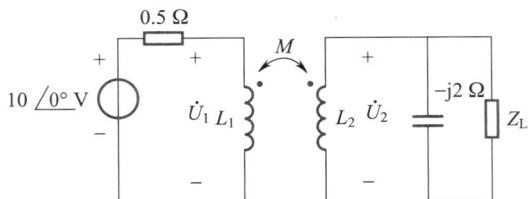

题 11.22 图

11.23 已知对称三相电路的星形负载阻抗 $Z=(165+j84)$ Ω,端线阻抗 $Z_1=(2+j1)$ Ω,中性线阻抗 $Z_N=(1+j1)$ Ω,线电压 $U_1=380$ V。求负载端的电流和线电压,并画出其相量图。

11.24 已知对称电路的线电压 $U_1=380$ V(电源端),三角形负载阻抗 $Z=(4.5+j1.4)$ Ω,端线阻抗 $Z_1=(1.5+j2)$ Ω,求线电流和负载的相电流,并画出其相量图。

11.25 将题 11.23 中的负载 Z 改为三角形联结(无中性线)。比较两种联结方式中负载所吸收的平均功率。

11.26 三相对称负载三角形联结,其线电流为 $I_L=5.5$ A,有功功率为 $P=7\ 760$ W,功率因数为 $\cos\varphi=0.8$,求电源的线电压 U_L、电路的无功功率 Q 和每相阻抗 Z。

11.27 如题 11.27 图所示对称三相电路,负载阻抗 $Z_L=(150+j150)$ Ω,传输线参数 $R_1=1$ Ω,$X_L=2$ Ω,负载线电压 380 V,求电源端线电压。

11.28 试求如题 11.28 图所示锯齿波三角形式的傅里叶级数。

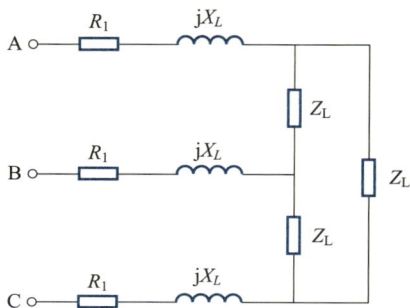

题 11.27 图

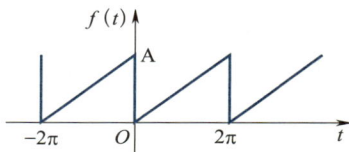

题 11.28 图

11.29 下列各函数,哪些是周期函数?它们的周期是多少?

(1) $12+4\cos(2t-10°)+8\cos(\pi t+45°)$

(2) $2+20\cos 3\pi t+18\cos 4.5\pi t+3\cos 9\pi t$

(3) $7\cos(3t+45°)+3\cos(4t-10°)+2\sin(6t-30°)$

(4) $4\sin 26t-11\sin 65t+1.2\sin 104t$

11.30 如题 11.30 图所示电路中 $C_1=2$ F,$L_1=0.125$ H,$L_2=0.375$ H,$R=1$ Ω,$u(t)=(1+\cos t)$ V,$i(t)=(\sqrt{2}\cos t+2\sin 2t)$ A。求通过 R 的电流 i_R 及 R 消耗的功率。

11.31 如题 11.31 图所示,已知周期电流 i 为正弦函数每个周期中 $t=0\sim\dfrac{T}{4}$ 的波形。求此电流 i 的有效值。

11.32 如题 11.32 图所示电路中,$C=0.5$ μF,$L_1=2$ H,$L_2=1$ H,$M=0.5$ H,$R=1$ kΩ,电压源 $u_s(t)=150\sin(1\ 000t+30°)$ V,电流源 $i_s(t)=0.1\sqrt{2}\sin 2\ 000t$ A。求电容中的电流 $i_C(t)$ 和它的有效值 I_C。

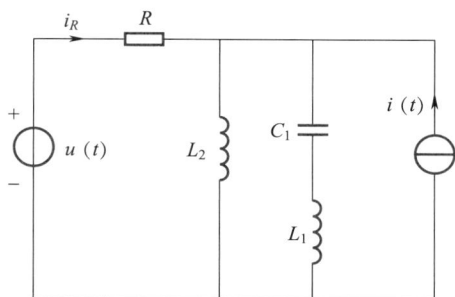

题 11.30 图

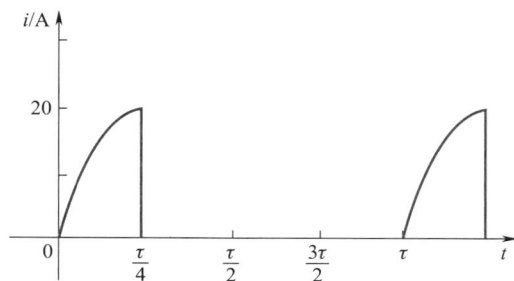

题 11.31 图

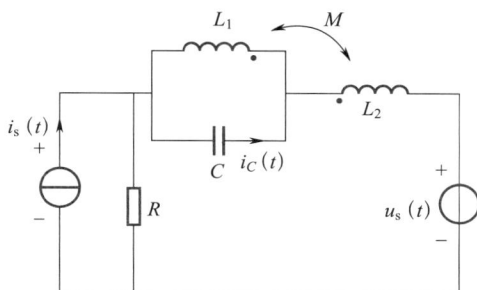

题 11.32 图

11.33　如题 11.33 图所示电路中,已知 $R = 20$ Ω,$\omega L_1 = 0.625$ Ω,$\omega L_2 = 5$ Ω,$\dfrac{1}{\omega C} = 45$ Ω,
$u_s(t) = [\,100 + 276\cos \omega t + 100\cos(3\omega t + 40°) + 50\cos(9\omega t - 30°)\,]$ V 。求电流表和电压表的读数,并求电阻中消耗的功率。

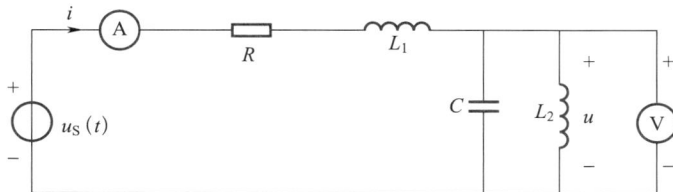

题 11.33 图

主要参考书目

[1] 周守昌. 电路原理[M]. 2版. 北京:高等教育出版社,2004.

[2] 李国林. 电子电路与系统基础[M]. 北京:清华大学出版社,2017.

[3] 李瀚荪. 简明电路分析基础[M]. 北京:高等教育出版社,2002.

[4] 李瀚荪. 电路分析基础[M]. 5版. 北京:高等教育出版社,2017.

[5] 邱关源,罗先觉. 电路[M].6版. 北京:高等教育出版社,2022.

[6] 潘士先,杜裕曾,刘昭华. 电路分析[M]. 北京:北京航空航天大学出版社,1989.

[7] C K Alexander. Fundamentals of Electric Circuits[M].北京:清华大学出版社, 2008.

[8] C A 狄苏尔. 电路基本理论[M]. 葛守仁,林争辉,译. 北京:高等教育出版社,1979.

[9] 陈旭,于吴昱,陈会伟,等.电路学习指导与典型题解[M].4版.北京:北京航空航天大学出版社,2021.

[10] 陈娟. 电路分析基础[M]. 北京:高等教育出版社,2010.

[11] 王艳红,蒋学华,戴纯春. 电路分析[M]. 北京:北京大学出版社,2008.

[12] 范世贵. 电路分析基础[M]. 西安:西北工业大学出版社,2010.

[13] 江缉光,刘秀成. 电路原理[M].2版. 北京:清华大学出版社,2017.

[14] 北京邮电大学"电路分析基础"教学团队. 电路分析基础答疑解惑与典型题解[M]. 北京:北京邮电大学出版社,2019.

[15] 张永瑞,朱可斌. 电路分析基础全真试题详解[M]. 西安:西安电子科技大学出版社,2004.

[16] 高岩,杜普选,闻跃. 电路分析学习指导及习题精解[M].北京:清华大学出版社/北京交大出版社,2005.

[17] 刘崇新,罗先觉. 电路(第6版)学习指导与习题分析[M]. 北京:高等教育出版社,2024.

[18] 马场清太郎. 运算放大器应用电路设计[M]. 何希才,译. 北京:科学出版社,2007.

[19] 陶秋香,杨焱,叶蓁,等. 电路分析实验教程[M].2版. 北京:人民邮电出版社,2016.

[20] 王超红,高德欣,王思民. 电路分析实验[M]. 北京:机械工业出版社,2015.

[21] 陈洪亮,张峰,田社平. 电路基础[M]. 北京:高等教育出版社,2007.

[22] 胡钋,樊亚东. 电路原理[M]. 北京:高等教育出版社,2011.

[23] 于歆杰,朱桂萍,陆文娟. 电路原理[M]. 北京:清华大学出版社,2007.

[24] 劳五一,劳佳. 电路分析[M]. 北京:清华大学出版社,2017.

［25］James W Nilsson,Susan A Riedel. 电路［M］.6 版. 北京:电子工业出版社,2002.

［26］朱桂萍,于歆杰,刘秀成. 电路原理试题选编［M］.4 版. 北京:清华大学出版社,2019.

［27］向国菊. 电路典型题解［M］.2 版. 北京:清华大学出版社,2001.

［28］MIT《电路与电子系统》教材 PPT 讲义［OL］.

［29］郑君里,应启珩,杨为理原著. 谷源涛修订. 信号与系统［M］. 4 版. 北京:高等教育出版社,2024.